CAD/CAM/CAE 工程应用丛书

Creo 4.0 钣金件设计从入门到精通

第 2 版

博创设计坊　组　编

钟日铭　等编著

机 械 工 业 出 版 社

本书结合典型实例，重点介绍使用 Creo 4.0 进行钣金件设计的方法、步骤及技巧等，具体内容包括钣金件基础、钣金成型、高级钣金件特征设计、钣金件设置、简单钣金件设计实例、钣金件设计进阶实例、在装配模式下设计钣金件、制作钣金件工程图等。本书把基础知识与钣金件设计流程等概念贯通在相应的典型实例中进行介绍，突出实用性和可操作性，使读者能够快速、深入地掌握使用 Creo Parametric 4.0 进行钣金件设计的方法及操作技巧等。

全书内容全面、条理清晰、步骤详尽、实例丰富。本书适合工程技术人员学习使用 Creo Parametric 4.0 进行钣金件设计。同时，本书也可作为大中专院校学生和各类培训机构学员的教材或参考资料。

图书在版编目（CIP）数据

Creo 4.0 钣金件设计从入门到精通 / 钟日铭等编著；博创设计坊组编. —2 版.
—北京：机械工业出版社，2017.6（2024.7 重印）
（CAD/CAM/CAE 工程应用丛书）
ISBN 978-7-111-57249-7

Ⅰ. ①C… Ⅱ. ①钟… ②博… Ⅲ. ①钣金工－计算机辅助设计－应用软件 Ⅳ. ①TG382-39

中国版本图书馆 CIP 数据核字（2017）第 146782 号

机械工业出版社（北京市百万庄大街 22 号　邮政编码 100037）
策划编辑：张淑谦　　责任校对：张艳霞
责任编辑：张淑谦　　责任印制：单爱军
北京虎彩文化传播有限公司印刷
2024 年 7 月第 2 版 • 第 4 次印刷
184mm×260mm • 22.75 印张 • 552 千字
标准书号：ISBN 978-7-111-57249-7
定价：69.00 元

前 言

Creo 是一款功能强大的 CAD/CAM/CAE 软件套装，它为用户提供了一套从产品设计到制造的完整解决方案。Creo 4.0 广泛应用于机械设计、汽车、航天、航空、电子、模具、玩具等行业。本书以 Creo Parametric 4.0 简体中文版为应用平台，全面而系统地介绍钣金件设计知识，通过典型实例来提高读者的设计能力。

全书内容全面、条理清晰、步骤详尽、实例丰富，适合工程技术人员学习使用 Creo 4.0 进行钣金件设计。同时，本书也可以作为大中专院校师生和各类培训机构学员的教材或参考资料。

1. 本书内容及知识结构

本书共 8 章，涉及的内容包括钣金件基础、钣金成型、高级钣金件特征设计、钣金件设置、简单钣金件设计实例、钣金件设计进阶实例、在装配模式下设计钣金件和制作钣金件工程图。在每一章的最后，都给出了思考练习题，以检验读者对本章知识的掌握程度。

第 1 章：主要介绍钣金件基础知识，具体包括钣金件设计的基本概念、Creo Parametric 钣金件设计模式、由实体零件转换为钣金件、设计钣金件壁、钣金折弯、钣金件展平与折弯回去、钣金拉伸切割、钣金凹槽与冲孔等。

第 2 章：介绍钣金成型的实用知识，包括凸模、草绘成型、面组成型、凹模、平整成型和冲压边等。

第 3 章：介绍一些高级钣金件特征设计，包括分割区域（变形区域）、平整形态、创建扯裂特征和拐角止裂槽等。

第 4 章：主要介绍钣金件设置的相关实用知识。

第 5 章：介绍若干个简单钣金件设计实例，使读者基本掌握钣金件综合设计能力。涉及的简单钣金件实例包括钣金挂件、钣金挡板、具有弯角的钣金片、某订书机中的弹片、简易箱盖、梯台板、接线端子、钣金支架和管道定位箍。

第 6 章：介绍的典型设计实例包括计算机侧板、电源盒盖板、箱体门板和定位卡片。通过这些综合设计实例的深入学习，读者将更加深入地理解前面介绍的基础知识，并有效地掌握钣金件设计的工程应用知识，从而大大提高实战设计能力。

第 7 章：通过实例的方式介绍如何在装配模式下设计钣金件，以拓宽产品设计思路。本章知识是钣金件设计知识的拓展补充。

第 8 章：首先简单地介绍制作钣金件工程图的典型方法，然后通过相关实例来详细讲解钣金件工程图的制作过程及典型方法。

2. 本书特点及阅读注意事项

本书将基础知识与钣金件设计流程等概念贯通在相应的实例中进行介绍，突出实用性和可操作性，使读者能够快速而深入地掌握使用 Creo 4.0 进行钣金设计的方法及操作技巧等。

在阅读本书时，需要注意，书中实例使用的单位制以采用的绘图模板为基准。

在阅读本书时，配合书中实例进行上机操作，学习效果会更好。

3．配套素材使用说明

书中配套素材文件、参考模型文件均放在附赠网盘根目录下的“\DATA\CH#”文件夹（#代表着各章号）里。

提供的操作视频文件位于配套资料根目录下的“操作视频”文件夹里。操作视频文件采用通用视频格式（如 MP4 格式），可以在大多数播放器中播放，如 Windows Media Player、暴风影音等播放器。

本配套素材资料仅供学习之用，请勿擅自将其用于其他商业活动。

注意本书源文件大部分是在 Creo 4.0 软件的基础上建立的，因此推荐用 Creo 4.0 或者以后推出的更高版本的 Creo 软件来打开。

4．技术支持及答疑

如果读者在阅读本书时遇到什么问题，可以通过 E-mail 方式与作者联系，作者的电子邮箱为 sunsheep79@163.com。读者也可以在设计梦网（www.dreamcax.com）注册会员，通过技术论坛获取技术支持及答疑沟通。此外，还可以通过用于技术支持的 QQ（3043185686、617126205）与作者联系并进行技术答疑与交流。对于提出的问题，作者会尽快答复。

本书主要由钟日铭编著，参与编写的还有肖秋连、钟观龙、庞祖英、钟日梅、刘晓云、钟春雄、陈忠钰、周兴超、陈日仙、黄观秀、钟寿瑞、沈婷、钟周寿、邹思文、肖钦、赵玉华、钟春桃、曾婷婷、肖宝玉、肖世鹏、劳国红和肖秋引。

书中如有疏漏之处，请广大读者不吝赐教。

天道酬勤，熟能生巧，以此与读者共勉。

钟日铭

目 录

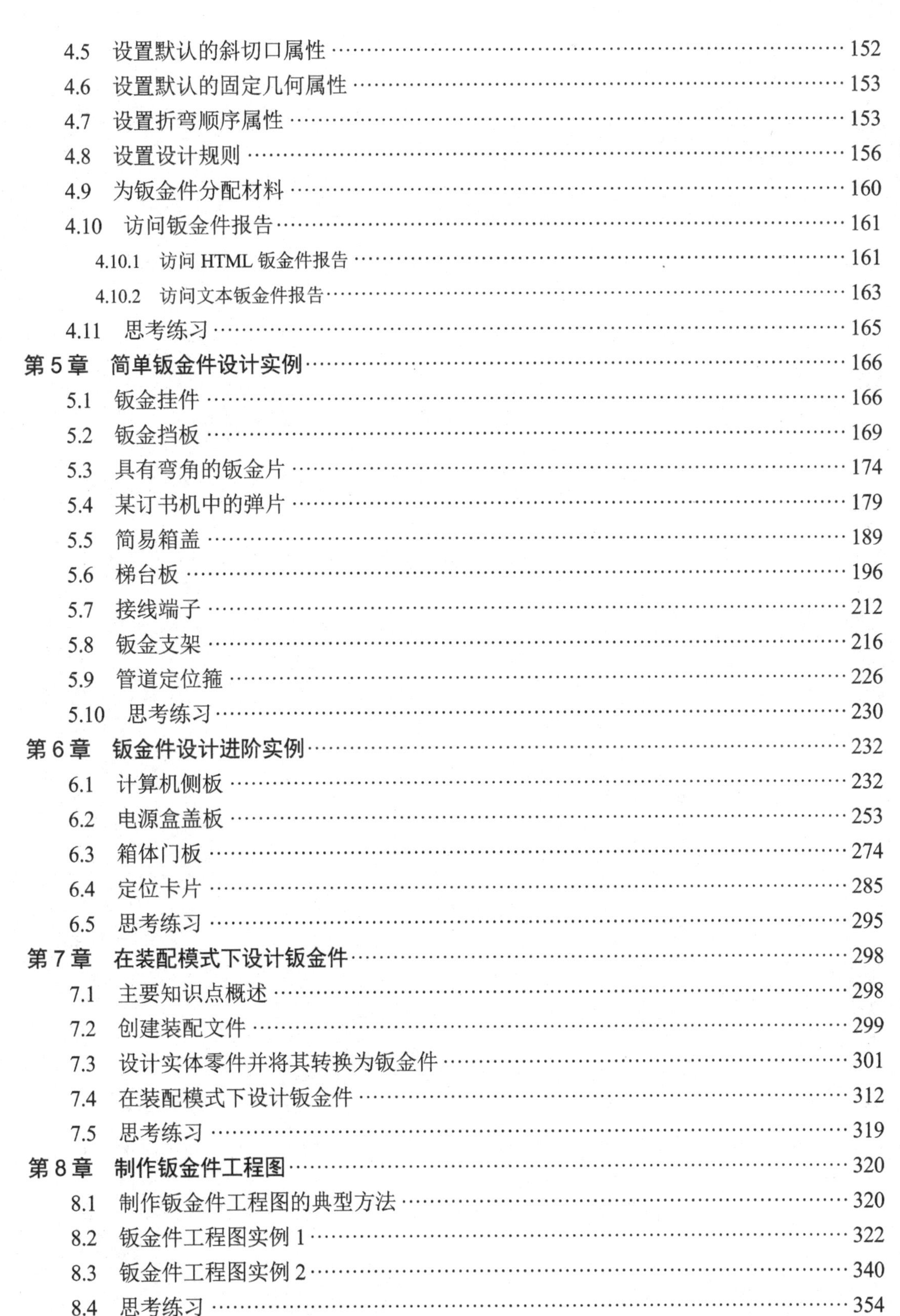

第1章 钣金基础

本章导读：

钣金件是一类具有均匀厚度的薄板零件，它在家用电器、汽车工业、电子产品等行业应用较广。钣金材料多是金属薄板，如冷轧板、电解铝板、锌板、铜板等，广义的钣金材料甚至包括非金属材料的薄壁件，如绝缘膜、绝缘隔片等。如果没有特别说明，本书中所指的钣金件只指具有均匀厚度的金属薄板零件。

在学习具体的钣金实例之前，首先需要学习和掌握一些钣金基础知识，包括钣金件设计的基本概念、Creo Parametric 钣金件设计模式、由实体零件转换为钣金件、设计钣金件壁、钣金折弯、钣金件展平与折弯回去、钣金拉伸切割、钣金凹槽与冲孔等。

1.1 钣金件设计的基本概念

钣金件是一类特殊的零件，这类零件具有基本均匀的厚度，是通过剪床、冲床、折床等加工设备或工具将平整的薄板加工而成的。概括地说，钣金加工是根据薄板材料的可塑性，利用各种钣金加工机械和工具对薄板件施以各种加工方法，如冲压、弯曲、拉伸等，从而制造出所需的薄板零件形状。通过钣金加工的常见零件有工业机箱、铁桶、通风管道、汽车金属车身和各类弹片等。

在由钣金件组成的产品中，相关钣金件的组合需要用到点焊机，或者利用铆钉、自攻螺纹、螺钉、卡槽等。

在常温（或室温）下，利用钣金压力设备进行钣金加工（包括金属切削加工、使金属产生塑性变形的加工等），可以使金属工件获得一定的形状、尺寸精度和表面粗糙度，这样的加工方法通常被称为“冷加工”。在低于再结晶温度下使金属产生塑性变形的冷加工工艺主要包括冷轧、冷拔、冷锻、冲压、冷挤压等。随着现代工业的快速发展，钣金冷加工技术已经得到了迅速的发展。

由于钣金加工可以使用模具来实现钣金的分离和塑性变形，所以便于实现生产自动化，生产效率很高。另外，钣金加工与其他加工方法相比，具有成型容易、效率高、表面质量好、后处理简单等优点。正是这些优点使得钣金加工在零件加工行业具有举足轻重的地位。

在钣金加工中，需要了解表 1-1 所示的常见专业术语。

表 1-1 钣金加工的常见专业术语

序号	专业术语	术语说明
1	下料	工件经过激光切割或数控冲床冲裁的工艺过程
2	落料	将钣金件展平后的外形图通过冲压等方式分离出来，冲下来的材料是需要的钣金材料
3	压铆	采用冲床或油压机把压铆螺母、压铆螺钉或压铆螺母柱等紧固件牢固地压接在工件上
4	涨铆	指先将工件沉孔，再采用冲床或油压机把涨铆螺母牢固地压接在工件上的工艺过程
5	拉母	用拉母枪把拉铆螺母（POP）等连接件牢固地连接在工件上的工艺过程，类似于铆接
6	拉铆	指以拉铆枪为工具用拉钉将两个或两个以上工件紧密地连接在一起
7	铆接	用铆钉将两个或两个以上工件面对面连接在一起的工艺过程，若是沉头铆接，需将工件先进行沉孔
8	切角	指在冲床或油压机上使用模具对工件角进行切除的工艺过程
9	剪料	指材料经过剪板机得到矩形工件的工艺过程
10	折弯	指工件由折弯机成型的工艺过程
11	成型	指在普通冲床或其他设备上使用模具使工件变形的工艺过程，通过模压、折弯、扭转等变形加工方法使钣金材料形成所需要的薄板零件形状
12	冲孔	指工件由普通冲床和模具加工孔的工艺过程，即在落料的钣金件上，通过冲压的方式去除不需要的部分，从而得到零件的细节特征
13	冲凸包	指在冲床或油压机用模具使工件形成凸起形状的工艺过程
14	冲撕裂	俗称“冲桥”，指在冲床或油压机用模具使工件形成像桥一样形状的工艺过程
15	抽孔	俗称“冲桥翻边”，指在普通冲床或其他设备上使用模具对工件形成圆孔边翻起的工艺过程，即在一个较小的基孔上抽成一个稍大的孔，以便再攻螺纹，主要用于较薄钣金件加工，起到增加其强度和螺纹圈数，避免滑牙
16	攻牙	指在工件上加工出内螺纹的工艺过程
17	校平	指工件加工前、后不平整，使用其他的设备对工件进行平整的过程
18	回牙	指对预先攻有牙的工件进行第二次螺牙的修复的过程
19	钻孔	指在钻床或铣床上使用钻头对工件进行打孔的工艺过程
20	冲印	指使用模具在工件上冲出文字、符号或其他印迹的工艺过程
21	沉孔	指为配合类似沉头螺钉一类的连接件，而在工件上加工出有锥度的孔的工艺过程
22	拍平	指对有一定形状的工件过渡到平整的工艺过程
23	倒角	指使用模具、锉刀、打磨机等对工件的尖角进行加工的工艺过程
24	冲网孔	指在普通冲床或数控冲床上用模具对工件冲出网状的孔
25	扩孔	指用钻头或铣刀把工件上小孔加工为大孔的工艺过程

在上述钣金加工术语当中，需要注意落料与冲孔的区别。落料与冲孔的区别在于：落料冲下来的材料是需要的钣金材料；而冲孔冲下去的材料一般不再使用，需要的材料则是保留下来的部分。

钣金件传统的加工工艺，以粗放展开加工并结合机械切削为特点。一般先近似以展开尺寸放样落料，预留后续加工余量后进行折弯；待折弯后再修准尺寸，加工孔槽等细节特征。传统加工工艺对钣金展开图精度要求较低，存在着工艺路线复杂、效率低、浪费材料以及加工质量不易保证等缺点。现代折弯钣金件的加工工艺是基于现代冷加工技术的先进加工工艺，以精确展开加工、零机械切削为特点，可以先按照展开图全部切割出外形及孔、槽等，然后折弯成型。现代折弯钣金件加工工艺具有工艺路线简化、效率高、加工质量好、适合标准化生产等诸多优点，但对钣金展开图的精度要求高。

随着计算机图形技术的飞速发展，现代设计人员可以使用 CAD 技术随时获得钣金件的展开图以及钣金折弯回去的效果图。在 Creo Parametric 系统中，设计人员可以根据实际情况设置钣金材料的属性、厚度等参数，从而得到钣金的初步展开数据。再通过试制样件，量取样件尺寸与设计尺寸之间的差别，对钣金展开数据进行修正。

1.2 Creo Parametric 钣金件设计模式简介

Creo Parametric 提供了专门的钣金件设计模块用于钣金件模型的设计工作。在 Creo Parametric 钣金件设计模式下，用户可以进行以下典型的钣金件设计任务和工作。

- 设置钣金件设计，主要包括定义折弯余量和展开长度、定义折弯表、设置固定几何、设置默认值和参数和转换为钣金件等。
- 将钣金件壁添加到设计中，例如创建平面壁、拉伸壁和旋转壁，创建连接的平整壁和法兰壁，以及创建高级壁等。
- 添加钣金件特征，例如添加止裂槽、创建扯裂、创建钣金切口（切削）、使用凸模、添加凹槽和冲孔，添加折弯、展平钣金，创建折回等。
- 准备进行制造设计，如创建报告、创建平整形态和创建详图绘图等。

在本节中，首先介绍 Creo Parametric 钣金特征，接着介绍如何创建 Creo Parametric 钣金件文件，并简述钣金件设计模式的界面，最后介绍钣金件的显示与生成方式。

1.2.1 Creo Parametric 钣金特征

在 Creo Parametric 钣金件设计模式下，可以创建如下特征。

- 基准特征及修饰特征。
- 壁、切口（切割）、裂缝、凹槽、冲孔、折弯、展平、折回（折弯回去）、平整形态、成型、平整成型、边折弯和拐角止裂槽等。
- 所选取的适用于钣金件的实体类特征（如倒角、孔、圆角）。
- 阵列、复制和镜像特征。

钣金件中分离的壁（不连接壁）可作为设计中的第一个实体特征，即作为钣金件的第一壁。创建第一壁之后，可以在设计中添加其他有效特征。添加特征时，不必按照制造顺序来添加，而应该按照设计意图来进行。

钣金件的厚度一般都比较薄，在放置特征时一般选取平面作为参考。如果平面不适用，则选择边比选择侧曲面更为方便。

注意：进行钣金件设计时，可以使用实体特征，包括阵列、复制、镜像、倒角、孔、圆角和实体切口。

1.2.2 创建 Creo Parametric 钣金件文件

启动 Creo Parametric 4.0 系统后，在“快速访问”工具栏中单击 （新建）按钮，或者选择“文件”→“新建”命令，打开“新建”对话框。

在“新建”对话框的“类型”选项组中选择“零件”单选按钮，在“子类型”选项组中选择“钣金件”单选按钮，在“名称”文本框中接受默认的文件名或输入新的文件名，取消勾选“使用默认模板”复选框，如图 1-1 所示。接着，单击“新建”对话框的“确定”按钮，系统弹出“新文件选项”对话框。

在“新文件选项”对话框的“模板”选项组中，选择公制模板 mmns_part_sheetmetal，如图 1-2 所示。单击“确定”按钮，创建一个 Creo Parametric 钣金件文件。

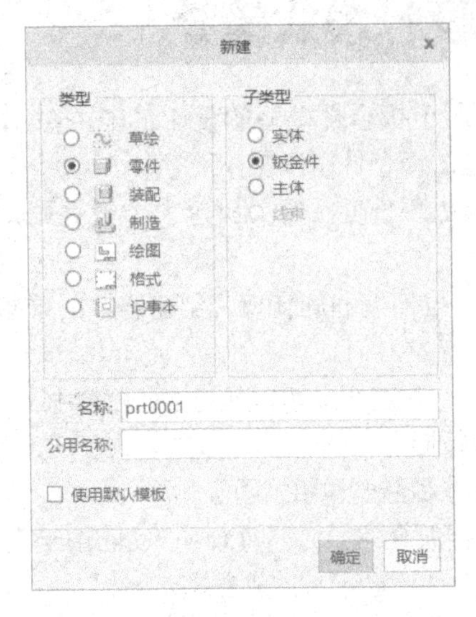

图 1-1 “新建”对话框

图 1-2 “新文件选项”对话框

另外，在装配模式下，也可以创建钣金件。

进入装配模式，从功能区“模型”选项卡的“元件”组中单击（创建）按钮，系统弹出图 1-3 所示的“创建元件”对话框。在“类型”选项组中选择“零件”单选按钮，在“子类型”选项组中选择“钣金件”单选按钮，在“名称”文本框中设定钣金零件名，单击“确定”按钮。接着在弹出的图 1-4 所示的“创建选项”对话框中指定创建方法选项等，然后单击“确定”按钮并根据相关提示进行相应的设置操作，从而在装配中创建一个新的钣金件。

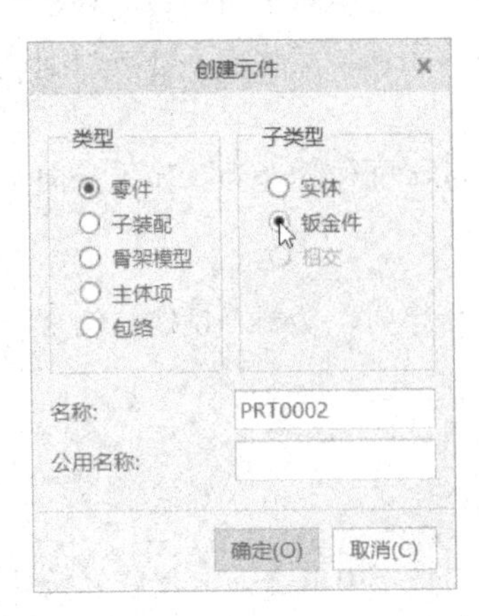

图 1-3 “创建元件”对话框

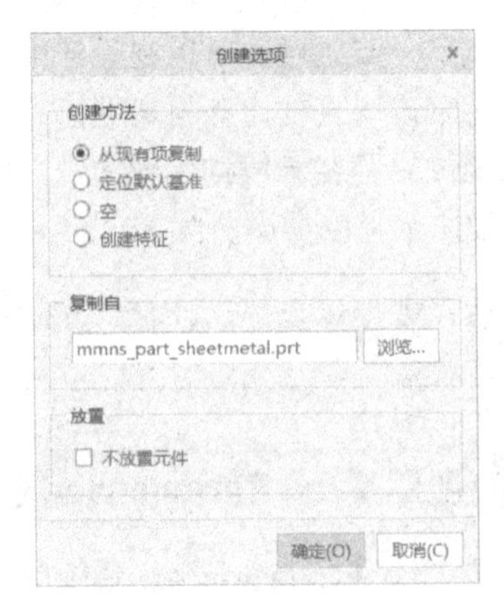

图 1-4 “创建选项”对话框

1.2.3 钣金件设计模式的界面

新建一个钣金件文件或者打开一个钣金件，便进入钣金件设计模式，其界面如图 1-5 所示。钣金件设计模式的用户界面主要由标题栏、“快速访问”工具栏、功能区、图形窗口、导航区、状态栏和“图形”工具栏等部分组成。其中，功能区包含若干命令组的选项卡，“图形”工具栏位于图形窗口中。有关钣金件设计的相关按钮集中在功能区的“模型”选项卡中，注意部分按钮更改显示最近使用和激活的命令，单击其附带的箭头小按钮 ▾ 可以查看可用的工具命令。

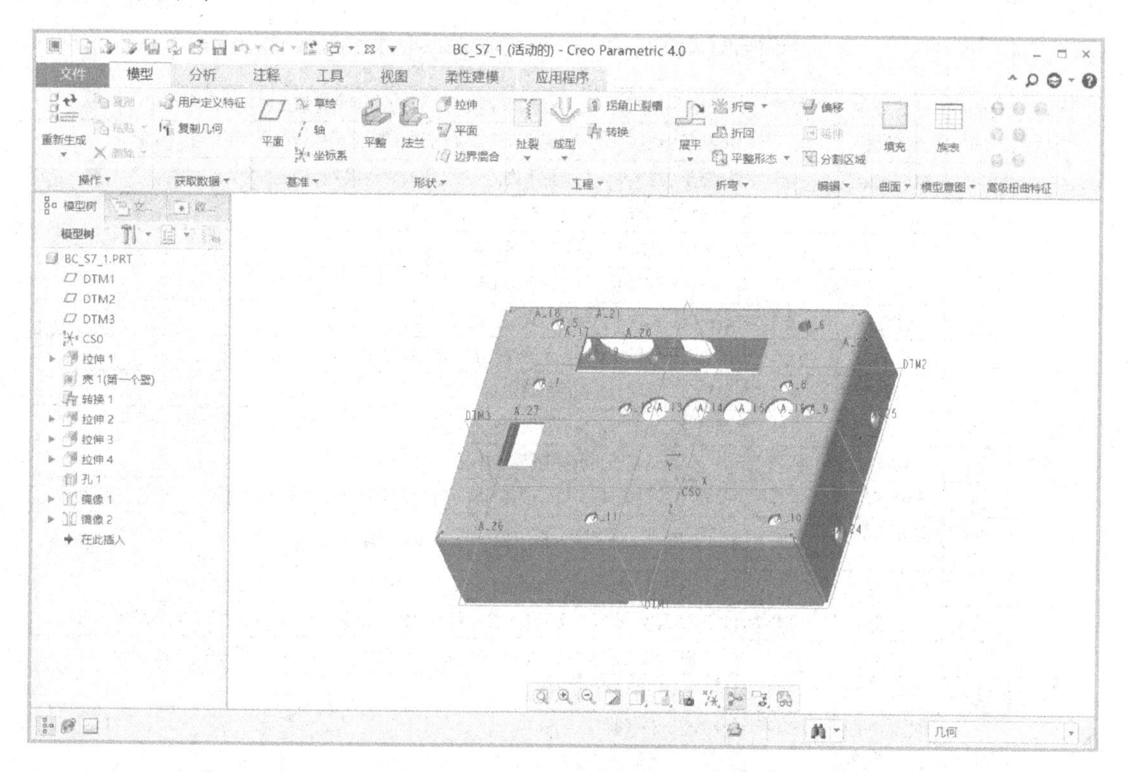

图 1-5　钣金件设计模式的用户界面

用户可以根据个人操作习惯，定制自己喜欢的操作界面。其定制的方法是选择“文件”→“选项”命令，打开“Creo Parametric 选项”对话框，然后利用该对话框的相关配置类别来（如“环境”“系统外观”“自定义→功能区”“自定义→快速访问工具栏”“窗口设置”等）设置相应定制内容即可。

在钣金件设计模式的用户界面中，用户需要了解功能区的“模型”选项卡中用于钣金件设计的相关工具命令，见表 1-2，这些工具命令主要集中在“形状”组、“工程”组、“折弯”组和“编辑”组中，其中，“形状”组用于创建并修改钣金件壁，“工程”组用于添加钣金件特定的特征，“折弯”组用于创建和修改折弯，“编辑”组用于修改编辑钣金件壁和其他钣金件特征。

表 1-2 功能区的“模型”选项卡中用于钣金件设计的相关工具命令

组	按钮	名称	功能用途
形状		平整	打开“平整”选项卡以创建连接的平整壁
		法兰	打开“法兰”选项卡以创建连接的法兰壁
		拉伸	打开“拉伸”选项卡，可创建分离的拉伸壁或曲面，或创建实体钣金件切口
		平面	打开“平面”选项卡以创建分离的平面壁
		边界混合	打开“边界混合”选项卡以创建带有边界混合几何的钣金件壁或曲面
		旋转	打开“旋转”选项卡，可创建含有旋转几何的钣金件壁或曲面，或创建实体切口
		扭转	打开“扭转”对话框以创建扭转壁
		扫描	打开“扫描”选项卡，可创建含有恒定截面或可变截面扫描几何的钣金件或曲面，或创建实体切口
		螺旋扫描	打开“螺旋扫描”选项卡，可创建含有螺旋扫描几何的钣金件壁或曲面，或创建实体切口
		扫描混合	打开“扫描混合”选项卡，可创建含有扫描混合几何的钣金件壁或曲面，或创建实体切口
		旋转混合	打开“旋转混合”选项卡，创建位于旋转平面上具有混合截面的钣金件壁
工程		边扯裂	打开“边扯裂”选项卡，可创建边扯裂
		曲面扯裂	打开“曲面扯裂”选项卡，可创建曲面扯裂
		草绘扯裂	打开“草绘扯裂”选项卡，可创建草绘扯裂
		扯裂连接	打开“扯裂连接”选项卡，可通过定义扯裂端点的方式创建扯裂
		凸模	打开“凸模”选项卡以使用预定义的冲孔参考模型在钣金件壁上创建一个冲孔
		草绘成型	打开“草绘成型”选项卡，使用草绘作为冲孔的参考
		面组成型	打开“面组成型”选项卡，使用面组作为冲孔的参考，在钣金件壁上创建冲孔
		凹模	打开“选项”菜单以使用凹模参考模型对钣金件壁进行塑形
		平整成型	打开“平整成型”选项卡以平整凸模和凹模，将特征恢复为原始的平整状态
		拐角止裂槽	打开“拐角止裂槽”选项卡以向钣金件的一个或多个拐角上添加止裂槽
		转换	打开“转换”选项卡以添加必要的特征，以使钣金件成为可延展和可制造的钣金件
		冲孔	打开“打开”对话框以选择在切割钣金件壁和为钣金件壁添加止裂槽时要使用的冲孔模板
		凹槽	打开“打开”对话框以选择在切割钣金件壁和为钣金件壁添加止裂槽时要使用的凹槽模板
折弯		展平	打开“展平”选项卡以展平钣金件
	—	过渡展平	打开“过渡类型”对话框
	—	横截面驱动展平	打开“横截面驱动类型”对话框
		折弯	打开“折弯”选项卡以向钣金件添加角度折弯或滚动折弯
		边折弯	打开“边折弯”选项卡对钣金件上的锐边进行圆角操作
		平面折弯	打开“选项”菜单以向钣金件添加角度平面折弯或滚动平面折弯
		平整形态	打开“平整形态”选项卡以自动创建钣金件的平整版本和为制造准备模型
		创建实例	打开“新实例”对话框以自动创建平整形态的族表实例
	—	折弯顺序	打开“折弯顺序”对话框以通过创建折弯顺序序列在钣金件设计中显示折弯特征的顺序
编辑		偏移	打开“偏移”选项卡以偏移壁的面组或曲面以便创建新的曲面或钣金件壁
		延伸	打开“延伸”选项卡以延伸现有的带有直边的平整壁
		分割区域	打开“分割区域”选项卡以定义要从钣金件中分割出去的曲面片或边
		连接	打开“连接”选项卡，连接两个相交壁
		合并	打开“壁选项：合并”对话框，可以将一个或多个分离的平整壁与基础壁合并，构成一个零件
		取消冲压边	打开“取消冲压边”和“平整边”对话框，可在准备制造设计时移除圆角和倒角等冲压特征

此外，用户还需要了解“图形”工具栏中的附加按钮，如图 1-6 所示。

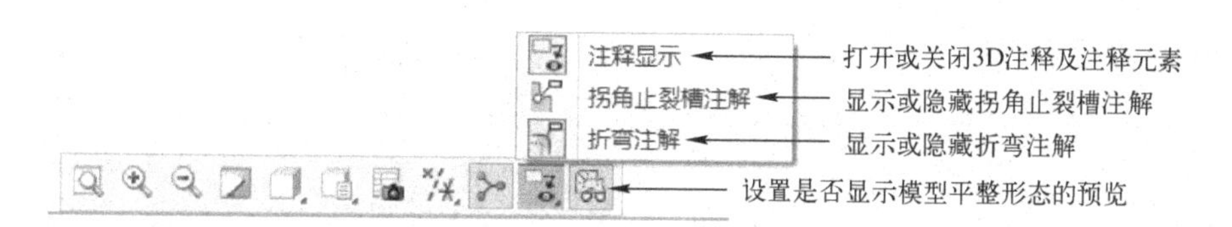

图 1-6 钣金件模式下的“图形”工具栏

1.2.4 钣金件的显示与生成方式

Creo Parametric 钣金件具有驱动曲面（简称驱动面）和偏移曲面（简称偏移面）。由于钣金件的壁很薄，为了便于查看，当设置以非着色方式显示模型时，例如选中□（消隐）按钮设置模型显示方式时，系统在默认情况下，以绿色加亮驱动侧，以特定默认颜色加亮偏移侧（表示厚度）。此时，驱动面被形象地称为绿色面，而两面之间的零件表面为侧曲面（简称侧面），如图 1-7 所示。当然，用户也可以设置钣金件驱动曲面在消隐状态时以其他特定颜色显示。

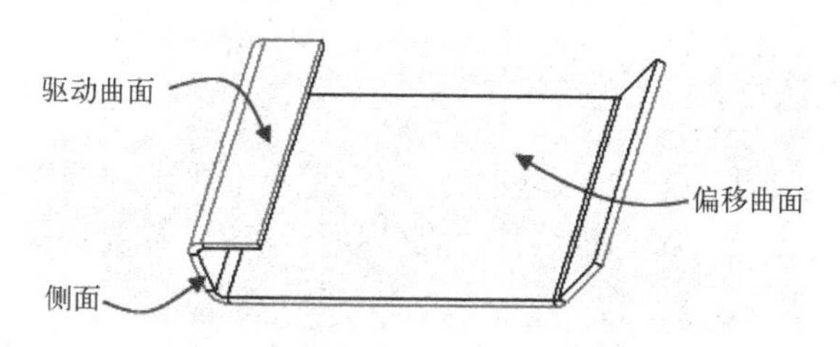

图 1-7 钣金件非着色的显示效果

Creo Parametric 钣金件的典型生成方式是先由绿色面偏移一个厚度距离，形成偏移曲面，待模型成功重新生成后，才会形成侧面（深度曲面）。

1.3 由实体零件转换为钣金件

钣金件可以采用以下三种方式之一来创建。

- 钣金件模式：使用特殊专门的钣金件环境来单独地创建零件。
- 装配模式：以自上向下方式创建。
- 转换：从实体零件转换。

在这里，先介绍由实体零件转换为钣金件的方法及其操作技巧。

在一个打开的实体零件中，从功能区的“模型”选项卡中单击“操作”组溢出按钮，如图 1-8a 所示，接着选择“转换为钣金件”命令，打开图 1-8b 所示的“第一壁”选项卡。在“第一壁”选项卡中单击（驱动曲面）按钮或（壳）按钮，并选择相应的参考和设置相应的壁厚参数等来将实体零件转换为钣金件。将零件转为为钣金件后，该钣金件将在“钣金件设计”应用程序（钣金件模式）中打开。通常而言，块状零件使用（壳）按钮转换为钣金件，而对于厚度恒定的薄板伸出项实体可使用（驱动曲面）按钮来转换为钣金件。

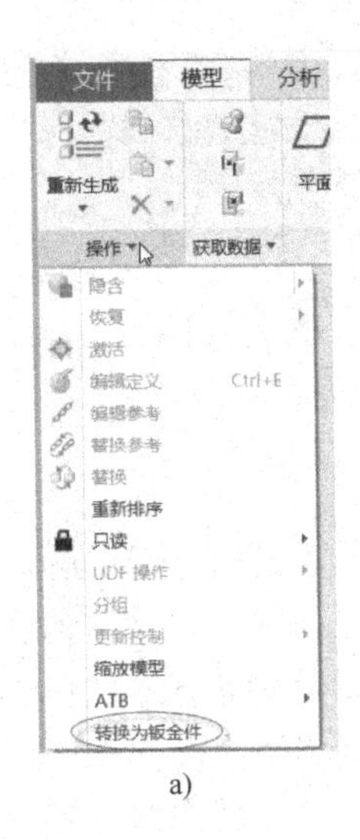

a)

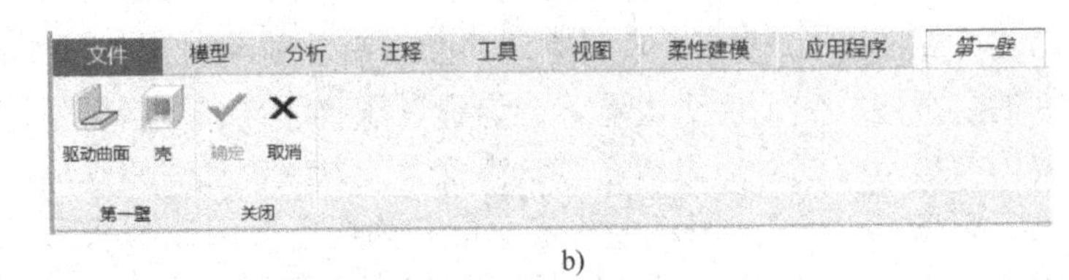

b)

图 1-8 从实体零件转换为钣金件的命令操作

a) 单击“操作”组溢出按钮 b) “第一壁”选项卡

1.3.1 抽壳转换方法

对块状零件采用抽壳转换方法，即使用“第一壁”选项卡中的 （壳）按钮，可以将块状零件通过“抽壳”的方式转换为钣金件。在转换过程中，需要选择要从零件中移除的一个或多个曲面，并设定壁厚值。

由于转换而成的钣金件，其各壁连接，与实际钣金可能不一致，因此常需要对其进行调整以便展开和制造，也就是使该钣金件成为可延展和可制造的钣金件。此时，在钣金件设计模式下使用功能区“模型”选项卡“工程”组中的 （转换）工具，创建钣金件转换特征，如边扯裂、扯裂连接、边折弯和拐角止裂槽。

在功能区的“模型”选项卡中单击“工程”组中的 （转换）按钮，打开图 1-9 所示的“转换”选项卡。利用该选项卡，可以定义 4 种钣金件转换特征，即边扯裂（也称“边缝”）、扯裂连接、边折弯和拐角止裂槽。

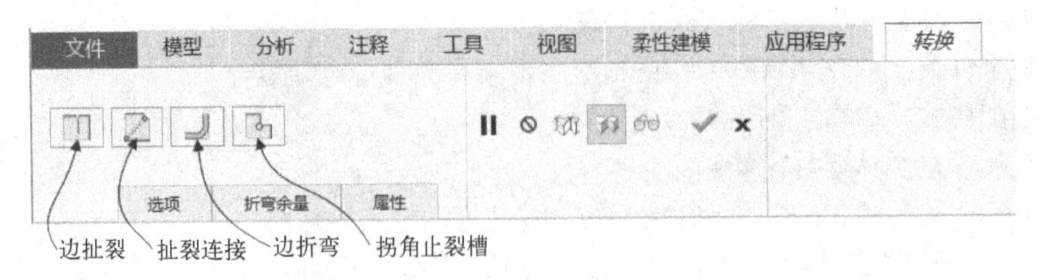

图 1-9 “转换”选项卡

下面介绍这 4 种钣金件转换特征。在后面章节中还会深入介绍。

1. 边扯裂

边扯裂是指沿选定零件边添加扯裂，以便展平钣金件。在“转换”选项卡中单击 （边扯裂）按钮，则在功能区中打开“边扯裂”选项卡，接着选择要扯裂的边或链，并从边处理类型下拉列表框中选择所需的一种边处理类型，可供选择的边处理类型有“开放”“盲孔”“间隙”“重叠”，如图 1-10 所示。创建边扯裂时，在相连边的位置处自动形成默认半径值的过渡圆角，这是因为在“转换”选项卡的“选项”面板中，默认勾选了“在锐边上添加折弯”复选框，以及默认选择了“与扯裂相邻的边”单选按钮。

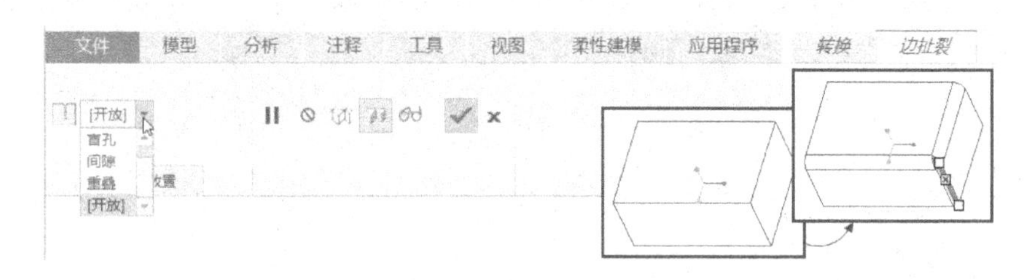

图 1-10 “边扯裂”选项卡

图 1-11 给出了采用不同边处理类型的边扯裂效果。

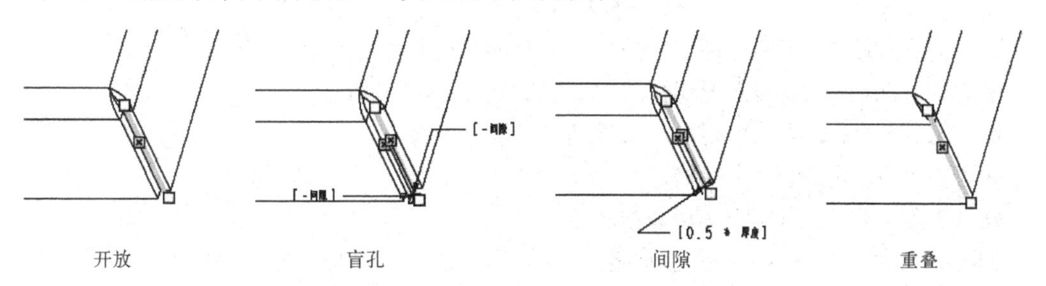

图 1-11 不同边处理类型的边扯裂效果

2. 扯裂连接

扯裂连接是指在两个基准点、两个顶点或一个基准点和一个顶点之间直线扯裂钣金件。可以使用“转换”选项卡中的 （扯裂连接）按钮，按直线撕裂钣金件材料的平面截面并连接现有边缝。注意扯裂连接端点必须是一个基准点或顶点，在是顶点时还必须位于边缝的末端或在零件边界上，另外扯裂连接不可与现有的边共线。扯裂连接的典型示例如图 1-12 所示，本示例在设置参考时要注意的是选择一个顶点后，需要在按住〈Ctrl〉键的同时选择另一个顶点。

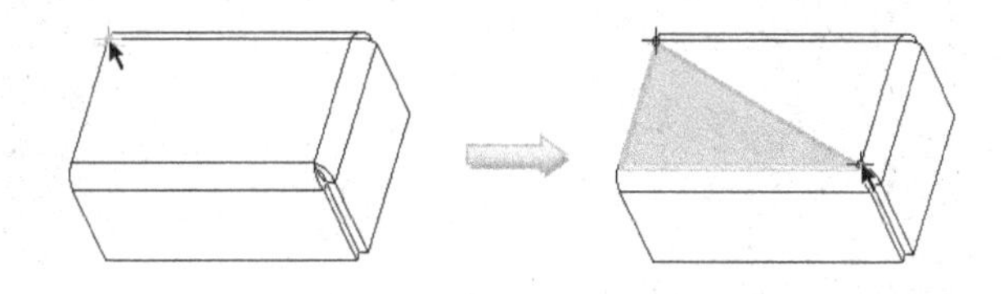

图 1-12 扯裂连接的典型示例

在创建扯裂连接时，可以根据设计要求为扯裂添加空隙（间隙）。

3. 边折弯

“转换”选项卡中的 （边折弯）按钮用于将钣金转换过程中无半径的折弯边定义为有半径的折弯边，即将锐边转换为半径折弯，如图 1-13 所示。在默认情况下，生成的折弯内侧半径等于钣金件厚度。

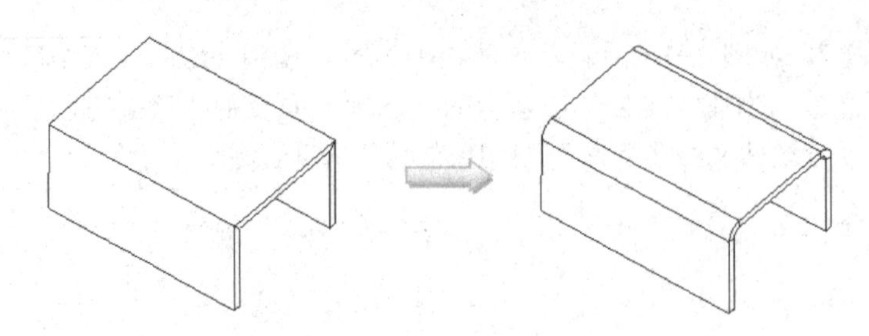

图 1-13 定义边折弯

4. 拐角止裂槽

“转换”选项卡中的 （拐角止裂槽）按钮用于将特定止裂槽放置在选定的拐角上。拐角止裂槽有助于控制钣金件材料行为，并防止发生不希望的板材变形。

拐角止裂槽的类型可以设置为如下 5 种。

- “无止裂槽”：不添加任何止裂槽，并且拐角保持扯裂特性。
- “V 形凹槽”：添加方形拐角，并移除默认 V 性凹槽特性。
- “圆形”：添加圆形止裂槽，从拐角移除圆形截面。
- “矩形”：添加矩形止裂槽。
- “长圆形”：添加长圆形止裂槽。

创建好拐角止裂槽后，在钣金件相应拐角区域处以“V 形凹槽”“圆形”“矩形”“长圆形”“无止裂槽”等注释来标识所在处的拐角止裂槽，如图 1-14 所示。

在使用 （转换）按钮时，最好在一次转换中将所有转换特征全部创建好。

下面介绍块状零件通过“抽壳”的方式转换为钣金件的一个操作实例。

步骤 1：打开实体零件文件。

在 Creo Parametric 4.0 界面的“快速访问”工具栏中单击 （打开）按钮，弹出“文件打开”对话框，查找到 bc_bj_1_zh.prt 文件，单击“打开”按钮。文件中存在着一个块状实体零件，如图 1-15 所示。

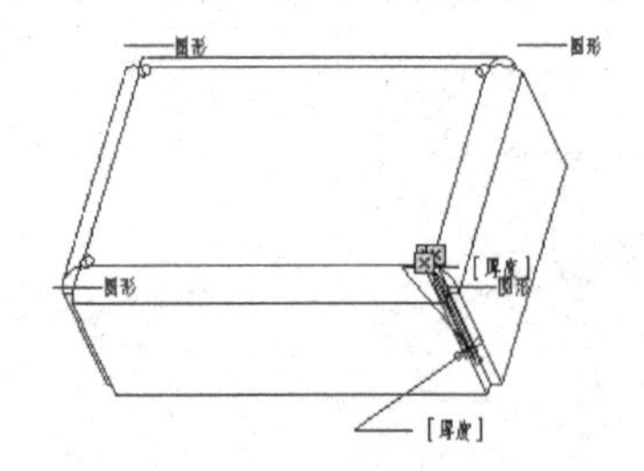

图 1-14 定义好拐角止列槽的钣金件

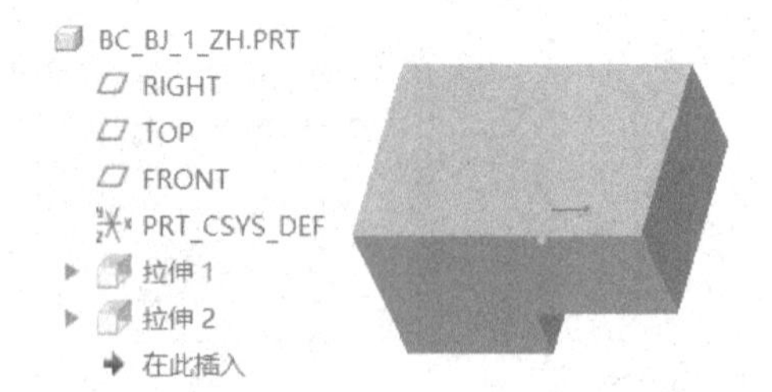

图 1-15 块状实体零件

步骤 2：使用“壳”选项进行转换。

（1）从功能区的“模型”选项卡中选择“操作”→“转换为钣金件”命令，打开“第一壁”选项卡。

（2）在“第一壁”选项卡中单击 （壳）按钮，打开“壳”选项卡，如图 1-16 所示。

（3）在模型中选择图 1-17 所示的面 1，接着按住〈Ctrl〉键并选择面 2 和面 3。

图 1-16 “壳”选项卡

（4）在“壳”选项卡的“厚度”文本框中输入厚度值为“3”。

（5）在“壳”选项卡中单击 （完成）按钮，从而将该实体模型转换为钣金件的第一壁，其效果如图 1-18 所示。

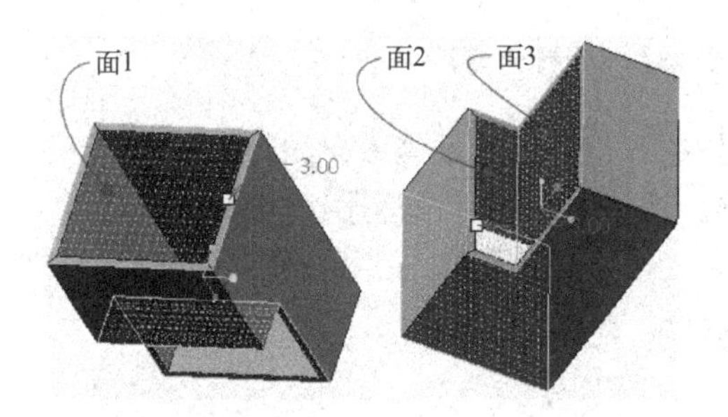

图 1-17 选择要移除的面

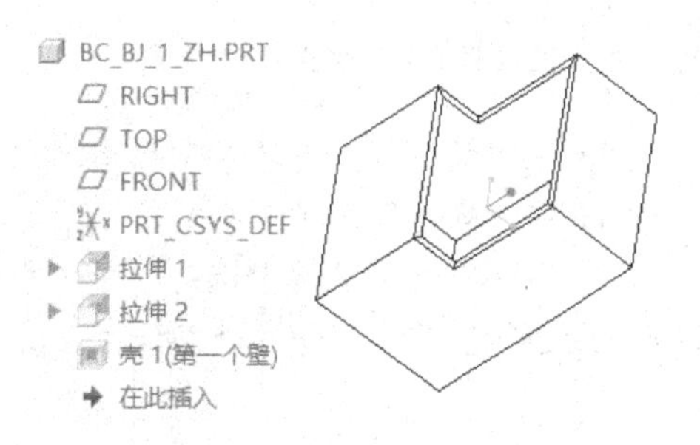

图 1-18 转换为钣金件

步骤 3：创建钣金件转换特征。

（1）在功能区“模型”选项卡的“工程”组中单击 （转换）按钮，打开“转换”选项卡。此时，若在“转换”选项卡中打开“选项”面板，如图 1-19 所示，可以看到勾选了“在锐边上添加折弯”复选框，并选择“与扯裂相邻的边”单选按钮，半径默认为“[厚度]”，标注形式为“内侧”。

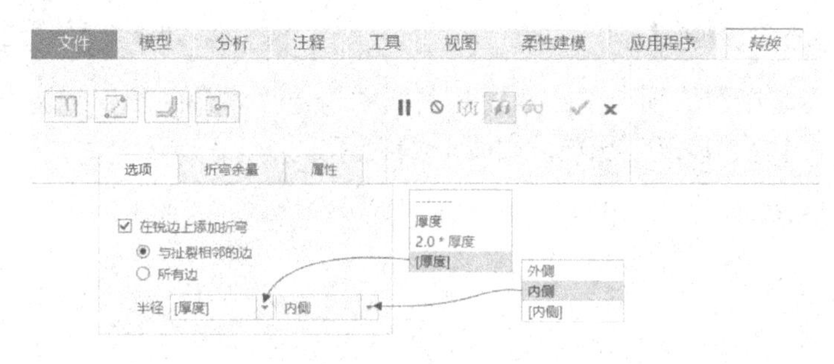

图 1-19 在“转换”选项卡中接受默认的选项设置

（2）在“转换”选项卡中单击 （边扯裂）按钮，打开“边扯裂”选项卡。

（3）按〈Ctrl+D〉快捷键以默认的标准方向视角显示模型，在图形窗口中选择要扯裂的边或链，如图 1-20 所示（选择第 2 条边时建议同时按〈Ctrl〉键，以将选择的第 2 条边和第 1 条边都收集在“边扯裂 1”集中）。

（4）在“边扯裂”选项卡的边处理“类型”下拉列表框中选择“盲孔”选项，并可以在“放置”面板中为该边处理类型设置参数，如图 1-21 所示。

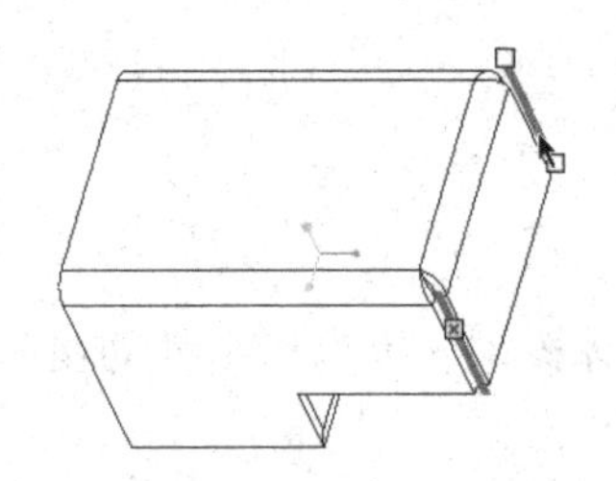

图 1-20 选择要扯裂的边或链

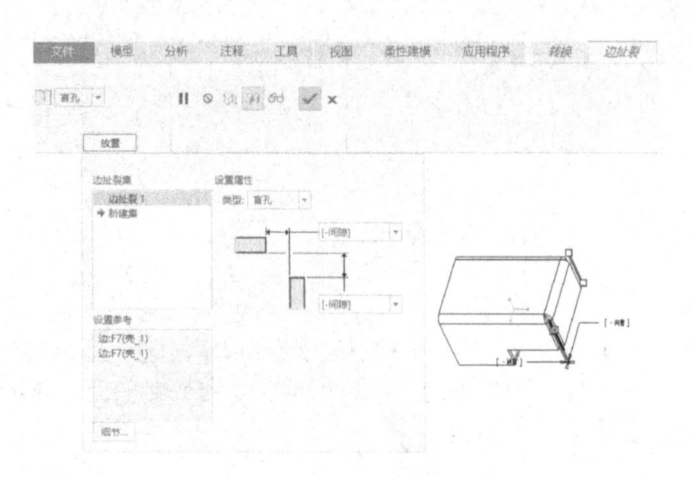

图 1-21 设置边扯裂的边处理类型

（5）在“边扯裂”选项卡中单击（完成）按钮，得到的边扯裂效果如图 1-22 所示。

（6）在“转换”选项卡中单击（扯裂连接）按钮，打开“扯裂连接”选项卡。

（7）在模型一条边界上选择一个顶点作为扯裂连接 1 的端点，接着按住〈Ctrl〉键并选择边扯裂边线上的顶点作为扯裂连接 1 的另一个端点，如图 1-123 所示。

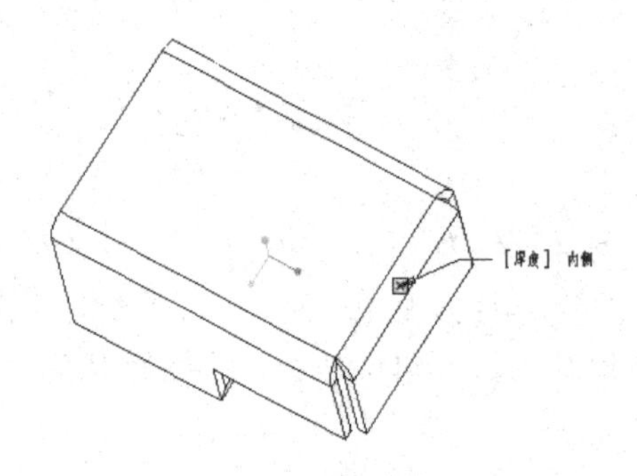

图 1-22 边扯裂效果

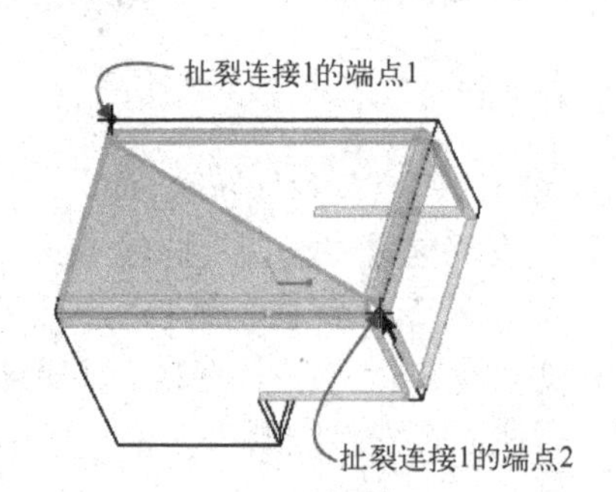

图 1-23 指定扯裂连接 1 的两个端点

（8）在“扯裂连接”选项卡的“放置”面板中勾选“添加间隙”复选框，接着从“间隙”下拉列表框中选择“厚度”选项，如图 1-24 所示。

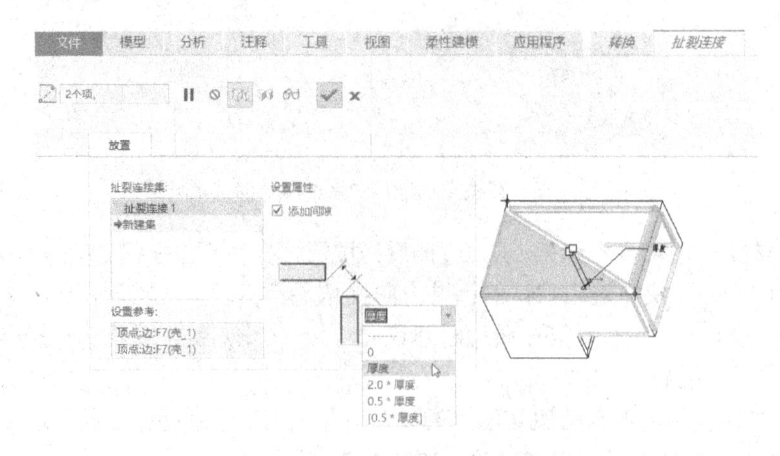

图 1-24 为扯裂连接设置间隙

（9）在“扯裂连接”选项卡中单击✓（完成）按钮，创建扯裂连接后的效果如图 1-25 所示。

（10）在“转换”选项卡中单击（边折弯）按钮，打开“边折弯”选项卡。

（11）选择要折弯的两条边，如图 1-26 所示，注意“折弯半径”默认为“[厚度]”，半径标注形式为“内侧”。

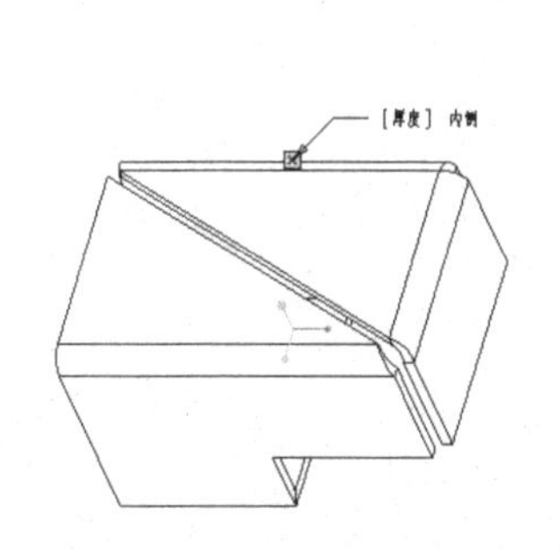

图 1-25 创建扯裂连接后的效果

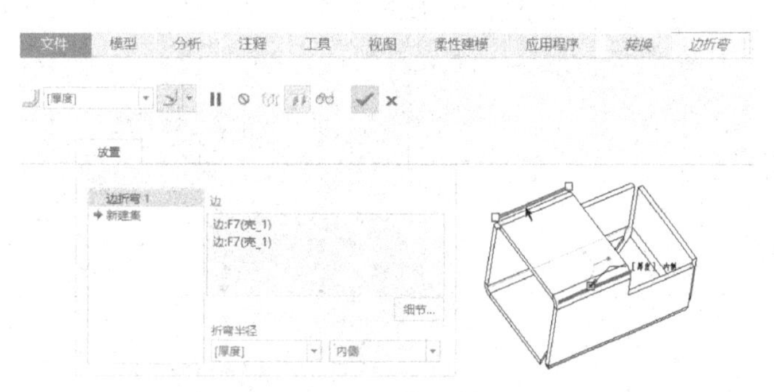

图 1-26 选择要进行边折弯的两条边

（12）在“边折弯”选项卡中单击✓（完成）按钮，创建好边折弯的效果如图 1-27 所示。

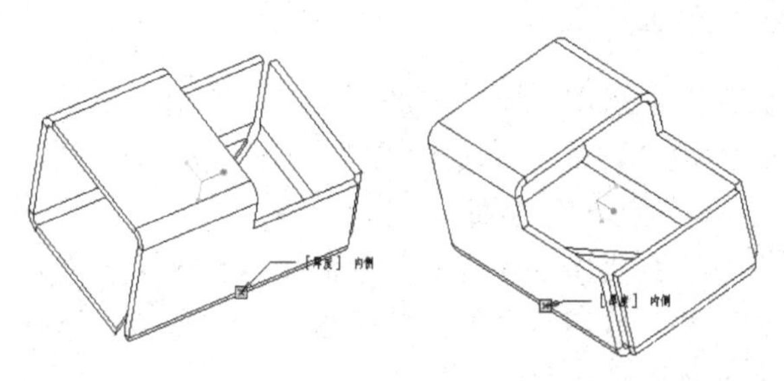

图 1-27 创建好边折弯的效果

（13）在“转换”选项卡中单击（拐角止裂槽）按钮，打开“拐角止裂槽”选项卡。此时，在“拐角止裂槽”选项卡中默认选中（自动选择止裂槽的所有拐角）按钮以自动选择模型中的所有拐角，并且默认的拐角止裂槽“类型”为“[V 形凹槽]”，“止裂槽锚点”为“折弯边相交”，如图 1-28 所示。

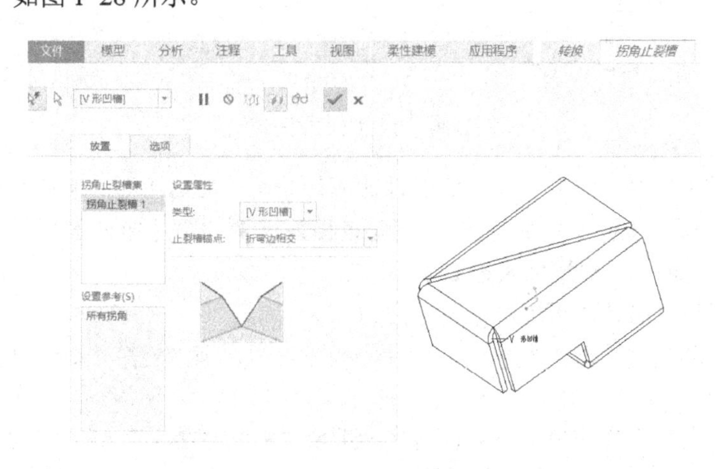

图 1-28 自动选择止裂槽的所有拐角

知识点拨：用户可以在“拐角止裂槽”选项卡中单击（手动选择拐角止裂槽的各个拐角）按钮，接着在模型中手动选择要添加相应止裂槽的拐角。可以练习更改其他类型的拐角止裂槽，注意观察各止裂槽的形状变化。

（14）在“拐角止裂槽”选项卡单击（完成）按钮。

（15）在“转换”选项卡中单击（完成）按钮。完成创建的钣金件转换特征效果如图 1-29 所示。

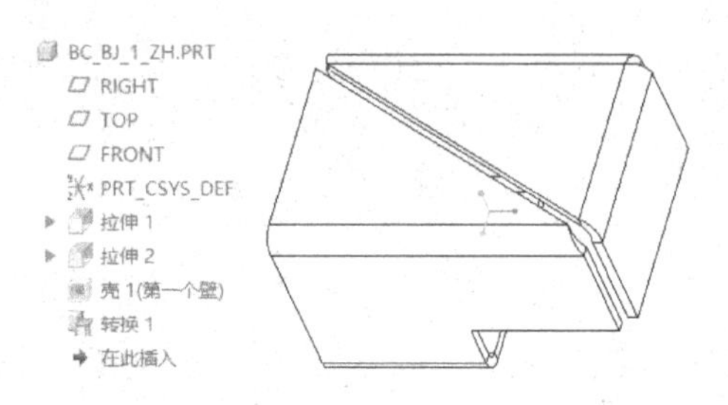

图 1-29　完成创建转换特征

1.3.2　“驱动曲面”方法

对厚度恒定的薄板伸出项采用“驱动曲面”方法。使用“驱动曲面”方法时，可以通过选择实体上的一个面作为钣金件的驱动面（也就是作为钣金件的绿色面），并根据输入的钣金件厚度值生成偏距面，从而形成钣金件。

使用“驱动曲面”方法将实体零件转换为钣金件的步骤如下。

（1）打开现有实体零件，接着从功能区的“模型”选项卡中选择“操作”→“转换为钣金件”命令，打开“第一壁”选项卡。

（2）在“第一壁”选项卡中单击（驱动曲面）按钮，打开“驱动曲面”选项卡，如图 1-30 所示。

图 1-30　“驱动曲面”选项卡

（3）在零件上选择一个曲面作为钣金件的驱动曲面。如果需要，可以在“驱动曲面”选项卡中打开“选项”面板，从中勾选 “将驱动曲面设置为与选定曲面相对”复选框，从而将与选定曲面相对的曲面设置为驱动曲面。

（4）输入壁厚。必要时可更改厚度方向。

（5）在“驱动曲面”选项卡中单击（完成）按钮，则创建第一壁特征，并且零件以钣金件模式来打开。

使用“驱动曲面”方法将实体零件转换为钣金件的注意事项有如下两点。

- 并不是所有的零件曲面都可以作为钣金件驱动面，如图 1-31 所示，零件曲面 1 不能作为驱动面，而与相对面等厚的零件曲面 2 可以作为驱动面来生成钣金件。

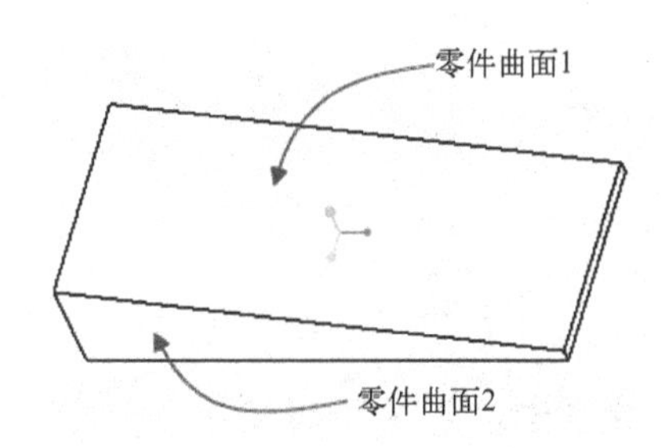

图 1-31　零件曲面示意

- 如果实体零件上具有斜切口，则转换为钣金件后，斜切口变为直切口（其与钣金驱动曲面垂直）。如图 1-32a 所示，在一个实体零件上具有一个斜切口；将该实体零件转换为钣金件后，斜切口变成直切口，如图 1-32b 所示。

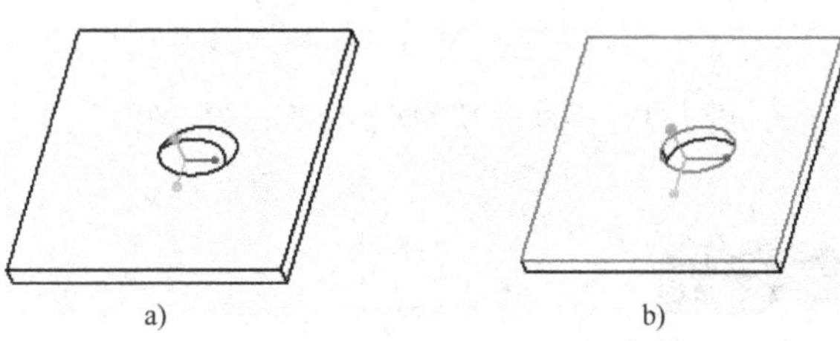

图 1-32　实体中的切口转换

a) 具有斜切口的实体零件　b) 将实体零件转换为钣金件后的效果

下面介绍一个典型操作实例。

步骤 1：打开实体零件文件。

在 Creo Parametric 4.0 界面的“快速访问”工具栏中单击（打开）按钮，系统弹出“文件打开”对话框，浏览并选择 bc_bj_1_zhq.prt 文件，单击“打开”按钮。文件中存在着图 1-33 所示的实体零件。

步骤 2：使用“驱动曲面”方法进行转换。

（1）从功能区的“模型”选项卡中选择“操作”→“转换为钣金件”命令，打开“第一壁”选项卡。

（2）在“第一壁”选项卡单击（驱动曲面）按钮，打开“驱动曲面”选项卡。

（3）选择图 1-34 所示的零件面（鼠标光标所指）作为驱动曲面。

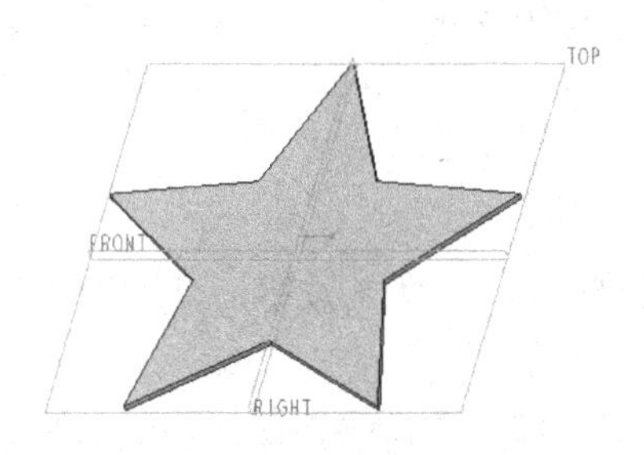

图 1-33　薄壁形状的实体零件

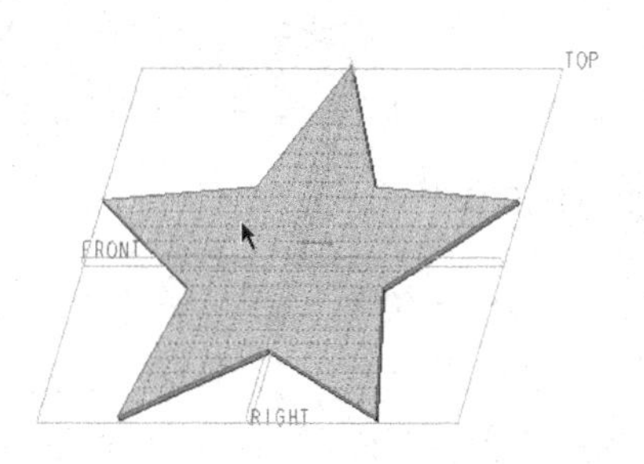

图 1-34　指定驱动曲面

（4）在“驱动曲面”选项卡中输入厚度为“6”，如图1-35所示，单击✓（完成）按钮。

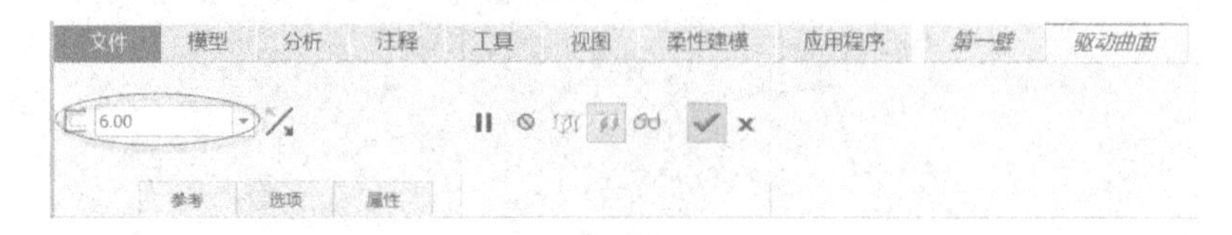

图1-35 输入钣金件厚度

至此，实体转换成钣金件第一壁，如图1-36所示。

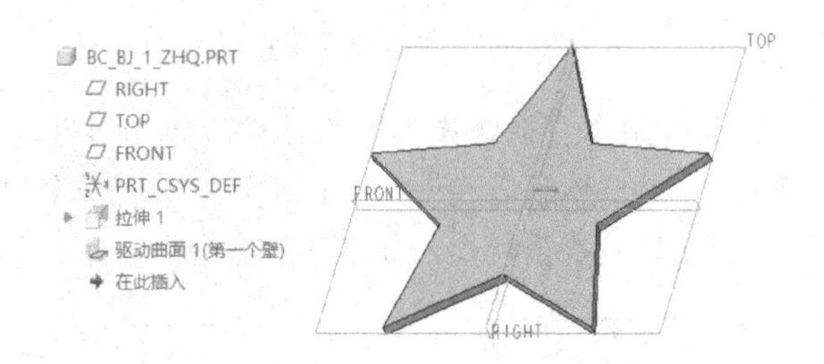

图1-36 将实体零件转换为钣金件的结果

1.4 设计钣金件壁

建立钣金件的三维实体模型时，通常需要设计钣金壁。在Creo Parametric 4.0中，可以创建两种主要类型的壁特征：分离壁（有时也称主要壁）和连接壁（也称次要壁）。

分离壁是不需要其他壁便可以存在的独立壁。钣金零件中的第一个分离壁被称为“第一壁”，而之后创建的所有依附于第一壁的钣金件特征都是第一壁的子项。第一壁决定钣金件的厚度。也可以根据设计需要，创建其他分离壁，然后将这些分离壁的几何合并到主壁几何上。可以创建平面壁、拉伸壁、旋转壁、边界混合壁、扫描混合壁、扫描壁、螺旋扫描壁和混合壁等类型的分离壁。其中，边界混合壁、扫描混合壁、扫描壁、螺旋扫描壁和混合壁属于高级壁，这是因为此类壁的外形可以较为复杂，不容易展平，且使用频率不是很高。另外，使用（偏移）按钮，可以偏移壁的面组或一个曲面以创建一个新曲面或钣金件壁，如果创建的该钣金件壁将作为设计中的第一壁，则必须指定壁的厚度。偏移壁可以是分离壁。

连接壁取决于至少一个其他壁，常见的可以作为连接壁的有平面壁、平整壁、法兰壁、延伸壁、扭转壁等。有些壁既可以作为分离壁也可以作为连接壁，但在设计最后，多个分离壁需要和主壁连接合并，这要求在实际应用时灵活使用。

1.4.1 平面壁

使用功能区“模型”选项卡的“形状”面板中的（平面）按钮，可以创建平面第一壁或多个分离的平面壁。平面壁需要封闭环草绘，如果是创建一个平面壁作为钣金件第一壁，那么需要设置平面壁的厚度，这也是钣金件厚度，之后所创建的任何其他壁都会自动使用相同的厚度。

在介绍具体的平面壁实例之前，先简单地介绍平面壁用户界面。

在功能区的“模型”选项卡中单击“形状”面板中的 （平面）按钮，则在功能区打开图 1-37 所示的“平面”选项卡。

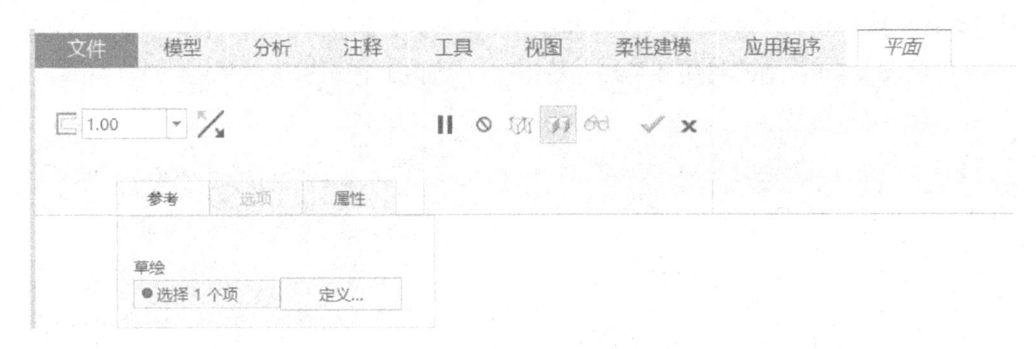

图 1-37 “平面”选项卡

- （厚度）框：用于设置钣金件的厚度（仅适用于第一个平面壁）。
- （更改厚度方向）按钮：用于反转钣金件厚度的方向。
- “参考”面板：用于显示收集器中选定的草绘，如果单击“定义”按钮则可以定义一个平面壁的封闭环草绘。
- “选项”面板：该面板适用于非第一壁情形。当在该面板中选择“合并到模型”单选按钮时，则将壁合并到设计中的现有壁，并可以设置是否保留合并边（即设置是否将壁边与现有壁边进行合并），如图 1-38a 所示；而当选择“不合并到模型”单选按钮时，则不将壁合并到设计中的现有壁，此时根据设计要求选择是否将驱动曲面设置为与草绘平面相对，如图 1-38b 所示。

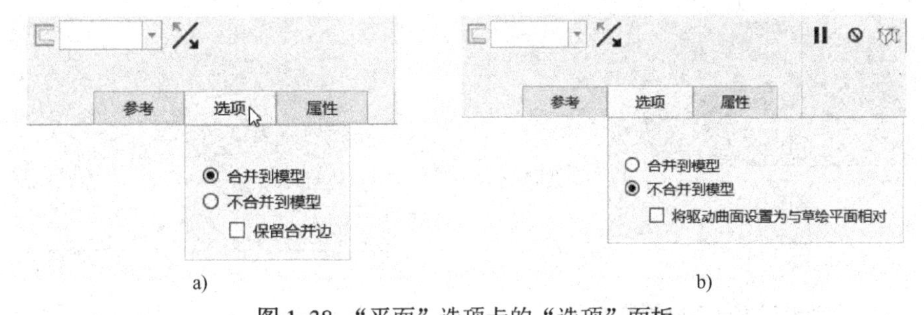

a) b)

图 1-38 “平面”选项卡的“选项”面板

a) 选择“合并到模型”单选按钮时 b) 选择“不合并到模型”单选按钮时

- “属性”面板：该面板中的“名称”文本框显示壁的名称，用户可以在该文本框中修改该平面壁的名称；若单击 （显示特征信息）按钮，那么可以在 Creo Parametric 浏览器中显示此特征的详细信息。

下面介绍创建平面壁作为钣金件第一壁的简单范例。

（1）在“快速访问”工具栏中单击 （新建）按钮，新建一个名为 bj_1_pmb 的钣金件零件文件，该钣金件零件文件使用 mmns_part_sheetmetal 公制模板。

（2）在功能区的“模型”选项卡中单击“形状”面板中的 （平面）按钮，则在功能区中打开“平面”选项卡。

（3）在“平面”选项卡中打开“参考”面板，接着在该面板中单击“定义”按钮，系统弹出“草绘”对话框。选择 TOP 基准平面作为草绘平面，默认的草绘方向“参考”为 RIGHT 基准平面，“方向”选项为“右”，如图 1-39 所示，单击“草绘”按钮。

（4）绘制图 1-40 所示的封闭环草绘，单击✔（确定）按钮接受该草绘。

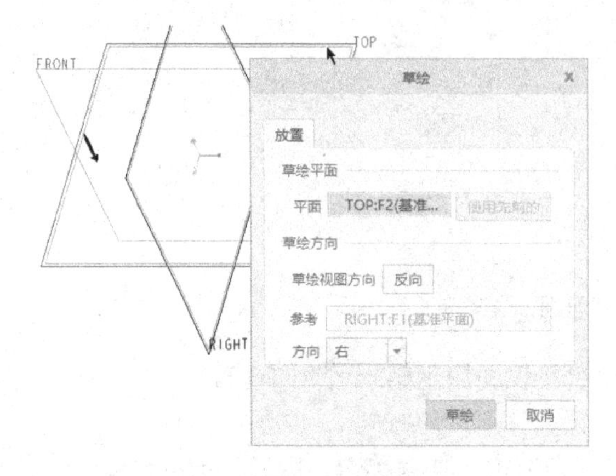

图 1-39 指定草绘平面等

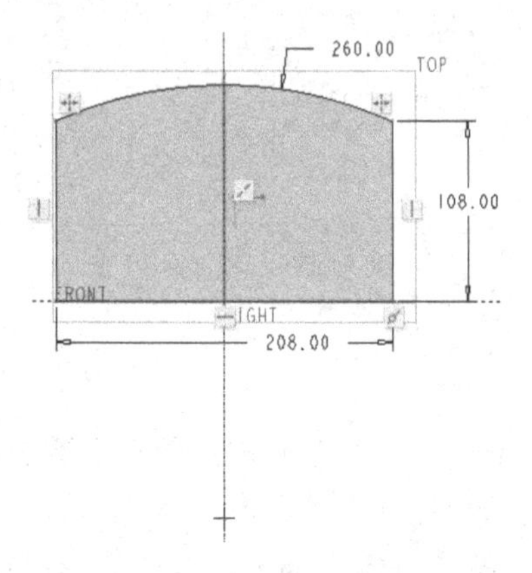

图 1-40 绘制封闭环草绘

（5）在“平面”选项卡的 （厚度）框中设置钣金件的厚度为“2.5”，接着单击 （更改厚度方向）按钮以使厚度方向如图 1-41 所示。

（6）在“平面”选项卡中单击✔（完成）按钮，完成创建的平面壁如图 1-42 所示。

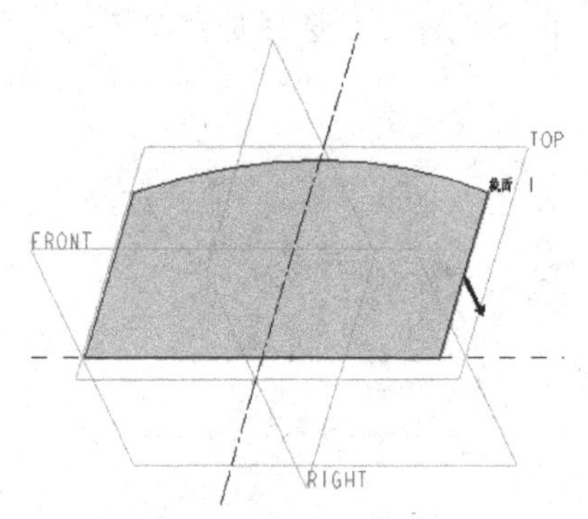

图 1-41 更改厚度方向后的预览效果

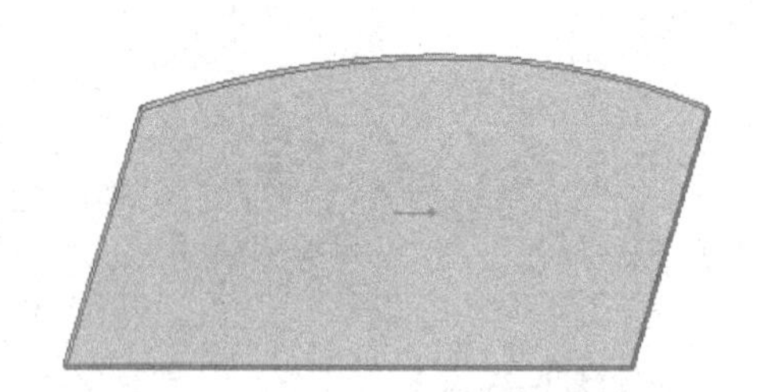

图 1-42 创建的平面壁（着色显示）

1.4.2 拉伸壁

在钣金件设计模式下，使用 （拉伸）按钮可以创建分离的拉伸壁、钣金件切口（这些缺口从钣金件壁移除实体材料，并垂直于驱动曲面、偏移曲面或同时垂直于二者）、实体切口（这些切口从钣金件壁移除实体材料，并垂直于草绘平面）、面组和曲面修剪等。在本小节主要介绍如何创建分离的拉伸壁，该拉伸壁需要定义壁的侧面外形基线、钣金件厚度和拉伸深度值等。

下面通过一个简单范例介绍如何创建分离的拉伸壁。

（1）在“快速访问”工具栏中单击 （新建）按钮，新建一个名为 bj_1_b2 的钣金件零件文件，该钣金件零件文件使用 mmns_part_sheetmetal 公制模板。

（2）在功能区“模型”选项卡的“形状”组中单击 （拉伸）按钮，打开图 1-43 所示的“拉伸”选项卡。

（3）在图形窗口中选择 FRONT 基准平面作为草绘平面，快速进入草绘模式。绘制图 1-44 所示的图形，单击 （确定）按钮接受该草绘。

图 1-43 “拉伸”选项卡　　图 1-44 绘制图形

（4）在“拉伸”选项卡中输入钣金件壁的厚度值为“3”，输入拉伸深度值为“150”，如图 1-45 所示。

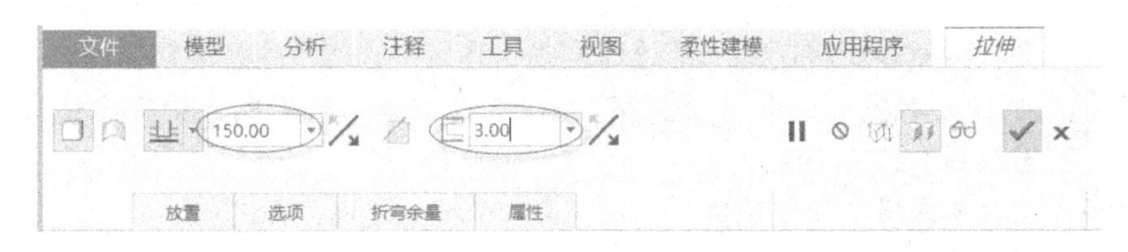

图 1-45 设置壁厚和拉伸深度

（5）在“拉伸”选项卡中打开“选项”面板，从“钣金件选项”选项组中勾选“在锐边上添加折弯”复选框，接着从“半径”下拉列表框中默认选择“[厚度]”，设置标注折弯的方式选项为“内侧”，如图 1-46 所示。

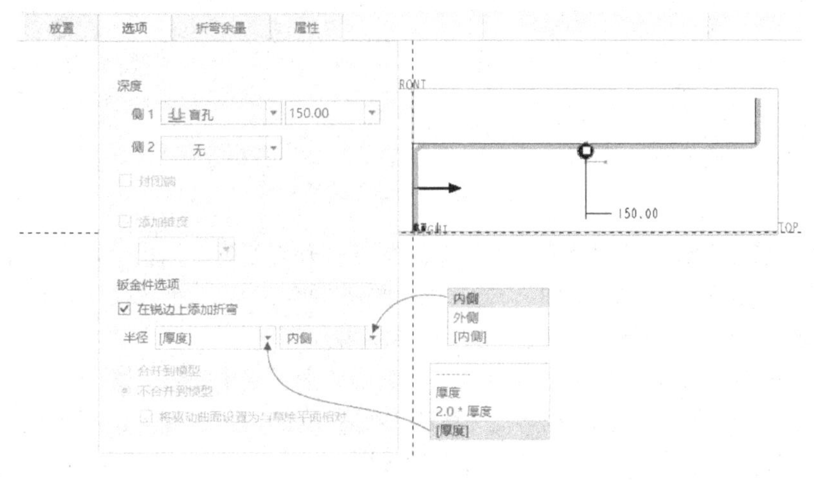

图 1-46 设置钣金件选项

（6）在“拉伸”选项卡中单击 （完成）按钮，从而完成创建图 1-47 所示的拉伸壁作为钣金件的第一壁特征。

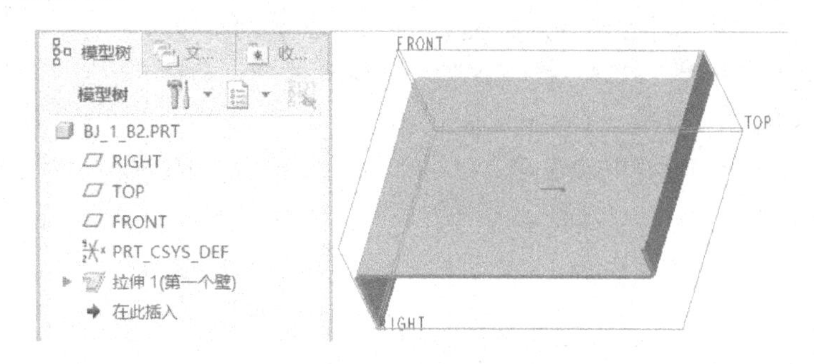

图 1-47 完成分离的拉伸壁作为第一壁特征

1.4.3 旋转壁

在钣金件设计模式下，使用（旋转）按钮可以创建带有旋转几何形状的钣金件壁或曲面。当存在第一壁时，使用（旋转）按钮还可以在钣金件上创建一个旋转形式的实体切口。在创建旋转壁的过程中，需要定义旋转剖面草绘、旋转轴和指定方向的旋转角度等，其中旋转轴可以是作为草绘旋转剖面一部分而创建的几何中心线（注意旋转剖面线必须位于作为旋转轴的几何中心线的同一侧），还可以通过选择位于草绘平面上的任意现有线性几何（例如轴、直边或曲线）来定义。

下面介绍创建旋转壁的简单范例

（1）在“快速访问”工具栏中单击（新建）按钮，新建一个名为 bj_1_b3 的钣金件零件文件，该钣金件零件文件使用 mmns_part_sheetmetal 公制模板。

（2）在功能区的“模型”选项卡中单击“形状”→（旋转）按钮，打开图 1-48 所示的“旋转”选项卡。

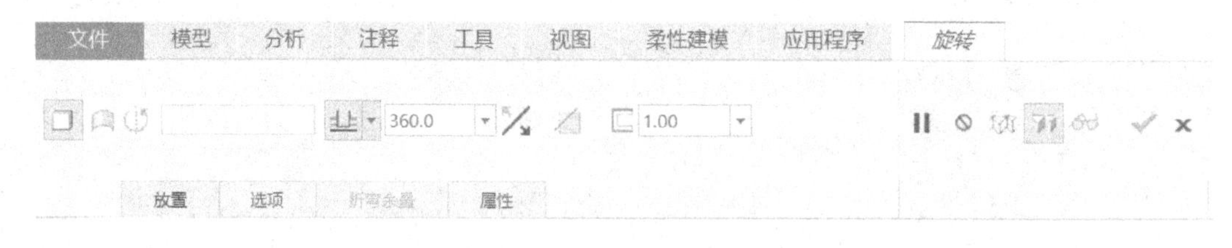

图 1-48 “旋转”选项卡

（3）在“旋转”选项卡中单击“放置”选项以打开“放置”面板，单击“定义”按钮，弹出“草绘”对话框，选择 FRONT 基准平面作为草绘平面，默认以 RIGHT 基准平面为“右”方向参考，单击“草绘”按钮，进入草绘模式。

（4）在功能区“草绘”选项卡的“基准”组中单击（中心线）按钮，先在绘图区域中绘制一条竖直的几何中心线，接着在“草绘”组中单击（3 点/相切端弧）按钮，绘制图 1-49 所示的旋转截面线，单击（确定）按钮。

（5）默认以草绘中的几何中心线作为旋转轴，旋转角度为 360°，在（壁厚）尺寸框中输入壁厚值为“2”。

（6）在“旋转”选项卡中单击（完成）按钮，完成创建的旋转壁如图 1-50 所示。

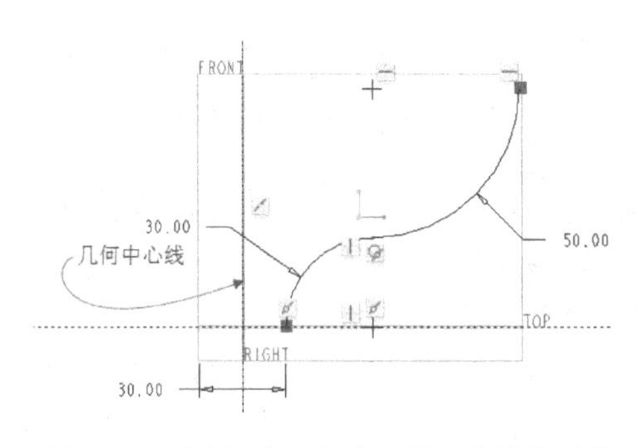

图 1-49 绘制一条几何中心线和旋转截面线

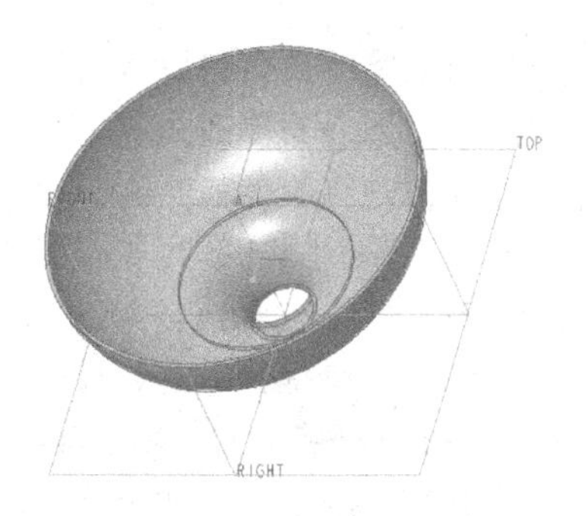

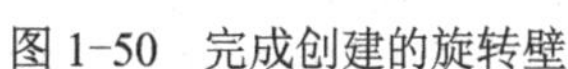

图 1-50 完成创建的旋转壁

1.4.4 偏移壁

使用 （偏移）按钮，可以偏移壁的面组或一个曲面来创建一个新曲面或钣金件壁。在这里以使用此按钮创建钣金件壁为例，即以创建偏移壁为例进行介绍，如果创建的偏移壁为设计中的第一壁，那么必须指定壁的厚度。

创建偏移壁的一般方法步骤如下。读者可以打开 bj_1_b4.prt 文件并按照这些步骤来进行操作学习。

（1）在功能区的“模型”选项卡中单击“编辑”组中的 （偏移）按钮，打开图 1-51 所示的“偏移”选项卡，确保 （实体）按钮处于被选中的状态。

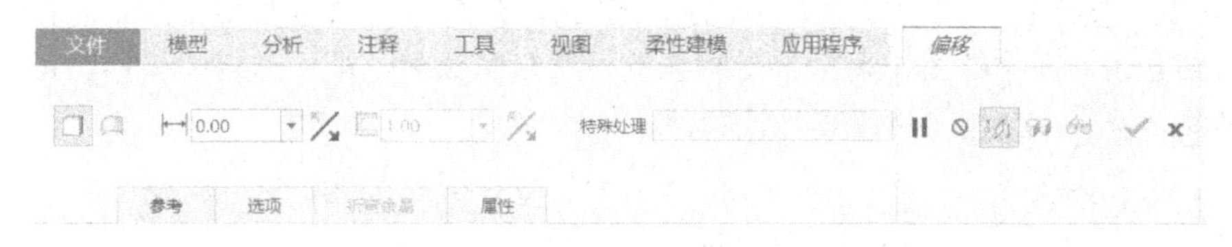

图 1-51 “偏移”选项卡

（2）选择一个面组或曲面组作为偏移的参考。这里将选择过滤器的选项设置为“面组”，接着选择图 1-52 所示的一个面组。

（3）对于第一壁，输入壁厚值或接受默认值，例如在 （厚度）框中输入壁厚值为“3”。

（4）在 （偏移距离）尺寸框中设置偏移距离，例如输入偏移距离为“25”，此时如图 1-53 所示。

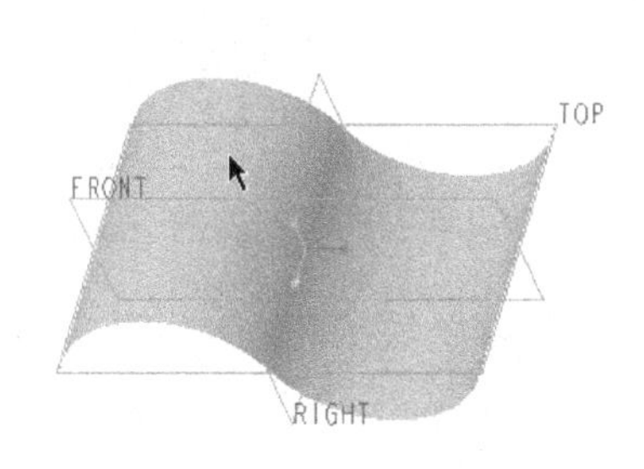

图 1-52 指定偏移的参考

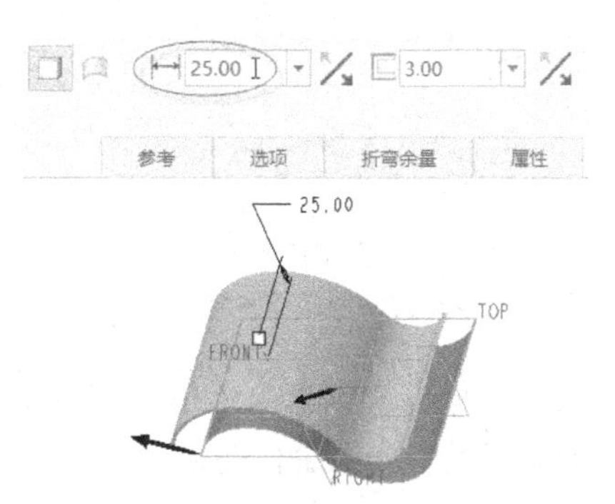

图 1-53 设置偏移距离时的效果

（5）如果要反转材料厚度方向，那么单击位于（厚度）框右侧的（更改材料厚度方向）按钮。如果要更改偏移方向，那么单击位于（偏移距离）尺寸框右侧并靠近它的（将偏移方向更改为其他侧）按钮。

（6）在“偏移”选项卡中打开“选项”面板，如图1-54所示，可以进行以下操作之一。

- 从第一个下拉列表框中选择“垂直于曲面”选项、“自动拟合”选项或“控制拟合”选项来控制偏移方法。默认选择“垂直于曲面”选项。
- 如果选择偏移方法选项为“垂直于曲面”选项，那么可单击“特殊处理”收集器并选择要排除的一个或多个曲面。
- 当所选对象存在非相切几何时，可勾选“在锐边上添加折弯”复选框，以倒圆锐边，此时需要设置半径值和半径标注位置。
- 当壁不是第一壁时，可根据设计要求设置不合并到模型，并勾选“将驱动曲面设置为与偏移曲面相对”复选框来反向驱动曲面。如果选择“合并到模型”单选按钮则可以将壁合并到设计中的现有壁，此时要避免新壁边与现有壁边合并，那么可勾选将出现的“保留合并边”复选框。

（7）要使用与零件不同的方法设置特征特定的折弯余量并计算展开长度，则在“偏移”选项卡中打开“折弯余量”面板，从“展开长度计算”下拉列表框中选择“使用特征设置”选项，接着选择一个新的因子（如“按 K 因子”或“按 Y 因子”）并设置其值，如图 1-55所示。如果要使用折弯表来计算弧的展开长度，那么在“圆弧的展开长度”选项组中勾选“使用折弯表”复选框，然后从列表中选择一个表。有关折弯余量的相关知识将在后面的章节中会详细介绍。在本练习中可以接受默认的折弯余量设置，即不选择“使用特征设置”选项，而是默认选择“使用零件设置”选项。

图1-54 “偏移”选项卡的“选项”面板

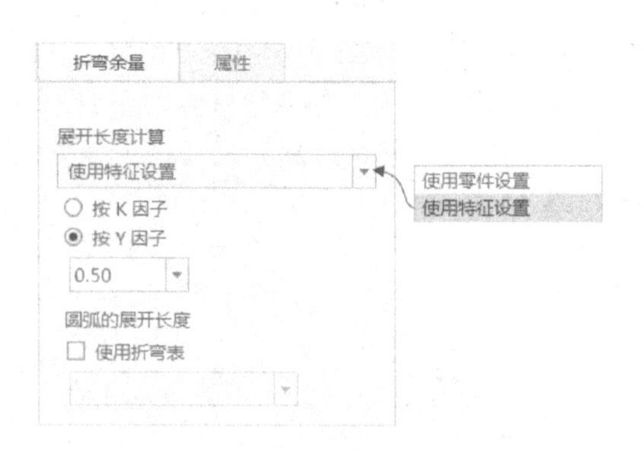

图1-55 启用特征专用设置（折弯余量）

（8）在“偏移”选项卡中单击（完成）按钮。创建偏移壁的示例练习结果如图 1-56所示，该偏移壁作为钣金件的第一壁。

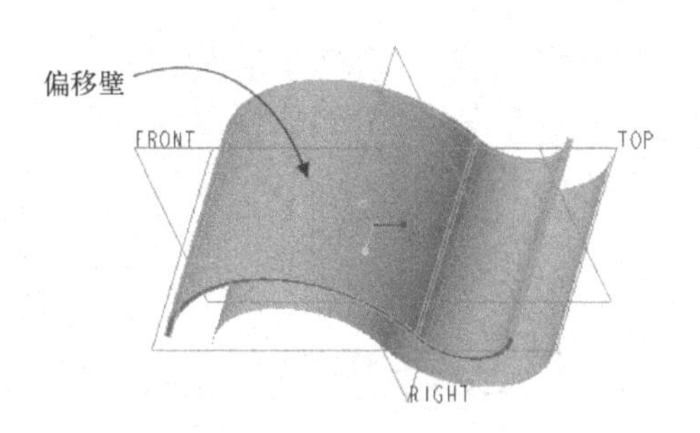

图 1-56 创建偏移壁的练习结果示例

1.4.5 高级壁

使用“边界混合”“混合”“扫描”“螺旋扫描”“扫描混合”等命令可以创建一些波状外形的壁，这些壁较为难展平，使用频率也不高，我们将这些类型的壁统称为“高级壁”。下面介绍这些高级壁的简单创建范例。

1. 创建边界混合壁范例

（1）在“快速访问”工具栏中单击（打开）按钮，系统弹出“文件打开”对话框，从本书附赠网盘素材中选择 bj_1_45a.prt，接着单击“打开”按钮，该钣金件文件中存在着图 1-57 所示的 4 条边。

（2）在功能区“模型”选项卡的“形状”组中单击（边界混合）按钮，打开“边界混合”选项卡。默认时，该“边界混合”选项卡中的（实体）按钮处于被选中的状态。

（3）（“第一方向”链收集器）处于活动状态，在图形窗口中选择曲线 1 作为第一方向的曲线，接着按住〈Ctrl〉键选择曲线 2，也作为第一方向的曲线。在（“第二方向”链收集器）框中单击以将该收集器激活，接着选择曲线 3 作为第二方向的曲线，并按住〈Ctrl〉键选择曲线 4，也作为第二方向的曲线，如图 1-58 所示。

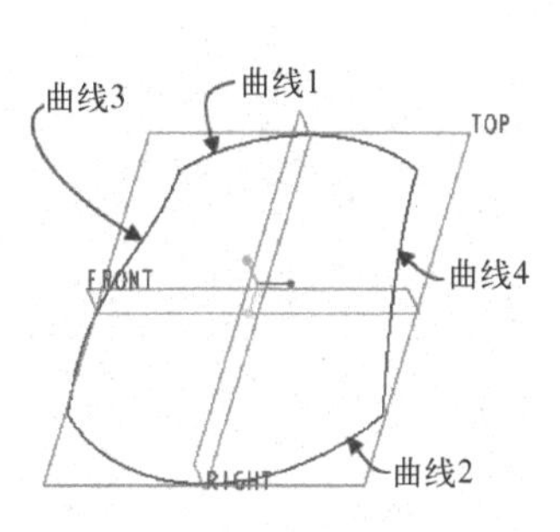

图 1-57 已有的 4 条边

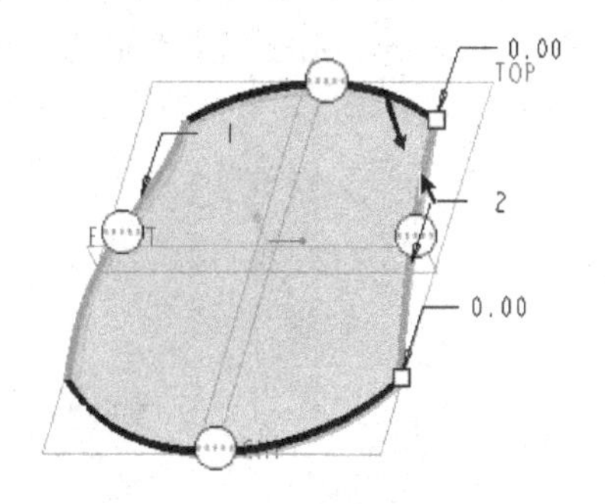

图 1-58 指定两个方向的曲线

（4）在（壁厚度）尺寸框中输入壁厚度值为“5”，单击（更改厚度方向）按钮，如图 1-59 所示。

（5）单击（完成）按钮，完成创建的边界混合壁如图 1-60 所示。

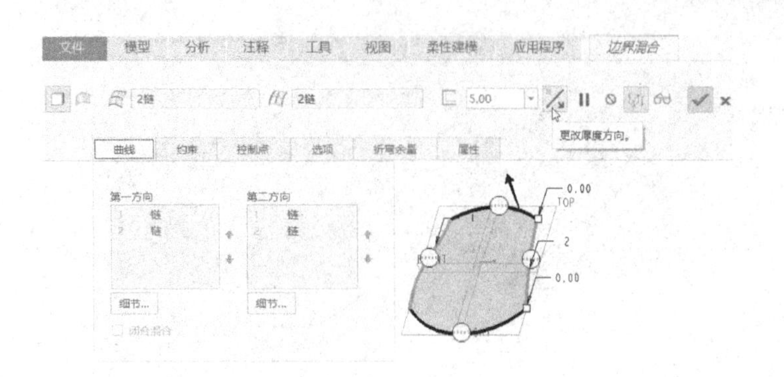

图 1-59 在“边界混合”选项卡中进行相关操作

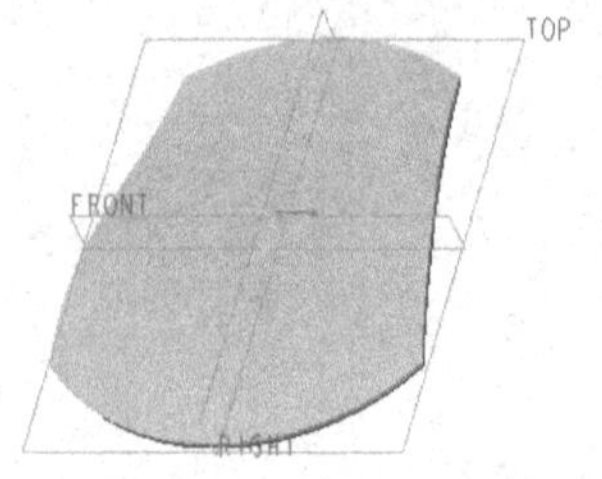

图 1-60 创建的边界混合壁

2．创建混合壁范例

（1）在“快速访问”工具栏中单击（新建）按钮，新建一个名为 bj_1_45b 的钣金件零件文件，该钣金件零件文件使用 mmns_part_sheetmetal 公制模板。

（2）在功能区的“模型”选项卡中单击“形状”→（混合）按钮，打开“混合”选项卡。默认时，该“混合”选项卡中的（实体）按钮和（与草绘截面混合）按钮处于被选中的状态，如图 1-61 所示。

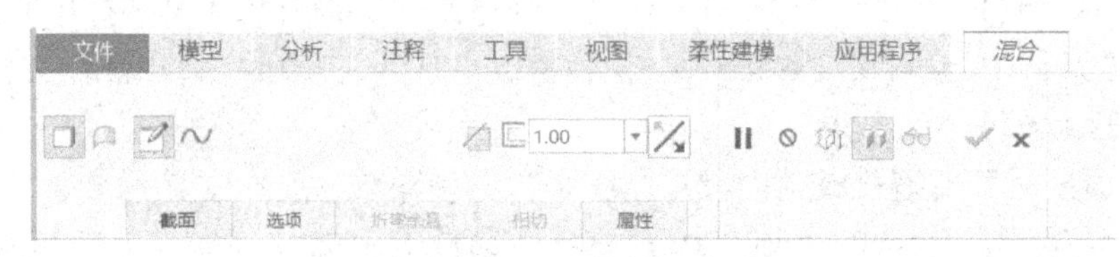

图 1-61 “混合”选项卡

（3）打开“截面”面板，选择“草绘截面”单选按钮，单击“定义”按钮，弹出“草绘”对话框，选择 TOP 基准平面作为草绘平面，默认草绘方向，单击“草绘”对话框中的“草绘”按钮，进入草绘模式。先绘制图 1-62 所示的一个圆，接着单击（分割）按钮并依此在圆周上单击图 1-63 所示的点 1、点 2、点 3 和点 4 以将该圆周分成 4 个部分，然后单击（确定）按钮，完成混合截面 1 的创建。

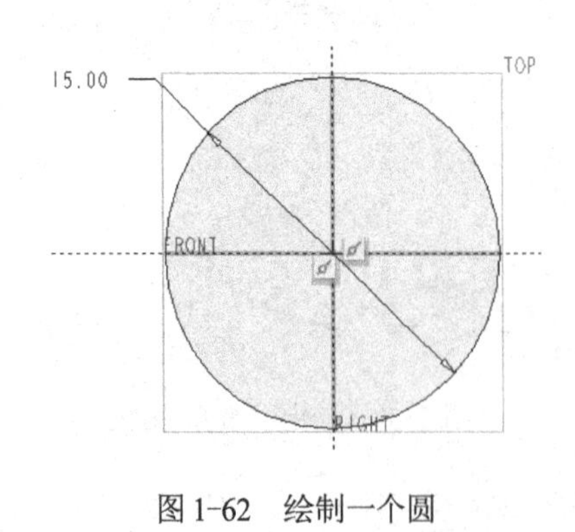

图 1-62 绘制一个圆

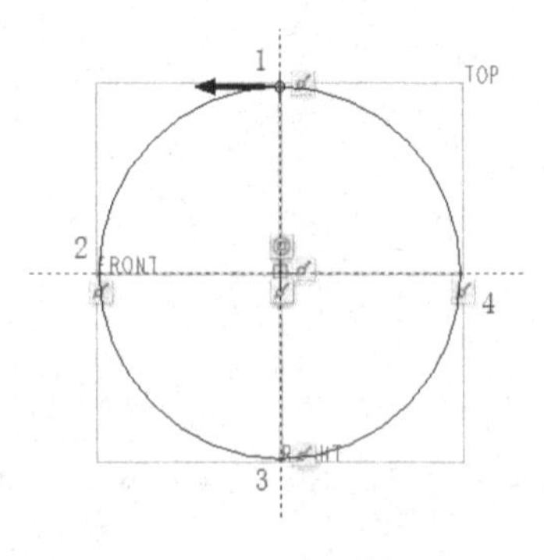

图 1-63 分割图元

（4）在“混合”选项卡的“截面”面板中，确保选中“草绘截面”单选按钮和“草绘平面位置定义方式”下的“偏移尺寸”单选按钮，并设置偏移自截面 1 的距离为“10”，如

图 1-64 所示。单击“草绘”按钮，进入草绘模式。绘制图 1-65 所示的截面 2，注意截面 2 的起点箭头方向，单击✔（确定）按钮，完成截面 2 的绘制。

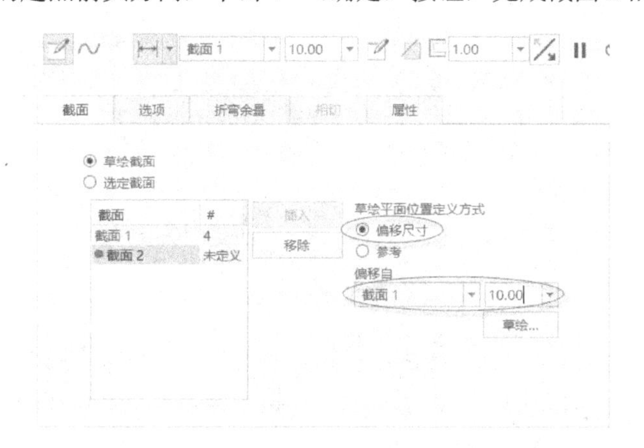

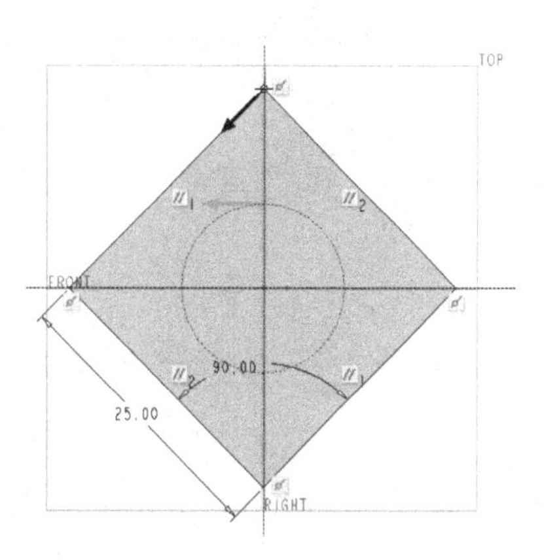

图 1-64　设置截面 2 偏移截面 1 的距离

图 1-65　绘制截面 2

（5）在“混合”选项卡的▭（壁厚度）框中设置壁厚度为“1”。

（6）在“混合”选项卡中打开“选项”面板，从“混合曲面”选项组中选择“平滑”单选按钮，从“钣金件选项”选项组中勾选“在锐边上添加折弯”复选框，半径默认为“[厚度]”，标注位置形式为“内侧”，如图 1-66 所示。

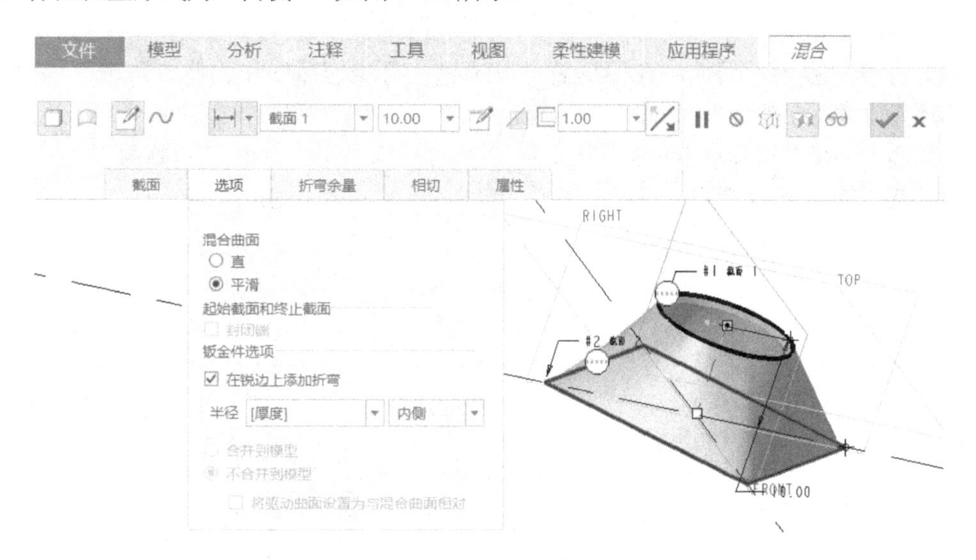

图 1-66　设置钣金件选项

（7）在“混合”选项卡中单击✔（完成）按钮，接着按〈Ctrl+D〉快捷键以默认的标准方向视角显示模型，效果如图 1-67 所示。

3．创建扫描壁范例

（1）在“快速访问”工具栏中单击📂（打开）按钮，系统弹出“文件打开”对话框，从本书附赠网盘素材中选择 bj_1_45c.prt 文件，接着单击“打开”按钮，该钣金件文件中存在着图 1-68 所示的原始曲线。

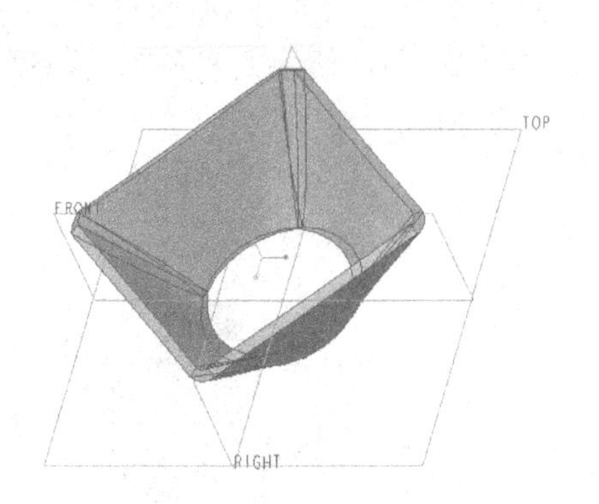

图 1-67 完成创建的混合壁

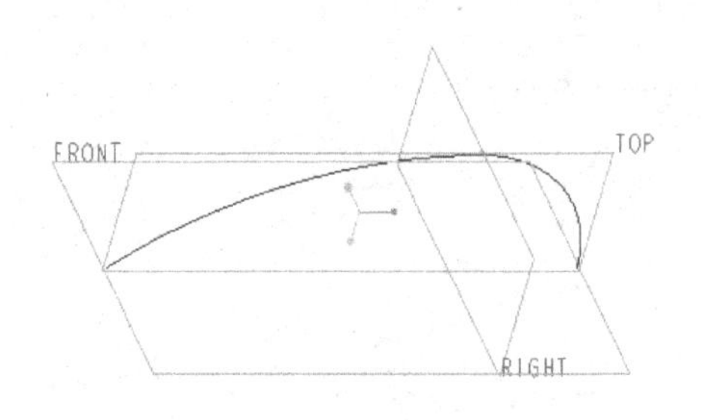

图 1-68 已存在曲线

（2）在功能区的“模型”选项卡中单击“形状”组溢出按钮，接着单击“扫描”右侧的 ▸（箭头）按钮并单击（扫描）按钮，打开图 1-69 所示的“扫描”选项卡。默认在“混合”选项卡中选中（实体）按钮和（恒定截面）按钮。

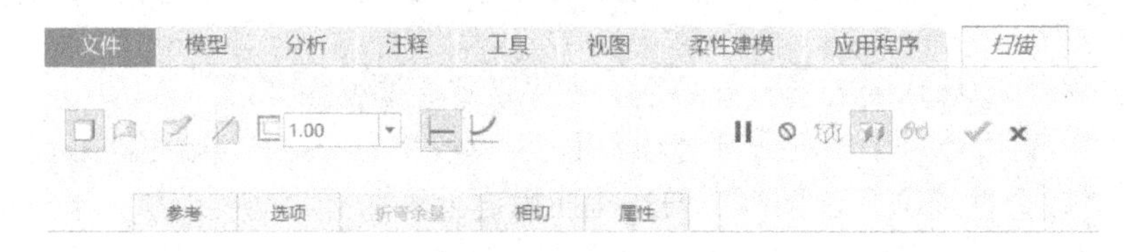

图 1-69 “扫描”选项卡

（3）打开“参考”面板，在图形窗口中选择已有相切曲线作为原点轨迹，“截平面控制”选项为“垂直于轨迹”，如图 1-70 所示。

（4）在“扫描”选项卡中单击（创建或编辑扫描剖面）按钮，绘制图 1-71 所示的扫描剖面。然后单击（确定）按钮。

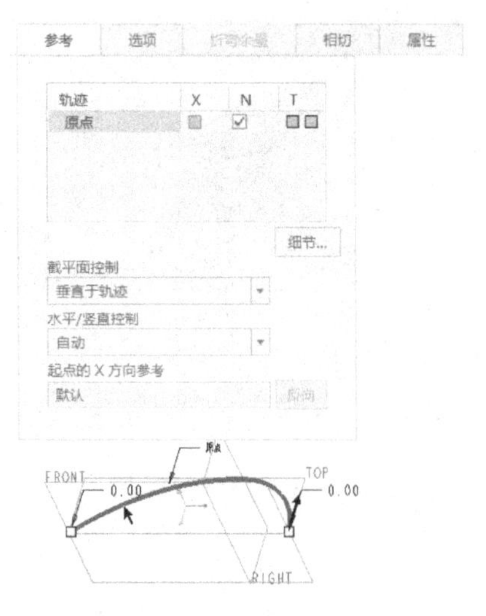

图 1-70 “参考”面板与选择扫描轨迹

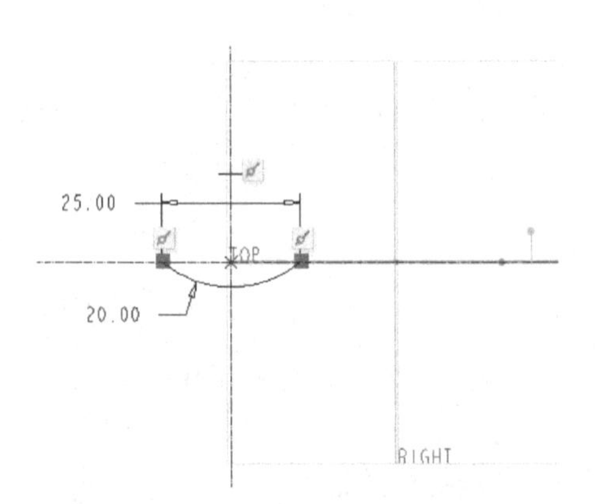

图 1-71 绘制扫描剖面

（5）在“扫描”选项卡的（壁厚度）框中输入壁厚度值为 1.5。

（6）单击✔（完成）按钮，完成创建的扫描壁如图 1-72 所示。

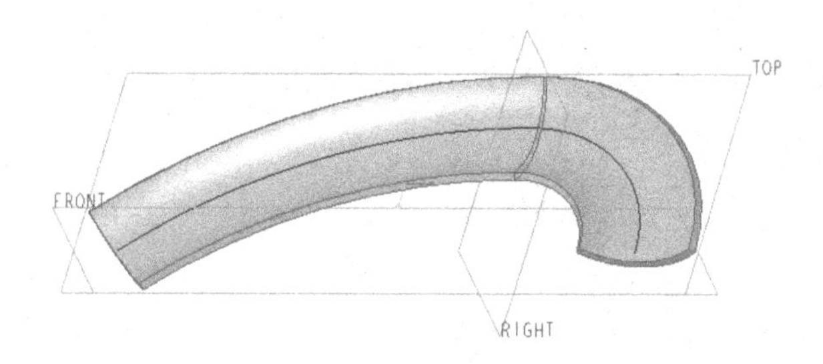

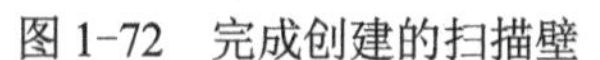

图 1-72 完成创建的扫描壁

4. 创建螺旋扫描壁范例

（1）在“快速访问”工具栏中单击（新建）按钮，新建一个名为 bj_1_45d 的钣金件零件文件，该钣金件零件文件使用 mmns_part_sheetmetal 公制模板。

（2）在功能区的“模型”选项卡中单击“形状”组溢出按钮，接着单击“扫描”右侧的 ▸（箭头）按钮并单击（螺旋扫描）按钮，打开图 1-73 所示的“螺旋扫描”选项卡。默认时单击选中（实体）按钮和（使用右手定则）按钮。

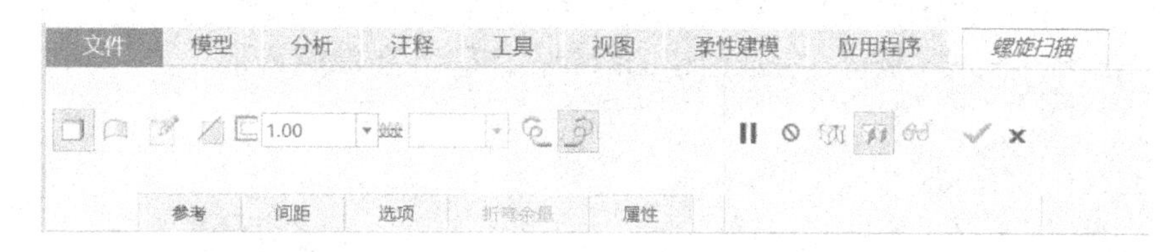

图 1-73 “螺旋扫描”选项卡

（3）在“螺旋扫描”选项卡中打开“参考”面板，如图 1-74 所示，从“截面方向”选项组中选择“穿过旋转轴”单选按钮，接着单击“螺旋扫描轮廓”收集器右侧的“定义”按钮，系统弹出“草绘”对话框，选择 FRONT 基准平面作为草绘平面，默认以 RIGHT 基准平面为“右”方向参考，单击“草绘”按钮。

（4）在“草绘”选项卡的“基准”组中单击（中心线）按钮，绘制一条几何中心线，接着单击（线链）按钮绘制螺旋扫描轮廓，如图 1-75 所示。然后单击✔（确定）按钮。

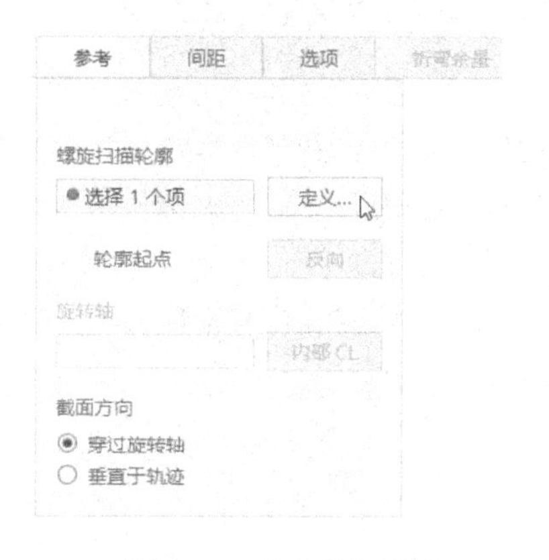

图 1-74 “参考”面板

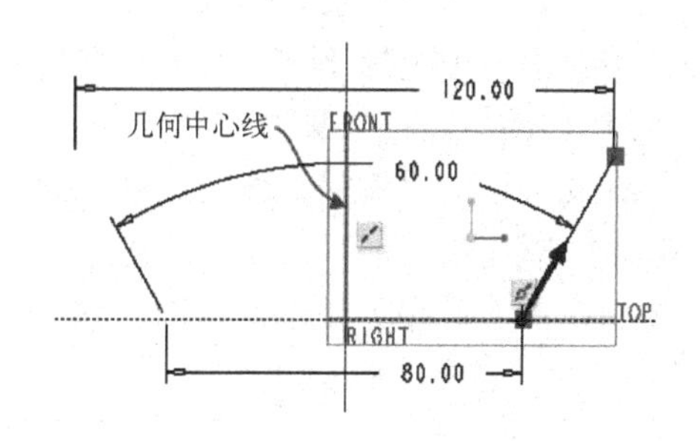

图 1-75 绘制螺旋扫描轮廓（含几何中心线）

（5）在“螺旋扫描”选项卡中单击（创建或编辑扫描截面）按钮，绘制图 1-76 所示的扫描截面，单击（确定）按钮。

（6）在（壁厚度）文本框中输入壁厚度值为“2”，在旁的“螺距”值文本框中输入螺距（间距）为“38”，如图 1-77 所示。

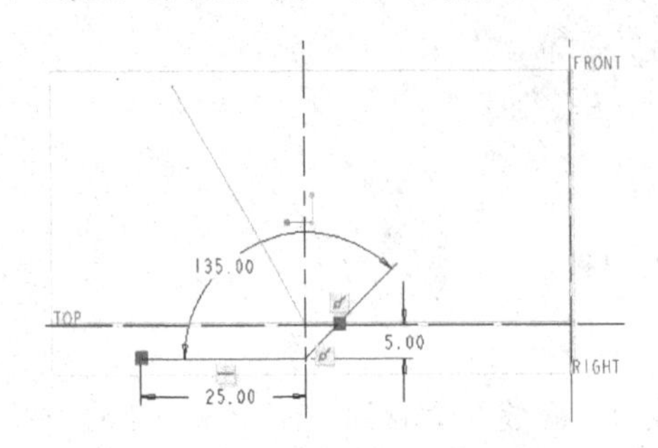

图 1-76 绘制扫描截面

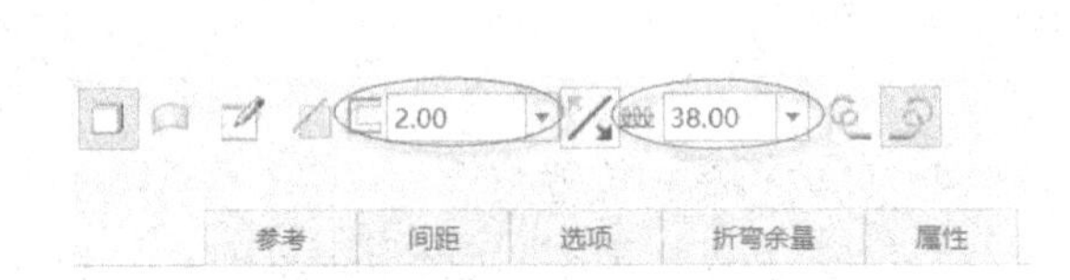

图 1-77 设置壁厚和螺距

（7）在“螺旋扫描”选项卡中打开“选项”面板，从“沿着轨迹”选项组中选择“保持恒定截面”单选按钮，从“钣金件选项”选项组中勾选“在锐边上添加折弯”复选框，并从“半径”下拉列表框中选择“2.0 * 厚度”，默认半径标注位置为“内侧”，如图 1-78 所示。

（8）单击（完成）按钮，完成创建的螺旋扫描壁如图 1-79 所示。

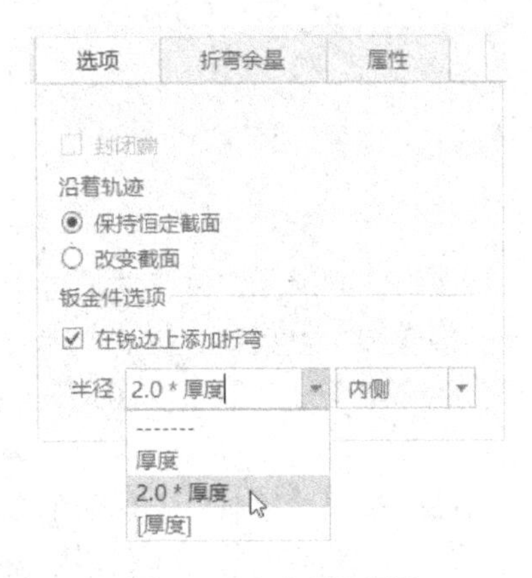

图 1-78 “选项”面板

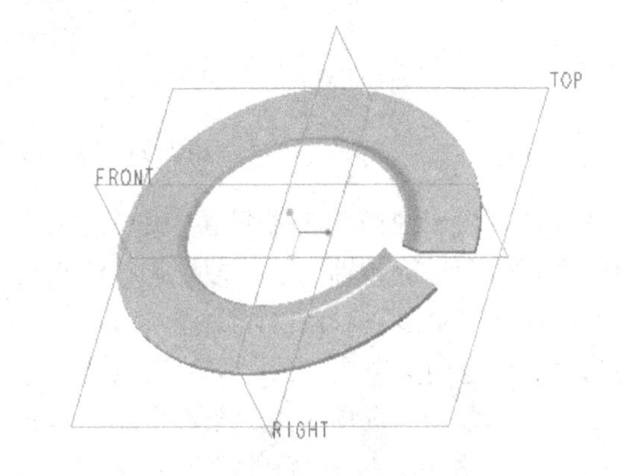

图 1-79 完成创建的螺旋扫描壁

5. 创建扫描混合壁范例

（1）在“快速访问”工具栏中单击（打开）按钮，系统弹出“文件打开”对话框，从本书附赠网盘素材中选择 bj_1_45e.prt 文件，接着单击“打开”按钮，该钣金件文件中存在着图 1-80 所示的原始圆弧曲线。

（2）在功能区的“模型”选项卡中单击“形状”→（扫描混合）按钮，打开“扫描混合”选项卡，默认选中（实体）按钮。

（3）在（壁厚度）文本框中输入壁厚度值为“2”。

（4）打开“参考”面板，选择已有曲线作为原点轨迹，“截平面控制”为“垂直于轨迹”，“水平/竖直控制”为“自动”，如图 1-81 所示。

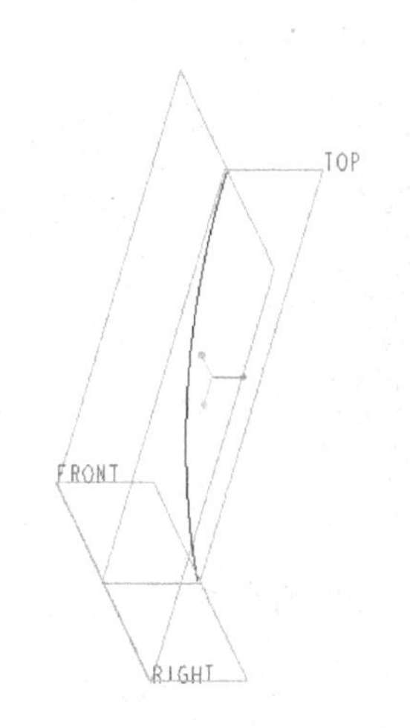

图 1-80　原始圆弧曲线

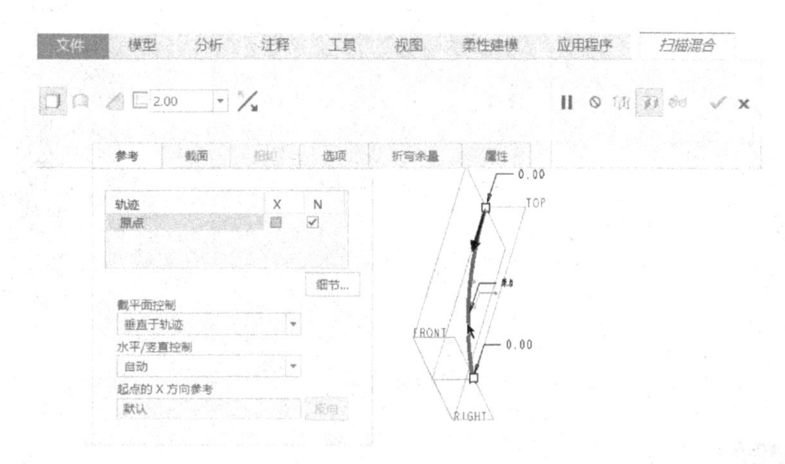

图 1-81　指定扫描混合的原点轨迹

（5）打开“截面”面板，选择“草绘截面”单选按钮，“截面位置”默认为“开始”，其旋转角度值为“0”，如图 1-82 所示，单击“草绘”按钮。绘制图 1-83 所示的开始截面（第一个截面），单击✔（确定）按钮。

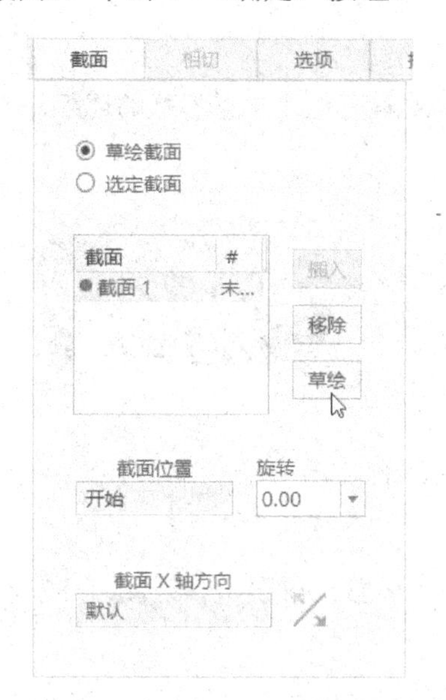

图 1-82　“截面”面板

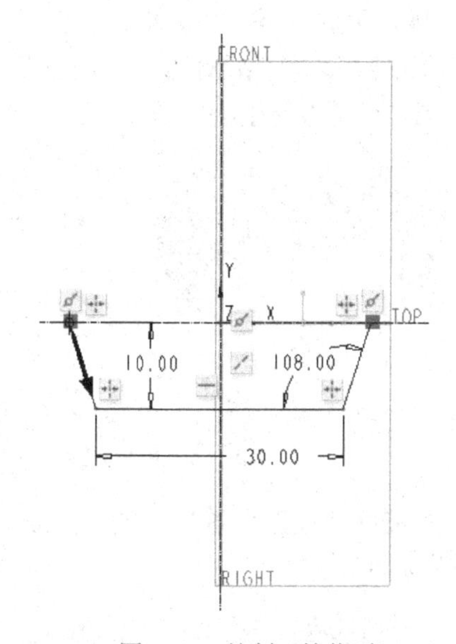

图 1-83　绘制开始截面

（6）在“截面”面板中单击“插入”按钮，确保截面位置为“结束”，其旋转角度值为“0”，单击该面板中的“草绘”按钮，进入草绘模式，绘制图 1-84 所示的结束截面，单击✔（确定）按钮。

（7）在“扫描混合”选项卡中打开“选项”面板，从中勾选“调整以保持相切”复选框，选择“无混合控制”单选按钮，并勾选“在锐边上添加折弯”复选框，半径为“[厚度]”，指定半径标注位置为“内侧”。

（8）单击✔（完成）按钮，完成的扫描混合壁如图 1-85 所示。

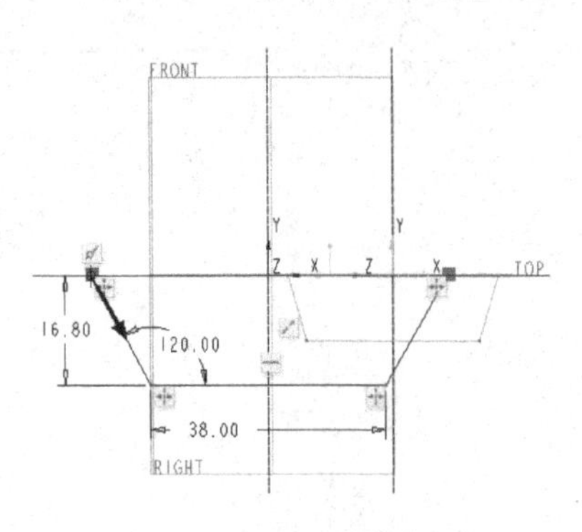

图 1-84 绘制结束截面

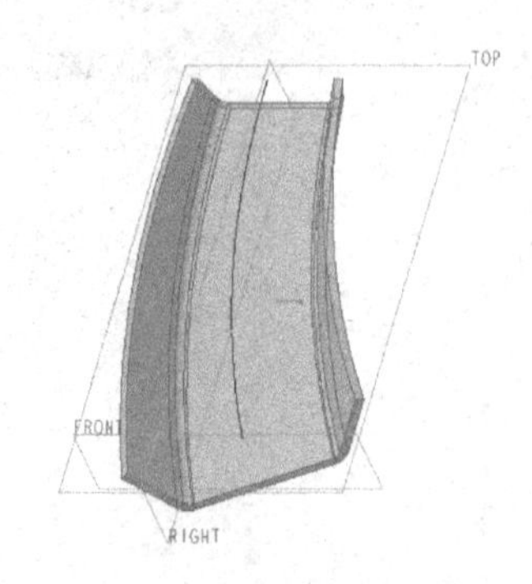

图 1-85 扫描混合壁

1.4.6 平整壁

连接的平整壁依附于第一壁或其他壁，它具有带线性连接边的任意平整形状。连接的平整壁需要拉伸为平整部分的开放环草绘。通常连接平整壁形状的创建方法有如下 3 种。

- 选择一种标准平整形状。
- 草绘用户定义的平整形状。
- 导入预定义的平整壁形状。

连接平整壁的典型示例如图 1-86 所示，平整壁草绘具有用作平整形状的连续开放环，环的末端位于两端连接的中心线上。

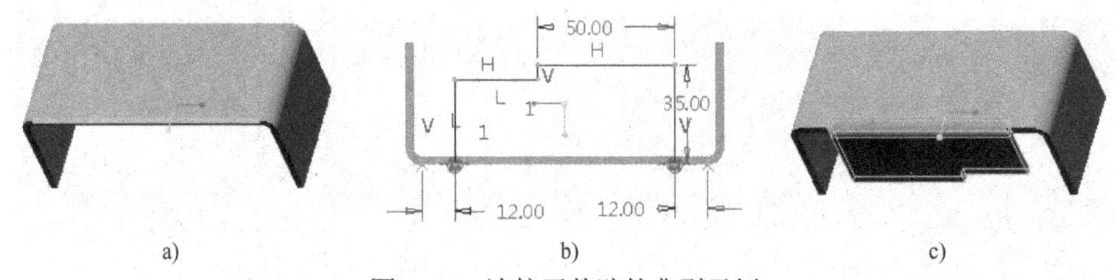

图 1-86 连接平整壁的典型示例

a) 在现有壁上选定边 b) 平整壁草绘（开放环） c) 完成的平整壁

在功能区“模型”选项卡的“形状”组中单击（平整）按钮，打开图 1-87 所示的“平整”选项卡。

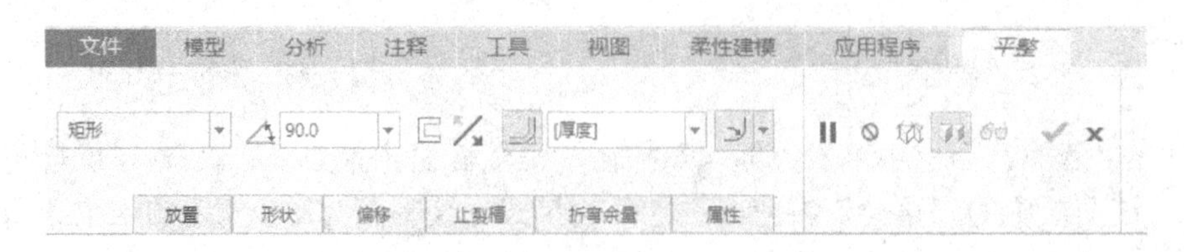

图 1-87 “平整”选项卡

在“平整”选项卡中单击左边第一个框（“形状”下拉列表框）的下拉按钮，将出现图 1-88 所示的下拉列表框。在该下拉列表框中，提供了预定义的“矩形”“梯形”“L”“T” 4 种平整壁形状，其相应的预览形状效果如图 1-89 所示。用户也可以根据实际情况，从“形状”下拉列表框中选择“用户定义”选项来自定义平整壁形状。

图 1-88 平整壁的形状选项

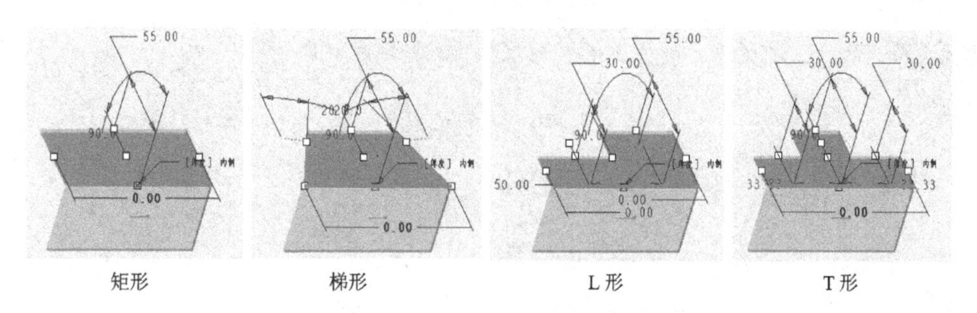

图 1-89 平整壁的预定义形状示例

当用户从“形状”下拉列表框中选择“用户定义”选项时，需要单击“平整”选项卡中的“形状”标签，打开“形状”滑出面板，如图 1-90 所示，设置形状连接选项来确定标注壁尺寸的方法（“高度尺寸包括厚度”单选按钮用于在计算壁高度时包括钣金件厚度，此为默认选项，而“高度尺寸不包括厚度”单选按钮用于在计算壁高度时不包括钣金件厚度），接着单击“草绘”按钮，弹出图 1-91 所示的“草绘”对话框，从中设定草绘方向及其相应参考，单击“草绘”按钮，进入草绘模式，草绘有效的平整壁形状（平整壁形状为连续的开放环，注意形状草绘与放置连接边两个端点的对齐关系或尺寸设置），然后单击✔（确定）按钮。定义好平整壁形状后，可以在“形状”面板中单击“另存为”按钮，以将该形状保存到指定的草绘文件（*.sec）。另外，如果在“形状”面板中单击“打开”按钮，则可以选择保存的.sec 文件来打开形状。

图 1-90 “形状”滑出面板

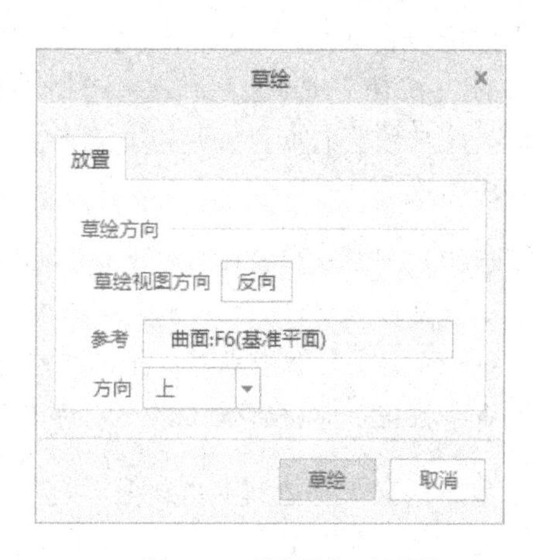

图 1-91 “草绘”对话框

当从“形状”下拉列表框中选择“矩形”“梯形”“L”“T”选项时，也可以进入“形状”面板来修改薄壁形状，如图 1-92 所示，必要时可单击该面板中的“草绘”按钮，进入“草绘器”中修改该薄壁形状。“形状”面板中的“草绘”窗口是显示预览和编辑草绘尺寸的窗口，在该窗口中可以通过单击壁形状尺寸来编辑其值。用户亦可在图形窗口中编辑相应的壁形状尺寸。

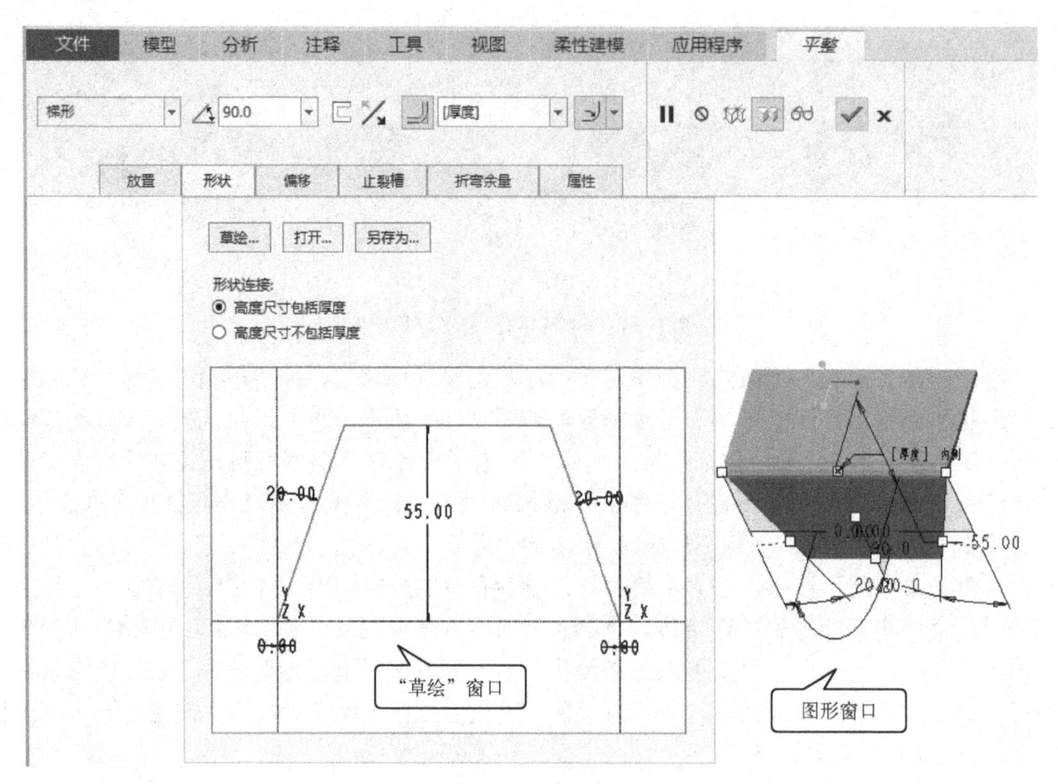

图 1-92 输入尺寸来修改薄壁形状

要设置壁从连接边的偏移，则打开图 1-93 所示的“偏移”滑出面板。在默认情况下，“相对连接边偏移壁”复选框没有被勾选。若勾选“相对连接边偏移壁”复选框，则“类型”下拉列表框可用，从“类型”下拉列表框中可以选择“添加到零件边”选项、“自动”选项或“按值”选项。例如，选择“按值”选项，并输入相对于连接边的偏移距离为“30”，此时预览的具有折弯角度的平整壁效果如图 1-94 所示，注意与平整壁添加到零件边时的对比效果。

说明：“添加到零件边”选项、“自动”选项和“按值”选项的功能含义如下。

- “添加到零件边”：将壁添加到连接边而不修剪连接壁的高度。
- “自动”：偏移新壁，使其不超过连接壁的初始高度。
- “按值”：将新壁偏移设定的距离。也可拖动控制滑块来调整偏移值。

要想定义平整壁的壁止裂槽，则在“平整”选项卡中打开图 1-95 所示的“止裂槽”面板。当勾选“单独定义每侧”复选框时，则可分别设置每个壁端部的止裂槽，“侧 1”单选按钮用于为连接边的起点设置止裂槽，“侧 2”单选按钮用于为连接边的终点设置止裂槽。从“类型”下拉列表框中可以为指定侧设置止裂槽类型。可供选择的止裂槽类型有如下几种。

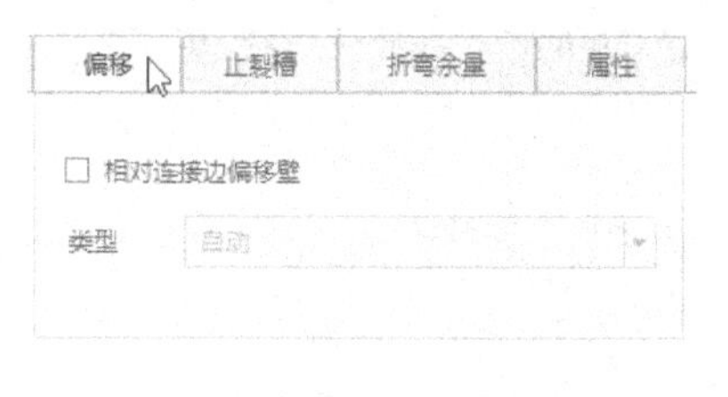

图 1-93 “偏移”滑出面板

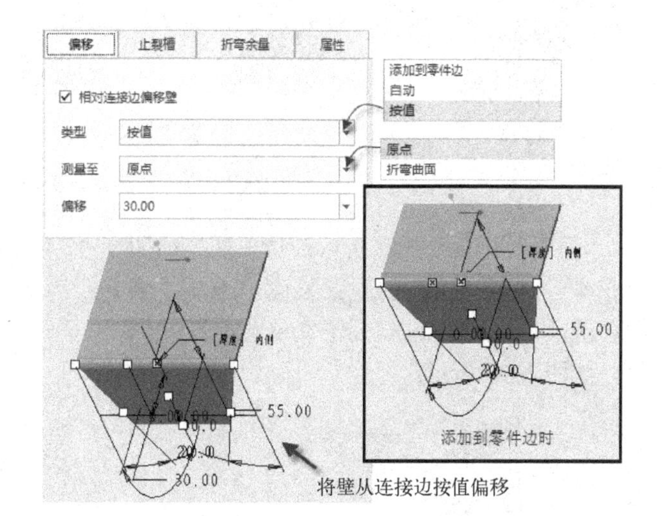

图 1-94 偏移连接边的平整壁

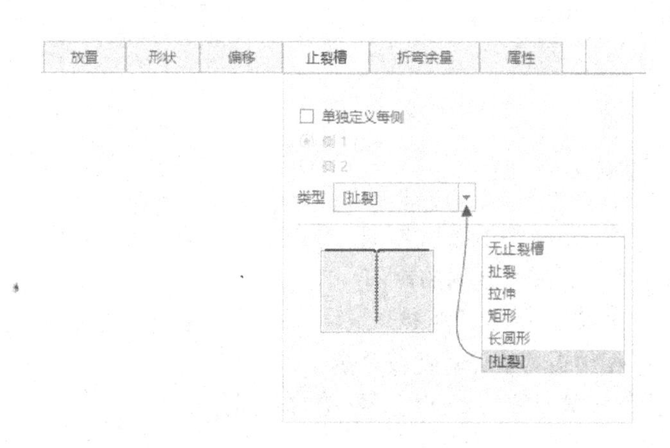

图 1-95 “平整”选项卡的“止裂槽”面板

- “无止裂槽”：不添加止裂槽。
- “扯裂”：添加扯裂止裂槽，即割裂各连接点处的现有材料。
- “拉伸”：添加拉伸式止裂槽。
- “矩形”：添加矩形止裂槽。
- “长圆形”：添加长圆形止裂槽。
- “[<参数值>]”：添加类型由 SMT_DFLT_BEND_REL_TYPE 参数控制的止裂槽。

各种壁止裂槽的典型示例如图 1-96 所示。需要用户注意的是，设计壁止裂槽，有助于控制钣金件材料并防止发生不希望的变形。例如，由于材料拉伸，未止裂的连接壁可能不会表示出准确的、所需要的实际模型，这时在钣金壁中添加适当的止裂槽，如“拉伸止裂槽”，则得到的钣金件壁便会符合设计意图，并可以由此创建一个精确的平整模型。

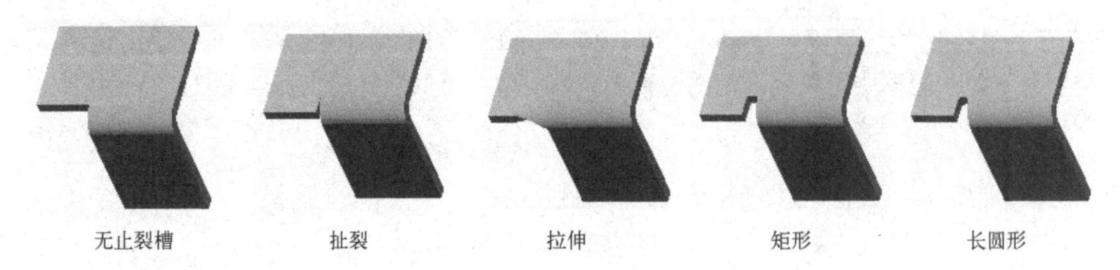

图 1-96　5 种壁止裂槽示例

“平整”选项卡的“折弯余量”面板如图 1-97 所示，该面板用于使用特定于特征的折弯余量来控制钣金件壁的展开长度。当从“展开长度计算”下拉列表框中选择“使用特征设置”选项时，则“按 K 因子”单选按钮、“按 Y 因子”单选按钮和“按折弯表”单选按钮可用，如图 1-98 所示。

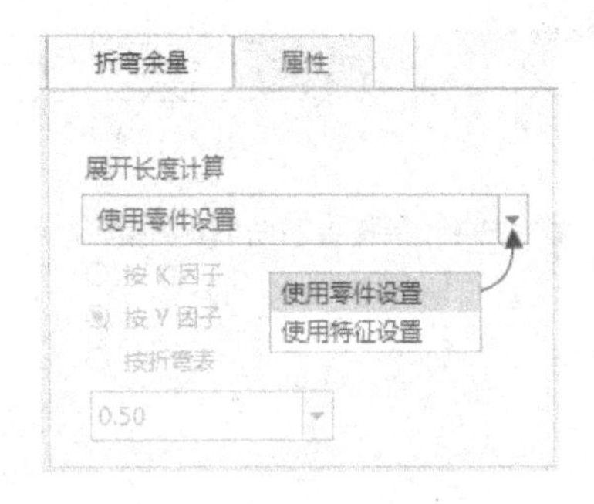

图 1-97 “折弯余量”面板

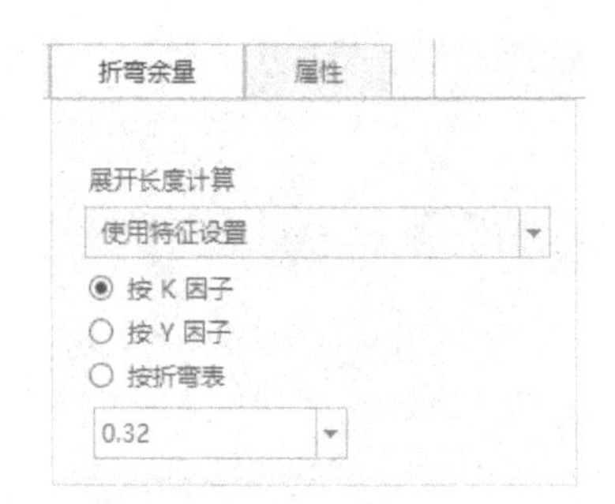

图 1-98　启用特征专用的折弯余量

- “按 K 因子”：根据 K 因子计算展开长度。K 因子是从中性折弯直线到内部折弯半径的距离与钣金件材料厚度之间的比例。
- “按 Y 因子”：根据 Y 因子计算展开长度。Y 因子是中性折弯线与材料厚度的比率。
- “按折弯表”：使用折弯表计算弯曲余量。

下面通过一个操作实例介绍涉及创建平整壁的大部分功能。

步骤 1：打开已有的钣金件文件。

在 Creo Parametric 4.0 界面的“快速访问”工具栏中单击（打开）按钮，系统弹出“文件打开”对话框，浏览并选择本书配套的 bj_1_4_6.prt 文件，单击该对话框中的“打开”按钮。文件中存在着一个原始钣金件，如图 1-99 所示。

步骤 2：创建第一个连接平整壁。

（1）在功能区的“模型”选项卡中单击“形状”组中的（平整）按钮，打开“平整”选项卡。

（2）在“图形”工具栏中将显示样式设置为（消隐），接着在钣金件中选择图 1-100 所示的一条边，系统默认的薄壁形状为“矩形”。

（3）在“平整”选项卡中，默认时，（在连接边上添加折弯）按钮处于被选中的状态；在该按钮右边的文本框中输入折弯的半径值为“6”，从“标注折弯方法”下拉列表框中选择（标注折弯的外部曲面）图标选项，如图 1-101 所示。

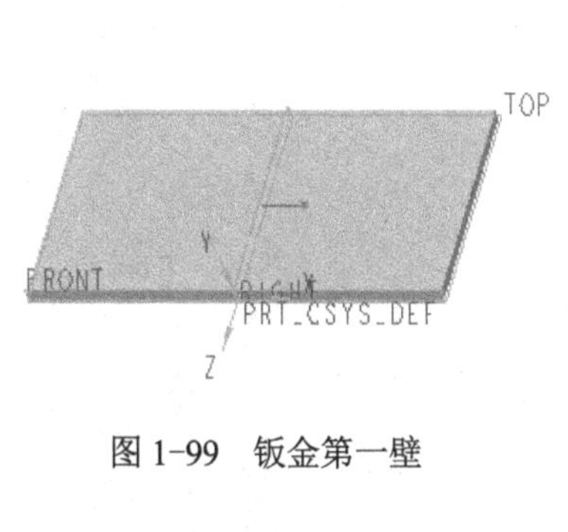

图 1-99 钣金第一壁

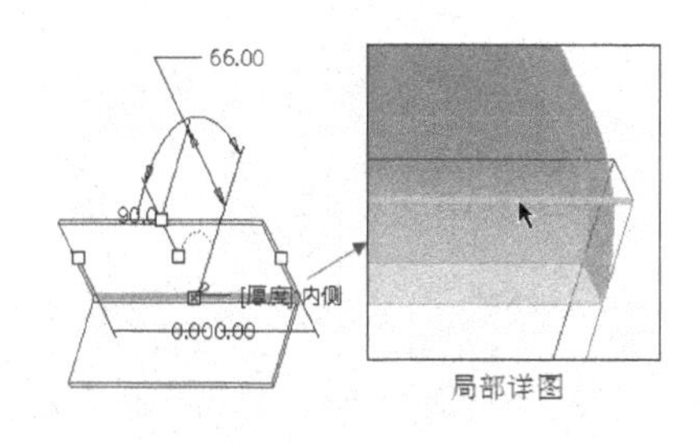

图 1-100 指定连接边

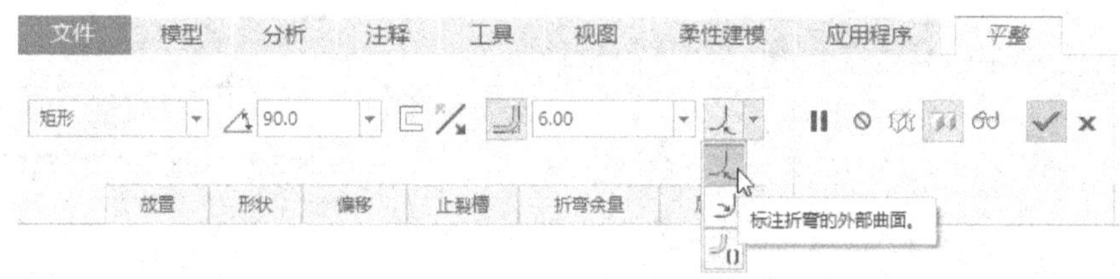

图 1-101 设置折弯半径及标注折弯的方法

（4）进入“形状”面板，在“草绘”窗口中设置图 1-102 所示的正尺寸值。

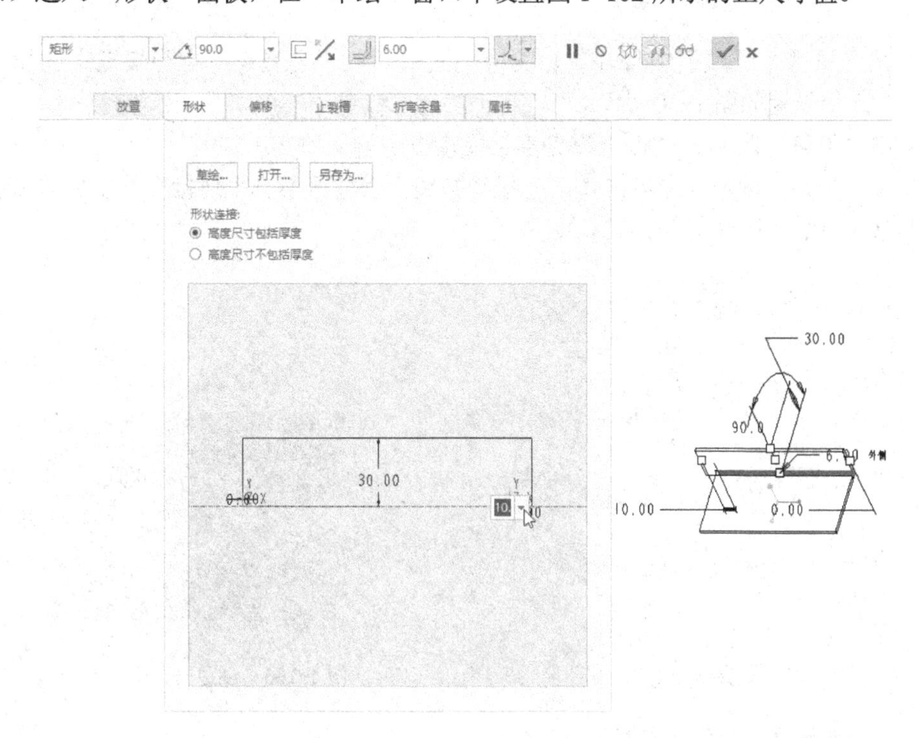

图 1-102 设置矩形的形状尺寸

说明： 若在“形状”面板的“草绘”窗口中双击右侧距右端点的尺寸，在出现的文本框中输入“-10”，如图 1-103 所示，然后按〈Enter〉键，得到图 1-104 所示的预览效果，即平整壁一端往连接边内部缩短了。

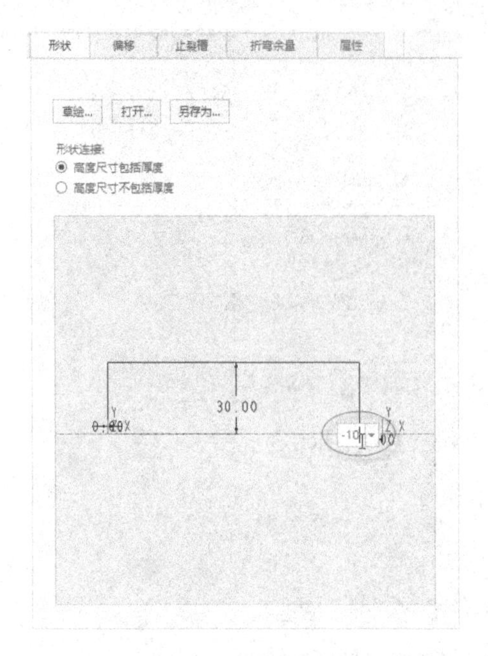

图 1-103 输入负值

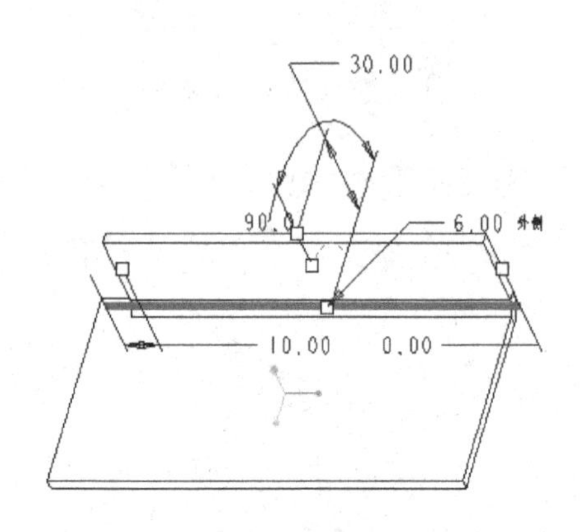

图 1-104 预览效果

（5）在“平整”选项卡中打开“止裂槽”面板，从“类型”下拉列表框中选择“长圆形”选项，其他设置如图 1-105 所示。

（6）在“平整”选项卡的 （壁角度）文本框中输入“60”。

（7）在“平整”选项卡中单击 （完成）按钮，创建好第一个连接平整壁后的钣金件效果如图 1-106 所示（切换到着色状态）。

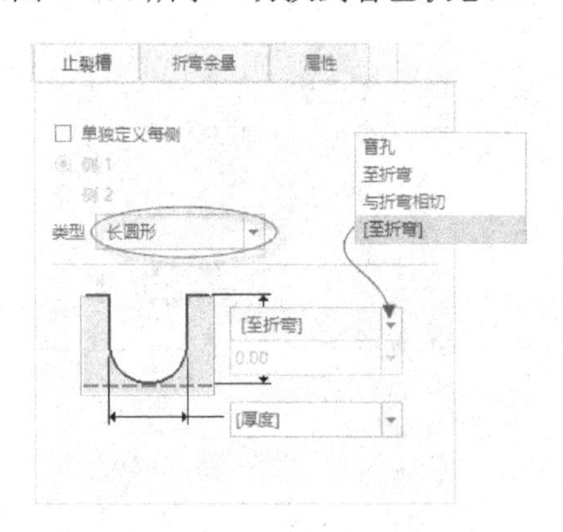

图 1-105 设置壁止裂槽

图 1-106 创建第一个连接平整壁

步骤 3：创建第二个连接平整壁。

（1）在功能区的“模型”选项卡中单击“形状”组中的 （平整）按钮，打开“平整”选项卡。

（2）在模型中选择图 1-107 所示的一条边。

（3）从“平整”选项卡的“形状”下拉列表框中选择“T”选项，即使用预定义的 T 形定义平整薄壁的形状，并在 （壁角度）文本框中输入“90”（即设置壁角度为 90°），此时，显示效果如图 1-108 所示。

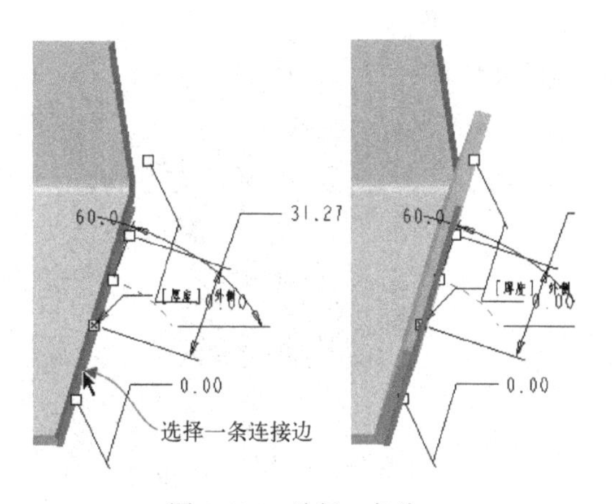

图 1-107　选择一条边

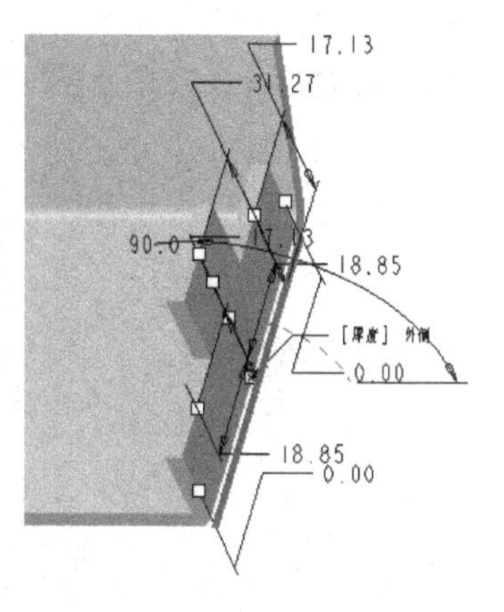

图 1-108　使用预定义的 T 形

（4）打开“形状”面板，设置图 1-109 所示的形状尺寸。

（5）在“平整”选项卡中确保选中 （在连接边上添加折弯），折弯的半径值为“厚度”，并从最右侧的“标注折弯方法”下拉列表框中选择 （标注折弯的内部曲面）图标选项。

（6）打开“止裂槽”面板，确保取消勾选“单独定义每侧”复选框，从“类型”下拉列表框中选择“矩形”选项，并设置该止裂槽的深度选项为“至折弯”，宽度等于“厚度”，如图 1-110 所示。

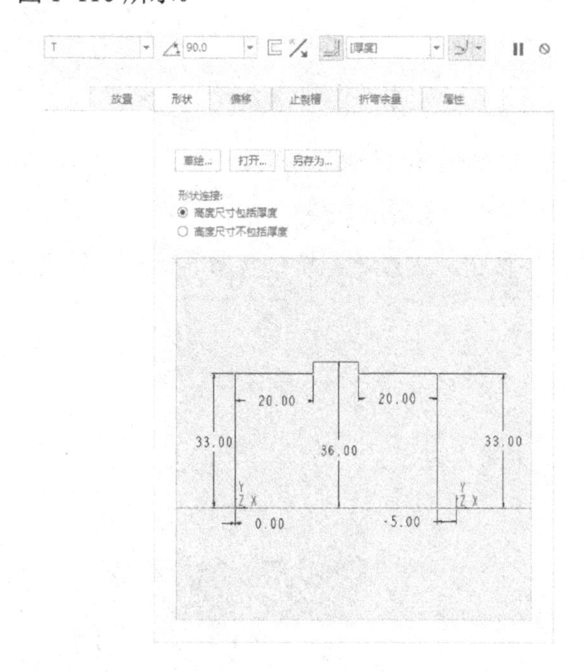

图 1-109　设置形状尺寸

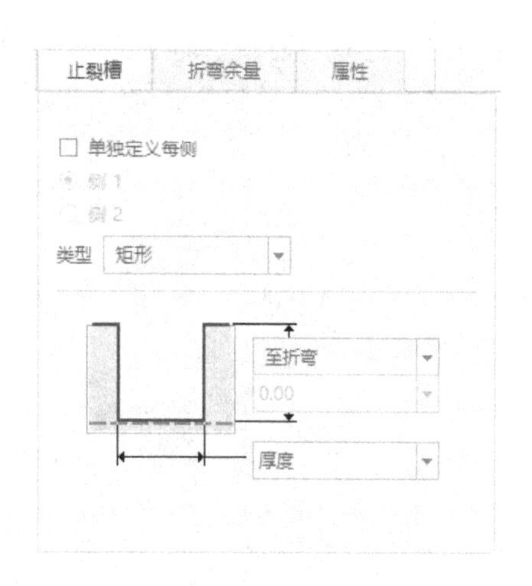

图 1-110　设置止裂槽选项及参数

（7）单击“平整”选项卡中的 （完成）按钮，完成第二个连接平整壁的钣金件效果如图 1-111 所示。

步骤4：创建第三个连接平整壁。

（1）在“形状”组中单击（平整）按钮，打开“平整”选项卡。

（2）选择图1-112所示的一条边，系统默认的薄壁形状为“矩形”。

图1-111 完成第二个连接平整壁

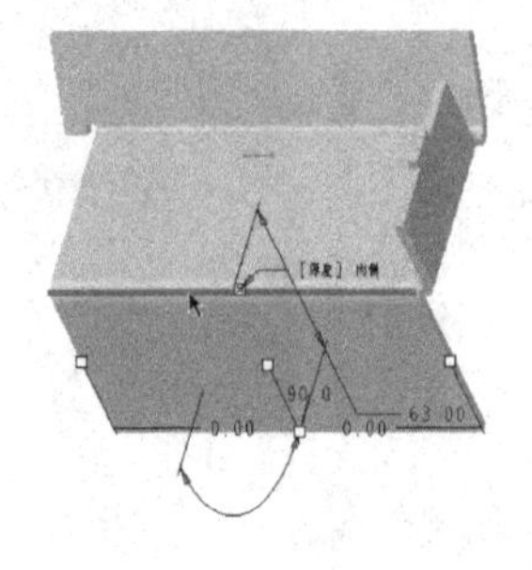

图1-112 指定连接边

（3）在“平整”选项卡的（壁角度）下拉列表框中选择“平整”选项，如图1-113所示。

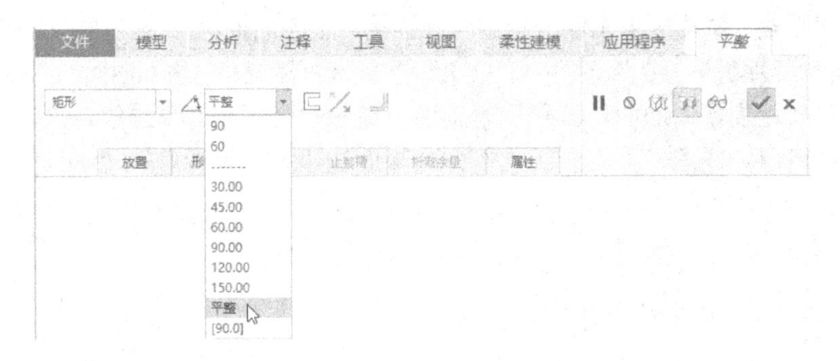

图1-113 从“壁角度”下拉列表框中选择“平整”选项

（4）打开“形状”面板，修改矩形的形状尺寸，如图1-114所示。

（5）单击“平整”选项卡中的（完成）按钮，完成该连接平整壁的钣金件效果如图1-115所示。

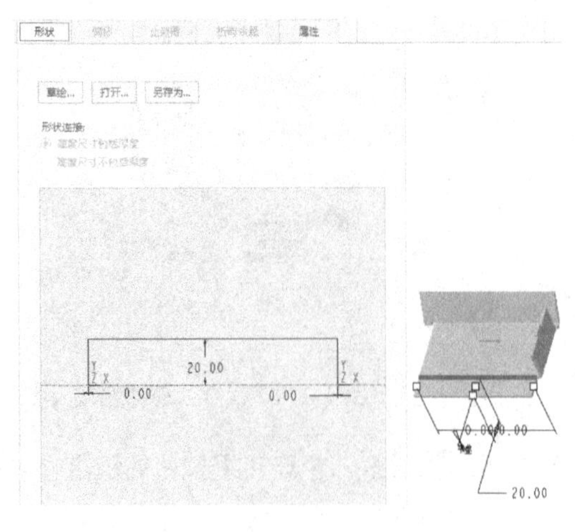

图1-114 修改矩形尺寸

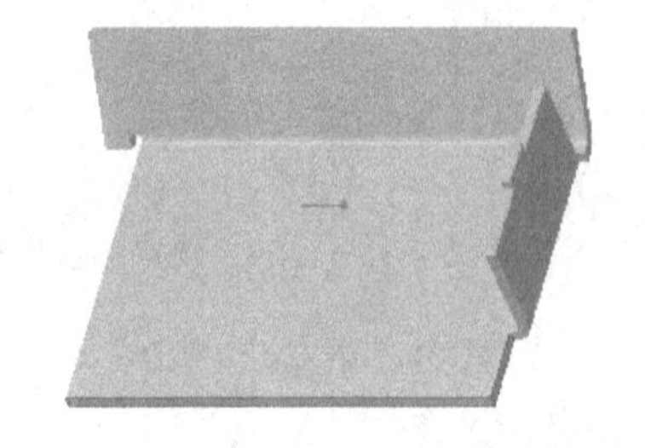

图1-115 完成无折弯的连接平整壁

步骤5：创建第四个连接平整壁（用户定义的平整壁）。

（1）在“形状”组中单击（平整）按钮，打开“平整”选项卡。

（2）选择图1-116所示的一条边，系统默认的薄壁形状为“矩形”，接着从（壁角度）框中选择“90”，确保在连接边上添加折弯，折弯半径等于钣金件厚度，从“标注折弯方法”下拉列表框中选择（标注折弯的外部曲面）图标选项。

（3）在“平整”选项卡的“形状”下拉列表框中选择“用户定义”选项。接着打开“形状”面板，然后在该面板中单击“草绘”按钮，系统弹出图1-117所示的“草绘”对话框，接受默认选项，在“草绘”对话框中单击“草绘”按钮，进入草绘模式。

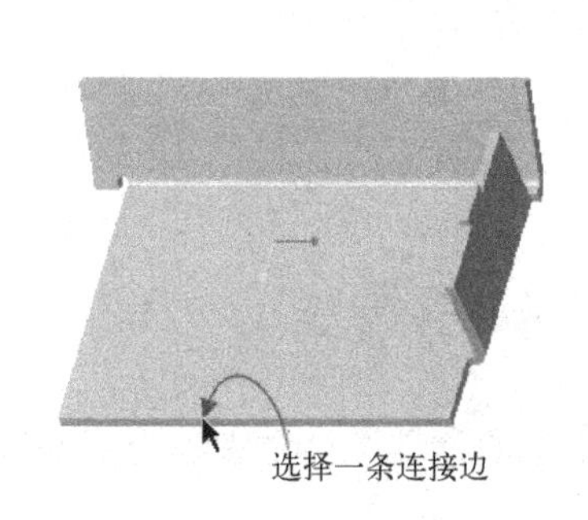

图1-116　指定连接边

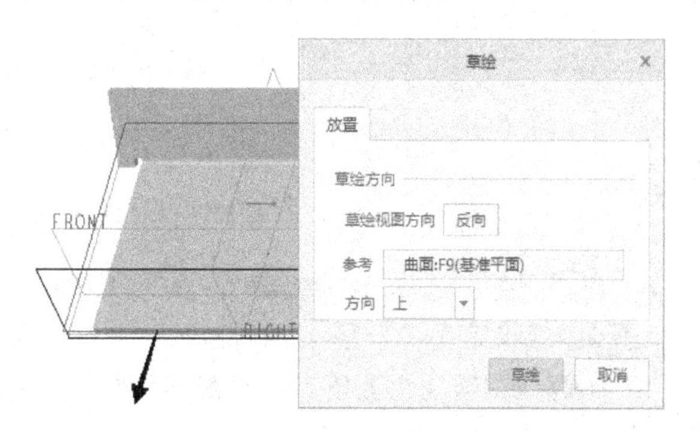

图1-117　接受默认的草绘方向

（4）绘制图1-118所示的形状，单击（确定）按钮。

此时，在“形状”面板上的“草绘”窗口中，可以看到自定义的形状图形，如图1-119所示。

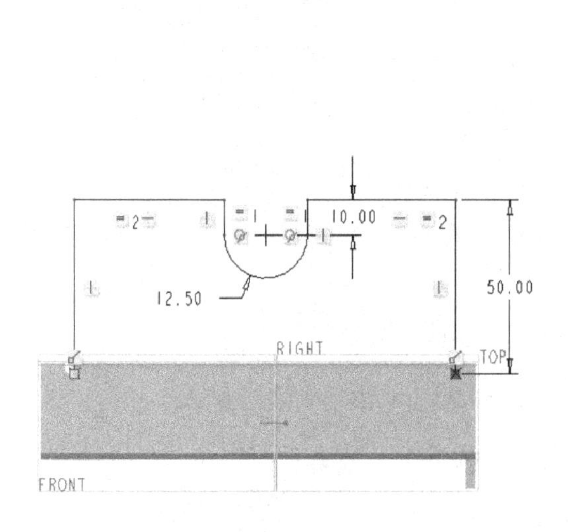

图1-118　绘制壁形状

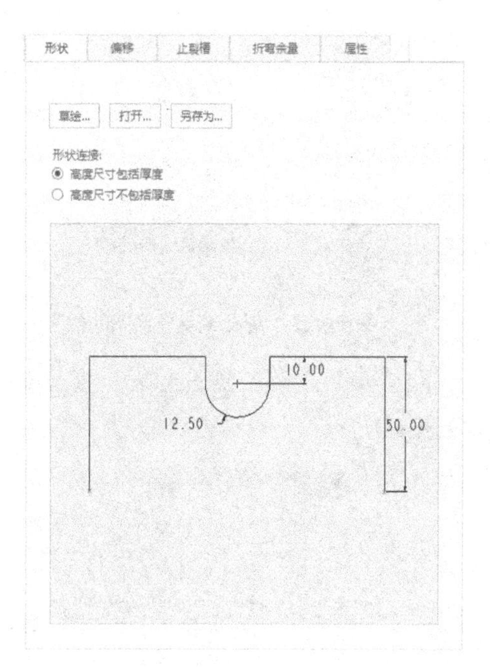

图1-119　“形状”面板

（5）在“平整”选项卡中打开“偏移”面板，勾选“相对连接边偏移壁”复选框，并从“类型”下拉列表框中选择“按值”选项，从“测量至”下拉列表框中选择“原点”选项，输入偏移值为“6”，如图1-120所示。

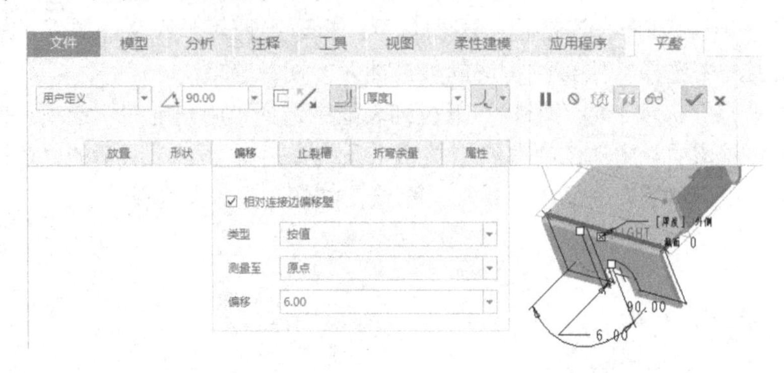

图1-120　设置相对连接边偏移壁

（6）在“平整”选项卡中单击✓（完成）按钮，得到的钣金件效果如图1-121所示。

步骤6：编辑定义“平整4”特征。

（1）在钣金件模型树上单击“平整 4”特征，接着从出现的浮动工具栏中单击“编辑定义”按钮。

（2）功能区出现“平整”选项卡，单击“放置”标签以打开“放置”面板，重新指定连接边，即选择图1-122所示的另一条边作为平整壁的连接边，图中为了更好地观察到新连接边，特意在“平整”选项卡中单击（分离）按钮。

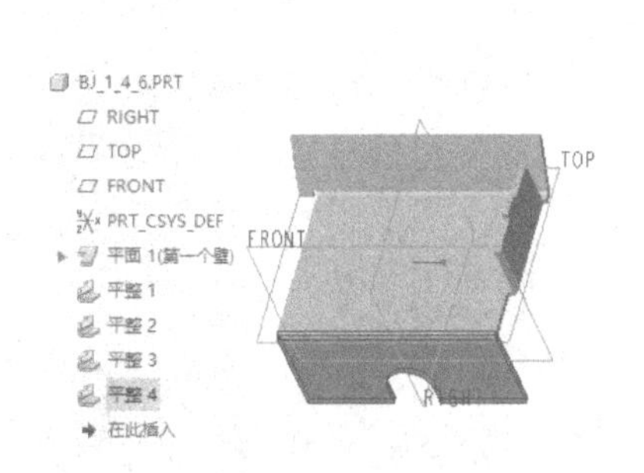

图1-121　完成连接平整壁的效果

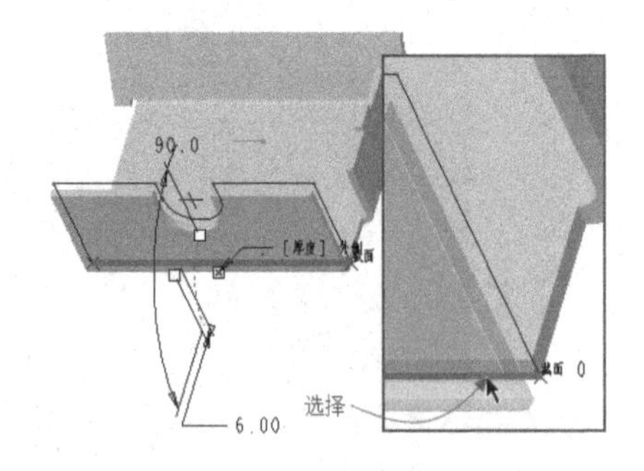

图1-122　重新指定连接边

（3）在“平整”选项卡中，单击图 1-123 所示的（相对草绘平面的另一侧更改厚度）按钮。

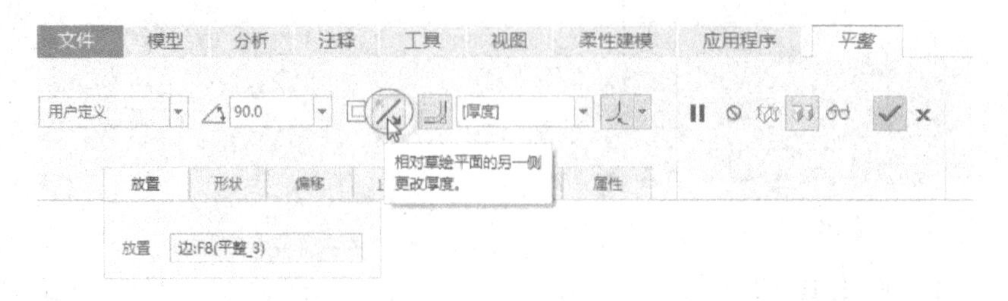

图1-123　反转材料厚度方向

（4）在“平整”选项卡中单击✔（完成）按钮，编辑定义的结果如图 1-124 所示。

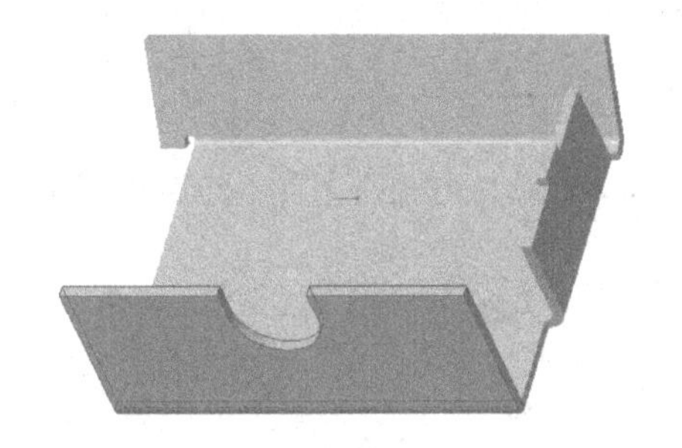

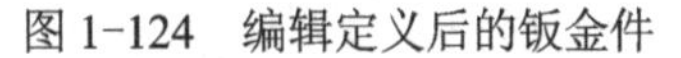

图 1-124　编辑定义后的钣金件

1.4.7 法兰壁

法兰壁是连接的次要壁，可从属于第一壁，主要用于与其他钣金件或实体零件的承接。法兰壁具有沿轨迹拉伸或扫描的开放横截面草绘，连接边可以为线性或非线性，与连接边相邻的曲面无需是平面。和平整壁类似，法兰壁形状的定义方法同样有 3 种，即可以使用以下 3 种方法为设计创建法兰壁形状。

- 选择一种标准法兰形状（包括折边形状和法兰）。
- 草绘用户定义的法兰形状。
- 导入预定义的法兰壁形状。

拉伸的法兰壁只能与单个线性边相连，拉伸法兰壁的尺寸是通过参考的草绘平面来测量的；而扫描法兰壁可以连接到一个以上的线性边或非线性边，扫描法兰壁的尺寸是通过连接轨迹的修剪尺寸或延伸尺寸来测量的。

创建法兰壁的典型示例如图 1-125 所示。

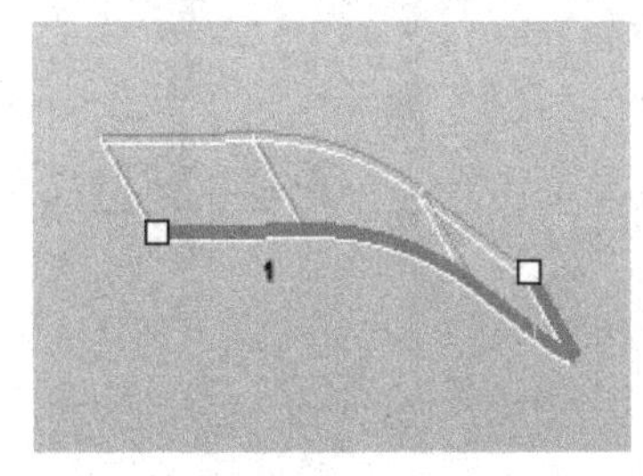

具有选定边的现有壁

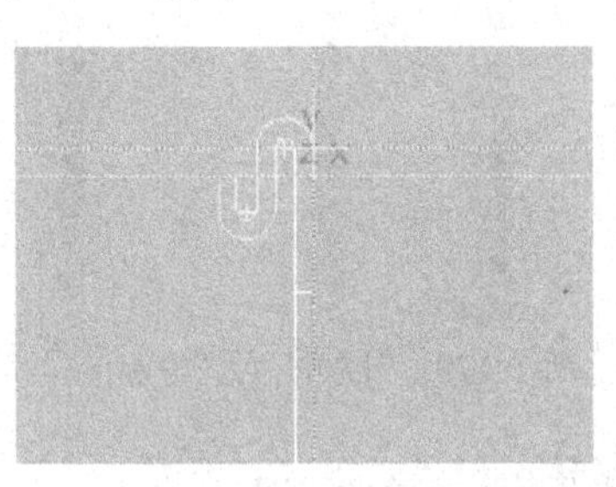

法兰壁草绘

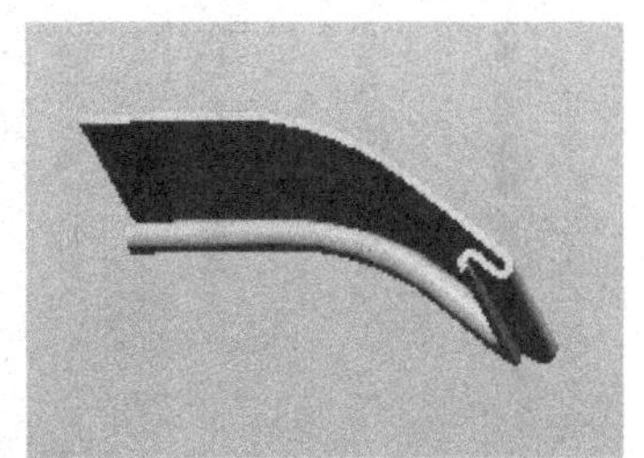

完成的法兰壁

图 1-125　创建法兰壁的典型示例

在功能区“模型”选项卡的“形状”组中单击（法兰）按钮，打开图 1-126 所示的“凸缘”选项卡。

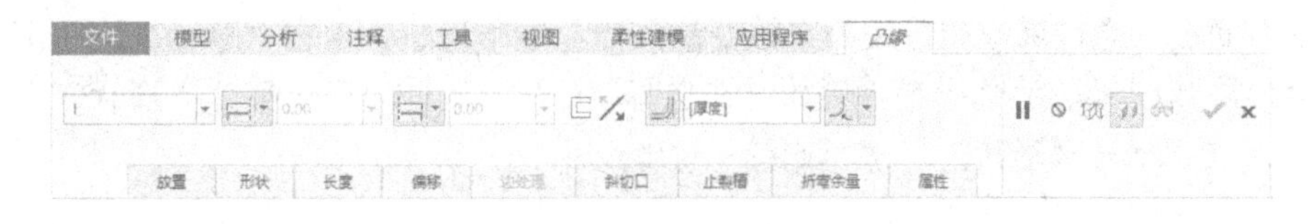

图 1-126　“凸缘”选项卡

在“凸缘”选项卡左侧部位的“形状”下拉列表框中提供了多种标准法兰形状和一个用户定义选项，包括“I”“弧”“S”“打开”“平齐的”“啮合”“鸭形”“C”“Z”“用户定义”选项，如图 1-127 所示。

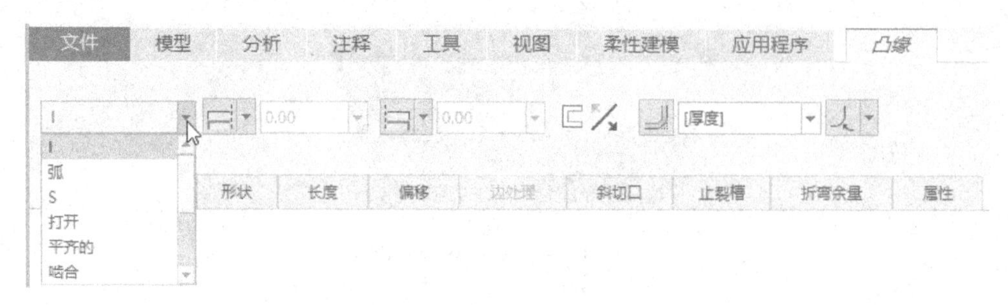

图 1-127 标准法兰形状等

在图 1-128 中，从左到右的法兰壁轮廓形状分别为“打开”“平齐的”“啮合”“鸭形”“C 形”“Z 形”“I 形”“弧形”“S 形”。可以在放置法兰壁之前和之后修改每个法兰壁的属性。但是，不能更改“打开”“平齐的”“啮合”“鸭形”“C 形”“Z 形”类型法兰的材料厚度方向。在使用标准法兰壁形状时，还需要切记这几点：折弯半径值和材料厚度方向仅应用于不与连接壁相切的形状；只能将缝止裂槽应用于具有平齐形状的法兰；拉伸式止裂槽不适用于“鸭形”法兰。

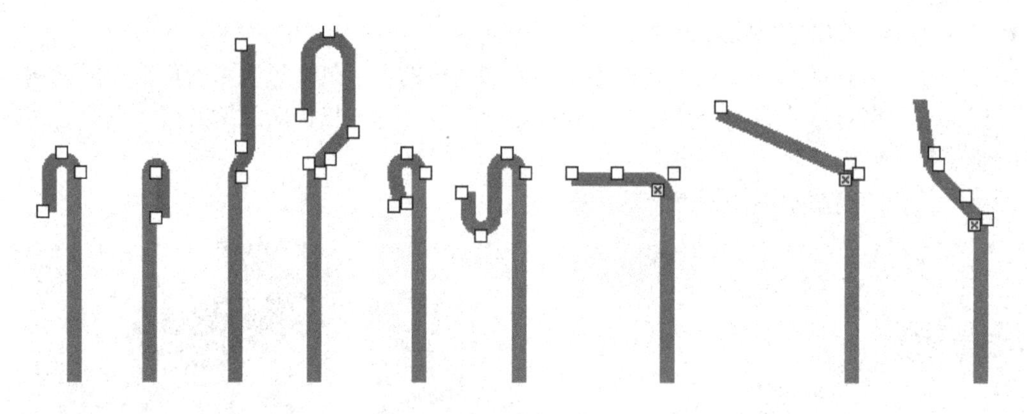

图 1-128 几种法兰壁轮廓形状

说明：通常，将法兰壁轮廓形状分为以下 3 种类型。

（1）“折边”类型：“打开”“平齐的”“啮合”“鸭形”“C 形”“Z 形”。

（2）其他标准类型：“I 形”“弧形”“S 形”。

（3）用户定义类型。

在“凸缘”选项卡的“形状”下拉列表框中选择好法兰壁的轮廓形状选项之后，可以打开“形状”面板，通过修改相关尺寸来改变法兰壁的细节形状，单击“草绘”按钮可进入内部草绘器绘制或编辑法兰壁形状。例如，在选择“C”形状选项后，打开“形状”面板可以编辑该 C 形法兰壁轮廓形状的尺寸，如图 1-129 所示。

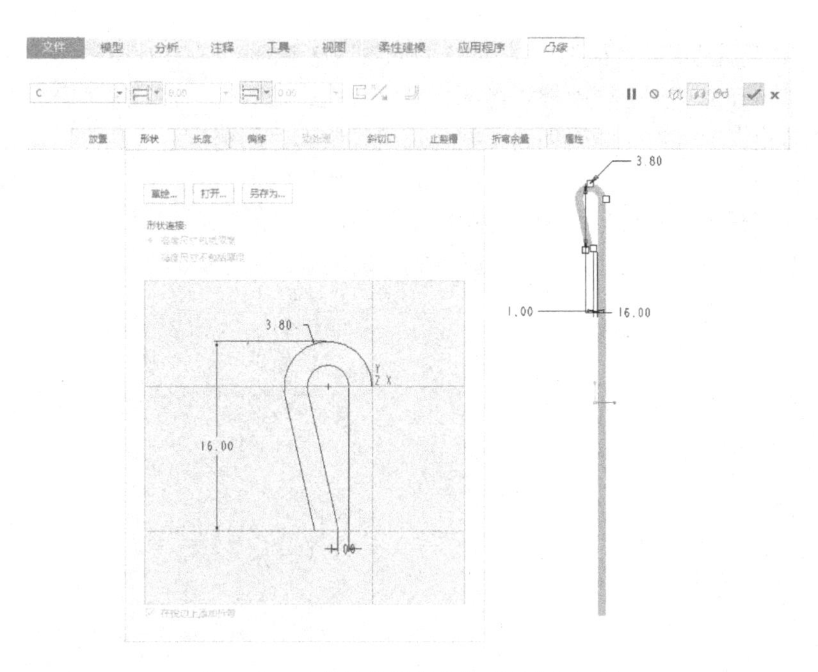

图 1-129 “凸缘”选项卡的“形状”面板

利用“凸缘”选项卡上的“法兰端部位置”按钮可确定法兰壁各端的位置。其中，(链端点)按钮用于在链端点处设置壁端部(在第一方向使用链端点)，(盲)按钮用于在第一方向上将壁端部从链端点处修剪或延伸指定的长度值，(至选定的)按钮用于在第一个方向上将壁端部修剪或延伸至选定点、曲线、平面或曲面；(第二方向-链端点)按钮用于在第二方向上使用链端点，(第二方向-盲)按钮用于在第二方向上将壁端部从链端点处修剪或延伸指定的长度值，(第二方向-至选定的)用于在第二个方向上将壁端部修剪或延伸至选定点、曲线、平面或曲面。用户也可以在“凸缘”选项卡中打开“长度”面板来指定壁长度的确定方法，如图 1-130 所示。

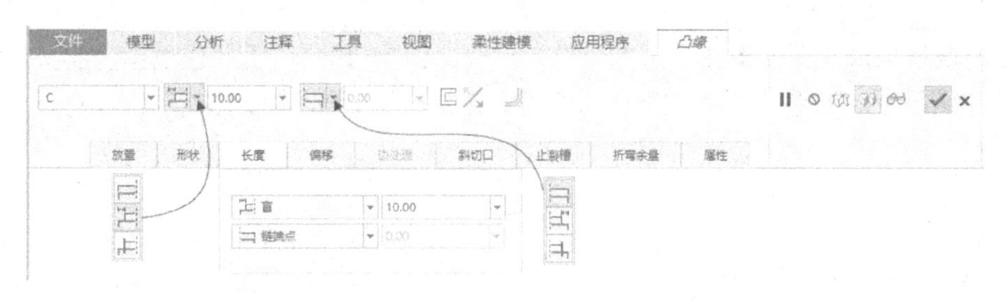

图 1-130 指定壁长度的确定方法

“凸缘”选项卡的“斜切口”面板用于定义在一对带有重叠几何的壁端之间添加斜切口，如图 1-131 所示。当勾选“添加斜切口”复选框时，可以在“切口宽度”框中设置斜切口的宽度，从“偏移”下拉列表框中指定一个选项或值以在两个相邻边之间偏移斜切口，如果需要则可以勾选“保留所有变形区域”复选框以保留由折弯创建的所有变形区域。

“凸缘”选项卡的“止裂槽”面板如图 1-132 所示，从“止裂槽类别”列表框中可以选择“折弯止裂槽”或“拐角止裂槽”。当选择“折弯止裂槽”时，可选择要应用到壁两端的止裂槽类型（“无止裂槽”“扯裂”“拉伸”“矩形”“长圆形”），有时还需要输入深度和厚度值来为每一侧单独定义折弯止裂槽。当选择“拐角止裂槽”时，可勾选“定义拐角止裂槽”复选框，接着根据要求决定是否创建止裂槽几何（勾选“创建止裂槽几何”复选框时，则在特征中创建止裂槽几何；取消勾选“创建止裂槽几何”复选框时，则仅在展平和平整形态操作期间创建止裂槽），以及选择拐角止裂槽的类型和止裂槽锚点，对于某些拐角止裂槽还需要设置止裂槽宽度和深度尺寸、绕锚点原点旋转止裂槽的放置等。

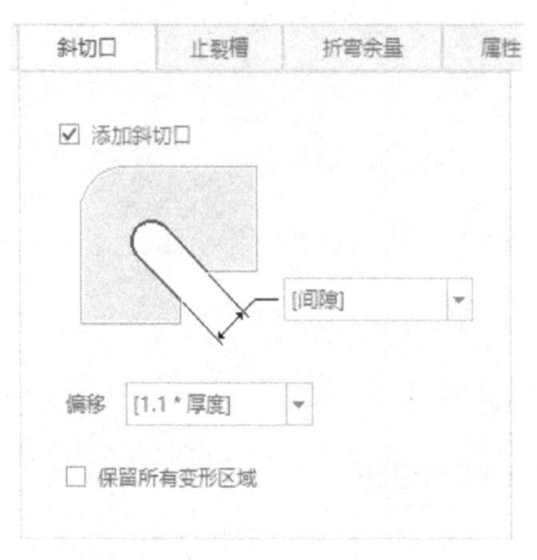

图 1-131 “斜切口”面板

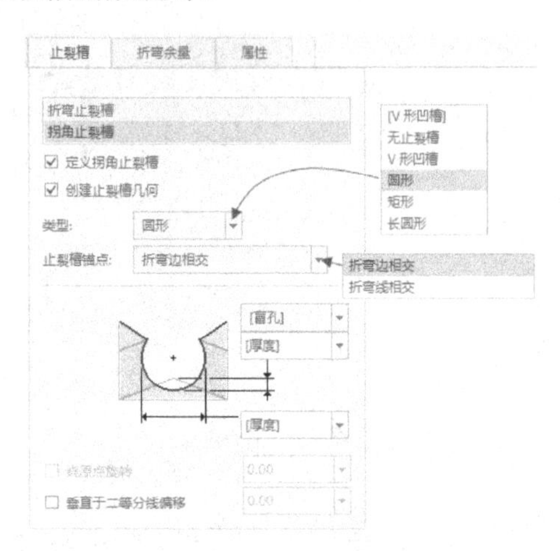

图 1-132 “止裂槽”面板

下面通过一个操作实例介绍涉及创建法兰壁的大部分功能。

步骤 1：打开已有的原始钣金件文件。

在 Creo Parametric 4.0 界面的“快速访问”工具栏中单击（打开）按钮，系统弹出“文件打开”对话框，浏览并选择本书配套的 bj_1_4_7.prt 文件，单击该对话框中的“打开”按钮。文件中存在着一个原始钣金件壁（第一壁），如图 1-133 所示。

步骤 2：创建法兰壁 1。

（1）在功能区“模型”选项卡的“形状”组中单击（法兰）按钮。

（2）默认的法兰壁轮廓形状选项为“I”，选择图 1-134 所示的边线作为连接边。注意“凸缘”选项卡的“放置”面板中默认勾选“允许自动排除段”复选框。

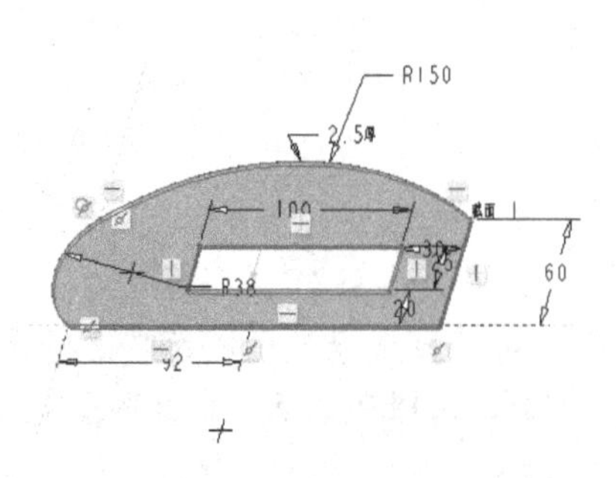

图 1-133 文件中存在的钣金件第一壁

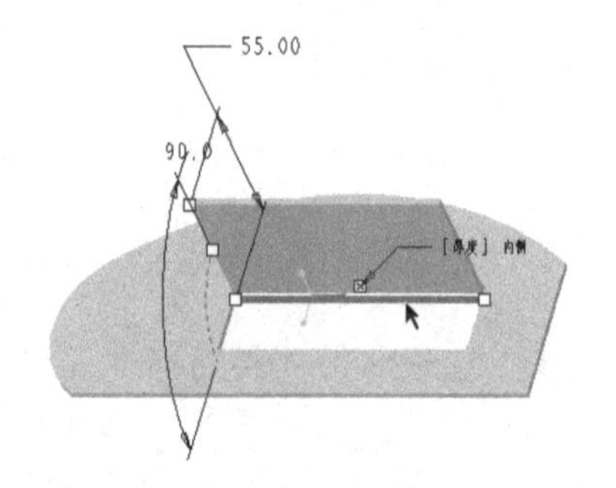

图 1-134 指定连接边

（3）在“凸缘”选项卡中打开“形状”面板，默认选择“形状连接”下的“高度尺寸包括厚度”单选按钮，并在“草绘”窗口中修改形状尺寸，如图 1-135 所示。

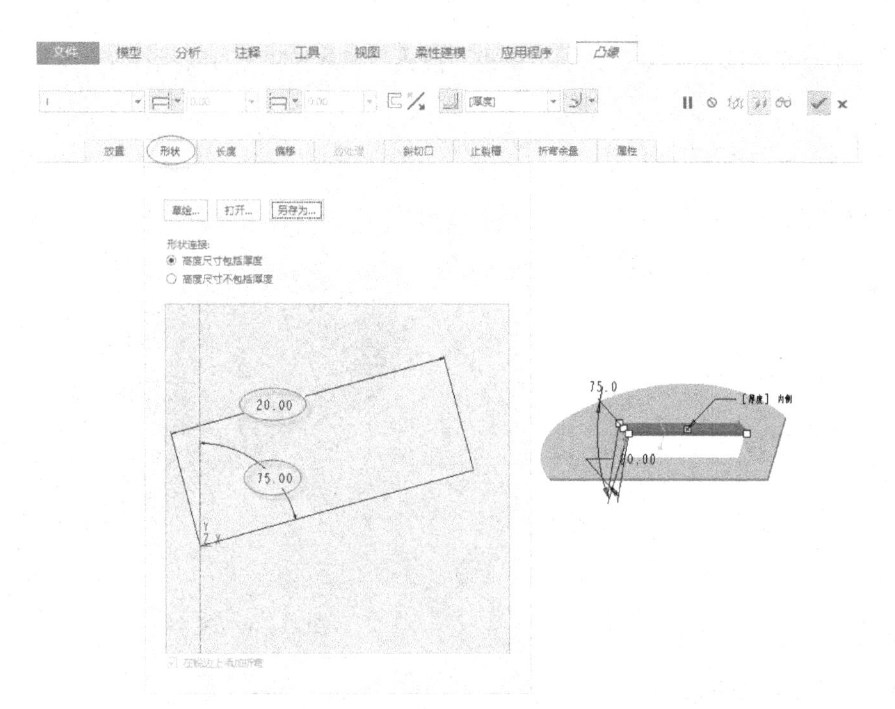

图 1-135　在“形状”面板中修改轮廓形状尺寸

（4）选择（盲）图标按钮，并在其右框中输入“-10”，按〈Enter〉键确认；选择（第二方向-盲）按钮，并在其右框中 输入“-10”，按〈Enter〉键确认，此时模型中的 I 形新法兰壁预览如图 1-136 所示。注意确保在连接边上添加折弯，折弯半径值等于“厚度”，以及选中（标注折弯的内部曲面）图标选项。

（5）在“凸缘”选项卡中打开“止裂槽”面板，在“止裂槽类别”列表框中选择“折弯止裂槽”选项，接着勾选“单独定义每侧”复选框，选择“侧 1”单选按钮，从“类型”下拉列表框中选择“矩形”，如图 1-137 所示；选择“侧 2”单选按钮，从“类型”下拉列表框中选择“长圆形”选项，并选择“至折弯”选项定义该止裂槽深度，止裂槽宽度默认由钣金件“厚度”值定义，如图 1-138 所示。

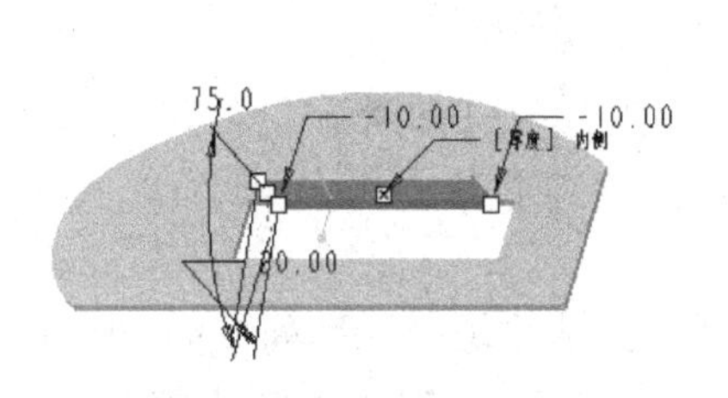

图 1-136　预览的 I 形法兰壁

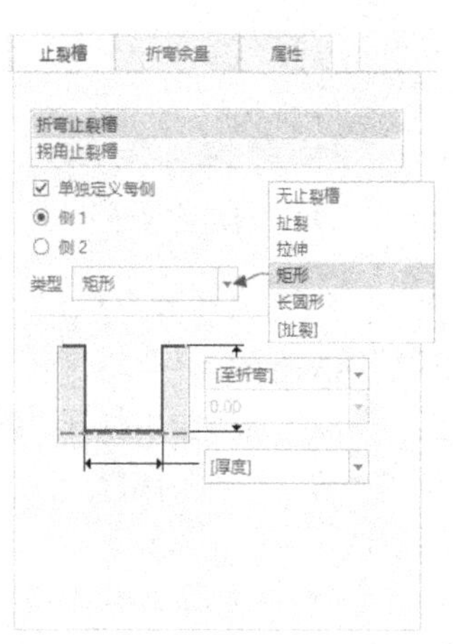

图 1-137　定义侧 1 的折弯止裂槽

（6）在“凸缘”选项卡中单击✓（完成）按钮，完成法兰壁 1 的创建，效果如图 1-139 所示。

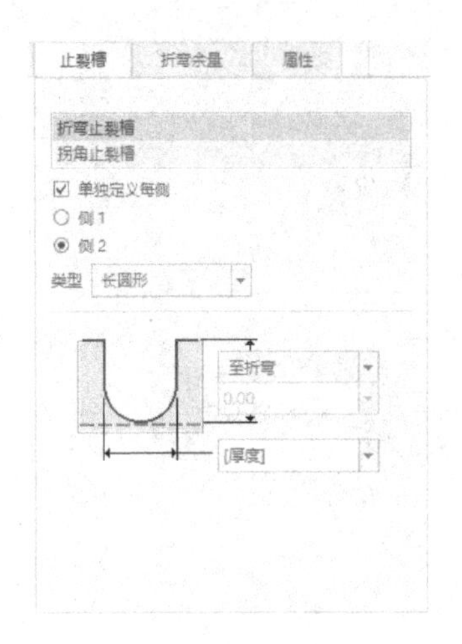

图 1-138 定义侧 2 的止裂槽

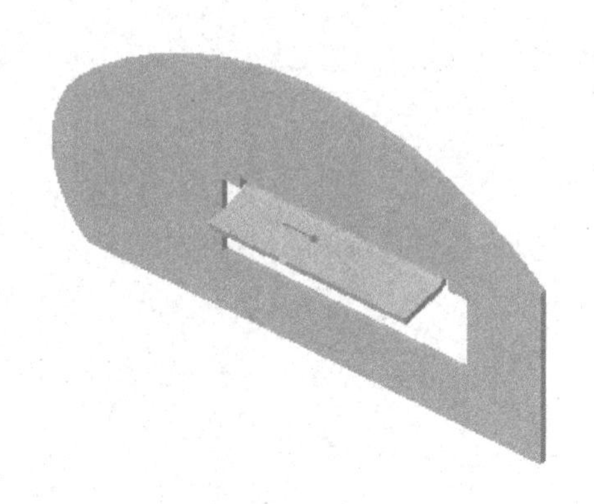

图 1-139 法兰壁 1

步骤 3：创建法兰壁 2。

（1）在功能区的“模型”选项卡中单击“形状”组中的（法兰）按钮，打开“凸缘”选项卡。

（2）从“凸缘”选项卡的“形状”下拉列表框中选择“鸭形”选项，选择图 1-140 所示的边线作为连接边。

（3）按住〈Shift〉键在钣金第一壁的上钣金曲面内任意单击一点（之前所选的一段连接边位于该钣金曲面内），以选中整个外边链，如图 1-141 所示。

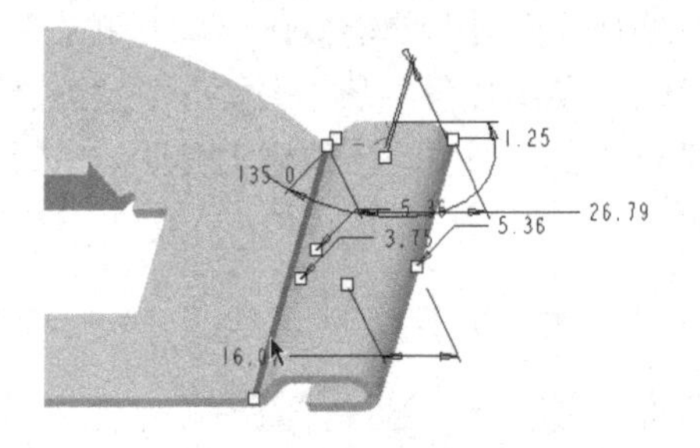

图 1-140 指定连接边

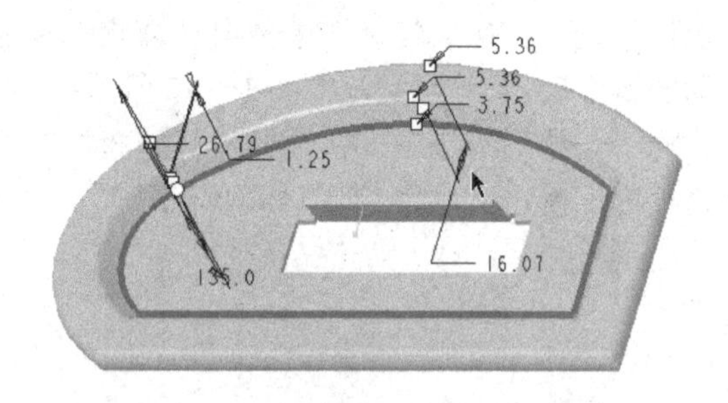

图 1-141 辅助选中整个外边链作为连接边

（4）在“凸缘”选项卡中打开“形状”面板，接着在该面板的“草绘”窗口中将鸭形尺寸修改为图 1-142 所示。

（5）在“凸缘”选项卡中打开“斜切口”面板，设置图 1-143 所示的斜切口选项及其参数。

（6）在“凸缘”选项卡中打开“止裂槽”面板，从中设置图 1-144 所示的拐角止裂槽选项及相应的参数。

（7）在“凸缘”选项卡中打开“边处理”面板，从“边处理”列表框中选择“边处理#1”选项，接着从“类型”下拉列表框中选择“间隙”选项，并选择此间隙参数值为“2.0 * 厚度”，如图 1-145 所示。使用同样的方法，分别选择“边处理#2”和“边处理#3”，都相应地将其类型设置为“间隙”，间隙宽度均为“2.0 * 厚度”。

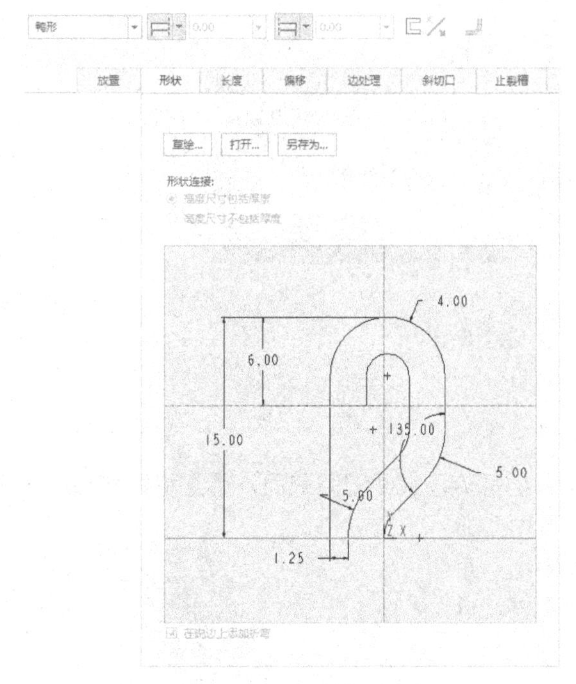

图 1-142 修改鸭形尺寸

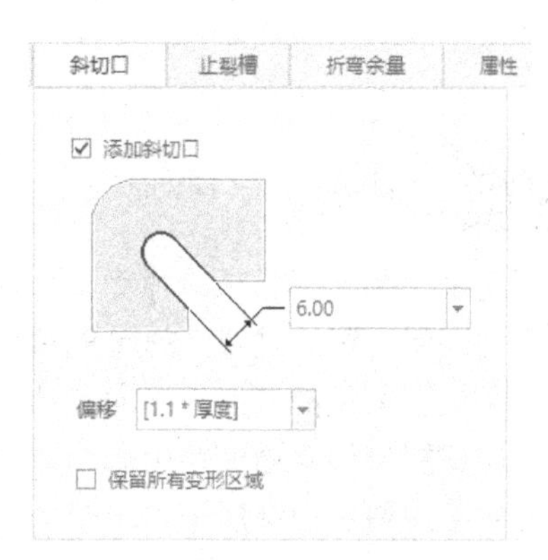

图 1-143 设置斜切口选项及参数

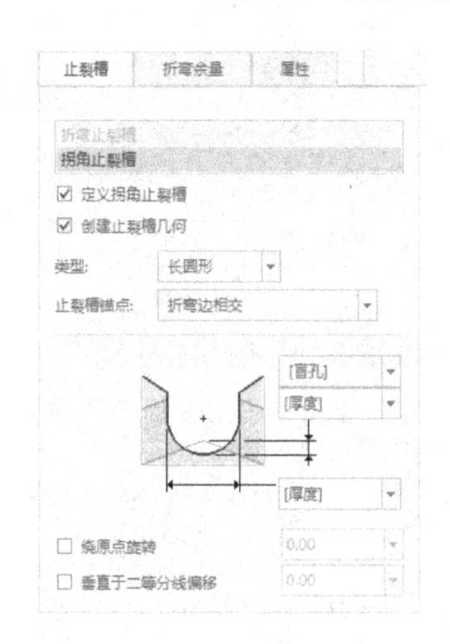

图 1-144 在“止裂槽”面板中进行设置

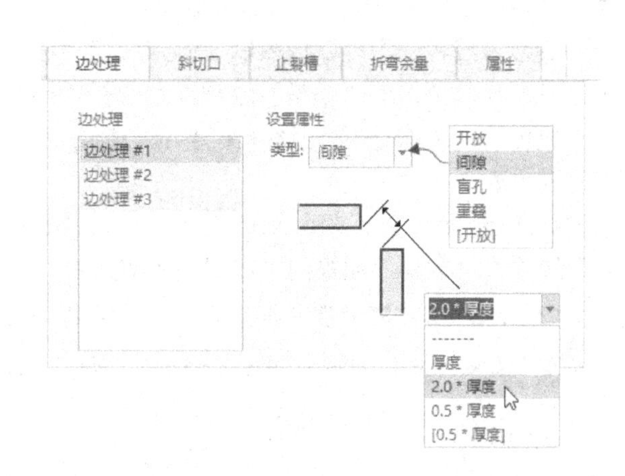

图 1-145 边处理

说明：“边处理”面板主要用于指定边扯裂类型以及一对相邻壁段的尺寸。边处理的类型选项主要有“开放”“间隙”“盲孔”“重叠”，它们的功能及说明简述如下。

- “开放”：创建标准的开放式边扯裂。开放类型的边扯裂仅适用于凹顶点。
- “间隙”：按照指定尺寸沿边扯裂创建间隙，使用单一尺寸定义扯裂的间隙大小。
- “盲孔”：按照指定尺寸创建盲边扯裂，常使用两个尺寸定义扯裂的间隙大小。
- “重叠”：创建标准的重叠边扯裂。

（8）在“凸缘”选项卡中单击✓（完成）按钮，完成法兰壁2的创建，如图1-146所示。

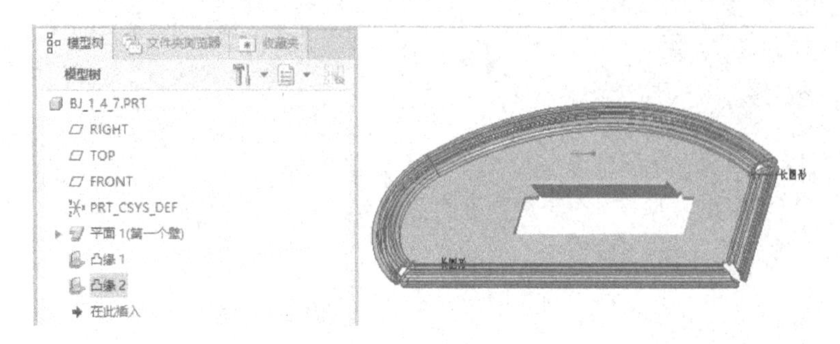

图1-146　法兰壁2

1.4.8 扭转壁

使用“扭转壁”工具命令可以创建钣金件的螺旋型或线圈型截面，通常将扭转壁用作两钣金件区域之间的过渡。扭转成型环绕穿过壁中心的轴，类似于将壁的端点反方向转动一相对小的指定角度。切记扭转轴穿过壁的中心，并与连接边垂直，可以使用常规展平命令展平扭转壁。

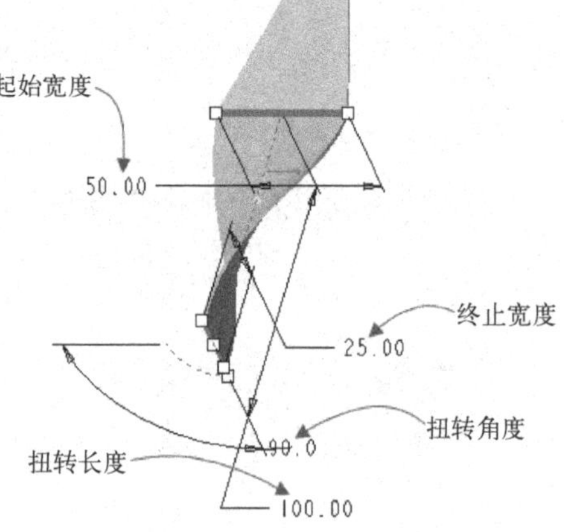

图1-147　创建扭转壁示例

对于扭转壁，需要理解其起始宽度、终止宽度、扭转长度（指连接边到扭转轴末端的长度）、扭转角度等这些尺寸，示例如图1-147所示。

要创建扭转壁，可以按照以下的方法步骤进行。

（1）在功能区的“模型”选项卡中选择“形状”→“扭转”工具命令，打开图1-148所示的“扭转”选项卡。

（2）选择一条连接边。选定边将显示在“扭转”选项卡“放置”面板的“放置”收集器中。

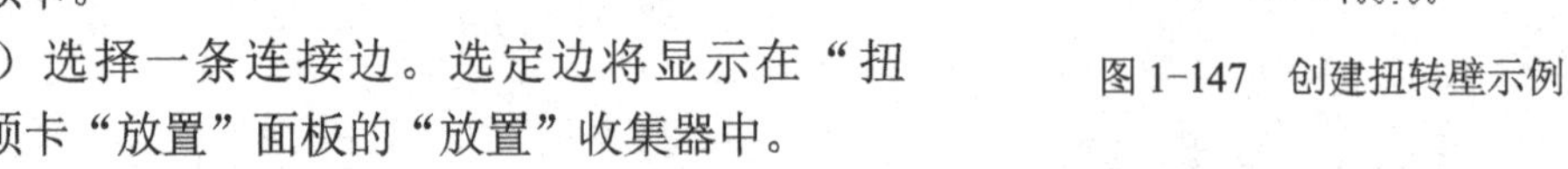

（3）选择壁宽度选项（或）并针对所选选项执行下列操作之一。

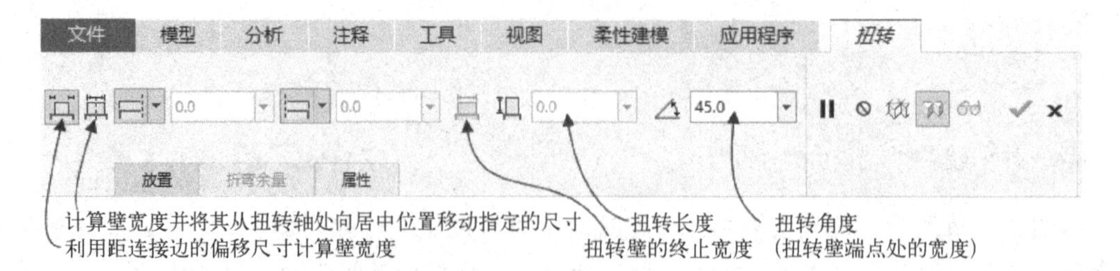

图1-148　功能区出现“扭转”选项卡

- 当选中（利用距连接边的偏移尺寸计算壁宽度）按钮时，通过选择连接边两侧的修剪选项（、、、）来确定壁的起始宽度，其中选择/时，还需要在相应框中输入值（或在图形窗口中拖动控制滑块）以将壁端部从链端点处修剪或延伸指定的长度值，如图1-149所示。

- 当选中（计算壁宽度并将其从扭转轴处向居中位置移动指定的尺寸）按钮时，此时在（起始宽度）框中输入起始宽度值，如图 1-150 所示。如果要在基准点上定位扭转轴，则单击（将基准点设置为扭转轴位置）按钮，并选择连接边上的基准点。

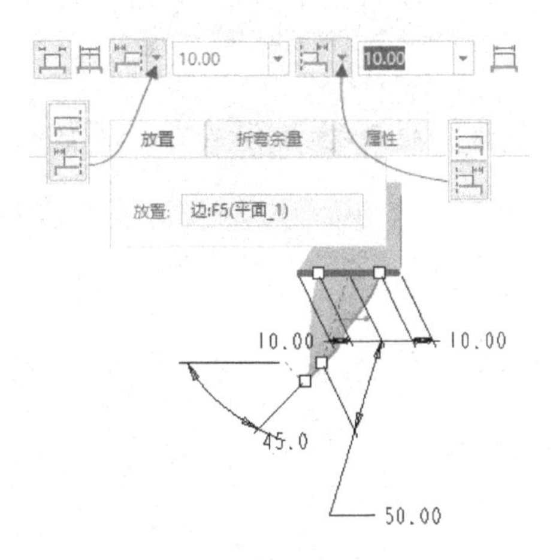

图 1-149　利用距连接边的偏移值计算壁宽度

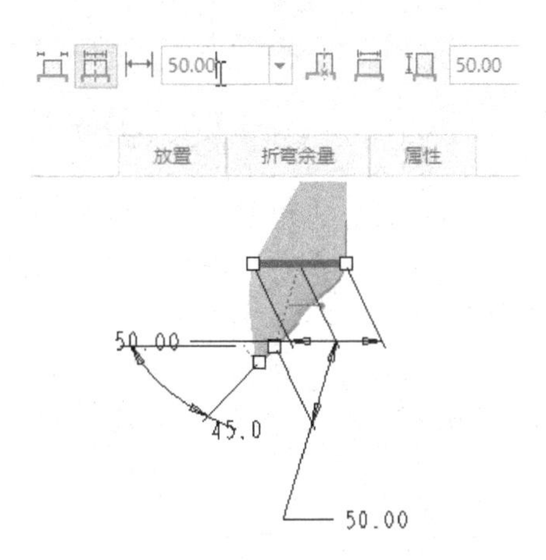

图 1-150　计算壁起始宽度方法二

（4）根据设计要求，分别设置以下参数。

- 如果要更改扭转壁的默认终止宽度，那么单击（扭转壁的终止宽度）按钮，接着在出现的相应框中输入一个宽度值，按〈Enter〉键确定。
- 在（壁长度）值框中设置扭转壁的长度值。
- 在（扭转角度）值框中设置扭转壁的扭转角度。

（5）如果要更改展平状态下的壁长度，那么需要在功能区“扭转”选项卡中打开“折弯余量”面板，如图 1-151 所示，在相应框中为“展平状态下的壁长度”输入一个新值或从列表中选择一个已有值。如果要更改默认的扭转壁名称，那么可以打开图 1-152 所示的“属性”面板，在“名称”文本框中指定新的扭转壁名称。

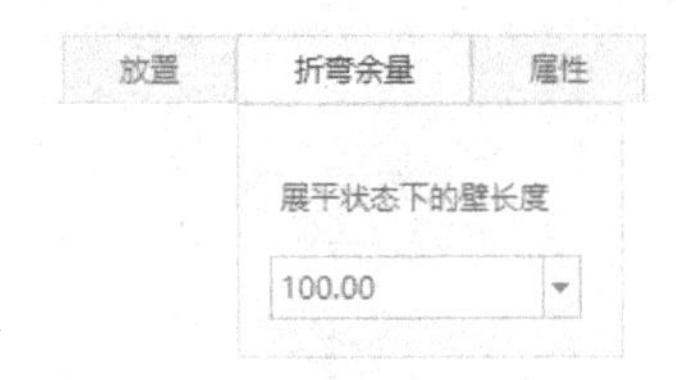

图 1-151　“折弯余量”面板

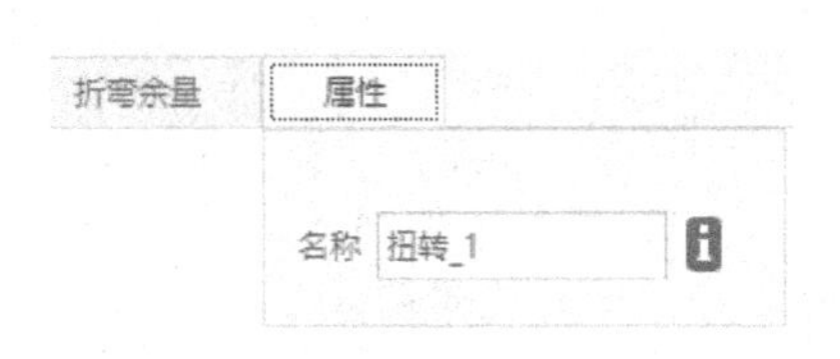

图 1-152　“属性”面板

（6）在功能区“扭转”选项卡中单击“完成”按钮。

下面一个创建扭转壁的操作实例。

（1）在“快速访问”工具栏中单击（打开）按钮，系统弹出“文件打开”对话框，从附赠网盘中浏览并选择 bj_1_4_8.prt 文件后单击“打开”按钮，该文件中存在着一个钣金件如图 1-153 所示。

（2）在功能区的“模型”选项卡中单击“形状”→“扭转”工具命令，则在功能区中打开“扭转”选项卡。

（3）为扭转壁选择连接边，如图 1-154 所示。

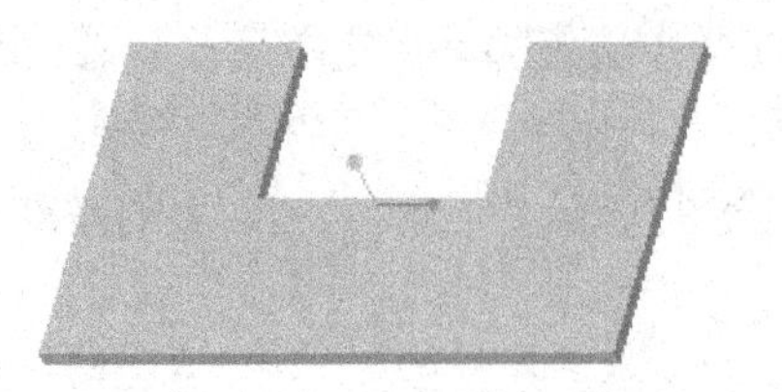

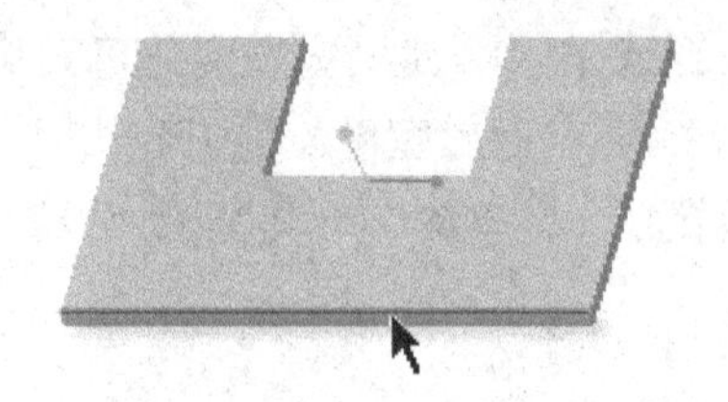

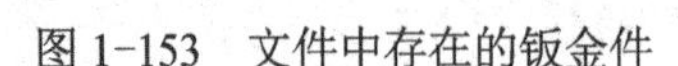

图 1-153 文件中存在的钣金件

图 1-154 “扭转”对话框和菜单管理器

（4）在功能区“扭转”选项卡中单击选中 （计算壁宽度并将其从扭转轴处向居中位置移动指定的尺寸）按钮，接着在 （起始宽度）框中输入“80”并按〈Enter〉键，以确认起始宽度为 80，如图 1-155 所示。

（5）在功能区“扭转”选项卡中单击 （扭转壁的终止宽度）按钮，接着输入扭转壁的终止宽度为“50”，如图 1-156 所示。

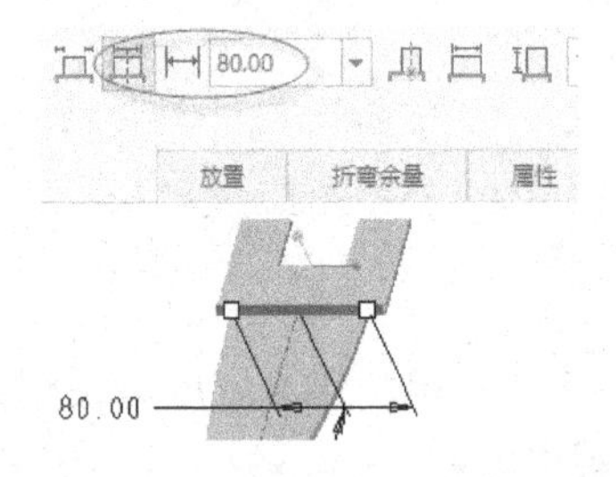

图 1-155 设置扭转壁的起始宽度

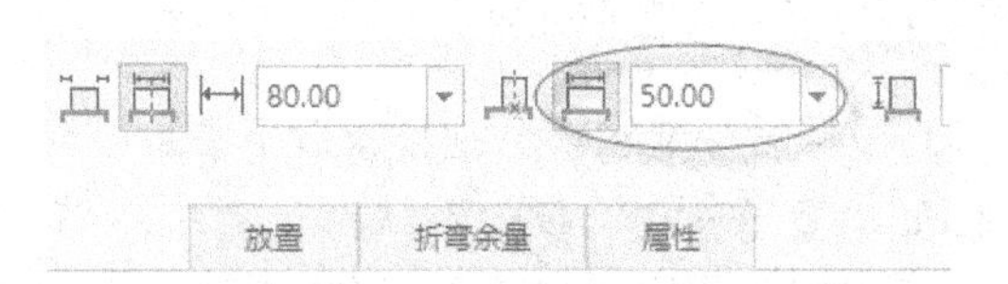

图 1-156 设置扭转壁的终止宽度

（6）在 （壁长度）值框中设置扭转壁的长度值为“150”，在 （扭转角度）值框中设置扭转壁的扭转角度为“90”，如图 1-157 所示。

（7）在功能区的“扭转”选项卡中单击“完成”按钮 ，完成创建的扭转壁效果如图 1-158 所示。

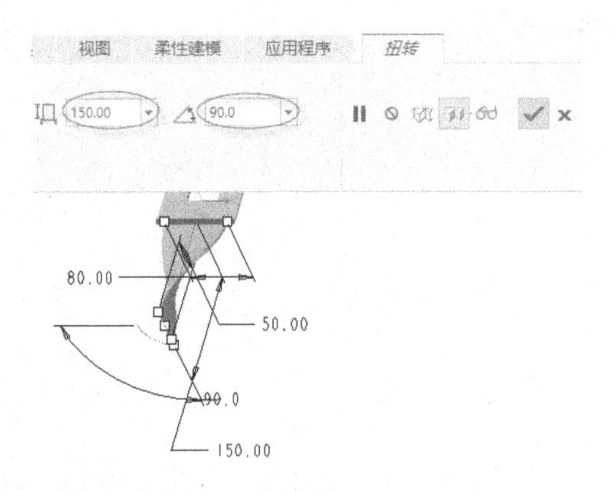

图 1-157 设置壁长度与扭转角度

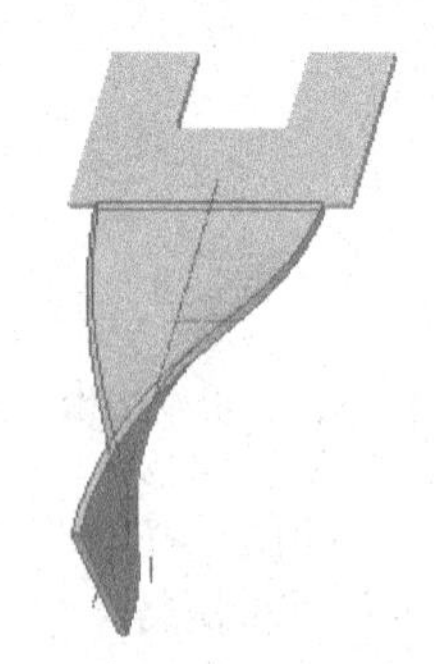

图 1-158 创建扭转壁

1.4.9 延伸壁

使用 （延伸）按钮可以延伸现有的带有直边的平整的壁，延伸可以按垂直于选定边或沿着边界边的方式进行。在实际设计中，通常在拐角处延伸壁。

选择要延伸的壁的一个线性边的驱动侧或偏移侧，接着在功能区“模型”选项卡的“编辑”组中单击 （延伸）按钮，打开图 1-159 所示的“延伸”选项卡。壁延伸共有 3 种类型，见表 1-3。

图 1-159 “延伸”选项卡

表 1-3 壁延伸的 3 种类型

序号	类型图标	延伸类型方法简介	典型图例
1	（按值延伸壁）	从选定的边开始将壁延伸指定值	30.00
2	（延伸壁与参考面相交）	从选定的边开始延伸壁，直到与指定曲面或参考平面相交	
3	（将壁延伸到参考平面）	从选定的边开始将壁延伸到曲面或参考平面，同时保持与选定边平行	

要延伸平整壁，则可按照以下方法步骤来进行操作。

（1）在要延伸的平整的壁中选择驱动面或偏移面上的一个线性边。

（2）在功能区“模型”选项卡的“编辑”组中单击 （延伸）按钮，打开“延伸”选项卡。

（3）在“延伸”选项卡中选择壁延伸的类型图标，并根据不同的延伸类型选择参考，或者设置列表中的值，在相应框中输入一个值，或在图形窗口中拖动控制滑块。

（4）要控制壁延伸，可在“延伸”选项卡中打开“延伸”面板，接着针对侧 1 延伸和侧 2 延伸（即针对壁延伸的起始侧或结束侧），选择“垂直于延伸的边”单选按钮或“沿边界边”单选按钮。在某些设计场合，可以为侧 1 延伸或侧 2 延伸设置延伸与边相邻的曲面。

（5）在“延伸”选项卡中单击 （完成）按钮。

下面介绍创建延伸壁的操作实例。

（1）在“快速访问”工具栏中单击 （打开）按钮，系统弹出“文件打开”对话框，在提供的配套素材中浏览并选择 bj_1_4_9.prt，单击“打开”按钮，该文件中存在着一个原始钣金件，如图 1-160 所示。

（2）选择图 1-161 所示的边线。为了便于选择该边线，可以先确保临时从选择过滤器的下拉列表框中选择“几何”，再使用鼠标左键在所需边线处单击，即可快速且正确地选择该边线。

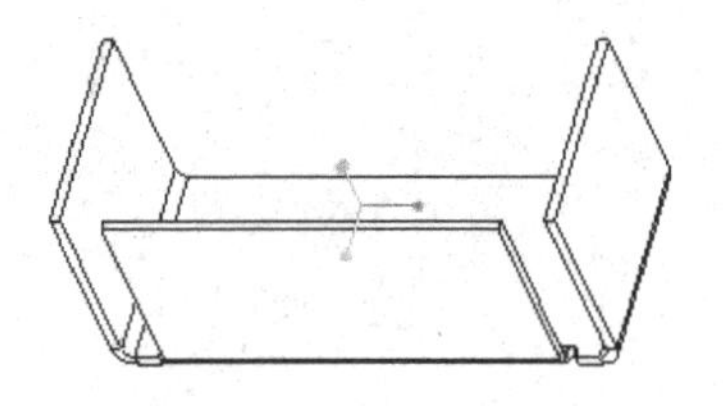

图 1-160 原始钣金件

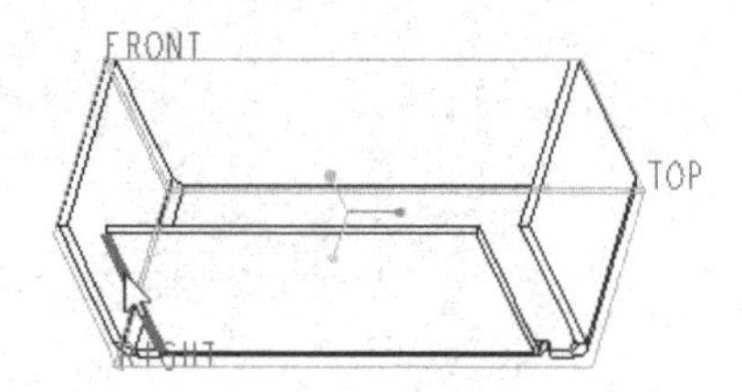

图 1-161 选择所需的边线

（3）在功能区“模型”选项卡的“编辑”组中单击 （延伸）按钮，打开“延伸”选项卡。

（4）在“延伸”选项卡中单击 （将壁延伸到参考平面）按钮，接着在图形窗口中模型树中选择 RIGHT 基准平面。

（5）在“延伸”选项卡中单击 （完成）按钮，完成该延伸壁的效果如图 1-162 所示。

（6）选择图 1-163 所示的边线。

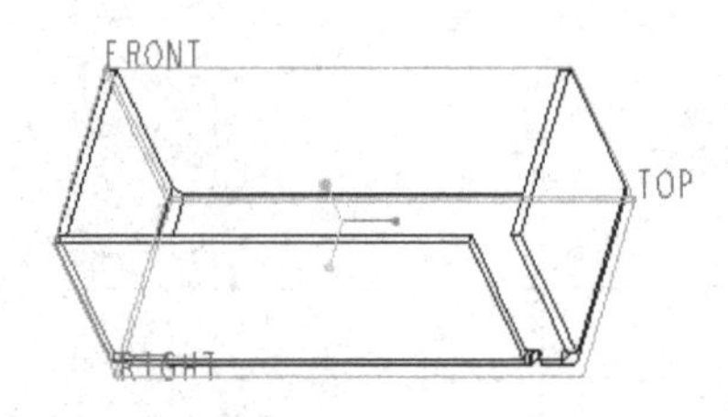

图 1-162 延伸壁效果 1

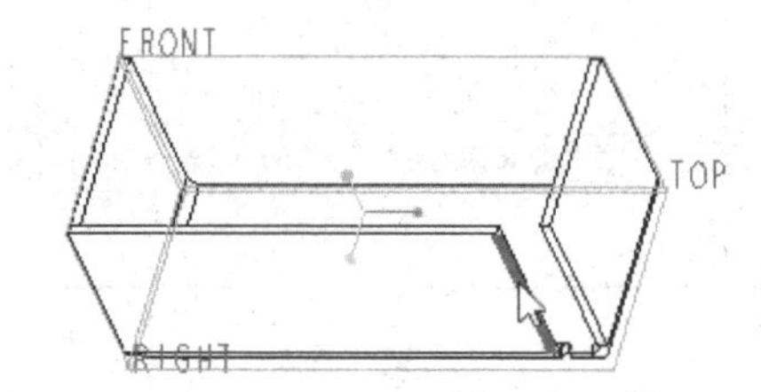

图 1-163 选择边线

（7）在功能区“模型”选项卡的“编辑”组中单击 （延伸）按钮。

（8）在“延伸”选项卡中单击 （按值延伸壁）按钮，在 （延伸距离）框中输入要延伸的距离值为“16”。

（9）在“延伸”选项卡中单击 （完成）按钮，完成的钣金实例效果如图 1-164 所示。

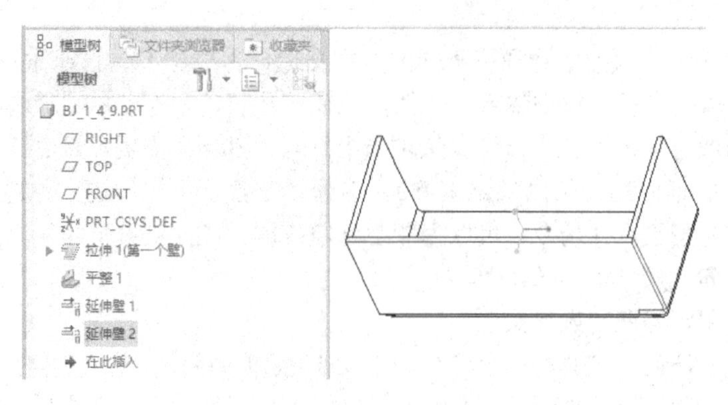

图 1-164 延伸壁的完成效果

1.4.10 连接壁

使用功能区“模型”选项卡的“编辑”→ （连接）按钮，可以连接一个钣金件中的两个相交壁，在操作过程中可以修剪壁的不相交部分，可以在相交处添加折弯和折弯止裂槽，以及反向相交壁的方向。要连接壁，首先相交壁必须是平面；另外，如有必要，将自动交换壁要连接的驱动侧和偏移侧，以与最早创建的壁的驱动侧和偏移侧相匹配。

下面介绍创建连接壁的典型练习范例。

（1）在“快速访问”工具栏中单击 （打开）按钮，系统弹出“文件打开”对话框，在配套素材中浏览并选择 bj_1_4_10.prt，单击“打开”按钮，该文件中存在着的原始钣金件如图 1-165 所示，包括一个平面壁和两个拉伸壁。

（2）在功能区的“模型”选项卡中单击“编辑”→ （连接）按钮，打开图 1-166 所示的“联接”（连接）选项卡。

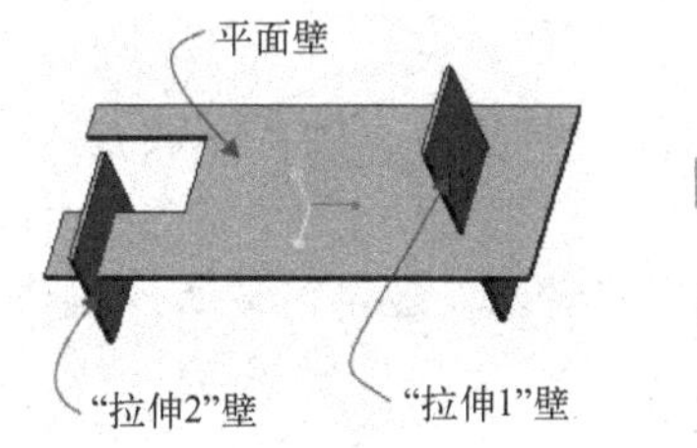

图 1-165 原始钣金件

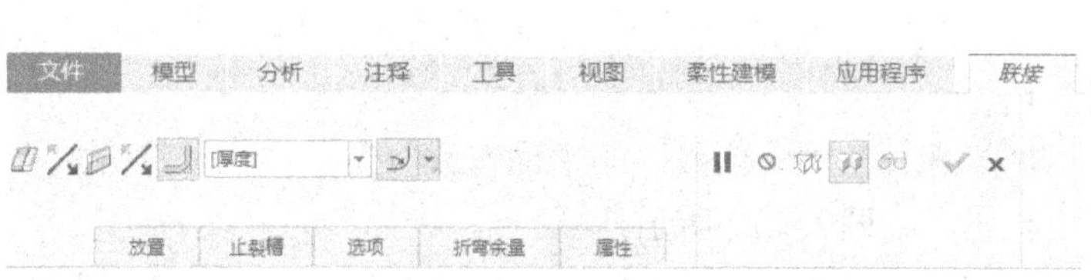

图 1-166 “联接”选项卡

（3）选择平面壁，按住〈Ctrl〉键并选择“拉伸 1”壁，注意各相交壁的选择面如图 1-167 所示。选择好两个壁后，连接预览效果如图 1-168 所示。

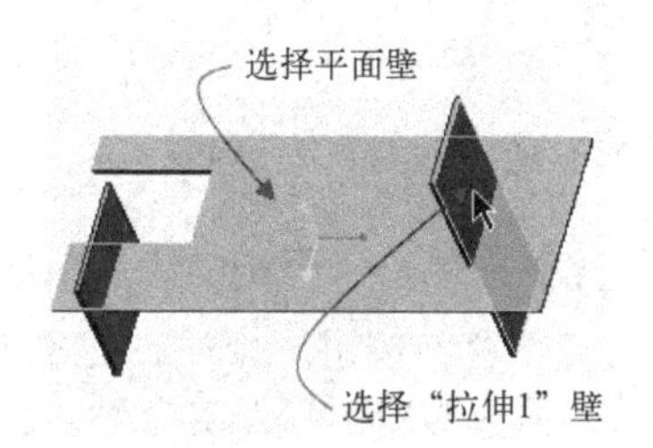

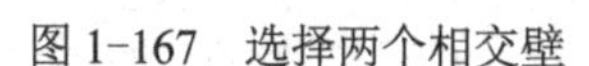

图 1-167 选择两个相交壁

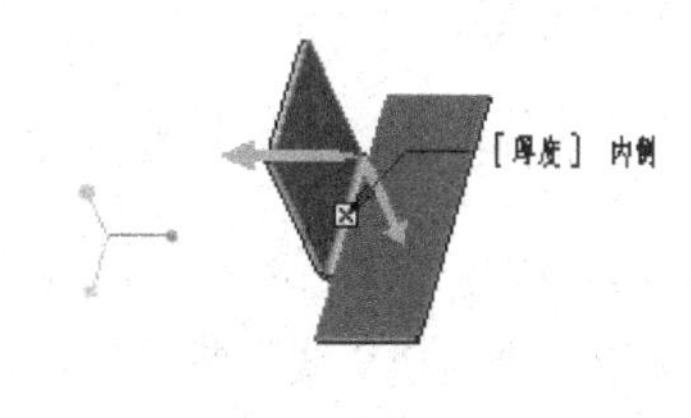

图 1-168 默认的连接预览效果

（4）此时需要反向所连接的壁的方向。 旁的 （反向第一个壁）按钮用于反向第一个壁连接方向的部分， 旁的 （反向第二个壁）按钮用于反向第二个壁连接方向的部分。在本例中，单击 旁的 （反向第一个壁）按钮，以使第一个壁连接方向如图 1-169 所示。

（5）在“联接”（连接）选项卡中确保选中 （添加折弯半径）按钮，设置折弯半径为“2.0 * 厚度”，选择 （标注折弯的内部曲面）图标选项以从壁的内侧曲面标注半径。

（6）在“联接（连接）”选项卡中打开“选项”面板，确保勾选 “修剪非相交几何”复选框，并选择“至折弯”单选按钮，如图 1-170 所示。

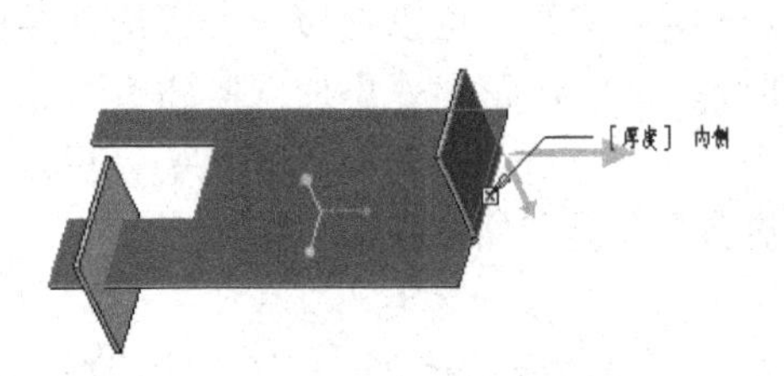

图 1-169 反向第一个壁

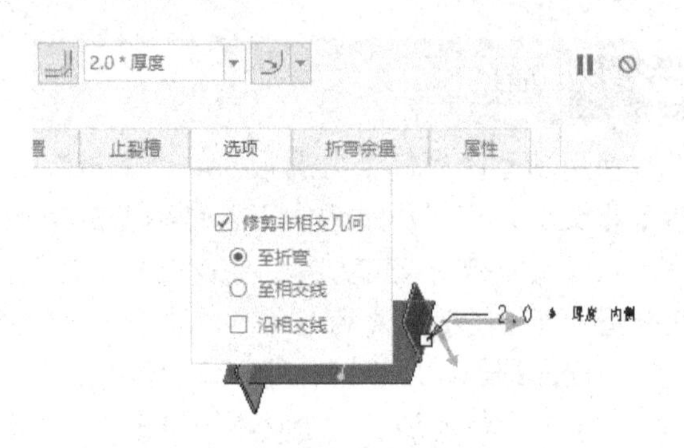

图 1-170 “选项”面板中的设置

说明：读者可以尝试取消勾选“修剪非相交几何”复选框，以观察连接壁的效果变化。

（7）在“联接”（连接）选项卡中单击✔（完成）按钮，创建第一个连接壁的效果如图 1-171 所示。

（8）在功能区的“模型”选项卡中单击“编辑”→（连接）按钮，打开“联接”（连接）选项卡。

（9）选择主壁（连接后的平面壁），按住〈Ctrl〉键并选择“拉伸 2”壁，注意各壁选择单击位置，如图 1-172 所示。

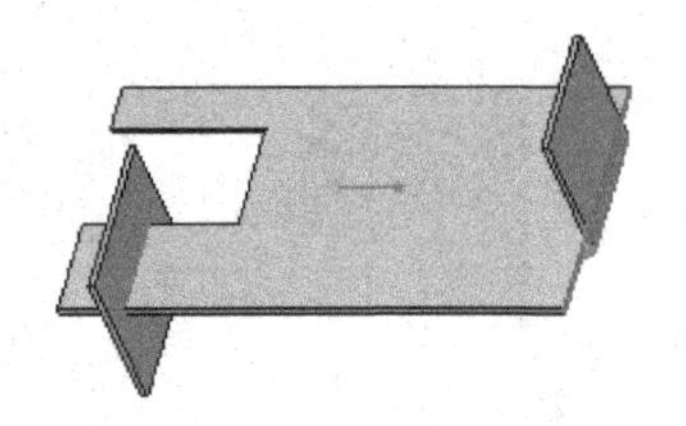

图 1-171 创建第一个连接壁的效果

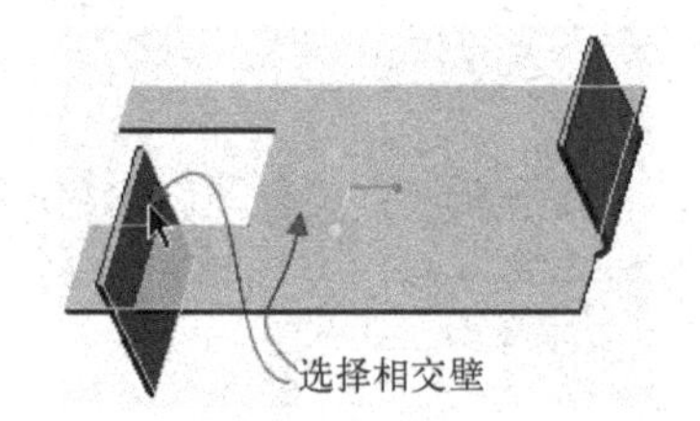

图 1-172 选择两个相交壁

（10）在“选项”面板中确保勾选“修剪非相交几何”复选框，单击“至相交线”单选按钮，并勾选“沿相交线”复选框，然后单击旁的（反向第二个壁）按钮，此时如图 1-173 所示。有兴趣的读者，还可以利用“止裂槽”面板尝试更改默认的止裂槽类型及其参数，并观察相应的效果。

（11）单击✔（完成）按钮，完成创建的第二个连接壁的效果如图 1-174 所示。

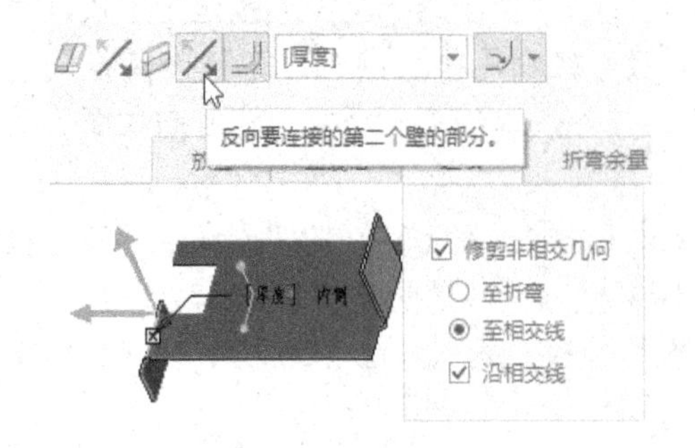

图 1-173 设置反向第二个壁等

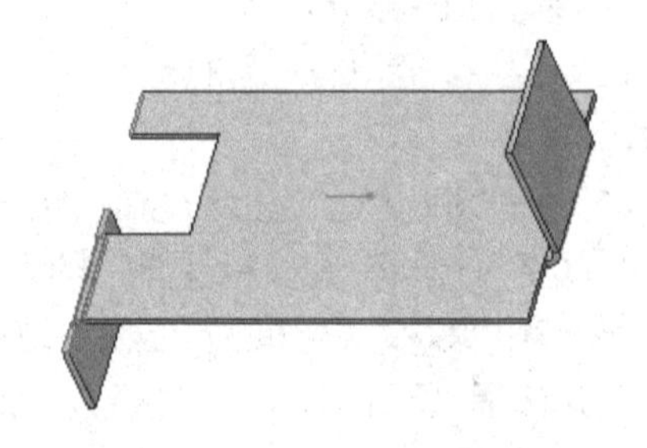

图 1-174 创建第二个连接壁的效果

1.4.11 合并壁

可以将两个或多个不同的分离钣金件几何（如分离壁）合并成一个钣金零件，合并壁的示例如图 1-175 所示。合并壁时，切记第一壁的几何只能是基础壁，壁彼此之间必须相切。如果有必要，系统将自动交换壁要合并的驱动侧和偏移侧，以与最早创建的壁的驱动侧和偏移侧相匹配。另外，在创建一些壁（如平面壁、拉伸壁、旋转壁、扫描壁、扫描混合壁和偏移壁）的过程中，可以勾选“选项”面板中的“合并到模型”复选框来自动合并壁。

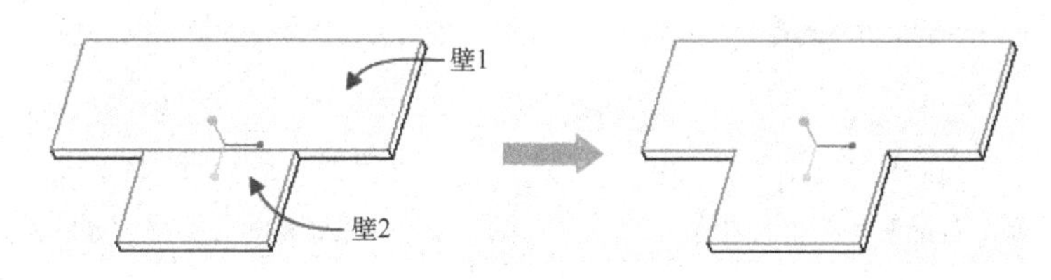

图 1-175　合并壁的典型示例

下面介绍一个创建合并壁的实例。

（1）在 Creo Parametric 4.0 界面的“快速访问”工具栏中单击（打开）按钮，系统弹出“文件打开”对话框，浏览并选择 bj_1_4_11.prt 文件，单击“打开”按钮。文件中存在着两块分离的平面壁，如图 1-176 所示。

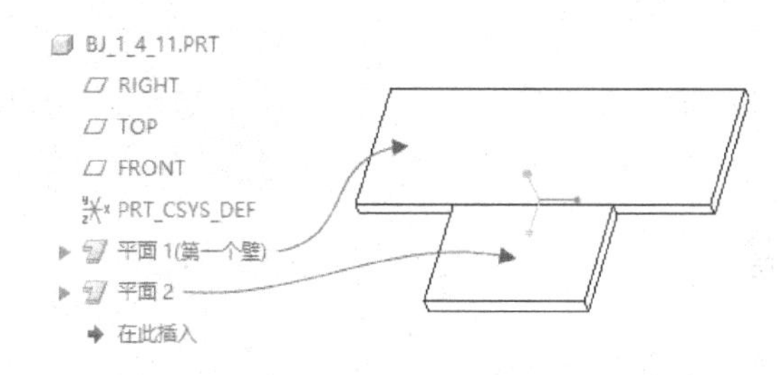

图 1-176　存在的两个相互分离的壁

（2）在功能区的“模型”选项卡单击“编辑”组溢出按钮，接着单击“合并”命令旁的（三角）按钮，并单击（合并壁）按钮，系统弹出“合并壁”对话框和一个菜单管理器，菜单管理器提供了“特征参考”菜单，如图 1-177 所示。该菜单管理器所提供的菜单与“合并壁”对话框中的当前元素定义有关。从“合并壁”对话框中可以看到，需要定义以下元素，注意有些元素的定义是可选的。

- “基参考”：选择基础壁的曲面。
- “合并几何形状”：选择要与基础壁合并的一个或多个分离的有效壁的曲面。
- “合并边”：添加或移除由合并删除的边。此元素定义是可选的。
- “保持线”：控制曲面接头上合并边的可见性。此为可选项。

（3）选择要与分离壁合并的基础壁曲面，如图 1-178 所示，并在菜单管理器的“特征参考”菜单中选择“完成参考”命令。

（4）选择要与基础壁合并的分离壁曲面，如图 1-179 所示，接着在菜单管理器的“特征参考”菜单中选择“完成参考”命令。

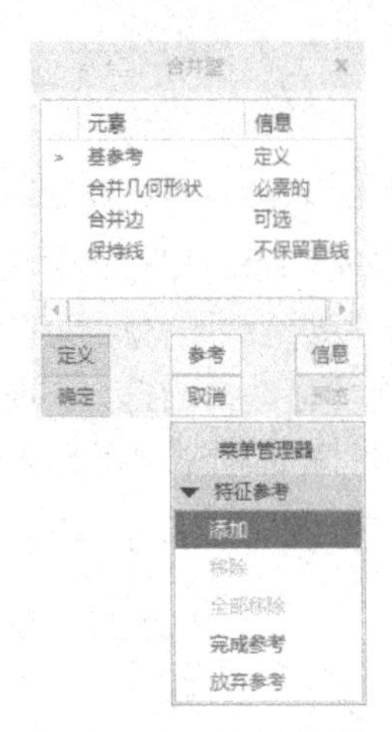

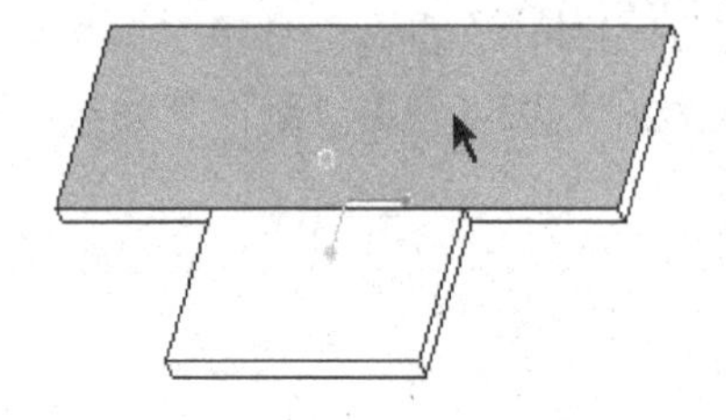

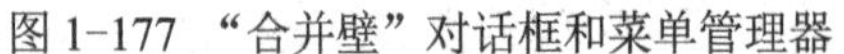

图 1-177 “合并壁”对话框和菜单管理器　　图 1-178 选择要与分离壁合并的基础壁曲面

（5）在“合并壁”对话框中单击“确定”按钮，完成合并壁，结果如图 1-180 所示。

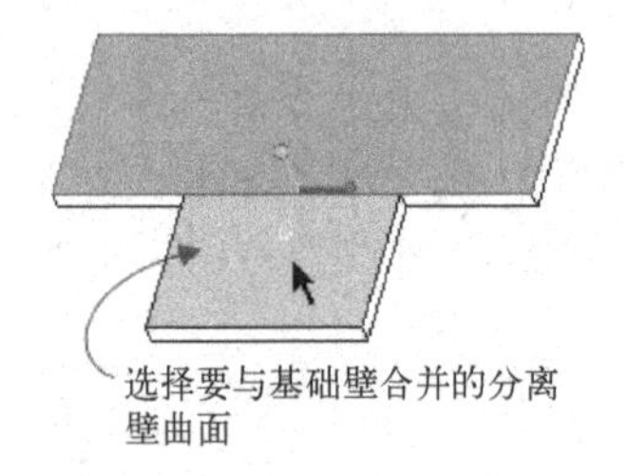

图 1-179 选择要与基础壁合并的分离壁曲面

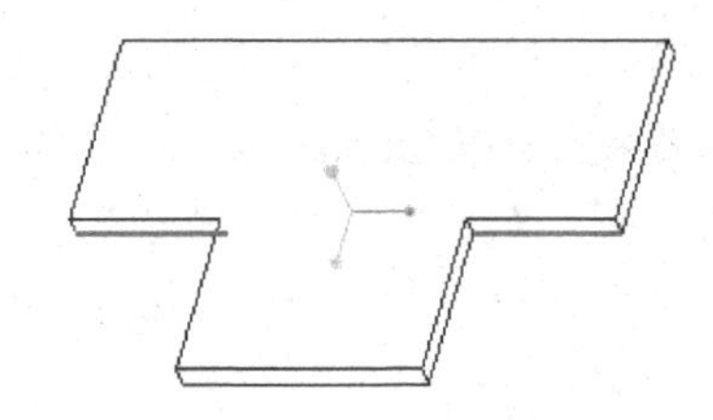

图 1-180 合并壁的结果

1.5 钣金折弯

本节介绍的钣金折弯命令包括“折弯”“平面折弯”“边折弯”。

1.5.1 创建折弯

使用 （折弯）按钮，可以将钣金件壁折弯成一定角度或折弯成卷曲形状，前者简称角度折弯，后者则为滚动折弯。图 1-181a 所示为角度折弯，图 1-181b 所示为滚动折弯。用户在钣金件设计过程中，可以根据设计要求随时向现有壁中添加折弯，也可以在创建一些特征时定义折弯设置。向设计中添加折弯时，切记这些内容：折弯可以穿过成型特征；折弯不可穿过另一个折弯；可以展平零半径折弯；展平并折回钣金件时，展开长度保持不变。

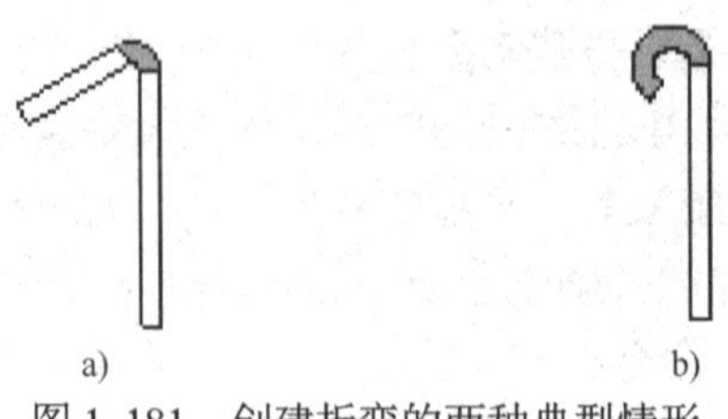

图 1-181 创建折弯的两种典型情形

a) 角度折弯 b) 滚动折弯

在介绍创建折弯的典型操作实例之前，先简要地介绍一下折弯用户界面。在功能区的“模型”选项卡中单击（折弯）按钮，则打开图 1-182 所示的“折弯”选项卡。该选项卡主要组成要素的功能含义如下。

图 1-182 “折弯”选项卡

- “折弯放置”按钮：“折弯放置”按钮有 3 个，即、和，其中，按钮用于将材料折弯至折弯线，按钮用于折弯折弯线另一侧的材料，按钮用于折弯折弯线两侧的材料。
- （更改固定侧的位置）按钮：该按钮位于图标旁边，用于反向保持固定的区域。
- “折弯类型”按钮：包括（角度折弯）和（滚动折弯）两个按钮，前者用值定义折弯角度来折弯材料，后者将材料折弯到曲面的端部。
- （折弯角度）下拉列表框：列出预定义的折弯角度值和用户定义的角度值，从中选择一个预定义的折弯角度或者输入一个折弯角度。
- （更改折弯方向）按钮：该按钮位于（折弯角度）下拉列表框右侧，用于更改折弯方向。
- “折弯标注形式”下拉列表框：该下拉列表框提供和两个图标选项，图标选项用于通过测量生成的内部角度来标注折弯角度，图标选项用于通过测量自直线开始的偏移来标注折弯角度。
- （折弯半径）框：列出折弯半径的预定义值、用户定义值和“按参数”值，从中选择或指定所需的一个值。
- “尺寸位置”下拉列表框：该下拉列表框提供了 3 个图标选项，图标选项用于从外侧曲面标注折弯尺寸，图标选项用于从内部曲面标注折弯尺寸，图标选项用于根据 SMT_DFLT_RADIUS_SIDE 参数设置的位置标注折弯。
- “放置”面板：使用此面板可选择折弯线参考。
- “折弯线”面板：选择曲面参考后，可以使用此面板草绘或定位折弯线的端点。
- “过渡”面板：使用此面板可以草绘过渡区域。过渡区域对钣金件曲面的一个截面进行塑形，而使另一个截面保持平整或按不同方式折弯。在创建过渡区域时，首先草绘折弯线，接着草绘要保持平整或以不同方式折弯的过渡区域，每个过渡区域的草绘都必须具有两个开放的直线图元，第一条线必须邻近折弯区域，第二条线必须完成过渡区域。
- “止裂槽”面板：使用此面板可以定义止裂槽。
- “折弯余量”面板：使用此面板可设置特征特定的折弯余量，用以计算折弯的展开长度。
- “属性”面板：使用此选项卡显示和修改特征名称，并可通过（显示特征信息）按钮以打开 Creo Parametric 浏览器来显示此特征的详细信息。

下面介绍关于创建折弯的两个典型操作范例，一个是创建角度折弯的操作实例，另一个则是创建滚动折弯的操作实例。

1．操作实例——创建角度折弯

（1）在 Creo Parametric 4.0 界面的“快速访问”中单击（打开）按钮，系统弹出“文件打开”对话框，浏览并选择 bj_1_5_1a.prt 文件，单击“打开”按钮。文件中存在着的钣金件模型，如图 1-183 所示。

（2）在功能区“模型”选项卡的“折弯”组中单击（折弯）按钮，打开“折弯”选项卡。

（3）在“折弯”选项卡中单击（将材料折弯到折弯线）按钮，并单击（角度折弯）按钮以使用值来定义折弯角度，接着在（折弯角度）下拉列表框中选择“90”以设置折弯角度为 90°，注意选择（通过测量自直线开始的偏移来标注折弯角度）图标选项来确定测量折弯角度的方法。

（4）在“折弯”选项卡中打开“放置”面板，可以看到此时“折弯曲面或折弯线”收集器处于激活状态，在图形窗口中选择要放置折弯的曲面，放置控制滑块随即出现在曲面参考上，如图 1-184 所示。

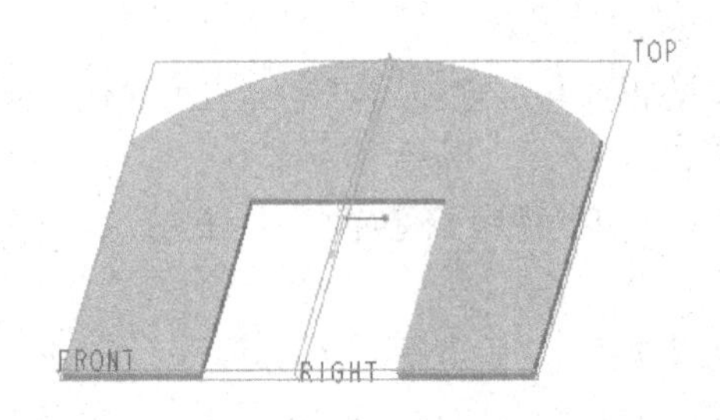

图 1-183 钣金件模型

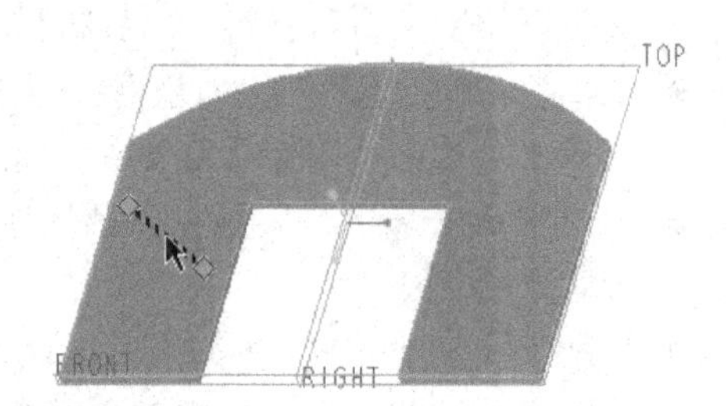

图 1-184 选择要放置折弯的曲面

（5）在“折弯”选项卡中打开“折弯线”面板，为折弯线的首个端点选择一个边或一个顶点参考，如果选择的是边，则选择偏移参考并输入偏移距离值，接着进行类似操作以放置折弯线的第二个端点。在本例中，在“折弯线”面板中单击激活“折弯线端点 1”选项组中的“参考”收集器，选择图 1-185 左边所示的一条边，接着单击激活“偏移参考”收集器，选择图 1-185 右边所示的一条边作为偏移参考，并设置偏移距离为“32”。再在“折弯线”面板中单击激活“折弯线端点 2”选项组中的“参考”收集器，选择图 1-186 左边所示的一条边，单击激活“偏移参考”收集器，然后选择图 1-186 右边所示的一条边作为偏移参考，并设置其相应的偏移距离为“32”。

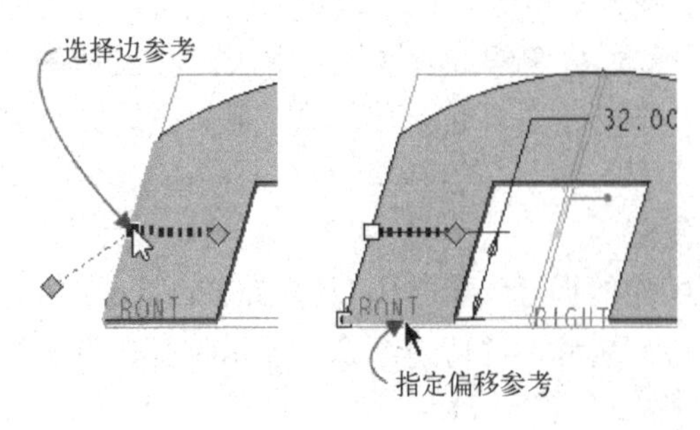

图 1-185 定义折弯线的首个端点

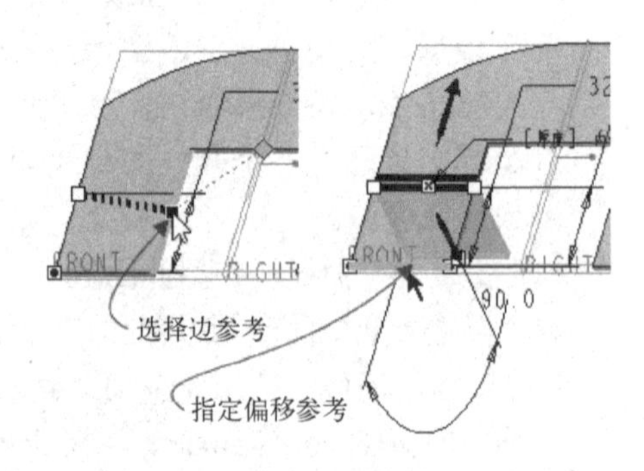

图 1-186 定义折弯线的第二个端点

（6）设置折弯半径为“厚度”，并选择 (标注折弯的内部曲面）图标选项。

（7）模型中显示的箭头指示了固定侧，如图 1-187 所示。最后单击 （完成）按钮，创建第一个折弯特征，效果如图 1-188 所示。

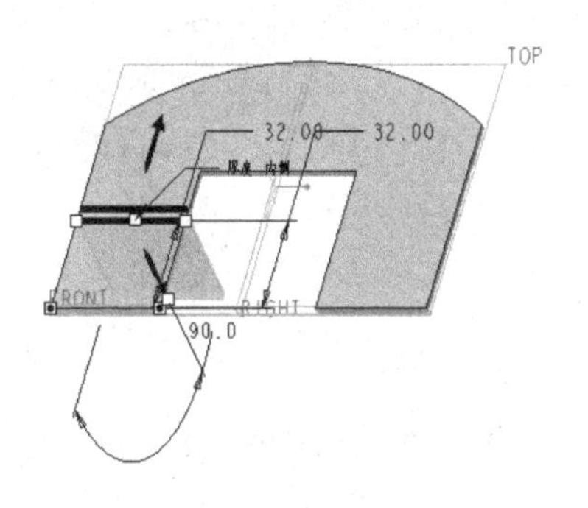

图 1-187 默认固定侧方向

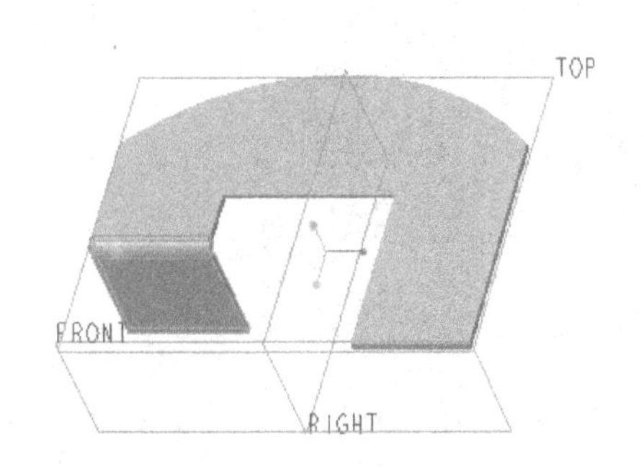

图 1-188 创建第一个折弯特征

（8）在功能区“模型”选项卡的“折弯”组中单击 （折弯）按钮，打开“折弯”选项卡。

（9）选择要放置新折弯的曲面，如图 1-189 所示。

（10）在“折弯”选项卡中打开“折弯线”面板，如图 1-190 所示，在该面板中单击“草绘”按钮，进入草绘模式。单击 （线链）按钮绘制图 1-191 所示的一条折弯线，然后单击 （确定）按钮。

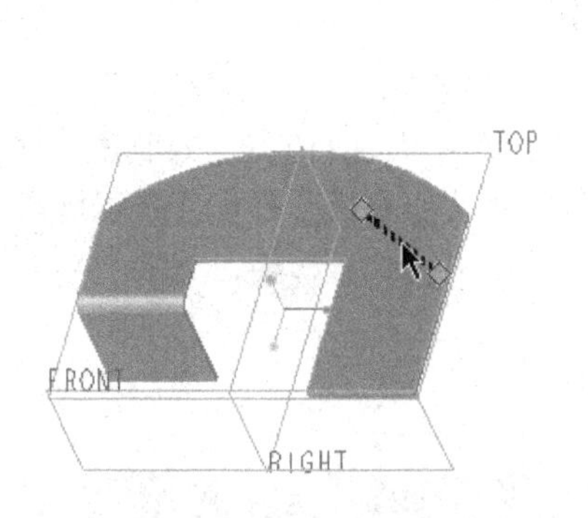

图 1-189 选择要放置新折弯的曲面

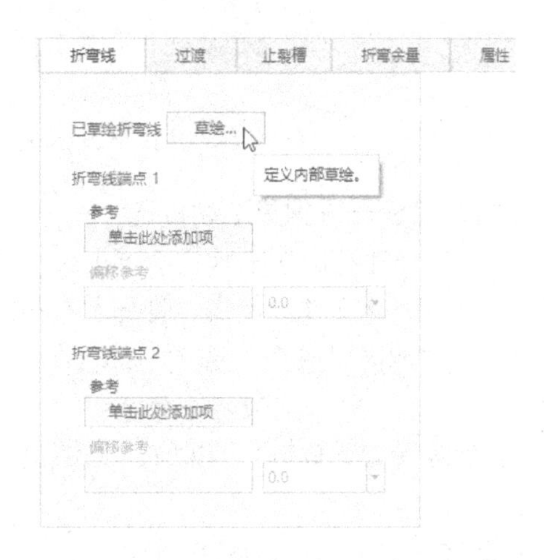

图 1-190 在“折弯线”面板中单击“草绘”按钮

（11）在“折弯”选项卡中单击 （将材料折弯到折弯线）按钮，并单击 （角度折弯）按钮以使用值来定义折弯角度，接着在 （折弯角度）下拉列表框中选择“120”以设置折弯角度为 120°，默认选择 （通过测量自直线开始的偏移来标注折弯角度）图标选项来确定测量折弯角度的方法。设置折弯半径为“厚度”，并确保选择 （标注折弯的内部曲面）图标选项。

（12）在“折弯”选项卡中打开“止裂槽”面板，从“类型”下拉列表框中选择“长圆形”选项，如图 1-192 所示。

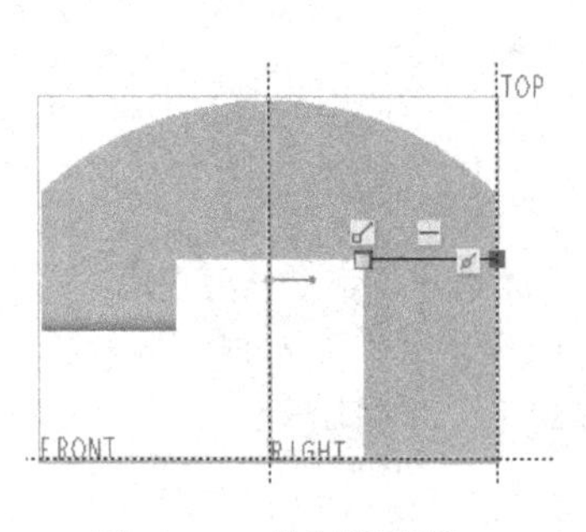

图 1-191 绘制折弯线

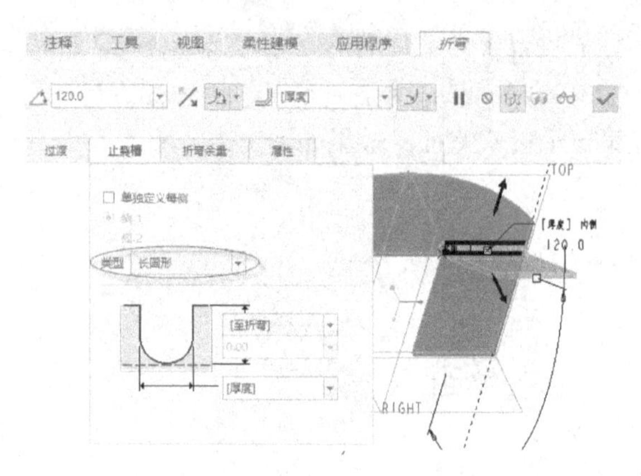

图 1-192 设置止裂槽

（13）在“折弯”选项卡中单击（完成）按钮，完成创建第二个折弯特征，结果如图 1-193 所示。

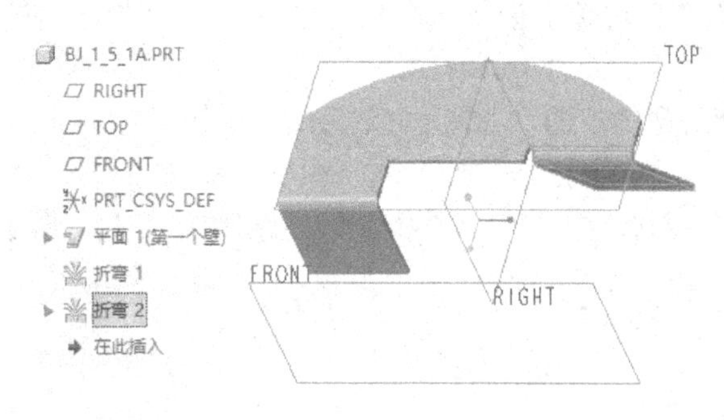

图 1-193 完成创建第二个折弯特征

2．操作实例——创建滚动折弯

（1）在“快速访问”工具栏中单击（打开）按钮，弹出“文件打开”对话框，浏览并选择 bj_1_5_1b.prt 文件，单击“打开”按钮。文件中存在着的原始钣金件如图 1-194 所示。

（2）在功能区“模型”选项卡的“折弯”组中单击（折弯）按钮，打开“折弯”选项卡。

（3）选择要放置新折弯的曲面，如图 1-195 所示。

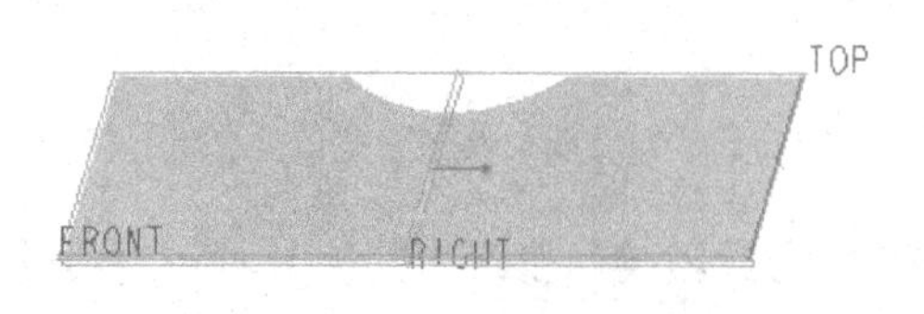

图 1-194 原始钣金件

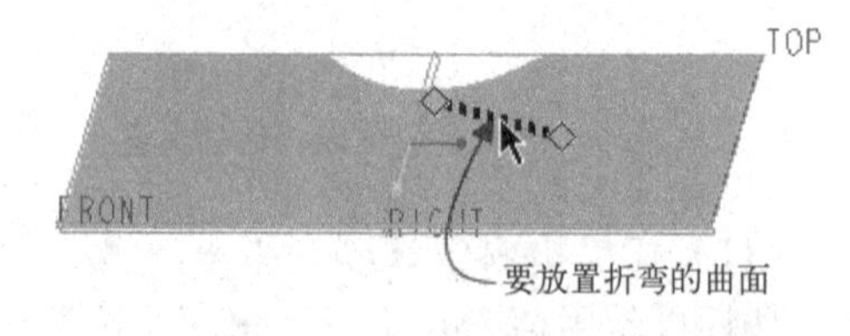

图 1-195 选择要放置折弯的曲面

（4）在“折弯”选项卡中打开“折弯线”面板，从中单击“草绘”按钮，草绘一条折弯线，如图 1-196 所示，单击（确定）按钮。

（5）在“折弯”选项卡中单击（折弯线另一侧的材料）按钮和单击（滚动折弯）按钮。

（6）在 （折弯半径）框中输入折弯半径为“25”，从“尺寸位置”下拉列表框中选择 （标注折弯的内部曲面）图标选项。

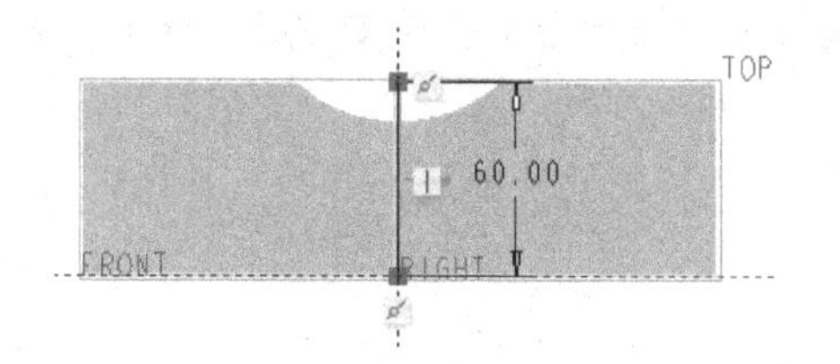

图 1-196　绘制一条折弯线

图 1-197　设置折弯半径和半径尺寸标注位置

（7）在“折弯”选项卡中单击 旁的 （更改固定侧的位置）按钮，直到动态预览的方向箭头显示如图 1-198 所示。

（8）在“折弯”选项卡中单击 （完成）按钮，完成滚动折弯的效果如图 1-199 所示。

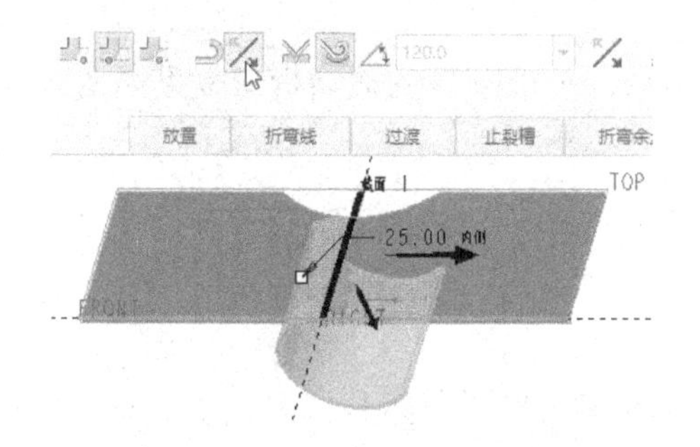

图 1-198　更改固定侧的位置

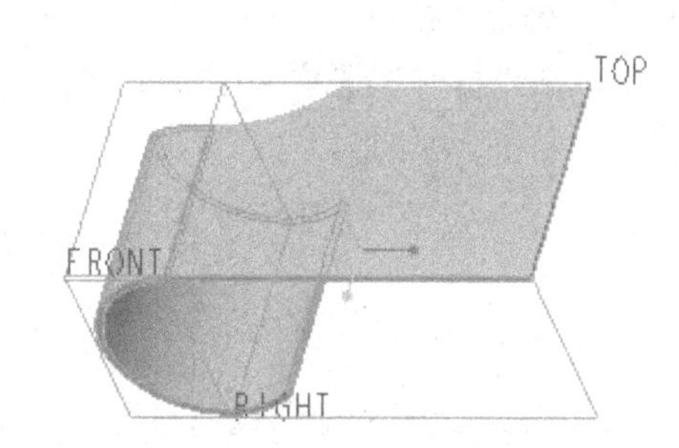

图 1-199　完成滚动折弯的效果

3. 操作实例——创建具有过渡区域的滚动折弯

（1）在“快速访问”工具栏中单击 （打开）按钮，弹出“文件打开”对话框，浏览并选择 bj_1_5_1c.prt 文件，单击“打开”按钮。文件中存在着的原始钣金件，该钣金件一曲面上还创建有一条草绘直线，如图 1-200 所示。

（2）在功能区“模型”选项卡的“折弯”组中单击 （折弯）按钮，打开“折弯”选项卡。

（3）在图形窗口中选择图 1-201 所示的直线作为折弯线。

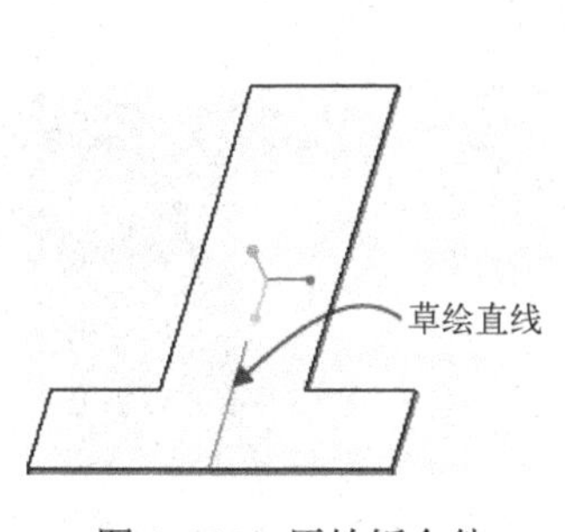

图 1-200　原始钣金件

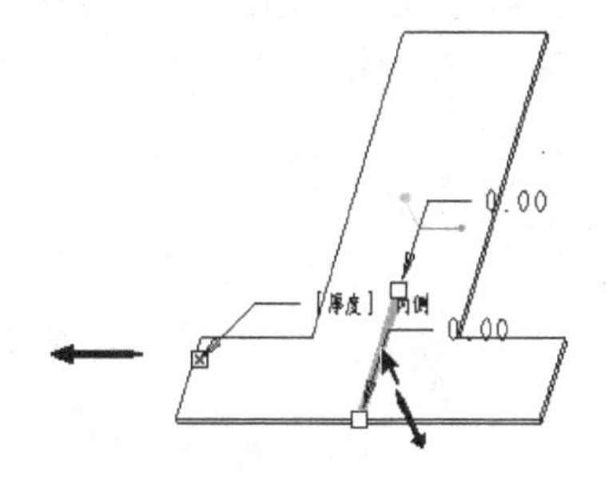

图 1-201　指定折弯线

（4）在“折弯”选项卡中单击 （折弯线两侧的材料）按钮，并单击 （滚动折弯）按钮。

（5）在（折弯半径）框中输入折弯半径为“36”，从“尺寸位置”下拉列表框中选择（标注折弯的内部曲面）图标选项。

（6）在“折弯”选项卡打开“过渡”面板，从过渡列表框中单击“添加过渡”标签，如图 1-202 所示，接着单击“草绘”按钮。

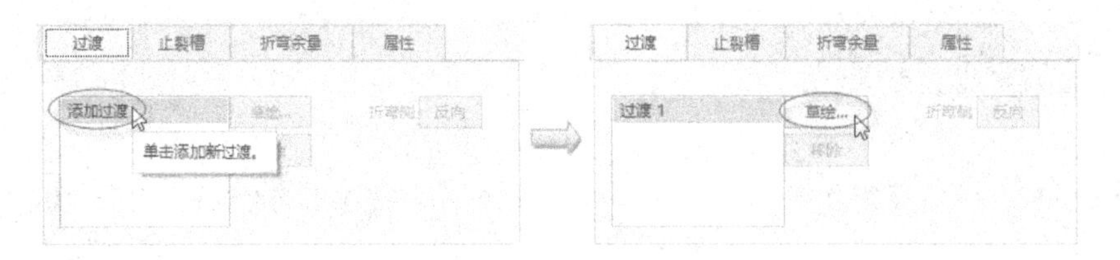

图 1-202　添加一个新过渡

（7）草绘过渡几何截面，该截面必须具有两个开放的直线图元，如图 1-203 所示，然后单击（确定）按钮。

（8）在“折弯”选项卡中单击（完成）按钮，完成创建的滚动折弯效果如图 1-204 所示。

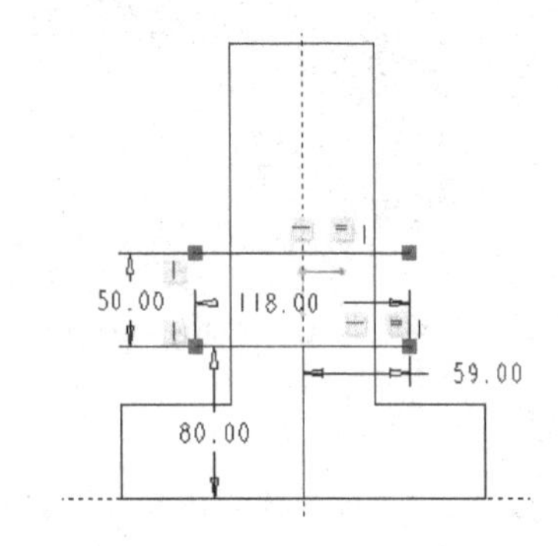

图 1-203　绘制过渡几何截面

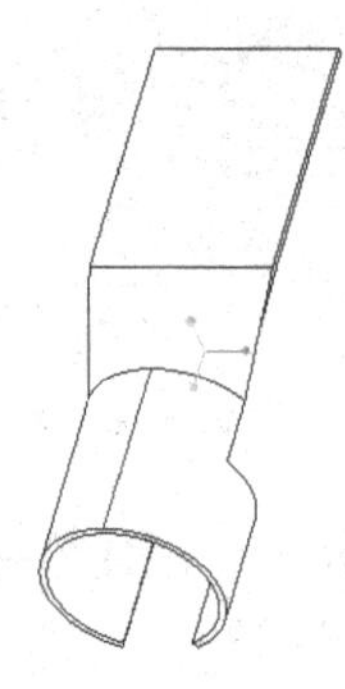

图 1-204　创建具有过渡区域的滚动折弯

1.5.2 创建平面折弯

平面折弯将强制钣金件壁围绕曲面和草绘平面的法向（垂直）轴，其典型思路是通过指定折弯线并使用方向箭头围绕轴来形成平面折弯。平面折弯同样有角度型和滚动型两种，如图 1-205 所示。

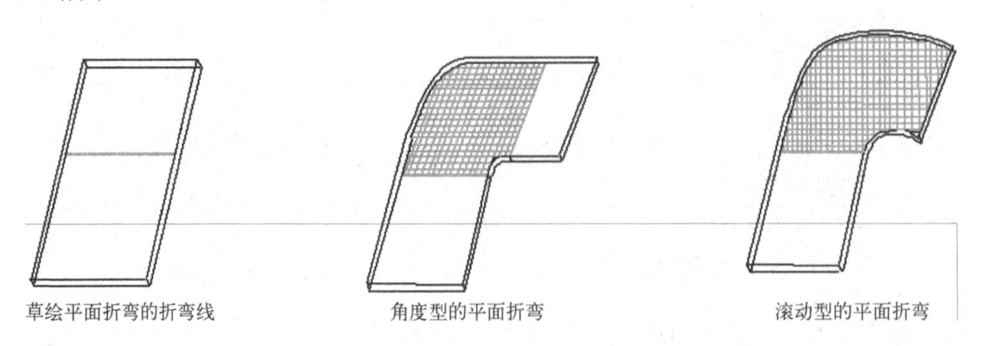

图 1-205　平面折弯示例

下面以实例形式分别介绍这两类平面折弯特征的创建方法、步骤。

1．操作实例——创建角度型的平面折弯特征

（1）在 Creo Parametric 4.0 界面的“快速访问”工具栏中单击（打开）按钮，系统弹出“文件打开”对话框，浏览并选择 bj_1_5_2a.prt 文件，单击“打开”按钮。文件中存在着的原始钣金件如图 1-206 所示。

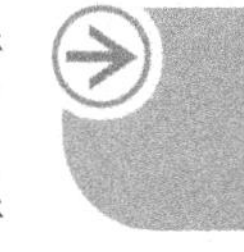

（2）从功能区“模型”选项卡的“折弯”组中单击（折弯）按钮旁的（三角箭头）按钮，并单击（平面折弯）按钮，系统弹出图 1-207 所示的菜单管理器。

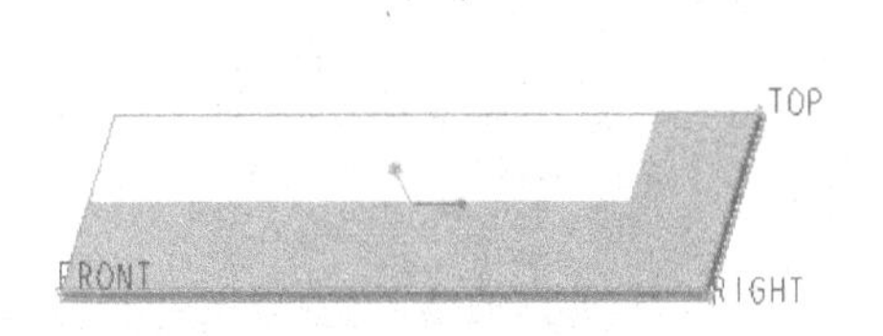

图 1-206　原始钣金件模型

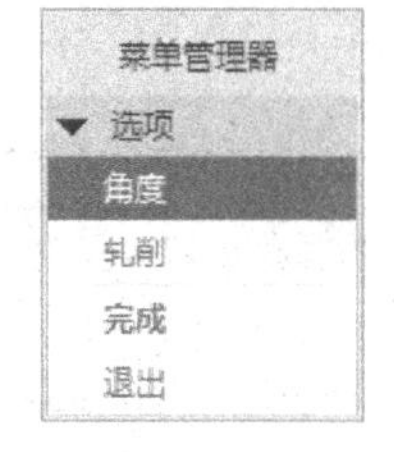

图 1-207　菜单管理器

（3）在菜单管理器的“选项”菜单中选择“角度”→“完成”命令，系统出现“折弯选项：角度，平面”对话框和“使用表”菜单，如图 1-208 所示。

（4）在“使用表”菜单中选择“零件折弯表”→“完成/返回”命令。

（5）选择要折弯的曲面，如图 1-209 所示。接着在菜单管理器出现的相关菜单中选择“确定”→“默认”命令，进入内部草绘器。

图 1-208　出现的对话框和菜单管理器

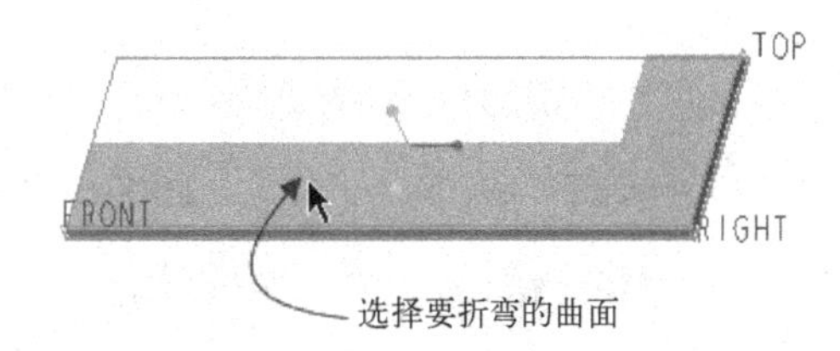

图 1-209　选择要折弯的曲面

（6）草绘折弯线，如图 1-210 所示，单击（确定）按钮。

（7）利用图 1-211 所示的“折弯侧”菜单定义要创建折弯的折弯线侧，本例要求的折弯线侧（箭头朝向）如图 1-212 所示，然后单击“确定”按钮。

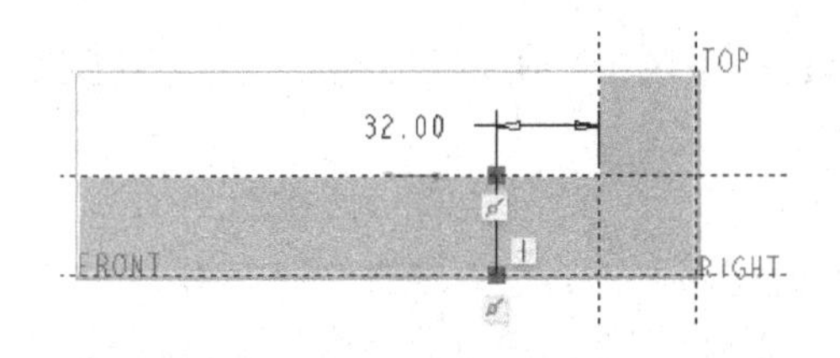

图 1-210　草绘折弯线

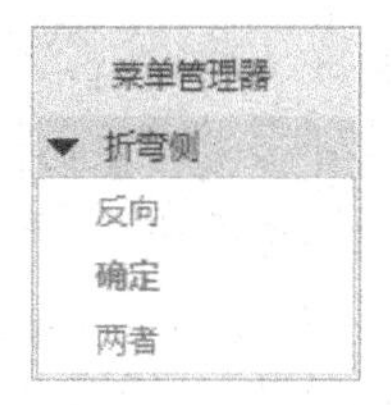

图 1-211　“折弯侧”菜单

说明：“折弯侧”菜单提供了3个命令，即“反向”“确定”“两者”。“反向”命令用于更改折弯创建的方向，“确定”命令用于接受选定的方向，“两者”命令用于在折弯线两侧创建折弯。

（8）菜单管理器出现“方向”菜单，确保设置图形窗口中箭头的方向如图1-213所示（如果箭头方向不对，则使用该“方向”菜单中的“反向”命令），注意箭头指示着要固定的区域，然后在“方向”菜单中选择“确定”命令。

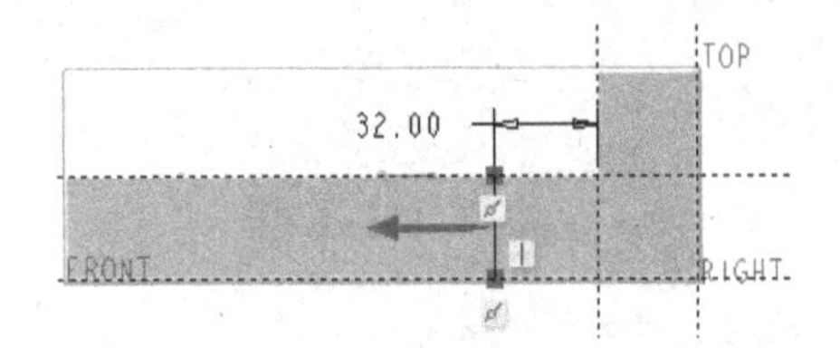

图1-212 指明在图元的哪一侧创建特征

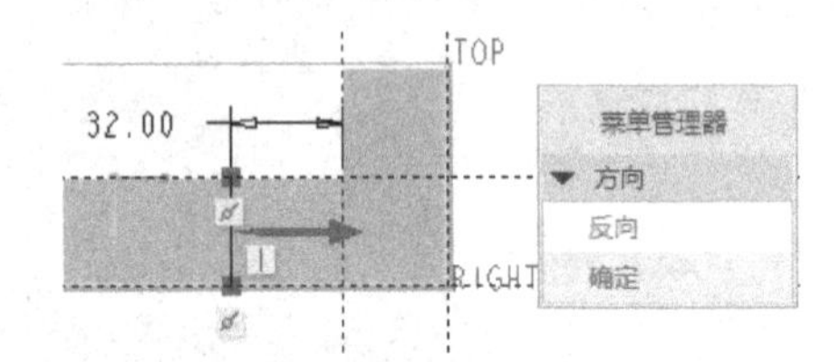

图1-213 定义要保持固定状态的区域

（9）在菜单管理器出现的图1-214所示的DEF BEND ANGLE菜单中选择“90”→“完成”命令。

（10）在菜单管理器出现的图1-215所示的“选取半径”菜单中选择“输入值”命令。

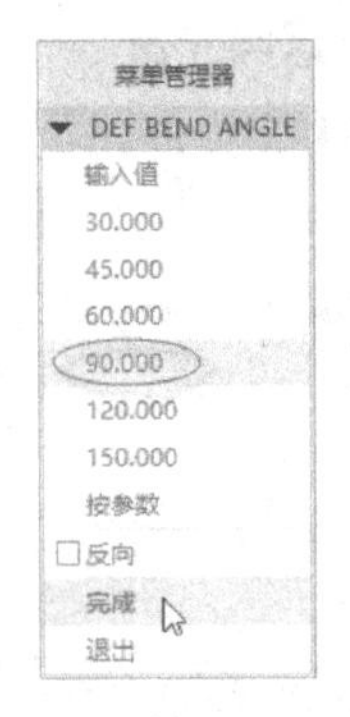

图1-214 DEF BEND ANGLE菜单

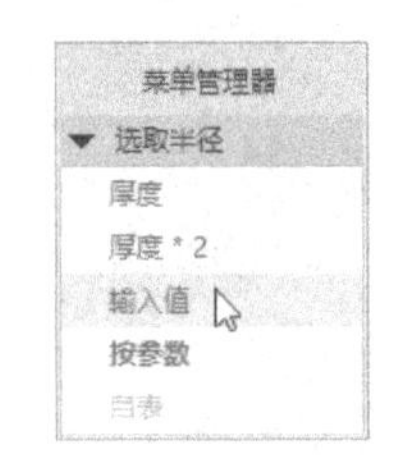

图1-215 “选取半径”菜单

（11）“输入折弯率”的值为“60”，如图1-216所示，单击✓（接受）按钮。

图1-216 输入折弯率

（12）系统提示：箭头表示折弯轴边；选择“反向”或“确定”。在图1-217所示的“方向”菜单中选择“确定”命令。

（13）在“折弯选项：角度，平面”对话框中单击“确定”按钮。完成角度型的平面折弯的设计工作，得到的结果如图1-218所示。

2．操作实例——创建滚动型的平面折弯特征

（1）在Creo Parametric 4.0界面的“快速访问”工具栏中单击（打开）按钮，系统弹出“文件打开”对话框，浏览并选择bj_1_5_2b.prt文件，单击“打开”按钮。

（2）从功能区“模型”选项卡的“折弯”组中单击（折弯）按钮旁的（三角箭

头）按钮，并单击（平面折弯）按钮，系统弹出一个菜单管理器。

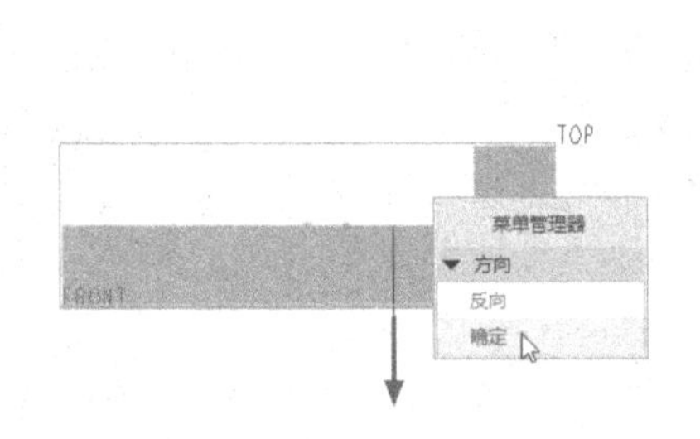

图 1-217 指定方向

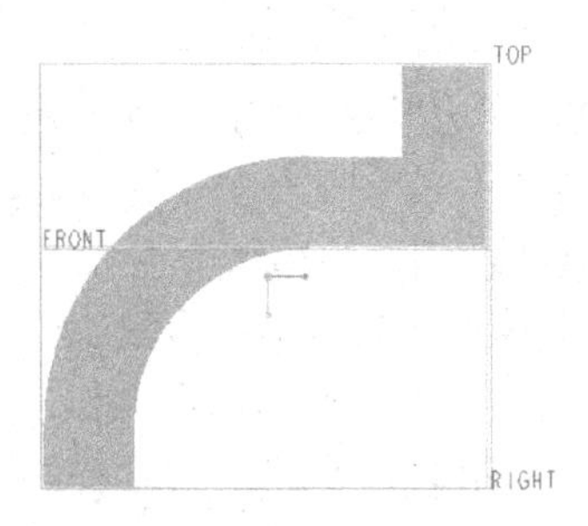

图 1-218 完成创建角度型的平面折弯

（3）在菜单管理器的“选项”菜单中选择“轧削”→“完成”命令。

（4）系统弹出“折弯选项：轧削，平面”对话框和“使用表”菜单。在菜单管理器的“使用表”菜单中选择“零件折弯表”→“完成/返回”命令。

（5）系统在状态栏中出现“选择一钣金件曲面在上面进行草绘”的提示信息。在图 1-219 所示的钣金件曲面上单击以定义草绘平面。接着在菜单管理器出现的菜单中选择“确定”→“默认”命令，进入草绘器内。

（6）绘制图 1-220 所示的图形，单击（确定）按钮。

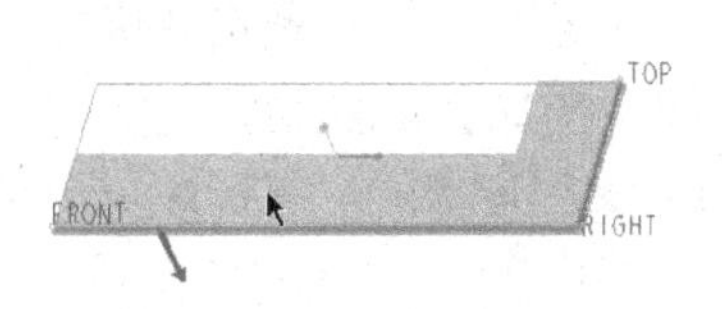

图 1-219 定义草绘平面

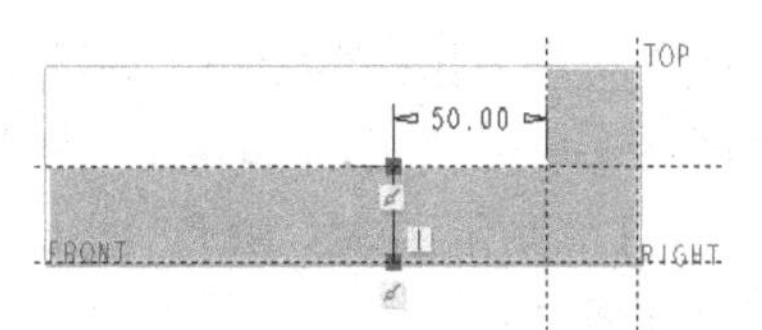

图 1-220 绘制图形

（7）定义要创建折弯的折弯线侧。在菜单管理器出现的“折弯侧”菜单中选择“两者”命令，接着在菜单管理器出现的“方向”菜单中选择“确定”命令，以接受图 1-221 所示的箭头方向（指示要保持固定状态的区域）。

（8）在菜单管理器出现的“选取半径”菜单中选择“输入值”命令。

（9）输入折弯率参数值为“60”，单击（接受）按钮。

（10）定义要创建折弯的折弯轴侧。在菜单管理器出现的“方向”菜单中选择“确定”命令。

（11）在“折弯选项：轧削，平面”对话框中单击“确定”按钮。完成滚动型的平面折弯特征如图 1-222 所示。

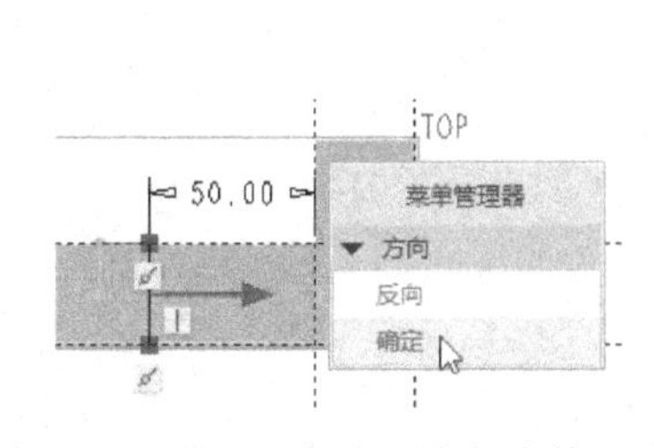

图 1-221 指定要保留固定状态的区域

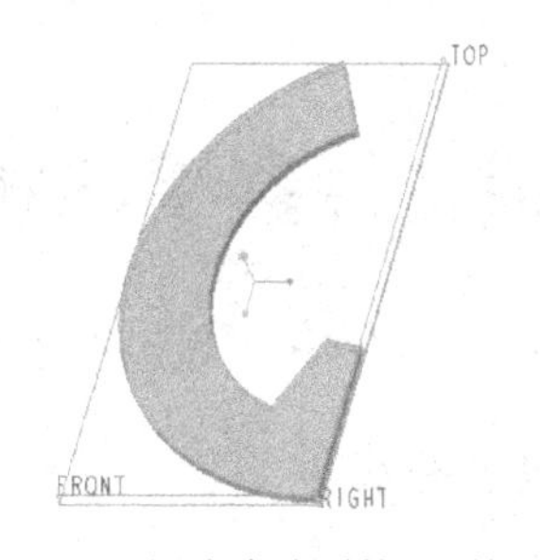

图 1-222 创建滚动型的平面折弯特征

1.5.3 创建边折弯

使用 （边折弯）按钮，可以将非相切、箱形边转换为折弯，即可以对钣金件的锐边进行圆角。另外，在创建一些壁特征时可以定义折弯设置。

在默认情况下，边折弯的主要参数采用默认值，如折弯表默认为零件折弯表，半径位置类型为内侧半径，折弯半径值默认等于壁厚度。

创建边折弯的一般操作步骤如下。

（1）在功能区“模型”选项卡的“折弯”组中单击 （折弯）按钮旁的 （三角箭头）按钮，并单击 （边折弯）按钮，打开图1-223所示的“边折弯”选项卡。

图1-223 “边折弯”选项卡

（2）选择要折弯的边或链。注意按住〈Ctrl〉键可以为同一个边折弯集选择多个要折弯的边或链。

（3）接受折弯的默认半径，允许选择或输入新的折弯半径值，并设置尺寸位置。设置尺寸位置的图标选项有3个，即 、 和 ， 用于标注折弯的外部曲面， 用于标注折弯的内部曲面， 用于根据SMT_DFLT_RADIUS_SIDE参数设置的位置标注折弯（默认标注折弯的内部曲面）。

（4）如果需要，可以利用“止裂槽”面板指定止裂槽类型及其参数，并可以利用“折弯余量”面板设定展开长度计算方法，计算折弯余量。

（5）在“折弯”选项卡中单击 （完成）按钮，完成边折弯。

读者可以使用bj_1_5_2c.prt来进行创建边折弯的练习操作，操作图解如图1-224所示。

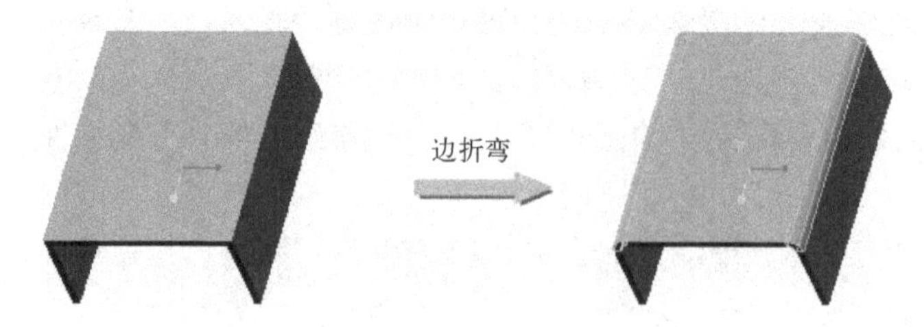

图1-224 创建边折弯的练习图解

1.6 钣金件展平与折弯回去

钣金件可以被展平，也可以由展平状态折弯回去。

1.6.1 钣金件展平

使用 （展平）按钮，可以展平一个或多个弯曲曲面，如钣金件中的折弯或弯曲壁，

这是常规展平或规则展平。除了常规展平之外，还有过渡展平和横截面驱动展平。

1. 常规展平

在创建常规展平时，可以手动选择单个或多个已折弯几何，也可以自动全选已折弯几何，并定义固定的平面曲面或边。展平钣金件的实用指南要点见表1-4。

表1-4 展平零件的实用指南要点

序　号	操作指南要点
1	最佳方法是选择平面曲面而非边作为固定几何参考
2	零件级固定几何参考用作默认的特征参考
3	在从自动选择切换到手动选择时，所有可用的折弯参考都会添加到“折弯几何”收集器中
4	可以使用“平整形态预览”工具打开处于展开状态的钣金件模型的预览窗口

展平全部和展平选择项的对比示例如图1-225所示。

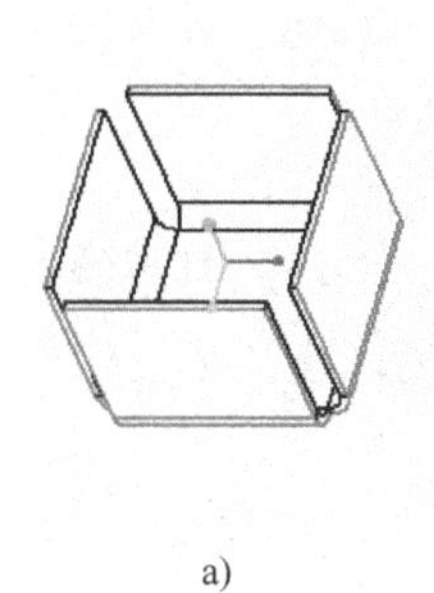

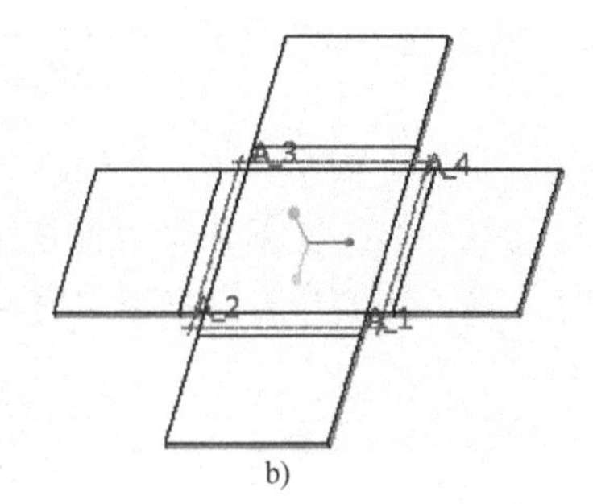

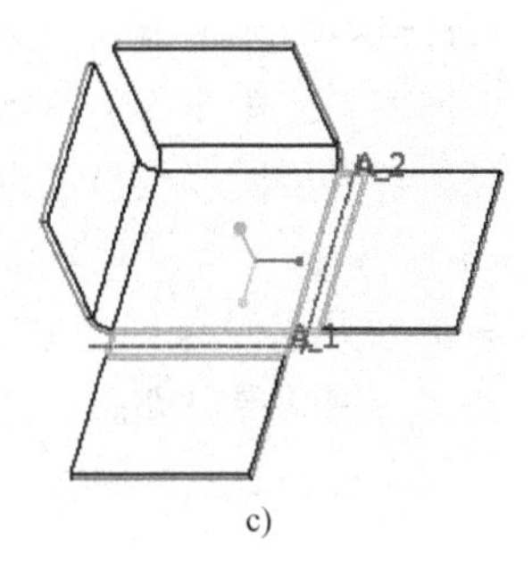

a)　　b)　　c)

图1-225　全部展平和展平选择项

a) 成型的钣金件　b) 自动选择全部折弯参考　c) 手动展平选定的曲面和折弯参考

要创建常规展平，则可以按照以下方法步骤来进行。

（1）在功能区“模型”选项卡的“折弯”组中单击（展平）按钮，打开图1-226所示的“展平”选项卡。

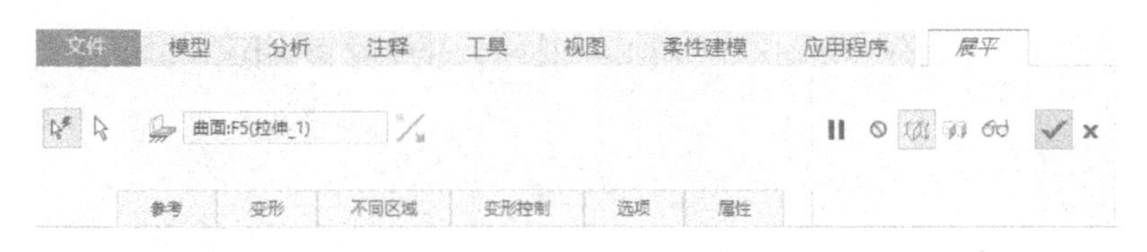

图1-226 “展平”选项卡

（2）当选中（自动选择）按钮时，系统自动选择所有弯曲的曲面和边。而当单击（手动选择）按钮时，则手动选择单个弯曲的曲面和边。注意当从自动选择切换到手动选择时，所有可用的折弯曲线参考和折弯边参考都将被添加到收集器中。

（3）接受钣金件的默认固定几何参考，或者在激活（固定几何）收集器的状态下选择一个要在展平操作期间保持固定的不同参考。用户也可以在“展平”选项卡的“参考”面板中单击激活“固定几何”收集器。在某些设计场合下，单击“反向”按钮可反向边的侧并保持固定，注意只有选择了非相切边时才可以使用“反向”命令。

（4）要为变形控制设置参考，则在“展平”选项卡中打开“变形”面板，自动定义的变形曲面显示在收集器中，根据需要添加任何其他参考。

（5）要设置要应用的变形控制类型，则在“展平”选项卡中打开“变形控制”面板，接受默认的控制类型，或选择要应用的其他类型。

（6）当检测到一个或多个不同几何时，可在“展平”选项卡中打开“不同区域”面板，接着为各个不同的几何区域设置一个或多个固定区域。

（7）要在模型上创建止裂槽几何，则在“展平”选项卡的“选项”面板中确保勾选“创建止裂槽几何”复选框。注意取消勾选“创建止裂槽几何”复选框时，将仅在平整形态操作期间创建止裂槽。还可以根据设计情况更改“选项”面板中的“合并同位侧曲面”复选框和“展开添加到成型的折弯”复选框的默认状态。

（8）在“展平”选项卡单击✔（完成）按钮。

下面先介绍一个创建常规展平的操作范例。

（1）在 Creo Parametric 4.0 界面的“快速访问”工具栏中单击（打开）按钮，系统弹出“文件打开”对话框，浏览并选择 bj_1_6_1a.prt 文件，单击“打开”按钮。该文件中已有的钣金件模型如图 1-227 所示。

（2）在功能区“模型”选项卡的“折弯”组中单击（展平）按钮。

（3）“展平”选项卡中的（自动选择）按钮默认处于被选中的状态，此时系统自动选择所有折弯几何对象。在（固定几何）收集器的框中单击将其激活，在图形窗口中重新指定固定几何参考，如图 1-228 所示。

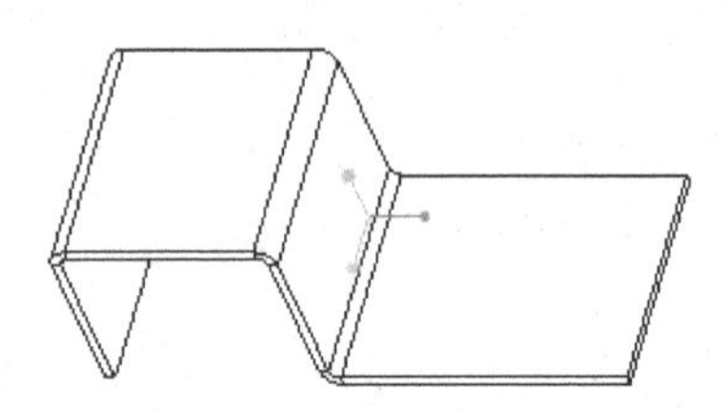

图 1-227 原始钣金件

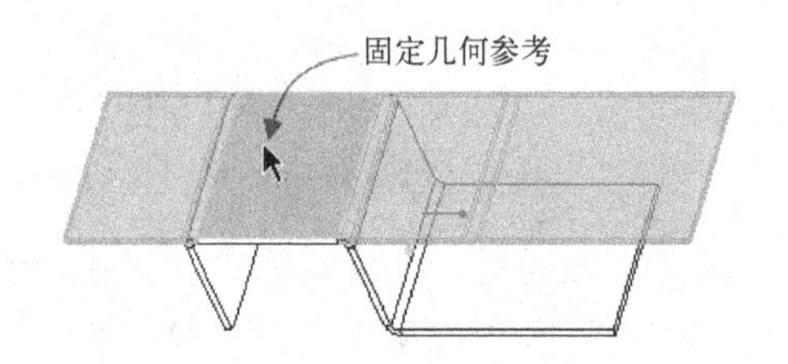

图 1-228 重新选择固定几何参考

（4）在“展平”选项卡中单击✔（完成）按钮，展平结果如图 1-229 所示（图中显示了折弯注解信息）。

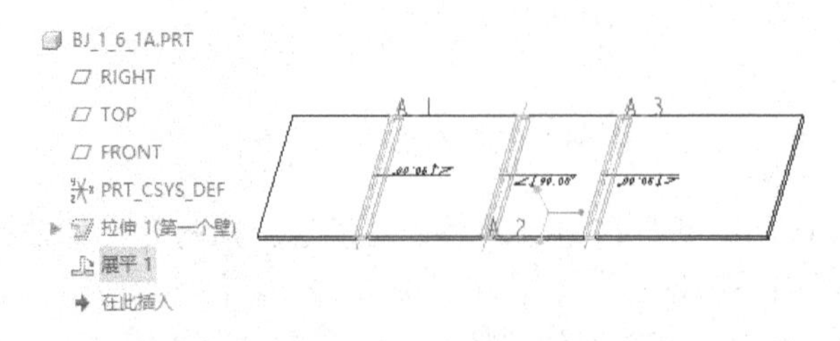

图 1-229 展平全部折弯

知识扩展：在“图形”工具栏中单击（注释显示过滤器）按钮，接着确保选中（注释显示）按钮，此按钮用于打开或关闭 3D 注释及注释元素，选中此按钮时，（拐角止裂槽注解）按钮和（折弯注解）按钮可用，此时可以设置是否显示拐角止裂槽注解，以及是否显示折弯注解。（拐角止裂槽注解）按钮用于显示或隐藏拐角止裂槽注解，（折弯注解）按钮用于显示或隐藏折弯注解。

下面介绍一个使用（展平）按钮创建展平特征的操作范例，在该操作范例中需要定义变形区域。

（1）在 Creo Parametric 4.0 界面的“快速访问”工具栏中单击（打开）按钮，系统弹出“文件打开”对话框，浏览并选择 bj_1_6_1b.prt 文件，单击“打开”按钮。该文件中已有的钣金件模型如图 1-230 所示。

（2）在功能区“模型”选项卡的“折弯”组中单击（展平）按钮。

（3）此时，“展平”选项卡中的（自动选择）按钮被选中以自动选择所有折弯几何对象，而接受默认的固定几何参考，如图 1-231 所示。

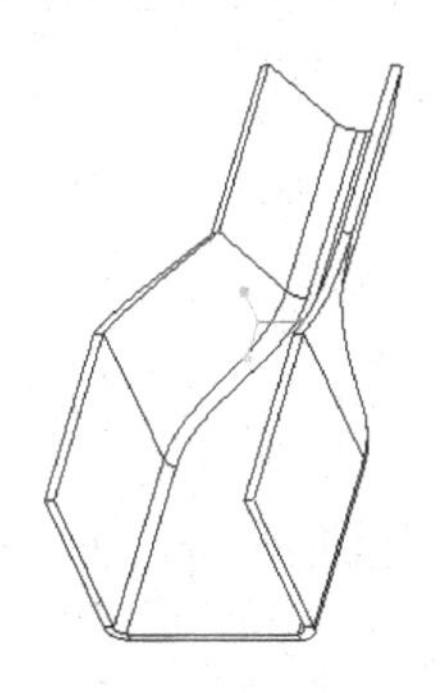

图 1-230　原始钣金件模型

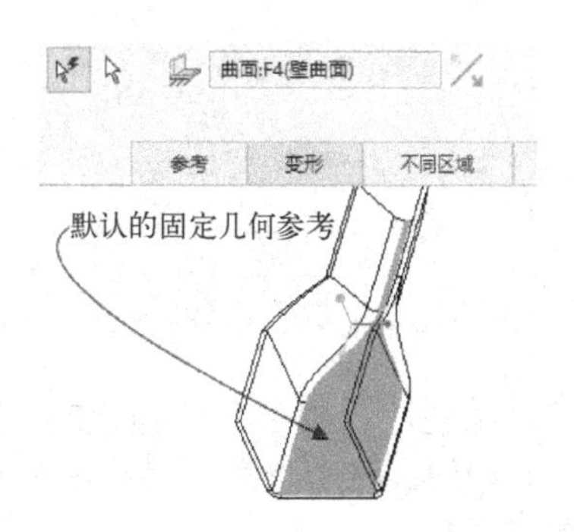

图 1-231　接受默认的固定几何参考

（4）在“展平”选项卡中单击“变形”选项以打开“变形”面板，此时，自动定义的变形曲面显示在“自动检测到的变形曲面”收集器中，如图 1-232 所示。在“变形”面组中单击“变形曲面”收集器将其激活，接着结合〈Ctrl〉键选择图 1-233 所示的两个曲面作为附加的变形曲面。

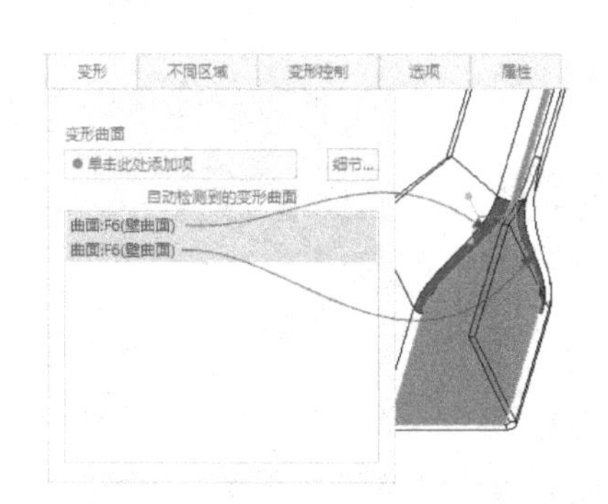

图 1-232　自动检测到的变形曲面

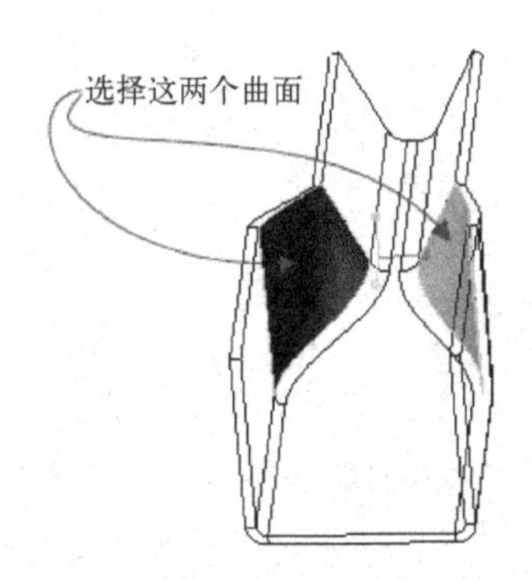

图 1-233　选择两个曲面

（5）在“展平”选项卡中单击（完成）按钮，展平结果如图 1-234 所示。

2．横截面驱动展平

使用“横截面驱动展平”命令可以平整在带有常规下不可延展几何的一些钣金壁，如在多个方向上都有弯曲的折边、法兰和壁。创建的横截面驱动展开特征其实就是由一系列沿着曲线投影到曲面上的横截面组成，这里所述的横截面是指用来影响展平壁形状的曲线。曲线可以是现有曲线也可以是草绘的新曲线，但它必须与所定义的固定边共面。注意创建的横截面一定不要在展开的几何内相交，不能折回横截面驱动的展平特征。

下面结合一个范例介绍如何创建横截面驱动展平特征。

（1）在 Creo Parametric 4.0 界面的“快速访问”工具栏中单击（打开）按钮，系统弹出“文件打开”对话框，浏览并选择 bj_1_6_1c.prt 文件，单击“打开”按钮。该文件中已有的钣金件模型如图 1-235 所示。

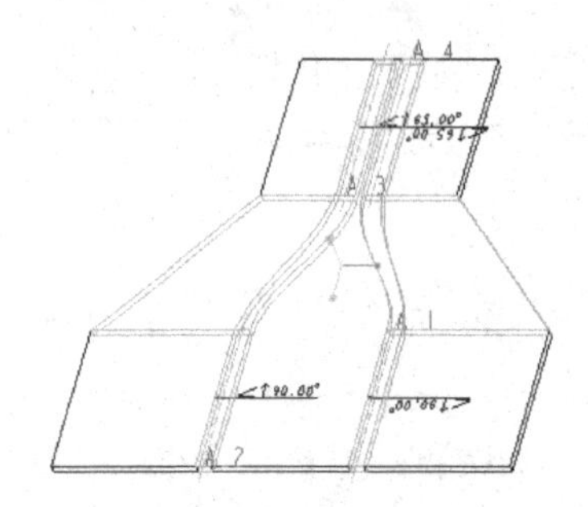

图 1-234 定义有变形区域的展平结果

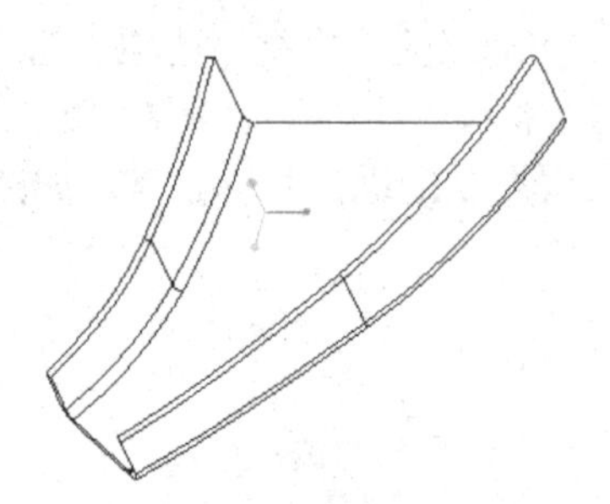

图 1-235 原始钣金件模型

（2）在功能区“模型”选项卡的“折弯”组中单击位于（展平）按钮下方的▾（下三角箭头）按钮，接着选择“横截面驱动展平”命令，系统弹出图 1-236 所示的“(横截面驱动类型)”对话框。

（3）在菜单管理器的“链”菜单中选择所需附加链和选项，选择所需边后单击“完成”命令。在本例中，从“链”菜单中选择“相切链”命令，如图 1-237 所示，接着在图形窗口中单击图 1-238 所示的一条边，然后选择“完成”命令。

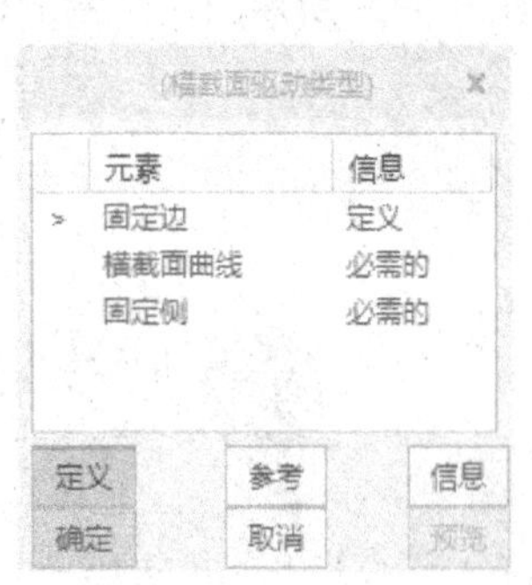

图 1-236 “（横截面驱动类型）”对话框

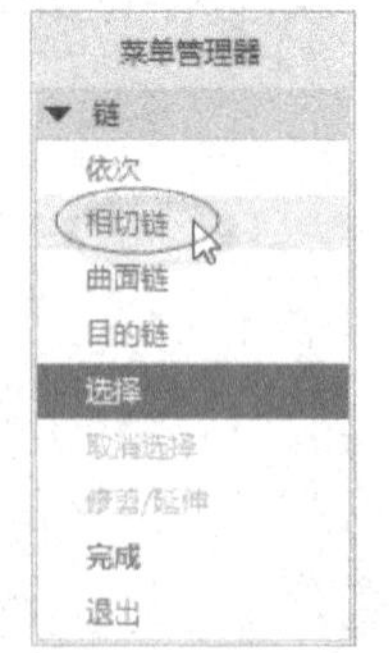

图 1-237 “链”菜单

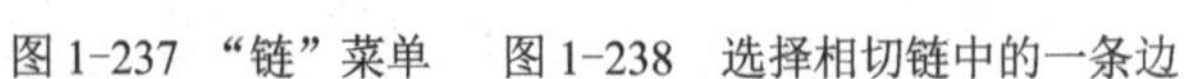

图 1-238 选择相切链中的一条边

（4）菜单管理器出现图 1-239 所示的“横截面曲线”菜单，从中选择“选择曲线”→“完成”命令，此时菜单管理器再次提供“链”菜单，从中选择“相切链”命令，并在图形窗口中单击图 1-240 所示的一条边，然后在“链”菜单中选择“完成”命令。

（5）定义要保持固定状态的折弯侧。在本例中从菜单管理器的“方向切换”菜单中勾选“反向”复选框，以定义要保持固定状态的折弯侧方向如图 1-241 所示，接着勾选“确定”复选框。

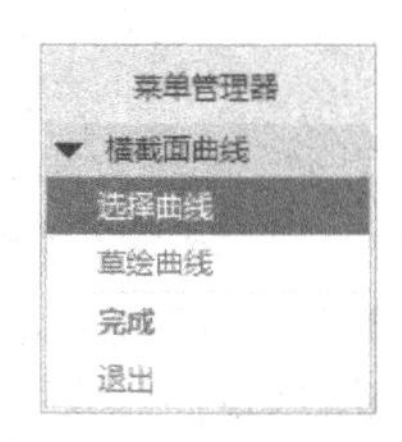

图 1-239 “横截面曲线”菜单

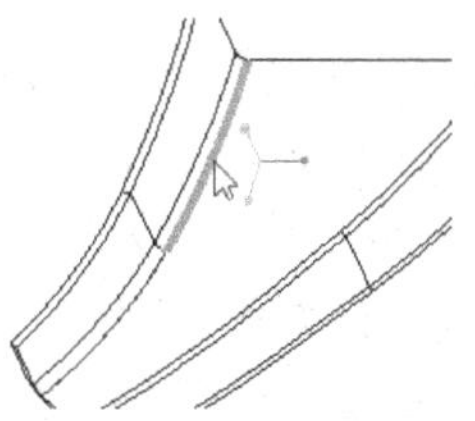

图 1-240 指定曲线

（6）在“(横截面驱动类型)”对话框中单击“确定”按钮，展平结果如图 1-242 所示。

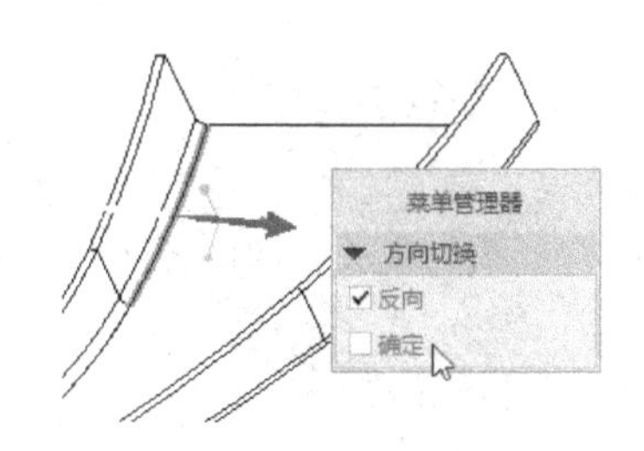

图 1-241 定义要保持固定状态的折弯侧

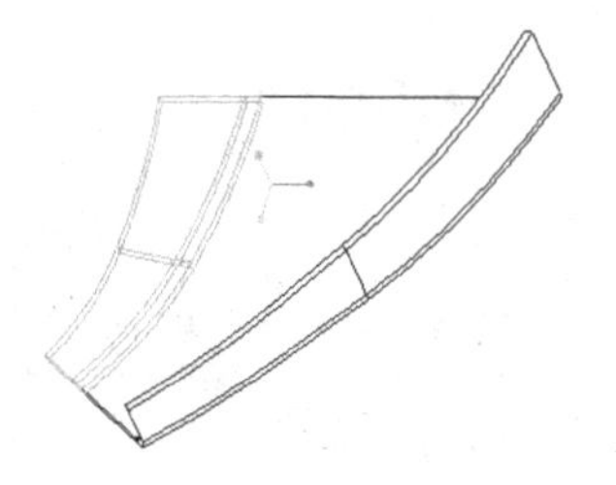

图 1-242 横截面驱动展平

3. 过渡展平

使用“过渡展平”命令可以展平一些较为复杂的钣金件，如在多个方向上都有折弯的混合壁。

要创建过渡展平，则在功能区“模型”选项卡的“折弯”组中单击位于（展平）按钮下方的（下三角箭头）按钮，接着选择“过渡展平”命令，系统弹出图 1-243 所示的“(过渡类型)”对话框和“特征参考”菜单，定义在展平过程中保持固定的任何平面或边，选择全部所需的平面和边之后，选择“完成参考”命令，然后选择要变形的曲面，最后在“(过渡类型)”对话框中单击“确定”按钮。请看以下操作范例。

（1）在 Creo Parametric 4.0 界面的“快速访问”工具栏中单击（打开）按钮，系统弹出“文件打开”对话框，浏览并选择 bj_1_6_1d.prt 文件，单击“打开”按钮。该文件中已有的钣金件模型如图 1-244 所示。

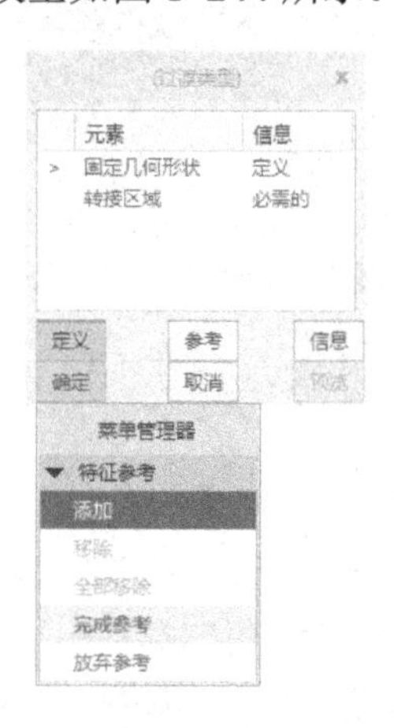

图 1-243 “(过渡类型)”对话框及相应菜单

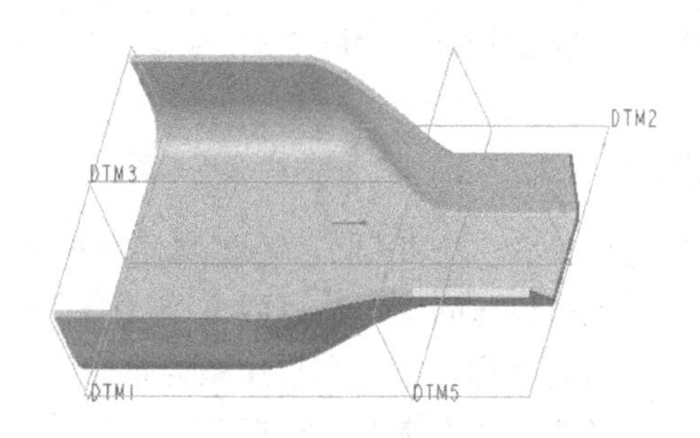

图 1-244 已有的钣金件模型

（2）在功能区“模型”选项卡的“折弯”组中单击位于（展平）按钮下方的（下三角箭头）按钮，接着选择“过渡展平”命令，系统弹出“(过渡类型)”对话框。

（3）选择图 1-245 所示的面 1，按住〈Ctrl〉键并选择面 2，所选两个钣金曲面作为展平时保持固定的区域，在菜单管理器的“特征参考”菜单中选择“完成参考”命令。

（4）在状态栏中提示选择要变形的曲面（转接区域），在图形窗口中结合〈Ctrl〉键选择图 1-246 所示的多个曲面，包括该区域的所有驱动曲面、偏移曲面和两个侧面，然后在菜单管理器的“特征参考”菜单中选择“完成参考”命令。

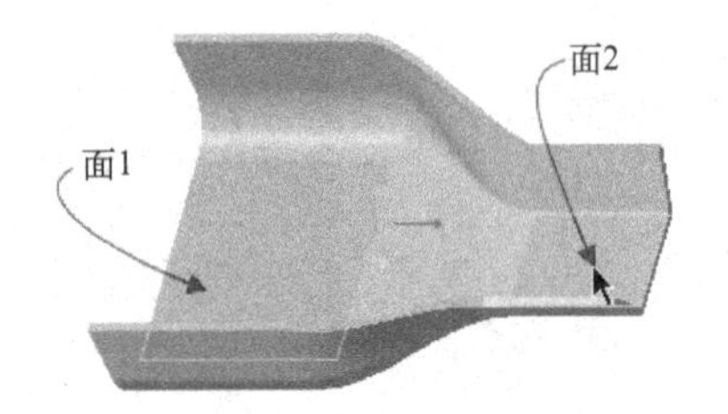

图 1-245 定义固定几何形状

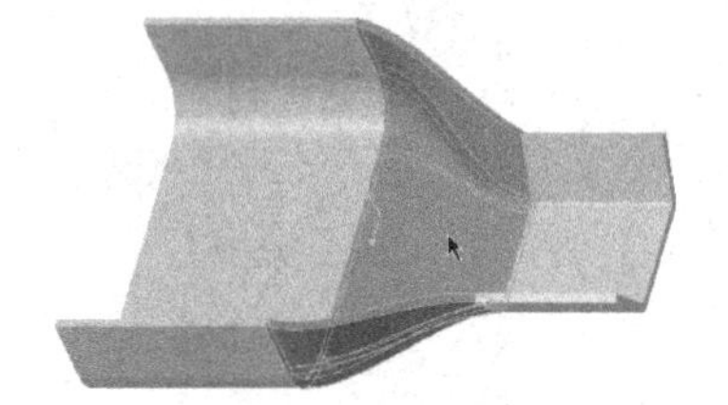

图 1-246 定义转接区域

（5）在“(过渡类型)”对话框中单击“确定”按钮，完成过渡展平特征的效果如图 1-247 所示。

说明：在本例中，也可以使用（展平）按钮来将该钣金件成功展平，注意使用（展平）按钮时，务必定义正确的变形曲面区域（包括自动检测到的变形曲面和用户附加选定的变形曲面），如图 1-248 所示。

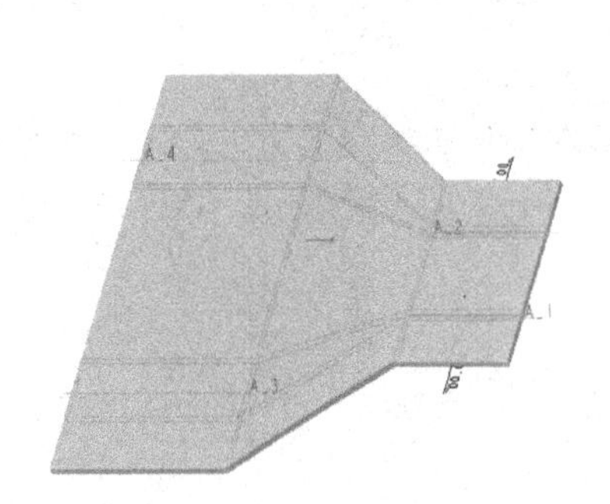

图 1-247 创建过渡展平特征

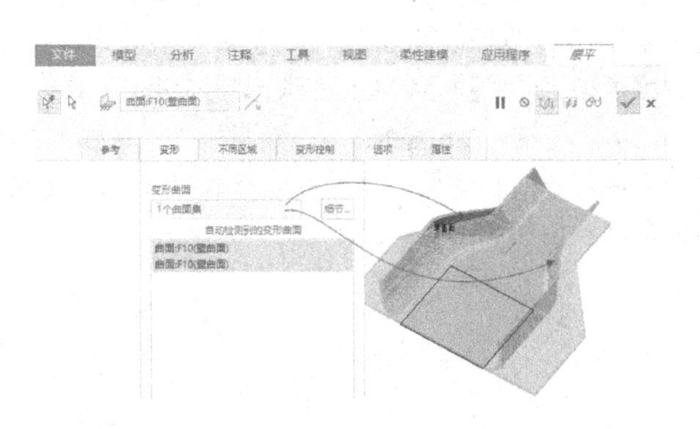

图 1-248 使用“展平”命令并定义变形曲面

1.6.2 折弯回去

折弯回去可简称为“折回”，是指将展平的壁恢复到成型的位置。既可以折回自动全选的展平几何，也可以折回手动选择的单个或多个展平几何。在创建折回特征时，必须定义一个固定的平面曲面或边。需要用户注意的是，不能折回横截面驱动的展平特征，而对于包含变形区域的展平特征，可能无法将其返回到原始位置。折回示例如图 1-249 所示。

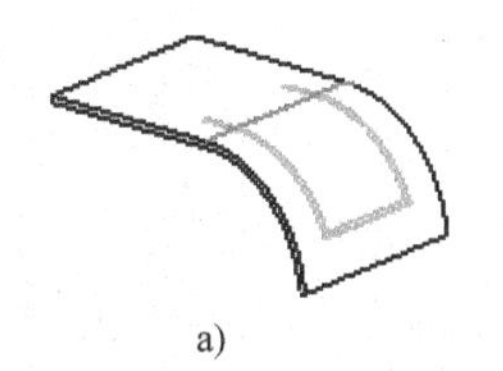
a)

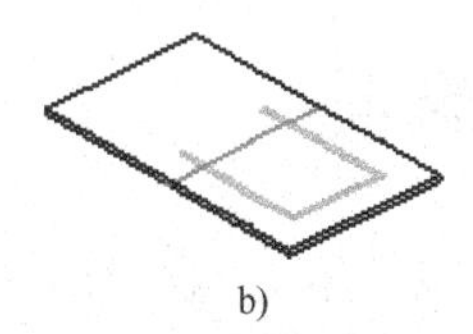
b)

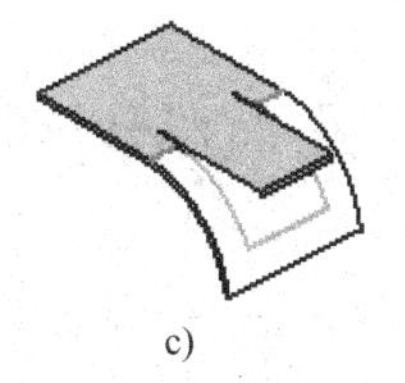
c)

图 1-249　折弯回去

a) 折弯的钣金件　b) 折回自动全选　c) 折回选取的部分

下面以折回自动全选为例，介绍其典型的操作过程。

（1）在 Creo Parametric 4.0 界面的“快速访问”工具栏中单击（打开）按钮，系统弹出“文件打开”对话框，浏览并选择 bj_1_6_2.prt 文件，单击“打开”按钮。文件中已有的钣金件模型如图 1-250 所示。

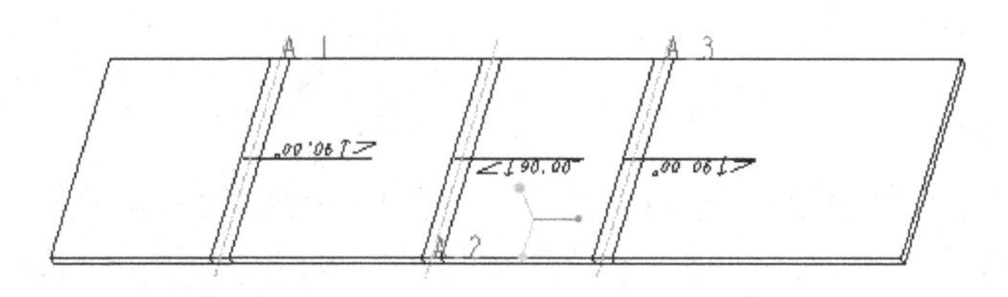

图 1-250　已经展平的钣金件

（2）在功能区“模型”选项卡的“折弯”组中单击（折回）按钮，打开图 1-251 所示的“折回”选项卡。

图 1-251 “折回”选项卡

（3）确保选中“折回”选项卡中的（自动全选）按钮以自动选择所有折弯曲面和边。另外，接受默认的固定几何参考。用户可以根据需要，激活“固定几何”收集器以自定义固定几何参考。

（4）单击（完成）按钮，结果如图 1-252 所示。

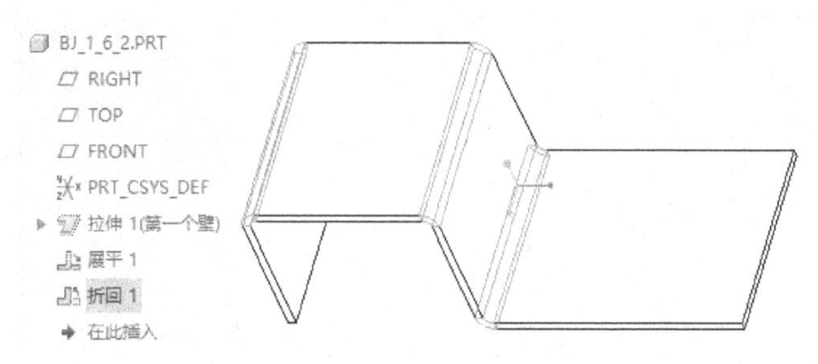

图 1-252　折回的结果

1.7 钣金拉伸切割基础

在 Creo Parametric 4.0 中，可以使用 （拉伸）按钮来对钣金件进行相关的拉伸切割操作，注意有多种切除方式，这些切除方式可以在图 1-253 所示的“拉伸”选项卡中设置，注意以下几个按钮图标的功能含义。

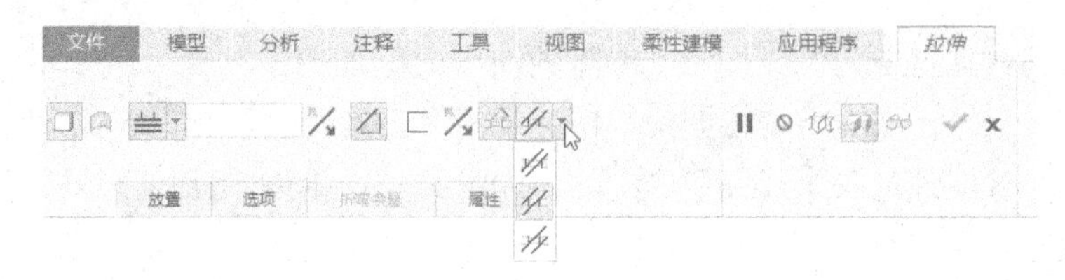

图 1-253 “拉伸”选项卡

- ：移除材料。
- ：移除与曲面垂直（法向）的材料。要创建钣金件切口，则确保使该按钮处于被选中的状态，此时再从“切口类型”下拉列表框选择、或图标选项；如果要创建实体切口，则单击以取消选中该按钮。
- ：移除垂直于驱动曲面的材料。
- ：移除垂直于偏移曲面的材料。
- ：移除垂直于偏移曲面和驱动曲面的材料。

在创建好钣金第一壁后，在功能区“模型”选项卡的“形状”组中单击 （拉伸）按钮，打开“拉伸”选项卡。这时候的“拉伸”选项卡，在默认情况下，（移除材料）按钮和（移除与曲面垂直的材料）按钮处于被选中的状态，并且可以根据实际设计情况从“切口类型”下拉列表框中选择（移除垂直于驱动曲面的材料）、（移除垂直于偏移曲面的材料）或（移除垂直于偏移曲面和驱动曲面的材料）图标选项。

应用钣金拉伸切除（钣金件切口）的一个典型操作实例如下。

步骤 1：新建钣金件文件。

启动 Creo Parametric 4.0 后，在“快速访问”工具栏中单击 （创建）按钮，新建一个钣金件文件，文件名为 bj_1_7，不使用默认模板而是使用 mmns_part_sheetmetal 公制模板。

步骤 2：创建拉伸壁作为钣金第一壁。

（1）在功能区“模型”选项卡的“形状”组中单击 （拉伸）按钮，打开“拉伸”选项卡，如图 1-254 所示。

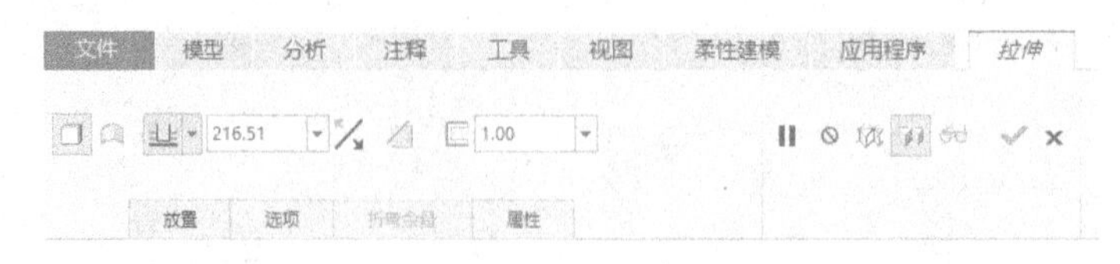

图 1-254 “拉伸”选项卡

（2）在“拉伸”选项卡中打开“放置”面板，接着单击“定义”按钮，系统弹出“草绘”对话框。选择 FRONT 基准平面定义草绘平面，默认以 RIGHT 基准平面为“右”方向参考，单击“草绘”按钮，进入草绘模式。

（3）绘制图 1-255 所示的图形，单击✔（确定）按钮。

（4）在▢（壁厚）框中输入壁的厚度值为“2.5”，输入拉伸深度值为“100”。

（5）在“拉伸”选项卡中打开“选项”面板，在“钣金件选项”选项组中勾选“在锐边上添加折弯”复选框，在“半径”下拉列表框中选择“厚度”选项，并设置标注折弯的方式选项为“内侧”，如图 1-256 所示。

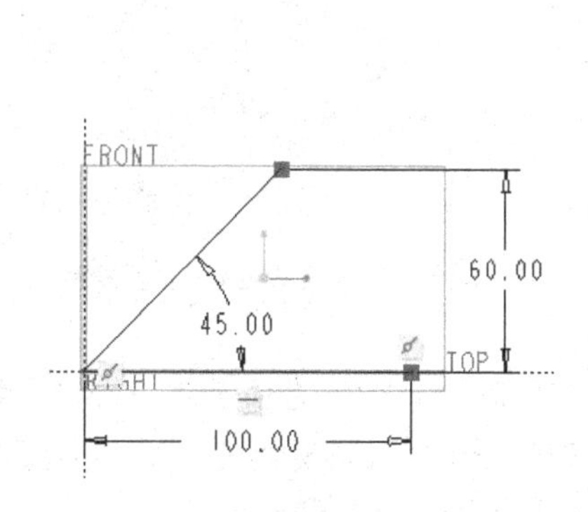

图 1-255 绘制图形

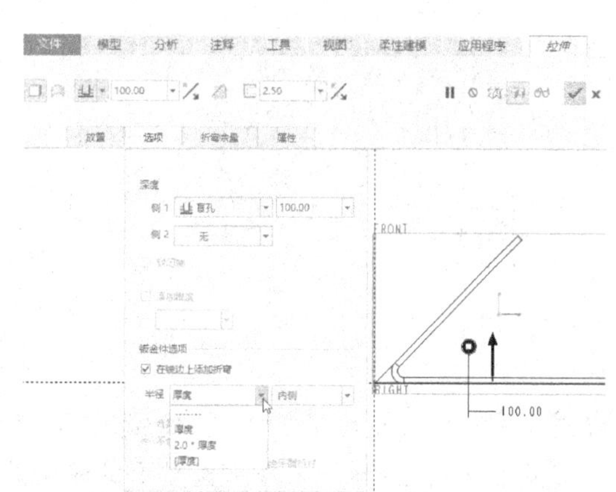

图 1-256 设置钣金件选项

（6）在“拉伸”选项卡中单击✔（完成）按钮，完成的拉伸壁作为第一壁，如图 1-257 所示。

步骤 3：创建钣金件切口。

（1）单击（拉伸）按钮，打开“拉伸”选项卡。

（2）在“拉伸”选项卡中，◺（移除材料）按钮和（移除与曲面垂直的材料）按钮默认处于被选中的状态，从“切口类型”下拉列表框中选择（移除垂直于驱动曲面的材料）图标选项，如图 1-258 所示。

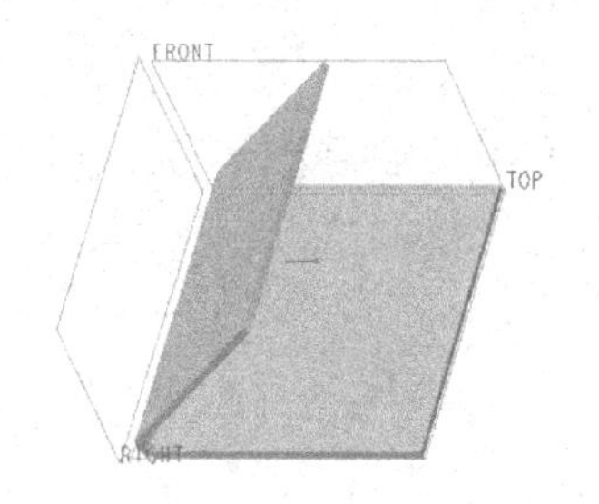

图 1-257 创建的拉伸壁

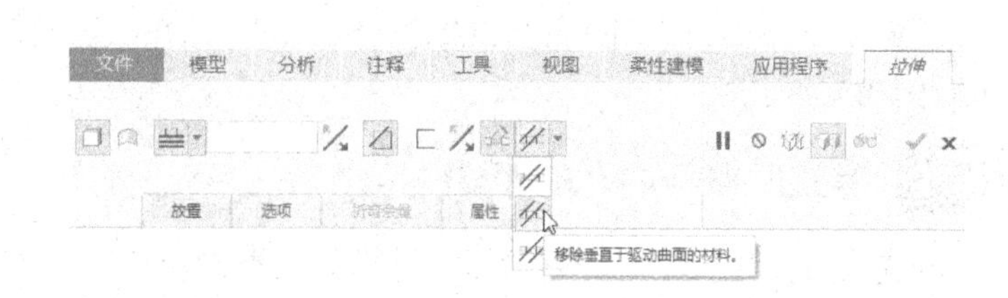

图 1-258 “拉伸”选项卡

提示说明：初学者应该要注意到步骤 3 和步骤 2 所打开的“拉伸”选项卡的异同之处。

（3）选择 TOP 基准平面定义草绘平面，快速地进入草绘模式。

（4）绘制图 1-259 所示的图形，单击✔（确定）按钮。

（5）在“拉伸”选项卡中打开“选项”面板，将侧 1 和侧 2 的深度选项均选择为“

（穿透）”选项。

（6）在“拉伸”选项卡中单击✔（完成）按钮，创建的钣金件切口效果如图 1-260 所示。

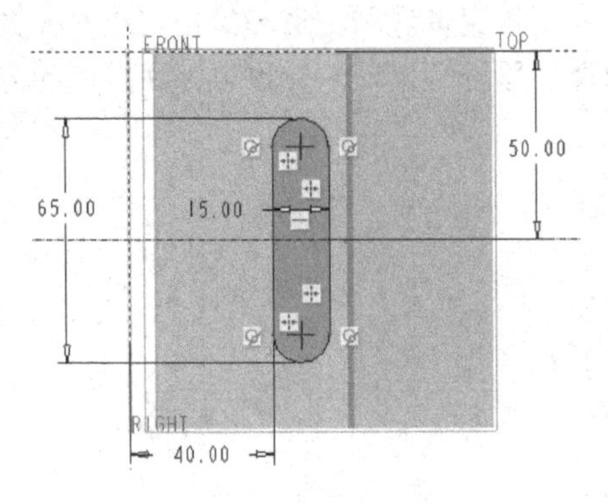

图 1-259 绘制图形

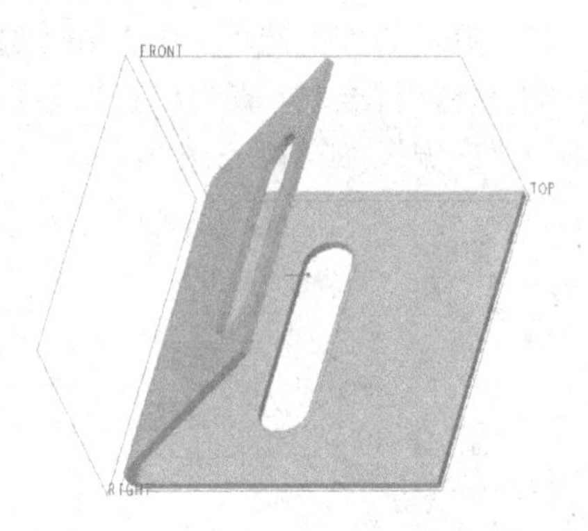

图 1-260 完成创建钣金件切口

说明：用户可以重新定义该拉伸的钣金件切口特征，在“拉伸”选项卡的“切口类型”下拉列表框中分别选择（移除垂直于偏移曲面的材料）和（移除垂直于偏移曲面和驱动曲面的材料）图标选项来观察本实例中倾斜面材料的移除情况（或特点）。

1.8 钣金凹槽与冲孔

钣金凹槽和冲孔可以理解为用于切割和止裂钣金件壁的模板。在钣金件设计中，凹槽和冲孔可以完成相同的设计结果。它们的应用需要进行以下 3 个加工操作阶段。

阶段一：在钣金件上创建所需的切口类型。

阶段二：将切口转换到用户定义的特征（UDF）中。此 UDF 保存在设定的用户目录中并且可以包含在多个设计中，其文件扩展名为.gph。

阶段三：将凹槽或冲孔放置在所需的钣金件上。

下面以操作实例介绍如何建立凹槽与冲孔的 UDF，以及使用 UDF 创建凹槽与冲孔特征（放置凹槽与冲孔）。

1.8.1 建立凹槽与冲孔的 UDF

在建立好所需要的工作目录后，进行如下操作步骤。

1. 在钣金件上创建所需的切口类型并建立凹槽的 UDF

步骤 1：打开文件。

在 Creo Parametric 4.0 界面的“快速访问”工具栏中单击（打开）按钮，系统弹出“文件打开”对话框，浏览并选择 bj_1_8_1.prt 文件，单击“打开”按钮。文件中已有的钣金模型如图 1-261 所示。

步骤 2：创建一处钣金切口。

（1）在功能区“模型”选项卡的“形状”组中单击（拉伸）按钮，打开“拉伸”选

项卡，默认选中（移除材料）按钮和（移除与曲面垂直的材料）按钮，并从“切口类型”下拉列表框中选择“（移除垂直于驱动曲面的材料）”图标选项。

（2）选择图 1-262 所示的钣金曲面作为草绘平面，进入内部草绘器中。在“草绘”选项卡的“设置”组中单击（草绘设置）按钮，弹出“草绘”对话框，在“草绘方向”选项组中单击“参考”收集器的框以激活该收集器，接着选择 RIGHT 基准平面作为方向参考，并从“方向”下拉列表框中选择“右”选项，然后单击“草绘”按钮。

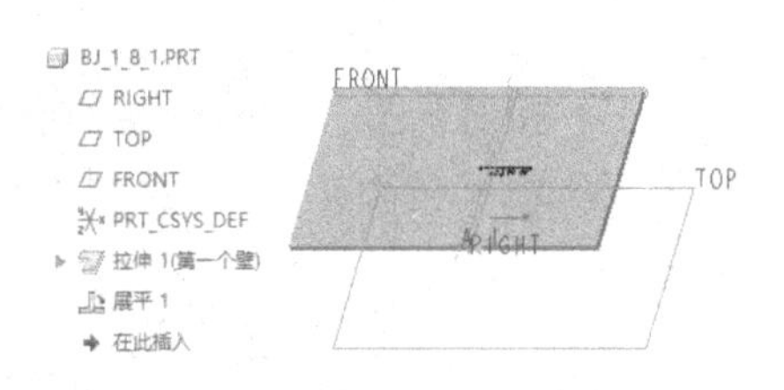

图 1-261　打开的钣金件

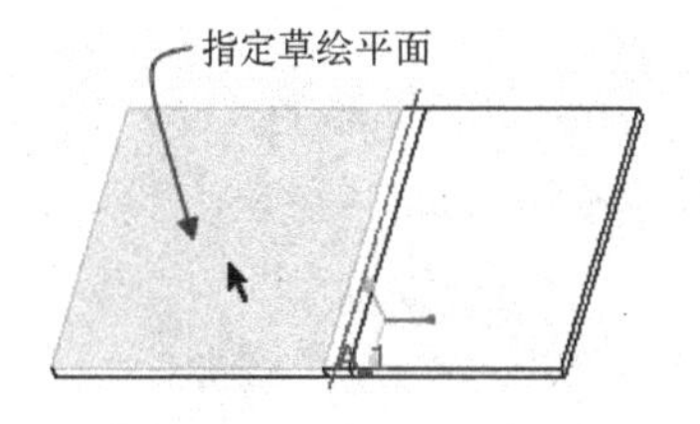

图 1-262　定义草绘平面

（3）在“草绘”选项卡的“设置”组中单击（参考）按钮，系统弹出“参考”对话框，增加选择图 1-263 所示的两个参考，然后在“参考”对话框中单击“关闭”按钮。接着绘制图 1-264 所示的剖面，单击（确定）按钮。

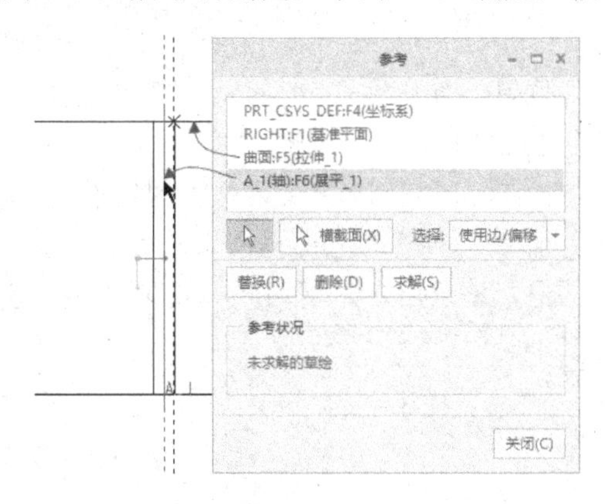

图 1-263　指定参考

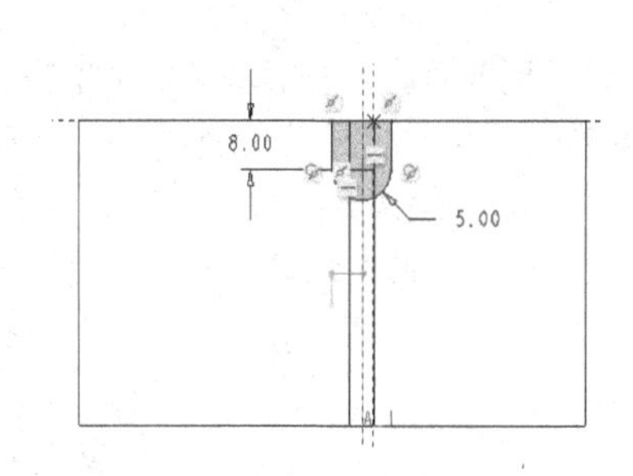

图 1-264　绘制剖面

（4）深度选项默认为（拉伸至下一曲面），接着单击（完成）按钮，得到的钣金件切口如图 1-265 所示。

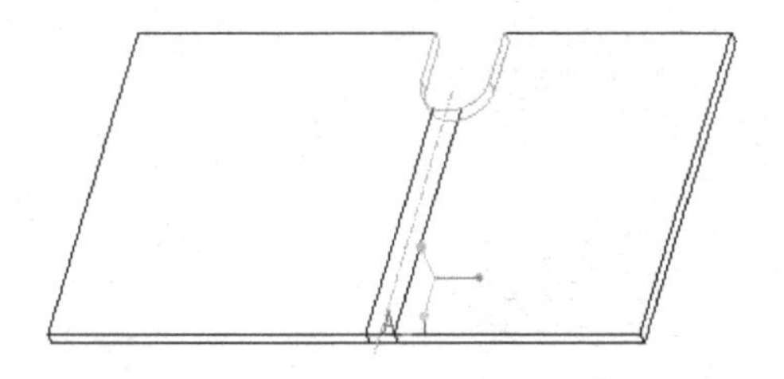

图 1-265　完成一个钣金件切口

步骤 3：建立凹槽的 UDF 库。

（1）从功能区中单击“工具”标签以切换到“工具”选项卡，接着从“实用工具”组中

单击 (UDF 库) 按钮，如图 1-266 所示，系统弹出图 1-267 所示的一个菜单管理器。

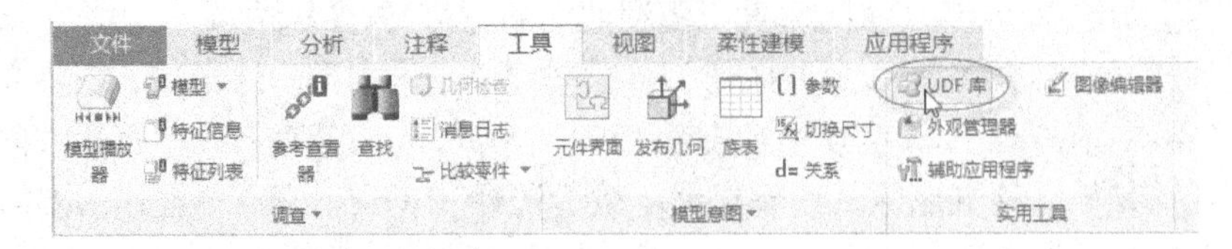

图 1-266 切换到“工具”选项卡并单击“UDF 库”按钮

(2) 在菜单管理器的 UDF 菜单中选择“创建”命令，接着在图 1-268 所示的框中输入 UDF 的名称为 notch_1，单击 (接受) 按钮，或者按〈Enter〉键确认。

图 1-267 菜单管理器

图 1-268 输入 UDF 名称

(3) 此时，菜单管理器提供“UDF 选项”菜单，如图 1-269 所示，从中选择“从属的”→“完成”命令，系统弹出图 1-270 所示的对话框和菜单管理器。

(4) 在图形窗口中选择钣金件切口特征（拉伸切口），接着在菜单管理器的“选择特征”菜单中选择“完成”命令，在“UDF 特征”菜单中选择“完成/返回”命令。

(5) 系统弹出图 1-271 所示的“确认”对话框，请求用户是否为冲压或穿孔特征定义一个 UDF，单击“否”按钮。

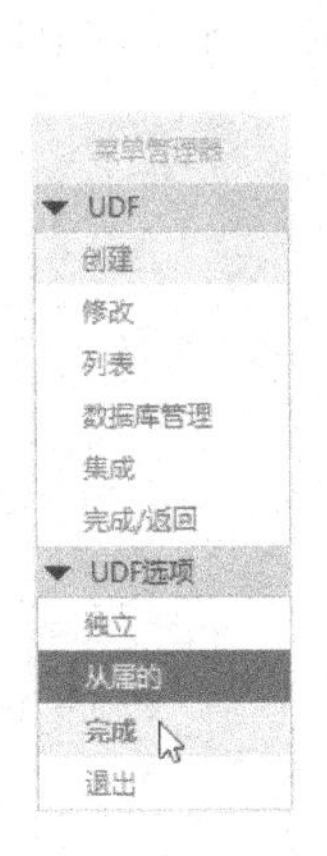

图 1-269 指定 UDF 选项

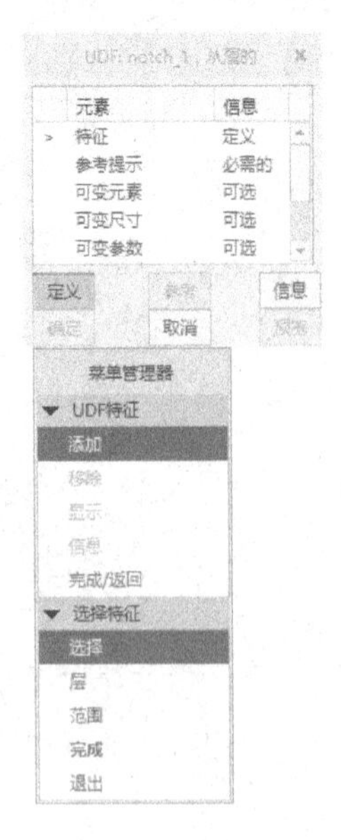

图 1-270 对话框和菜单

图 1-271 “确认”对话框

（6）对照模型中的显示情况，在图 1-272 所示的框中输入“放置面”，单击✓（接受）按钮。

图 1-272　以参考颜色为曲面输入提示系统

根据提示以及对照模型中的显示情况，依次在出现的文本框中输入“右方向参考面”“用于标注圆心距离的参考”“中心轴”。接着在菜单管理器中选择“完成/返回”命令。

（7）在图 1-273 所示的“UDF:notch_1，从属的”对话框中选择“可变尺寸”元素选项，单击“定义”按钮。系统弹出图 1-274 所示的菜单，接受菜单管理器相关菜单中的默认选项。

（8）在模型中选择数值为 8 和 R5 的尺寸作为可变尺寸，如图 1-275 所示。注意在选择第二个尺寸时不需要按住〈Ctrl〉键并单击它，而是直接单击它即可。然后在菜单管理器的“添加尺寸”菜单中选择“完成/返回”命令，并在“可变尺寸”菜单中选择“完成/返回”命令。

图 1-273　选择“可变尺寸”

图 1-274　出现的菜单

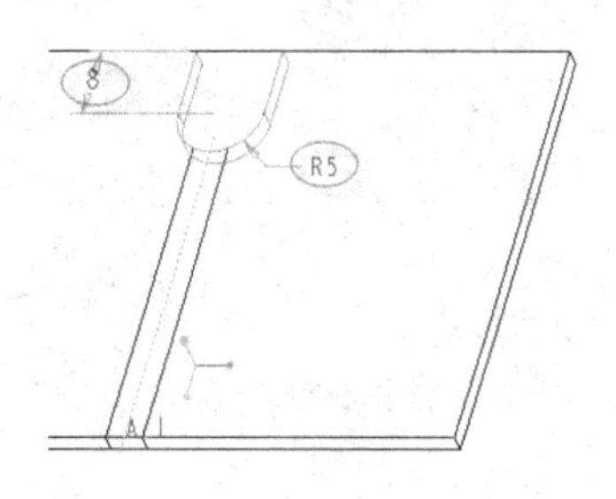

图 1-275　显示特征尺寸

（9）根据系统高亮显示的尺寸，输入该尺寸值的提示文字为“凹槽半径”，单击✓（接受）按钮。接着输入另一尺寸值的提示文字为“凹槽中心长度”，单击✓（接受）按钮。

（10）在“UDF:notch_1，从属的”对话框中单击“确定”按钮，完成该 UDF 的创建，然后在该菜单中选择“完成/返回”命令。

2．建立冲孔 UDF

步骤 1：创建另一处拉伸切口。

（1）在功能区中重新切换到“模型”选项卡，从“形状”组中单击（拉伸）按钮，打开“拉伸”选项卡，“拉伸”选项卡上的（移除材料）按钮和（移除与曲面垂直的材料）按钮处于被选中状态。

（2）在“拉伸”选项卡中打开“放置”面板，接着从该面板中单击“定义”按钮，系统弹出“草绘”对话框，如图 1-276 所示，从中单击“使用先前的”按钮，进入内部草绘器中，系统弹出“参考”对话框，指定图 1-277 所示的绘图与标注参考，然后在“参考”对话框中单击“关闭”按钮。

（3）绘制图 1-278 所示的剖面，并单击（坐标系）按钮在剖面中心绘制一个坐标系，注意使用标注工具标注剖面中心到折弯轴线的距离为“25”。单击✓（确定）按钮。注意若草绘截面中包含一个坐标系，则在制造和对称工具轴时可以用该坐标轴来放置 UDF。

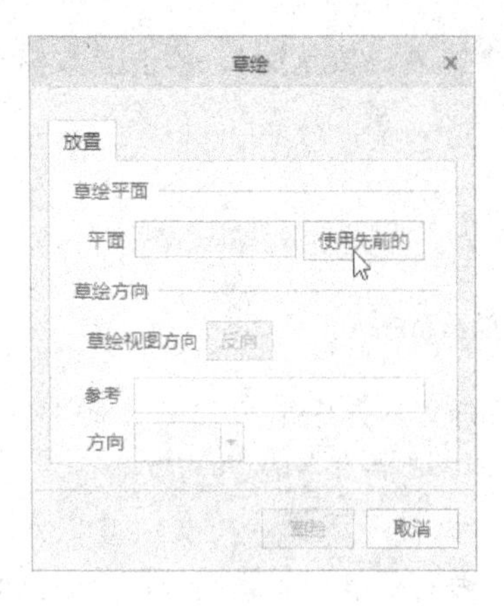

图 1-276 使用先前的草绘平面

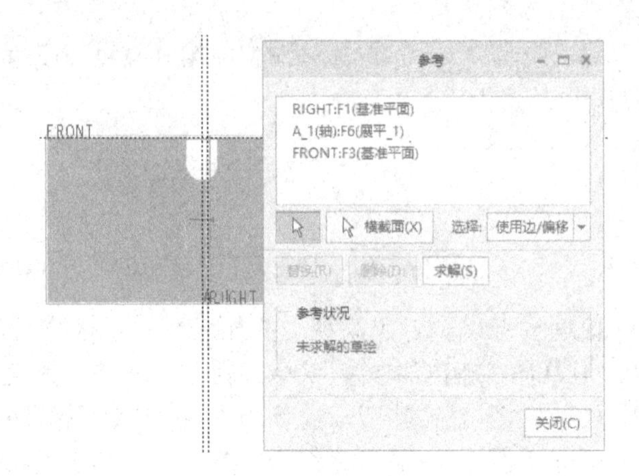

图 1-277 选择绘图与标注参考

（4）“拉伸”选项卡的深度选项默认为（拉伸到下一曲面）。然后单击（完成）按钮，得到的第二个钣金件切口如图 1-279 所示。

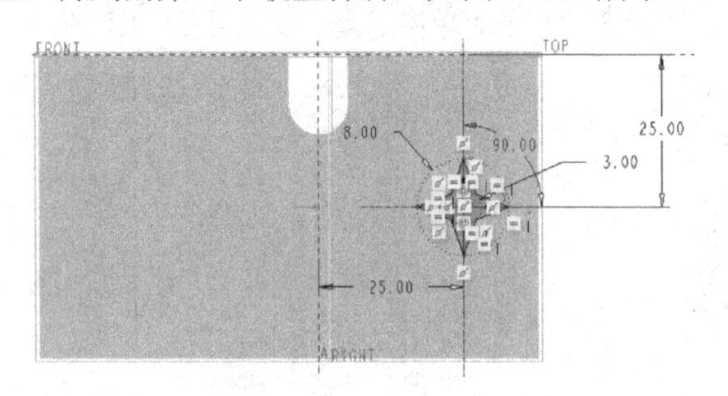

图 1-278 绘制剖面

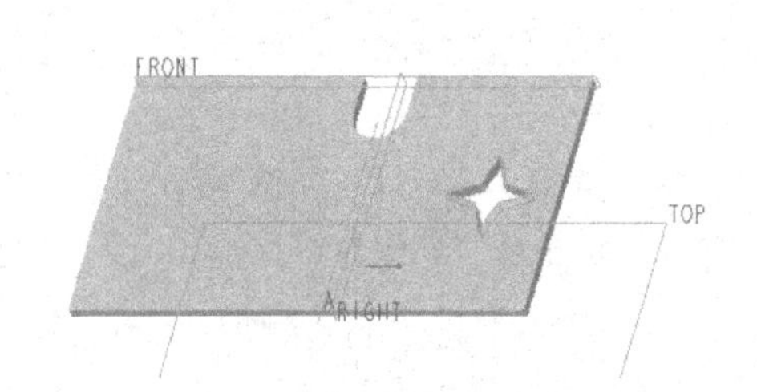

图 1-279 完成第二个钣金件切口特征

步骤 2：建立冲孔的 UDF 库。

（1）在功能区中切换至“工具”选项卡，从“实用工具”组中单击（UDF 库）按钮，弹出菜单管理器。

（2）在菜单管理器的 UDF 菜单中选择“创建”命令。然后在图 1-280 所示的框中输入 UDF 的名称为 punch_1，单击（接受）按钮。

图 1-280 输入 UDF 名

（3）此时，菜单管理器提供的菜单如图 1-281 所示，在其中的“UDF 选项”菜单中选择“从属的”→“完成”命令，弹出的“UDF:punch_1，从属的”对话框和相关菜单如图 1-282 所示。

（4）在钣金模型中选择图 1-283 所示的拉伸切口，在菜单管理器的“选择特征”菜单中选择“完成”命令，然后在菜单管理器的“UDF 特征”菜单中选择“完成/返回”命令。

（5）系统弹出图 1-284 所示的“确认”对话框，从中单击“是”按钮。此时系统要求输入刀具名。输入刀具名为 QUIT，单击（接受）按钮，或者按〈Enter〉键。

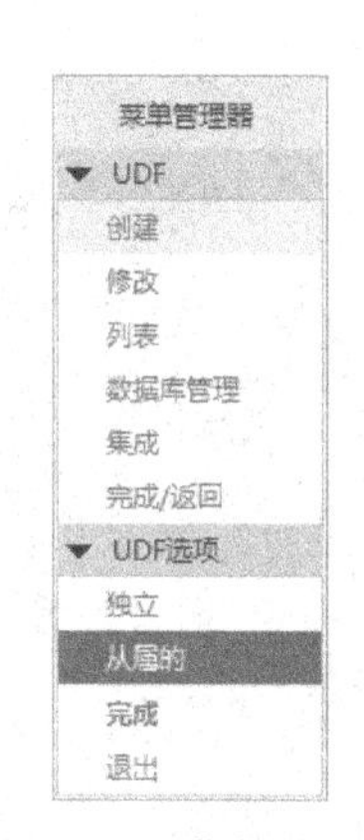

图 1-281 菜单管理器

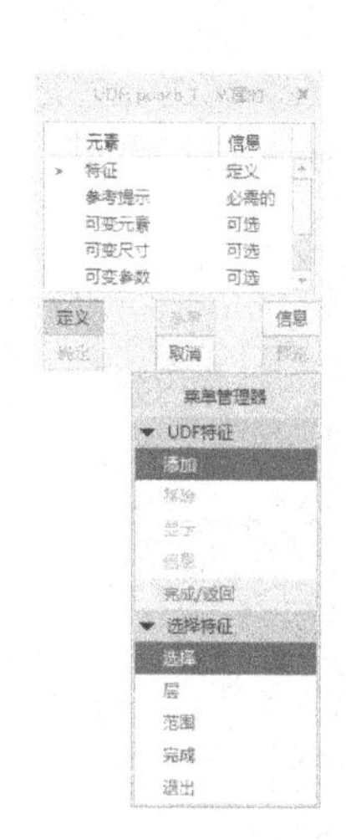

图 1-282 “UDF:punch_1，从属的”对话框和相关菜单

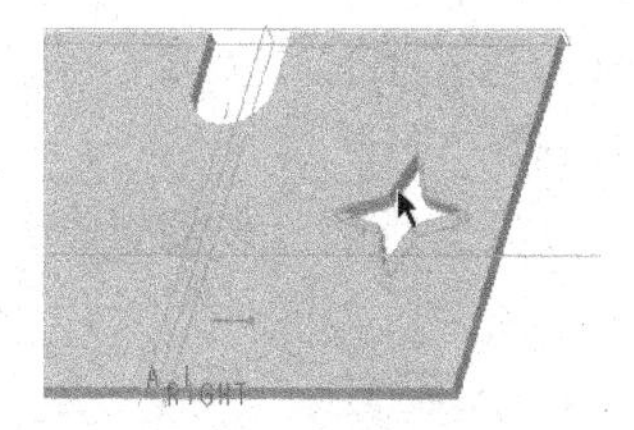

图 1-283 选择特征

图 1-284 “确认”对话框

说明：在“确认”对话框中单击“是”按钮时，如果特征中没有坐标系，则终止创建UDF，并出现这些错误信息：“选定切割必须有在截面中的坐标系”，而用户仍然可以完成剩余的步骤，但是UDF将成为不可延展的，因为制造时需要坐标系。

（6）结合钣金模型中的显示情况，在图 1-285 所示的框中输入“放置面”，单击✓（接受）按钮，或者按〈Enter〉键。

（7）依次输入“右方向参考”“折弯轴”“定位参考”（注意依据图形窗口中的显示情况）。然后在菜单管理器的“提示设置”菜单中选择“完成/返回”命令。

（8）在“UDF:punch_1，从属的”对话框中选择“可变尺寸”元素选项，如图 1-286 所示，接着单击“定义”按钮。

图 1-285 输入提示 1

图 1-286 “UDF:punch_1，从属的”对话框

（9）此时，菜单管理器提供的菜单和图形窗口中的钣金模型如图 1-287 所示。接受默认的菜单选项，接着在模型中依次单击图 1-288 所示的尺寸 1、尺寸 2、尺寸 3 和尺寸 4，然后

在菜单管理器的“添加尺寸”菜单中选择“完成/返回”命令，并在菜单管理器的“可变尺寸”菜单中选择“完成/返回”命令。

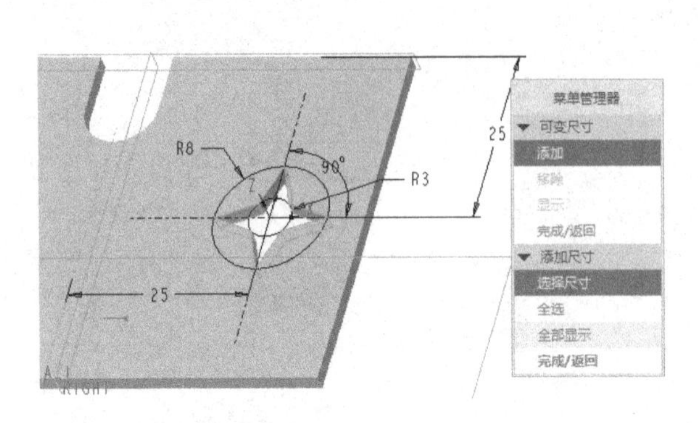

图 1-287　出现的菜单和显示的特征尺寸

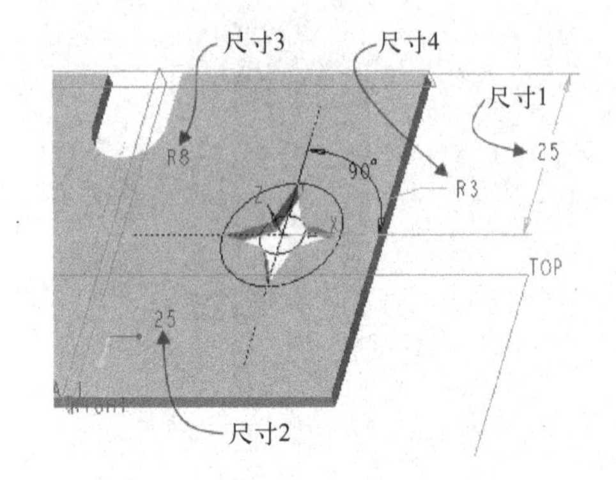

图 1-288　选择尺寸

（10）参考图形中的高亮显示的尺寸，依次输入相应的尺寸值提示信息，即“小构造圆半径”“大构造圆半径”“与参考面的尺寸”“与折弯轴的距离”。

（11）在“UDF:punch_1，从属的”对话框中单击“确定”按钮，接着在菜单管理器的UDF菜单中选择“完成/返回”命令。

（12）在“快速访问”工具栏中单击（保存）按钮，系统弹出“保存对象”对话框，然后单击“确定”按钮，即在原先设定的工作目录下保存该文件。

（13）在“快速访问”工具栏中单击（关闭窗口）按钮。

1.8.2 放置凹槽与冲孔

步骤1：新建一个钣金件文件。

在“快速访问”工具栏中单击（新建）按钮，新建一个名称为 bj_1_8_2 的钣金件文件，该文件不使用默认模板而是使用 mmns_part_sheetmetal 公制模板。

步骤2：创建拉伸壁。

（1）在功能区的“模型”选项卡中单击“形状”组中的（拉伸）按钮，打开“拉伸”选项卡。

（2）选择 FRONT 基准平面定义草绘平面，快速进入草绘模式。

（3）绘制图 1-289 所示的图形，单击（确定）按钮。

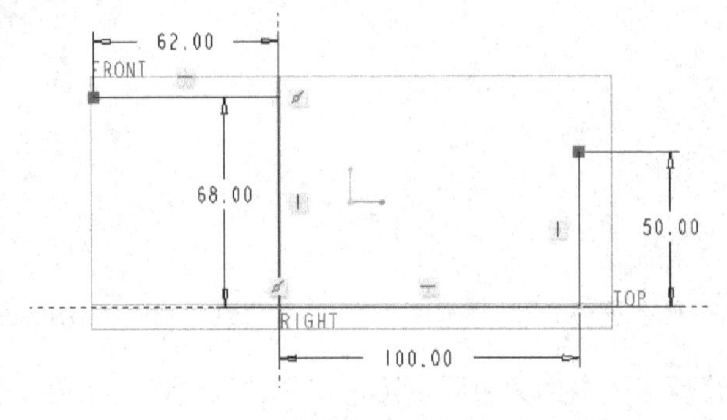

图 1-289　草绘

（4）在“拉伸”选项卡中，输入深度值为“80”，壁厚为“3”；接着打开“选项”面板，勾选“在锐边上添加折弯”复选框，并从“半径”下拉列表框中选择“[厚度]”选项，设置标注折弯的内侧曲面，如图 1-290 所示。

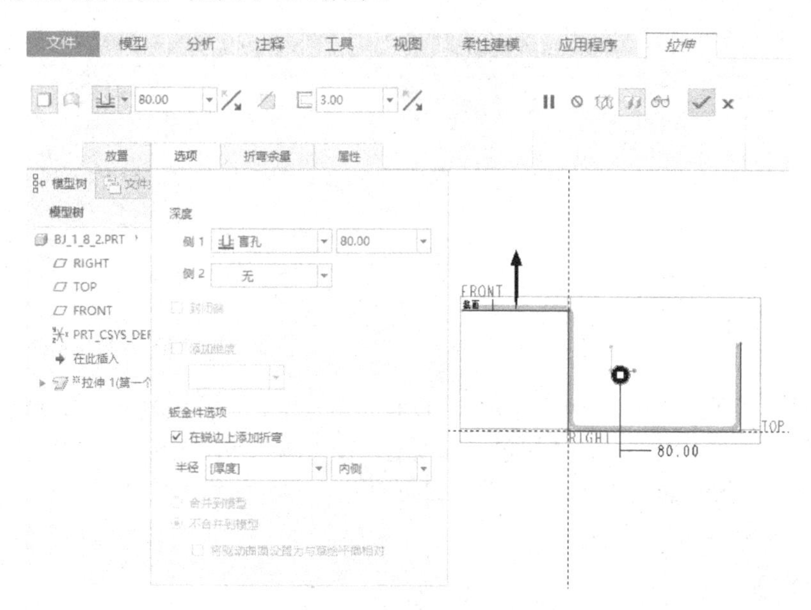

图 1-290　设置参数与选项

（5）在“拉伸”选项卡中单击（完成）按钮，创建图 1-291 所示的钣金件第一壁。

步骤 3：展平钣金件。

（1）在功能区“模型”选项卡的“折弯”组中单击（展平）按钮，打开“展平”选项卡。

（2）在“展平”选项卡中默认选中（自动全选）按钮，以自动选择模型中的全部折弯几何。

（3）对于在展平时保持固定的钣金曲面，本例接受系统默认设置。

（4）在“展平”选项卡中单击（完成）按钮，展平的钣金件模型如图 1-292 所示。

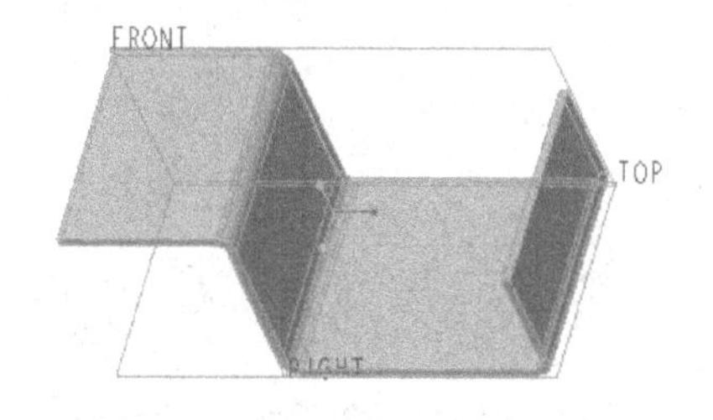

图 1-291　创建钣金件第一壁

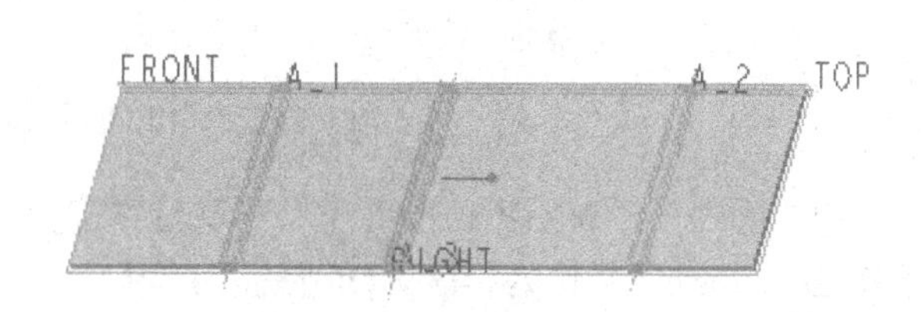

图 1-292　展平状态

步骤 4：放置凹槽。

（1）在功能区的“模型”选项卡中单击“工程”→（凹槽）按钮，系统弹出图 1-293 所示的“打开”对话框，浏览并选择 notch_1.gph，然后从该对话框中单击“打开”按钮。

（2）系统弹出图 1-294 所示的“插入用户定义的特征”对话框，从中默认勾选“高级参考配置”复选框，单击“确定”按钮。

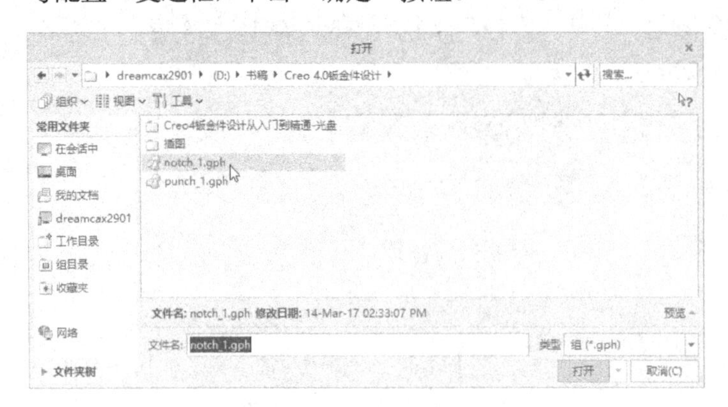

图 1-293 “打开”对话框

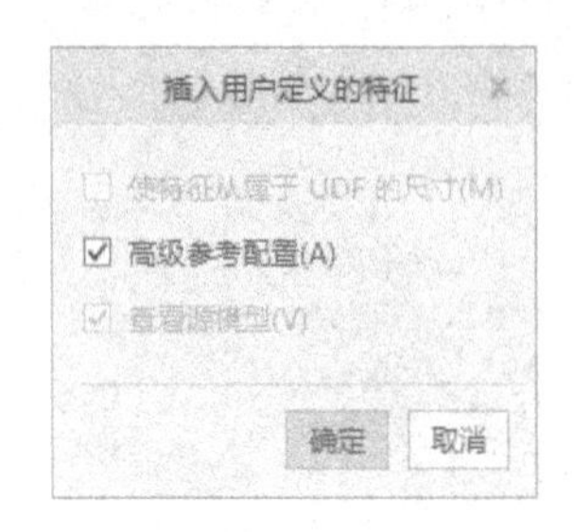

图 1-294 “插入用户定义的特征”对话框

（3）此时，出现图 1-295 所示的图形窗口和“用户定义的特征放置”对话框。在“用户定义的特征放置”对话框中打开“放置”选项卡，在“原始特征的参考”列表框中选择第 1 个参考，并在当前展平的钣金件中选择图 1-296 所示的零件面作为放置面（草绘平面）。

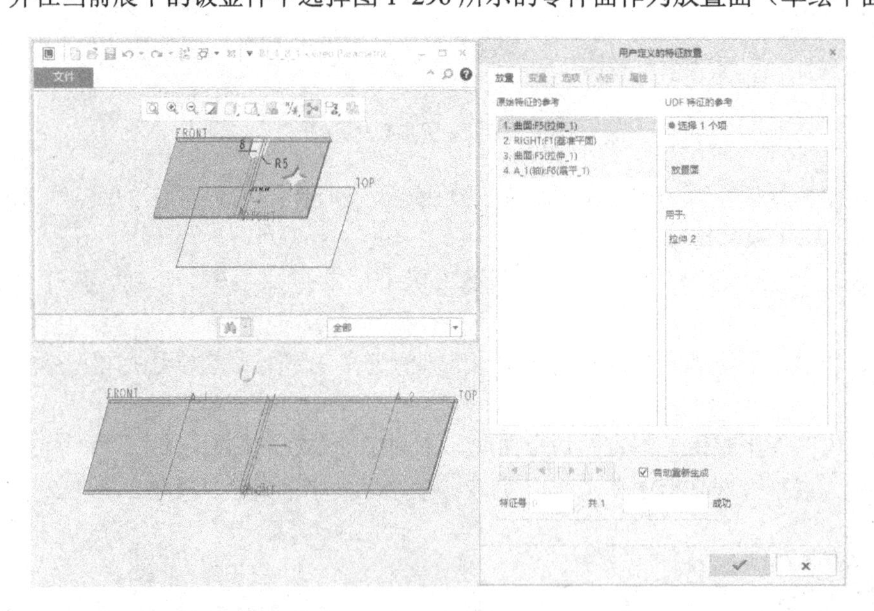

图 1-295 弹出的图形窗口和对话框

（4）确保在“原始特征的参考”列表框中选择第 2 个参考，并在当前展平的钣金件中选择 RIGHT 基准平面作为相应 UDF 特征的参考。

（5）确保在“原始特征的参考”列表框中选择第 3 个参考，在当前展平的钣金件中选择 FRONT 作为相应 UDF 特征的参考。

（6）确保在“原始特征的参考”列表框中选择第 4 个参考，并在当前展平的钣金件中选择 A_3 轴。

（7）切换到“变量”选项卡，将“凹槽中心长度”的变量（d20）值修改为“5.20”，如图 1-297 所示。

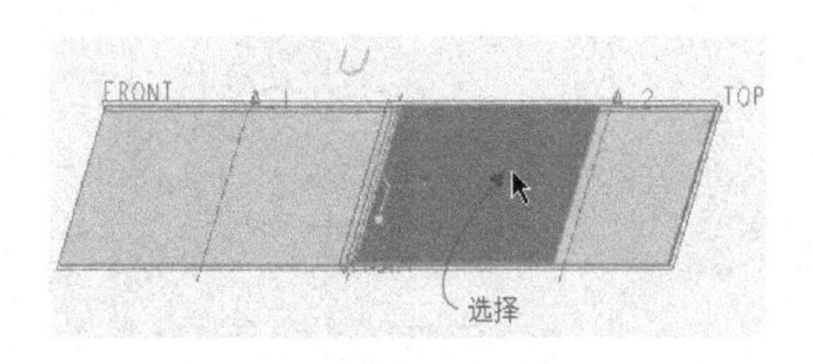

图 1-296　定义 UDF 特征的第 1 个参考　　　　图 1-297　修改变量值

（8）在“用户定义的特征放置”对话框中单击 ✓（应用）按钮，创建的凹槽如图 1-298 所示。

步骤 5：放置冲孔。

（1）在功能区的“模型”选项卡中单击“工程”→（冲孔）按钮，系统弹出“打开”对话框，从中浏览并选择之前创建的 punch_1.gph 文件，然后在“打开”对话框中单击“打开”按钮。

（2）在弹出的“插入用户定义的特征”对话框中默认勾选“高级参考配置”复选框，单击“确定”按钮。

（3）在“用户定义的特征放置”对话框的“放置”选项卡中，从“原始特征的参考”列表框中选择第 1 个参考，并在当前钣金模型中选择图 1-299 所示的零件面。

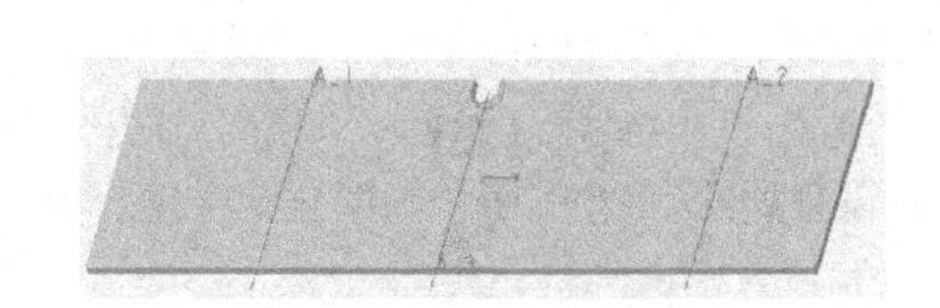

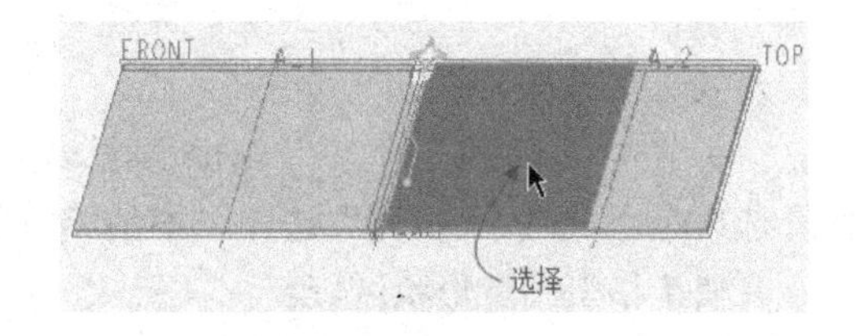

图 1-298　完成凹槽 1 的放置　　　　图 1-299　定义 UDF 特征的第 1 个参考

（4）确保在“原始特征的参考”列表框中选择第 2 个参考，并在当前钣金模型中选择 RIGHT 基准平面。

（5）确保在“原始特征的参考”列表框中选择第 3 个参考，并在当前钣金模型中选择 A_1 轴。

（6）确保在“原始特征的参考”列表框中选择第 4 个参考，并在当前钣金模型中选择图 1-300 所示的前侧面。

说明：如果要修改相关变量的尺寸值，则需要切换到“变量”选项卡，然后在相应的尺寸框中输入有效的新值即可。在这里采用默认的尺寸值。

（7）在“用户定义的特征放置”对话框中切换到“调整”选项卡，从中单击“反向”按钮，以调整截面方向如图1-301所示。

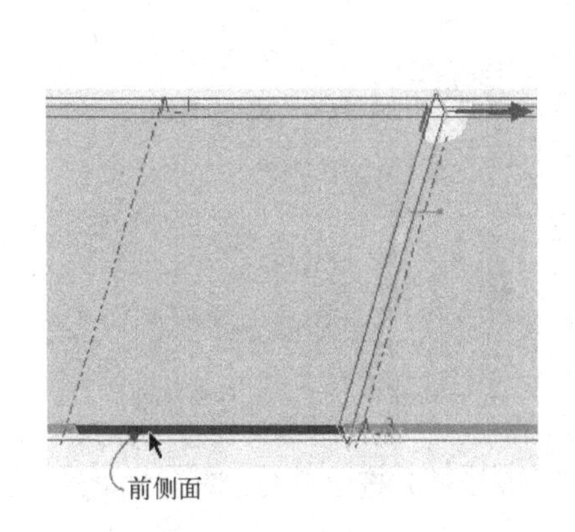

图1-300 选择前侧面

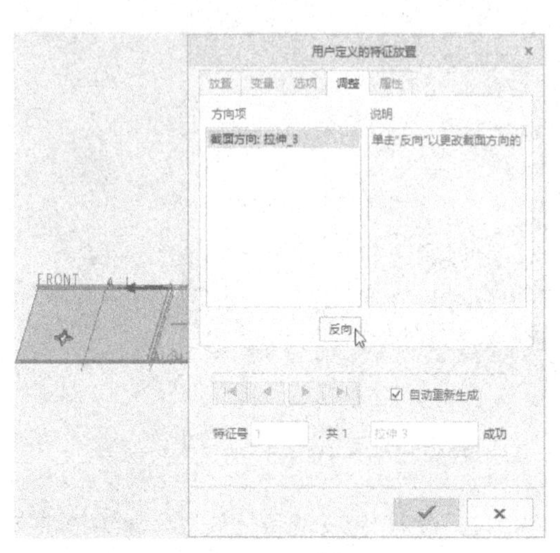

图1-301 更改截面方向

（8）在“用户定义的特征放置”对话框中单击 ✓ （应用）按钮，创建的冲孔如图1-302所示。

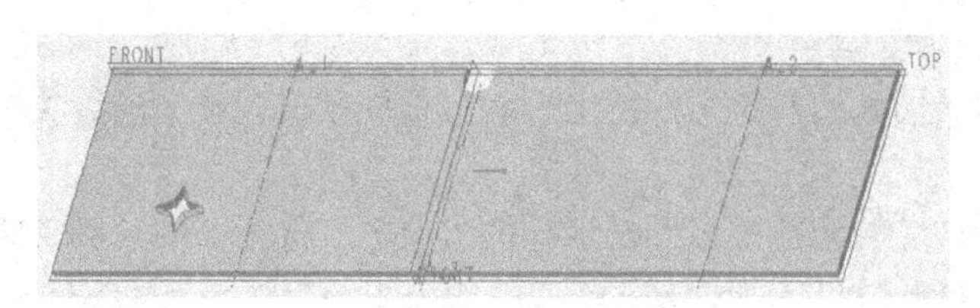

图1-302 完成放置冲孔

步骤6：折弯回去。

（1）在功能区的“模型”选项卡中单击“折弯”组中的 （折回）按钮，打开“折回”选项卡。此时，“折回”选项卡中的相关默认设置如图1-303所示，即自动全选折弯几何，并默认指定固定形状区域。

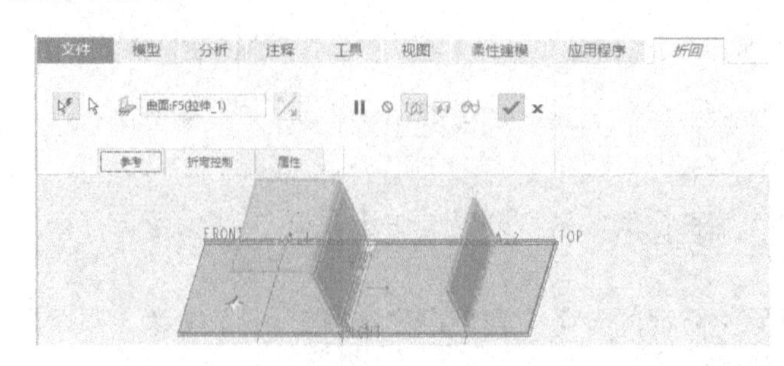

图1-303 接受“折回”选项卡中的相关默认设置

（2）在“折回”选项卡中单击✓（完成）按钮，折回结果如图 1-304 所示。

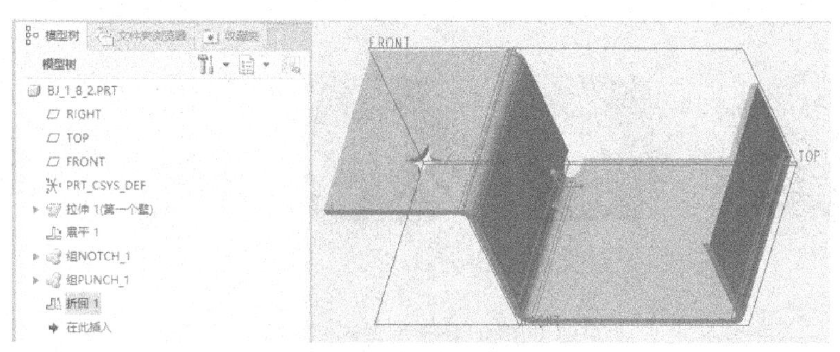

图 1-304　折回结果

1.8.3 创建凹槽和冲孔 UDF 时的注意事项

在创建凹槽和冲孔 UDF 时，应该考虑到以下事项。

- 尽量使用较少的参考，也就是合理限制所使用的参考数量。创建切口时使用的参考越多，放置 UDF 时需用的参考就越多。
- 创建并展平折弯后，创建用于止裂折弯的凹槽。在这种情形下，可以使用折弯几何来放置尺寸、标注和对齐凹槽。
- 设置草绘平面时可异步创建基准平面参考，这样在放置 UDF 前可免除创建多余的基准平面。
- 对钣金件边，而不是基准平面，定位所有尺寸参考。折弯和展平钣金件时，该边位置带有 UDF。在放置 UDF 前，这也可免除创建多余的基准平面。
- 在放置凹槽或冲孔时，于参考零件内使用关系可减少所需的可变尺寸数量（关系示例：切口高度总为壁厚的 1/2）。
- 在草绘切口时创建冲孔轴点。这些特殊的基准点被展平并用特征折回。可在绘图中标注其尺寸。
- 创建表驱动的凹槽或冲孔时，可修改表内的任何工具名称实例。

1.9 思考练习

（1）想一想：在 Creo Parametric 钣金件设计模式下，可以创建哪些特征？其中什么特征可以作为钣金件的第一壁？

（2）如何区分 Creo Parametric 钣金件的驱动曲面和偏移曲面？

（3）简述由实体零件转换为钣金件的方法，可以举例辅助说明。

（4）壁止裂槽主要有哪几种类型？为什么要在某些设计场合应用壁止裂槽？

（5）钣金展平的命令包括哪些？如何使用常规展平方法展平具有多个折弯特征的钣金件？

（6）简述钣金凹槽和冲孔的 3 个加工操作阶段。

（7）什么是边折弯？创建边折弯的一般步骤是怎样的？请举例说明。

（8）操作练习：打开 bc_bj_1_ex8.prt，按照图 1-305 所示的图解步骤进行操作练习。

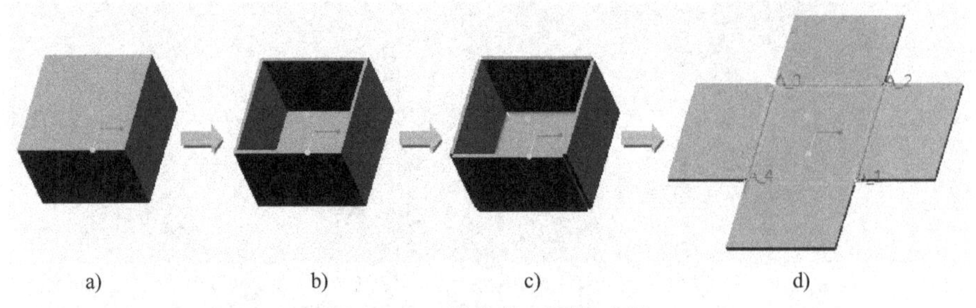

a) b) c) d)

图 1-305 操作练习图解步骤

a) 原始实体模型 b) 转换为钣金件 c) 使用“转换”命令创建边扯裂 d) 展平

（9）上机练习：创建一个钣金件文件，在该文件中创建一个拉伸曲面，然后根据该拉伸曲面创建一个偏移壁作为钣金件第一壁。

第2章 钣金成型

本章导读：

在 Creo Parametric 钣金件设计模式下，可以将参考零件的几何对象合并到钣金件来创建成型特征，其中成型特征的位置可以使用装配类型约束来确定。在创建成型特征之前，通常需要先准备好凸模或凹模等参考模型。

本章介绍钣金成型的实用知识，包括凸模、草绘成型、面组成型、凹模、平整成型和冲压边等。

2.1 钣金成型知识概述

钣金成型是钣金件壁用模板（参考零件）模制成型，也就是将参考零件的几何合并到钣金件来创建成型特征，以在钣金件上模制出凹凸的形状，如图 2-1 所示。

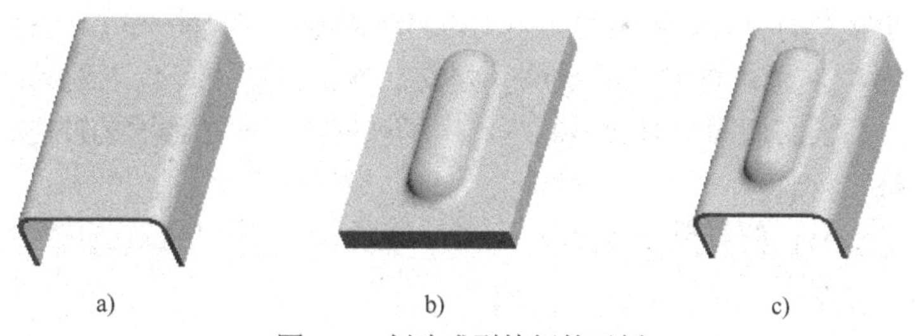

a)　　b)　　c)

图 2-1　创建成型特征的示例

a) 原始钣金件　b) 参考零件　c) 在钣金件上创建成型特征

在 Creo Parametric 4.0 钣金件设计模式中，可以参考凸模模型、凹模模型、草绘或面组来模制钣金件几何。其中，在装配凸模参考或凹模参考时，建议确保参考模型与钣金件的驱动侧相匹配。

在这里，有必要简要地介绍凸模和凹模的基础概念的应用特点，见表 2-1。

表 2-1 凸模和凹模的基础概念和应用特点

成型类型	创建工具	工具功能	凸模/凹模模型图例	成型概念
凸模		通过从标准模型库或用户定义的模型库中装配凸模模型来模制钣金件几何		凸模实际上是模具中用于成型制品内表面的零件，凸模参考零件无须指定种子曲面和边界曲面
凹模		通过从标准模型库或用户定义的模型库中装配凹模模型来模制钣金件几何		凹模主要用于成型钣金外表面，凹模参考零件的定义需要指定种子曲面和边界曲面，种子曲面收集周围的几何以创建用于使钣金件变形的相应成型形状，边界曲面包围整个凹模形状以应用正确的几何

成型参考模型可以包含凹和凸的组合，并可以创建空心，空心不可以落至基本平面或匹配曲面之外，即所有的成型几何必须位于基本平面的同侧，就是所谓的空心成型。在空心成型中，应该确保中空曲面和外部曲面之间的距离能够容纳钣金件的材料厚度。

为了模拟真实的制造要求，可在标准应用程序中创建所需的成型参考零件（如凸模模型和凹模模型），用户既可以在零件模式下创建成型参考零件，也可以在钣金件设计模式下创建成型参考特征。创建这些参考零件时，需要注意以下几点。

（1）尽量将基准平面保持在模型中央并使参考数最小，这样将使成型的放置和标注更为容易。可以在成型中创建坐标系参考以定义在制造工艺中冲压零件的位置。

（2）凹模的基座必须是环绕模具的一个平面（边界平面），而凸模不需要此基础平面，除非该基础平面要用作放置成型（此时，基础平面可成为基准平面）。

（3）在成型中，凹角和折弯必须具有一个零半径或一个大于钣金件厚度的半径。

（4）所有的成型几何必须从基础平面的一侧伸出。在参考零件中，可以包含空心。此时，需考虑钣金件厚度的空心，否则空心内的材料将重叠，成型将失败。

（5）成型参考零件可包含多个凹或凸模型的几何。例如，可以创建无限数量的凹模模型，并确保在每个凹模实例间留有合适的距离；可以创建带两个侧面的冲孔模型，在匹配曲面时，可选择所需的侧面。

准备好参考零件后，便可以在钣金件中创建成型特征，在创建这些成型特征时，需要注意表 2-2 所示的 4 个方面。

表 2-2 创建成型特征时需要注意的 4 个方面

序号	内容主题	内容解析
1	凸曲面	必须具有大于钣金件厚度的半径，或如果形状与钣金件几何配对，半径应等于零
2	凹曲面	必须具有大于钣金件厚度的半径，或如果形状与钣金件几何对齐，半径应等于零
3	组合曲面	成型可包含凹和凸几何的组合，可创建空心，注意形状中的空心不能在基准平面或匹配曲面的下方
4	坐标系	可以在成型中创建坐标系参考以定义在制造工艺中冲压零件的位置

另外，要注意的是，如果使用钣金件参考零件，则要成型的钣金件应与钣金件参考零件的驱动侧相符合。

创建成型特征的工具命令主要有 （凸模）按钮和 （凹模）按钮，它们位于功能区“模型”选项卡的“工程”组中，如图 2-2 所示，另外，“工程”组中还提供与成型密切相关的另外 3 个按钮，即 （草绘成型）按钮、 （面组成型）按钮和 （平整成型）按钮。

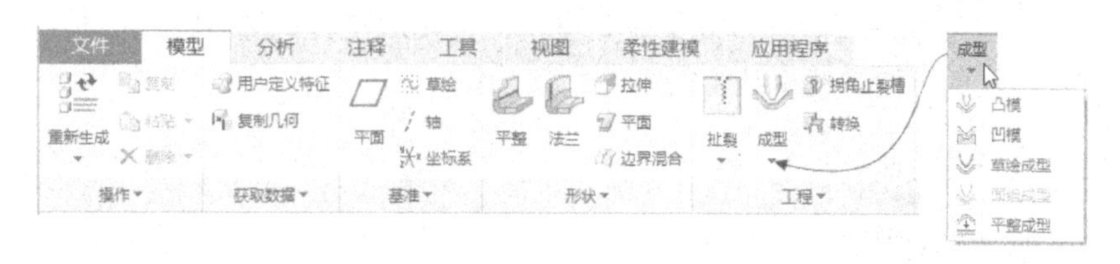

图 2-2　创建成型特征的工具命令

在使用 （凸模）按钮或 （凹模）按钮时，还可以使创建的成型特征具有冲出的切口形状，即在模制凹凸曲面时使钣金材料合理地被切除一个口子，例如，在图 2-3 所示的钣金件中，便创建有具有切口的成型特征。创建这类凹模或凸模成型特征的基本方法是：在创建此类成型特征的过程中，在参考零件上指定排除面，以形成开口。

图 2-3　在钣金件中创建有具有切口（排除面）的成型特征

使用 （草绘成型）按钮，可以通过项目中创建的草绘来创建冲孔或穿孔，即可以通过参考草绘来模制或穿透钣金件几何。而使用 （面组成型）按钮则可以通过项目中创建的面组创建冲孔，即可以通过参考面组来模制钣金件几何。

在钣金件上生成凹陷或凸起的成型造型后，可以使用 （平整成型）按钮来将成型造型恢复为平整状态，平整成型的典型示例如图 2-4 所示。平整成型特征一般创建于设计结束阶段，此时正在准备制造用的模型。

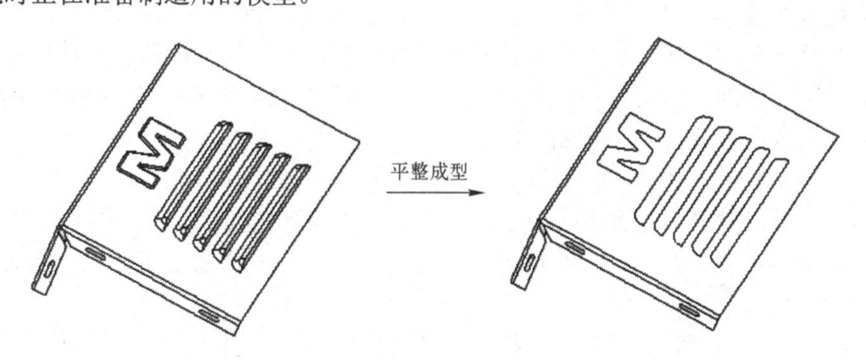

图 2-4　平整成型示例

另外，用户需要了解和掌握冲压边的知识。冲压边是用实体类特征（如倒角、圆角、孔和切口等）修改的钣金件边，它可被用于满足修饰和结构要求（壁强度）。

2.2 凸模

凸模只使用参考零件几何制作钣金件壁模具，并使用其整个形状来使钣金件变形。凸模成型特征的放置位置可通过使用装配类型约束来确定。

2.2.1 凸模用户界面

在功能区的“模型”选项卡中单击“成型”下的▾（下三角箭头）按钮，并单击（凸模）按钮，打开图2-5所示的“凸模”选项卡。下面介绍“凸模”选项卡各组成要素。

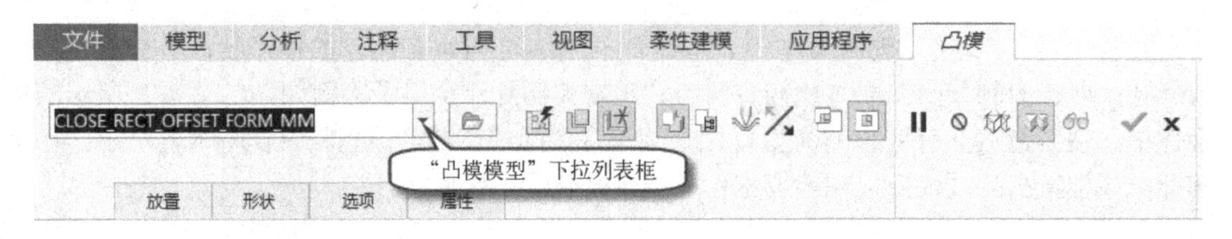

图2-5 “凸模”选项卡

- “凸模模型”下拉列表框：在该下拉列表框中列出在当前Creo Parametric会话中使用的所有凸模模型，以及保存在凸模库中的预定义标准凸模。用户可从该下拉列表框中快速选择到所需的凸模模型（如果有的话）。
- （打开）按钮：打击此按钮，利用弹出的“打开”对话框浏览并选择某个凸模模型。
- 凸模放置选项：凸模放置选项包括（使用界面放置）、（手动放置）和（使用坐标系放置）。当单击（使用界面放置）按钮时，可以使用“界面至几何”放置选项的凸模界面放置凸模（使凸模界面与钣金件几何匹配），也可使用“界面至界面”放置选项的凸模界面放置凸模（使凸模截面与钣金件界面匹配）。当单击（手动放置）按钮时，使用手动参考放置凸模。当单击（使用坐标系放置）按钮，使用坐标系来放置具有凸模界面的凸模。
- 成型复制选项：成型复制选项包括（从属复制）和（继承副本）。（从属复制）用于创建从属于已保存零件的新凸模实例，当对保存的凸模零件进行更改时，新的实例将随之更新。（继承副本）用于创建独立于已保存凸模零件的新凸模实例，即使用继承来创建新的凸模实例。
- （反向冲孔方向）按钮：单击此按钮，将使冲孔方向反向。
- 显示选项：显示选项包括（指定约束时在单独的窗口中显示元件）和（指定约束时在装配窗口中显示元件），前者用于在辅助窗口中单独显示成型，后者用于在装配图形窗口中显示成型。
- “放置”面板：显示与所用放置类型一致的上下文相关选项。
- “形状”面板：在该面板中可以设置“插入冲孔模型作为”更新选项，例如将此更新选项设置为“自动更新”、“手动更新”“非相关性”。注意当成型复制选项为（从属复制）时，此更新选项只能是“自动更新”。而当使用（继承副本）放置凸模时，可以根据需要更改“插入冲孔模型作为”更新选项，此时“形状”面板中的“改变冲孔模型”按钮可用。如果在“形状”面板中单击“改变冲孔模型”按钮，弹出“可变项”对话框，从中对凸模模型进行相应的修改，如图2-6所示。

- “选项”面板：“凸模”选项卡的“选项”面板如图2-7所示。在“倒圆角锐边”选项组选框中勾选“非放置边”复选框时，对位于非放置曲面上的凸模所创建的锐边圆角操作；勾选“放置边”复选框时，对位于放置曲面上的凸模所创建的锐边圆角操作。在“半径”框中设置放置边或非放置边的圆角所用的半径值，可设置是标注内侧半径还是外侧半径。激活“排除冲孔模型曲面”收集器，则可以从冲孔中选择要排除的曲面集，而单击“细节”按钮，则打开用于在冲孔中添加或移除曲面的“曲面集”对话框。在“制造冲孔刀具”选项组中设置制造冲孔刀具的名称和所用的坐标系。

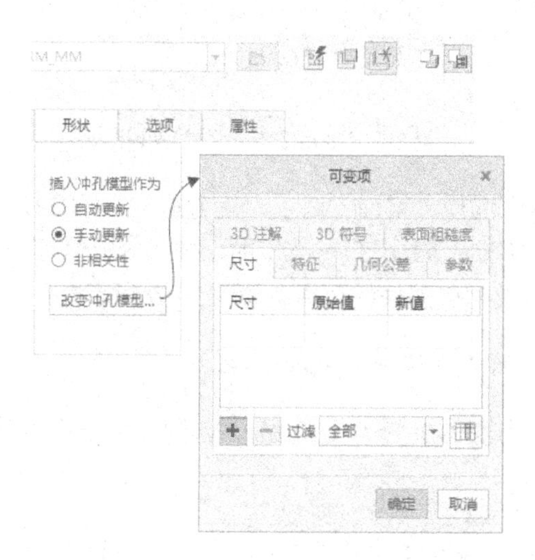

图2-6 在“形状”面板中改变冲孔模型

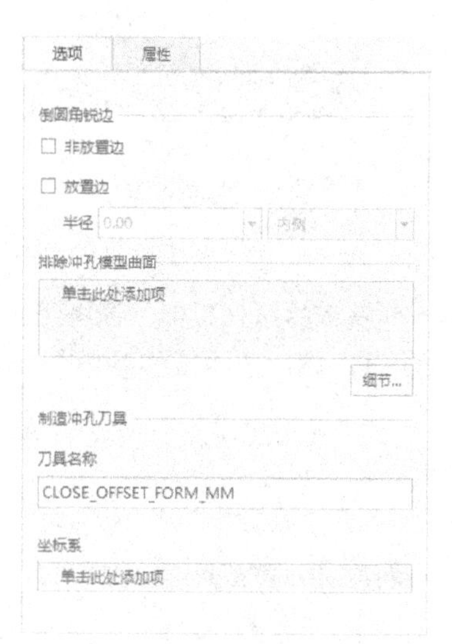

图2-7 “凸模”选项卡的“选项”面板

- “属性”面板：在该面板的“名称”文本框中显示凸模的默认特征名称，单击（显示特征信息）按钮则打开Creo Parametric 4.0浏览器来显示该特征的详细信息。

2.2.2 创建凸模成型特征

放置凸模成型特征的方式主要有3种，即使用坐标系放置、手动放置和使用界面放置。

1. 使用坐标系放置

使用坐标系放置凸模成型特征是较为常用的一种方式。使用该方式，需要选择放置参考以放置凸模，并选择放置类型，接着选择偏移参考并输入所需值，可以根据设计要求更改钣金件曲面上的放置方向，需要时还可勾选“添加绕第一个轴的旋转”复选框以绕设置轴旋转凸模。请看以下一个操作范例。

（1）在“快速访问”工具栏中单击“打开”按钮，系统弹出“文件打开”对话框，选择bj_2_2a.prt，在“文件打开”对话框中单击“打开”按钮，该文件中的原始钣金件如图2-8所示。

（2）在功能区的“模型”选项卡中单击“成型”下的▾（下三角箭头）按钮，并单击（凸模）按钮，打开“凸模”选项卡。

（3）从“凸模”选项卡的“凸模模型”下拉列表框中，选择预定义标准凸模模型CLOSE_RECT_OFFSET_FORM_MM。

（4）在“凸模”选项卡中单击（使用坐标系放置）按钮，并单击（从属复制）按钮。

（5）在“凸模”选项卡中打开“放置”面板，接着在图形窗口中单击图2-9所示的钣金曲面以作为放置凸模的放置参考。

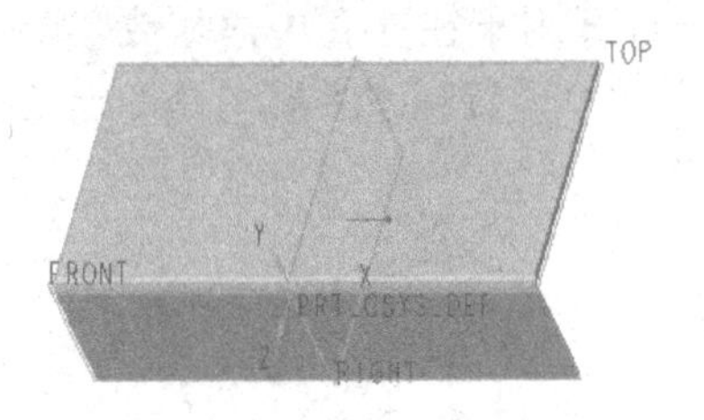

图2-8 原始钣金件

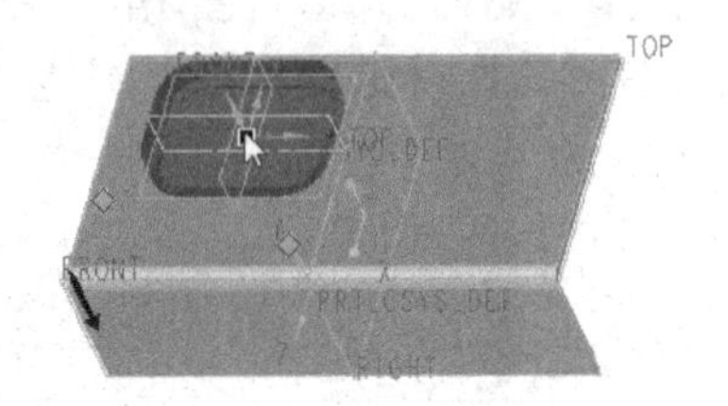

图2-9 指定放置参考以放置凸模

（6）在“放置”面板的“类型”下拉列表框中选择“线性”选项，接着单击“偏移参考”收集器框以激活该收集器，在图形窗口或模型树中选择RIGHT基准平面，按住〈Ctrl〉键并选择FRONT，然后在“偏移参考”收集器内分别设置相应的偏移距离，如图2-10所示。

说明： *偏移参考也可以通过在图形窗口中拖动相应控制滑块来选择。*

（7）在“放置”面板中勾选“添加绕第一个轴的旋转”复选框，接着输入旋转角度为“90”，如图2-11所示。

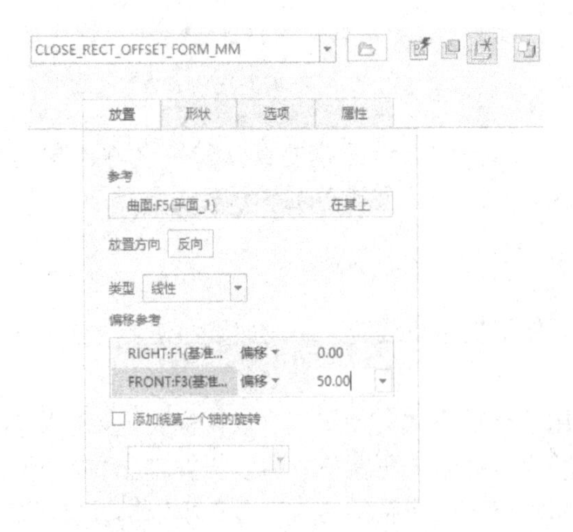

图2-10 指定偏移参考并设置偏移距离

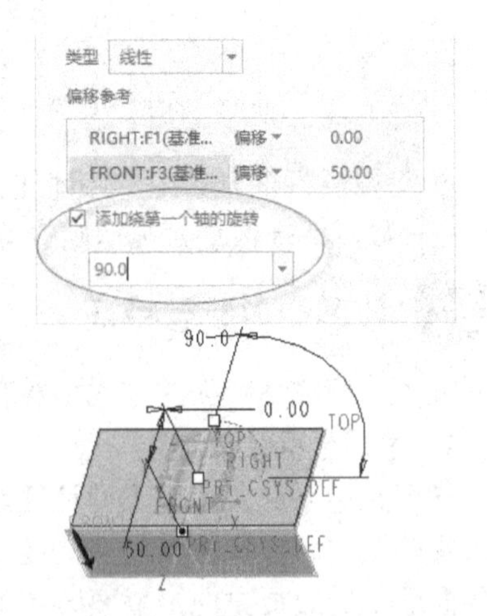

图2-11 添加绕第一个轴的旋转

（8）在“凸模”选项卡中单击（完成）按钮，完成创建好该凸模成型特征的结果如图2-12所示。

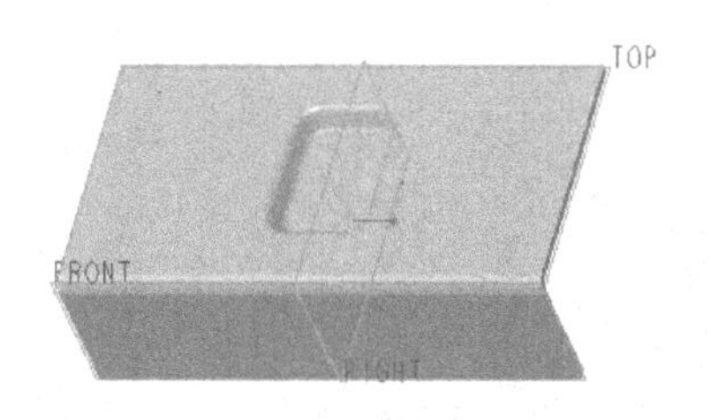

图 2-12　创建凸模成型特征

2. 手动放置

手动放置凸模是指手动使用装配类型约束来确定凸模成型特征的放置位置，通常用于放置没有预定义约束的凸模，其典型步骤如下。

（1）在功能区的“模型”选项卡中单击“成型”下的 （下三角箭头）按钮，并单击 （凸模）按钮，打开“凸模”选项卡。

（2）从“凸模模型”下拉列表框中选择最近使用的凸模或任何其他凸模，或者单击 （打开）按钮浏览并选择其他所需凸模。

（3）在“凸模”选项卡中单击 （手动放置）按钮。

（4）在“凸模”选项卡中选择成型复制选项。

（5）在“凸模”选项卡中打开“放置”选项卡，从“约束类型”下拉列表框中指定约束类型，选择凸模零件的参考和钣金件的对应参考来定义该放置约束，需要时为“距离”和“角度偏移”约束设置偏移值，要反向偏移方向则单击“反向”按钮。

（6）要创建附加约束，可单击“新建约束”，并指定约束类型和相应参考等。

（7）要使 冲孔方向反向，则单击 （反向冲孔方向）按钮。

（8）在“凸模”选项卡中打开“选项”面板，勾选“倒圆角锐边”选项组中的两个复选框中的一个或两个，以对相应锐边进行圆角操作。可根据实际情况单击激活“排除冲孔模型曲面”收集器，并选择要从冲孔中排除的任何曲面。另外，可添加“刀具名称”和“坐标系”的制造信息。

（9）在“凸模”选项卡中单击 （完成）按钮。

请看下面的操作范例。

（1）在“快速访问”工具栏中单击“打开”按钮 ，系统弹出“文件打开”对话框，选择 bj_2_2b.prt，在“文件打开”对话框中单击“打开”按钮，该文件中的原始钣金件如图 2-13 所示。

（2）在功能区的“模型”选项卡中单击“成型”下的 （下三角箭头）按钮，并单击 （凸模）按钮，打开“凸模”选项卡。

（3）在“凸模”选项卡中打开 （打开）按钮，系统弹出“打开”对话框，选择本书配套资料中提供的 bj_2_punch_1.prt，接着单击“打开”对话框中的“打开”按钮。

（4）在“凸模”选项卡中同时选中 （指定约束时在单独的窗口中显示元件）和 （指定约束时在装配窗口中显示元件）。在单独的窗口（辅助窗口）中显示的凸模如图 2-14 所示。

（5）在“凸模”选项卡中确保选中 （手动放置）按钮，并单击 （从属复制）按钮。

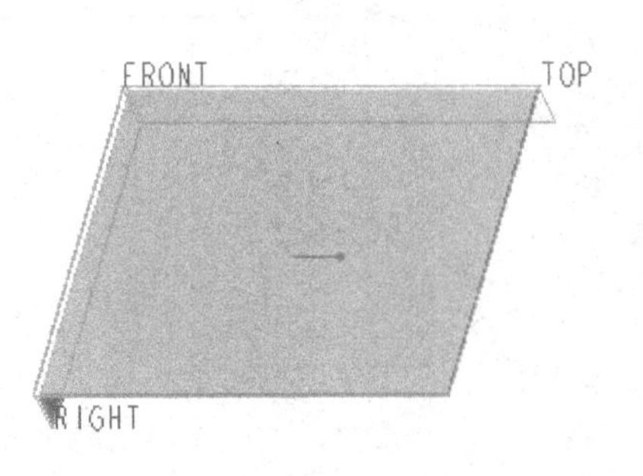

图2-13 原始钣金件

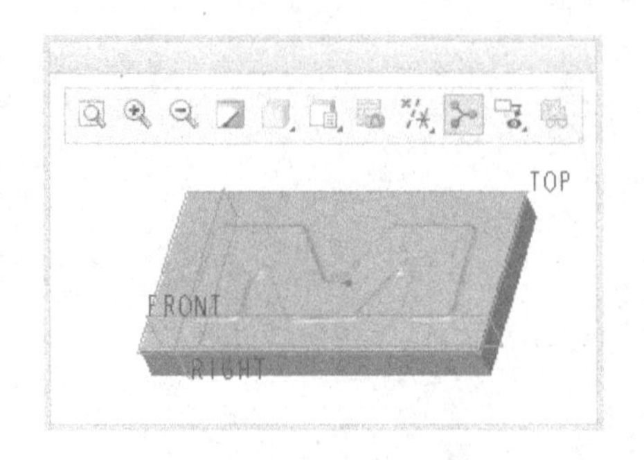

图2-14 在辅助窗口中显示凸模

（6）在“凸模”选项卡中打开“放置”面板，从“约束类型”下拉列表框中选择“距离”，接着在辅助窗口中选择FRONT基准平面，然后在钣金件中选择FRONT基准平面，从“偏移”框中设置偏移距离为“60”，如图2-15所示。

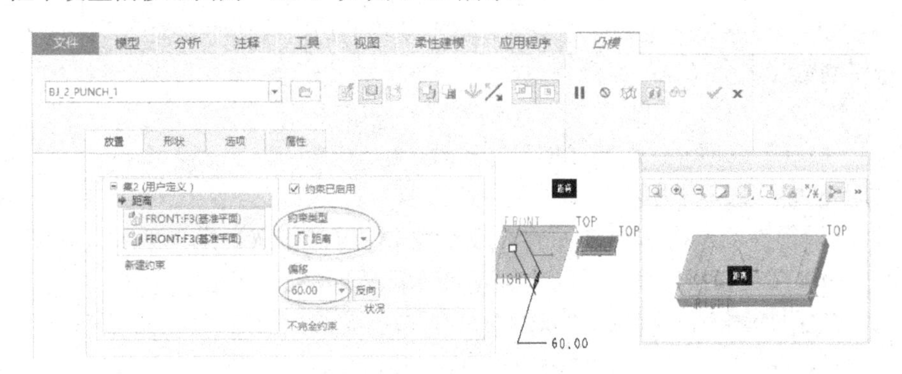

图2-15 定义“距离”约束

（7）在“放置”面板的“集”列表框中单击“新建约束”，从“约束类型”下拉列表框中选择“距离”，从凸模参考零件中选择RIGHT基准平面，从钣金件中选择RIGHT基准平面，从“偏移”框中设置偏移距离为“50”。

（8）在“放置”面板的“集2（用户定义）”列表框中单击“新建约束”，从“约束类型”下拉列表框中选择“重合”，在凸模参考零件中选择基座平面，在钣金件中选择相应的钣金底面（需要适当翻转模型视图），如图2-16所示。

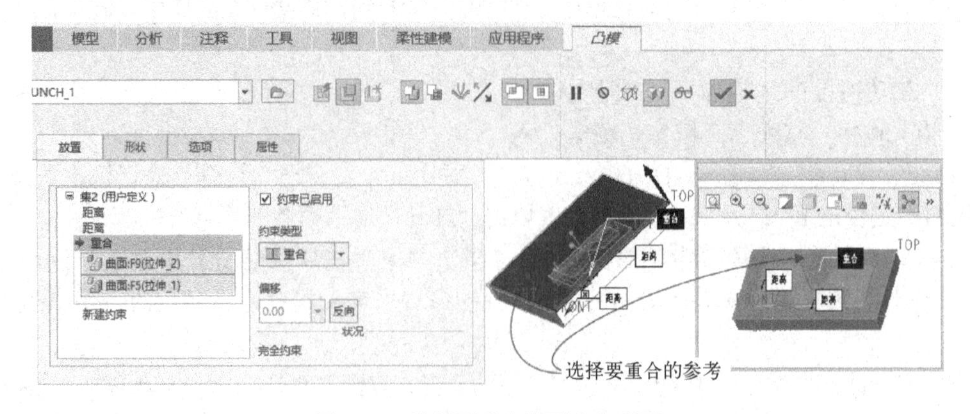

图2-16 选择要重合的两个参考面

（9）在本例中应该确保冲孔方向如图 2-17 所示。如果发现预览的冲孔方向不符合设计要求，那么需要在“凸模”选项卡中单击（反向冲孔方向）按钮，使冲孔方向反向。.

（10）在“凸模”选项卡中单击（完成）按钮，完成的凸模成型特征如图 2-18 所示。

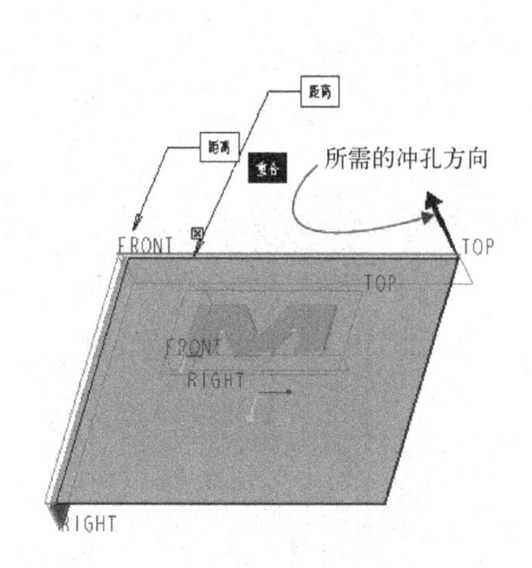

图 2-17　反向冲孔方向

图 2-18　完成凸模成型特征

3．使用界面放置

使用界面放置凸模是很方便的，只要凸模定义有凸模界面。下面介绍使用界面放置凸模的操作范例。

（1）在“快速访问”工具栏中单击“打开”按钮，系统弹出“文件打开”对话框，选择 bj_2_2c.prt，在“文件打开”对话框中单击“打开”按钮，该文件中的原始钣金件如图 2-19 所示。

（2）在功能区“模型”选项卡的“工程”组中单击“成型”下的（下三角箭头）按钮，并单击（凸模）按钮，打开“凸模”选项卡。

（3）从“凸模”选项卡的“凸模模型”下拉列表框中，选择具有凸模界面的标准凸模 CLOSE_ROUND_LOUVER_FORM_MM。该标准凸模如图 2-20 所示。

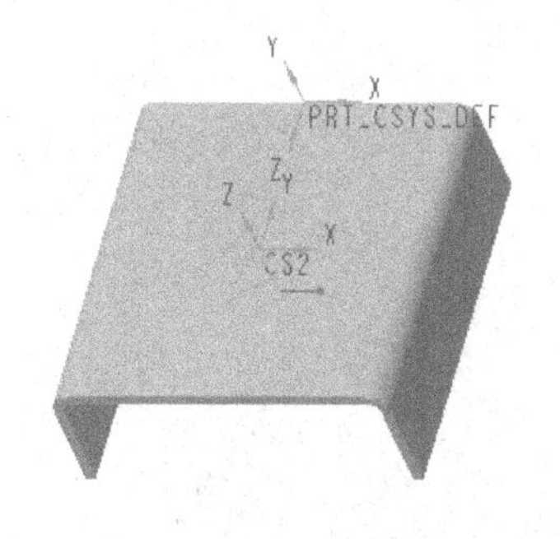

图 2-19　原始钣金件

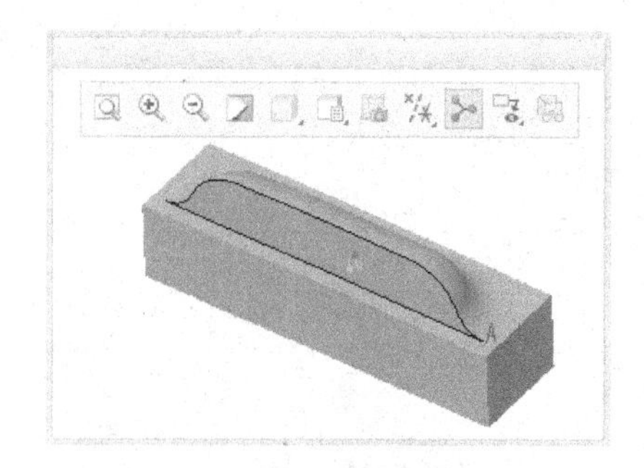

图 2-20　标准凸模

（4）在“凸模”选项卡中单击（使用界面放置）按钮，系统弹出图 2-21 所示的“警告”对话框，单击“是”按钮。

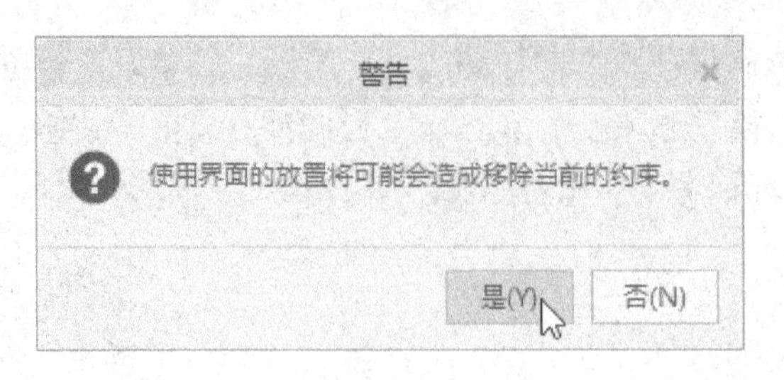

图 2-21 “警告”对话框

（5）从“界面放置”下拉列表框中选择“界面至几何”选项，并确保选中（从属复制）按钮，如图 2-22 所示。

图 2-22 “凸模”选项卡

（6）在“凸模”选项卡中打开“放置”面板，默认的约束类型为“重合”，设置显示坐标系，并从图形窗口中选择 CS2 坐标系，如图 2-23 所示。

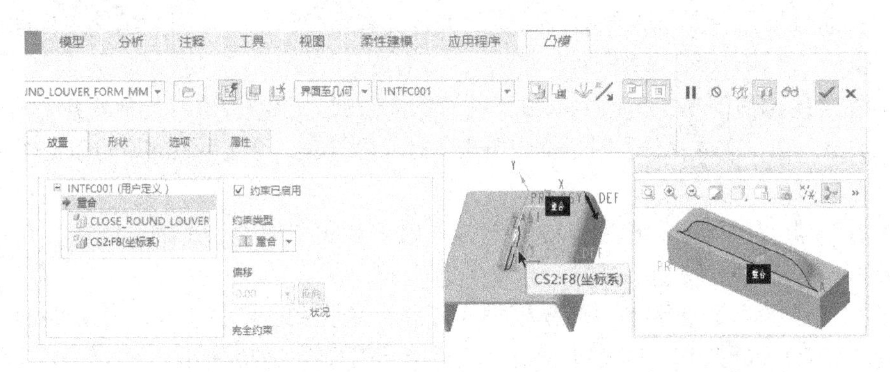

图 2-23 在钣金件中选择 CS2

（7）在“凸模”选项卡中单击（完成）按钮，完成该凸模成型特征后的钣金件效果如图 2-24 所示。

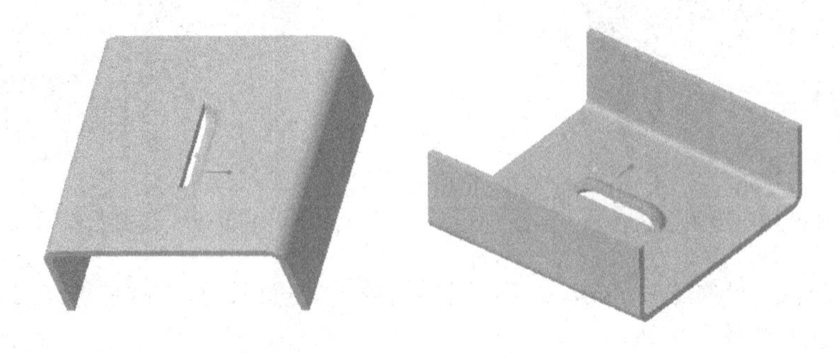

图 2-24 创建凸模成型特征

2.3 凹模

在 Creo Parametric 4.0 中，创建凹模成型特征的操作方法和创建凸模成型特征的操作方法是类似的。在功能区“模型”选项卡的“工程”组中单击“成型”下的（下三角箭头）按钮，接着单击（凹模）按钮，则在功能区中打开图 2-25 所示的“凹模”选项卡（凹模用户界面），此用户界面与凸模用户界面基本相同，在此不再赘述。

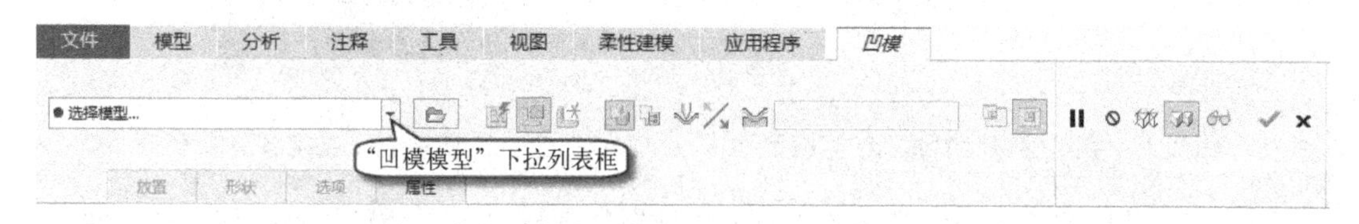

图 2-25 “凹模”选项卡

从“凹模”选项卡中可以看到放置凹模的方法同样有 3 种，即可以使用坐标系放置凹模，可以使用界面放置凹模，也可以以手动的方式放置没有预定义约束的凹模。

下面介绍应用有凹模成型的 3 个典型范例。先来看第 1 个范例，在该范例中使用了系统凹模库中的一个预定义标准凹模。

（1）在 Creo Parametirc 4.0 用户界面的“快速访问”工具栏中单击（打开）按钮，系统弹出“文件打开”对话框，浏览并选择配套的 bj_2_3a.prt 文件，单击“打开”按钮。该文件中存在着的原始钣金件如图 2-26 所示。

（2）在功能区“模型”选项卡的“工程”组中单击“成型”下的（下三角箭头）按钮，接着单击（凹模）按钮，则在功能区中打开“凹模”选项卡。

（3）在功能区“凹模”选项卡的“凹模模型”下拉列表框中选择系统凹模库中的 CLOSE_ROUND_BEAD_DIE_FORM_MM 标准凹模，如图 2-27 所示。

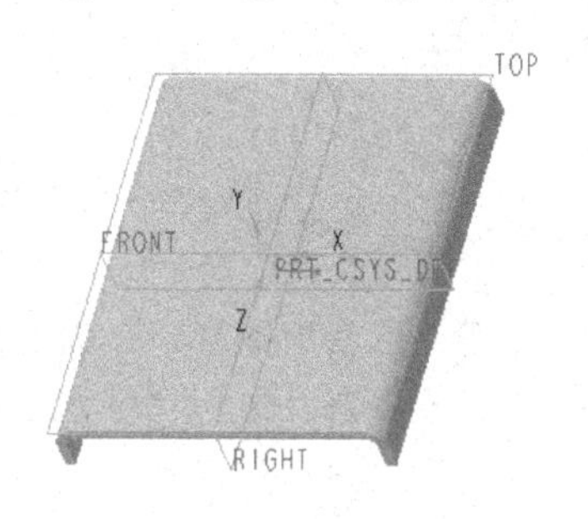

图 2-26 原始钣金件

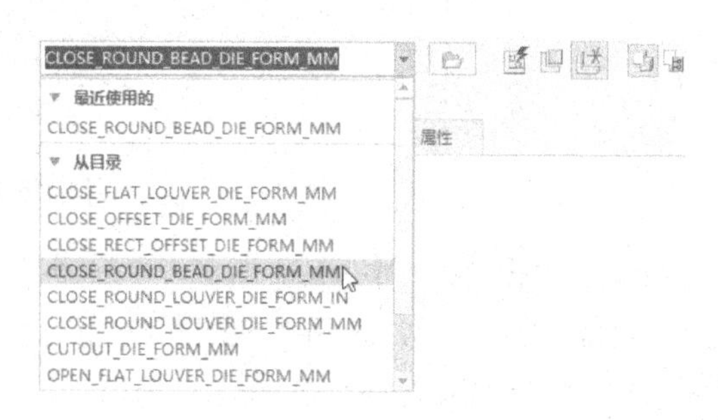

图 2-27 选择标准凹模

（4）在功能区“凹模”选项卡中单击（使用坐标系放置）按钮和（从属复制）按钮，即把凹模放置选项设置为（使用坐标系放置），将成型复制选项设置为（从属复制）。

（5）在功能区“凹模”选项卡中增加选中（指定约束时在单独的窗口中显示元件）按钮，此时系统弹出一个单独的小窗口用于显示所选的凹模模型（元件），如图 2-28 所示。

（6）在已有钣金件上指定凹模的放置参考。在本例中，在已有钣金件的正顶面单击以指定凹模的放置参考，如图 2-29 所示。

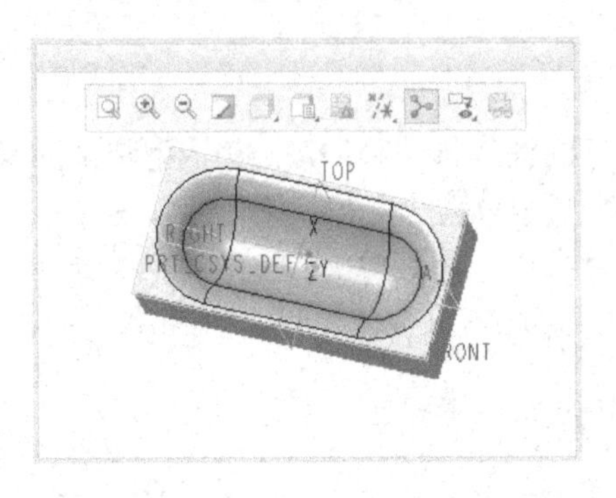

图 2-28 在单独窗口中显示凹模模型

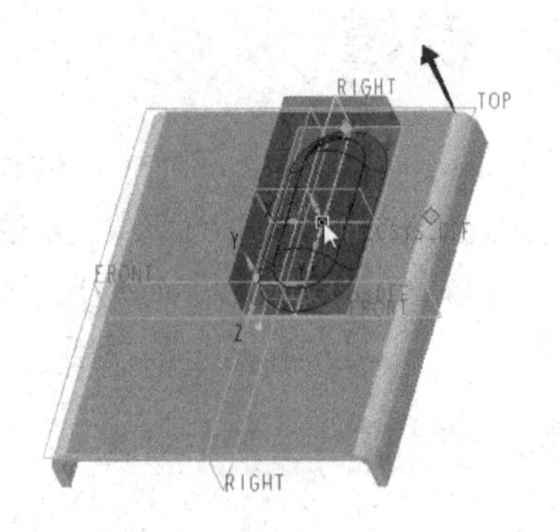

图 2-29 指定放置参考

（7）在功能区的“凹模”选项卡中打开“放置”面板，从“类型”下拉列表框中默认选择“线性”选项，在“偏移参考”收集器的框内单击以激活“偏移参考”收集器，在图形窗口中选择 RIGHT 基准平面，按住〈Ctrl〉键的同时选择 FRONT 基准平面，所选的这两个基准平面一并被收集到“偏移参考”收集器内，然后在“偏移参考”收集器内修改它们相应的偏移距离，如图 2-30 所示。本例不需要添加绕第一个轴的旋转。

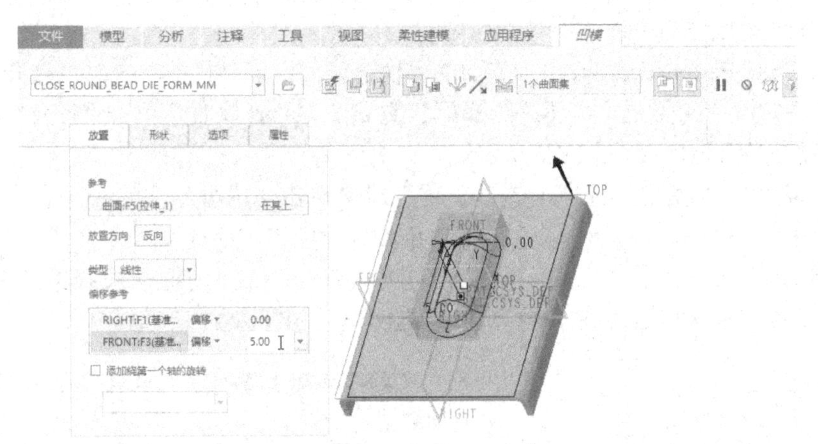

图 2-30 指定凹模的放置类型及偏移参考

（8）在功能区的“凹模”选项卡中打开“放置”面板中打开“形状”面板，可以看到默认选中“自动更新”单选按钮，而凹模提供的是“压铸模形状”收集器，该收集器自动收集了标准凹模的种子和边界曲面，如图 2-31 所示。

（9）在功能区的“凹模”选项卡中单击✓（完成）按钮，完成该凹模成型特征后的钣金件效果如图 2-32 所示。

在本例中，由于设置的成型复制选项是（从属复制），则打开“凹模”选项卡的“形状”面板时，便会发现“改变压铸模模型”按钮为灰色状态（不可用）。如果在本例中，设置的成型复制选项不是（从属复制），而是（继承副本）的话，则位于“凹模”选项卡“形状”面板中的“改变压铸模模型”按钮可用，这意味着用户将可以根据设计要求来更改成型特征的形状尺寸等。以本例前面完成的凹模成型特征为例，进行以下编辑操作。

图 2-31 “形状”面板

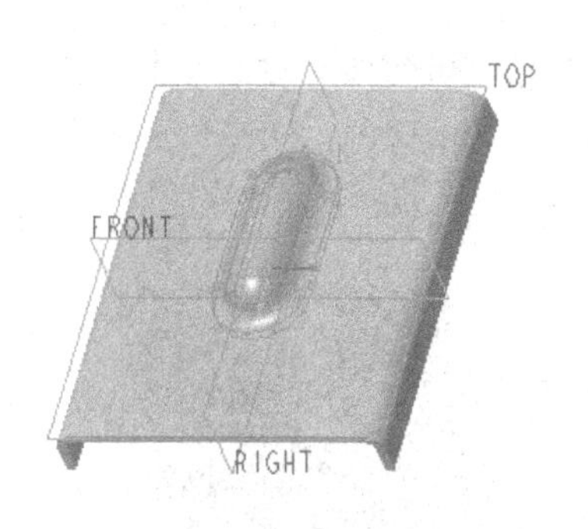

图 2-32 完成凹模成型

（1）在模型树中单击要编辑的凹模成型特征，接着在出现的浮动工具栏中单击（编辑定义）按钮，打开“凹模”选项卡。

（2）在“凹模”选项卡中单击（继承副本）按钮，接着打开“形状”面板，如图 2-33 所示。

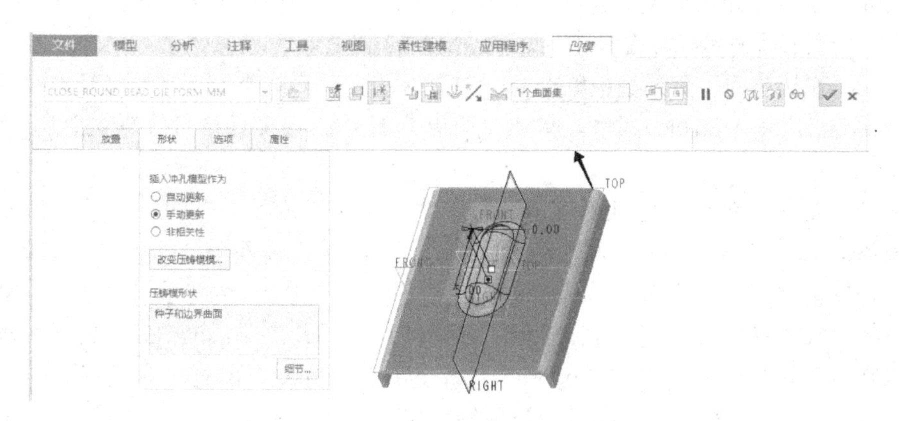

图 2-33 更改了成型复制选项后的“凹模”选项卡

（3）在“形状”面板中单击“改变压铸模模型”按钮，弹出“可变项”对话框，切换至“尺寸”选项卡，在参考模型中选择尺寸所有者特征，则所选特征显示相应的形状尺寸，如图 2-34 所示。接着选择要更改的尺寸，例如分别选择数值为“38”和“14”的两个尺寸，然后在“可变项”对话框“尺寸”选项卡的形状尺寸列表中为选定尺寸设置新值，如图 2-35 所示。

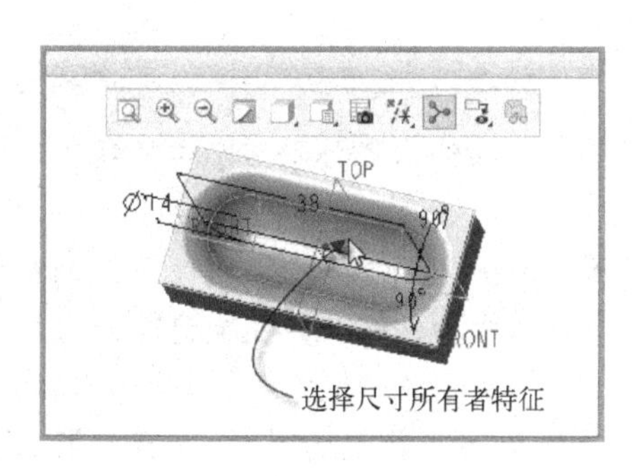

图 2-34 选择尺寸所有者特征

图 2-35 为“可变项”尺寸设置新值

（4）在“可变项”对话框中单击“确定”按钮，此时动态预览如图 2-36 所示。

（5）在功能区的“凹模”选项卡中单击 （完成）按钮，结果如图 2-37 所示。

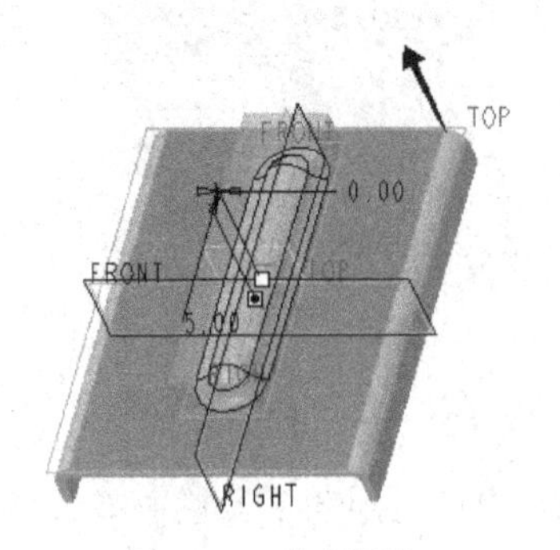

图 2-36 动态预览

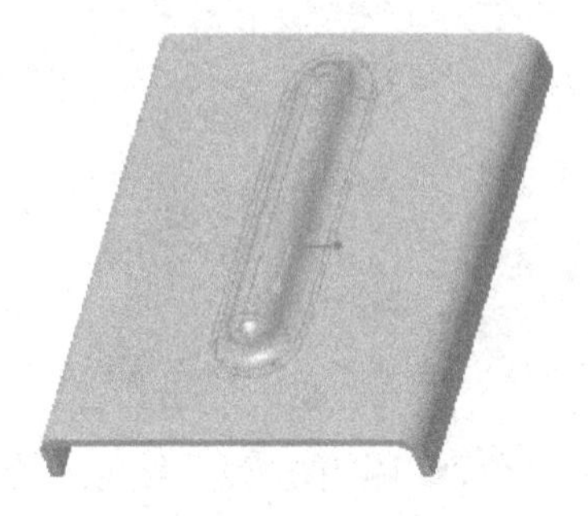

图 2-37 编辑结果

学习此案例要掌握如何更改凹模的模型形状尺寸，对于凸模也是类似。

下面介绍第 2 个进行凹模成型的应用范例，在该范例中使用了用户定义的凹模模型，只能通过手动放置的方式来在钣金件中约束放置凹模成型特征。

（1）在“快速访问”工具栏中单击 （打开）按钮，系统弹出“文件打开”对话框，浏览并选择配套的 bj_2_3b.prt 文件，单击“打开”按钮。该文件中存在着的原始钣金件如图 2-38 所示。

（2）在功能区“模型”选项卡的“工程”组中单击“成型”下的 （下三角箭头）按钮，接着单击 （凹模）按钮，则在功能区中打开“凹模”选项卡。

（3）在功能区的“凹模”选项卡中单击 （打开）按钮，系统弹出“打开”对话框，选择本书配套资料中提供的 bj_2_die_2.prt，接着单击“打开”对话框中的“打开”按钮。此时，可以在“凹模”选项卡中增加选中 （指定约束时在单独的窗口中显示元件）按钮，从而在一个弹出的单独小窗口中显示凹模模型，如图 2-39 所示。

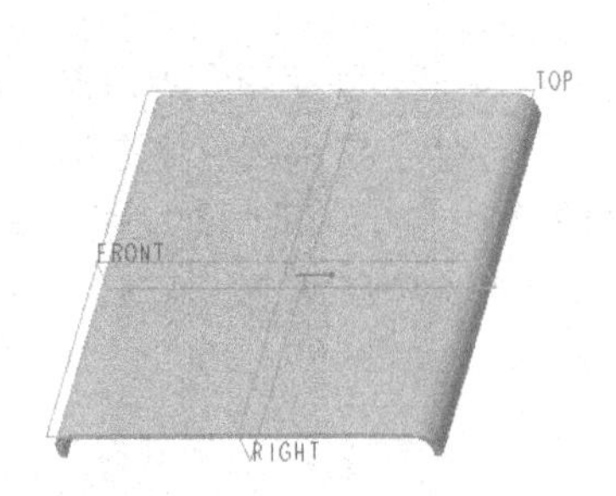

图 2-38 原始钣金件

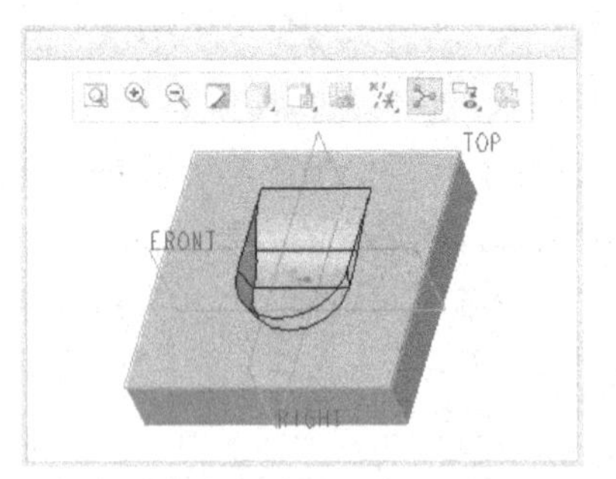

图 2-39 在单独窗口中显示凹模模型

（4）功能区的“凹模”选项卡中的 （手动放置）按钮自动处于被选中的状态，接着单击选中 （从属复制）按钮。

（5）在功能区的“凹模”选项卡中打开“放置”面板，从“约束类型”下拉列表框中选择“重合”约束类型，接着分别在凹模模型（元件）和钣金件中选择要配合的一组参考面，如图 2-40 所示，然后单击“反向”按钮。

（6）在功能区“凹模”选项卡的“放置”面板中单击“新建约束”，接着为第二组约束设置其约束类型为“重合”，在凹模模型中选择 RIGHT 基准平面，在钣金件中选择 RIGHT

基准平面，单击“反向”按钮。

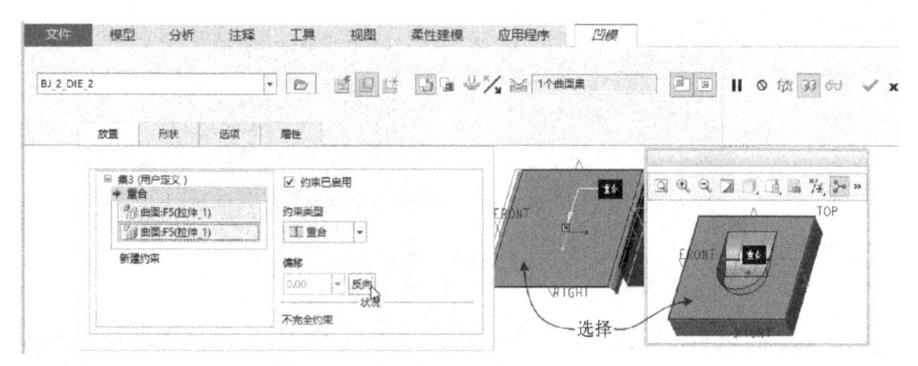

图 2-40　指定重合约束的一组参考面

（7）在功能区“凹模”选项卡的“放置”面板中再一次单击“新建约束”，接着从“约束类型”下拉列表框中选择“距离”约束类型，在凹模模型中选择 FRONT 基准平面，在钣金件中选择 FRONT 基准平面，在“偏移”文本框中输入“5”，如图 2-41 所示。

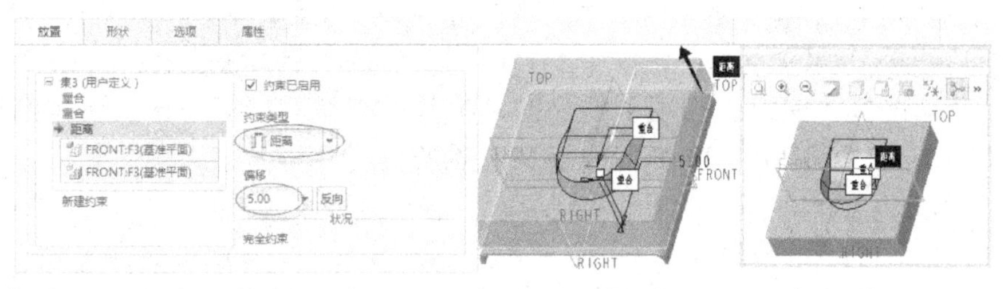

图 2-41　定义第 3 组放置约束

（8）在功能区的“凹模”选项卡中打开“选项”面板，在“排除压铸模模型”收集器的框内单击以激活该收集器，在凹模模型中选择实体曲面 1，按住〈Ctrl〉键并选择实体曲面 2 和实体曲面 3，如图 2-42 所示，从而将所选的这 3 个曲面作为凹模成型特征要排除的曲面。

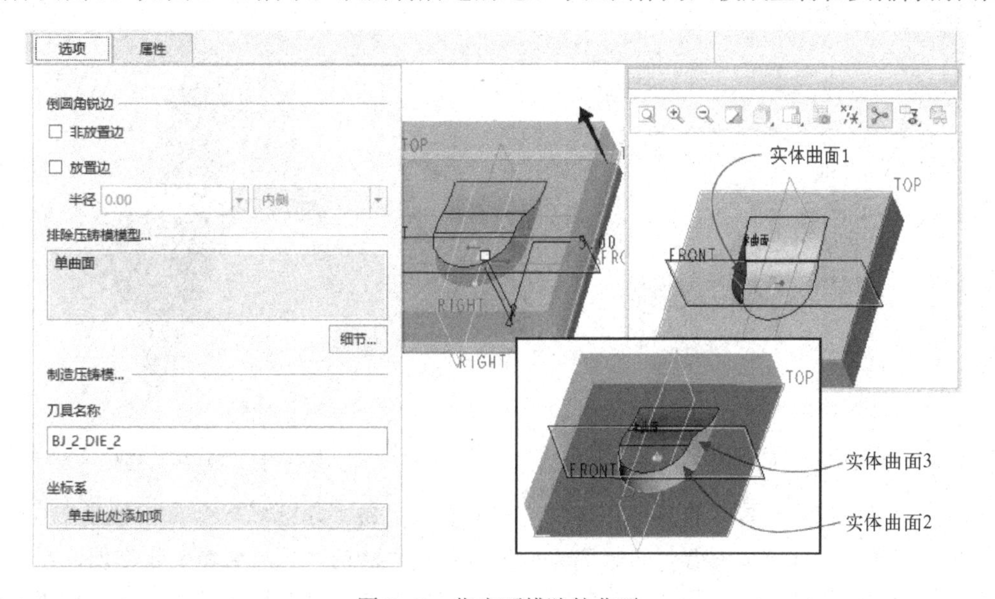

图 2-42　指定要排除的曲面

（9）在功能区的“凹模”选项卡中单击✓（完成）按钮，结果如图2-43所示。

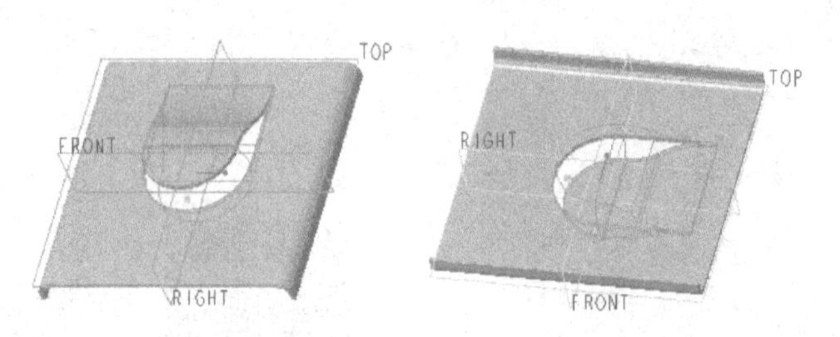

图2-43 创建具有排除面的凹模成型特征

再介绍第3个创建凹模成型特征的典型范例，在该范例中使用的标准凹模模型是带有预定义排除曲面的。

（1）在“快速访问”工具栏中单击（打开）按钮，系统弹出“文件打开”对话框，浏览并选择配套的bj_2_3c.prt文件，单击“打开”按钮。该文件中已经存在着一个简单的原始钣金件。

（2）在功能区“模型”选项卡的“工程”组中单击“成型”下的（下三角箭头）按钮，接着单击（凹模）按钮，则在功能区中打开“凹模”选项卡。

（3）在功能区“凹模”选项卡的“凹模模型”下拉列表框中选择系统凹模库中的CLOSE_ROUND_LOUVER_DIE_FORM_MM标准凹模。

（4）在功能区的“凹模”选项卡中单击（使用坐标系放置）按钮和（从属复制）按钮。

（5）在功能区的“凹模”选项卡中确保选中（指定约束时在单独的窗口中显示元件）按钮和（指定约束时在装配窗口中显示元件）按钮。其中，在单独窗口中可以很清楚地观察到所选的标准凹模的模型效果，如图2-44所示。

（6）在已有钣金件上指定凹模的放置参考。在本例中，在已有钣金件的图2-45所示的钣金面单击以指定凹模的放置参考。

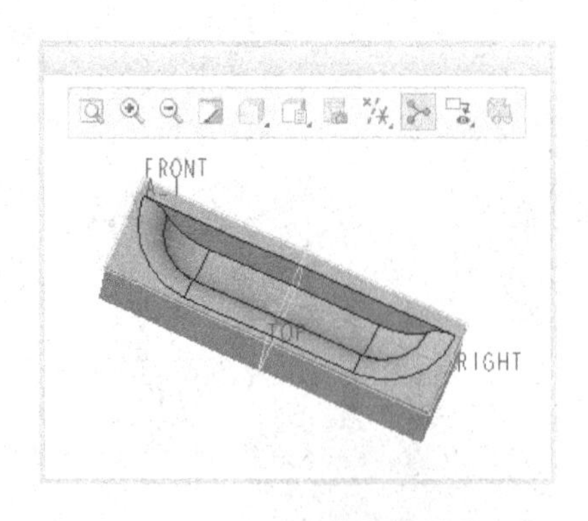

图2-44 所选凹模的模型效果

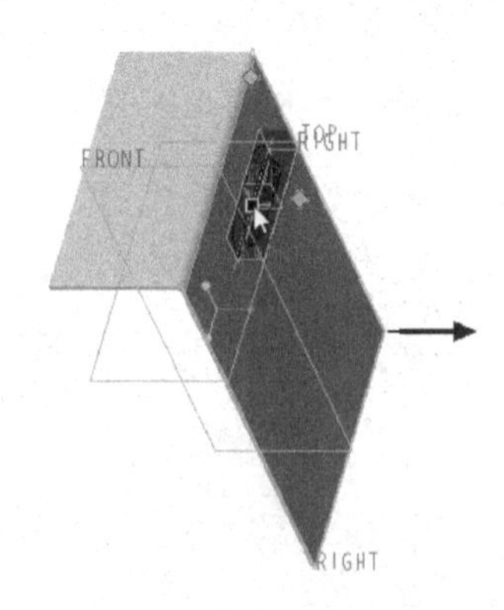

图2-45 指定凹模的放置参考

（7）在功能区的“凹模”选项卡中打开“放置”面板，从“类型”下拉列表框中默认选择“线性”选项，在“偏移参考”收集器的框内单击以激活“偏移参考”收集器，在图形窗口中选择TOP基准平面，按住〈Ctrl〉键的同时选择FRONT基准平面，然后在“偏移参考”收集器内修改这两个偏移参考对应的偏移距离，如图 2-46 所示。

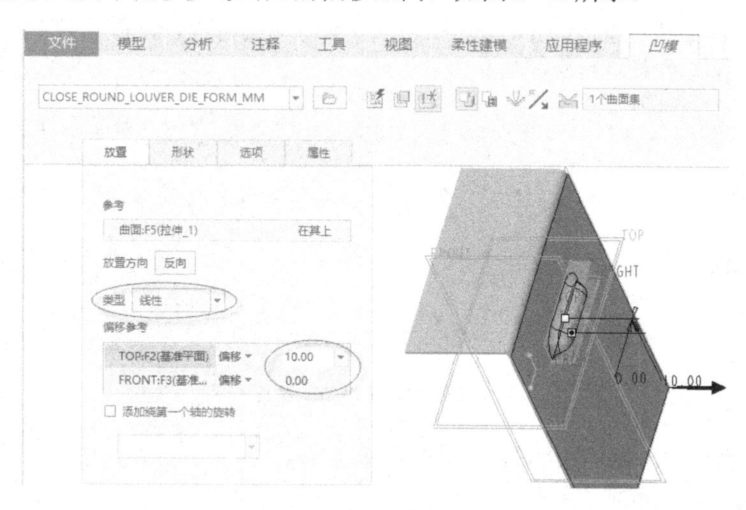

图 2-46 指定偏移参考等

（8）此时，如果在功能区的“凹模”选项卡中打开“选项”面板，则可以看到“排除压铸模模型”收集器显示有“单曲面”字样，表明该凹模模型已经带有预定义好的排除曲面了。单击✓（完成）按钮，完成效果如图 2-47 所示。

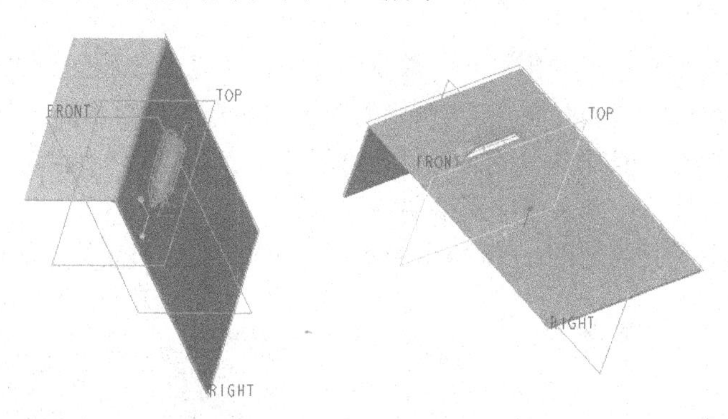

图 2-47 完成创建凹模成型特征

2.4 草绘成型

使用 Creo Parametric 4.0 中的（草绘成型）按钮，可以通过项目中创建的草绘创建冲孔或穿孔。使用此按钮工具，可以很方便地在钣金件上快速设计一些用于攻螺纹的“翻边”孔等结构。

在功能区“模型”选项卡中的“工程”组中单击“成型”下的（下三角箭头）按钮，接着单击（草绘成型）按钮，打开“草绘成型”选项卡，如图 2-48 所示。该选项卡的“放置”面板用于在“草绘”收集器中显示选定草绘，可以根据需要单击“放置”面板中的“定义”按钮来创建新的草绘，或者单击“编辑”按钮来更改现有草绘（“编辑”按钮在编辑定义已有草绘成型时提供）。使用“选项”面板，可以为冲孔指定排除曲面、封闭端、添加锥度，以及针对冲孔或穿孔设置要圆角的锐边的半径和位置等。使用“属性”面板，可以查看或更改草绘成型特征的名称，从中若单击 （显示特征信息）按钮，则打开 Creo Parametric 浏览器显示详细的特征信息。

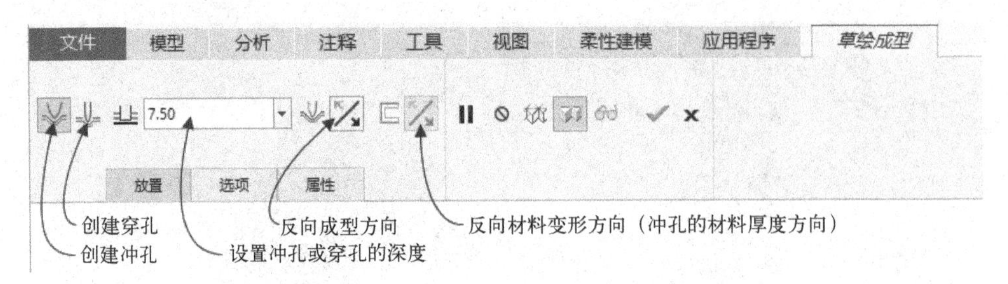

图 2-48 “草绘成型”选项卡

下面通过范例介绍如何使用草绘创建冲孔和穿孔。

1. 使用草绘创建冲孔

（1）在“快速访问”工具栏中单击 （打开）按钮，系统弹出“文件打开”对话框，选择本书配套的 bj_2_4.prt 文件，接着在“文件打开”对话框中单击“打开”按钮。

（2）在功能区“模型”选项卡的“工程”组中单击“成型”下的 （下三角箭头）按钮，接着单击 （草绘成型）按钮，打开“草绘成型”选项卡，并在“草绘成型”选项卡中单击 （创建冲孔）按钮。

（3）在“草绘成型”选项卡中打开“放置”面板，接着在该面板中单击“定义”按钮，系统弹出“草绘”对话框，选择图 2-49 所示的钣金曲面作为草绘平面，默认以 RIGHT 基准平面作为草绘方向参考，确保从“方向”下拉列表框中选择“右”选项，然后单击“草绘”对话框中的“草绘”按钮，进入内部草绘器。

（4）指定绘图参考并绘制图 2-50 所示的图形，单击 （确定）按钮。

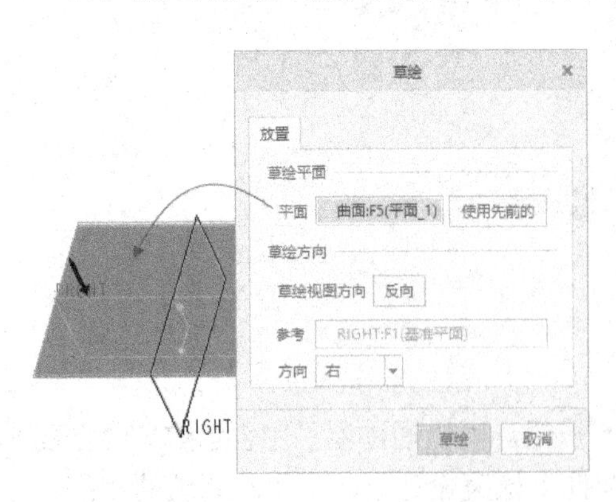

图 2-49 指定草绘平面

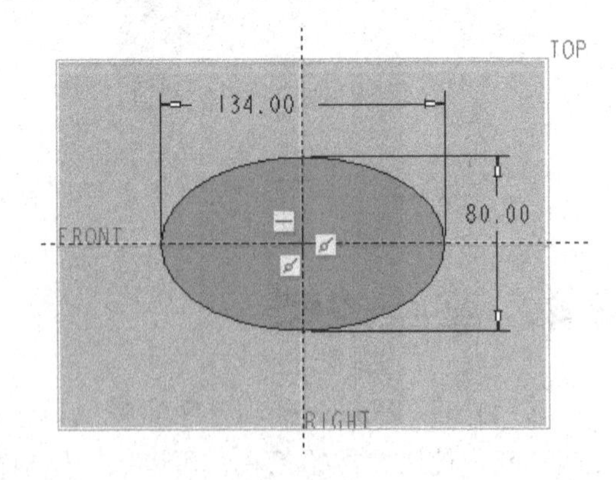

图 2-50 草绘

4 在“草绘成型”选项卡的 （成型深度）文本框中输入冲孔深度值为“8.2”，并单击 旁的 （反向成型方向）按钮，此时，动态连接预览效果如图 2-51 所示。

5 在“草绘成型”选项卡中打开“选项”面板，确保勾选“封闭端”复选框以设置要封闭冲孔的末端，再勾选“添加锥度”复选框（使冲孔侧面成锥度）以及将锥度设置为 16，在“倒圆角锐边”选项组中勾选“非放置边”复选框和“放置边”复选框，各自的默认半径及放置选项如图 2-52 所示。

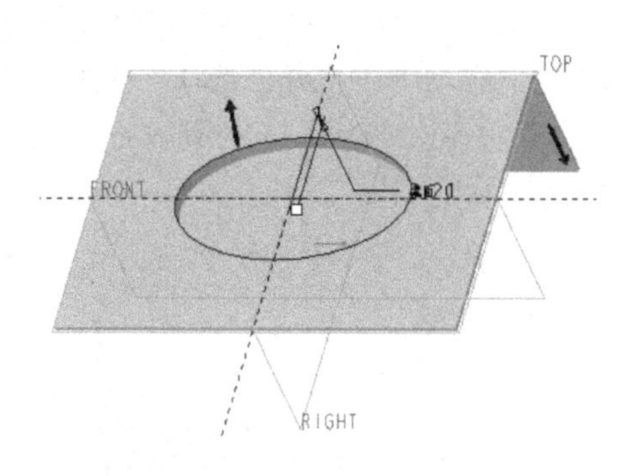

图 2-51 设置深度值及反向成型方向

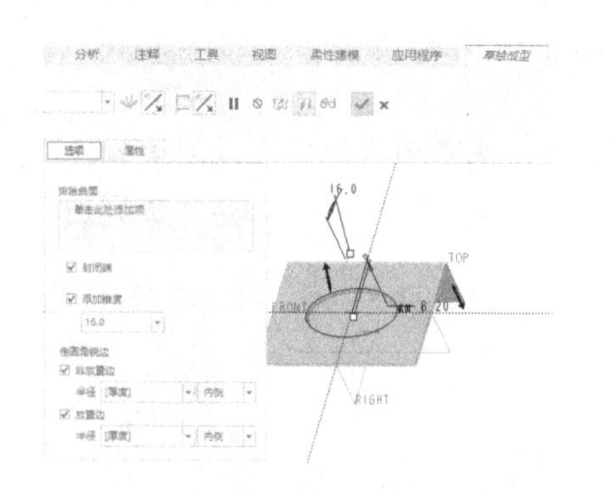

图 2-52 在“选项”面板中进行相关设置

6 在“草绘成型”选项卡中单击✓（完成）按钮，使用草绘创建具有封闭端和锥度冲孔效果如图 2-53 所示。

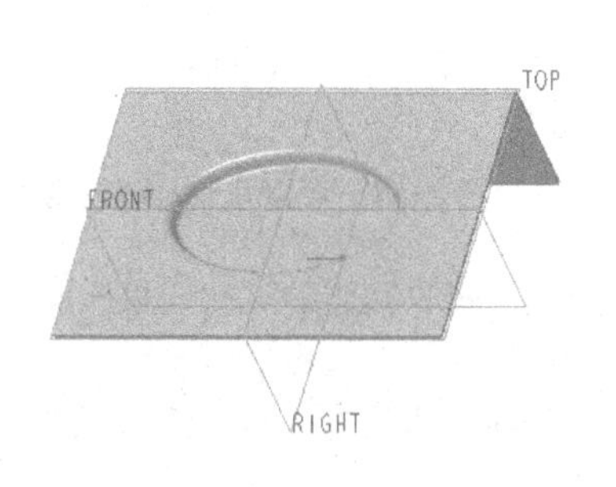

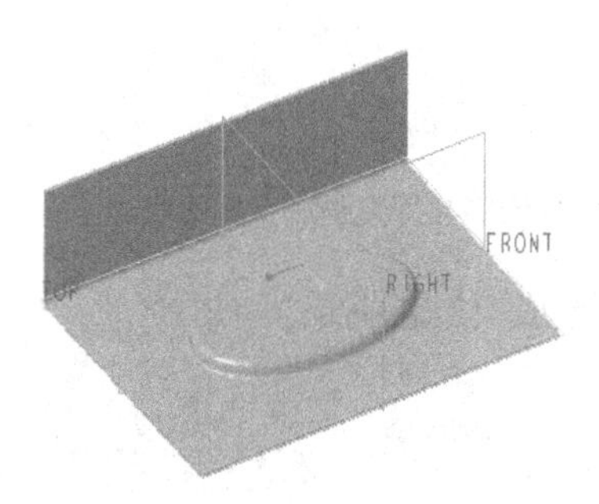

图 2-53 冲孔效果

2. 使用草绘创建穿孔

（1）在功能区“模型”选项卡的“工程”组中单击“成型”下的▾（下三角箭头）按钮，接着单击（草绘成型）按钮，打开“草绘成型”选项卡。

（2）在“草绘成型”选项卡中单击（创建穿孔）按钮。

（3）选择图 2-54 所示的钣金实体面作为草绘平面，接着绘制图 2-55 所示的图形，然后单击✓（确定）按钮。

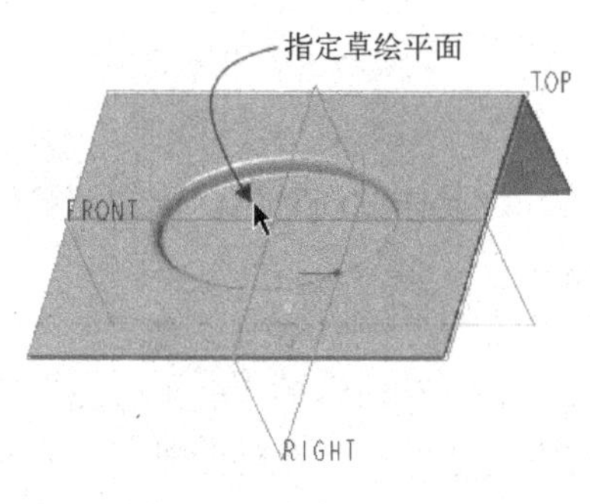

图 2-54 指定草绘平面

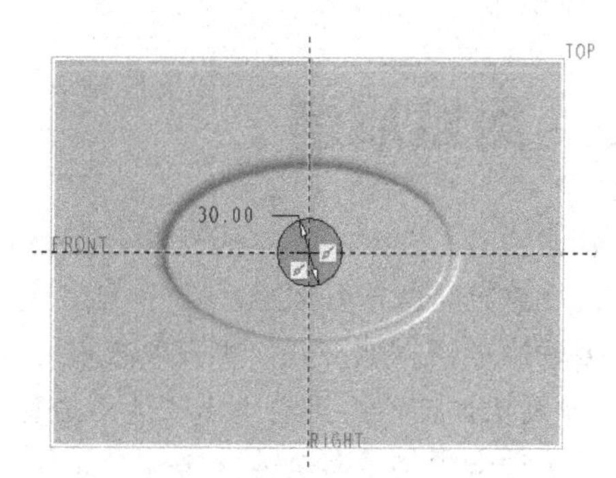

图 2-55 草绘

（4）在⊥⊥（成型深度）框中设置穿孔深度值，穿孔深度的有效值为 0 到钣金件壁的厚度值。在本例中接受默认的穿孔深度值为“0.5 * 厚度”，并接受默认的成型方向，此时如图 2-56 所示。

（5）本例要定义要圆角的穿孔的边，即在“草绘成型”选项卡中打开“选项”面板，接着在“倒圆角锐边”选项组中勾选“非放置边”复选框，并从“半径”下拉列表框中选择“0.5 * 厚度”，而取消勾选“放置边”复选框，如图 2-57 所示。

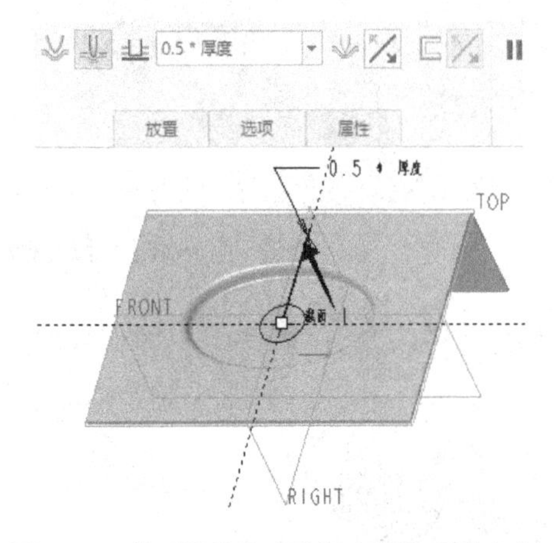

图 2-56 接受默认的穿孔深度值和成型方向

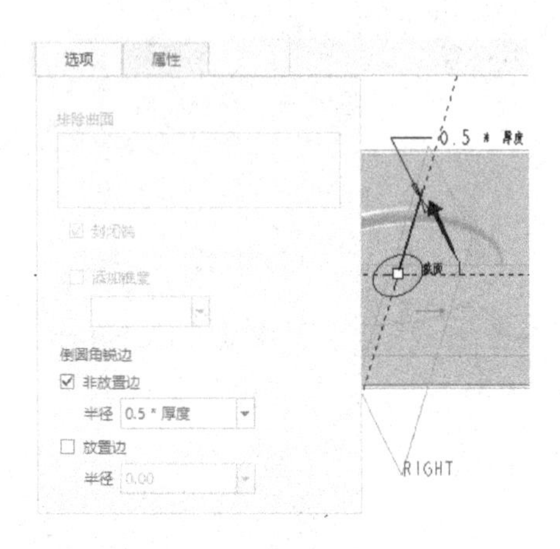

图 2-57 设置非放置边的圆角锐边

（6）在“草绘成型”选项卡中单击✔（完成）按钮，完成创建的穿孔效果如图 2-58 所示。

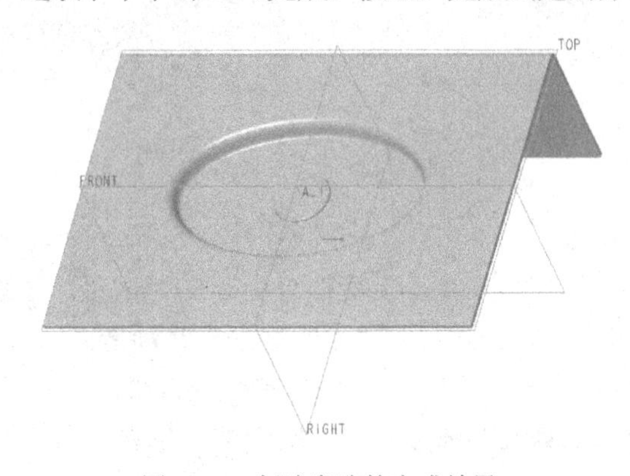

图 2-58 创建穿孔的完成效果

2.5 面组成型

使用 Creo Parametric 4.0 中的 （面组成型）按钮，可以通过项目中创建的面组创建冲孔。注意只有准备好面组，（面组成型）按钮才可用。

要使用面组创建冲孔，则在功能区“模型”选项卡的“工程”组中单击“成型”下的▾（下三角箭头）按钮，接着单击“面组成型”按钮，打开图 2-59 所示的“面组成型”选项卡，该选项卡提供了两个方向按钮分别用于反转材料厚度方向（即反转材料变形方向）和冲孔方向，另外该选项卡还提供了以下 3 个滑出面板。

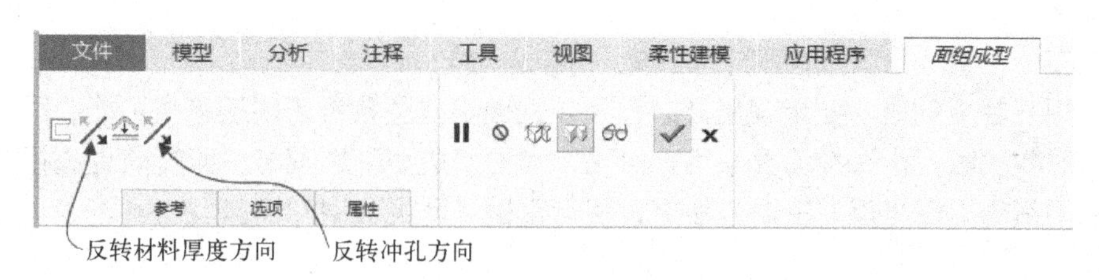

图 2-59 “面组成型”选项卡

- “参考”面板：该面板具有一个收集器，如图 2-60 所示，该收集器用于显示所选的面组参考。
- “选项”面板：该面板如图 2-61 所示，包括“排除曲面”收集器、“细节”按钮、“隐藏原始几何”复选框和“倒圆角锐边”的相关选项。“排除曲面”收集器用于通过面组成型冲头工具收集冲孔中所排除的曲面的集，单击“细节”按钮则打开“曲面集”对话框来添加或移除曲面。勾选“隐藏原始几何”复选框时，则在图形窗口中隐藏成型所用的面组。勾选“非放置边”复选框，则对不在放置曲面上的面组成型所创建的锐边进行圆角操作；勾选“放置边”复选框，则对位于放置曲面上的面组成型所创建的锐边进行圆角操作。

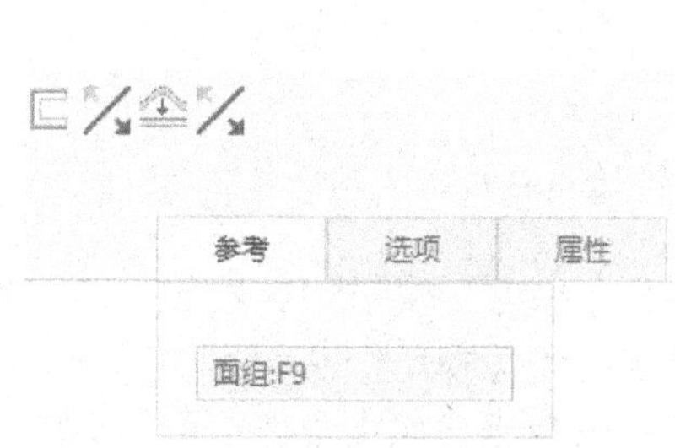

图 2-60 “面组成型”选项卡的“参考”面板

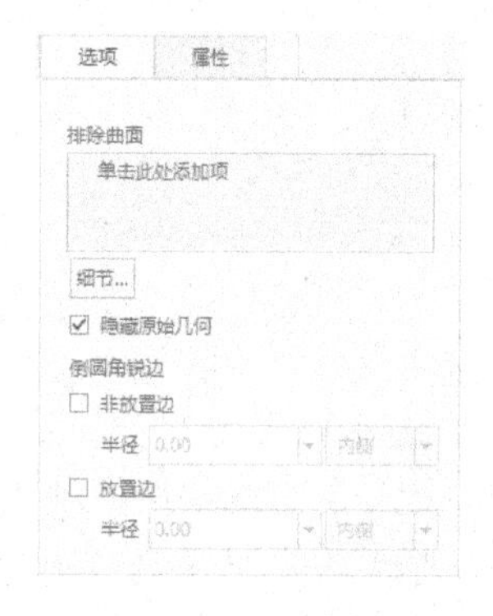

图 2-61 “面组成型”选项卡的“选项”面板

- “属性”面板：该面板包括显示特征名称的“名称”文本框和 ℹ（显示此特征的信息）按钮。

下面介绍使用面组创建冲孔的一般方法。

（1）确保有可用的面组，接着在功能区“模型”选项卡的“工程”组中单击“成型”下的 ▾（下三角箭头）按钮，并单击“面组成型”按钮，打开“面组成型”选项卡。

（2）在“面组成型”选项卡中打开“参考”面板，选择要使用的面组。

（3）要反转冲孔方向，则单击右侧的（反向冲孔方向）按钮。

（4）要反转厚度材料方向，则单击最挨着图标的（反向材料变形方向）按钮。

（5）在“面组成型”选项卡单击“选项”标签选项以打开“选项”面板，单击激活“排除曲面”收集器可选择要从冲孔中排除的面组曲面（亦可单击“细节”按钮，并利用打开的“曲面集”对话框来选择要从冲孔中排除的面组曲面）。要隐藏原始几何，则确保勾选“隐藏原始几何”复选框。另外，根据设计情况勾选一个放置边复选框以进行圆角操作，并设置相应的半径值和半径标注位置。

(6) 在“面组成型”选项卡中单击✓（完成）按钮。

需要用户注意的是，如果使用开放面组作为面组成型参考，则该成型可能会因为面组法向问题而导致失败，在这种情况下可暂时关闭“面组成型”选项卡，而转向先选择该面组，接着使用“编辑”→“反向法向”命令，然后重试“面组成型”操作。

2.6 平整成型

对于在钣金件上生成的凹凸形状的几何造型，可以使用 Creo Parametric 4.0 提供的“平整成型”工具命令，来将这些凹凸形状的成型几何造型（如放置在钣金曲面上的凹模或凸模）恢复为原始的平整状态；可以同时平整多个成型特征。平整成形的工具按钮为，它位于功能区“模型”选项卡的“工程”组中。

平整成型特征一般创建于设计结束阶段，因为这个时候正准备制造用的模型。

在介绍平整成型的实例之前，先介绍其典型的操作步骤。

(1) 在功能区“模型”选项卡的“工程”组中单击“成型”下的▾（下三角箭头）按钮，接着单击（平整成型）按钮，打开图2-62所示的“平整成型”选项卡。

图2-62 “平整成型”选项卡

(2) 此时，“平整成型”选项卡中的（自动选择参考）按钮默认处于被选中的状态，系统自动选择所有成型特征参考以进行平整。如果要手动选择单个曲面和成型特征参考以进行平整，则单击（手动选择参考）按钮，接着在模型树中或图形窗口中选择所需参考。

(3) 要将切口和孔投影到平整成型，那么打开“选项”面板，接着勾选“投影切口和孔”复选框。

(4) 在“平整成型”选项卡中单击✓（完成）按钮，从而创建平整成型特征。

下面是创建平整成型特征的一个简单实例。

(1) 在“快速访问”工具栏中单击（打开）按钮，系统弹出“文件打开”对话框，浏览并选择本书配套的 bj_2_6.prt 文件，单击“打开”按钮。文件中存在着的钣金件如图2-63所示。

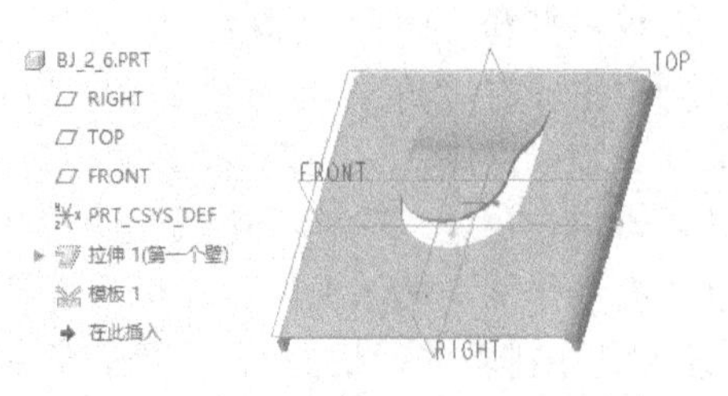

图2-63 要平整成型的钣金件

（2）在功能区“模型”选项卡的“工程”组中单击“成型”下的▾（下三角箭头）按钮，接着单击（平整成型）按钮，打开“平整成型”选项卡。

（3）“平整成型”选项卡中的（自动选择参考）按钮默认处于被选中的状态，系统自动选择所有成型特征参考以进行平整，如图 2-64 所示。在这里练习手动选择参考，在“平整成型”选项卡中单击（手动选择参考）按钮，接着选择图 2-65 所示的成型特征。

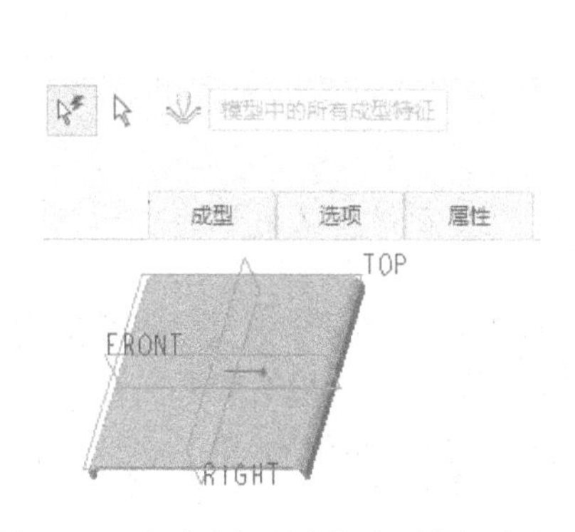

图 2-64　自动选择所有的成型特征参考

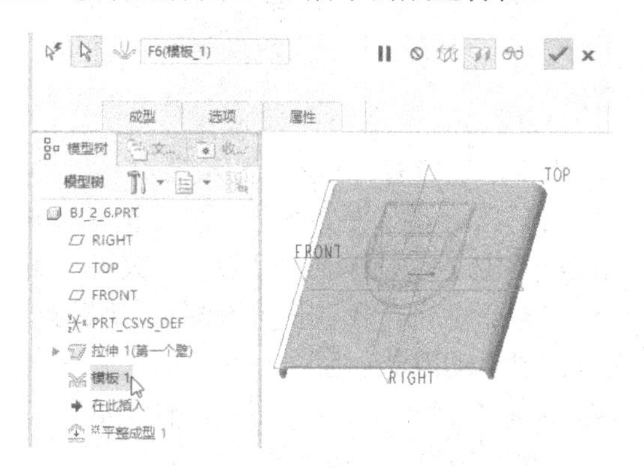

图 2-65　选择要平整成型的成型特征

（4）在“平整成型”选项卡中单击✔（完成）按钮，从而创建完成平整成型特征，如图 2-66 所示。

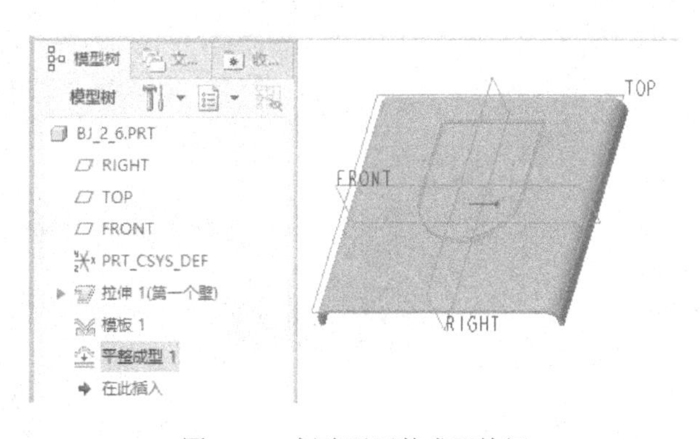

图 2-66　创建了平整成形特征

2.7　冲压边

这里所述的冲压边是用实体类特征（如倒角、圆角、孔和切口）修改的钣金件边，即冲压边特征可表示多种类型的钣金件几何（例如切口拐角的半径），或显示边处理，使钣金件壁有一个非恒定的壁厚度。冲压边可被用于满足修饰和结构要求（壁强度）。

冲压边可以被取消，这是为了制造做准备的。要移除冲压边特征，通常使用（取消冲压边）按钮。（取消冲压边）按钮工具计算这些冲压边的平整形态，并在取消冲压后调整零件的宽度，而对于转换的体积块，用户可以根据需要进行适当修改。图 2-67 为冲压边与取消冲压边的相应效果。

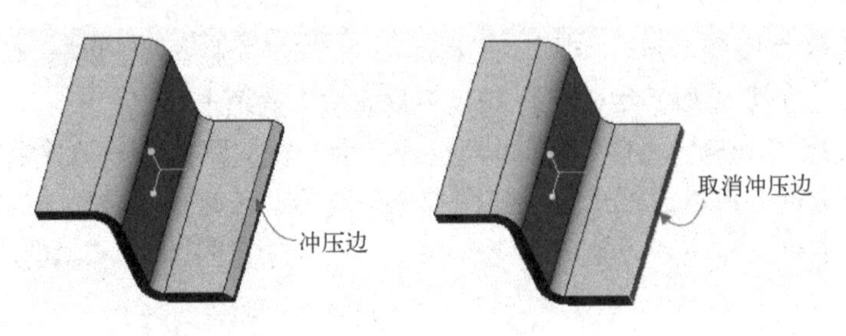

图 2-67 冲压边与取消冲压边

取消冲压边的一般方法和步骤如下。

（1）在功能区的“模型”选项卡中单击“编辑”→（取消冲压边）按钮，系统弹出“取消冲压边”对话框和“平整边”菜单，如图 2-68 所示。

（2）要自动取消冲压所有特征，则在菜单管理器的“平整边”菜单中选择“平整所有”命令。要手动取消冲压选定的特征，则在“平整边”菜单中选择“平整选取”命令，出现“特征参考”菜单，如图 2-69 所示，接着在模型树或图形窗口中选择特征，然后在“特征参考”菜单中选择“完成参考”命令。

（3）要手动覆盖体积块计算，则在“平整边”菜单中选择“修改体积块”命令，打开“体积块尺寸选取”菜单，如图 2-70 所示，利用“体积块尺寸选取”菜单进行相关设置。

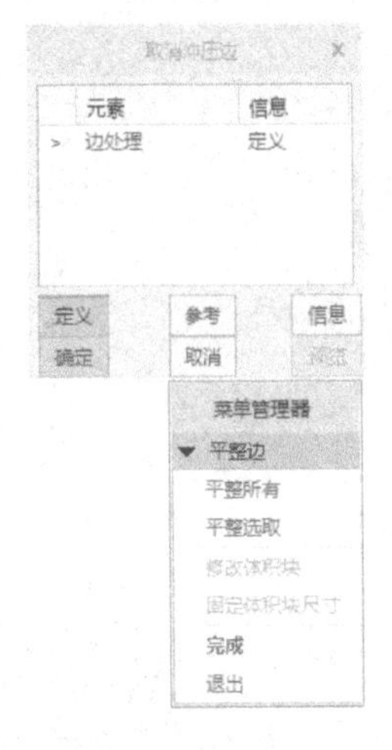

图 2-68 弹出的对话框和菜单

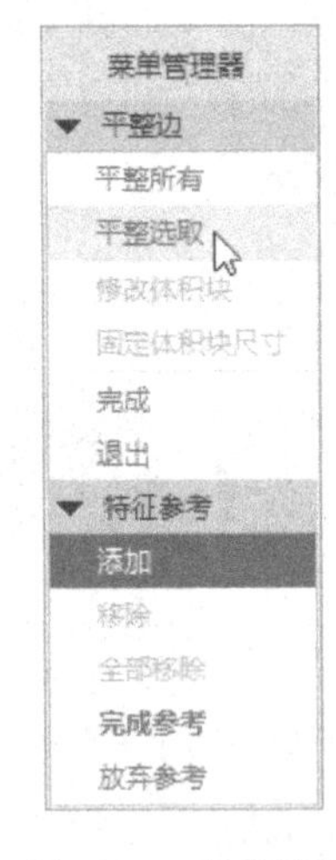

图 2-69 平整选取

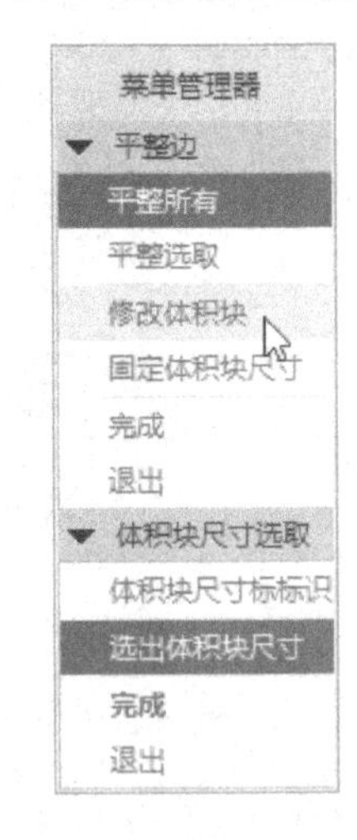

图 2-70 修改体积块

（4）设定平整所有或平整选取后，在“平整边”菜单中选择“完成”命令。

（5）在“取消冲压边”对话框中单击“确定”按钮，从而完成取消冲压边的操作。

下面介绍一个使用冲压边和取消冲压边的操作实例。

步骤 1：打开文件。

在“快速访问”工具栏中单击（打开）按钮，系统弹出“文件打开”对话框，浏览并查找到本书配套文件 bj_2_7.prt，接着单击“文件打开”对话框中的“打开”按钮。文件中存在着的钣金件如图 2-71 所示。

步骤 2：创建边倒角构成冲压边。

（1）在功能区的“模型”选项卡中单击“工程”→“倒角”命令旁的（三角）按钮→（边倒角）按钮，如图2-72所示。此时，打开“边倒角”选项卡。

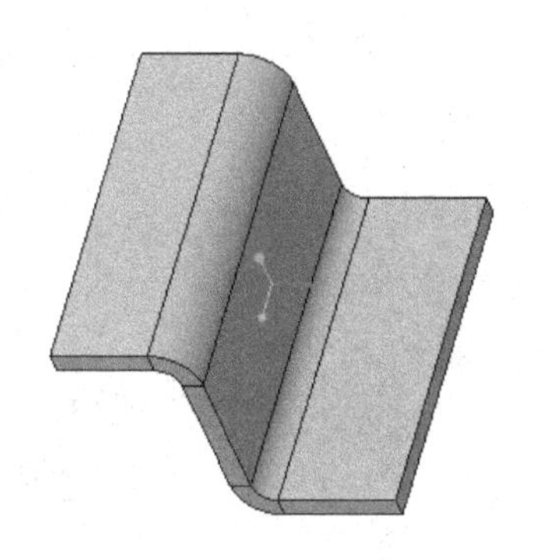

图2-71　原始钣金件

图2-72　选择“边倒角”工具命令

（2）在“边倒角”选项卡中选择边倒角的标注形式为“45×D”，并输入D值为“2”，如图2-73所示。

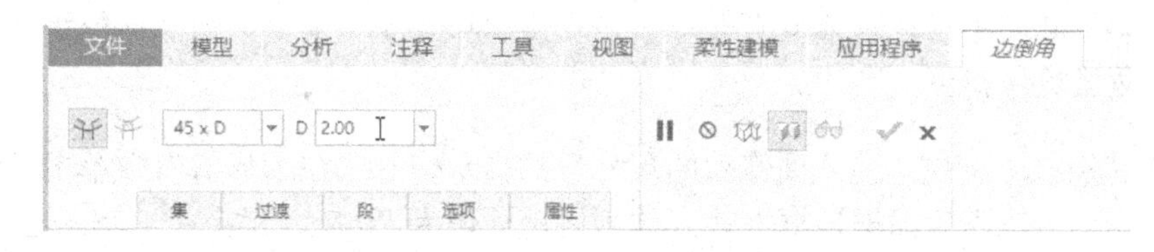

图2-73　“边倒角”选项卡

（3）选择要倒角的边，如图2-74所示。

（4）在“边倒角”选项卡中单击（完成）按钮，创建的边倒角结果如图2-75所示。

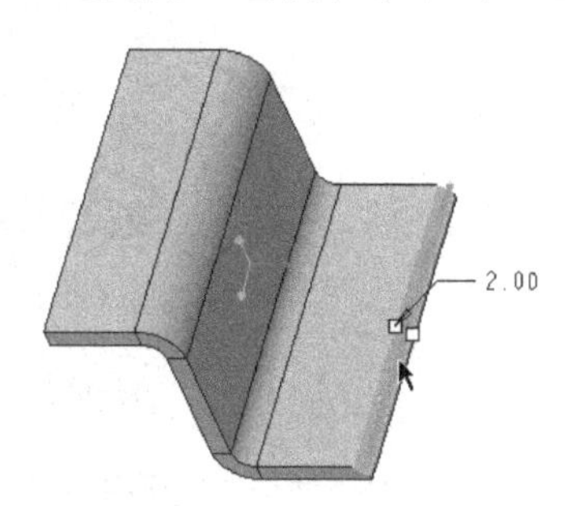

图2-74　选择要倒角的边

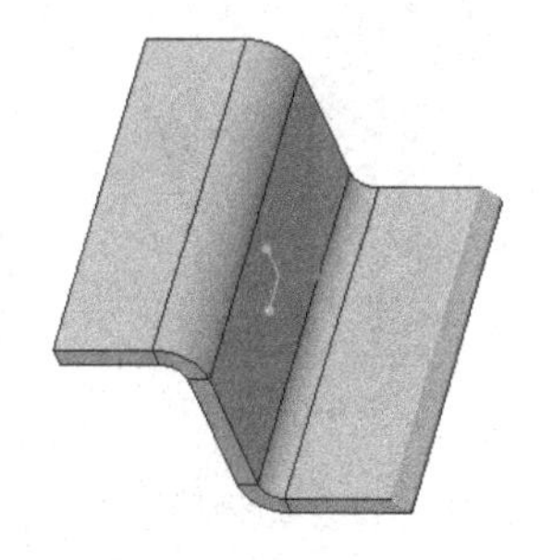

图2-75　完成的冲压边

步骤3：取消冲压边。

（1）在功能区的“模型”选项卡中单击“编辑”→（取消冲压边）按钮，系统弹出“取消冲压边”对话框和“平整边”菜单。

（2）在“平整边”菜单中选择“平整所有”命令。

说明：也可以在“平整边”菜单中选择“平整选取”命令，并在出现的“特征参考”菜单中默认选择“添加”命令，接着在图形窗口中选择直冲压区域边，如图2-76所示，然后在“特征参考”菜单中选择“完成参考”命令。

（3）在“平整所有”菜单中选择“修改体积块”命令，则菜单管理器出现“体积块尺寸选取”菜单，如图2-77所示。

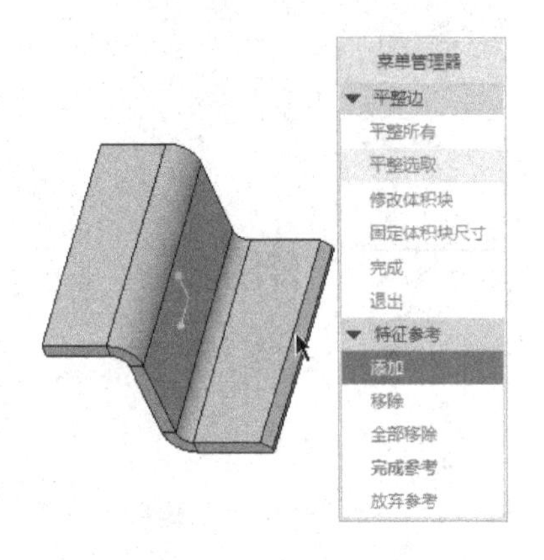

图2-76　选择冲压边

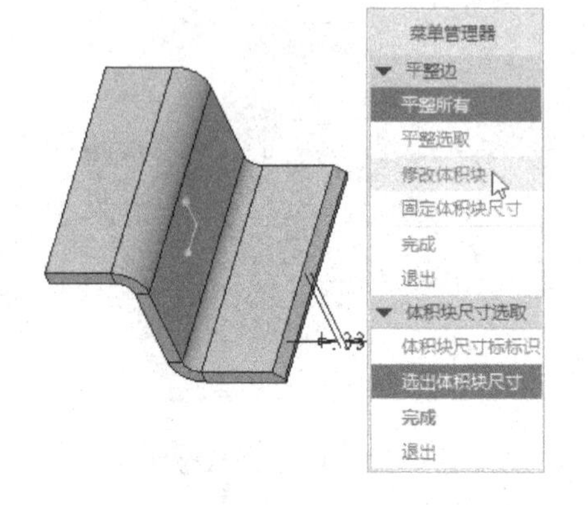

图2-77　选择“修改体积块”命令

说明：如果在“平整边”菜单中选择“固定体积块尺寸”命令，则可以根据设计要求设置固定冲压边区域体积块。

（4）在状态栏中出现“选择要修改的尺寸”的提示信息。在图形窗口中单击显示的一个体积块尺寸，然后在出现的屏显框中输入体积块尺寸值为“2”，如图2-78所示。输入新的尺寸值后，按〈Enter〉键确认，然后在“体积块尺寸选取”菜单中选择“完成”命令。

（5）在菜单管理器的“平整边”菜单中选择“完成”命令。

（6）在“取消冲压边”对话框中单击“确定”按钮，取消冲压边的结果如图2-79所示。

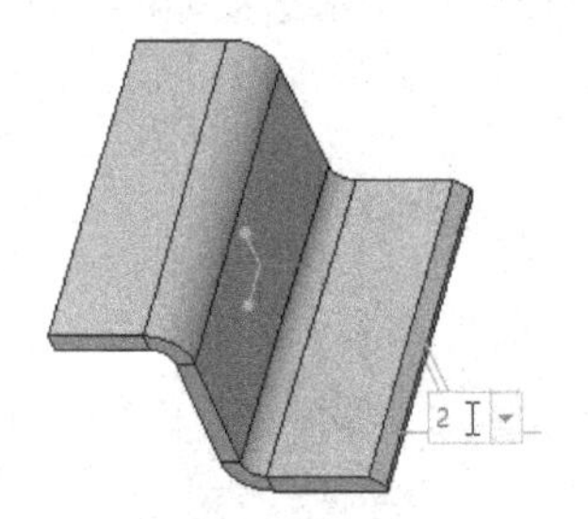

图2-78　修改体积块尺寸

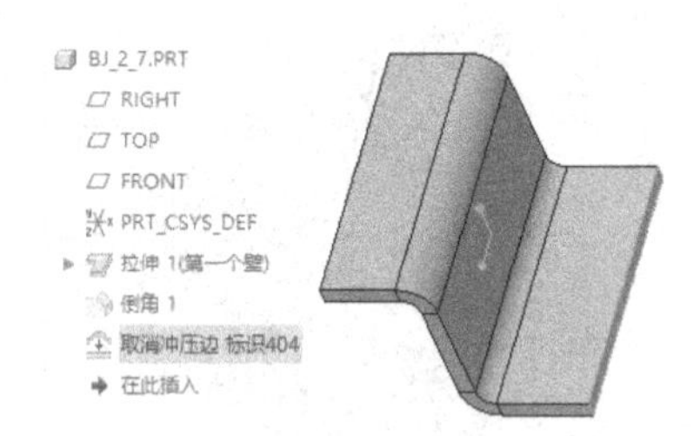

图2-79　取消冲压边的结果

然后，可以单击（展平）按钮来展平该钣金件。

2.8　思考练习

（1）什么是钣金成型特征？在创建钣金成型特征的参考模型时，应该需要注意哪些细节或事项？

（2）什么是平整成型？在创建平整成型特征时，应该考虑哪些细节问题？

（3）什么是冲压边?请举例进行说明。

（4）如何区别凸模成型与凹模成型？

（5）操作练习：首先创建一个拉伸壁作为钣金的第一壁，如图 2-80 所示（图中的尺寸仅供参考，钣金厚度为3，并要求其中的一个钣金面长为300，宽为215，其余自由设定）。

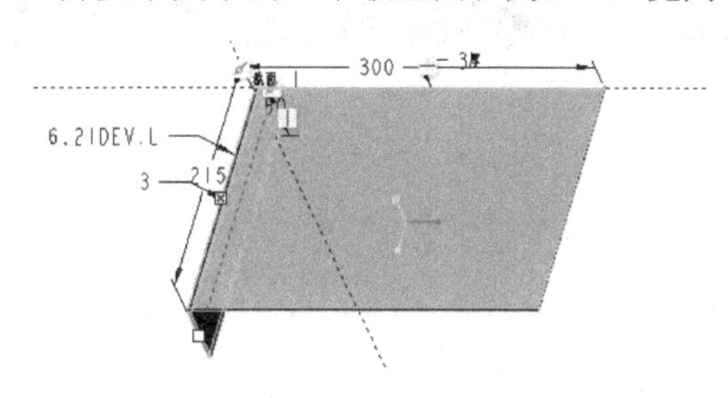

图 2-80　钣金第一壁

单击（凸模）按钮来创建图 2-81 所示的凸模成型特征，凸模参考模型可以采用 tsm_s2_form_ex5.prt（配套资料提供，也可以采用类似的参考模型或自定义的参考模型）然后在功能区的“模型”选项卡中单击“编辑”→（阵列）按钮，以完成图 2-82 所示的模型效果。

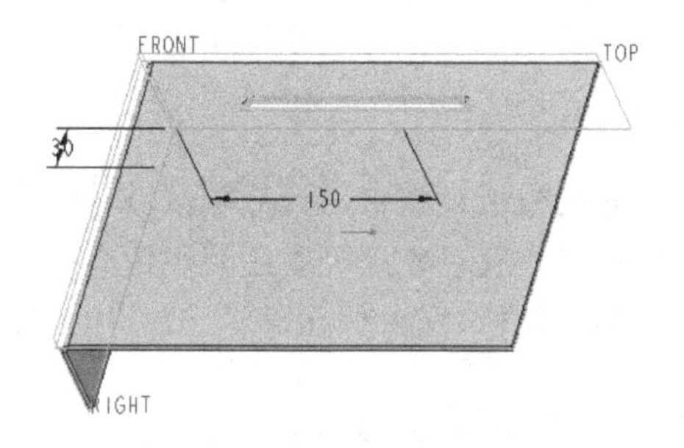

图 2-81　创建单个成型特征

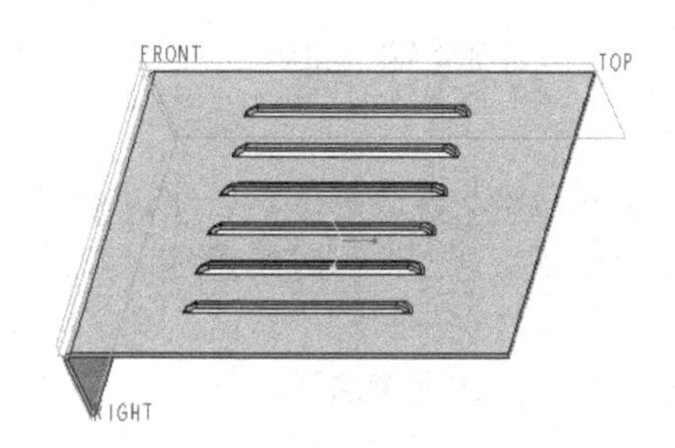

图 2-82　阵列效果

附赠网盘资料的 CH2 文件夹中提供了完成的参考文件 tsm_s2_ex5_finish.prt。

另外，在该操作练习中，还可以练习平整成型的操作。

（6）简述草绘成型的操作步骤。

第3章 高级钣金件特征设计

本章导读：

在前面的章节中，介绍了主要的钣金件形状操作（各类钣金件壁）、折弯操作（折弯、展平、折弯回去）和工程操作（转换、成型、平整成型、凹槽、冲孔等），本章则介绍一些高级钣金件特征设计，包括分割区域（变形区域）、平整形态、扯裂特征和拐角止裂槽等。

3.1 分割区域

分割区域也称变形区域，是钣金件的一部分。在某些钣金件中设计分割区域，将有助于在进行展平钣金件操作时精确地“拉伸”材料。所述的分割区域既可以在展平钣金件之前创建，也可以在展平过程中定义。为了防止畸变，建议在展平之前定义分割区域，然后在展平过程中将其用作固定曲面。

Creo Parametric 4.0 提供的（分割区域）按钮工具，就是用来定义要从钣金件中分割的曲面片或边，然后在执行其他“钣金件设计”操作时便可以选择这些区域。注意在创建“分割区域”特征时，不会从零件中移除任何体积块，而且驱动曲面和偏移曲面之间不会创建有任何侧曲面。通常将创建的“分割区域”特征用于执行这些任务：①选择可以在进行展平操作时控制的变形区域；②使用“曲面扯裂”工具移除曲面片；③创建可选作固定几何参考的边等。分割区域在多方向折弯剖面与零件外侧边之间作为桥梁，并且分割区域必须与未展开曲面和外侧边都相切。

如图 3-1 所示，图中 1 所指的区域具有多方向折弯的特点，2 表示在规则展平上不希望出现的曲面畸变，3 则是由于定义了变形区域而实现展平时能够精确地拉伸材料。

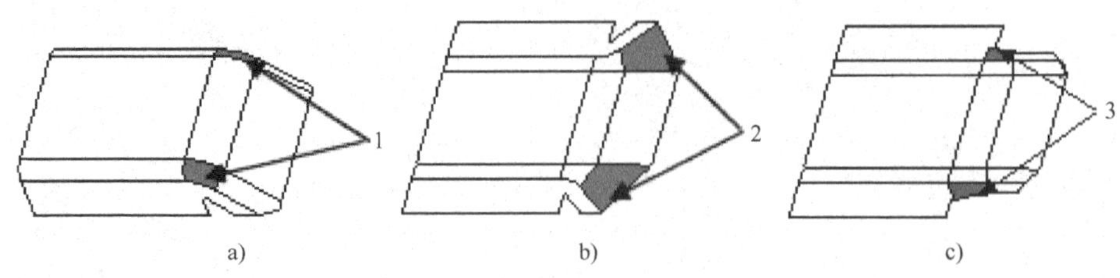

图 3-1 设计分割区域与否的情况

a) 多方向折弯 b) 畸变曲面 c) 变形区域

在功能区“模型”选项卡的“编辑”组中单击（分割区域）按钮，将打开图 3-2 所示的“分割区域”选项卡。“分割区域”选项卡中各按钮、选项及面板的功能含义如下。

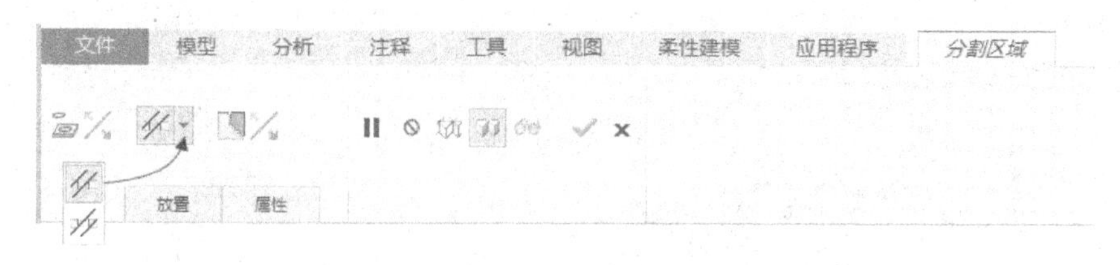

图 3-2 “分割区域”选项卡

- 旁的（更改草绘的投影方向）按钮：在草绘平面的一侧、另一侧或两侧上投影草绘。
- （垂直于驱动曲面的分割）：创建垂直于驱动曲面的分割区域。
- （垂直于偏移曲面的分割）：创建垂直于偏移曲面的分割区域。
- 旁的（分割草绘的另一侧）按钮：将新曲面 ID 的位置切换到草绘的内侧区域或外侧区域。
- “放置”面板：使用此面板选择或定义草绘参考以定义分割区域，如图 3-3 所示。
- “属性”面板：该面板如图 3-4 所示。在该面板的“名称”文本框中显示特征名称；若单击（显示此特征信息）按钮，则打开 Creo Parametric 浏览器显示特征信息。

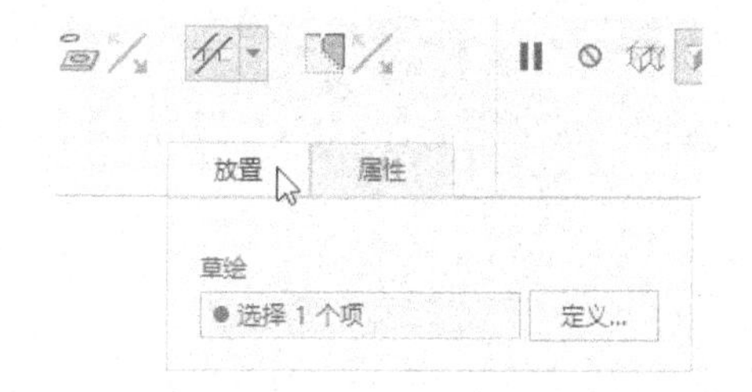

图 3-3　在“分割区域”选项卡中打开“放置”面板

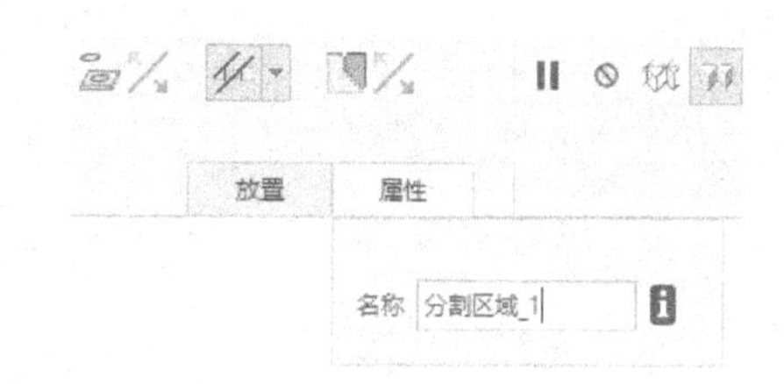

图 3-4　打开“属性”面板

在钣金件中创建分割区域的一般方法及步骤如下。

（1）在功能区“模型”选项卡的“编辑”组中单击（分割区域）按钮，打开“分割区域”选项卡。

（2）在“分割区域”选项卡中打开“放置”面板，接着单击“定义”按钮，指定草绘平面等来在草绘器中创建满足要求的草绘。

（3）在“分割区域”选项卡中的一个下拉列表框中选择（垂直于驱动曲面的分割）图标选项或（垂直于偏移曲面的分割）图标选项。

（4）接受默认的投影方向，或者单击旁的（更改草绘的投影方向）按钮以将草绘投影到参考平面的另一侧或两侧。

（5）接受为草绘选定的默认区域，或者单击旁的（分割草绘的另一侧）按钮以将新曲面 ID 的位置切换到草绘的内侧区域或外部区域。

（6）在“分割区域”选项卡中单击（完成）按钮。

下面通过实例介绍如何在钣金件中创建分割区域来展开钣金件。

步骤 1：打开钣金件文件。

在 Creo Parametric 4.0 用户界面的“快速访问”工具栏中单击 （打开）按钮，系统弹出“文件打开”对话框，浏览并选择 bj_3_1.prt 文件，单击“打开”按钮。文件中已有的钣金件模型如图 3-5 所示。

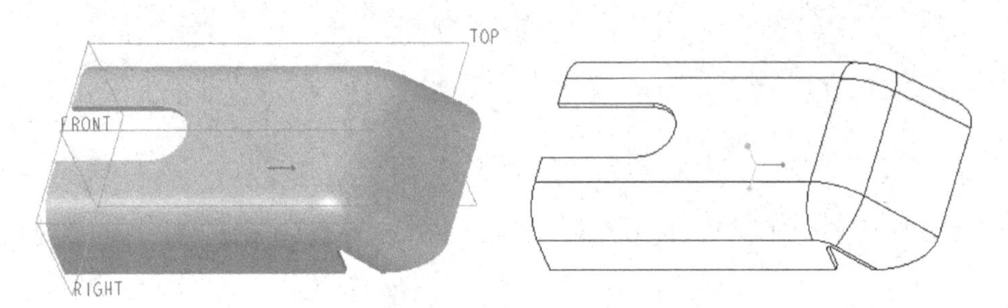

图 3-5 要展平的钣金件

步骤 2：尝试是否可以使用 （展平）按钮来正常展平钣金件。

（1）在功能区“模型”选项卡的“折弯”组中单击 （展平）按钮，打开“展平”选项卡。

（2）默认选中“展平”选项卡中的 （自动选择的参考）按钮，以自动选择所有弯曲的曲面或边，并接受零件的默认固定几何参考，如图 3-6 所示。

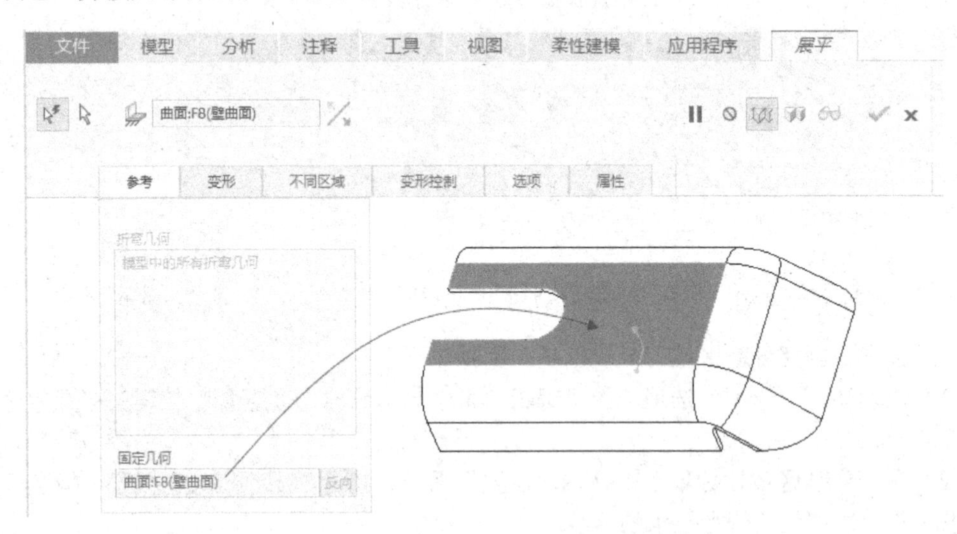

图 3-6 自动选择所有弯曲的曲面或边并接受默认的固定几何参考

（3）此时，“展平”选项卡中的“变形”面板具有特定背景色（“变形”面板标签也以不同于其他面板标签的颜色显示）表示系统警示有变形区域。打开“变形”面板，可以从“自动检测到的变形曲面”收集器中查看到两个自动检测到的变形曲面（在钣金件中以特定色显示两个不能延伸至零件外侧的变形曲面），如图 3-7 所示。在“变形曲面”收集器框内单击以激活该收集器，接着选择图 3-8 所示的两个曲面（选择第 2 个曲面时需要同时按住〈Ctrl〉键进行选择操作）。

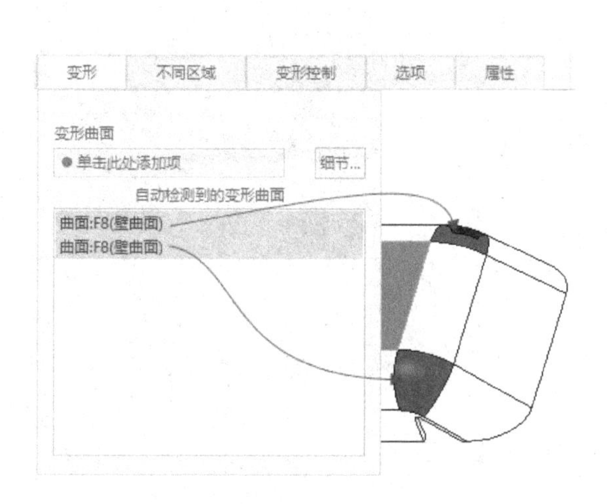

图 3-7 自动检测到的变形曲面

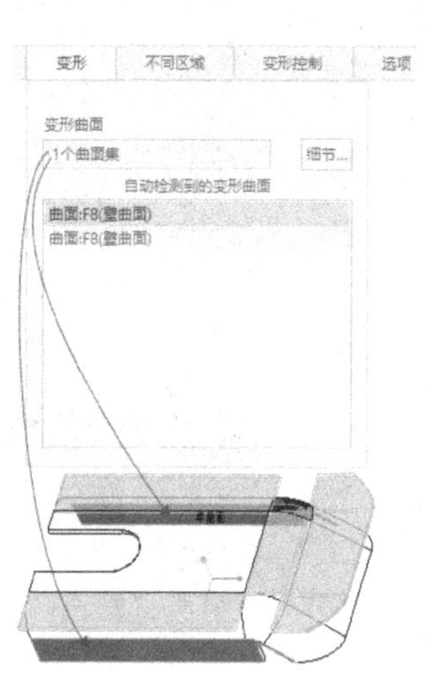

图 3-8 新定义的变形曲面

（4）在“展平”选项卡中单击✔（完成）按钮，系统弹出图 3-9 所示的“重新生成失败”对话框，从中单击“取消”按钮，返回到“展平”选项卡，系统弹出图 3-10 所示的“故障排除器”对话框。

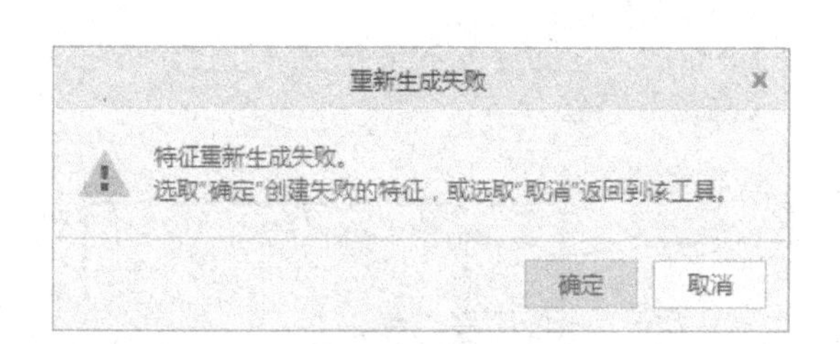

图 3-9 “重新生成失败”对话框

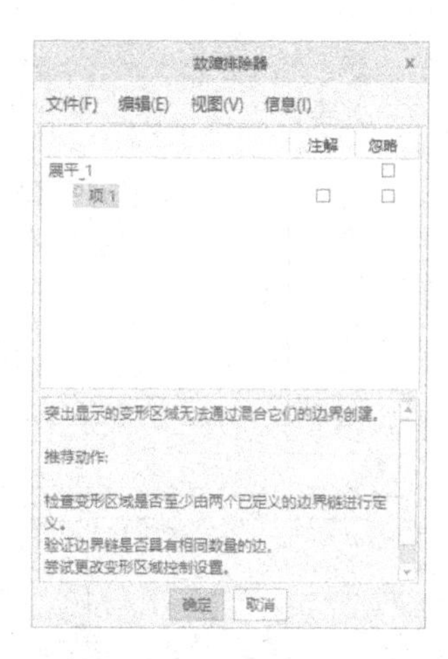

图 3-10 “故障排除器”对话框

（5）在“故障排除器”对话框中单击“确定”按钮，接着在“展平”选项卡中单击✕（关闭工具）按钮，然后在“确认取消”对话框中单击“是”按钮。

步骤 3：定义分割区域。

（1）在功能区“模型”选项卡的“编辑”组中单击（分割区域）按钮，打开“分割区域”选项卡。

（2）在“分割区域”选项卡中打开“放置”面板，从中单击“定义”按钮，弹出“草绘”对话框，在图形窗口中选择图 3-11 所示的钣金曲面作为草绘平面，默认以 RIGHT 基准平面为“右”方向参考，然后单击“草绘”按钮，进入内部草绘器，此时系统弹出“参考”对话框以指定绘图参考，如图 3-12 所示，单击“关闭”按钮关闭“参考”对话框。

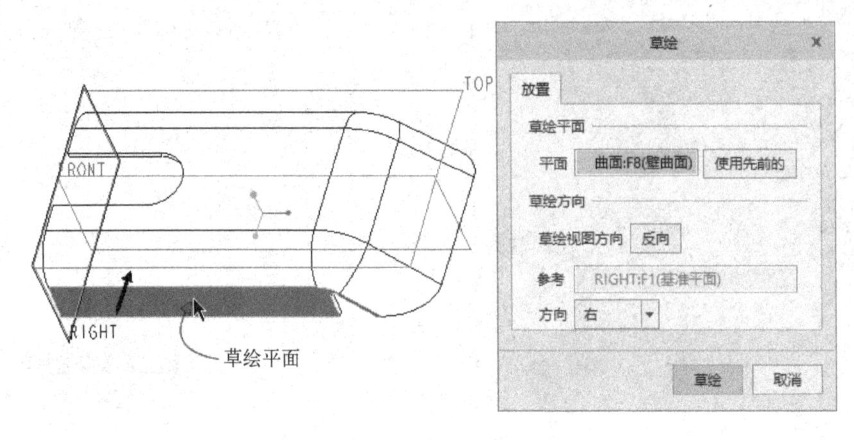

图 3-11 指定草绘平面

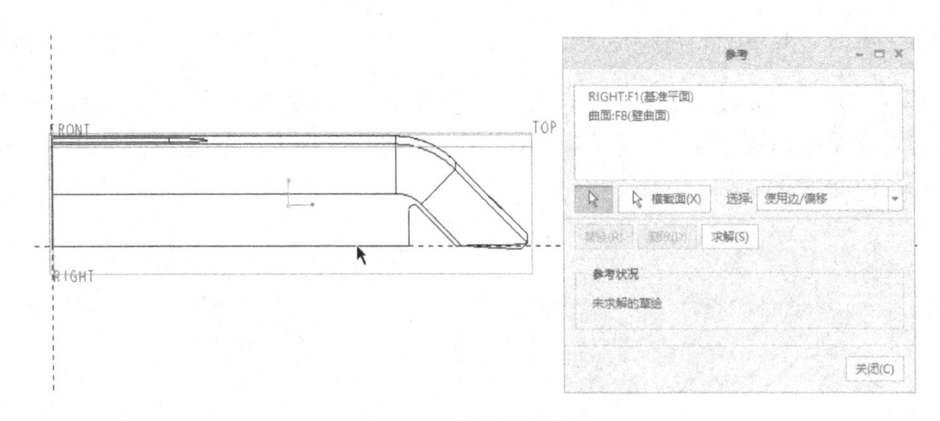

图 3-12 指定绘图参考

（3）绘制图 3-13 所示的草图，单击✔（确定）按钮。

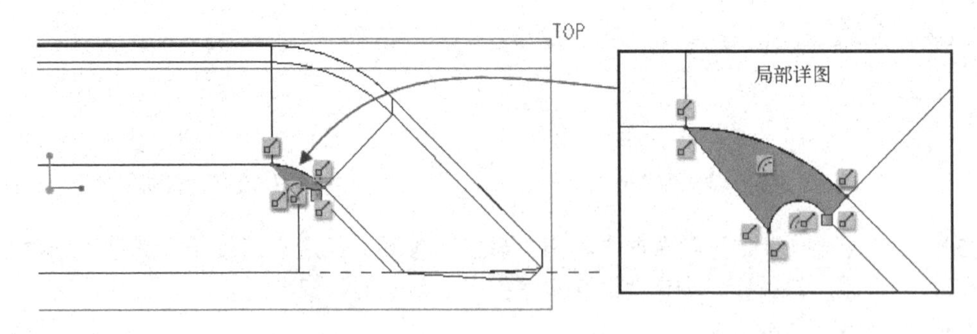

图 3-13 绘制草图

（4）接受草绘的默认投影方向，接受为草绘选定的默认区域，默认选中（垂直于驱动曲面的分割）图标选项，如图 3-14 所示。

（5）在“分割区域”选项卡中单击✔（完成）按钮，从而创建“分割区域 1”特征。

（6）在功能区“模型”选项卡的“编辑”组中单击（分割区域）按钮，打开“分割区域”选项卡。

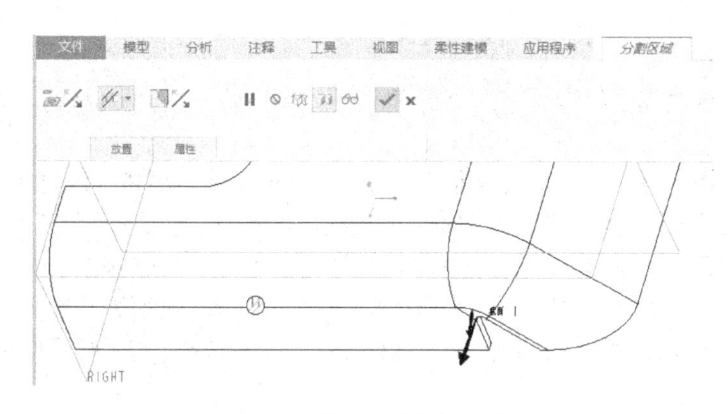

图 3-14　接受一些默认的设置

（7）将鼠标指针置于图形窗口中，按住鼠标中键调整钣金件视图视角，使另一侧钣金曲面便于选择。选择图 3-15 所示的侧面定义草绘平面，快速进入到内部草绘器，弹出“参考”对话框，指定绘图参考，如图 3-16 所示，单击“关闭”按钮。

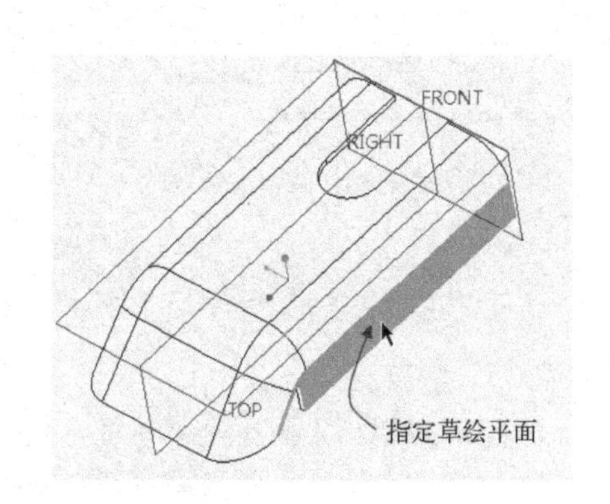

图 3-15　指定草绘平面

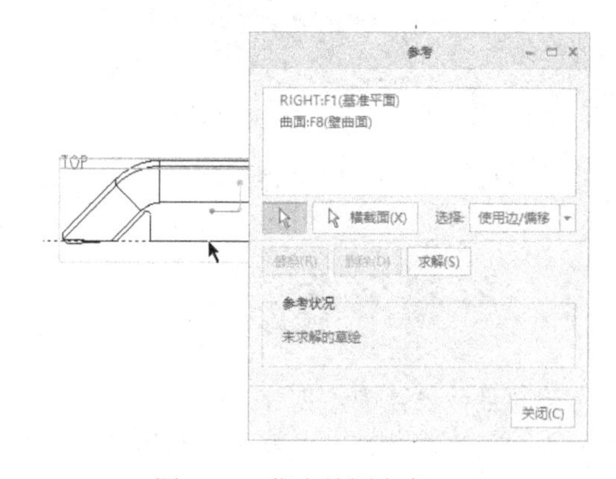

图 3-16　指定绘图参考

（8）绘制图 3-17 所示的图形，单击✔（确定）按钮。

（9）在“分割区域”选项卡中接受默认设置，单击✔（完成）按钮，从而创建“分割区域 2”特征，如图 3-18 所示。

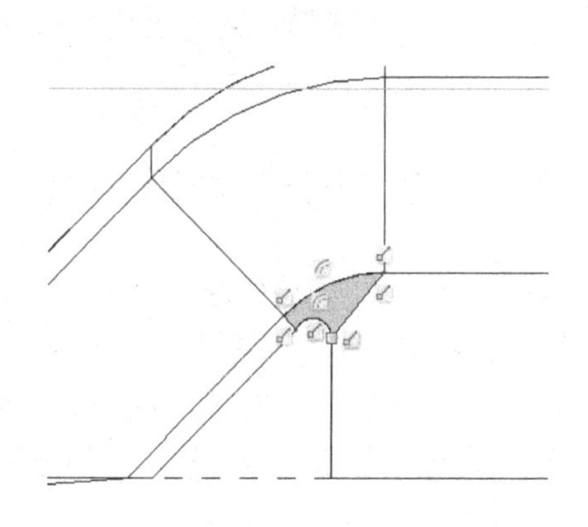

图 3-17　绘制分割区域的草绘图形

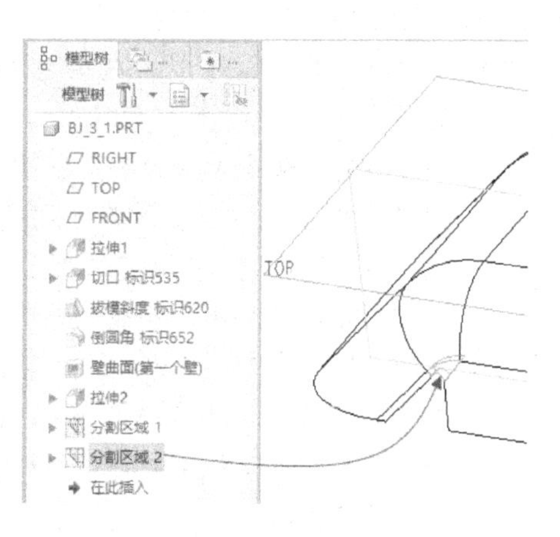

图 3-18　创建“分割区域 2”特征

步骤4：展平钣金件。

（1）在功能区“模型”选项卡的“折弯”组中单击（展平）按钮，打开“展平”选项卡。

（2）默认选中“展平”选项卡中的（自动选择的参考）按钮，以自动选择所有弯曲的曲面或边，并接受零件的默认固定几何参考。接着在“展平”选项卡中打开“变形”面板，单击激活“变形曲面”收集器，在钣金件中选择“分割区域 1”特征的一个外侧曲面，按住〈Ctrl〉键的同时单击选择“分割区域2”特征的一个外侧曲面，此时预览如图3-19所示。

（3）在“展平”选项卡中单击（完成）按钮，成功展平该钣金件，展平效果如图 3-20所示。

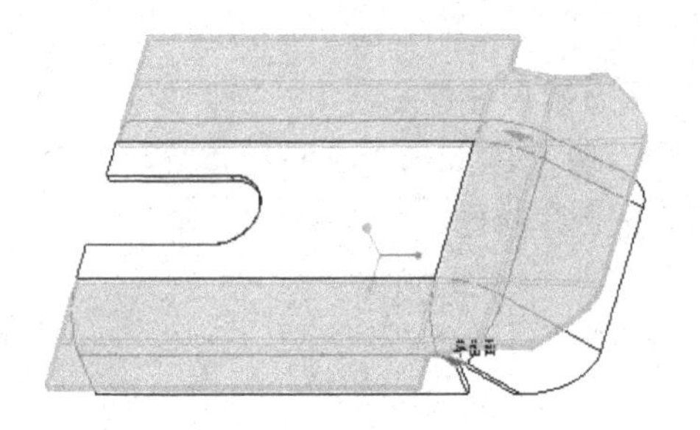

图3-19　指定变形曲面时

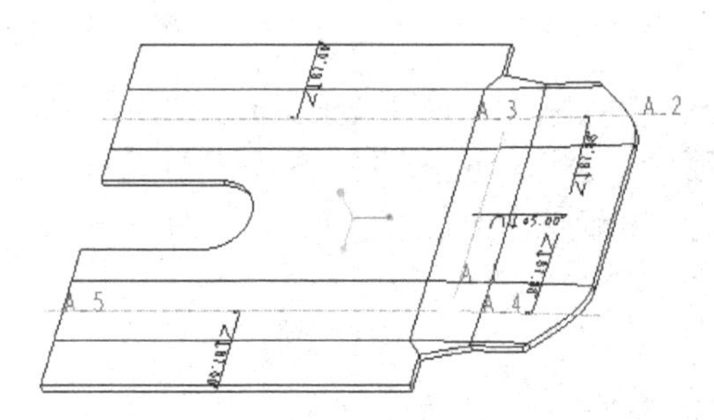

图3-20　展平效果

3.2　平整形态

在钣金件设计中，创建平整形态特征是很实用的。平整形态相当于展平全部特征，包括折弯特征和弯曲壁等。平整形态与展平全部特征的不同之处之一在于，平整形态特征自动跳到模型树的结尾（即平整形态特征仍然是模型树中的最后一个特征），以保持平整的模型视图。创建平整形态特征，有助于在设计的钣金件实体与平整形态之间不断切换，其具体的应用特点如下。

- 当将新的特征添加到钣金件设计中时，会隐含平整形态；而在添加特征之后，平整形态会自动恢复。
- 可以根据需要手工隐含和恢复平整形态。注意在创建平整形态特征时不能手动选择折弯几何。
- 不能为含有多个不同分离几何的零件创建平整形态。
- 如果检测曲面后发现需要创建变形区域，可使用“展平”工具根据需要指定区域处理，以成功创建平整形态特征。
- 可以在设计过程初期创建平整形态，这样就能同时创建并细化钣金件设计。
- 只能为每个钣金件创建一个平整形态；创建之后，“平整形态”命令变为不可用。
- 如果某个模型中不存在平整形态特征，那么可以使用“平整形态预览”工具打开显示该模型的展平状态的窗口。“平整形态预览”工具位于钣金件设计模型下的“图形”工具栏中，也位于功能区“视图”选项卡的“显示”组中。

创建平整形态的工具为（平整形态）按钮，它位于功能区“模型”选项卡的“折弯”

组中。平整形态的示例如图 3-21 所示，图 3-21a 为钣金件的三维模型，图 3-21b 为该钣金件的平整形态（带有折弯注解）。

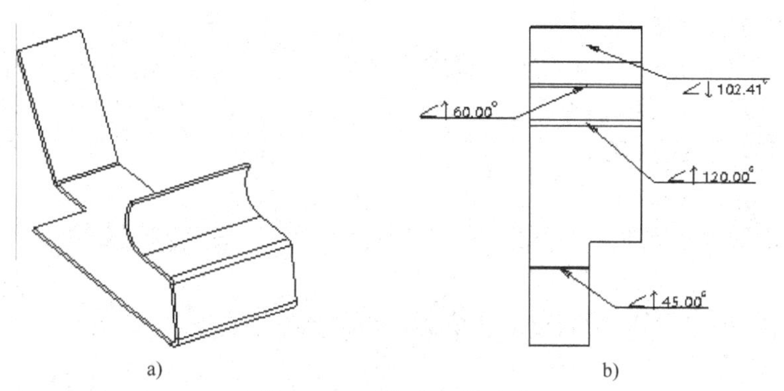

图 3-21　平整形态的示例

a) 钣金件的三维模型　b) 钣金件的平整形态

创建平整形态的方法步骤如下。

（1）在功能区“模型”选项卡的“折弯”组中单击（平整形态）按钮，打开图 3-22 所示的“平整形态”选项卡。

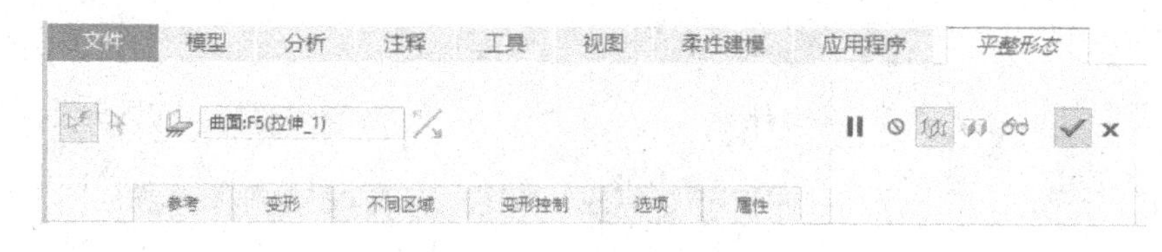

图 3-22　“平整形态”选项卡

（2）接受默认的固定几何参考，或单击激活（固定几何）收集器并选择一个要保持固定的不同曲面或边。

（3）要设置需要变形控制的折弯几何参考，则打开“变形”面板，自动定义的变形曲面显示在相应收集器中，可以根据需要添加其他参考。

（4）要设置要应用的变形控制类型，则打开“变形控制”面板，接受默认类型或选择其他类型。

（5）要为每个检测到的不同几何设置一个或多个固定区域，则打开“不同区域”面板，为各个不同几何设置固定区域。

（6）要设置其他选项，则打开“选项”面板，从中决定“合并同位侧曲面”复选框、“展开添加到成型的折弯”复选框、“平整成型”复选框、“创建止裂槽几何”复选框和“将添加的切口投影到成型”复选框的状态。勾选“合并同位侧曲面”复选框时，移除共享同一位置的侧曲面，即移除具有共同位置的侧曲面；勾选“展开添加到成型的折弯”复选框时，展平添加至成型但不是原始成型一部分的几何，平整成型时，几何会首先展平；勾选“创建止裂槽几何”复选框时，在模型中创建拐角止裂槽几何；勾选“平整成型”复选框时，则平整模型中的所有成型；勾选“将添加的切口投影到成型”复选框时，将添加到成型几何的切口和孔投影到用于放置成型的钣金件曲面上。

（7）在“平整形态”选项卡中单击 （完成）按钮，完成创建平整形态特征。

典型的平整形态操作实例如下。

步骤 1：打开钣金件文件。

（1）在 Creo Parametric 4.0 用户界面的“快速访问”工具栏中单击 （打开）按钮，系统弹出“文件打开”对话框，浏览并选择到 bj_3_2.prt 文件，单击“打开”按钮。文件中已有的钣金件模型如图 3-23 所示。

步骤 2：创建平整形态。

（1）在功能区“模型”选项卡的“折弯”组中单击 （平整形态）按钮，打开“平整形态”选项卡。

（2）指定在展平时保持固定的曲面或边，如图 3-24 所示。

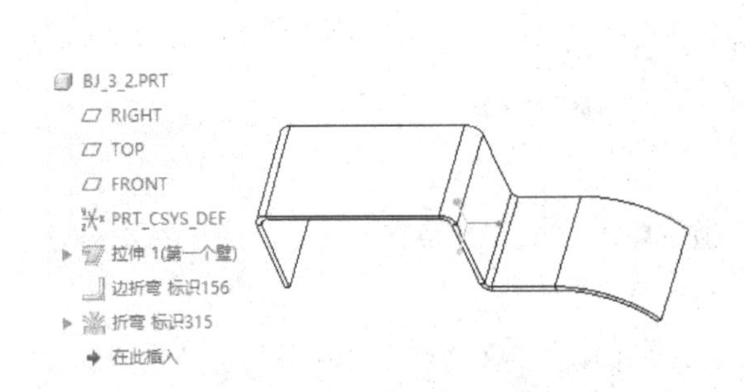

图 3-23　文件中的原始钣金件

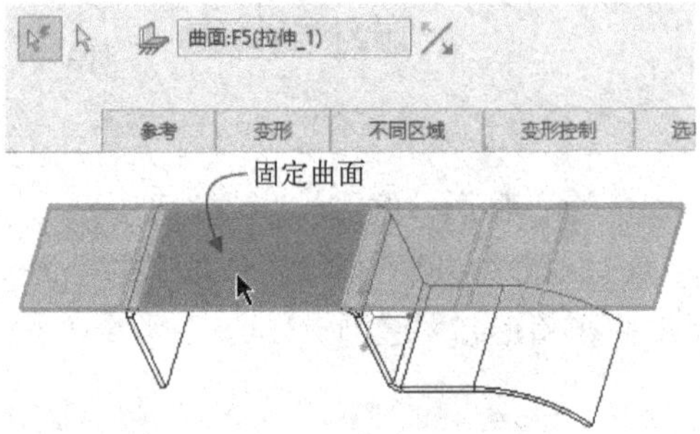

曲面:F5(拉伸_1)
参考
变形
不同区域
变形控制
固定曲面

图 3-24　指定固定面

（3）在“平整形态”选项卡中单击 （完成）按钮，完成创建的平整形态如图 3-25 所示。

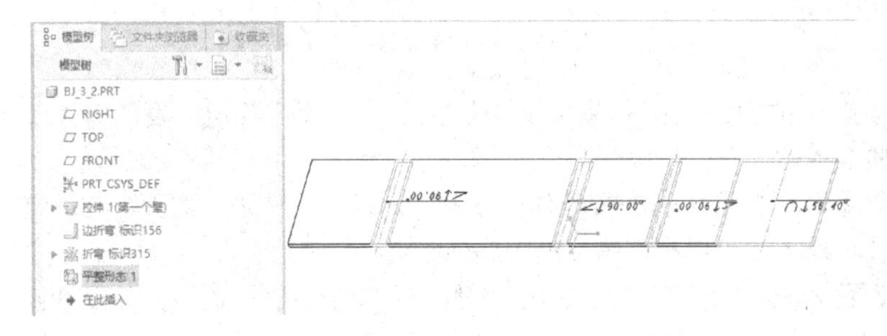

图 3-25　创建平整形态

步骤 3：以拉伸的方式切除钣金材料。

（1）在功能区“模型”选项卡的“形状”组中单击 （拉伸）按钮，打开图 3-26 所示的“拉伸”选项卡。同时，平整形态被隐含，即钣金件模型恢复为平整形态之前的立体状态。

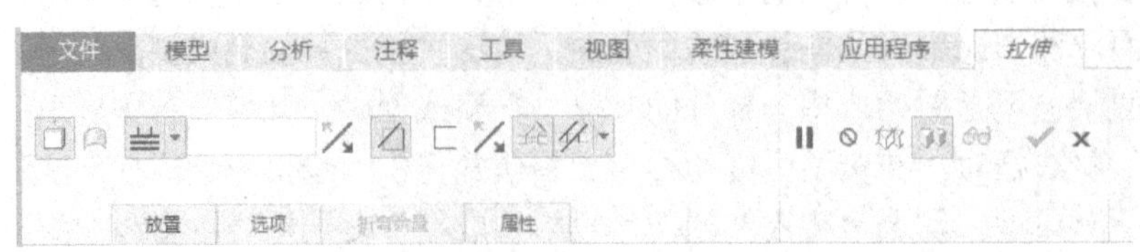

图 3-26　“拉伸”选项卡

（2）在“拉伸”选项卡上打开“放置”滑出面板，单击“草绘”收集器右侧的“定义”按钮，弹出“草绘”对话框。

（3）选择 TOP 基准平面定义草绘平面，接受默认的草绘方向参照，如图 3-27 所示，单击“草绘”对话框中的“草绘”按钮，进入草绘模式。

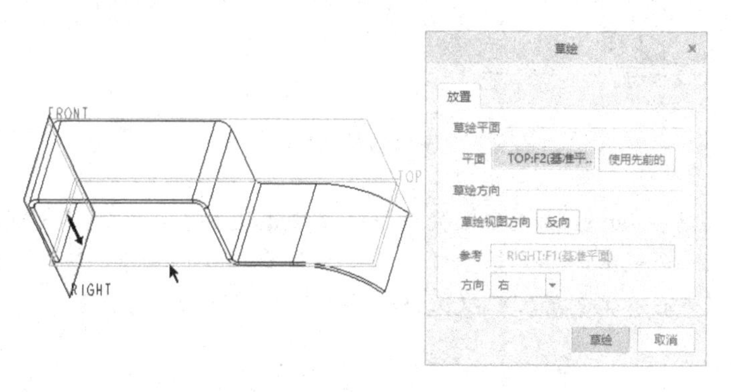

图 3-27　定义草绘平面

（4）绘制图 3-28 所示的剖面，单击✔（确定）按钮。

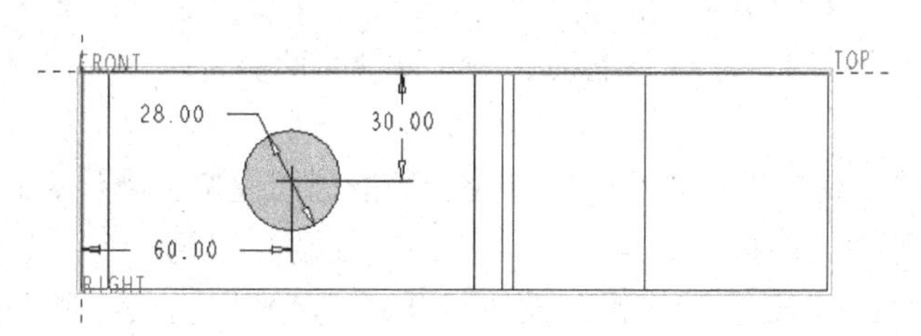

图 3-28　绘制剖面

（5）在“拉伸”选项卡中单击图 3-29 所示的 （将拉伸的深度方向更改为草绘的另一侧）按钮。

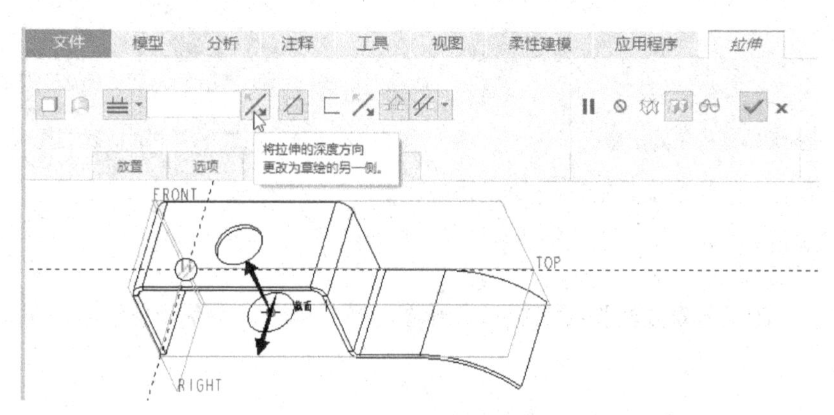

图 3-29　单击方向按钮

（6）在“拉伸”选项卡中单击✔（完成）按钮。创建好该“拉伸”钣金件切口特征之后，模型又恢复到平整形态了，如图 3-30 所示。

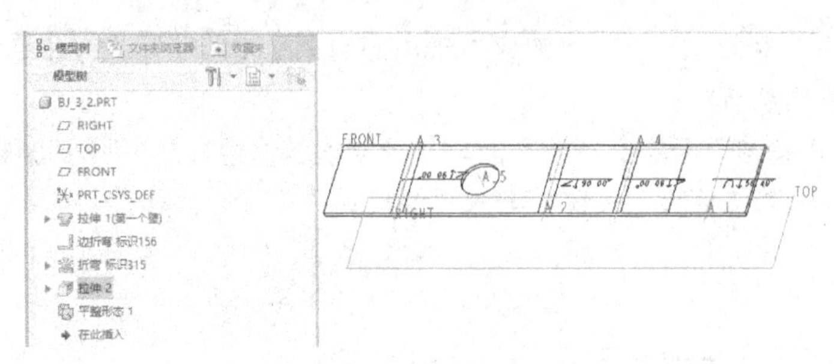

图 3-30 完成拉伸切口后的状态

知识点拨：Creo Parametric 4.0 钣金件设计模块还提供了一个（创建实例）按钮，使用此按钮可以定义多个版本的展开钣金件，用于准备要制造的模型。在钣金件设计过程中创建了一个或多个平整形态实例后，可以通过“族表”对其进行管理。

3.3 创建扯裂特征

在钣金件设计中，有时需要裂缝剪切或撕裂钣金件壁。如果钣金件是一个连续的封闭段，那么在未割裂钣金件时，它就不能被展平。欲展平此类钣金件，需要在展平之前，创建一个扯裂特征。

创建扯裂特征的工具按钮有 4 个，它们位于功能区“模型”选项卡的“工程”组中，如图 3-31 所示，包括（边扯裂）按钮、（曲面扯裂）按钮、（草绘扯裂）按钮和（扯裂连接）按钮。而在单击（转换）按钮打开的“转换”选项卡中，也提供了（边扯裂）按钮和（扯裂连接）按钮，如图 3-32 所示。

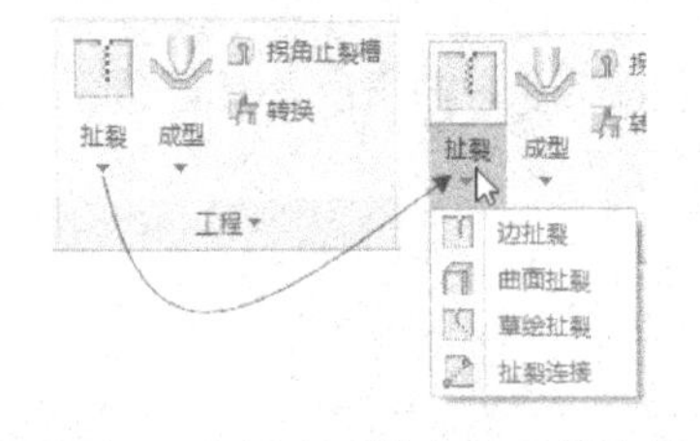

图 3-31 创建扯裂特征的工具按钮

图 3-32 “转换”选项卡中的扯裂工具

下面介绍这 4 种扯裂工具的应用知识和技巧等。

3.3.1 草绘扯裂

草绘扯裂是指沿着草绘线撕裂钣金件，如图 3-33 所示。在草绘扯裂中，可以排除曲面使其免于扯裂。

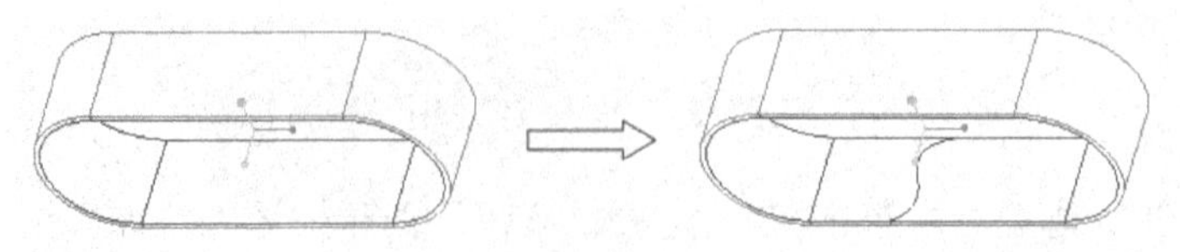

图 3-33 创建草绘扯裂

创建草绘扯裂的一般步骤如下。

（1）在功能区“模型”选项卡的“工程”组中单击“扯裂”→ （草绘扯裂）按钮，打开图3-34所示的“草绘扯裂”选项卡。

图3-34 “草绘扯裂”选项卡

（2）在“草绘扯裂”选项卡中打开“放置”面板，接着在该面板中单击“定义”按钮，弹出“草绘”对话框，指定草绘平面等进入草绘器中，创建草绘（有效的草绘必须为单个连接的开放链），然后单击 （确定）按钮。

说明：用户也可以选择现有草绘。要中断与现有草绘的关联性，需在“放置”面板中单击出现的“断开链接”按钮，以使用草绘副本创建一个内部草绘。

（3）定义扯裂垂直方向。 图标选项用于垂直于驱动曲面的扯裂， 图标选项用于垂直于偏移曲面的扯裂。

（4）如果要将草绘的投影方向反向到参考平面的另一侧，则单击 旁边的 （更改草绘的投影方向）按钮。

（5）如果要将扯裂的区域交换到草绘的另一侧，则单击 旁边的 （扯裂草绘的另一侧）按钮。

（6）要从扯裂中排除一个或多个曲面，则在“草绘扯裂”选项卡中单击“选项”标签以打开“选项”面板，如图3-35所示，接着单击激活“排除的曲面”收集器，选择要排除的一个或多个曲面。

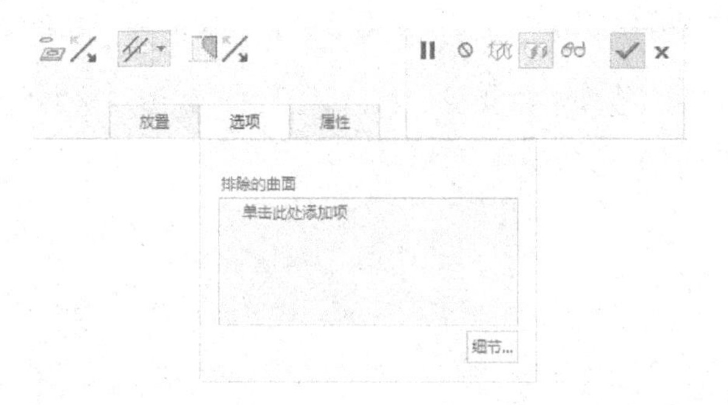

图3-35 “选项”面板

（7）在“草绘扯裂”选项卡中单击 （完成）按钮。

请看下面一个创建草绘扯裂的操作实例。

步骤1：打开钣金件文件。

在“快速访问”工具栏中单击 （打开）按钮，系统弹出“文件打开”对话框，浏览并选择bj_3_3.prt文件，单击“打开”按钮。文件中已经存在的钣金件模型如图3-36所示。

图 3-36 已有的钣金件模型

步骤 2：创建“草绘扯裂”特征。

（1）在功能区“模型”选项卡的“工程”组中单击“扯裂”→（草绘扯裂）按钮，打开“草绘扯裂”选项卡。

（2）在“草绘扯裂”选项卡中打开“放置”面板，接着单击“定义”按钮，弹出“草绘”对话框，在钣金件中选择图 3-37 所示的内侧面定义草绘平面，在“草绘”对话框中单击“草绘”按钮，进入草绘器。

（3）单击（样条）按钮，绘制图 3-38 所示的一条样条曲线。接着单击（重合）按钮，分别选择样条曲线的下端点和相应钣金曲面轮廓边并修改尺寸，得到的草绘图形如图 3-39 所示，然后单击（确定）按钮，完成草绘并退出草绘器。

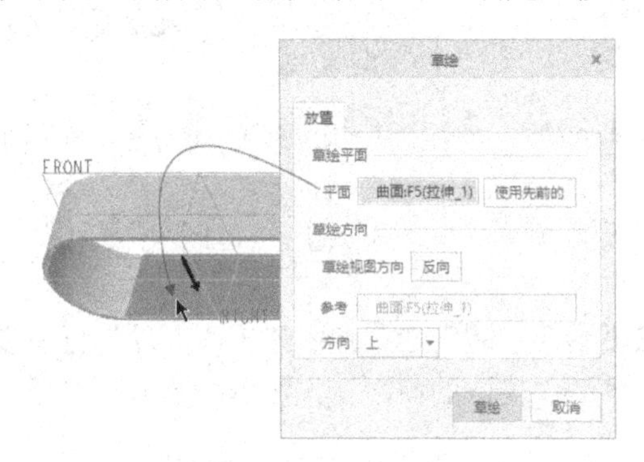

图 3-37 指定草绘平面

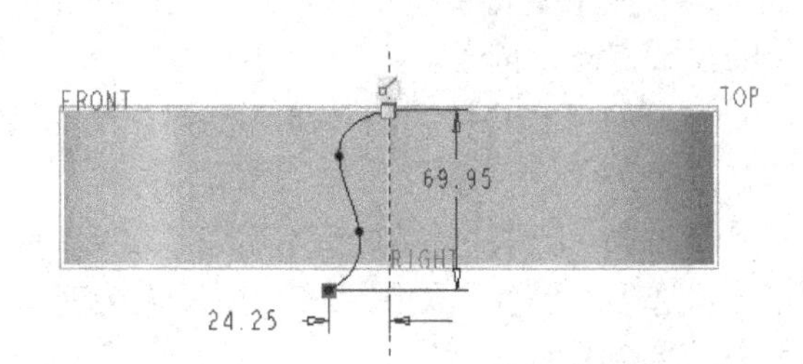

图 3-38 绘制一条样条曲线

（4）在“草绘扯裂”选项卡中接受一些默认设置，如图 3-40 所示，然后单击（完成）按钮，完成创建一个扯裂特征。

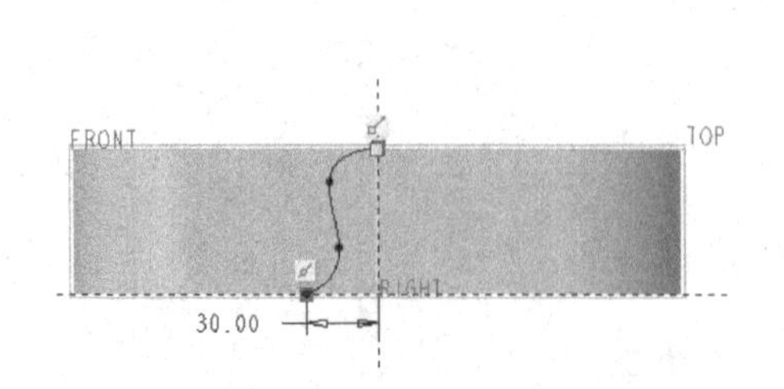

图 3-39 完成的样条曲线

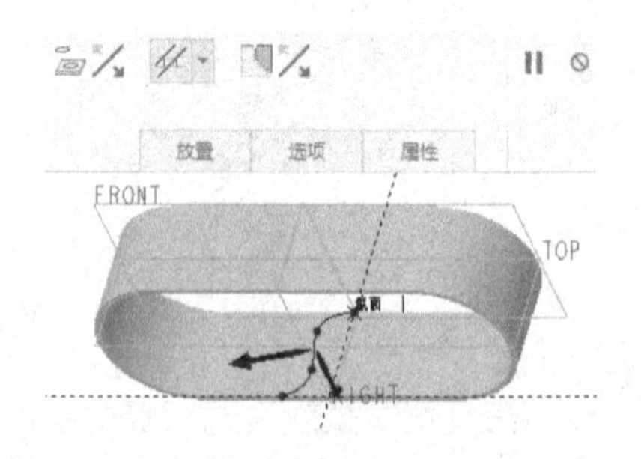

图 3-40 创建草绘扯裂的相关设置

步骤 3：展平钣金。

（1）在功能区“模型”选项卡的“折弯”组中单击（展平）按钮，打开“展平”选项卡。

（2）默认选中“展平”选项卡中的（自动选择的参考）按钮，以自动选择所有弯曲的曲面或边，并接受零件的默认固定几何参考，如图 3-41 所示。

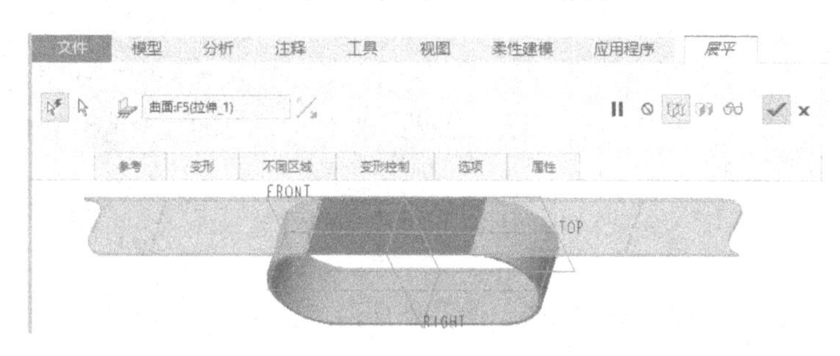

图 3-41　接受默认的固定几何参考等

（3）在“展平”选项卡中单击（完成）按钮，展开的钣金件效果如图 3-42 所示。

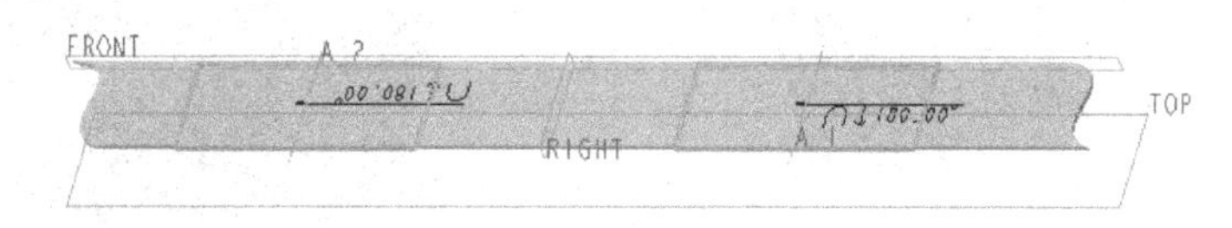

图 3-42　展开的钣金件效果

3.3.2 曲面扯裂

曲面扯裂又称“曲面缝”，是指通过指定要割裂的曲面来移除模型体积，以产生裂缝，所述的要割裂的曲面通常是钣金件中无法展开的区域与钣金外边界线之间的曲面，如图 3-43 所示。

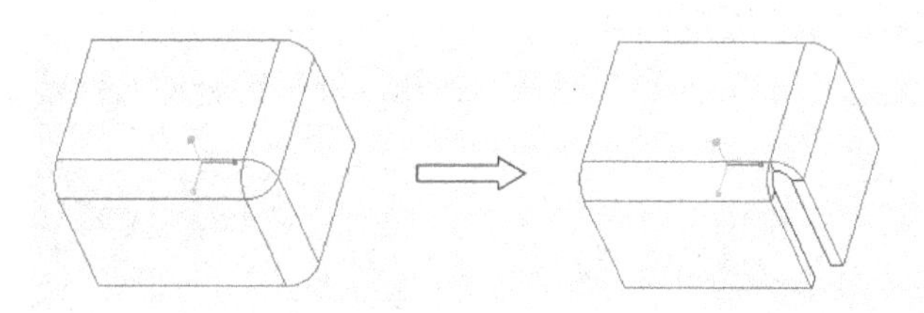

图 3-43　创建曲面扯裂的典型示例

创建曲面扯裂的一般方法步骤如下。

（1）在功能区“模型”选项卡的“工程”组中单击“扯裂”→（曲面扯裂）按钮，打开图 3-44 所示的“曲面扯裂”选项卡。

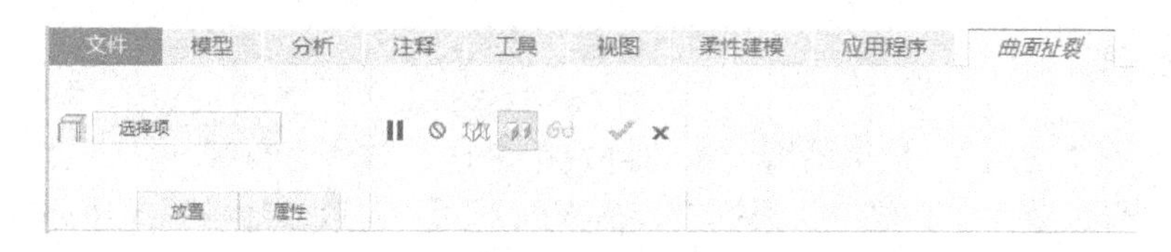

图 3-44　“曲面扯裂”选项卡

（2）选择要从模型中扯裂掉的一个或多个曲面。

（3）在“曲面扯裂”选项卡中单击✓（完成）按钮，完成该曲面扯裂。

典型操作实例如下。

步骤1：打开钣金件文件。

在“快速访问”工具栏中单击（打开）按钮，系统弹出“文件打开”对话框，浏览并选择本书配套的bj_3_4.prt文件，单击“打开”按钮。文件中已有的钣金件模型如图3-45所示。

步骤2：创建曲面缝。

（1）在功能区“模型”选项卡的“工程”组中单击“扯裂”→（曲面扯裂）按钮，打开“曲面扯裂”选项卡。

（2）结合〈Ctrl〉键选择图3-46所示的两处曲面片。

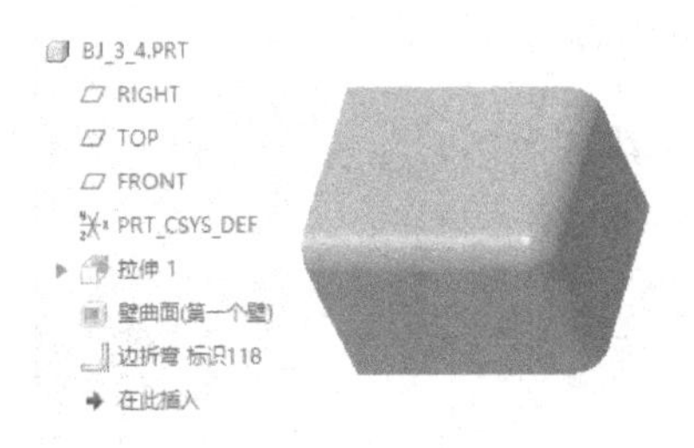

图3-45 文件中的原始钣金件

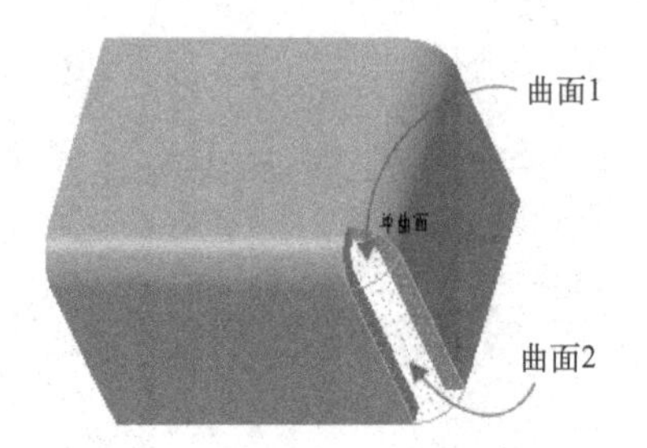

图3-46 选择两个曲面

（3）在“曲面扯裂”选项卡中单击✓（完成）按钮，创建好曲面缝的模型如图3-47所示。

步骤3：展平钣金件。

（1）在功能区“模型”选项卡的“折弯”组中单击（展平）按钮，打开“展平”选项卡。

（2）默认选中“展平”选项卡中的（自动选择的参考）按钮，以自动选择所有弯曲的曲面或边，并接受零件的默认固定几何参考。

（3）在“展平”选项卡中单击✓（完成）按钮，展平钣金件的效果如图3-48所示。

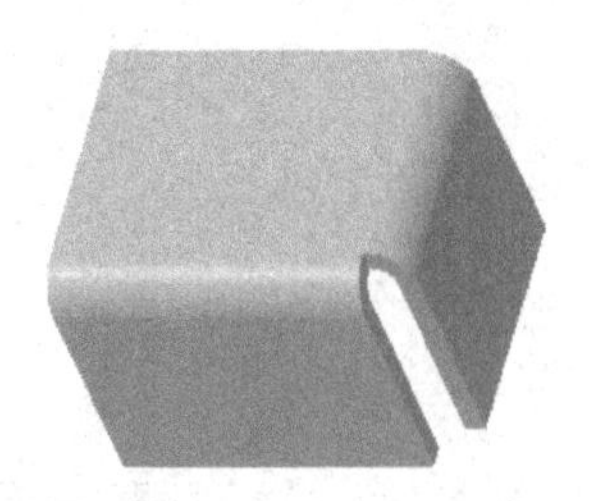

图3-47 创建好曲面缝

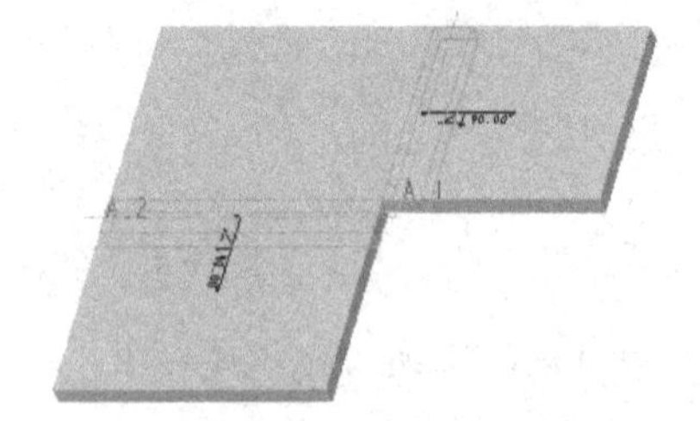

图3-48 展平钣金件的效果

3.3.3 边扯裂

边扯裂又称“边缝”，是指沿着一条边撕裂钣金件。与所有裂缝一样，边扯裂（边缝）也用于辅助展平钣金件。必要时，根据设计需要的不同，可以将边扯裂的边处理类型（拐角类型）设置成“开放”“盲孔”“间隙”“重叠”。

创建边扯裂（边缝）的一般方法和步骤如下。

（1）在功能区“模型”选项卡的“工程”组中单击“扯裂”→ （边扯裂）按钮，打开“边扯裂”选项卡。

（2）在“边扯裂”选项卡中打开“放置”面板，选择要添加到边缝集（边扯裂集）中的一个或多个边参考或边链参考。

（3）从“边处理类型”下拉列表框中选择所需的一个边处理类型（“开放”“盲孔”“间隙”“重叠”），并设置相应的参数等，如图3-49所示。

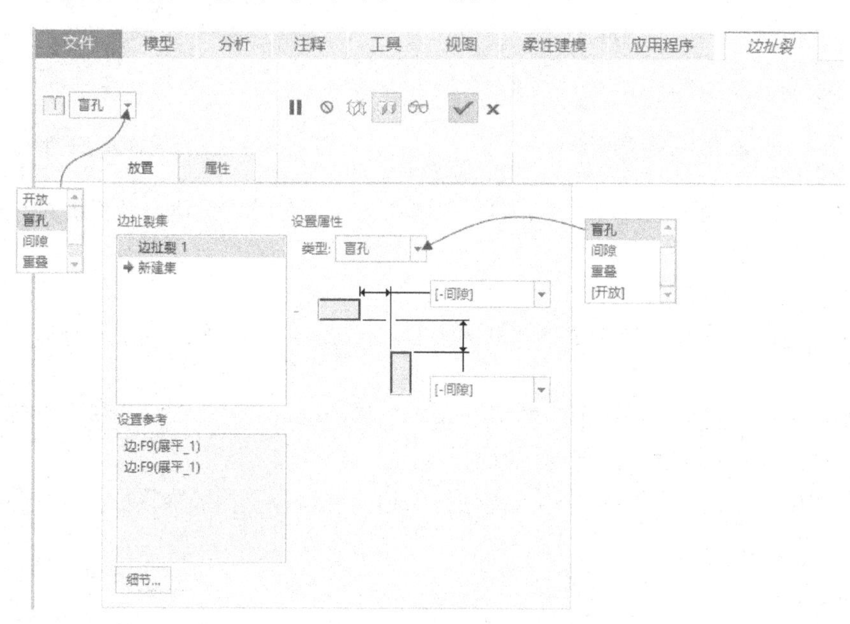

图3-49 为当前边扯裂集指定边处理类型

- “开放”：创建开放式扯裂。
- “盲孔”：使用两个尺寸创建扯裂。
- “间隙”：使用基于壁厚度值的单一尺寸或根据 SMT_GAP 参数在壁相交处创建扯裂。
- “重叠”：壁之间相互重叠，并在壁相交处创建扯裂。

（4）要创建新的边扯裂集（边缝集），则在“放置”选项卡中单击“新建集”并添加要扯裂的任意其他边。对于每个集，定义任何所需尺寸。

（5）在“边扯裂”选项卡中单击 （完成）按钮。

下面通过一个简单实例辅助介绍一般边缝的创建方法。

步骤1：打开钣金件文件。

在“快速访问”工具栏中单击 （打开）按钮，系统弹出“文件打开”对话框，浏览并选择本书配套的bj_3_5.prt文件，单击“打开”按钮。文件中已有的钣金件如图3-50所示。

步骤2：创建边缝。

（1）在功能区“模型”选项卡的“工程”组中单击“扯裂”→ （边扯裂）按钮，打开“边扯裂”选项卡。

（2）在“边扯裂”选项卡中打开“放置”面板，为当前边扯裂集 1 选择边线 1，按住〈Ctrl〉键并单击边线 2 以将边线 2 也选择到边扯裂集 1 中，如图 3-51 所示。

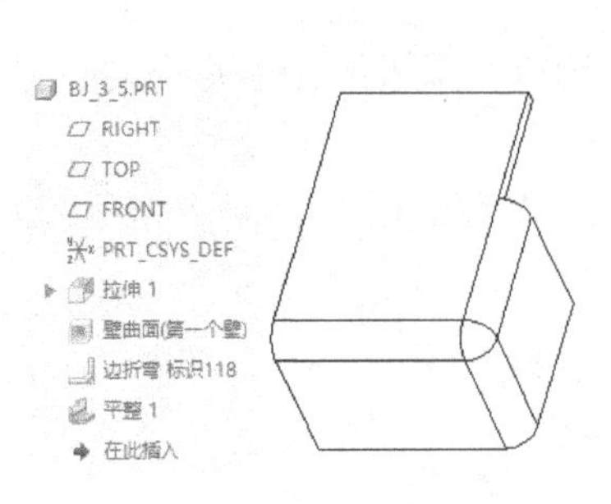

图 3-50 文件中的原始钣金件

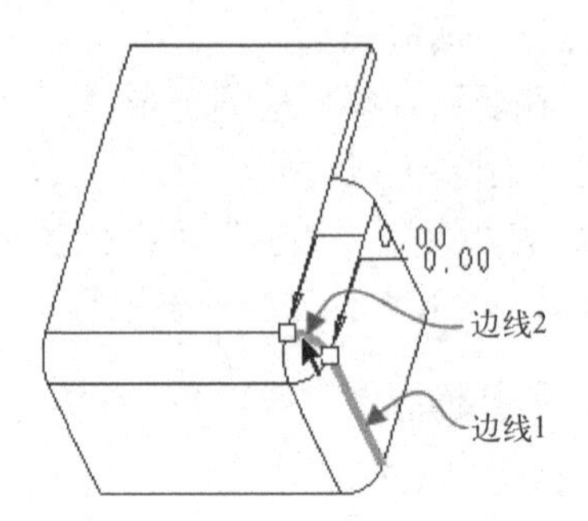

图 3-51 为边扯裂集 1 选择两个边线

（3）默认的边处理类型选项为“[开放]”，单击✓（完成）按钮，从而完成创建该边扯裂特征，如图 3-52 所示。

步骤 3：展平钣金件。

（1）在功能区“模型”选项卡的“折弯”组中单击 （展平）按钮，打开“展平”选项卡。

（2）默认选中“展平”选项卡中的 （自动选择的参考）按钮，以自动选择所有弯曲的曲面或边，并接受零件的默认固定几何参考。

（3）在“展平”选项卡中单击✓（完成）按钮，展平钣金件的效果如图 3-53 所示。

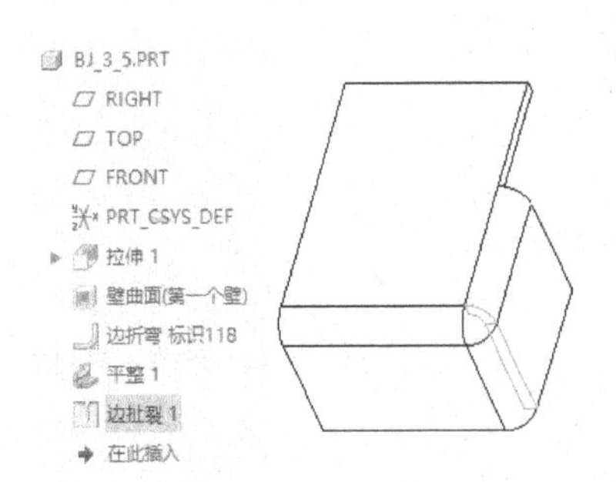

图 3-52 创建边扯裂

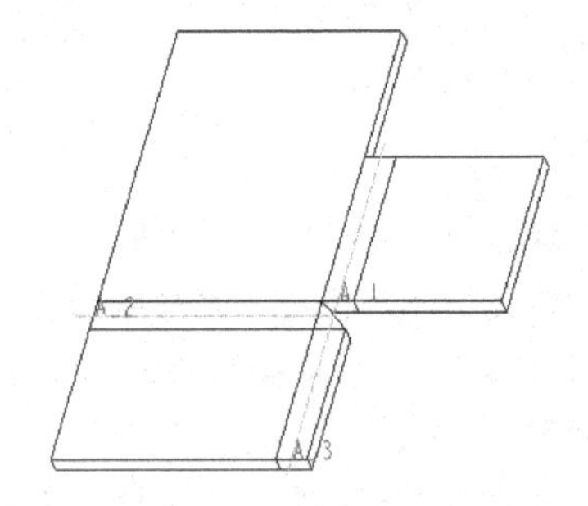

图 3-53 展平钣金件的效果

3.3.4 扯裂连接

扯裂连接是指在两个基准点和两个顶点之间，或一个基准点和一个顶点之间扯裂钣金件。在实际设计工作中，使用 （扯裂连接）按钮可按直线撕裂钣金件材料的平面截面并连接现有边缝。扯裂连接端点必须是一个基准点或顶点，当是顶点时还必须位于边缝的末端或在零件边界上，注意扯裂边界不可与现有的边共线。

使用 （扯裂连接）按钮创建扯裂特征的一般方法步骤如下。

（1）在功能区“模型”选项卡的“工程”组中单击“扯裂”→ （扯裂连接）按钮，打开图 3-54 所示的“扯裂连接”选项卡。

图 3-54 “扯裂连接”选项卡

（2）在“扯裂连接”选项卡中打开“放置”面板，如图 3-55 所示，接着选择一个基准点或顶点作为扯裂起点，再选择一个基准点或顶点作为扯裂终点。

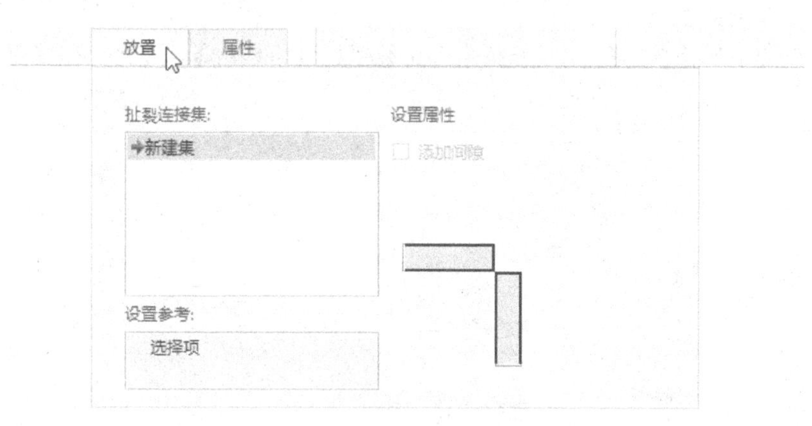

图 3-55 “放置”面板

（3）要为扯裂添加空隙，则勾选“添加间隙”复选框，并设置相应的间隙尺寸值。

（4）要创建新的扯裂连接集，则单击“新建集”，并分别指定扯裂起点和扯裂终点等。

（5）在“扯裂连接”选项卡中单击✔（完成）按钮。

3.4 拐角止裂槽

拐角止裂槽也称顶角止裂槽。在钣金件中设计合适的拐角止裂槽，有助于控制钣金件材料行为，并防止在进行展平操作时发生不希望的变形。

3.4.1 创建拐角止裂槽

使用功能区“模型”选项卡“工程”组中的（拐角止裂槽）按钮，可以创建拐角止裂槽特征。另外在第 1 章中也介绍过拐角止裂槽的知识，即在使用（转换）按钮创建某些钣金件转换特征时，也可以定义拐角止裂槽。注意在创建法兰壁时也可以添加拐角止裂槽。

创建拐角止裂槽的一般方法步骤如下。

（1）在功能区“模型”选项卡的“工程”组中单击（拐角止裂槽）按钮，打开图 3-56 所示的“拐角止裂槽”选项卡。

（2）单击（自动全选）按钮为止裂槽自动选择所有拐角，或者单击（手动选择）按钮为止裂槽手动选择一个或多个拐角。

图 3-56 “拐角止裂槽”选项卡

（3）在“拐角止裂槽”选项卡中打开“放置”面板，可以查看指定拐角止裂槽集的所选拐角，接着为当前活动集选择要应用的止裂槽类型，并为止裂槽设置锚点，如图 3-57 所示。拐角止裂槽的类型分 5 种，即“无止裂槽”“V 形凹槽”“圆形”“矩形”“长圆形”。如果当前使用的是“圆形”“矩形”“长圆形”止裂槽，则可根据需要设置该止裂槽的深度和宽度尺寸，绕锚点旋转止裂槽的放置，偏移垂直于二等分线的止裂槽。另外，可以新建另一个拐角止裂槽集。

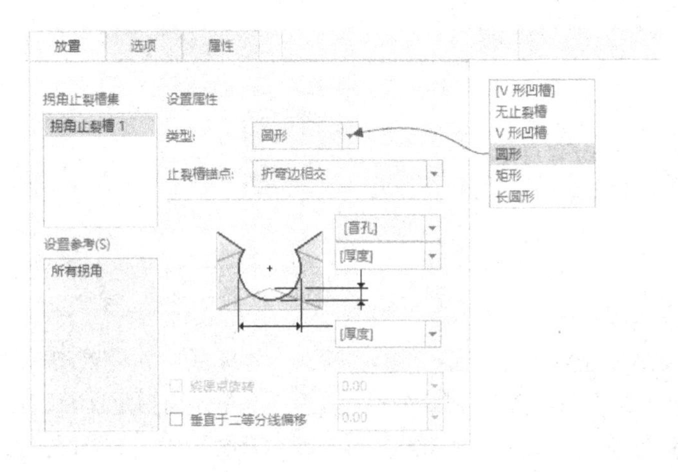

图 3-57 “拐角止裂槽”选项卡的“放置”面板

- “无止裂槽”：连接没有止裂槽的薄壁。
- “V 形凹槽”：保持此拐角的默认 V 形凹槽特性。
- “圆形”：使用圆形提供止裂槽。
- “矩形”：使用矩形提供止裂槽。
- “长圆形”：使用长圆形提供止裂槽。

（4）要在模型上创建止裂槽几何，则在“拐角止裂槽”选项卡中打开“选项”面板，从中勾选“创建止裂槽几何”复选框。

（5）在“拐角止裂槽”选项卡中单击✔（完成）按钮。

在创建拐角止裂槽时，应该要注意这些内容：模型必须至少有一个割裂的边，才可添加拐角止裂槽；拐角止裂槽尺寸必须小于以相交折弯的切线为界的变形区域；可以在模型中以成型和展平状态显示拐角止裂槽。

下面介绍一个创建拐角止裂槽特征的实例。

步骤 1：打开钣金件文件。

在“快速访问”工具栏中单击（打开）按钮，系统弹出“文件打开”对话框，浏览并选择 bj_3_6.prt 文件，单击“打开”按钮。文件中已有的钣金件如图 3-58 所示。

步骤 2：创建拐角止裂槽。

（1）在功能区“模型”选项卡的“工程”组中单击 （拐角止裂槽）按钮，打开“拐角止裂槽”选项卡。

（2）在“拐角止裂槽”选项卡中单击 （自动全选）按钮，为止裂槽自动选择所有拐角。在本例中，用户也可以在“拐角止裂槽”选项卡中单击 （手动选择）按钮，接着在图 3-59 所示的显示有拐角注释的钣金件模型中选择两个拐角（选择第 2 个拐角时可按〈Ctrl〉键）。

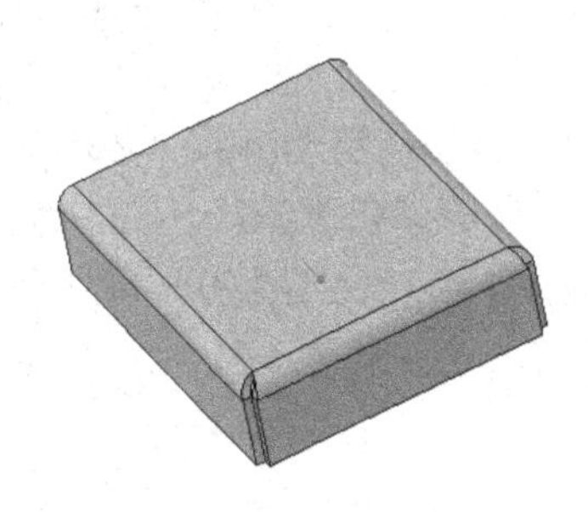

图 3-58　文件中已有的钣金件

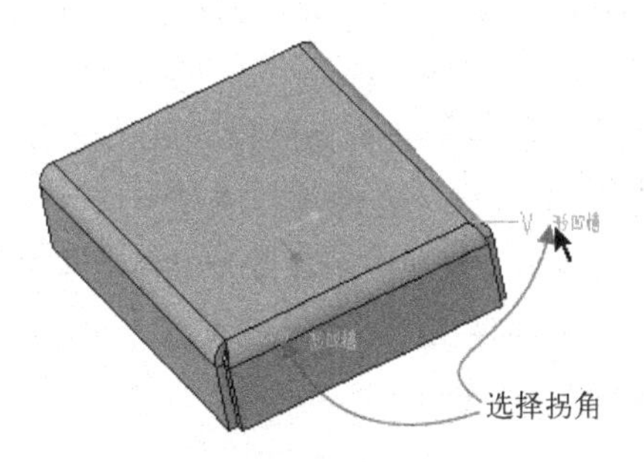

图 3-59　手动选择拐角

（3）从“类型”下拉列表框中选择“长圆形”类型选项，并打开“放置”面板，设置“止裂槽锚点”选项为“折弯边相交”，并设置相应的参数和选项，如图 3-60 所示。

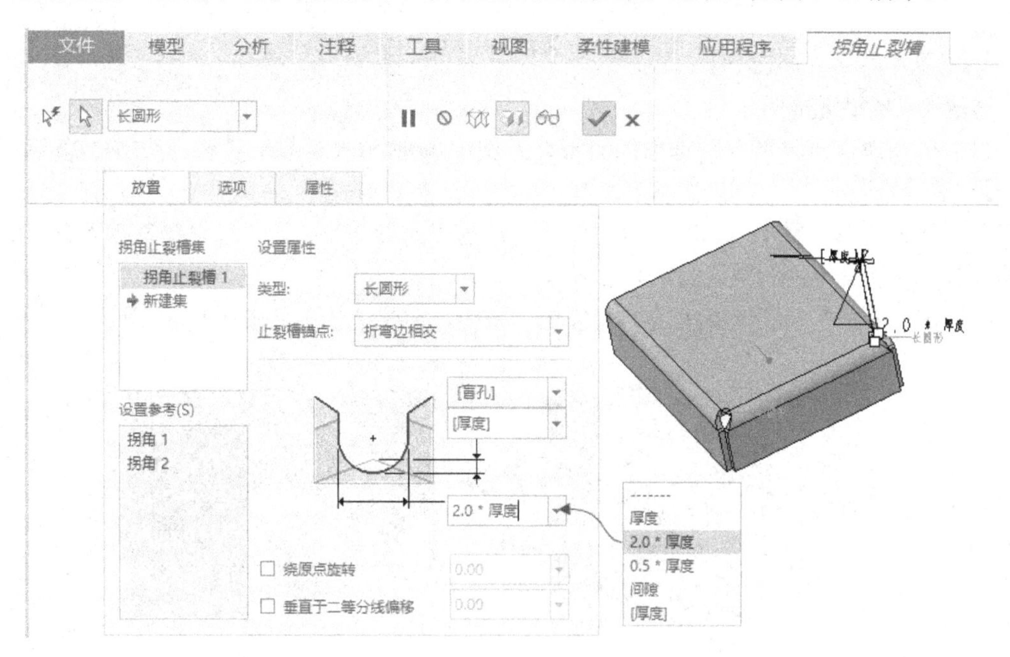

图 3-60　设置“长圆形”类型拐角止裂槽选项和参数

（4）在“拐角止裂槽”选项卡中打开“选项”面板，确保勾选“创建止裂槽几何”复选框，如图 3-61 所示。

（5）在“拐角止裂槽”选项卡中单击 （完成）按钮，完成创建拐角止裂槽，如图 3-62 所示（图中显示了拐角止裂槽注解）。

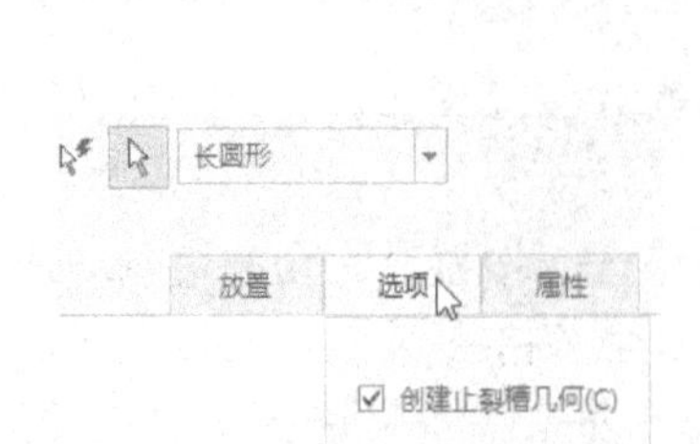

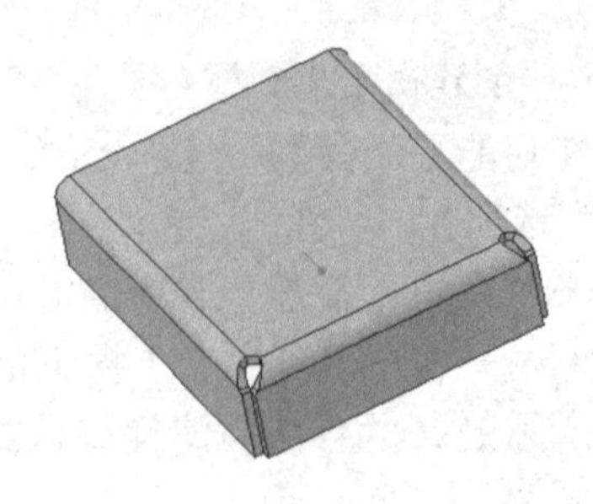

图 3-61　确保勾选“创建止裂槽几何”复选框　　　　图 3-62　完成创建拐角止裂槽

说明：要显示拐角止裂槽注解，可在功能区中打开“视图”选项卡，从“显示”组中确保选中（拐角止裂槽注解）按钮，如图 3-63 所示。注意确保已激活，并且配置选项 smt_crn_rel_display 已设为 yes。配置选项 smt_crn_rel_display 用于设置是否显示拐角止裂槽注解，其默认值为 no*，表示不显示拐角止裂槽注解；而将其值设置为 yes 时，将显示拐角止裂槽注解。

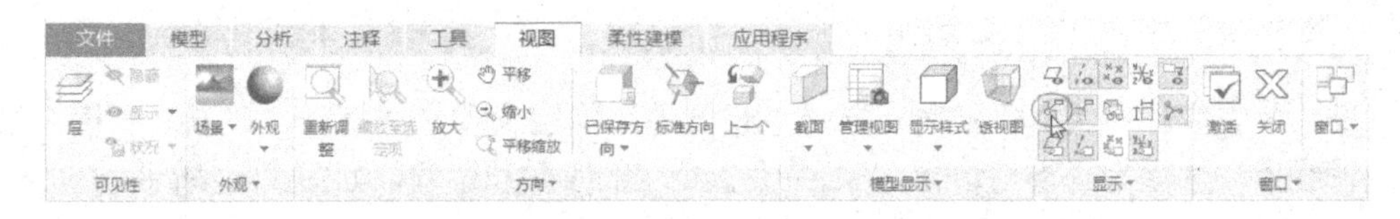

图 3-63　设置显示拐角止裂槽注解

步骤 3：展平钣金件。

（1）在功能区“模型”选项卡的“折弯”组中单击（展平）按钮，打开“展平”选项卡。

（2）默认选中“展平”选项卡中的（自动选择的参考）按钮，以自动选择所有弯曲的曲面或边，并接受零件的默认固定几何参考。

（3）在“展平”选项卡中单击（完成）按钮，展平的钣金件如图 3-64 所示。

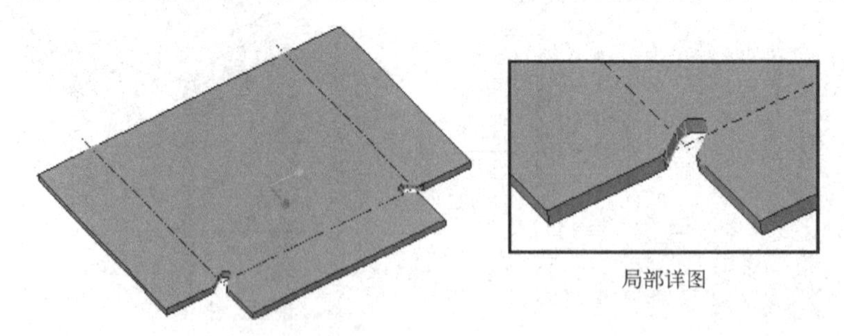

图 3-64　展平的效果

3.4.2　设置用作默认值的拐角止裂槽类型

用户可以根据设计需要设置修改用作默认值的拐角止裂槽类型。其设置方法简述如下。

（1）单击“文件”按钮，接着选择“准备”→“模型属性”命令，如图 3-65 所示，系统弹出“模型属性”对话框。

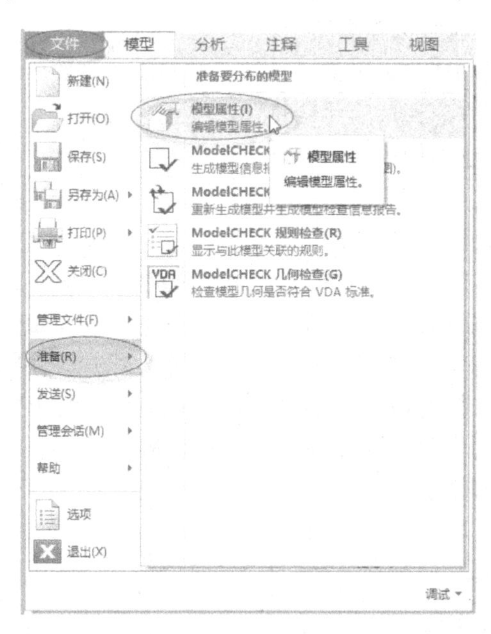

图 3-65　执行定义模型属性的命令

（2）在“模型属性”对话框中，从“钣金件”选项组中单击“止裂槽”行中的“更改”选项，打开图 3-66 所示的“钣金件首选项”对话框，自动指向“止裂槽”类别。此时，可以在“钣金件首选项”对话框的“止裂槽”类别页中查看默认的拐角止裂槽设置，默认的拐角止裂槽类型为“V 形凹槽”。还可以查看默认的折弯止裂槽设置，默认的折弯止裂槽类型为“扯裂”。

图 3-66　“钣金件首选项”对话框

（3）要更改拐角止裂槽类型，那么在“止裂槽”类别页中，从“拐角止裂槽设置”选项组的“类型”下拉列表框中选择以下类型之一。

- “无止裂槽”：不添加任何止裂槽，并且拐角保持扯裂特性。
- “V 形凹槽”：添加方形拐角，并移除默认 V 形凹槽特性。
- “圆形”：添加圆形止裂槽。
- “矩形”：添加矩形止裂槽。
- “长圆形”：添加长圆形止裂槽。

（4）当选择“圆形”“矩形”“长圆形”止裂槽类型时，可以设置拐角止裂槽宽度、深度和深度类型。拐角止裂槽的宽度可以为设定值，或自定义值（如“厚度”“2.0*厚度”“0.5*厚度”）；而拐角止裂槽的深度类型可以为“盲孔”（根据指定值添加止裂槽）、“至折弯”（添加至折弯的止裂槽）或“与折弯相切”（添加与折弯相切的止裂槽）。

（5）在“钣金件首选项”对话框中单击“确定”按钮。

（6）在“模型属性”对话框中单击“关闭”按钮。

3.5 思考练习

（1）为什么要在某些钣金件中设计分割区域（变形区域）？简述一下设置分割区域的用途。

（2）想一想：平整形态的应用特点主要包括什么？

（3）扯裂特征可以分为哪几种形式？

（4）主要有哪几种基本类型的拐角止裂槽？如何设置用作默认值的拐角止裂槽类型？

（5）操作练习：打开 bj_3_ex5.prt（该文件位于附赠网盘资料的 CH3 文件夹中），文件中存在着一个实体零件，如图 3-67 所示。

在功能区“模型”选项卡中单击“操作”→“转换为钣金件”命令，打开“第一壁”选项卡，单击 （壳）按钮，在实体模型中指定底面作为要移除的曲面，设置厚度为 3mm，通过转换得到的钣金件如图 3-68 所示。

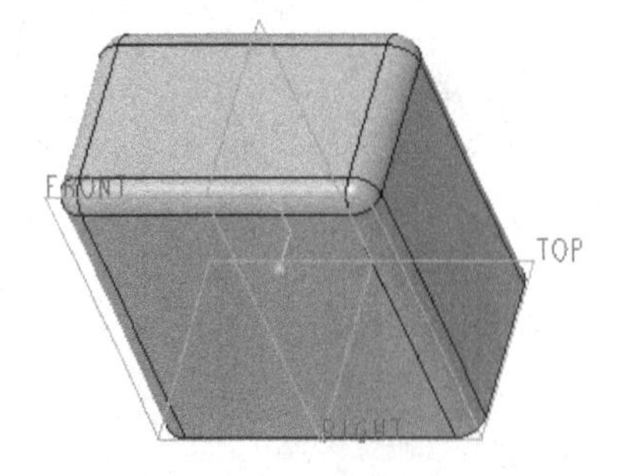

图 3-67 实体零件

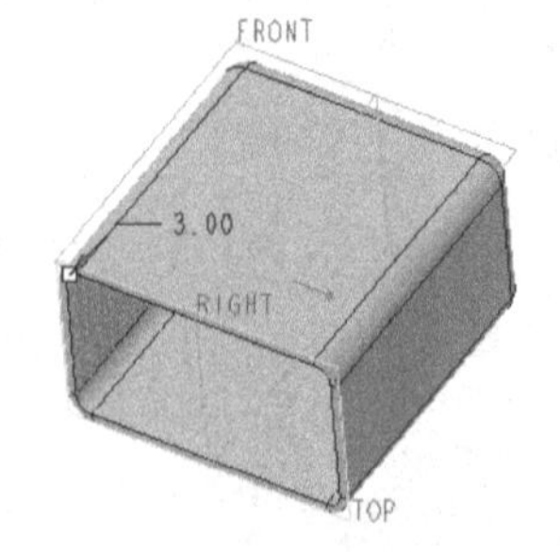

图 3-68 转换而成的钣金件

单击 （曲面扯裂）按钮，在模型中创建曲面扯裂特征（曲面缝），得到的模型效果如图 3-69 所示。

最后将该钣金件展平，展平效果如图 3-70 所示。

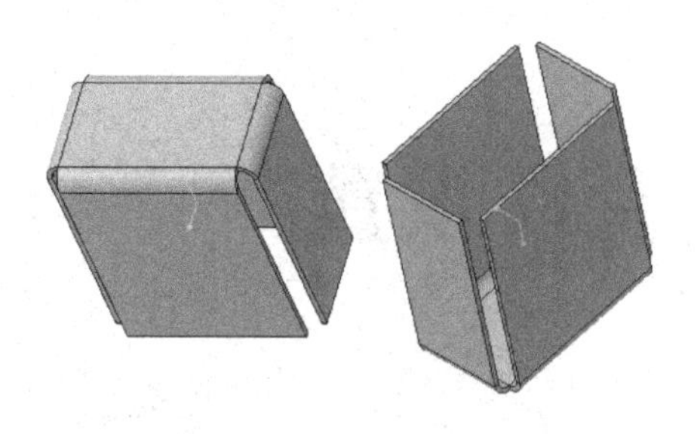

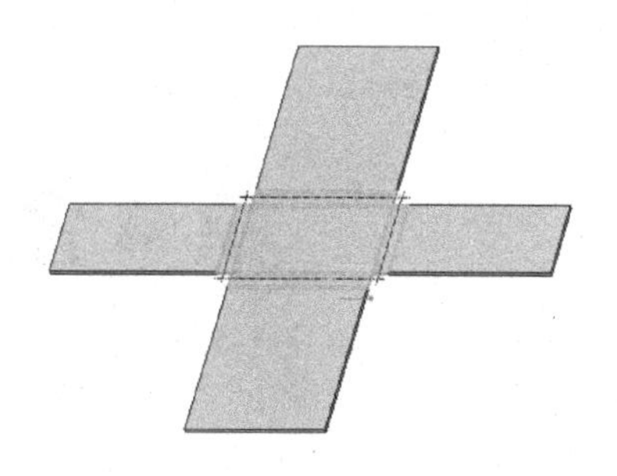

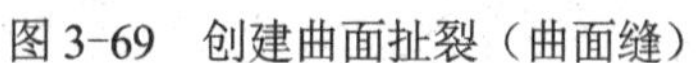

图 3-69　创建曲面扯裂（曲面缝）

图 3-70　展平钣金件

（6）扩展学习：在什么情况下可以使用“平整形态预览”窗口？在“图形”工具栏中单击（平整形态预览）按钮，将打开一个“平整形态预览”窗口，如图 3-71 所示，在该窗口中会出现以下 4 个按钮，请研习它们的使用方法。

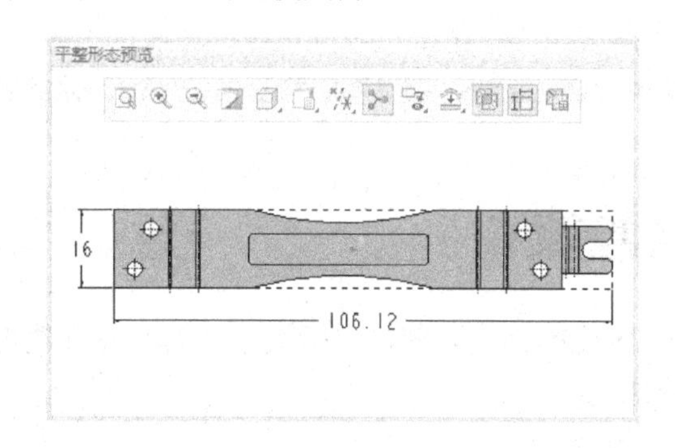

图 3-71　使用“平整形态预览”窗口

- （成型几何）：单击此按钮，展开一个列表，从中决定“展开添加到成型的折弯”复选框、“平整成型”复选框和“将添加的切口投影到成型”复选框等的状态。
- （重叠几何）：用于切换重叠几何的显示（此按钮默认处于被选中状态）。
- （边界框）：用于切换展平钣金件的长度和宽度尺寸的显示。尺寸与 SMT_FLAT_PATTERN_LENGTH 和 SMT_FLAT_PATTERN_WIDTH 参数相关联。
- （创建实例）：用于打开“新实例”对话框以自动创建平整形态的族表实例。

第4章 钣金件设置

本章导读：

在Creo Parametric 4.0中，可以对钣金件进行设置，这样有助于控制整个设计过程，并可以在某种设计场合提高设计效率。本章主要介绍钣金件设置的相关实用知识。

4.1 钣金件设置概述

本节介绍钣金件设置概述的相关内容，包括钣金件属性与参数设置、自定义钣金件设计环境和定制钣金件设计的精度。

4.1.1 钣金件属性与参数设置

在钣金件设计中，钣金件属性及其关联设置可以被用于预定义共有特征几何，维持设计一致性，提高钣金件设计效率。这里所述的钣金件属性主要包括折弯余量、折弯、止裂槽、边处理、斜切口、固定几何、折弯顺序和设计规则等。钣金件属性的设置可能需要钣金件参数，钣金件参数控制着钣金件工具属性的默认设置，每个参数都有相应的设置，在“模型属性”对话框中可以查看到一些显示的钣金件参数，并且可以更改它们的默认值。例如，要更改钣金件材料厚度，那么可以在“模型属性”对话框的“材料”选项组中单击“厚度”行对应的“更改”选项命令，接着在弹出的“材料厚度”对话框中修改材料厚度值，然后单击“重新生成”按钮。

新建或打开一个钣金件设计文件，单击“文件”按钮，接着选择“准备”→“模型属性”命令，系统弹出图4-1所示的“模型属性”对话框，在该对话框的“钣金件”选项组中提供了“折弯余量”“折弯”“止裂槽”“边处理”“斜切口”“固定几何”“折弯顺序”“设计规则”这些特定于钣金件的属性，它们的功能用途说明如下。

- “折弯余量”：显示用于折弯余量计算的因子类型以及是否为模型分配了折弯表。
- “折弯”：显示半径尺寸和标注折弯半径的位置。
- “止裂槽”：显示拐角止裂槽和折弯止裂槽的类型。
- “边处理”：显示边处理类型。
- “斜切口”：显示斜切口的宽度和偏移。

- “固定几何”：设置在展平、折回和平整形态操作过程中保持固定的零件几何。
- “折弯顺序”：显示为模型定义的折弯顺序序列的编号。可通过设置折弯顺序记录已完成设计中的制作折弯顺序。
- “设计规则”：显示为模型定义的设计规则的编号。可通过设置设计规则建立公司或工业标准，以指导设计。

模型属性

材料			
材料	未分配		更改
单位	毫米牛顿秒(mmNs)		更改
厚度	1.0		更改
精度	绝对 0.0125		更改
质量属性			更改
钣金件			
折弯余量	Y 因子: 已定义		更改
折弯	半径: 厚度	侧: 内侧	更改
止裂槽	拐角: V 形凹槽	折弯: 扯裂	更改
边处理	类型: 开放		更改
斜切口	宽度: 间隙 偏移: 1.1 * 厚度		更改
固定几何	未定义		更改
折弯顺序	未定义		更改
设计规则	未定义		更改
关系、参数和实例			
关系	20 已定义		更改
参数	24 已定义		更改
实例	未定义	活动: 类属 - PRT0001	更改
特征和几何			
公差	ANSI		更改
名称	4 已定义		更改
工具			
挠性	未定义		更改
收缩	未定义		更改

关闭

图 4-1 “模型属性”对话框

用户可以更改上述某属性设置，其典型方法是在“模型属性”对话框的“钣金件”选项组中单击该属性所在行中的“更改”选项并进行相应的更改操作。例如，当单击“折弯余量”“折弯”“止裂槽”“边处理”“斜切口”属性项所在行的“更改”选项，弹出“钣金件首选项”对话框，从中可设置该属性项的选项和相应的钣金件参数等。更改好相应属性设置后，在“模型属性”对话框中单击“关闭”按钮。

如果要使用“参数”对话框设置或修改某些钣金件参数，则在“模型属性”对话框的“关系、参数和实例”选项组中单击“参数”行的“更改”选项，接着在弹出的图 4-2 所示的“参数”对话框进行设置或修改操作即可。用户也可以通过在功能区的“工具”选项卡中单击“模型意图”组中的[ ]（参数）按钮来打开“参数”对话框。另外，在功能区“模型”

选项卡的“模型意图”组中也可以找到[]（参数）按钮。

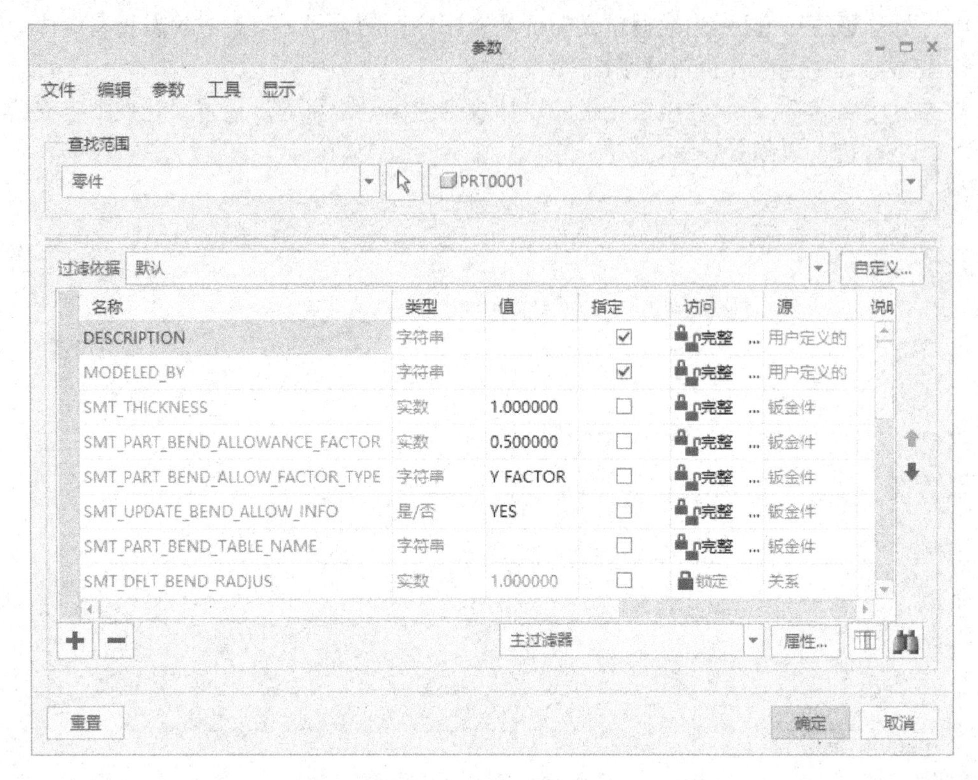

图 4-2 “参数”对话框

表 4-1 列出了所有特定于钣金件的参数及其描述和要求的参数值。注意导入的继承参数文件中的折弯余量使用为零件指定的因子类型的最后一个值进行计算。

表 4-1 所有特定于钣金件的参数一览表

参 数 名	说 明	值
SMT_THICKNESS	设置钣金件壁的厚度	数值
SMT_PART_BEND_ALLOWANCE_FACTOR	设置 Y 因子或 K 因子的值	数值
SMT_PART_BEND_ALLOW_FACTOR_TYPE	设置 Y 因子或 K 因子作为折弯余量因子类型	K 因子 Y 因子
SMT_UPDATE_BEND_ALLOWANCE_INFO	使其他折弯余量参数从属于分配的材料	是 否
SMT_PART_BEND_TABLE_NAME	设置分配用于计算含有弧的几何的展开长度的折弯表	名称
SMT_DFLT_BEND_RADIUS	设置折弯半径	数值
SMT_DFLT_RADIUS_SIDE	定义折弯尺寸位置形式	内侧 外侧
SMT_DFLT_BEND_ANGLE	定义折弯角度值	数值
SMT_DFLT_CRNR_REL_TYPE	设置拐角止裂槽的类型	圆形 无止裂槽 长圆形 矩形 V 形凹槽

（续）

参数名	说明	值
SMT_DFLT_CRNR_REL_WIDTH	设置拐角止裂槽的宽度	数值
SMT_DFLT_CRNR_REL_DEPTH_TYPE	设置拐角止裂槽的深度类型	盲孔 与折弯相切 至折弯
SMT_DFLT_CRNR_REL_DEPTH	设置圆形、矩形和长圆形拐角止裂槽的深度尺寸	数值
SMT_DFLT_BEND_REL_TYPE	设置折弯止裂槽的类型	无止裂槽 长圆形 矩形 扯裂 拉伸
SMT_DFLT_BEND_REL_WIDTH	设置折弯止裂槽的宽度	数值
SMT_DFLT_BEND_REL_DEPTH_TYPE	设置折弯止裂槽的深度类型	盲孔 与折弯相切 至折弯
SMT_DFLT_BEND_REL_DEPTH	定义圆形、矩形和长圆形折弯止裂槽的深度尺寸	数值
SMT_DFLT_BEND_REL_ANGLE	定义拉伸折弯止裂槽的角度	数值
SMT_GAP	定义重叠边、边处理和斜切口的间隙尺寸	数值
SMT_DFLT_EDGE_TREA_TYPE	定义边处理类型	盲孔 间隙 打开 重叠
SMT_DFLT_EDGE_TREA_WIDTH	设置边处理宽度	数值
SMT_DFLT_MITER_CUT_WIDTH	设置斜切口的宽度	数值
SMT_DFLT_MITER_CUT_OFFSET	定义斜切口的偏移尺寸	数值

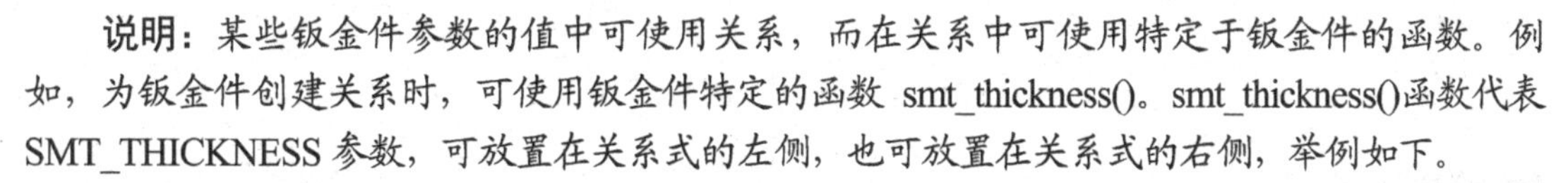

说明：某些钣金件参数的值中可使用关系，而在关系中可使用特定于钣金件的函数。例如，为钣金件创建关系时，可使用钣金件特定的函数 smt_thickness()。smt_thickness()函数代表 SMT_THICKNESS 参数，可放置在关系式的左侧，也可放置在关系式的右侧，举例如下。

smt_thickness() = 0.5

d1 = smt_thickness()

d2 = smt_thickness() * 0.5

d3 = smt_thickness() * 2.0

4.1.2 自定义钣金件设计环境

Creo Parametric 允许用户自定义钣金件设计环境，其方法是选择“文件”→“选项”命令，打开“Creo Parametric 选项”对话框，接着在该对话框左侧部位的类别列表框中选择“钣金件”以切换至“钣金件”区域，如图 4-3 所示，然后可设置到一个或多个钣金件库的路径（要为钣金件特定的库设置目录路径，则在相关的框中输入路径名，或者单击“浏览”按钮浏览至库文件夹）、显示或隐藏拐角止裂槽注解和折弯注解、定义折弯注解符号等。注意如果要使用钣金件参数或“钣金件首选项”对话框设置工具设置的默认值并使特征在参数变化时自动更新，则确保勾选“钣金件参数”选项组中的“关联工具设置”复选框，必要时可设置关联折弯设置。最后在“Creo Parametric 选项”对话框中单击“确定”按钮。

图 4-3 “Creo Parametric 选项”对话框

4.1.3 定制钣金件设计的精度

在某些精密设计场合下，用户可能需要考虑钣金件的精度，尤其是钣金件的绝对精度。在 Creo Parametric 4.0 钣金件设计模块中新建钣金件时，默认的零件精度为“绝对”。使用模板时，系统将从该模板获取默认精度类型和值，而如果不使用模板，则精度由配置选项 default_abs_accuracy 进行设置。如果该选项未定义，则精度默认为 0.0125 毫米或 0.0005 英寸（具体视单位制而定）。

用户可以按照下述典型步骤设置配置选项 default_abs_accuracy 的值。

（1）选择“文件”→“选项”命令，打开“Creo Parametric 选项”对话框。

（2）在“Creo Parametric 选项”对话框中选择“配置编辑器”类别，如图 4-4 所示。

（3）单击“查找”按钮，系统弹出“查找选项”对话框，在“1.输入关键字”文本框中输入“default_abs_accuracy”，接着单击“立即查找”按钮，查找结果显示在“2.选取选项”列表框中，确保在该列表框中选择 default_abs_accuracy，如图 4-5 所示，然后在“3.设置值”框中指定所需要的一个数值。

图 4-4 在“Creo Parametric 选项”对话框中选择“偏置编辑器”类别

图 4-5 “查找选项”对话框

（4）单击“添加/更改”按钮，然后关闭“查找选项”对话框。

（5）在“Creo Parametric 选项”对话框中单击“确定”按钮。

用户可以按照以下方法步骤指定钣金件的绝对精度。

（1）在一个新建或打开的钣金件文件中，选择“文件”→“准备”→“模型属性”命令，打开“模型属性”对话框。

（2）在“材料”选项组的“精度”行中选择“更改”选项命令，系统弹出图 4-6 所示的“精度”对话框。

（3）从“指定精度的依据”选项组中选择“输入值”单选按钮或“从模型复制值”单选按钮。

- 当选择“输入值”单选按钮时，可从下拉列表框中选择“绝对”选项或“相对”选项，在这里建议选择“绝对”选项，然后输入一个值或接受默认值。
- 当选择“从模型复制值”单选按钮时，如图 4-7 所示，单击“浏览”按钮，并利用弹出的“打开”对话框选择要在其中设置默认值的零件。

图 4-6 “精度”对话框（1）

图 4-7 “精度”对话框（2）

（4）在“精度”对话框中单击“重新生成”按钮。

（5）在“模型属性”对话框中单击“关闭”按钮。

4.2 设置默认的折弯余量属性

在 Creo Parametric 4.0 钣金件折弯余量的知识范畴里，需要初步理解弯曲余量与展开长度的基本概念。弯曲余量计算用来确定构建特定半径和角度折弯所需的平整钣金件展开长度，在该计算中综合考虑了钣金件厚度、折弯半径、折弯角度及其他材料属性（如 Y 因子和 K 因子）。在展开长度计算中，还考虑到对折弯区域中的拉伸进行了补偿。当折弯或成型钣金件时，中性折弯轴外的材料通常受拉伸，中性折弯轴内侧的材料受压缩。通过建立适当的材料说明和精确计算展开长度的公式，可以由系统自动考虑此材料特性。

根据可延展几何的类型，用户可以使用下列方法之一来在设计工作中计算钣金件或特定的展开长度。如果展开长度的值不正确，那么可以对该值进行修改，或者使用自定义的折弯表对值进行覆盖。

- 系统定义的方程：使用 Y 因子或 K 因子计算所有可延展几何的展开长度。
- 折弯表：使用标准或自定义的折弯表计算包含弧的几何的展开长度。注意标准或自定义的折弯表仅用于计算包含弧的几何的展开长度。

如果未将定制的折弯表指定给钣金件，那么可以使用以下系统定义的公式计算零件或壁特征的展开长度。

$$L = (\pi/2 \times R + Y\text{因子} \times T) \times \theta/90$$

其中，

L——钣金件的展开长度；

π——可以取其近似值为 3.142；

R——折弯处的内侧半径；

Y 因子——其默认值=0.50；

T——材料厚度；

θ——单位为度（°）的折弯角度。

另外，Y 因子可以由 K 因子计算出来，即

$$Y\text{ 因子}=(\pi/2)\times K\text{ 因子}$$

以上内容对于初学者而言，可能显得很抽象，不容易理解，但这不要紧，可以先继续往下学习，待以后再慢慢研习。对于这方面的内容，如果没有特别要求，可以接受默认的折弯余量设置。

4.2.1 设置折弯余量属性的一般方法

要设置默认的折弯余量属性，则选择“文件”→“准备”→“模型属性”命令，弹出“模型属性”对话框，接着在“钣金件”选项组中单击“折弯余量”行中的“更改”选项，弹出“钣金件首选项”对话框并自动指向“折弯余量”类别页，从中设置默认的折弯余量属性，如图 4-8 所示，具体设置内容如下。

图 4-8 “钣金件首选项”对话框的“折弯余量”类别页

- 根据不同的因子计算展开长度。在“展开长度计算”选项组中选择“Y 因子”单选按钮或“K 因子”单选按钮，并指定一个新因子值。
- 通过分配折弯表来计算圆弧的展开长度。在“圆弧的展开长度”选项组的“折弯余量表”下拉列表框中选择一个折弯余量表（折弯表）。注意在分配折弯表前，必须先将折弯余量表复制到零件。可单击“零件折弯余量表”按钮来添加复制折弯余量表。
- 勾选“使用分配材料定义折弯余量参数的值”复选框，则根据所分配材料的参数值来计算折弯余量。

设置好折弯余量属性后，单击“应用”按钮或“确定”按钮。如果要恢复为先前的设置，那么单击“重置”按钮。

4.2.2 Y因子和K因子

在钣金件设计中，Y因子和K因子用于计算在设计中构建特定半径和角度的折弯时所需的平整钣金件的展开长度。

Y因子和K因子是由钣金件材料的中性折弯线（相对于厚度而言）的位置所定义的零件常数，中心折弯线的位置根据零件中使用的钣金件材料的类型而定，而中性折弯线的长度同通常等于展开长度。结合图4-9所示的参数来理解Y因子与K因子。K因子是从中性折弯线到内侧折弯半径的距离 δ 与材料厚度 T 之间的比例，即其计算公式为K因子= δ/T。Y因子的计算公式为Y因子=K因子×(π/2)，Y因子的默认值为0.50。Y因子和K因子的数值越小，则材料越柔软。注意在特殊情况下，如果中性层（中性折弯线）在钣金件厚度之外，会导致Y因子和K因子均为负值。

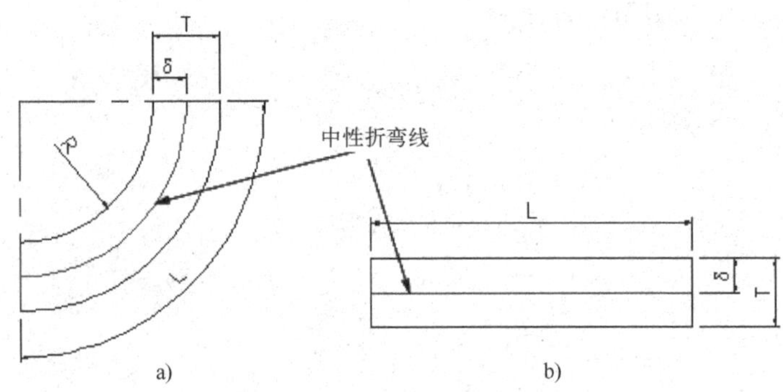

图4-9　材料展开长度等参数示意

a) 折弯条件　b) 平整条件

对于具有变化半径的折弯，例如圆柱体或圆锥体，可使用Y因子或K因子来计算展开长度。

在当前钣金件文件中更改“折弯余量”属性时可以定制新的Y因子或K因子数值。另外，使用以下钣金件参数也可以设置Y因子和K因子来控制钣金件的折弯余量。

- SMT_PART_BEND_ALLOW_FACTOR_TYPE：设置Y因子或K因子作为折弯余量因子类型。
- SMT_PART_BEND_ALLOWANCE_FACTOR：设置Y因子或K因子的值。

4.2.3 折弯表

折弯表控制在包含弧的几何上构建折弯时所需的平整材料展开长度的折弯余量计算，确保材料行为符号设计要求。展开长度主要取决于材料类型、材料厚度和折弯半径。如果钣金件材料类型和材料厚度不同，则展开长度也会有所变化，折弯表综合考虑了这些变化因素。

在实际钣金件设计工作中，可以为一个零件复制任意数量的折弯表，但是一次只能为一个零件分配一个折弯表。分配有折弯表时，相关联的所有特征都在再生（重新生成）时进行更新。而在创建相关壁的过程中，用户也可以根据情况分配其他折弯表来创建特征特定的折弯余量。在一个钣金件中，如果选择并分配了一个折弯表，则系统使用该折弯表计算展开长度。

在 Creo Parametric 4.0 中，提供了 3 个适用于 90° 折弯的标准折弯表，见表 4-2。用户可以选择这些标准折弯表之一，也可以创建并使用自定义的折弯表以支持其他材料类型和展开长度的计算方法。

表 4-2　折弯表

表	材　　料	Y 因子	K 因子
表 1（table1）	软黄铜、铜	0.55	0.35
表 2（table2）	硬黄铜、铜、软钢、铝	0.64	0.41
表 3（table3）	硬黄铜、青铜、冷轧钢、弹簧钢	0.71	0.45

如果创建自己的折弯表库，建议使用 pro_sheet_met_dir <完整目录路径>配置选项设置文件路径。

在一个钣金件文件中，选择“文件”→“准备”→“模型属性”命令打开“模型属性”对话框，接着在“钣金件”选项组中单击“折弯余量”行中的 （展开）按钮，可以查看折弯余量的相关属性内容情况，包括折弯表分配是否定义，如图 4-10 所示，该图例中显示折弯表为未定义（即未分配）。

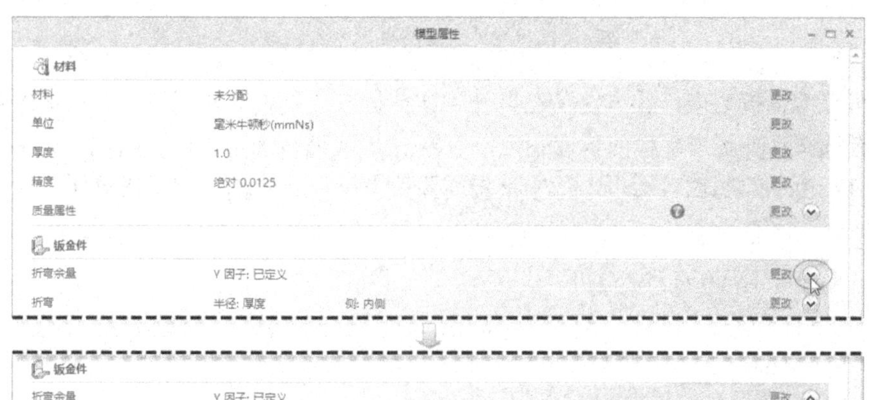

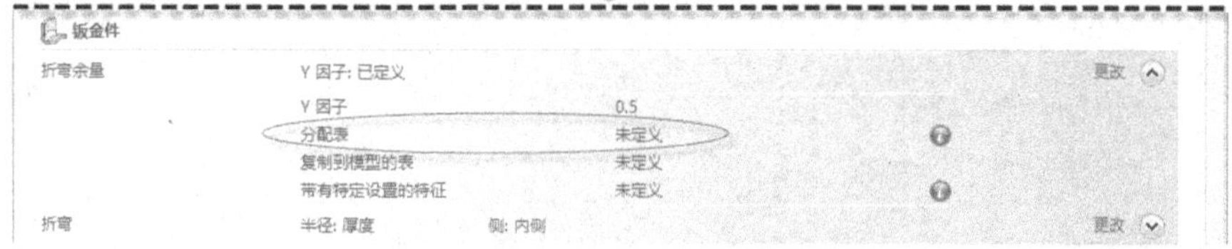

图 4-10　展开“折弯余量”属性内容

要分配折弯表，则在“折弯余量”行中单击“更改”选项，系统弹出“钣金件首选项”对话框。在“折弯余量”类别页的“圆弧的展开长度”选项组中单击“零件折弯余量表”按钮，系统弹出图 4-11 所示的“零件折弯表余量表”对话框。接着从“库中的折弯余量表”列表或模型列表中选择折弯表，单击 （将折弯余量表分配给模型）按钮，或者右击并从快捷菜单中选择“分配”命令，则所选折弯表即被分配给零件。如果要取消分配折弯表，则在“库中的折弯余量表”列表或模型列表中选择折弯表，单击鼠标右键并从快捷菜单中选择“取消分配”命令，相应的折弯表将被取消分配，但仍然与零件一起保存。

图 4-11 “零件折弯余量表”对话框

用户可以编辑折弯表，其方法是在打开“零件折弯余量表”对话框之后，从库中选择折弯表，或者选择复制到模型中的折弯表，接着单击✎（编辑选定折弯表的属性）按钮，系统弹出图 4-12 所示的属性对话框，从中根据需要编辑折弯表信息，然后在该属性对话框中选择“文件”→“保存”命令。

Pro/TABLE TM 4.0 (c) 2017 by PTC Inc. All Rights Reserved.

文件(F) 编辑(E) 视图(V) 格式(T) 帮助(H)

	C1	C2	C3	C4	C5	C6	C7	C8	C9
R1	!								
R2	! 90度折弯 - 需要原料的直线长度(L)								
R3	!								
R4	! 对于表范围以外的R和T，使用下列值，								
R5	!								
R6	FORMULA	L = (0.55 * T) + (PI * R) / 2.0							
R7	!								
R8	! 该表可用于以下材料								
R9	START MATERIALS								
R10	END MATERIALS								
R11	!								
R12	TABLE								
R13	! 内侧 半径(R)								
R14		0.031250	0.046875	0.062500	0.093750	0.125000	0.156250	0.187500	0.218750
R15	!厚度 (T)								
R16	0.015625	0.058000	0.083000	0.107000	0.156000	0.205000	0.254000	0.303000	0.353000
R17	0.031250	0.066000	0.091000	0.115000	0.164000	0.214000	0.262000	0.311000	0.361000
R18	0.046875	0.075000	0.100000	0.124000	0.173000	0.222000	0.271000	0.320000	0.370000
R19	0.062500	0.083000	0.108000	0.132000	0.181000	0.230000	0.279000	0.328000	0.378000
R20	0.078125	0.092000	0.117000	0.141000	0.190000	0.239000	0.288000	0.337000	0.387000
R21	0.093750	0.101000	0.126000	0.150000	0.199000	0.248000	0.297000	0.346000	0.396000
R22	0.125000	0.118000	0.143000	0.167000	0.216000	0.265000	0.314000	0.363000	0.413000
R23	0.156250	0.135000	0.160000	0.184000	0.233000	0.282000	0.331000	0.380000	0.430000

C1R1 :

图 4-12 编辑选定折弯表的属性

在“零件折弯表余量表”对话框中，还可以为零件定义新折弯表，其方法是在该对话框中单击 （创建新折弯余量表）按钮，接着在图 4-13 所示的文本框中输入一个折弯表名称，单击 （接受）按钮，然后在弹出窗口的轮廓表中输入自定义数据，并选择“文件”→“保存”命令，从而创建完毕折弯表，并写到当前目录中。

图 4-13　拟输入一个折弯表名称

另外，在“零件折弯表余量表”对话框中，还可以保存选定折弯表的副本、复制选定折弯表的副本和删除选定的折弯表等。

4.3　设置默认的折弯与止裂槽属性

要设置默认的折弯属性，那么选择“文件”→“准备”→“模型属性”命令，打开“模型属性”对话框，接着在“钣金件”选项组中单击“折弯”行中的“更改”选项，打开“钣金件首选项”对话框并自动切换至“折弯”类别页，从中可指定不同的默认折弯半径值、定义默认的折弯半径侧（内侧或外侧），以及指定不同的默认折弯角度值，如图 4-14 所示，然后单击“确定”按钮，从而重新生成新设置的模型。

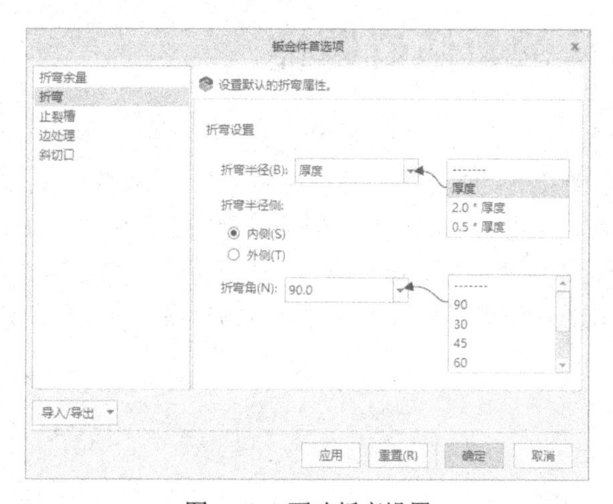

图 4-14　更改折弯设置

在“钣金件首选项”对话框中选择“止裂槽”类别，则可以设置默认的止裂槽属性，包括拐角止裂槽的默认类型和折弯止裂槽的默认类型等。

4.4　设置默认的边处理属性

可以为钣金件定义边处理设置的默认值，包括在拐角处相交的两壁的间距尺寸、边处理的类型和宽度。

要更改边处理的默认属性，则选择“文件”→“准备”→“模型属性”命令，打开“模型属性”对话框，接着在“钣金件”选项组中单击“边处理”行中的“更改”选项，打开“钣金件首选项”对话框并自动切换至“边处理”类别属性页，从中设置默认的边处理属性，如图4-15所示。其中间隙值可以为“厚度”“2.0*厚度”“0.5*厚度”或自定义新值，而边处理的类型可以为“开放”“间隙”“盲孔”“重叠”。然后单击“确定”按钮，模型会使用新设置重新生成。

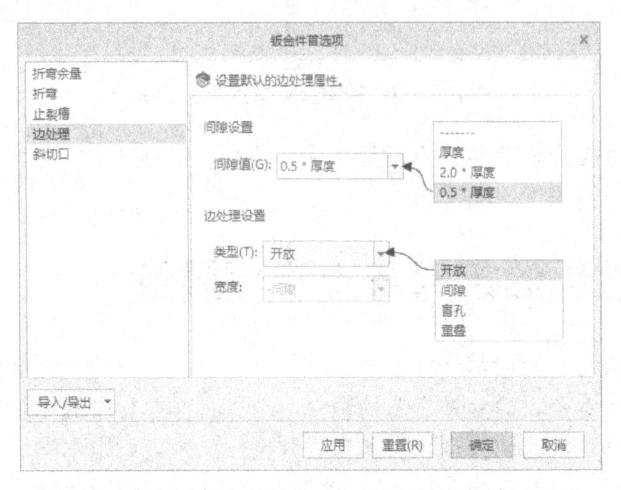

图4-15 利用“钣金件首选项”对话框设置边处理属性

4.5 设置默认的斜切口属性

要为钣金件更改斜切口属性，则选择“文件”→“准备”→“模型属性”命令，打开“模型属性”对话框，接着在“钣金件”选项组中单击“斜切口”行中的“更改”选项，打开“钣金件首选项”对话框并自动切换至“斜切口”类别属性页，然后在“偏移”框中选择“1.1*厚度”或输入新值来设置斜切口偏移值，在“宽度”框中选择“间隙”选项以创建宽度等于SMT_GAP参数设置的值的斜切口，或者为斜切口输入宽度值，如图4-16所示。

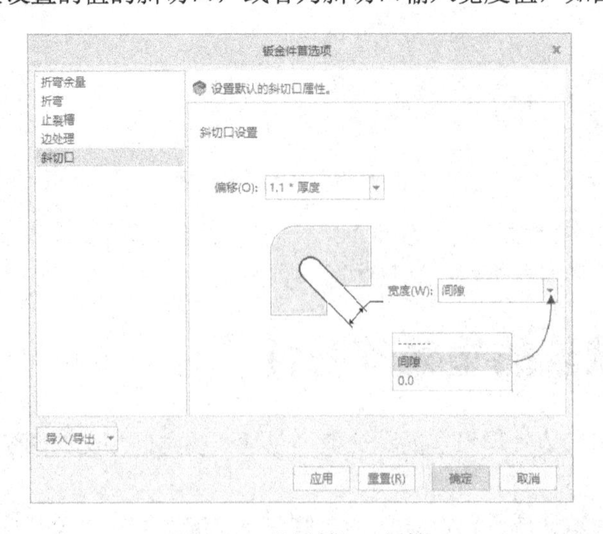

图4-16 设置斜切口属性

4.6 设置默认的固定几何属性

在钣金件设计中，可以为展平、折回或平整形态操作指定所需曲面或边作为默认固定几何参考，其操作方法步骤是选择“文件”→“准备”→“模型属性”命令，打开“模型属性”对话框，接着在“钣金件”选项组中单击“固定几何”行中的“更改”选项，系统弹出图 4-17 所示的“固定几何”对话框，选择曲面或边作为零件的固定几何参考，该参考将出现在“固定几何”对话框的“固定几何”收集器中。如果要将固定几何反向到边的另一侧，则单击“反向”按钮，需要注意的是仅当选择两个非相切曲面之间的边作为参考时，“反向”按钮才可用。然后单击“固定几何”对话框中的“确定”按钮。

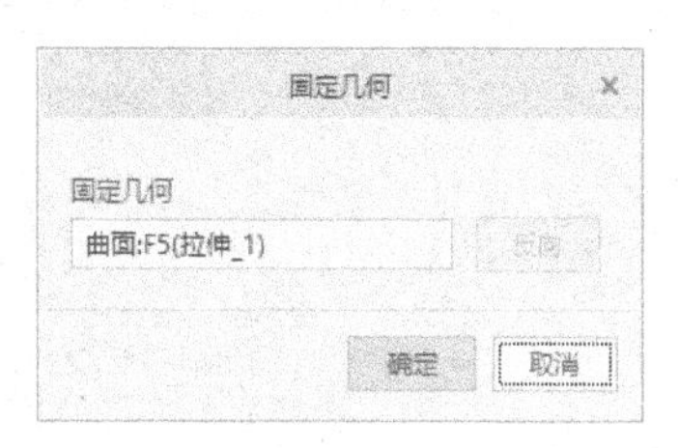

图 4-17 “固定几何”对话框

在前面章节中介绍过指定固定几何的一些注意事项，在这里还是要总结一下，以作为钣金件设计中关于固定几何设置的要点和技巧，见表 4-3。

表 4-3 关于固定几何设置的要点和技巧

序 号	要点和技巧
1	在钣金件设计中，建议为所有展平、折回或平整形态指定相同的固定几何参考
2	所有钣金件实例均使用类属模型的选定固定几何参考
3	为零件定义的固定几何参考将用作展平、折回和平整形态特征的默认参考，但是，可以根据需要设置其他特征特定的固定几何参考
4	如果没有为零件定义固定几何参考，那么将自动使用为第一个展平、折回或平整形态特征选定的固定几何参考作为零件的固定几何参考；重新定义特征选定的参考时，零件固定几何参考不会进行更新

4.7 设置折弯顺序属性

折弯顺序表显示了钣金件中折弯特征的顺序，它是通过完全展平钣金件和记录折弯回去（折回）过程来构造而成的。折弯顺序表有一个或多个关联折弯顺序序列，每个序列都包含有“折弯编号”“折弯位置”“折弯方向”“折弯角度”“折弯半径”“折弯长度”这些信息。

图 4-18 所示为某钣金件的一个序列中的折弯顺序示意图。

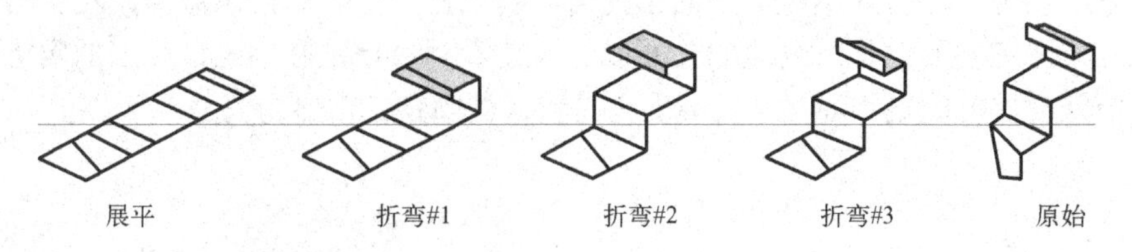

图 4-18 折弯顺序示意

要创建或编辑钣金件折弯顺序序列，则可以按照以下的方法步骤来进行。

（1）在功能区的“模型”选项卡中选择“折弯”→“折弯顺序”命令，系统弹出图 4-19 所示的“折弯顺序”对话框。用户也可以通过选择“文件”→“准备”→“模型属性”命令并在“模型属性”对话框的“折弯顺序”行中单击“更改”选项命令，来打开“折弯顺序”对话框。

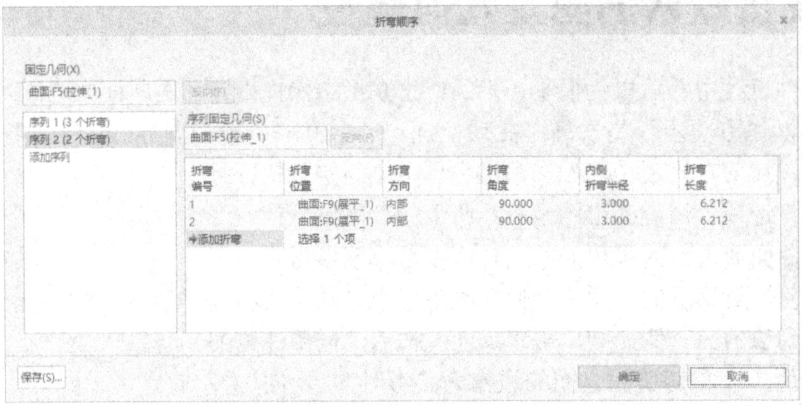

图 4-19 “折弯顺序”对话框

（2）要为零件另外选择一个不同的固定几何参考，则在“固定几何”收集器中单击以激活它，然后选择不同的参考用作固定几何参考。要将固定几何反向到边的另一侧，则单击“反向”按钮，注意仅当选择两个非相切曲面之间的边作为参考时，才能使用“反向”按钮。

（3）单击“添加折弯”并选择要添加到序列中的折弯。

（4）继续选择其他折弯添加到当前序列中，直到将所需的所有折弯都添加到序列中。

（5）要创建新的折弯顺序序列，则单击“添加序列”，并重复步骤 3 和步骤 4，直到将所需的所有折弯都添加到序列中。如果要为零件另外定义一个不同的固定几何参考，则单击激活“序列固定几何”收集器，然后选择不同的参考。

（6）要编辑折弯顺序序列，从列表中选择序列，然后进行所需的任意修改。

（7）在“折弯顺序”对话框中单击“确定”按钮。

下面介绍一个设置折弯顺序序列的范例。

（1）在“快速访问”工具栏中单击（打开）按钮，系统弹出“文件打开”对话框，浏览并选择 bj_4_7.prt 文件，单击“打开”按钮，打开的钣金件模型如图 4-20 所示。

（2）在功能区的“模型”选项卡中选择“折弯”→“折弯顺序”命令，系统弹出“折弯顺序”对话框。

（3）在“折弯顺序”对话框的“固定几何”收集器的框内单击以激活该收集器，此时可以选择要在展平或折回时保持固定的曲面或边，在本例中指定图 4-21 所示的实体面作为要在展平或折回时保持固定的曲面（实际上也是默认的固定几何参考）。

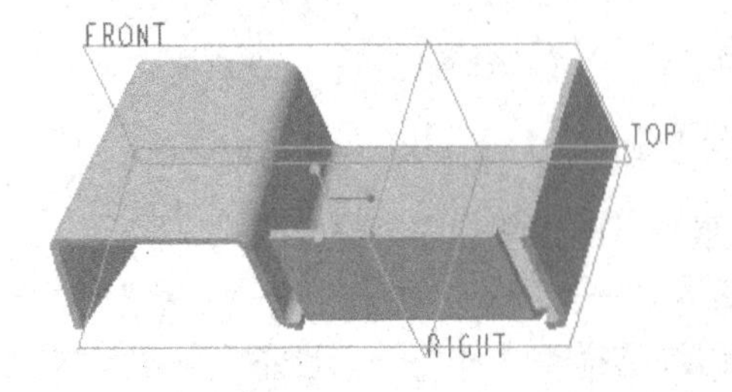

图 4-20 打开的原始钣金件模型

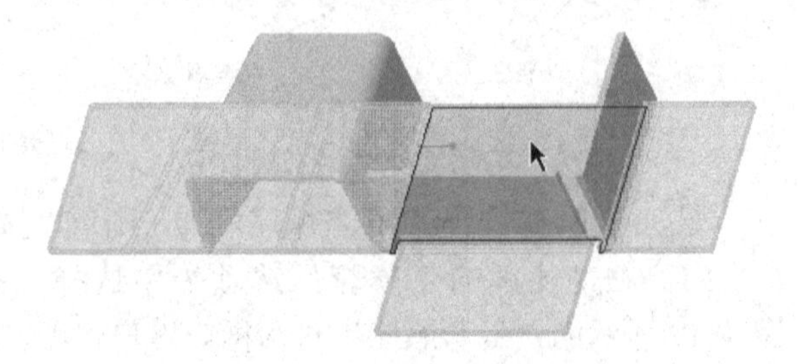

图 4-21 指定固定几何参考

（4）单击“添加折弯”，接着选择图 4-22 所示的一个折弯作为要添加到当前序列 1 中的折弯。

（5）选择图 4-23 所示的第 2 个折弯添加到当前序列 1 中。

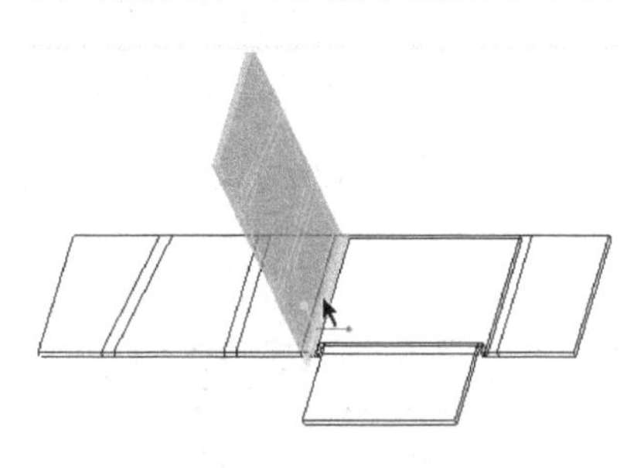

图 4-22 选择要添加到序列中的折弯

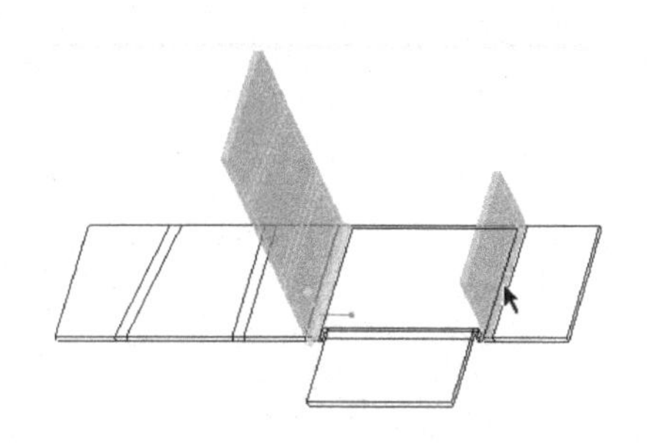

图 4-23 选择要添加到序列中的第 2 个折弯

（6）选择图 4-24 所示的第 3 个折弯添加到当前序列 1 中。

（7）在“折弯顺序”对话框的“序列”列表框中选择“添加序列”命令，如图 4-25 所示，从而添加一个序列，并接受默认的序列固定几何。

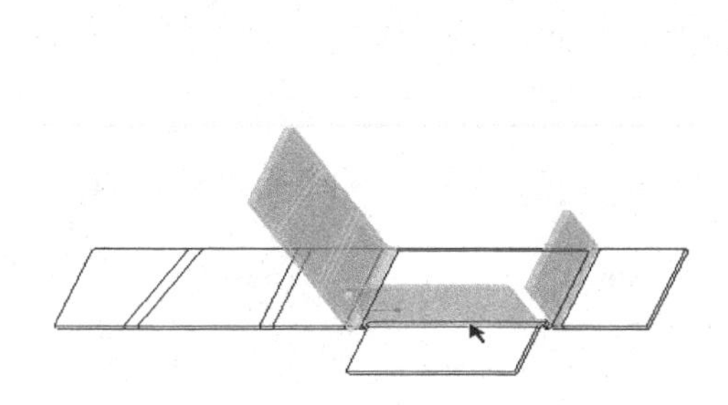

图 4-24 选择要添加到序列中的第 3 个折弯

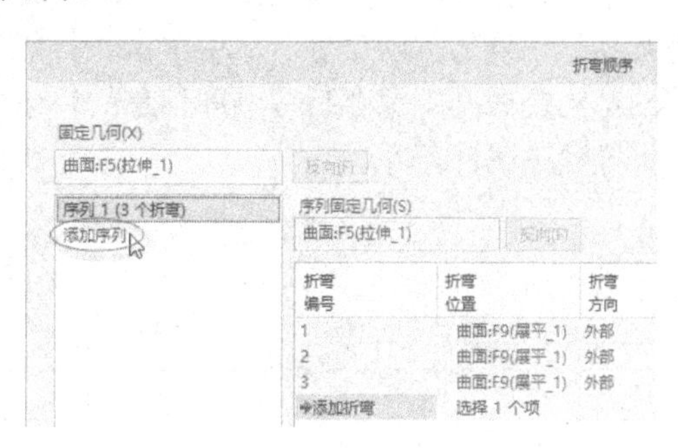

图 4-25 选择“添加序列”命令

（8）单击“添加折弯”，接着在钣金件中选择要添加到序列 2 中的一个折弯，如图 4-26 所示。接着为序列 2 选择第 2 个折弯，如图 4-27 所示。

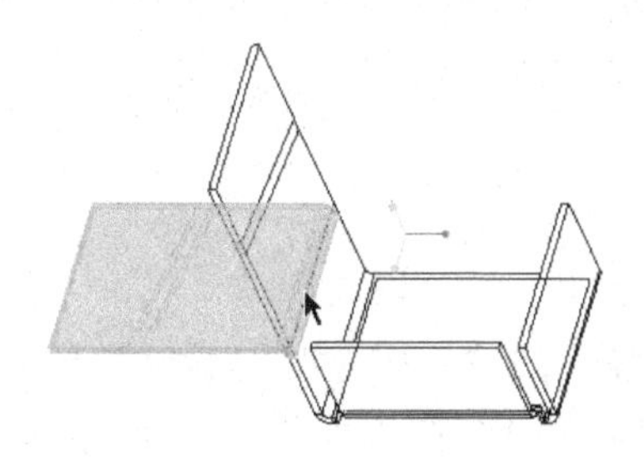

图 4-26 为序列 2 选择一个折弯

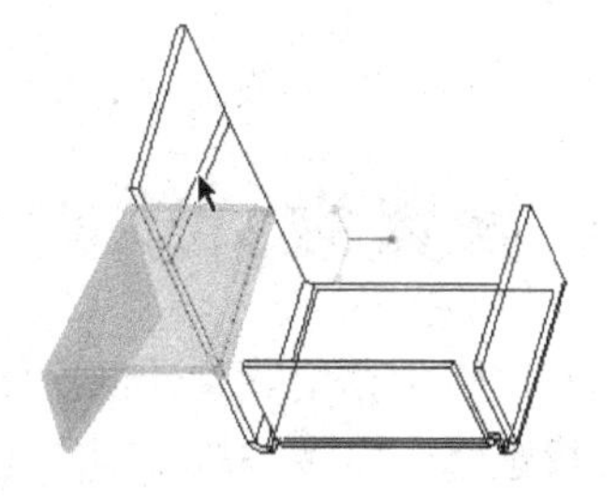

图 4-27 为序列 2 选择第 2 个折弯

（9）此时，“折弯顺序”对话框如图 4-28 所示，单击“确定”按钮，从而完成折弯顺序定义。

说明： 如果要保存折弯顺序表，则选择要保存的折弯顺序序列，接着单击“保存”按钮并浏览至要在其中保存折弯顺序表的目录。

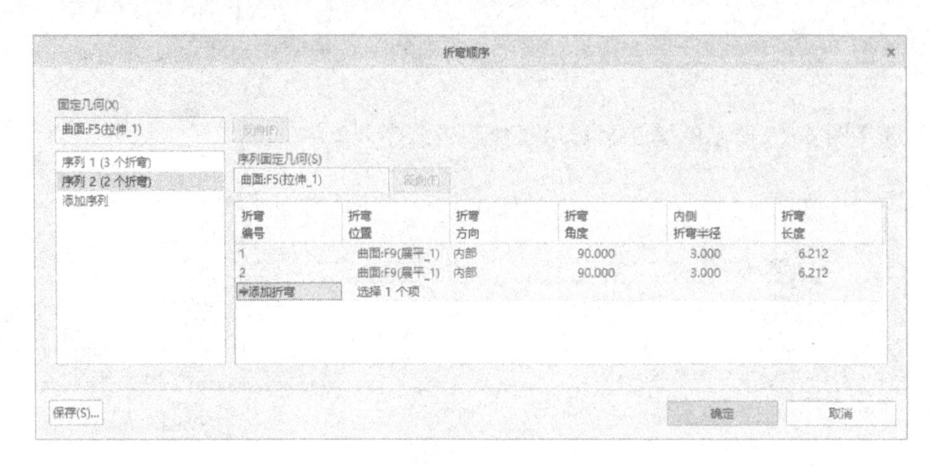

图 4-28 “折弯顺序”对话框

完成折弯顺序定义后，如果要显示折弯顺序表，则选择“文件”→“准备”→“模型属性”命令以打开“模型属性”对话框，接着在“钣金件”选项组的“折弯顺序”行中单击 (信息) 按钮，系统弹出图 4-29 所示的“折弯顺序”对话框，其中显示为钣金件定义的折弯顺序序列的关联信息，从中单击“打印”按钮即打印折弯顺序信息，单击“保存”按钮可浏览至要在其中保存折弯顺序信息的目录并进行保存。如果单击“更改”按钮则可重新定义折弯顺序属性。

折弯顺序

折弯序列	折弯数	折弯编号	折弯方向	折弯角度	内侧折弯半径	折弯长度
1	3	1	OUT	90.000	3.000	6.21
		2	OUT	90.000	3.000	6.21
		3	OUT	90.000	3.000	6.21
2	2	1	IN	90.000	3.000	6.21
		2	IN	90.000	3.000	6.21

保存(S)... 打印(P)... 更改...

图 4-29 显示折弯顺序表

4.8 设置设计规则

用户可以根据实际设计情况，设置钣金件设计规则，所述的设计规则是设计指导方针。例如，规定基于零件材料和制造工艺的最小槽宽和深度。设计规则以钣金件的材料类型和制造工艺为基础。用户可以为一个钣金件设计复制任意数量的适合的设计规则表，但是需要注意的是一次只能为一个钣金件分配一个规则表。

更改所分配规则表中列出的一个或多个规则，即可修改设计规则。注意设计规则和名称均为标准形式，不能对其进行更改，但是允许用户利用关系进行自定义。

要设置设计规则，则选择“文件”→“准备”→“模型属性”命令以打开“模型属性”对话框，接着在“模型属性”对话框的“钣金件”选项组中单击“设计规则”行中的“更改”选项，弹出图 4-30 所示的“设计规则”对话框。

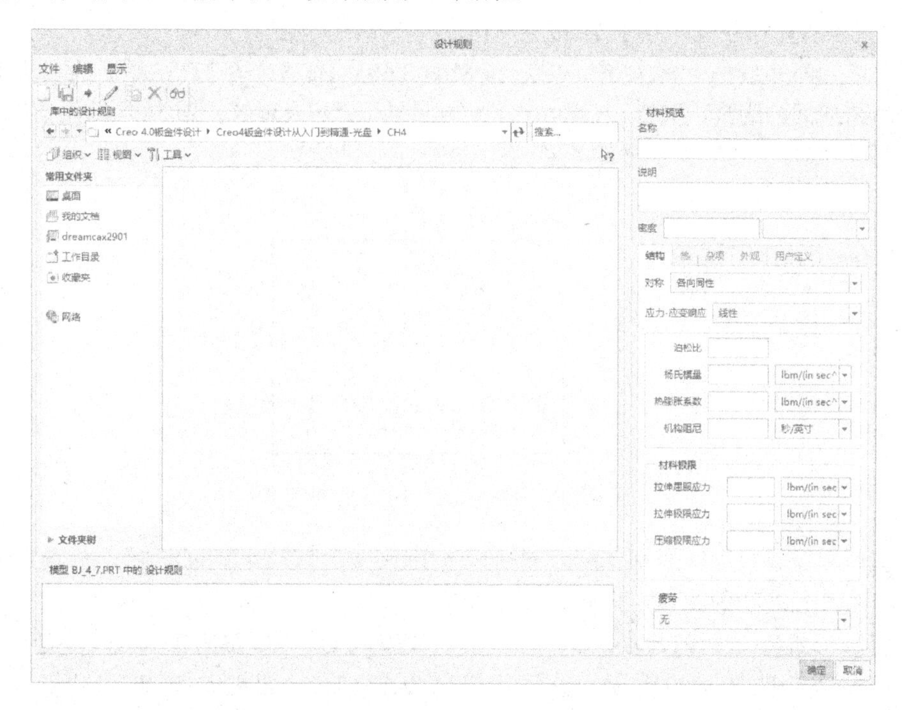

图 4-30 “设计规则”对话框（1）

在“设计规则”对话框中单击 （创建新设计规则）按钮，系统弹出新的“设计规则”对话框，在“名称”文本框中输入名称，在“说明”文本框中输入设计规则说明，在“规则”选项组中更改相关的默认值，如图 4-31 所示，然后单击“保存至库”按钮将设计规则集保存到默认目录，或者单击“保存到模型”按钮将设计规则集仅保存到模型。

设计规则

名称(N) BC-BJ

说明(D)

钣金件的一些设计规则

规则

规则	值
切口之间的最小距离(M)	5*T
切口与边界之间的最小距离(T)	2*T
切口与折弯之间的最小距离(C)	2.5*T+R
最小壁高度(W)	1.5*T+R
槽凸耳的最小宽度(F)	T
槽凸耳的最小长度(L)	0.7
最小激光直径(R)	1.5*T

仅使用 T 和 R 符号、数学运算和公式。
T = 钣金件厚度，R = 折弯半径。

保存至库... 保存到模型 取消

图 4-31 “设计规则”对话框（2）

设计规则集中的标准规则表包括以下钣金件设计规则元素，有些规则值中使用了 T 和 R 的符号、数学运算和公式，其中 T=钣金件厚度，R=折弯半径。

● 切口之间的最小距离（M）：规则为 MIN_DIST_BTWN_CUTS，用于检查两个切口或冲孔之间的距离，其默认值为 5*T。结合图 4-32 来理解，图中的“1”表示 5*T 或更大（M），“2”表示坯件厚度（T）。

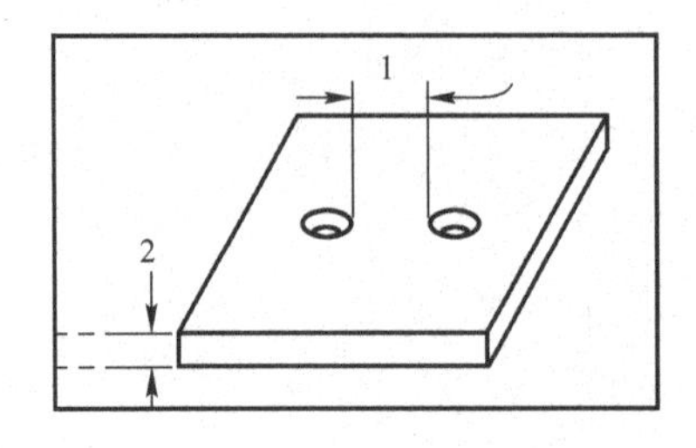

图 4-32　两个切口或冲孔之间的距离

● 切口与边界之间的最小距离：规则为 MIN_CUT_TO_BOUND，用于检查零件边与切口或冲孔之间的距离，其默认值为 2*T。
● 切口与折弯之间的最小距离：规则为 MIN_CUT_TO_BEND，用于检查折弯线与切口或冲孔之间的距离，其默认值为 2.5*T+R。图例如图 4-33 所示，图中的参数：

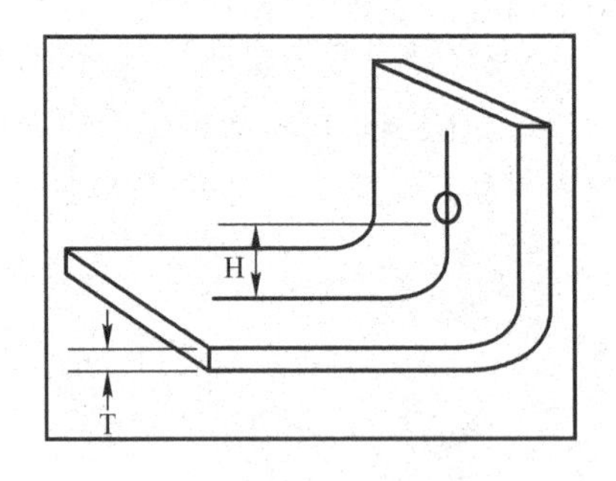

图 4-33　切口与折弯之间的最小距离

H 为最底边与孔之间的距离，T 为钣金件厚度，R 为折弯半径，最小 H 为 1.5*T+R。

● 最小壁高度：规则为 MIN_WALL_HEIGHT，用于检查成型壁的最小折弯高度，其默认值为 1.5*T+R。
● 槽凸耳的最小宽度：规则为 MIN_SLOT_TAB_WIDTH，用于检查槽的最小宽度，其默认值为 T。图例如图 4-34 所示，图中的“1”表示槽高，“2”表示槽宽（T）。
● 槽凸耳的最小长度：规则为 MIN_SLOT_TAB_HEIGHT，用于检查槽的最小长度，其默认值为 0.7。
● 最小激光半径：规则为 MIN_LASER_DIM，用于检查必须进行激光切割的轮廓之间的最小距离，其默认值为 1.5*T。

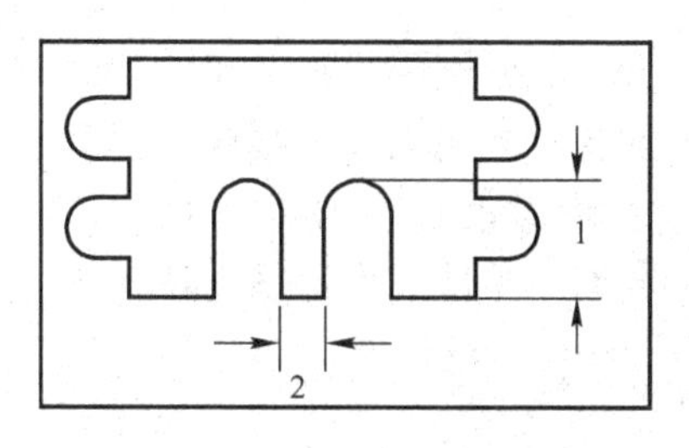

图 4-34　槽凸耳设计规则图解示例

设计规则表的一些操作和折弯表的一些操作类似，例如复制或删除设计规则表、分配或取消分配设计规则表等。要为当前钣金件分配新设计规则表，则在图 4-35 所示的“设计规则”对话框的库中或“模型中的设计规则”列表中选择所需的一个设计规则表，接着单击 （分配）按钮，将选定设计规则表分配给钣金件。如果当前模型已经分配有一个设计规则，则系统会弹出图 4-36 所示的“问题”对话框，提示是否要将另一个设计规则分配给该模型，单击“确定”按钮。要取消分配设计规则表，则选择此设计规则表，接着右键单击并从弹出的快捷菜单中选择“取消分配”命令，则相应的设计规则表被取消分配，但仍然与零件一起保存。单击 （编辑）按钮，可以对选定设计规则表进行编辑操作。注意“设计规则”对话框中提供的菜单命令和工具按钮的应用。

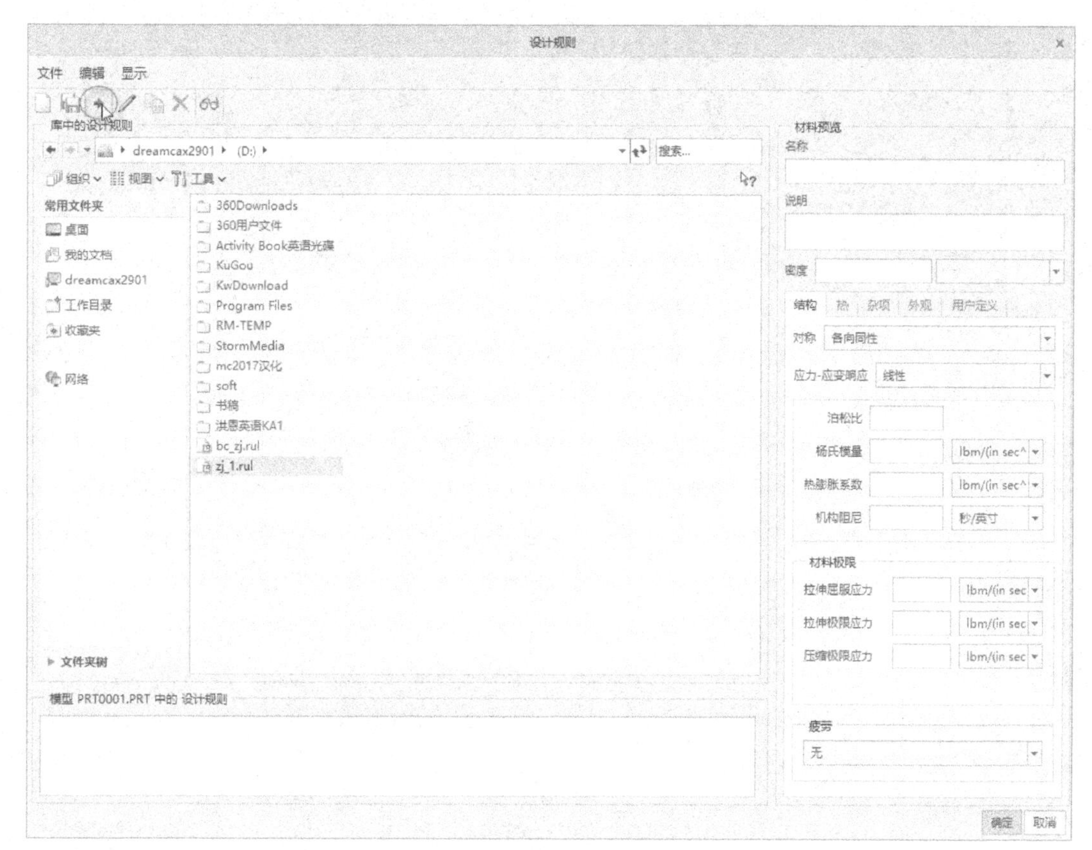

图 4-35　将选定设计规则分配给模型

对设计规则表进行相关设置后，返回到“模型属性”对话框。此时，如果要显示已分配的设计规则表，则在“模型属性”对话框的“设计规则”行中单击 （信息）按钮，系统弹出一个对话框来显示已分配给零件的设计规则表，从中单击“打印”按钮可以打印设计规则表列表。

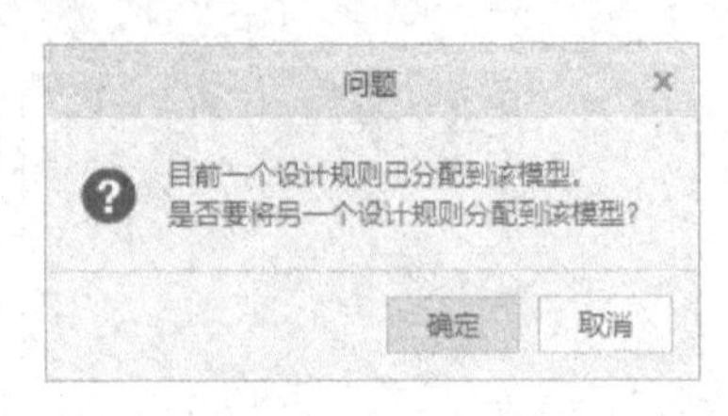

图 4-36 “问题”对话框

4.9 为钣金件分配材料

要为钣金件分配材料，那么选择“文件”→“准备”→“模型属性”命令，打开“模型属性”对话框，接着单击“材料”行中的“更改”选项，系统弹出图 4-37 所示的“材料”对话框，从“库中的材料”列表中或“模型中的材料”列表框中选择所需的一种材料，然后单击 （分配）按钮，从而将材料分配给钣金件模型。如果相关列表（如“库中的材料”列表）中没有所需的材料，那么可以单击 （创建新材料）按钮，利用弹出的图 4-38 所示的“材料定义”对话框来为新材料设置材料名称、材料说明、材料密度和材料相关的结构、热、外观和其他属性等。如果要编辑选定材料的属性，则单击 （编辑）按钮，并在弹出的“材料定义”对话框中进行相关的编辑操作即可。

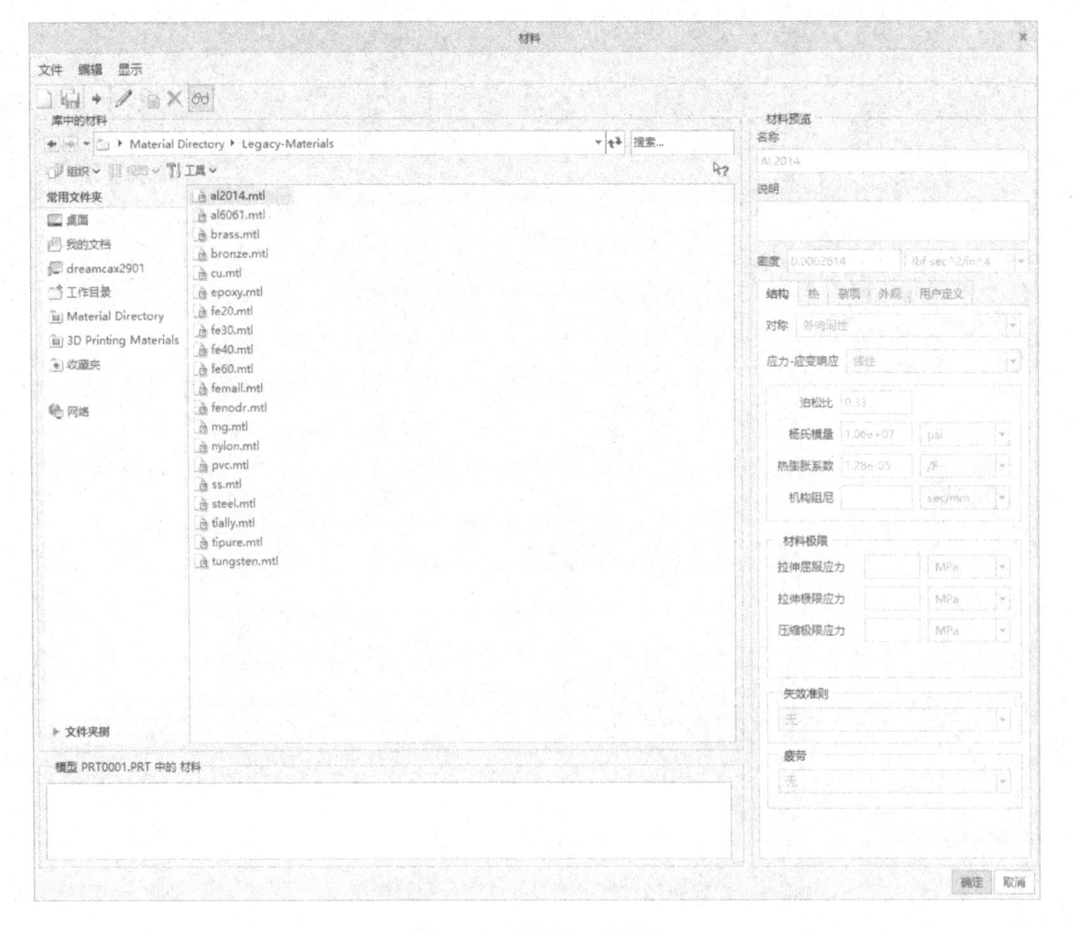

图 4-37 “材料”对话框

图 4-38 “材料定义”对话框

4.10 访问钣金件报告

Creo Parametric 4.0 中的钣金件报告提供了有关折弯、半径和为钣金件建立的特定设计规则的信息。可以使用报告来检查设计，从而确保它符合公司标准或约定的其他设计标准。在制造钣金零件之前，通常需要检查钣金件报告。

钣金件报告可以分两种方式，一种为 HTML 报告，另一种则是文本报告。注意与钣金件报告相关的配置选项 info_output_format，其默认值为 html，即表示以 html 数据输出报告信息。如果将 info_output_format 配置选项的值设置为 text，则以文本格式显示信息。

4.10.1 访问 HTML 钣金件报告

HTML 报告显示在 Creo Parametric 浏览器中。在一个钣金件文件中，要以 HTML 格式显示报告信息，首先要确保将配置选项 info_output_format 的值设置为 html（该配置选项的默认值为 html）。接着在功能区中切换到“工具”选项卡，在“调查”组中单击“模型”→ （模型信息）按钮，如图 4-39 所示，此时，钣金件信息会显示在 Creo Parametric 浏览器中，如图 4-40 所示，在 Creo Parametric 浏览器中单击所需的报告标签，可以访问以下类型的报告内容（参考 Creo Parametric 4.0 帮助文件）。

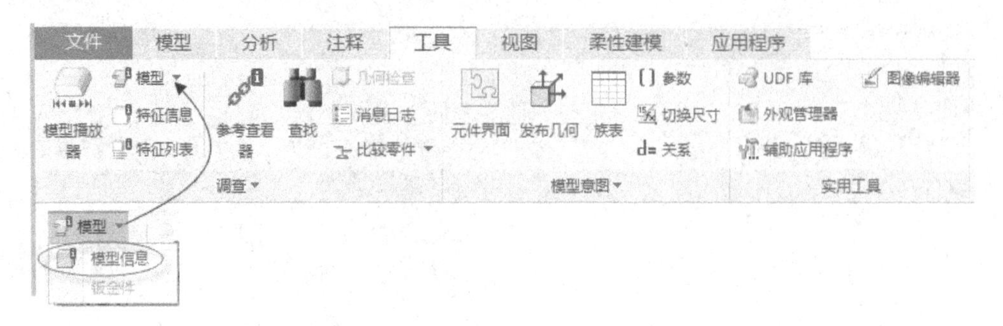

图 4-39 在“工具”选项卡中单击“模型信息”按钮

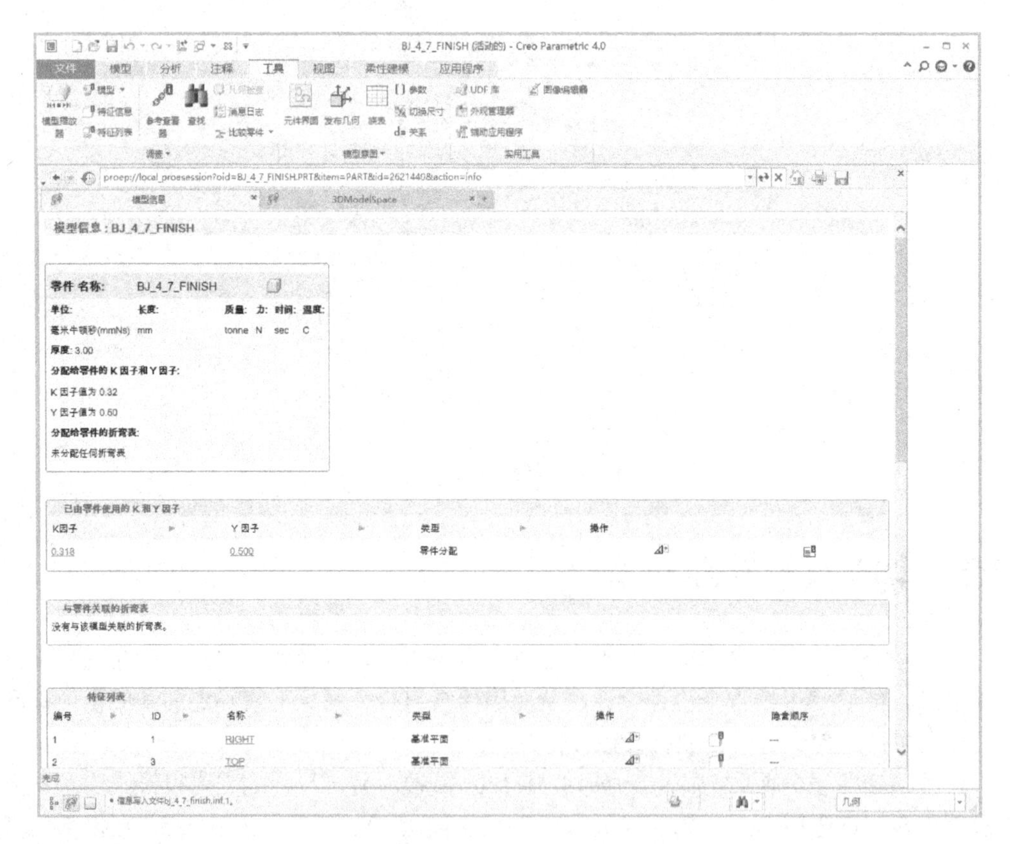

图 4-40 HTML 报告

- 由零件使用的 K 和 Y 因子：列出由零件或特征使用的 K 和 Y 因子的所有值以及分配给它的因子类型。因子类型可以是“零件分配”或“特征特定的”。
- 与零件关联的折弯表：列出有关零件中所用折弯表的详细信息。
- 包含特征折弯表的折弯：列出特征所使用的分配折弯表。
- 折弯公差：列出分配给特征（具有或不具有 90° 折弯角）的折弯的信息。修改后弯曲余量值与名为 manually 的关联标记一起显示，此值不使用方程。

- 折弯半径：列出有关特征的折弯半径的详细信息。
- 设计规则违规检查：列出有关设计如何符合已定义的设计规则的详细信息。报告列出模型中存在的任何冲突。报告将提供有关设计规则名称、设计规则公式、所需的规则值、当前规则值以及违反为折弯表所定义设计规则的特征的参考 ID 等信息。为获得此报告，必须先定义规则表（设计规则），并将其分配给钣金件。只针对平面壁执行设计检查。

4.10.2 访问文本钣金件报告

要以文本格式显示报告信息，需要将配置选项 info_output_format 的值设置为 text。其设置方法如下。

（1）选择“文件”→“选项”命令，系统弹出“Creo Parametric 选项”对话框。

（2）在“Creo Parametric 选项”对话框中选择“配置编辑器”，以查看并管理 Creo Parametric 选项。

（3）单击“添加”按钮，系统弹出“添加选项”对话框。

（4）在“添加选项”对话框的“选项名称”文本框中输入“info_output_format”，接着从“选项值”下拉列表框中选择“text”，如图 4-41 所示，单击“确定”按钮。

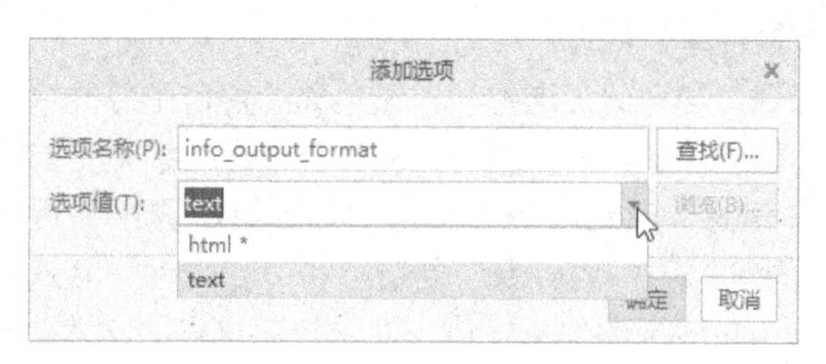

图 4-41 “添加选项”对话框

（5）在“Creo Parametric 选项”对话框中单击“确定”按钮，

将配置选项 info_output_format 的选项值设置为 text 之后，在一个打开的钣金件文件窗口中，从功能区“工具”选项卡的“调查”组中选择“模型”命令，则打开一个列表，从中可以看到“钣金件”命令可用，如图 4-42 所示。选择此“钣金件”命令，则系统弹出图 4-43 所示的“钣金件信息”对话框。

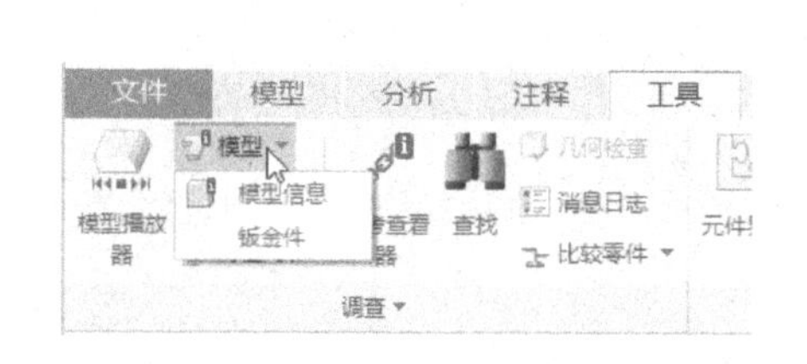

图 4-42 “模型”下的“钣金件”命令可用

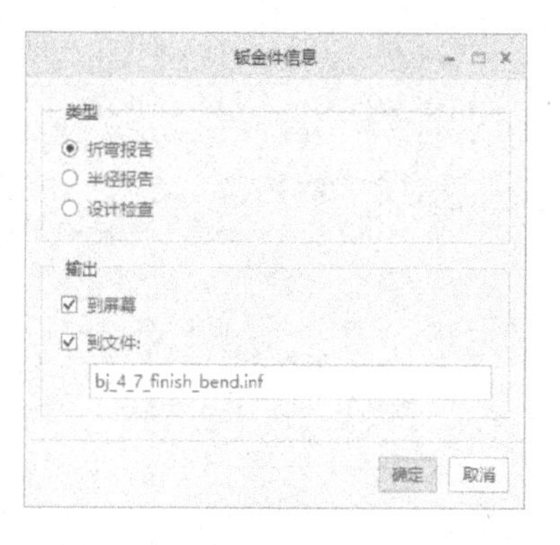

图 4-43 “钣金件信息”对话框

从“钣金件信息”对话框中，看到可以以文本格式访问下列3种类型的钣金件报告。

- 折弯报告：列出钣金件中的折弯详细信息。报告列出分配到“特征折弯表”的折弯和非90°折弯的信息。报告还提供零件信息，包括零件名称、材料代码、厚度和相应的弯曲余量（Y因子、K因子或折弯表）。
- 半径报告：列出钣金件中的折弯半径详细信息。该报告列出了与分配的弯曲表中的值匹配的所有弯曲半径或默认半径。该报告提供了特征ID、尺寸参数名称、半径值、半径类型和内部半径名称。报告还提供了零件信息，包括零件名称、材料代码、厚度和相应的弯曲余量（Y因子、K因子或折弯表）。
- 设计检查：列出有关设计如何符合已定义的“设计规则”的详细信息。报告列出模型中存在的任何冲突。报告将提供有关设计规则名称、设计规则公式、所需的规则值、当前规则值以及违反为折弯表所定义设计规则的特征的参考ID等信息。为获得此报告，必须先定义规则表（设计规则），并将其分配给钣金件。只针对平面壁执行设计检查。

在“钣金件信息”对话框的“类型”选项组中，选择“折弯报告”单选按钮、“半径报告”单选按钮和“设计检查”单选按钮中的一个，然后在“输出”选项组中勾选“到屏幕”复选框或“到文件”复选框来指定输出结果的位置（注意可以同时勾选这两个复选框），单击“确定”按钮，则该报告即被处理。

- “到屏幕”复选框：勾选此复选框时，在单独的窗口中打开报告。
- “到文件”复选框：勾选此复选框时，将报告保存在钣金件的工作目录中。

例如，在“钣金件信息”对话框的“类型”选项组中选择“折弯报告”单选按钮，在“输出”选项组中确保同时勾选“到屏幕”复选框和“到文件”复选框，然后单击“确定”按钮，则系统弹出图4-44所示的信息窗口，显示折弯报告的文本信息。可以使用信息窗口中的菜单命令来对报告进行编辑操作、保存文件等操作。

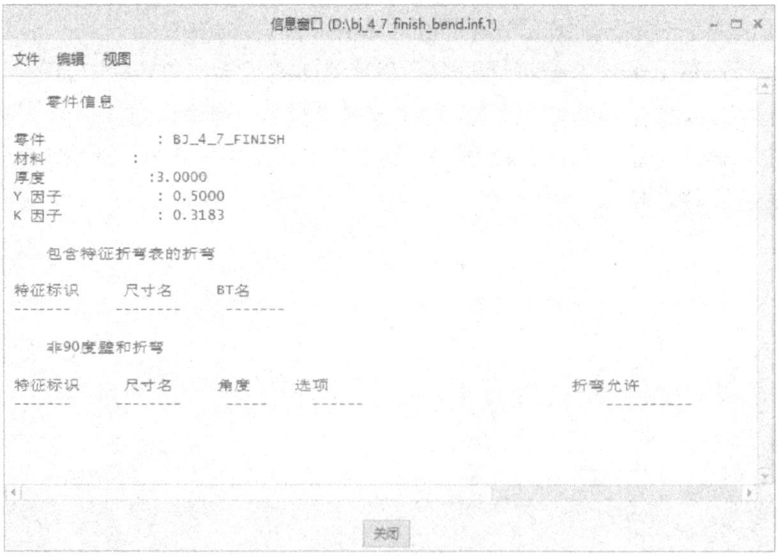

图4-44 信息窗口

4.11 思考练习

（1）如何定制新的 Y 因子和 K 因子？请简述其方法。

（2）以定义默认的折弯半径为例，说明如何设置钣金件参数。

（3）如何为钣金件分配材料？

（4）操作练习：以附赠网盘资料的 CH4 文件夹中的 bj_s4_ex4.prt 为例，说明如何设置钣金顺序。bj_s4_ex4.prt 文件中存在的钣金模型如图 4-45 所示。

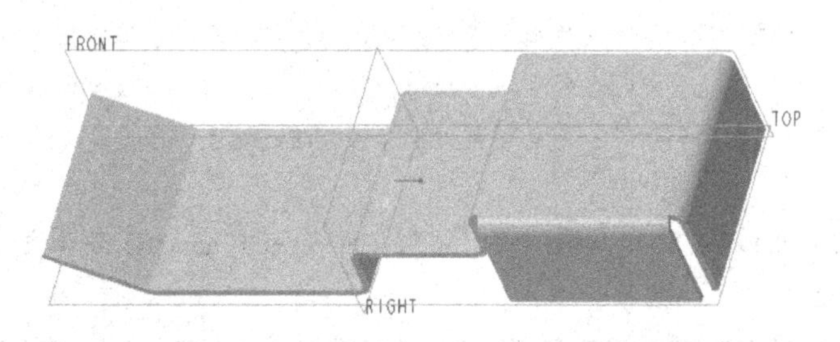

图 4-45 原始钣金件

（5）在 Creo Parametric 4.0 系统中，标准规则表包含哪些默认的钣金件设计规则？

（6）如何设置钣金件的固定几何参考？请简述其典型步骤。

第5章 简单钣金件设计实例

本章导读：

本章将介绍若干个简单钣金件设计实例，使读者基本掌握钣金件综合设计能力。涉及的简单钣金件实例包括钣金挂件、钣金挡板、具有弯角的钣金片、某订书机中的弹片、简易箱盖、梯台板、接线端子、钣金支架和管道定位箍。

通过本章的学习，读者基本上能够使用 Creo Parametric 设计较为简单的钣金件。

5.1 钣金挂件

本实例要完成的钣金挂件如图5-1所示。

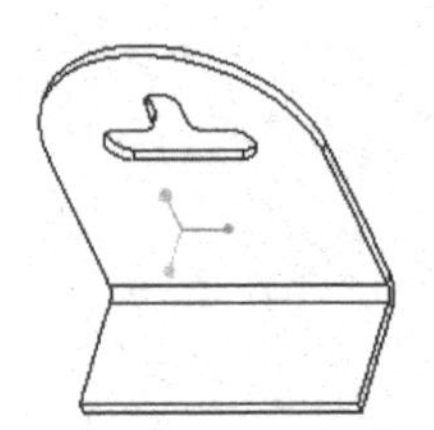

图5-1 钣金挂件

本实例的主要知识点包括创建平面壁、钣金切除、创建连接平整壁等。

本实例详细的设计过程如下。

步骤1：新建钣金件文件。

（1）启动 Creo Parametric 4.0 设计软件后，在“快速访问”工具栏中单击（新建）按钮，或者选择“文件”→“新建”命令，系统弹出“新建”对话框。

（2）从“类型”选项组中选择“零件”单选按钮，从“子类型”选项组中选择“钣金件”单选按钮，在“名称”文本框中输入文件名为“bc_s5_1”，取消勾选“使用默认模板”复选框。接着，单击“确定”按钮，系统弹出“新文件选项”对话框。

（3）在“模板”选项组的模板列表中选择 mmns_part_sheetmetal，单击“确定”按钮。

步骤2：创建平面壁作为第一壁。

（1）在功能区的“模型”选项卡中单击（平面）按钮，打开“平面”选项卡。

（2）在“平面”选项卡中打开“参考”面板，单击“定义”按钮，弹出“草绘”对话框，选择 FRONT 基准平面定义草绘平面，如图5-2所示，单击“草绘”按钮，进入草绘器。

（3）绘制图 5-3 所示的剖面，单击✔（确定）按钮。

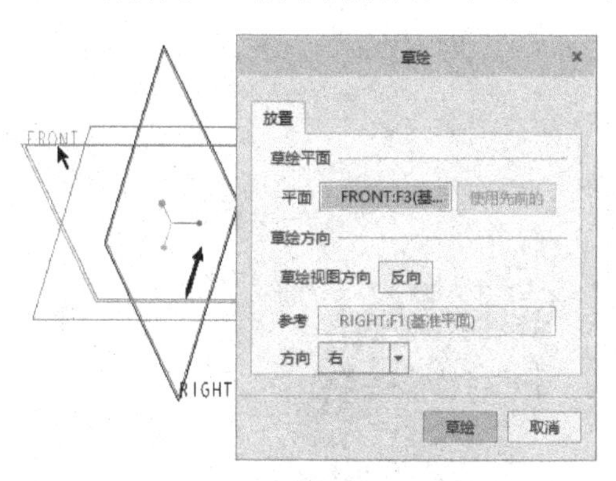

图 5-2 指定草绘平面

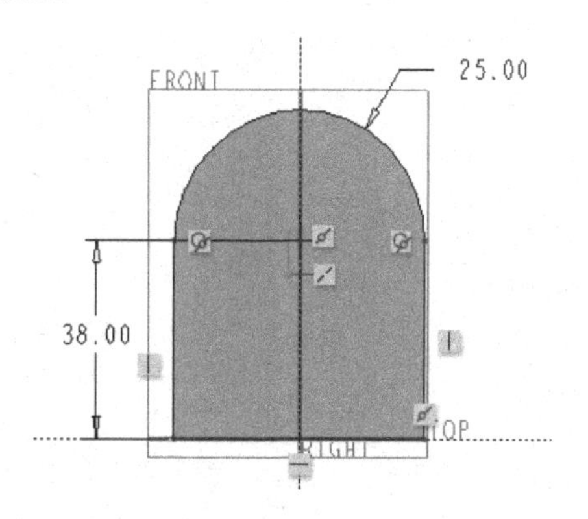

图 5-3 绘制剖面

（4）在“平面”选项卡的（壁厚度）文本框中输入厚度值为“2”。

（5）在“平面”选项卡中单击✔（完成）按钮，完成创建的该平面壁作为钣金件的第一壁，如图 5-4 所示。

步骤 3：以拉伸切除的方式构建挂孔。

（1）单击（拉伸）按钮，打开“拉伸”选项卡，如图 5-5 所示，接受默认的相关按钮和选项设置。

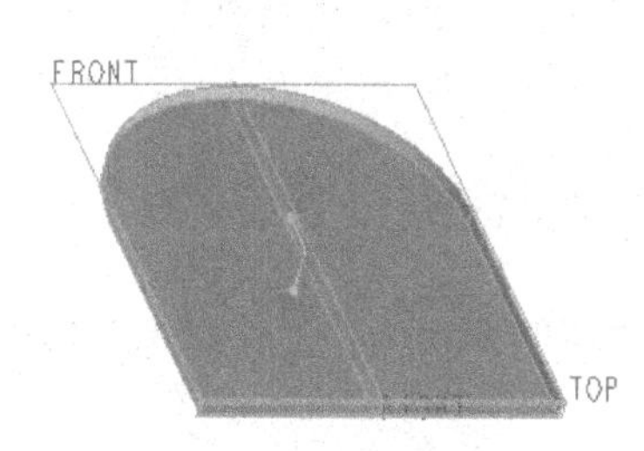

图 5-4 钣金件的第一个壁

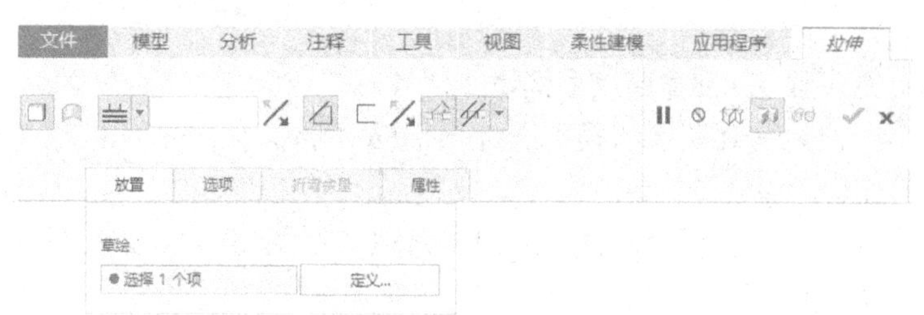

图 5-5 “拉伸”选项卡

（2）在“拉伸”选项卡中打开“放置”面板，接着单击该面板中的“定义”按钮，弹出“草绘”对话框。

（3）在“草绘”对话框中单击“使用先前的”按钮，进入内部草绘器。

（4）绘制图 5-6 所示的剖面，单击✔（确定）按钮。

（5）在“拉伸”选项卡中打开“选项”面板，从“侧 1”下拉列表框和“侧 2”下拉列表框均选择（穿透），如图 5-7 所示。用户也可以切换拉伸的深度方向来获得相同的钣金件切口效果。

（6）在“拉伸”选项卡中单击✔（完成）按钮，得到的钣金件初步模型如图 5-8 所示。

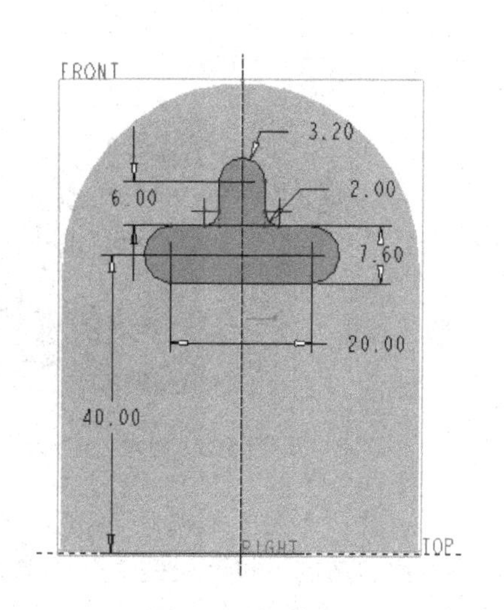

图 5-6 绘制剖面

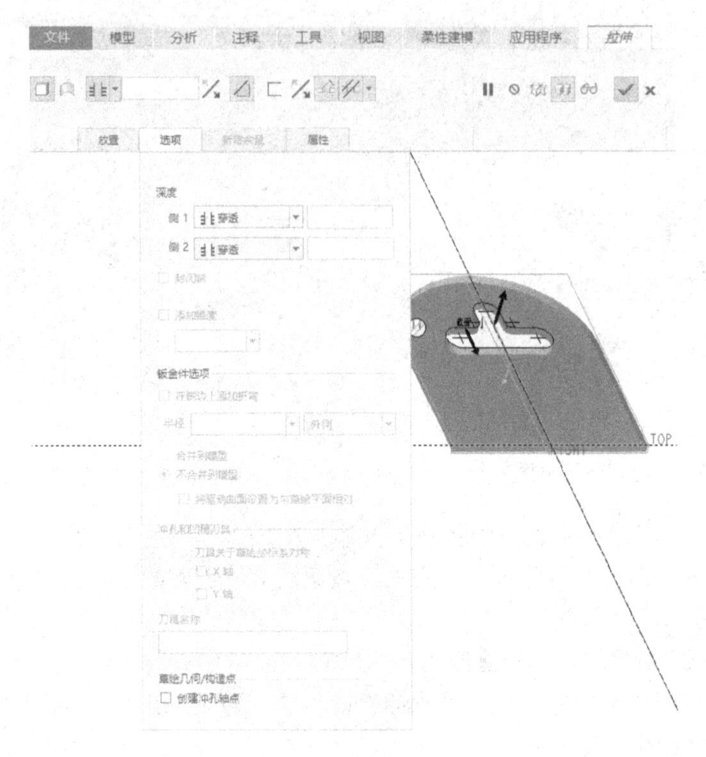

图 5-7　设置深度选项等

步骤 4：创建连接平整壁。

（1）在功能区“模型”选项卡的“形状”组中单击（平整）按钮，打开“平整”选项卡。

（2）选择钣金件背面上的一条边（见图 5-9），系统默认的薄壁形状为矩形，折弯角度默认为 90°。

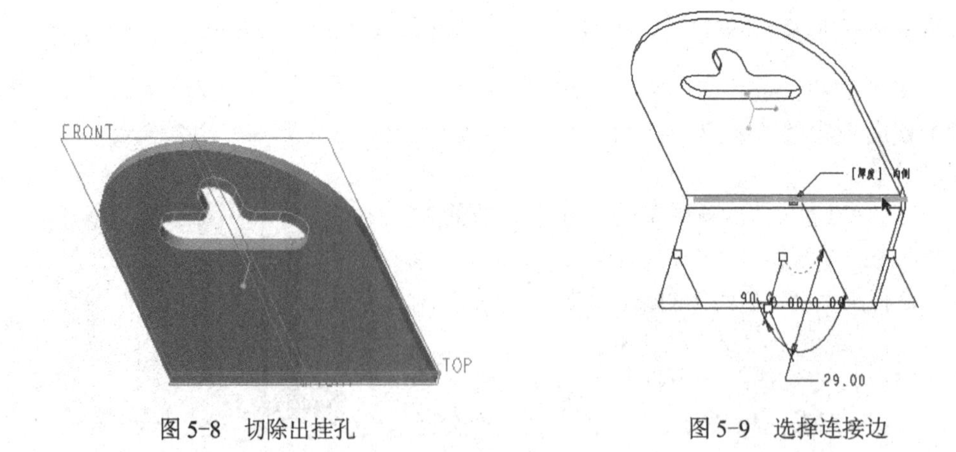

图 5-8　切除出挂孔　　　　图 5-9　选择连接边

（3）在“平整”选项卡中，默认时（在连接边上添加折弯）按钮处于被选中的状态，在该按钮右边的下拉列表框中默认选择“[厚度]”选项，半径标注位置选项为，如图 5-10 所示。

图 5-10 指定折弯半径等

（4）在“平整”选项卡中打开“形状”面板，设置图 5-11 所示的形状尺寸。

（5）在“平整”选项卡中单击✓（完成）按钮，创建的连接平整壁如图 5-12 所示。

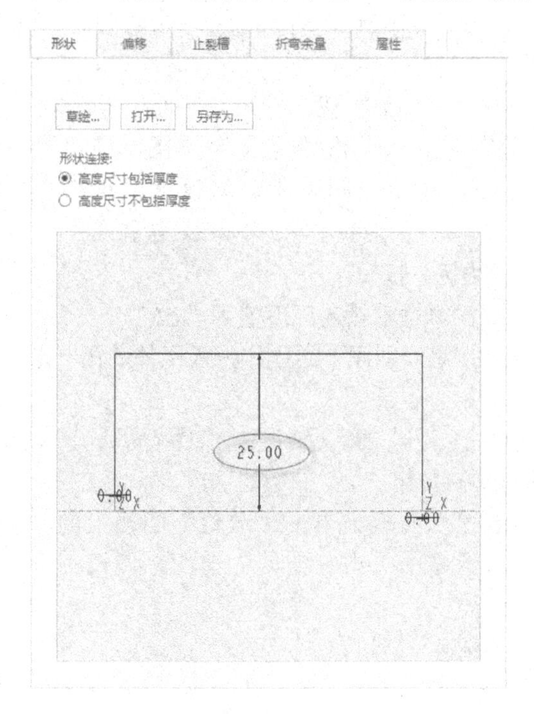

图 5-11 设置形状尺寸

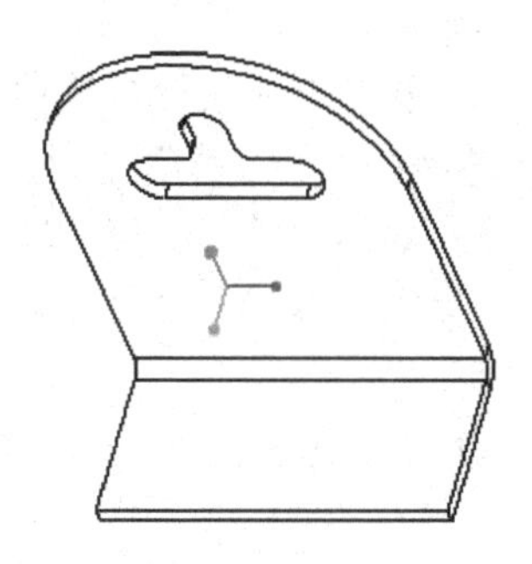

图 5-12 创建连接平整壁

至此，完成了该钣金挂件的设计工作。

5.2 钣金挡板

本节要完成的钣金挡板如图 5-13 所示。

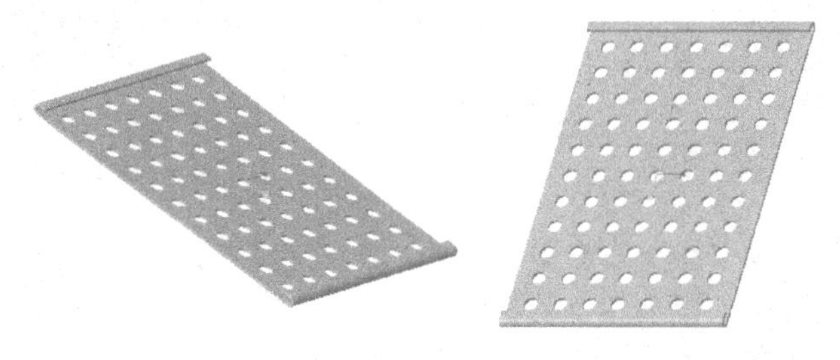

图 5-13 钣金挡板

本实例的主要知识点包括创建平整壁、钣金件切口、钣金件阵列特征和法兰壁。

本实例详细的设计过程如下。

步骤1：新建钣金件文件。

（1）启动Creo Parametric 4.0设计软件后，在“快速访问”工具栏中单击（新建）按钮，或者选择“文件”→“新建”命令，系统弹出“新建”对话框。

（2）从“类型”选项组中选择“零件”单选按钮，从“子类型”选项组中选择“钣金件”单选按钮，在“名称”文本框中输入文件名为“bc_s5_2”，取消勾选“使用默认模板”复选框。接着，单击“确定”按钮，系统弹出“新文件选项”对话框。

（3）在“模板”选项组的模板列表中选择mmns_part_sheetmetal，单击“确定”按钮。

步骤2：创建平面壁作为钣金件第一壁。

（1）在功能区的“模型”选项卡中单击（平面）按钮，打开“平面”选项卡。

（2）在“平面”选项卡中打开“参考”面板，单击“定义”按钮，弹出“草绘”对话框。选择TOP基准平面定义草绘平面，草绘方向采用默认设置，单击“草绘”按钮。

（3）绘制图5-14所示的剖面，单击（确定）按钮。

（4）在“平面”选项卡中的（壁厚度）文本框中输入厚度值为“2.5”。

（5）单击“平面”选项卡中的（完成）按钮，创建平面壁作为钣金件的第一壁。

步骤3：切除出一个小孔。

（1）单击（拉伸）按钮，打开“拉伸”选项卡，默认确保选中（实体）、（移除材料）按钮和（移除与钣金曲面垂直的材料）按钮。

（2）单击“放置”选项标签以打开“放置”面板。单击“放置”面板上的“定义”按钮，弹出“草绘”对话框。在“草绘”对话框中单击“使用先前的”按钮，进入草绘模式。

（3）绘制图5-15所示的剖面，单击（确定）按钮。

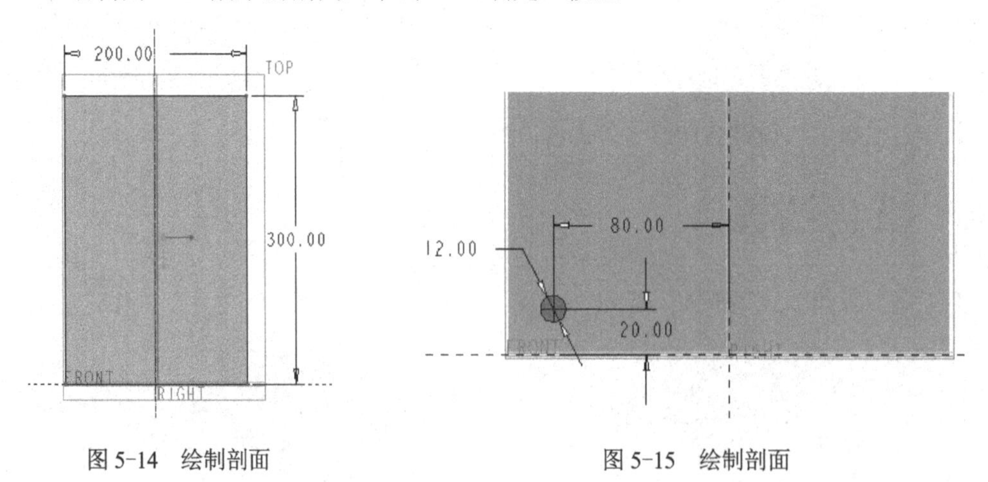

图5-14 绘制剖面　　图5-15 绘制剖面

（4）在“拉伸”选项卡中单击左侧部位的（将拉伸的深度方向更改为草绘的另一侧）按钮，确保能正确实现切除钣金件上的材料。

（5）单击“拉伸”选项卡的（完成）按钮，创建的一个通孔，如图5-16所示。

步骤 4：创建阵列特征。

（1）选中刚创建的一个通孔（小孔），在功能区的“模型”选项卡中单击“编辑”→ （阵列）按钮，打开“阵列”选项卡。

（2）从“阵列”选项卡的“阵列类型”下拉列表框中选择“填充”选项。

（3）在“阵列”选项卡打开“参考”面板，单击“定义”按钮，弹出“草绘”对话框。选择 TOP 基准平面定义草绘平面，其他设置默认，单击“草绘”对话框的“草绘”按钮。

（4）单击 （投影）按钮，绘制图 5-17 所示的填充区域，单击 （确定）按钮。

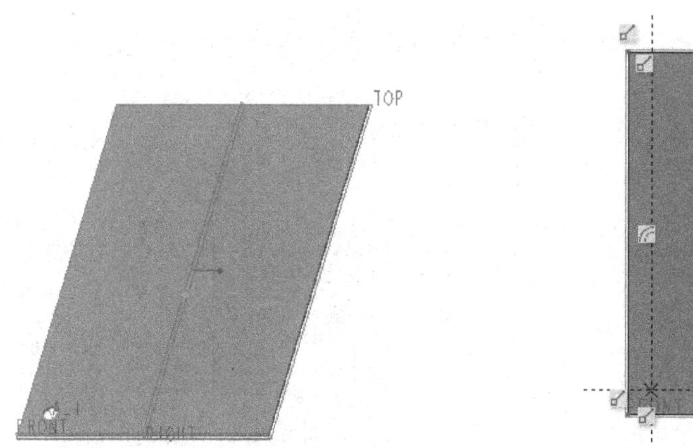

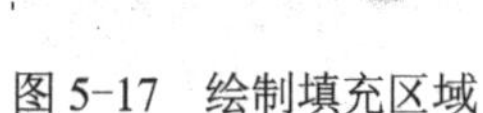

图 5-16　创建的一个通孔　　　图 5-17　绘制填充区域

（5）在“阵列”选项卡上，选择 （以方形阵列分隔各成员）图标选项，设置的参数如图 5-18 所示。

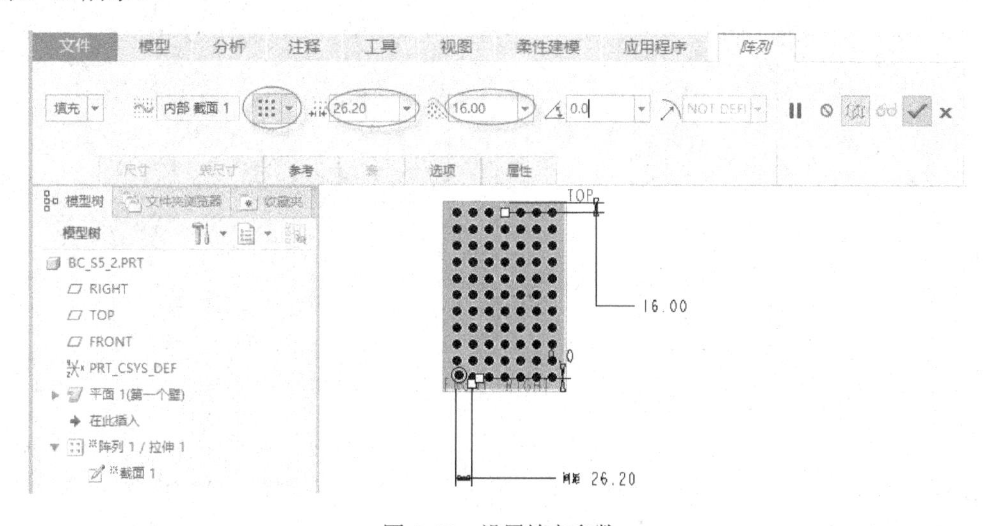

图 5-18　设置填充参数

（6）单击“阵列”选项卡中的 （完成）按钮，阵列结果如图 5-19 所示。

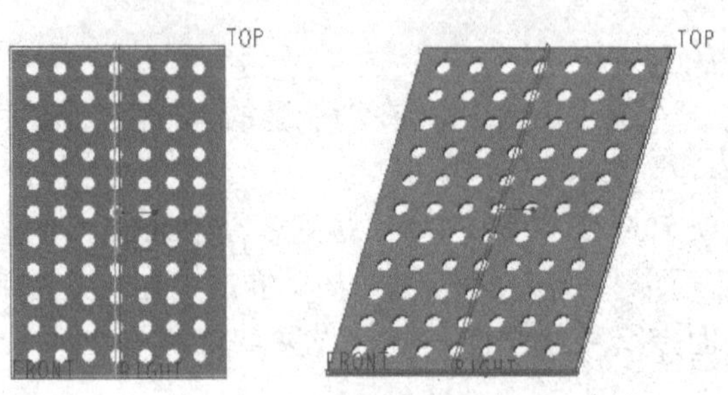

图 5-19 阵列结果

步骤 5：创建法兰壁。

（1）在功能区“模型”选项卡的“形状”组中单击（法兰壁）按钮，打开“凸缘”选项卡。

（2）指定法兰壁的轮廓形状选项为“打开”选项。

（3）选择图 5-20 所示的一条边作为连接边。

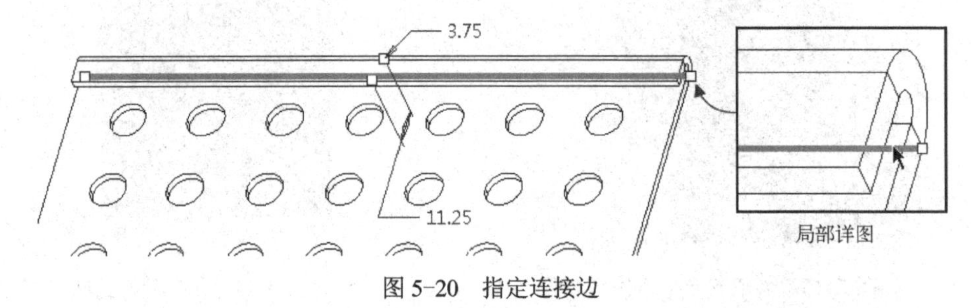

图 5-20 指定连接边

（4）在“凸缘”选项卡中打开“形状”面板，输入图 5-21 所示的轮廓形状尺寸。

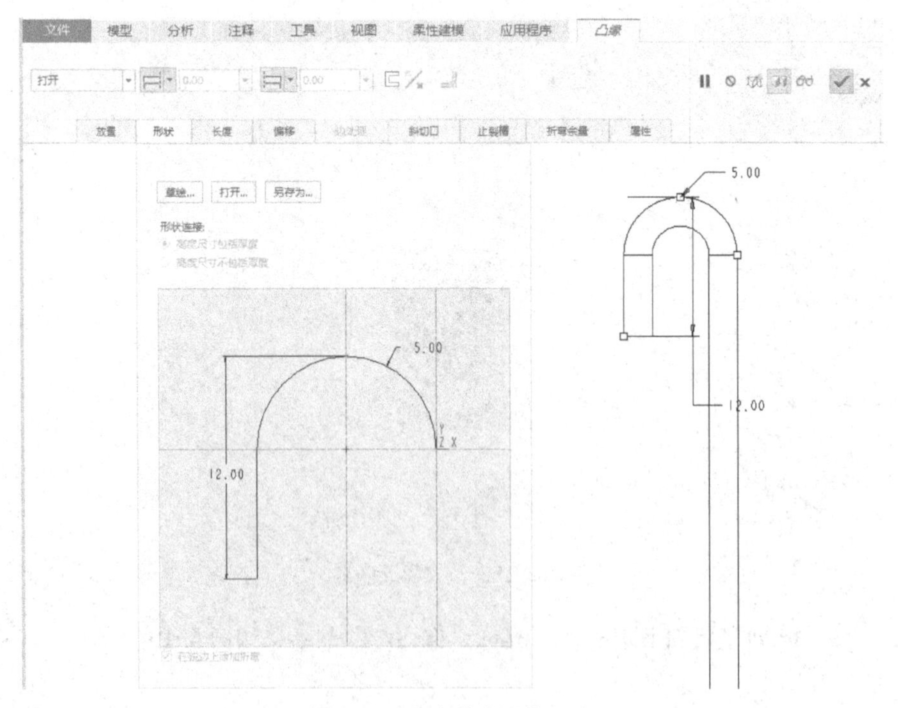

图 5-21 指定轮廓形状尺寸

（5）在“凸缘”选项卡中单击✓（完成）按钮，创建的该法兰壁如图 5-22 所示。

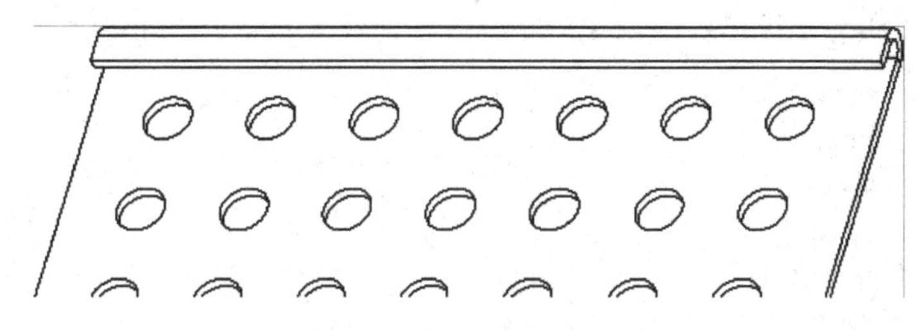

图 5-22　创建第一个法兰壁

步骤 6：创建另外一个法兰壁。

（1）单击 （法兰壁）按钮，打开“凸缘”选项卡。

（2）指定法兰壁的轮廓形状选项为“打开”选项。

（3）选择图 5-23 所示的一条边作为连接边。

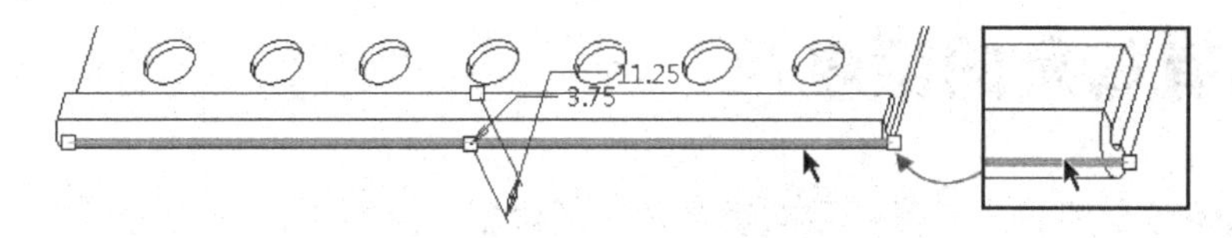

图 5-23　指定连接边

（4）在“凸缘”选项卡中打开“形状”滑出面板，设置图 5-24 所示的轮廓形状尺寸。

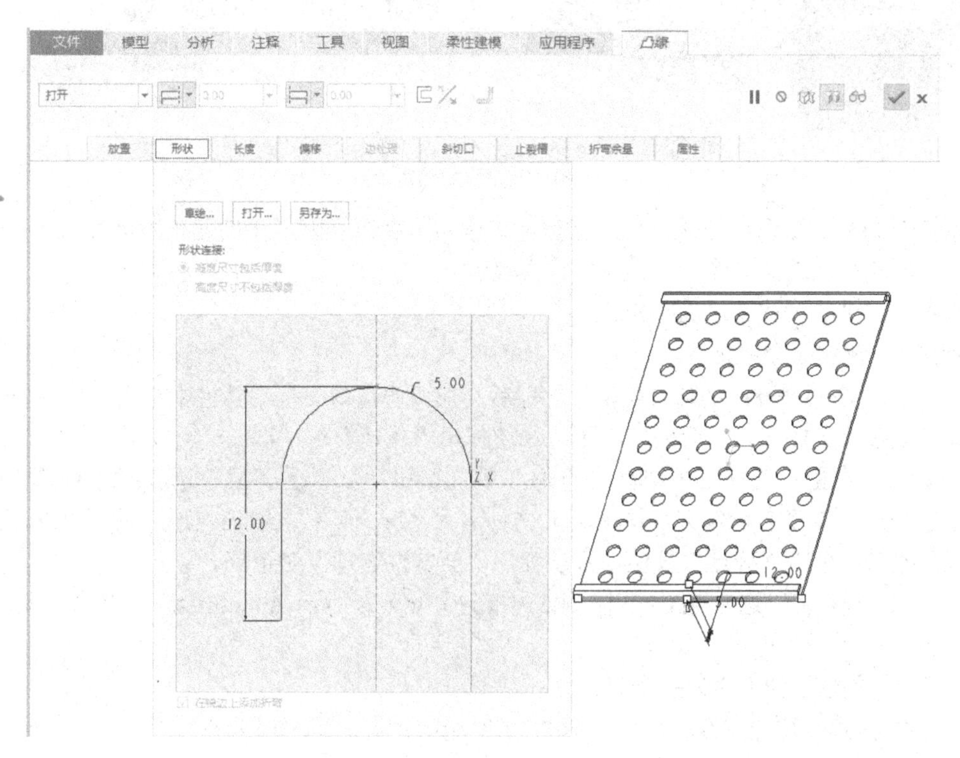

图 5-24　指定轮廓形状尺寸

（5）在“凸缘”选项卡中单击✓（完成）按钮，完成第2个法兰壁的创建。

至此，完成了钣金挡板零件的创建。完成的模型效果如图5-25所示。

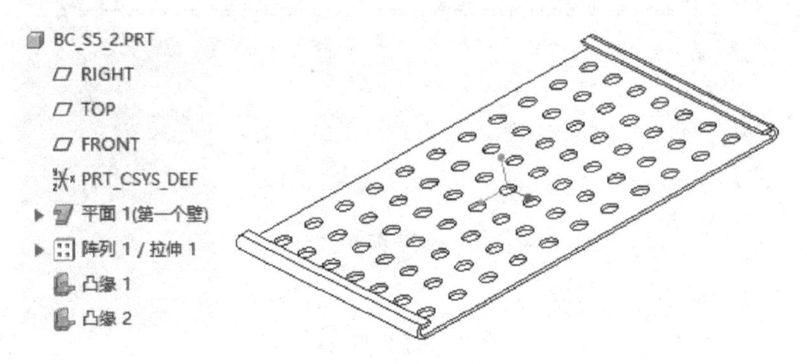

图5-25 完成的钣金挡板

5.3 具有弯角的钣金片

本实例要完成的零件为具有弯角的钣金片，其模型效果如图5-26所示。

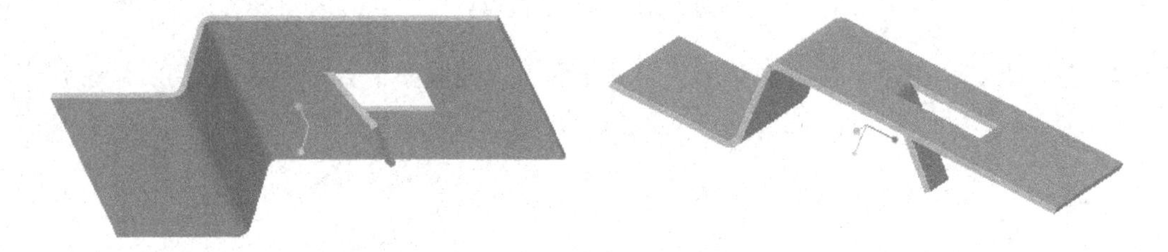

图5-26 具有弯角的钣金片

本实例的主要知识点包括：①创建拉伸壁作为钣金第一壁；②创建分割区域来定义弯角区域；③创建边扯裂（边缝）；④创建折弯特征。

本实例详细的设计过程说明如下。

步骤1：新建钣金件文件。

（1）启动Creo Parametric 4.0设计软件后，在“快速访问”工具栏中单击（新建）按钮，或者选择“文件”→“新建”命令，系统弹出“新建”对话框。

（2）从“类型”选项组中选择“零件”单选按钮，从“子类型”选项组中选择“钣金件”单选按钮，在“名称”文本框中输入文件名为“bc_s5_3”，取消勾选“使用默认模板”复选框。接着，单击“确定”按钮，系统弹出“新文件选项”对话框。

（3）在“模板”选项组的模板列表中选择mmns_part_sheetmetal，单击“确定”按钮。

步骤2：创建拉伸壁作为钣金第一壁。

（1）单击（拉伸）按钮，打开图5-27所示的“拉伸”选项卡。

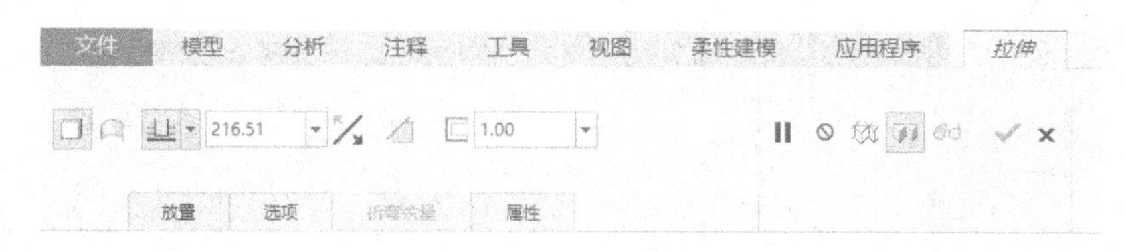

图 5-27　“拉伸”选项卡

（2）在“拉伸”选项卡中打开“放置”面板，接着单击该面板中的“定义”按钮，弹出“草绘”对话框。选择 TOP 基准平面定义草绘平面，如图 5-28 所示，单击“草绘”按钮，进入草绘模式。也可以不用打开“放置”面板，而是直接在图形窗口中选择 TOP 基准平面作为草绘平面，从而快速进入草绘模式。

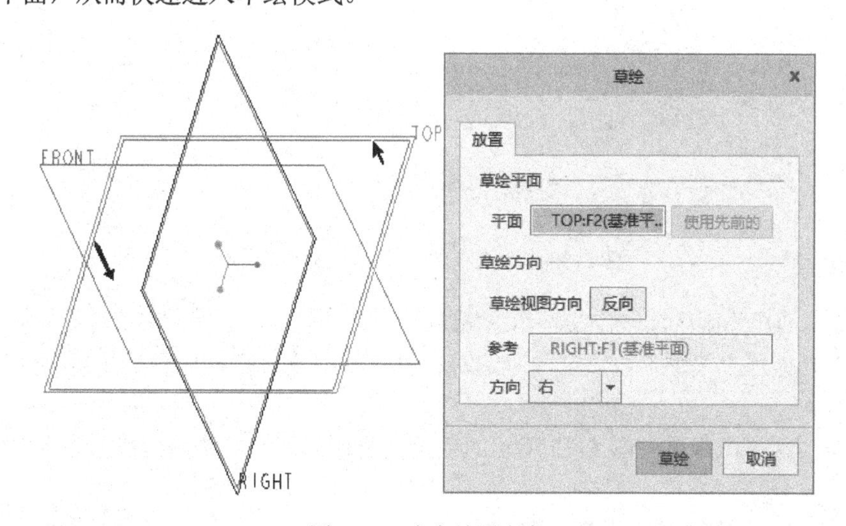

图 5-28　定义放置参考

（3）绘制图 5-29 所示的剖面，单击✔（确定）按钮。

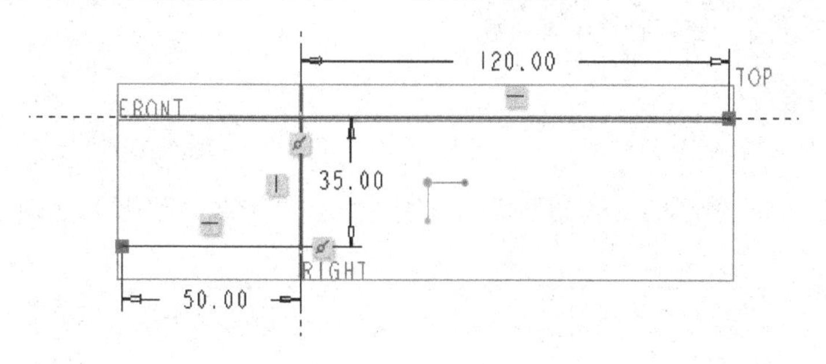

图 5-29　绘制图形

（4）在“拉伸”选项卡中输入壁的厚度值为“2.5”，输入拉伸深度值为“80”。

（5）在“拉伸”选项卡中打开“选项”面板，在“钣金件选项”选项组中勾选“在锐边上添加折弯”复选框，并在“半径”框中选择“[厚度]”选项，设置标注折弯的方式选项为“内侧”，如图 5-30 所示。

（6）在“拉伸”选项卡中单击✔（完成）按钮，完成的拉伸壁作为钣金件的第一壁，如图 5-31 所示。

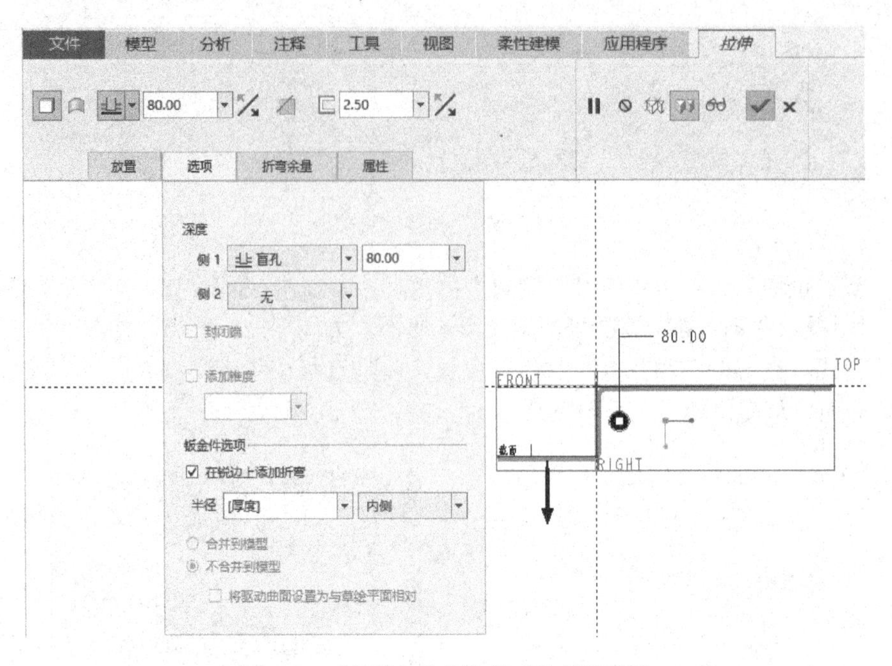

图 5-30 “拉伸”选项卡的“选项”面板

步骤 3：创建分割区域来定义弯角区域。

（1）在功能区“模型”选项卡的“编辑”组中单击 （分割区域）按钮，打开“分割区域”选项卡。

（2）在图形窗口中单击图 5-32 所示的钣金曲面作为草绘放置面，快速进入草绘器。

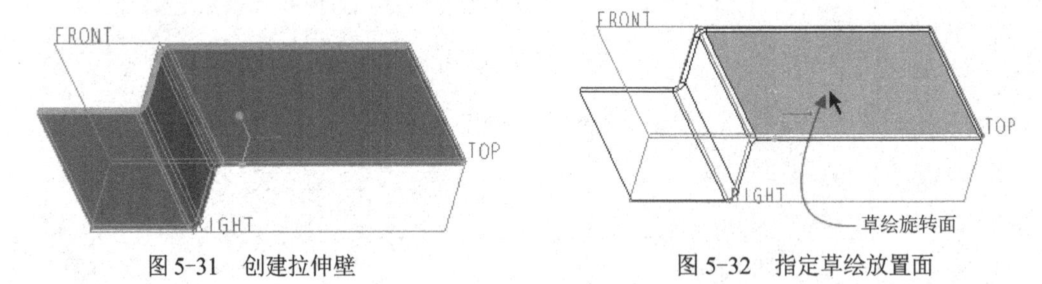

图 5-31 创建拉伸壁 图 5-32 指定草绘放置面

（3）绘制图 5-33 所示的封闭图形作为分割区域的外形线，单击✔（确定）按钮。

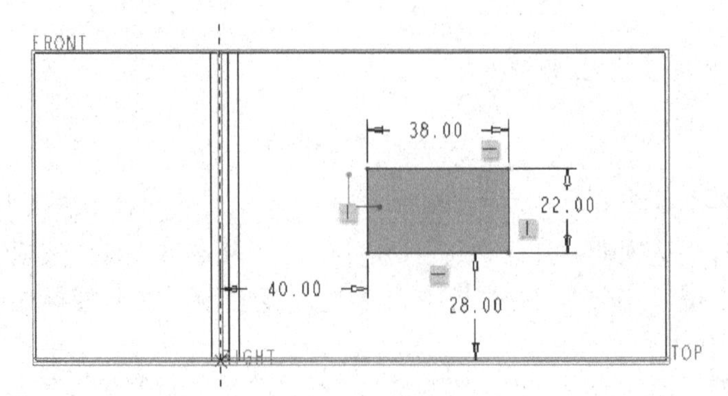

图 5-33 绘制分割区域的外形线

（4）在“分割区域”选项卡中确保选中（垂直于驱动曲面的分割）图标选项，如图 5-34 所示，然后单击（完成）按钮，完成创建的分割区域如图 5-35 所示，此时可以确保在“图形”工具栏中单击（消隐）按钮以消隐显示样式显示模型。

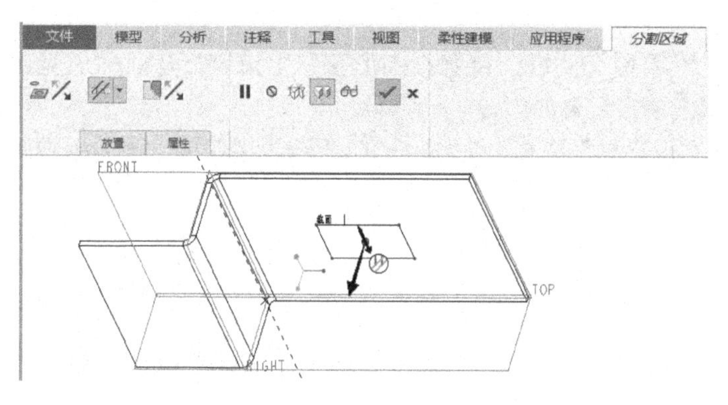

图 5-34 “分割区域”选项卡

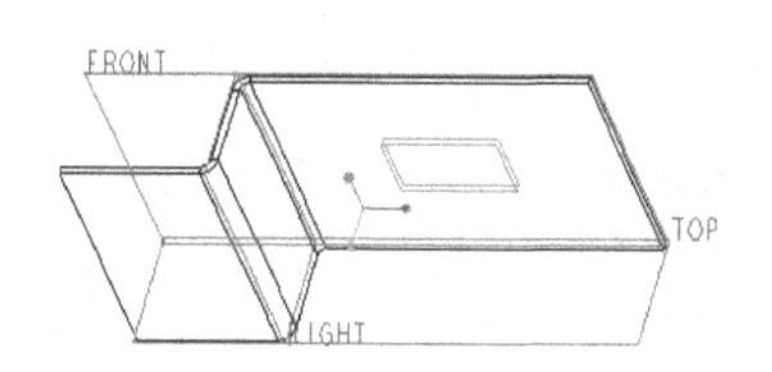

图 5-35 完成创建分割区域

步骤 4：创建边缝（边扯裂）。

（1）在功能区“模型”选项卡的“工程”组中单击“扯裂”→（边扯裂）按钮，打开“边扯裂”选项卡。

（2）在“边扯裂”选项卡中打开“放置”面板，选择要扯裂的 3 条边，如图 5-36 所示，注意选择其中第 2 条和第 3 条边时需要同时按住〈Ctrl〉键，这样使所选的 3 条边均属于“边扯裂 1”集。边处理类型默认为“[开放]”。

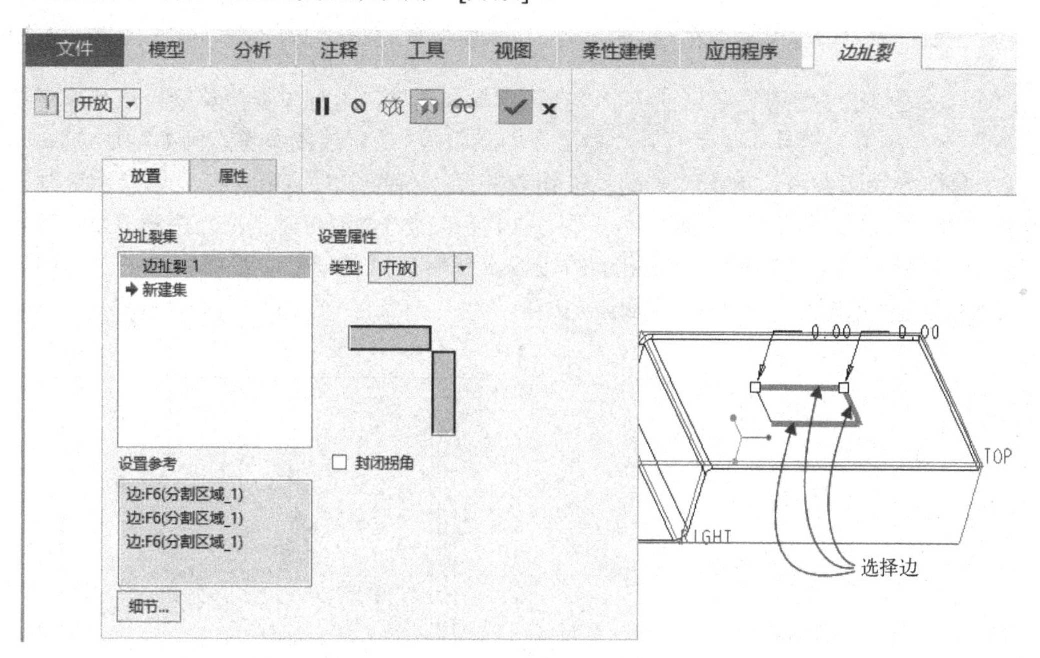

图 5-36 选择要扯裂的边

（3）在“边扯裂”选项卡中单击（完成）按钮，从而创建边扯裂特征。

步骤 5：创建折弯特征。

（1）在功能区“模型”选项卡的“折弯”组中单击（折弯）按钮，打开“折弯”选项卡。

（2）在“折弯”选项卡中单击（折弯线另一侧的材料）按钮，并单击（角度折弯）按钮。

（3）在“折弯”选项卡中打开“放置”面板，接着在图形窗口中指定折弯曲面放置参考，如图5-37所示，即在分割区域中单击钣金曲面。

（4）在“折弯”选项卡中打开“折弯线”面板，如图5-38所示，接着单击该面板中的“草绘”按钮。

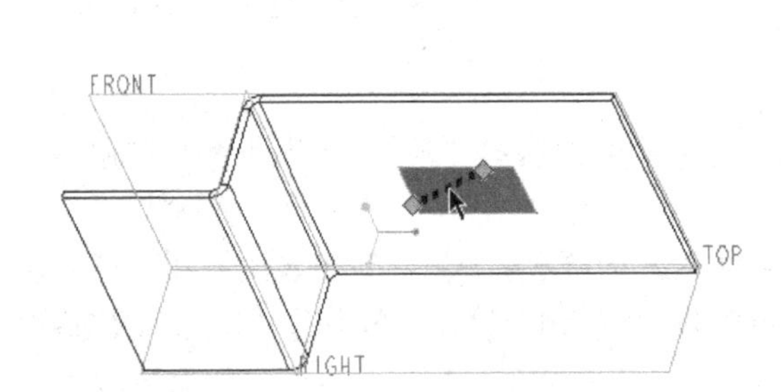

图5-37 指定折弯曲面放置参考

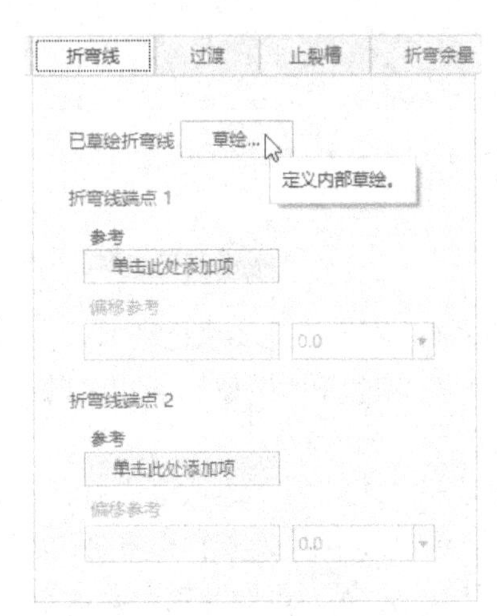

图5-38 打开“折弯”选项卡的“折弯线”面板

（5）系统弹出“参考”对话框（平时在内部草绘器中，可通过在“草绘”选项卡中选择“设置”→“参考”工具命令来打开“参考”对话框），指定绘图参考，例如增加选择TOP基准平面作为绘图参考，单击“关闭”按钮以关闭“参考”对话框。在“草绘”选项卡的“草绘”组中单击（投影）按钮，弹出图5-39所示的“类型”对话框，选择“单一”单选按钮，在图形窗口中单击图5-40所示的边线，然后在“类型”对话框中单击“关闭”按钮。完成折弯线绘制后，单击（确定）按钮。

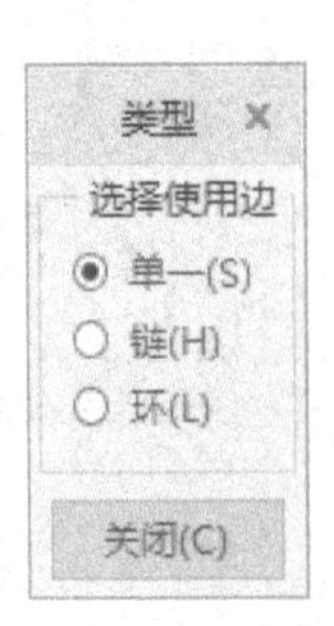

图5-39 “类型”对话框

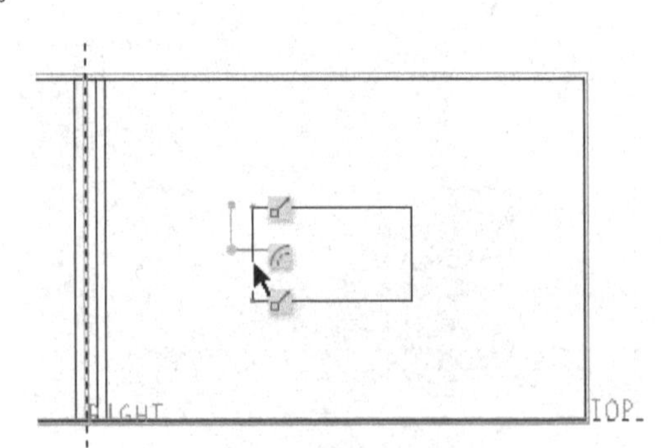

图5-40 绘制折弯线

（6）在（折弯角度）框中设置折弯角度为“45°”，接着单击旁的（更改固定侧的位置）按钮，使固定侧方向如图5-41所示。

（7）在“折弯”选项卡中单击（更改折弯方向）按钮，使折弯方向如图 5-42 所示。

注意：更改固定侧的位置和更改折弯方向的操作要根据实际操作时的动态预览效果做适当的调整。

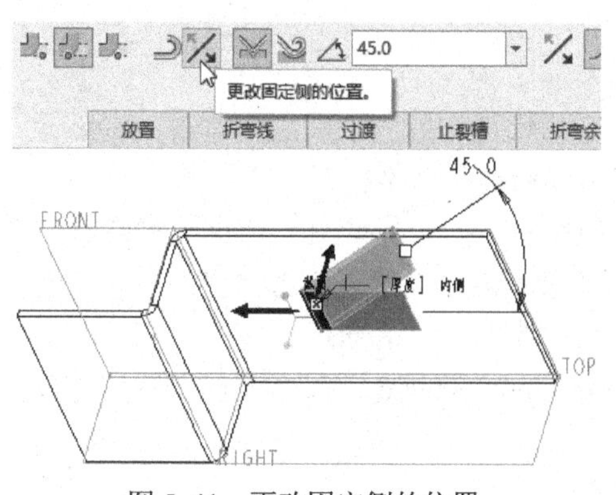

图 5-41 更改固定侧的位置

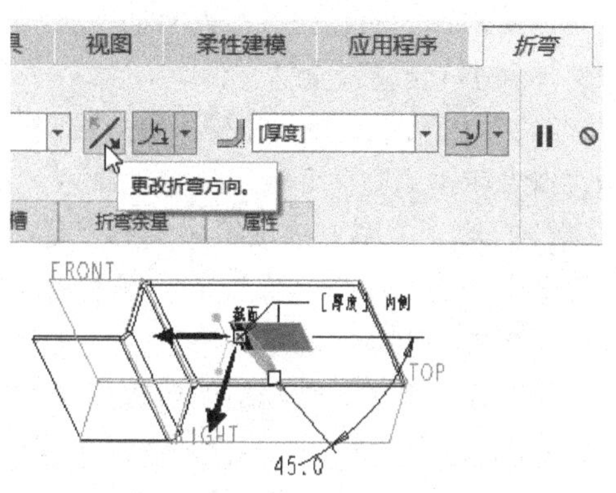

图 5-42 更改折弯方向

（8）默认选择（测量自直线开始的折弯角度偏转）图标选项，折弯半径值为“[厚度]”，从“半径标注位置”下拉列表框中选择（标注折弯的内部曲面）图标选项。

（9）在“折弯”选项卡中单击（完成）按钮，从而完成该折弯特征，模型效果如图 5-43 所示。

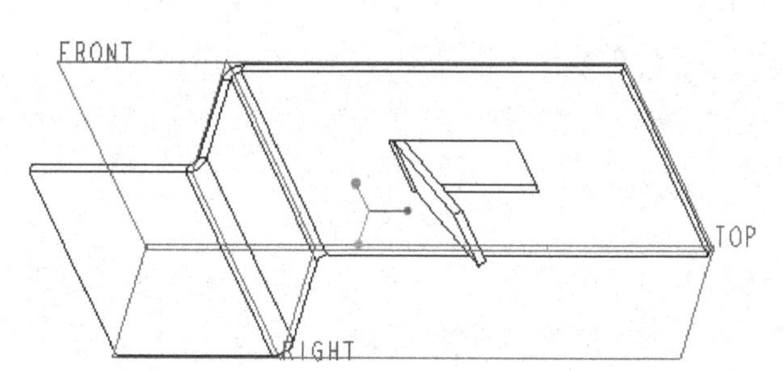

图 5-43 完成折弯特征后的钣金件效果

步骤 6：保存文件。

5.4 某订书机中的弹片

本实例要完成的钣金件模型为某订书机中的一个小弹片，其钣金模型效果如图 5-44 所示。

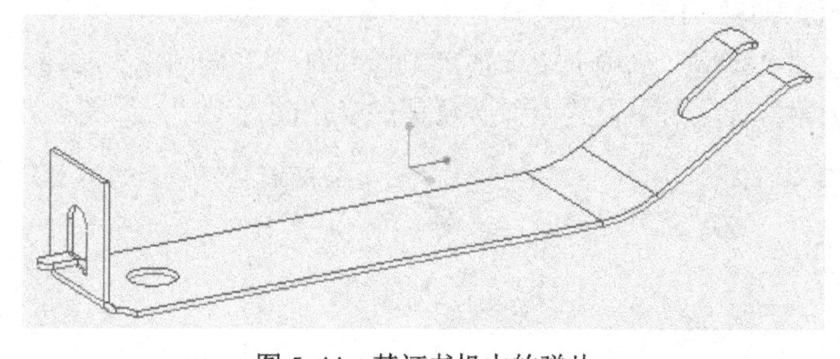

图 5-44 某订书机中的弹片

本实例要复习的重点应用知识包括：①创建平面壁作为钣金第一壁；②在钣金件中创建圆角特征；③在平整钣金上切除材料；④创建角度折弯特征和滚动折弯特征；⑤创建连接平整壁。

本实例详细的设计过程说明如下。

步骤1：新建钣金件文件。

（1）启动Creo Parametric 4.0设计软件后，在“快速访问”工具栏中单击（新建）按钮，或者单击“文件”→“新建”命令，系统弹出“新建”对话框。

（2）从“类型”选项组中选择“零件”单选按钮，从“子类型”选项组中选择“钣金件”单选按钮，在“名称”文本框中输入文件名为bc_s5_4，取消勾选“使用默认模板”复选框。接着，单击“确定”按钮，系统弹出“新文件选项”对话框。

（3）在“模板”选项组的模板列表中选择mmns_part_sheetmetal，单击“确定”按钮。

步骤2：创建平面壁作为钣金第一壁。

（1）单击“平面”按钮，打开“平面”选项卡。

（2）选择TOP基准平面定义草绘平面，快速进入内部草绘器。

（3）绘制图5-45所示的剖面，单击（确定）按钮。

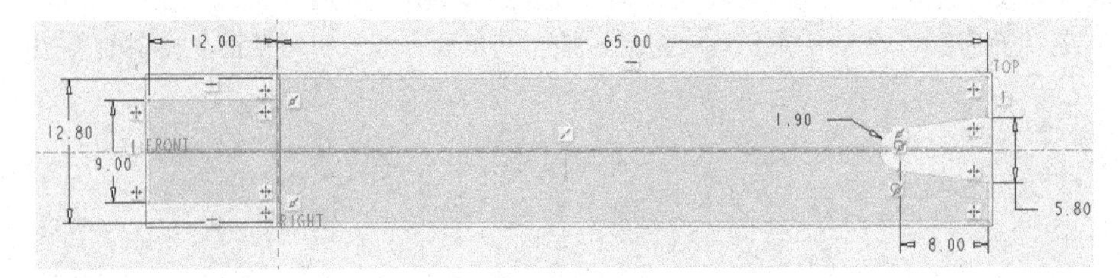

图5-45　绘制剖面

（4）在“平面”选项卡的“壁厚度”文本框中输入厚度值为“0.5”。

（5）单击“平面”选项卡中的（完成）按钮，创建平面壁作为钣金件的第一壁，模型效果如图5-46所示。

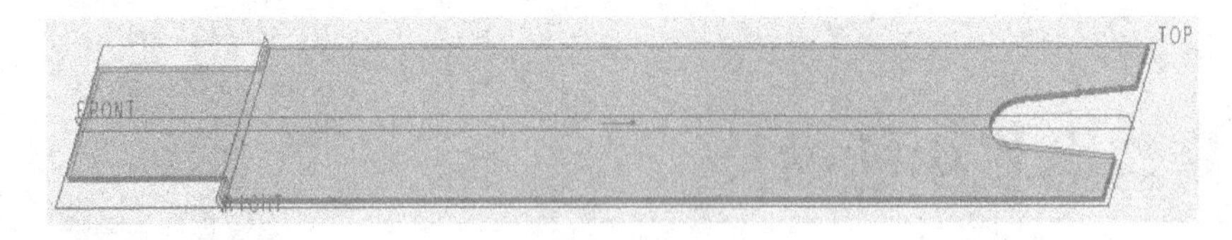

图5-46　第一壁

步骤3：创建圆角特征1。

（1）在功能区的“模型”选项卡中单击“工程”→（倒圆角）按钮。

（2）在“倒圆角”选项卡中设置当前圆角集的半径值为“2”，如图5-47所示。

图5-47　“倒圆角”选项卡

（3）结合〈Ctrl〉键选择图 5-48 所示的两处边线。

（4）在“倒圆角”选项卡中单击（完成）按钮。

步骤 4：创建圆角特征 2。

（1）在功能区的“模型”选项卡中单击“工程”→（倒圆角）按钮。

（2）在“倒圆角”选项卡中设置当前圆角集的半径值为“1”。

（3）结合〈Ctrl〉键选择图 5-49 所示的 4 处边线。

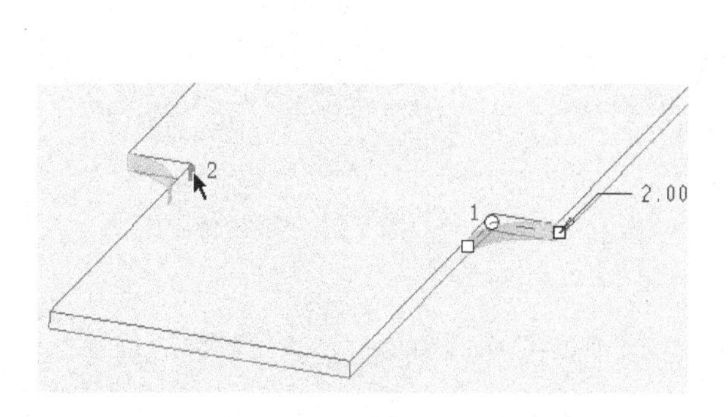

图 5-48　选择要圆角的两处边线

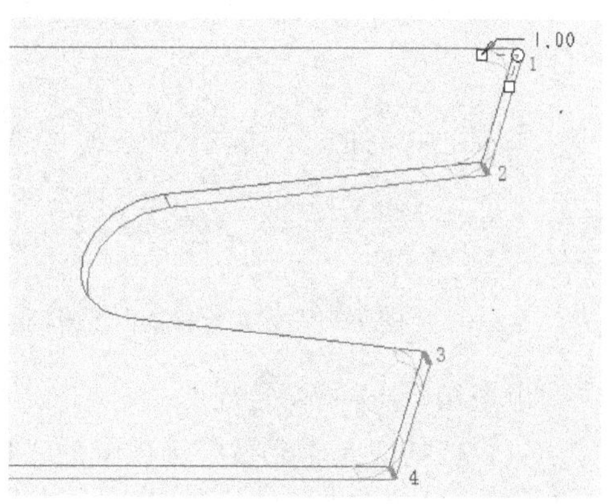

图 5-49　选择要圆角的 4 处边线

（4）在“倒圆角”选项卡中单击（完成）按钮。

步骤 5：在平整钣金模型上切除材料。

（1）单击（拉伸）按钮，打开“拉伸”选项卡。默认时，“拉伸”选项卡中的（实体）、（移除材料）按钮和（移除与钣金曲面垂直的材料）按钮处于被选中的状态，从下拉列表框中选择（移除垂直于驱动曲面的材料）图标选项。

（2）在“拉伸”选项卡中打开“放置”滑出面板，并在该面板上单击“定义”按钮，弹出“草绘”对话框。

（3）在“草绘”对话框中单击“使用先前的”按钮，进入草绘模式。

（4）绘制图 5-50 所示的拉伸切口剖面，单击（确定）按钮。

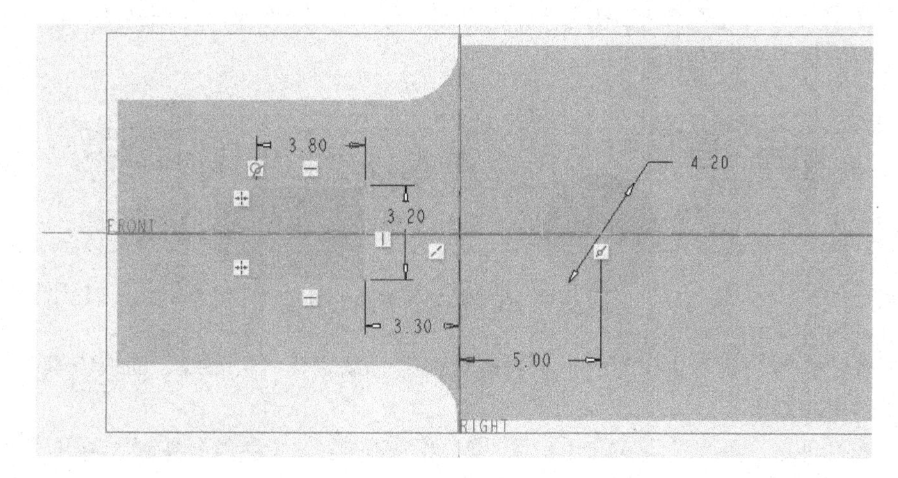

图 5-50　绘制拉伸切口剖面

（5）“拉伸”选项卡的默认深度选项为 （到下一个），单击 （将拉伸的深度方向更改为草绘的另一侧）按钮，以获得所需的拉伸深度方向，如图5-51所示。

（6）在“拉伸”选项卡中单击 （完成）按钮，得到的钣金件模型如图5-52所示。

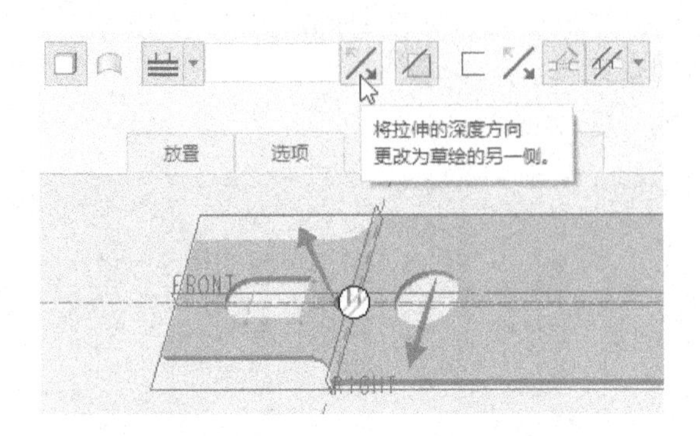

图5-51 设定拉伸的深度方向

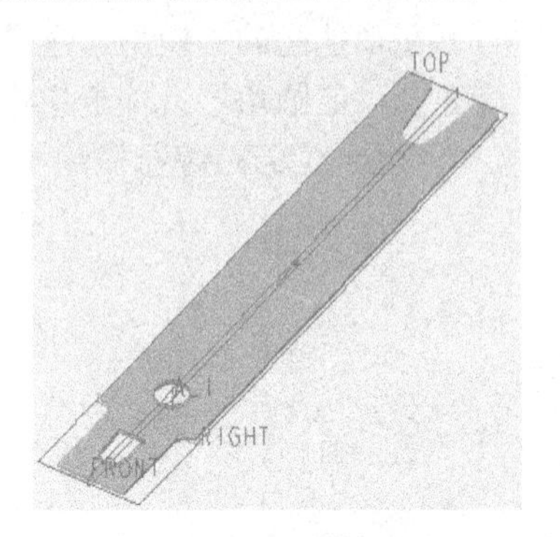

图5-52 切除材料的结果

步骤6：创建折弯特征1。

（1）在功能区“模型”选项卡的“折弯”组中单击 （折弯）按钮，打开“折弯”选项卡。

（2）在“折弯”选项卡中单击 （将材料折弯到折弯线）按钮，并单击 （角度折弯）按钮，在 （折弯角度）框中设置折弯角度为“90°”，选择 （测量自直线开始的折弯角度偏转）图标选项，折弯半径值为“厚度”，确保选择 （标注折弯的内部曲面）图标选项，如图5-53所示。

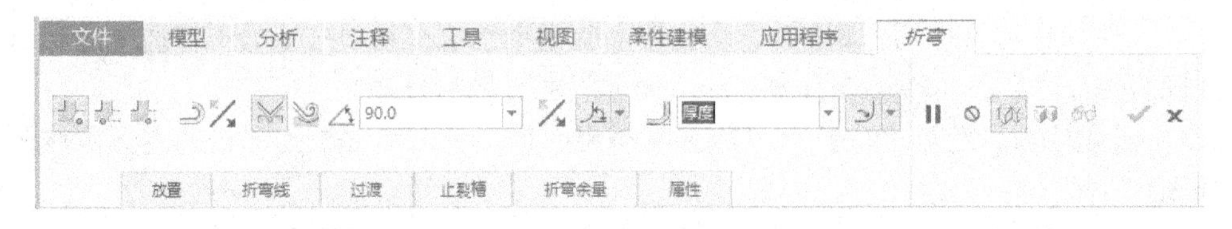

图5-53 在“折弯”选项卡中进行相关设置

（3）在“折弯”选项卡中打开“放置”面板，接着在图形窗口中选择图5-54所示的钣金曲面作为放置折弯线的曲面。

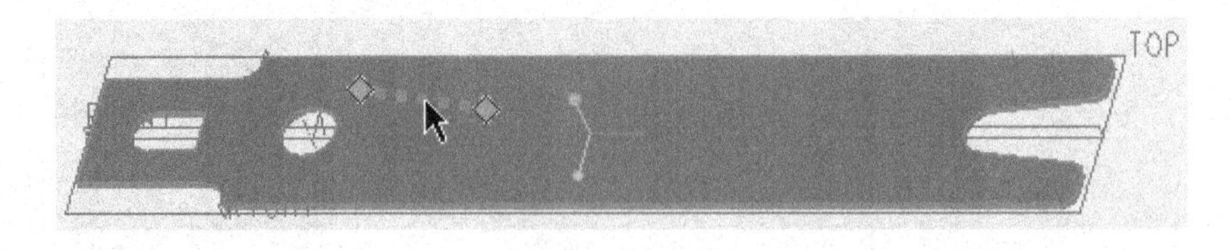

图5-54 指定放置折弯线的曲面

（4）在“折弯”选项卡中打开“折弯线”面板，接着在“折弯线”面板中单击“草绘”按钮，进入草绘器中。

（5）在功能区“草绘”选项卡的“设置”组中单击 （参考）按钮，弹出“参考”对话框，指定新绘图参考，如图5-55所示，然后在“参考”对话框中单击“关闭”按钮。

绘制图 5-56 所示的直线定义折弯线，单击✔（确定）按钮。本分步骤也可以不指定绘图参考。

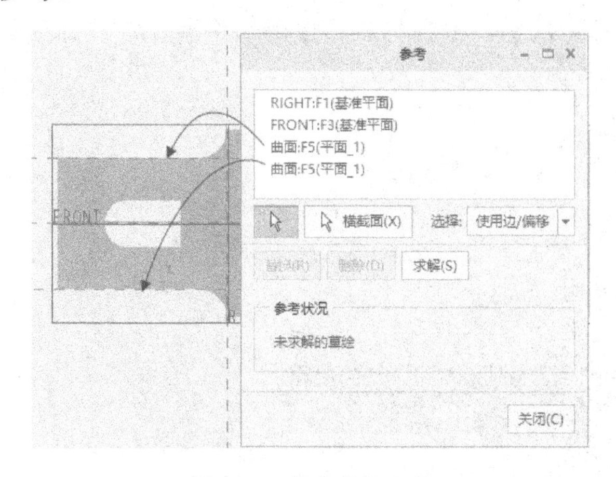

图 5-55 指定绘图参考

图 5-56 绘制一条直线定义折弯线

（6）接受默认的固定侧方向，单击（更改折弯方向）按钮直至获得所需的折弯方向，如图 5-57 所示，接着在“折弯”选项卡中打开“止裂槽”面板，从“类型”下拉列表框中选择“无止裂槽”选项。

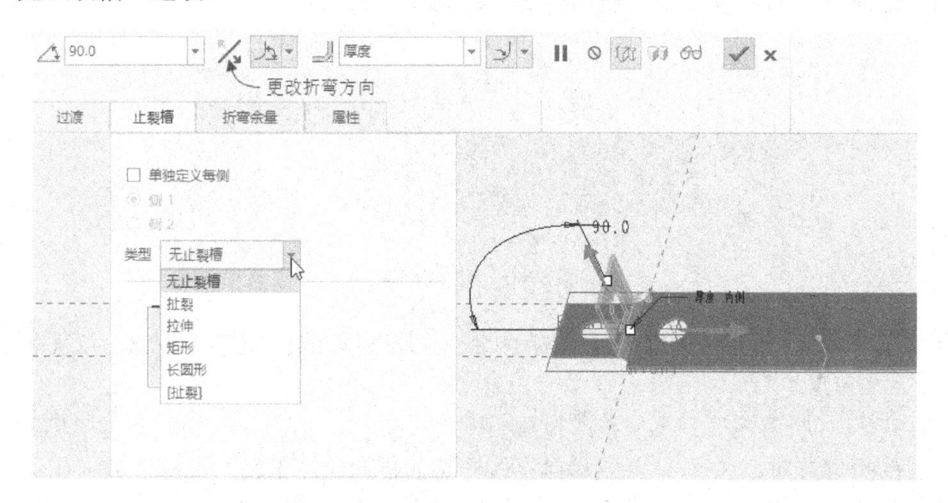

图 5-57 设置折弯方向与止裂槽类型

（7）在“折弯”选项卡中单击✔（完成）按钮，完成创建“折弯 1”特征（角度折弯特征），如图 5-58 所示。

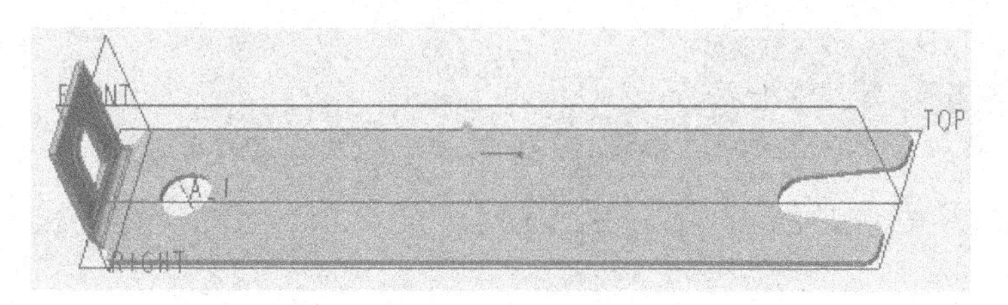

图 5-58 完成创建一个角度折弯特征

步骤7：创建折弯特征2。

（1）单击（折弯）按钮，打开“折弯”选项卡。

（2）在“折弯”选项卡中单击（折弯线另一侧的材料）按钮，并单击（角度折弯）按钮。

（3）指定折弯曲面参考，如图5-59所示。

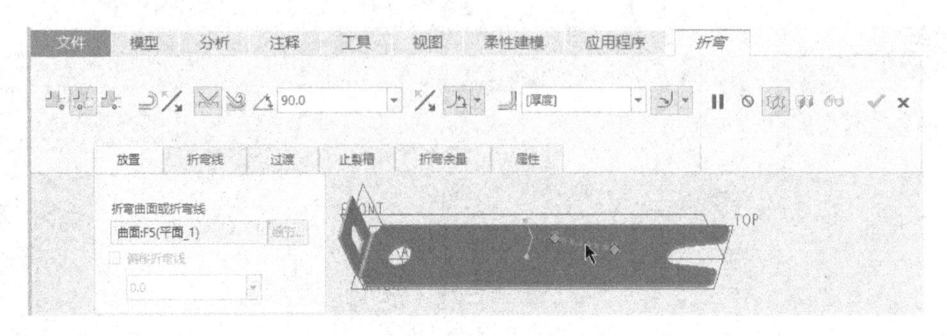

图5-59 指定折弯曲面参考

（4）在“折弯”选项卡中打开“折弯线”面板，接着单击“草绘”按钮，进入内部草绘器以草绘折弯线。

（5）绘制图5-60所示的折弯线，单击（确定）按钮。

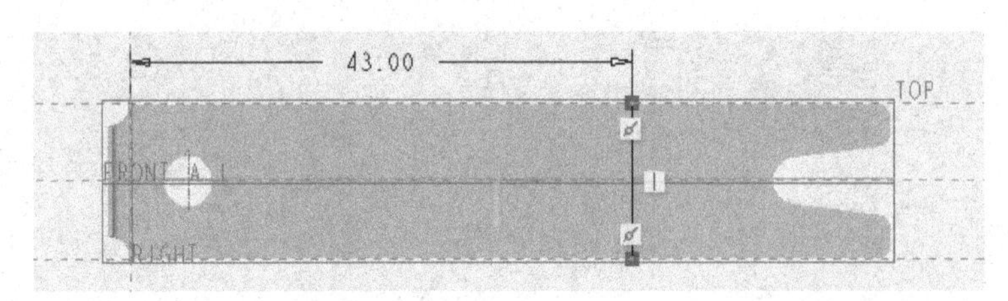

图5-60 绘制折弯线

（6）在“折弯”选项卡中单击图标旁的（更改固定侧的位置）按钮，以获得图5-61所示的固定侧位置。

（7）在（折弯角度）框中输入折弯角度为“30°”，单击（更改折弯方向）按钮以获得所需的折弯方向，选择（测量自直线开始的折弯角度偏转）图标选项，在（折弯半径）值框中输入折弯半径为“10”，确保选择（标注折弯的内部曲面）图标选项，如图5-62所示。

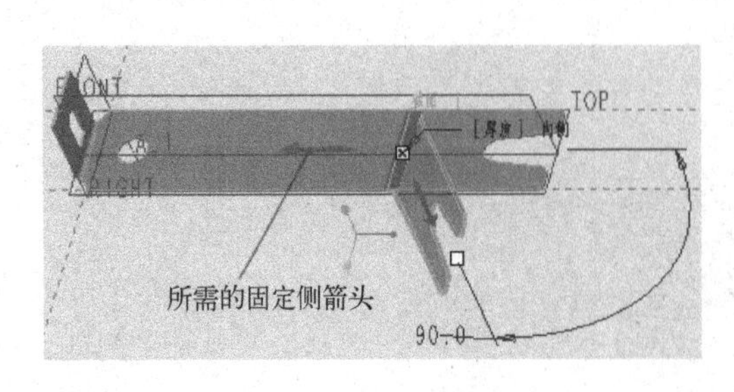

图5-61 更改后的固定侧位置（箭头方向）

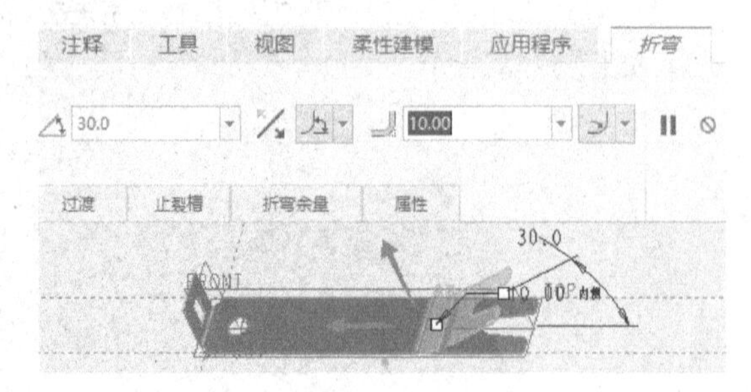

图5-62 设置折弯方向、折弯角度、半径等

（8）在“折弯”选项卡中单击✔（完成）按钮，创建的“折弯 2”特征（角度折弯）效果如图5-63所示。

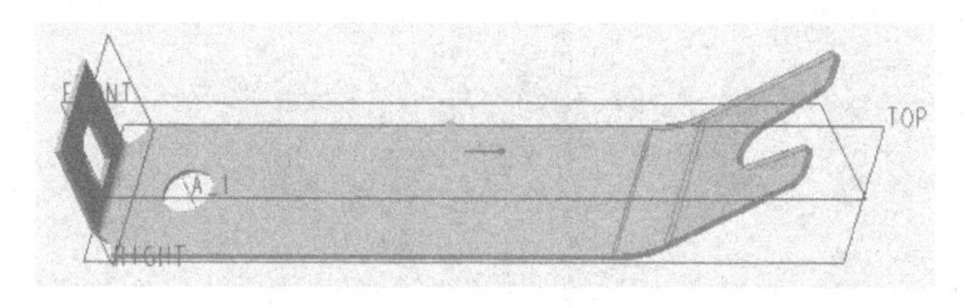

图5-63 折弯特征效果

步骤8：创建折弯特征3（滚动折弯）。

（1）单击（折弯）按钮，打开“折弯”选项卡。

（2）在“折弯”选项卡中单击（折弯线另一侧的材料）按钮，并单击（滚动折弯，即折弯至曲面的端部）按钮。

（3）指定折弯线放置曲面，如图5-64所示。

（4）在“折弯”选项卡中打开“折弯线”面板，单击“草绘”按钮，利用弹出的“参考”对话框指定绘图和标注参考，如图5-65所示，然后单击“关闭”按钮。

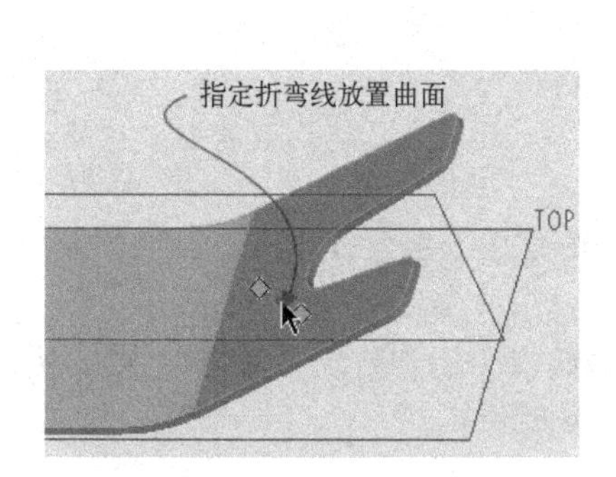

图5-64 指定折弯线放置曲面

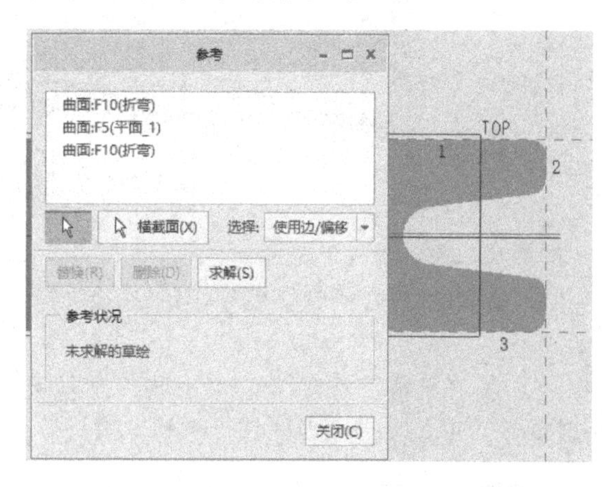

图5-65 指定绘图和标注参考

（5）绘制图5-66所示的折弯线，单击✔（确定）按钮。

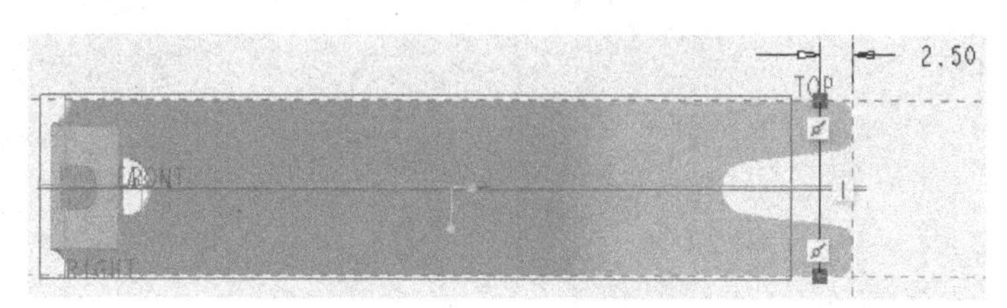

图5-66 绘制折弯线

（6）在“折弯”选项卡的（折弯半径）值框中输入折弯半径为“2”，确保选择（标注折弯的内侧曲面，即标注内侧半径）图标选项。

（7）在“折弯”选项卡中通过单击图标旁的（更改固定侧的位置）按钮，来获得图 5-67 所示的折弯效果（并注意折弯方向）。接着在“止裂槽”面板中，从“类型”下拉列表框中选择“无止裂槽”选项。

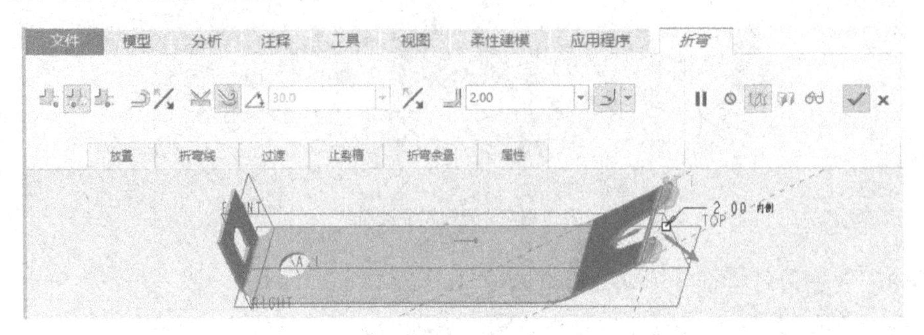

图 5-67 调整固定侧位置后的预览效果（并注意折弯方向）

（8）在“折弯”选项卡中单击（完成）按钮，完成创建该滚动折弯后的模型效果如图 5-68 所示。

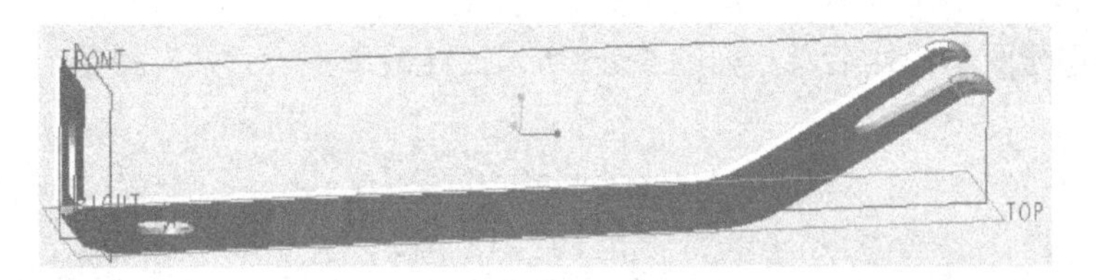

图 5-68 完成创建滚动折弯

步骤 9：创建连接平整壁。

（1）在功能区“模型”选项卡的“形状”组中单击（平整）按钮，打开“平整”选项卡。

（2）在“平整”选项卡的“形状”下拉列表框中选择“用户定义”命令，接着从（折弯角度）下拉列表框中选择“平整”选项，如图 5-69 所示。

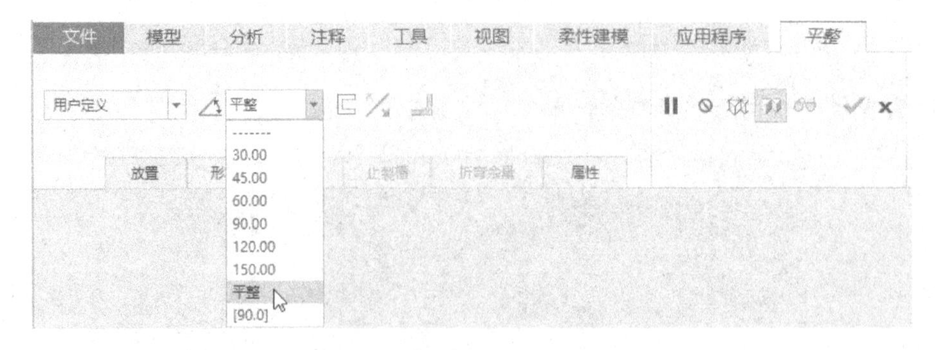

图 5-69 设置形状选项和折弯角度

（3）选择图 5-70 所示的边线作为平整壁的连接边。

（4）在“平整”选项卡中打开“形状”面板，单击“草绘”按钮，系统弹出“草绘”对话框，如图 5-71 所示，指定草绘方向相关设置，单击“草绘”按钮。

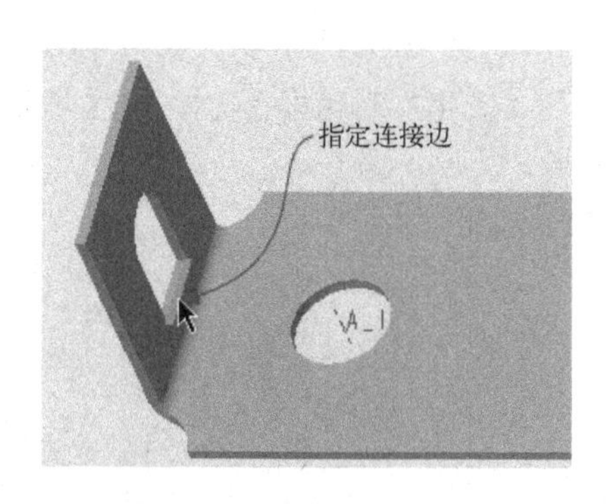

图 5-70 指定连接边

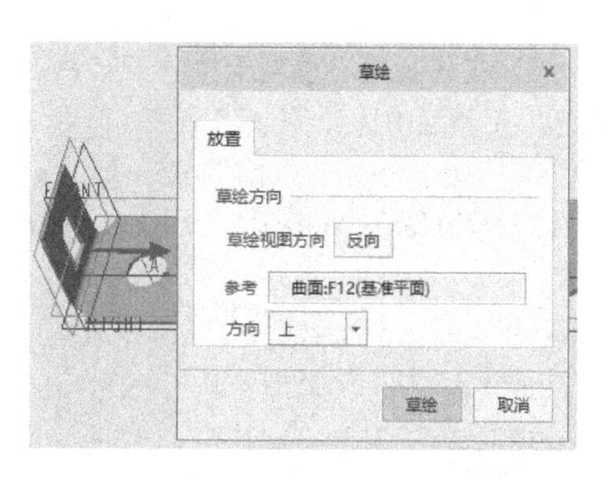

图 5-71 弹出“草绘”对话框

（5）绘制图 5-72 所示的形状剖面，单击✔（确定）按钮。

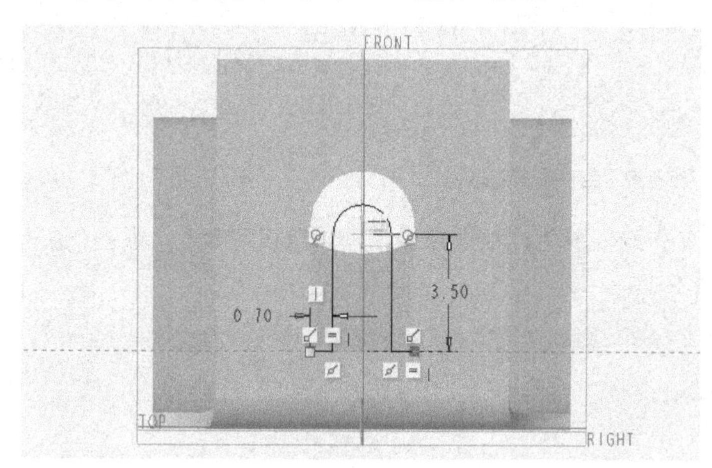

图 5-72 绘制形状剖面

（6）在“平整”选项卡中单击✔（完成）按钮，完成创建的平整壁如图 5-73 所示。

步骤 10：创建折弯特征 4。

（1）单击（折弯）按钮，打开“折弯”选项卡。

（2）在“折弯”选项卡中单击（折弯线另一侧的材料）按钮，并单击（角度折弯）按钮，且设置折弯角度为“90°”。

（3）指定折弯线的放置曲面（折弯曲面），如图 5-74 所示。

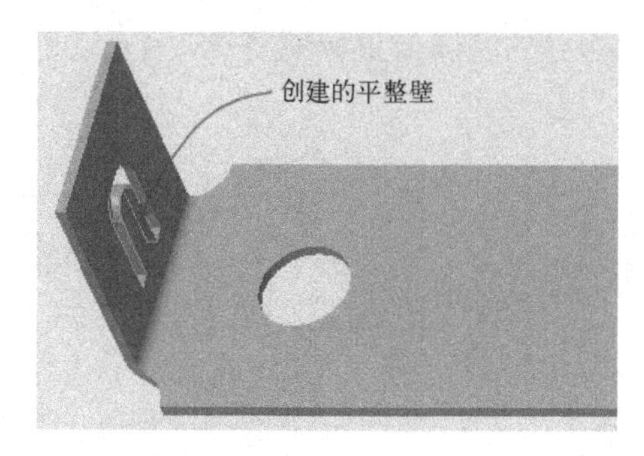

图 5-73 完成创建一个平整壁

图 5-74 指定折弯线的放置曲面

（4）在“折弯”选项卡中打开“折弯线”面板，单击“草绘”按钮，进入草绘器，在“图形”工具栏中选择（隐藏线）显示样式，并利用“参考”对话框指定图5-75所示的绘图和标注参考，单击“关闭”按钮。

（5）绘制图5-76所示的折弯线，单击（确定）按钮。

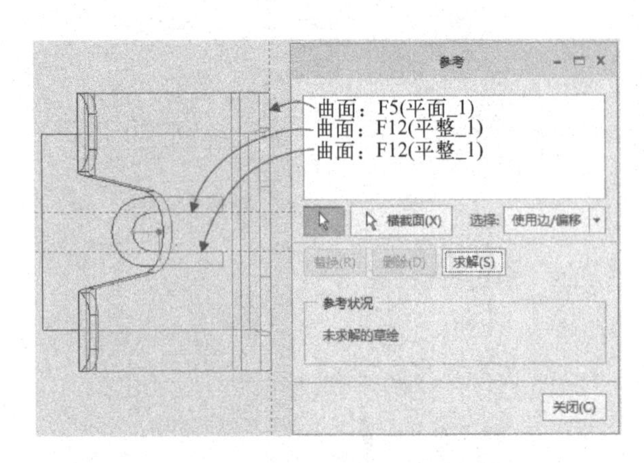

图5-75 指定绘图和标注参考

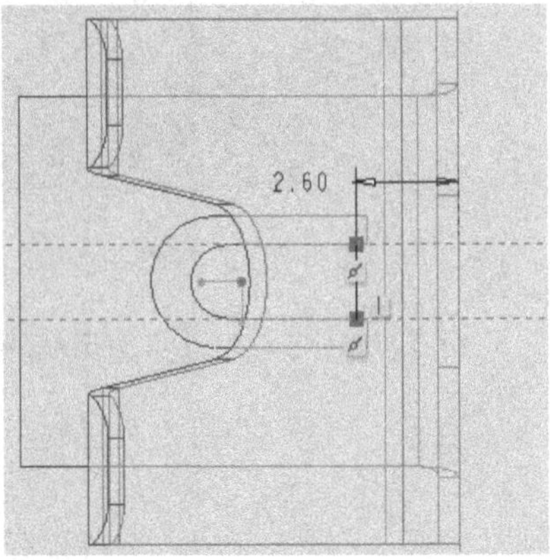

图5-76 绘制折弯线

（6）在“折弯”选项卡中，根据需要设置其他折弯参数，并确保折弯方向满足设计要求，如图5-77所示。

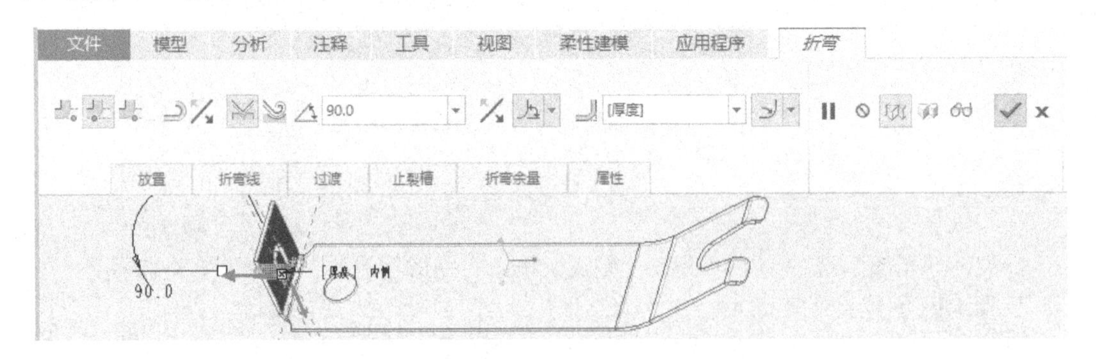

图5-77 更改折弯方向并设置其他折弯参数

（7）在“折弯”选项卡中单击（完成）按钮，从而完成“折弯4”特征。

步骤11：保存文件。

至此，完成了该钣金弹片零件的设计，该钣金件的完成效果如图5-78所示（以“着色”显示样式显示模型）。

图5-78 完成的钣金弹片零件

5.5 简易箱盖

本实例要完成的钣金件模型为一个简易箱盖，在该箱盖零件中具有很多排列整齐的开口结构，其模型效果如图 5-79 所示。

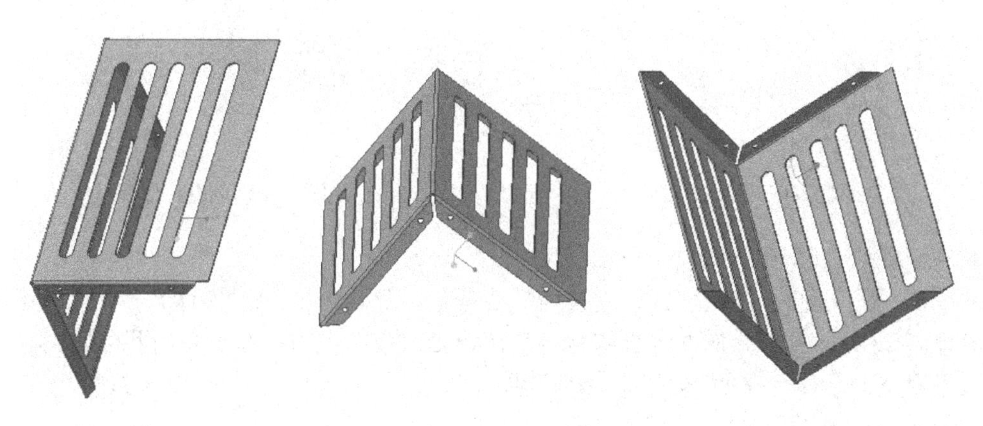

图 5-79 简易箱盖

本实例要复习的重点应用知识包括创建拉伸壁、钣金件切口、阵列特征、平整壁和法兰壁等。

本实例详细的设计过程如下。

步骤 1：新建钣金件文件。

（1）在“快速访问”工具栏中单击 （新建）按钮，或者选择“文件”→“新建”命令，系统弹出“新建”对话框。

（2）从“类型”选项组中选择“零件”单选按钮，从“子类型”选项组中选择“钣金件”单选按钮，在“名称”文本框中输入文件名为“bc_s5_5”，取消勾选“使用默认模板”复选框。接着，单击“确定”按钮，系统弹出“新文件选项”对话框。

（3）在“模板”选项组的模板列表中选择 mmns_part_sheetmetal，单击“确定”按钮。

步骤 2：创建第一壁。

（1）单击 （拉伸）按钮，打开“拉伸”选项卡。

（2）选择 FRONT 基准平面定义草绘平面，以快速进入草绘器。

（3）绘制图 5-80 所示的剖面，单击 （确定）按钮。

（4）在“拉伸”选项卡上输入壁的厚度值为“2.5”，输入拉伸深度值为“500”。

（5）在“拉伸”选项卡上打开“选项”面板，在“钣金件选项”选项组勾选“在锐边上添加折弯”复选框，并在“半径”框中选择“厚度”选项，设置标注折弯的方式选项为“内侧”。

（6）单击“拉伸”选项卡上的 （完成）按钮，完成的拉伸壁作为第一壁，如图 5-81 所示。

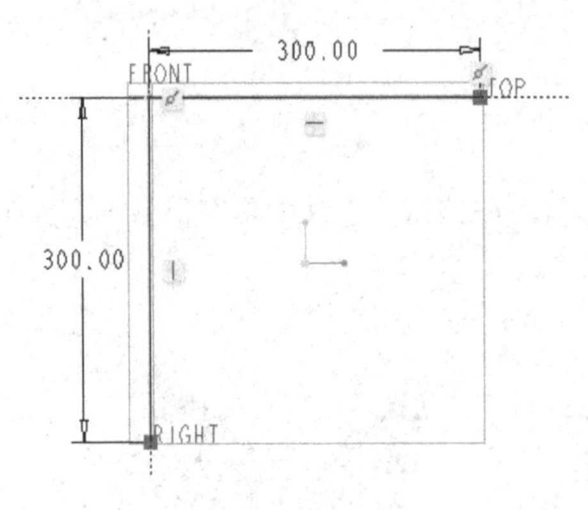

图 5-80 绘制图形

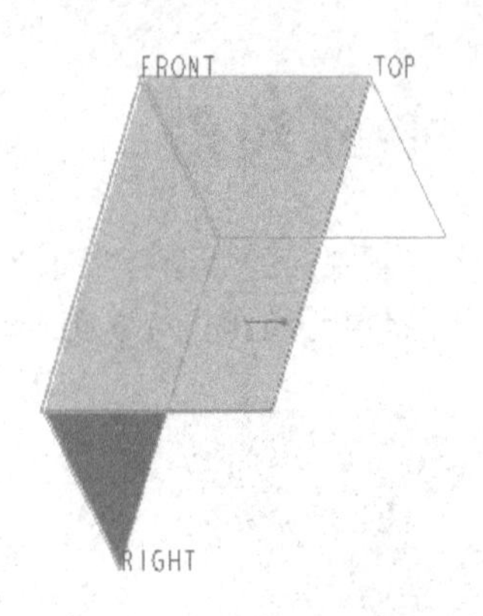

图 5-81 创建拉伸壁

步骤 3：切除出一个开口槽。

（1）单击 （拉伸）按钮，打开“拉伸”选项卡，默认时，（实体）、（移除材料）按钮和 （移除与钣金曲面垂直的材料）按钮处于被选中的状态，并从下拉列表框中选择 （移除垂直于驱动曲面的材料）图标选项。

（2）选择 TOP 基准平面作为草绘平面，快速进入草绘模式。

（3）绘制图 5-82 所示的剖面，单击 （确定）按钮。

（4）默认的侧 1 拉伸深度选项为 （到下一个），注意设置能形成钣金件切口，然后单击 （完成）按钮，此时得到的钣金件模型如图 5-83 所示。

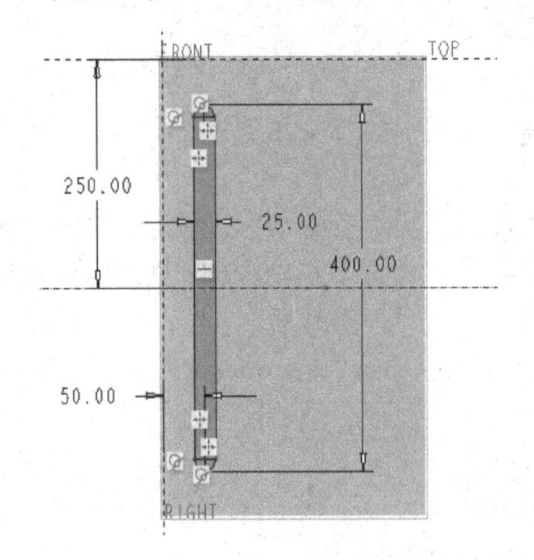

图 5-82 绘制剖面

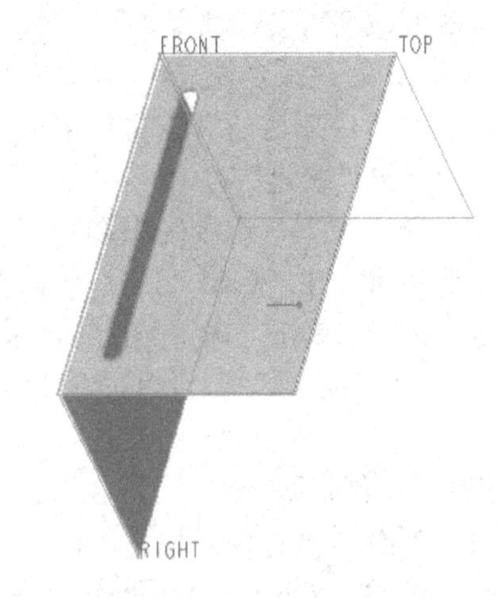

图 5-83 切除出开口槽（钣金件切口）

步骤 4：创建阵列特征。

（1）刚创建的钣金件切口处于被选中的状态，从功能区的“模型”选项卡中单击“编辑”→ （阵列）按钮，打开“阵列”选项卡。

（2）在“阵列”选项卡中选择阵列类型为“方向”，默认第一方向的形式为 （平移）。

（3）在模型中选择 RIGHT 基准平面，接着在“阵列”选项卡中设置第一方向的阵列成员数为“5”，第一方向的阵列成员间的间距为“50”，如图 5-84 所示。

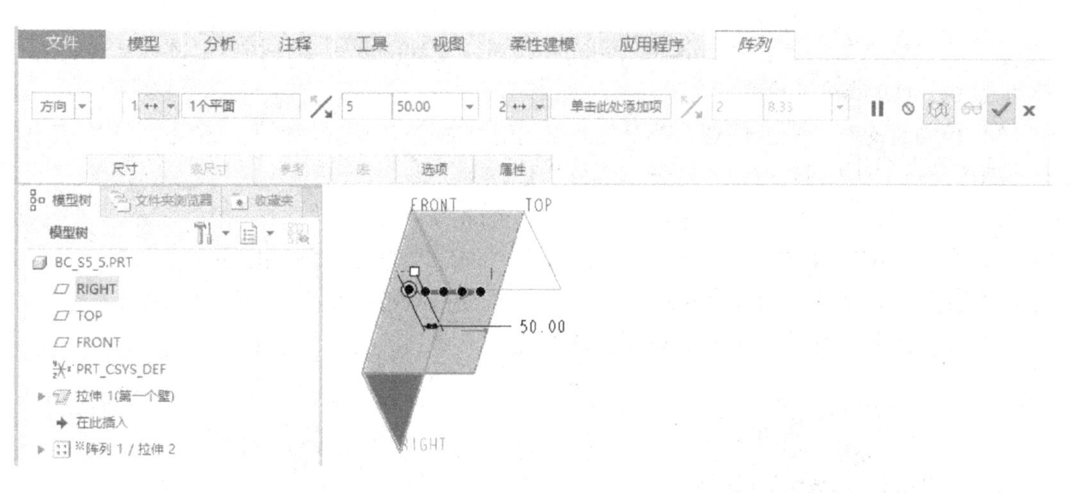

图 5-84　设置方向阵列参数

（4）在“阵列”选项卡中单击（完成）按钮，得到的阵列结果如图 5-85 所示。

步骤 5：在钣金件的另一侧面上创建开口槽。

（1）单击（拉伸）按钮，打开“拉伸”选项卡，默认时，（实体）、（移除材料）按钮和（移除与钣金曲面垂直的材料）按钮处于被选中的状态，并从下拉列表框中选择（移除垂直于驱动曲面的材料）图标选项。

（2）在“拉伸”选项卡中打开“放置”面板，单击“定义”按钮，弹出“草绘”对话框。选择 RIGHT 基准平面作为草绘平面，默认的草绘方向参考为 TOP 基准平面，默认从“方向”下拉列表框中选择“左”选项，单击“草绘”按钮，进入草绘模式。

（3）绘制图 5-86 所示的剖面，单击（确定）按钮。

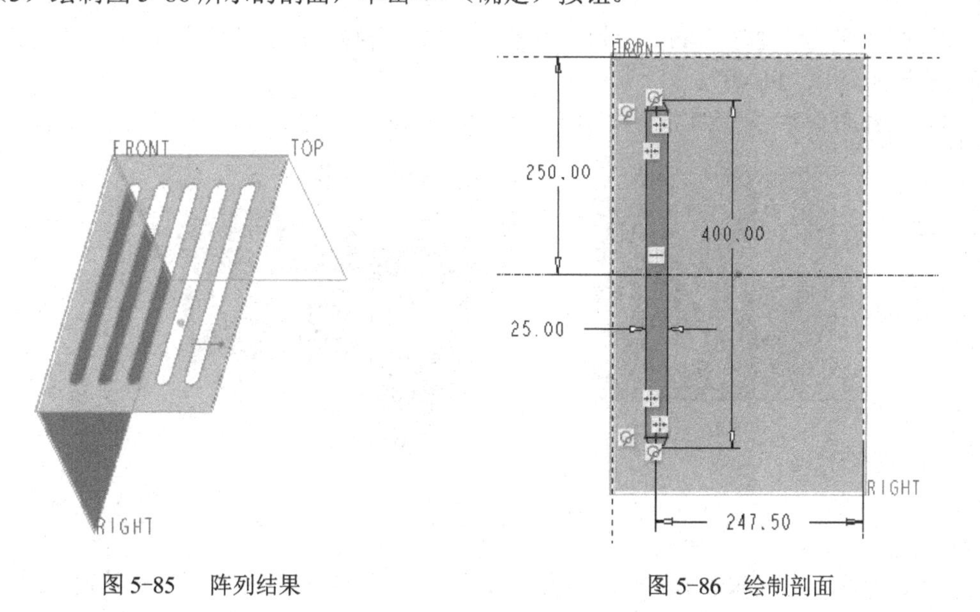

图 5-85　阵列结果

图 5-86　绘制剖面

（4）在“拉伸”选项卡中单击（将拉伸的深度方向更改为草绘的另一侧）按钮，以获得合适的深度方向。

（5）在“拉伸”选项卡中单击✓（完成）按钮，创建的此钣金件切口如图5-87所示。

步骤6：创建阵列特征。

（1）刚创建的一个钣金件切口特征处于被选中的状态，从功能区的“模型”选项卡中单击“编辑”→⁝⁝（阵列）按钮，打开“阵列”选项卡。

（2）在“阵列”选项卡中选择阵列类型为“方向”。

（3）在模型中选择TOP基准平面，接着在“阵列”选项卡中单击（反向第一方向）按钮，设置第一方向的阵列成员数为“5”，第一方向的阵列成员间的间距为“50”。

（4）在“阵列”选项卡中单击✓（完成）按钮，得到的阵列结果如图5-88所示。

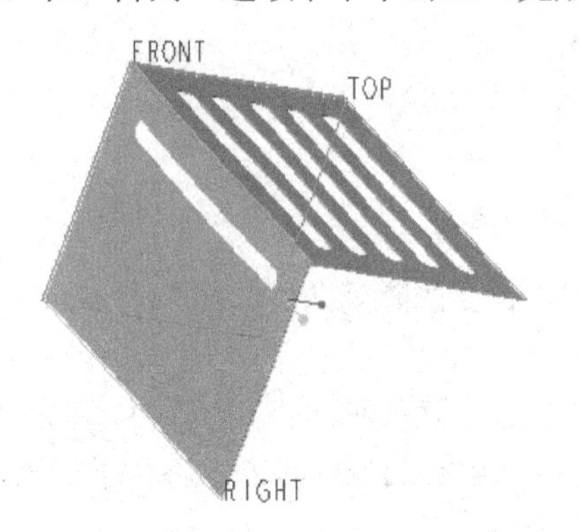

图5-87　创建另一个钣金件切口

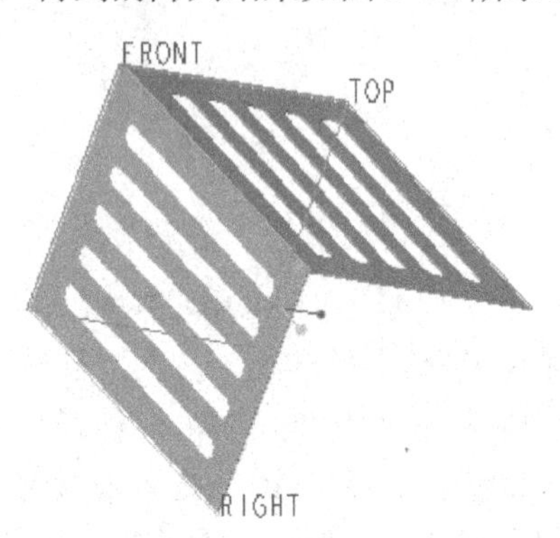

图5-88　阵列结果

步骤7：创建平整壁特征1。

（1）在功能区“模型”选项卡的“形状”组中单击（平整）按钮，打开“平整”选项卡。

（2）在“平整”选项卡的“形状”下拉列表框中选择“梯形”选项，并在（角度）下拉列表框中选择“90.00”。

（3）选择图5-89所示的边线作为连接边。

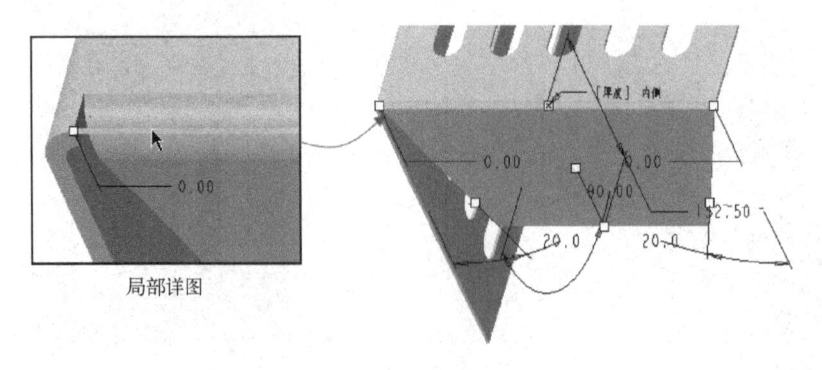

图5-89　选择连接边

（4）在“平整”选项卡中打开“形状”面板，从中设置图5-90所示的形状尺寸。

说明：此时，如果在“平整”选项卡中打开“止裂槽”面板，则可以看到默认的止裂槽类型选项为“[扯裂]”，如图5-91所示。

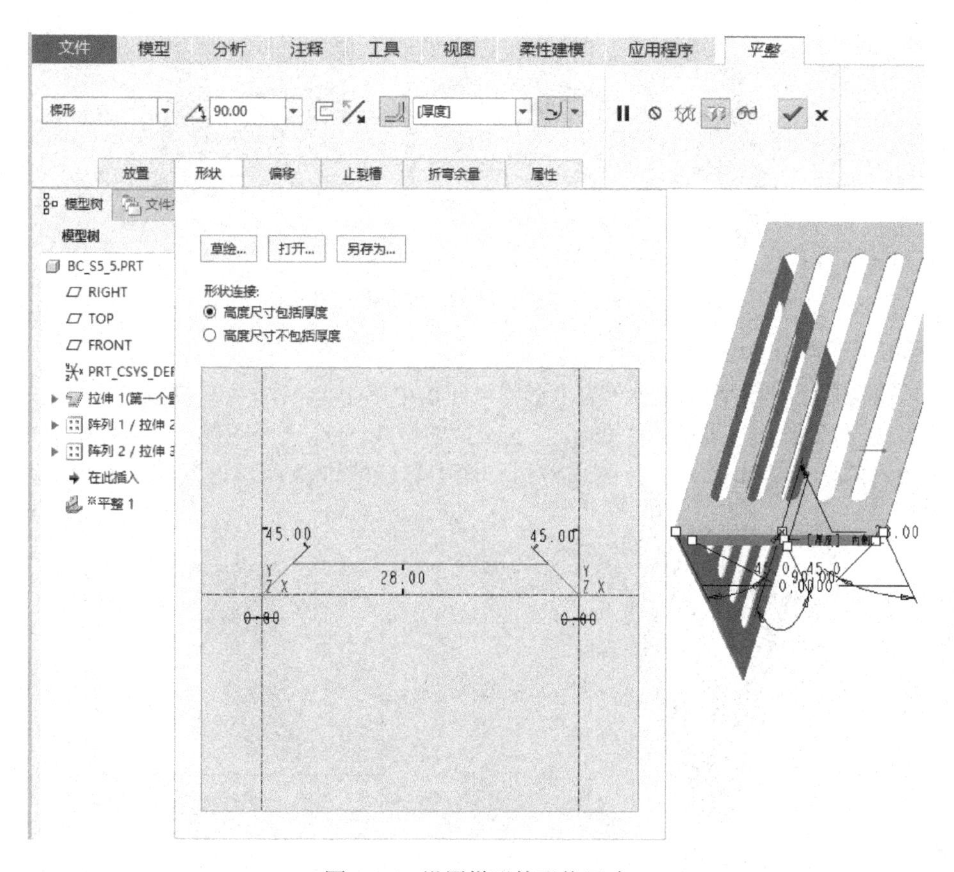

图 5-90 设置梯形的形状尺寸

（5）在“平整”选项卡中单击旁的（相对草绘平面的另一侧更改厚度）按钮。

（6）在“平整”选项卡中单击（完成）按钮，完成该连接平整壁的创建，得到的钣金件模型效果如图 5-92 所示。

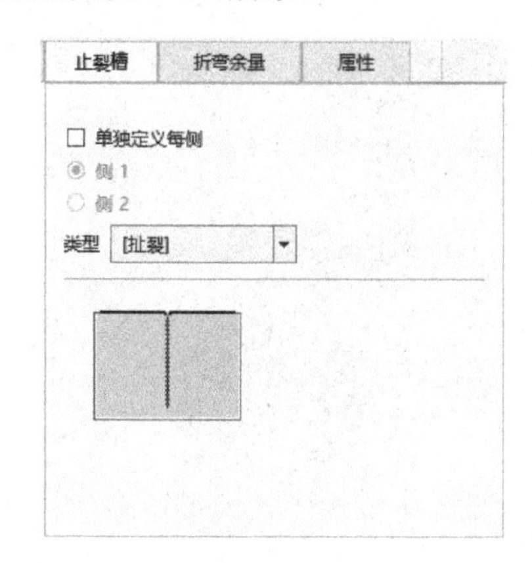

图 5-91 “平整”选项卡的“止裂槽”面板

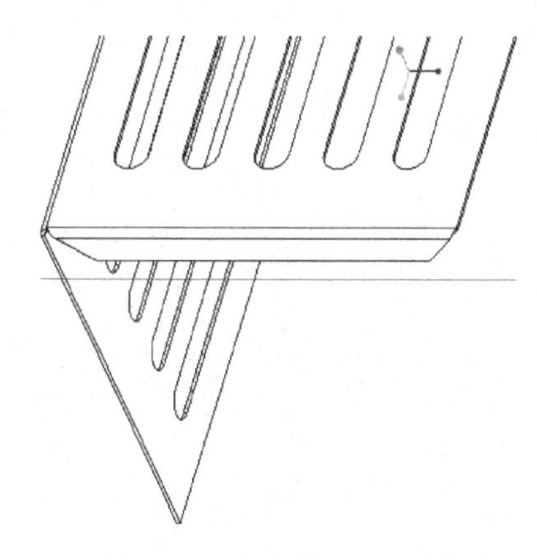

图 5-92 完成创建一个平整壁

步骤 8：创建其他连接平整壁（梯形）。

和步骤 7 介绍的创建方法一样，在箱盖另外的 3 个侧边处创建相同形状（包括尺寸一致）的梯形平整壁。完成这些连接平整壁后的模型效果如图 5-93 所示。

图 5-93 完成所有梯形的连接平整壁

步骤 9：创建法兰壁。

（1）在功能区“模型”选项卡的“形状”面板中单击（法兰）按钮。

（2）在“凸缘”选项卡的“形状”下拉列表框中选择“平齐的”，接着在钣金件中选择图 5-94 所示的边线作为法兰的连接边，图中显示的钣金件是以默认的标准方向视角来显示的。

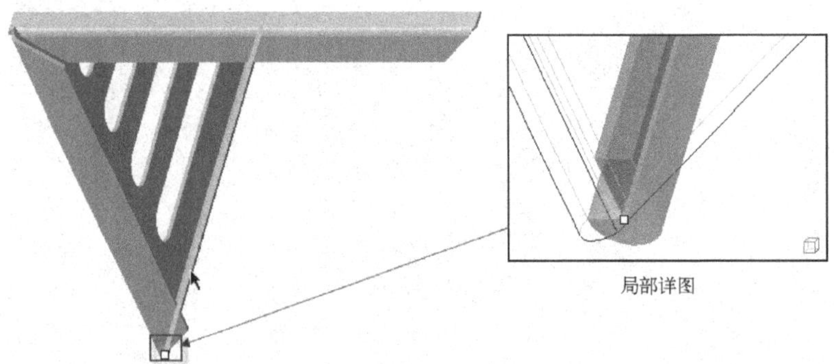

图 5-94 指定连接边

（3）在“凸缘”选项卡中打开“形状”面板，输入图 5-95 所示的轮廓形状尺寸。

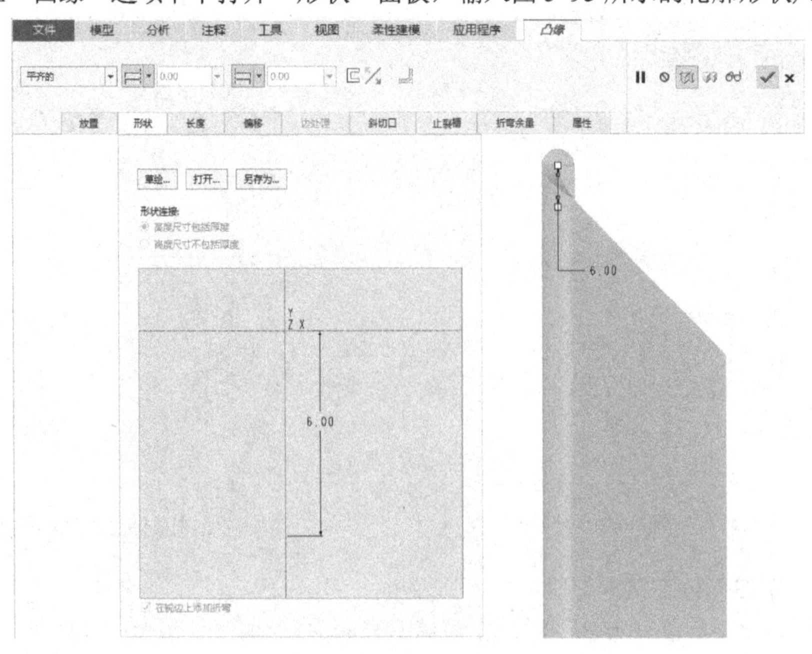

图 5-95 “轮廓”上滑面板

（4）在“凸缘”选项卡中单击✔（完成）按钮，完成该法兰壁的创建工作。

步骤 10：在钣金件上创建通孔。

（1）单击（拉伸）按钮，打开“拉伸”选项卡，默认确保选中（实体）、（移除材料）按钮和（移除与钣金曲面垂直的材料）按钮，并从下拉列表框中选择（移除垂直于驱动曲面的材料）图标选项。

（2）在“拉伸”选项卡中打开“放置”面板，单击“定义”按钮，弹出“草绘”对话框。选择 FRONT 基准平面作为草绘平面，默认以 RIGHT 基准平面为“右”方向参考，单击“草绘”按钮，进入草绘模式。

（3）绘制图 5-96 所示的剖面，单击✔（确定）按钮。

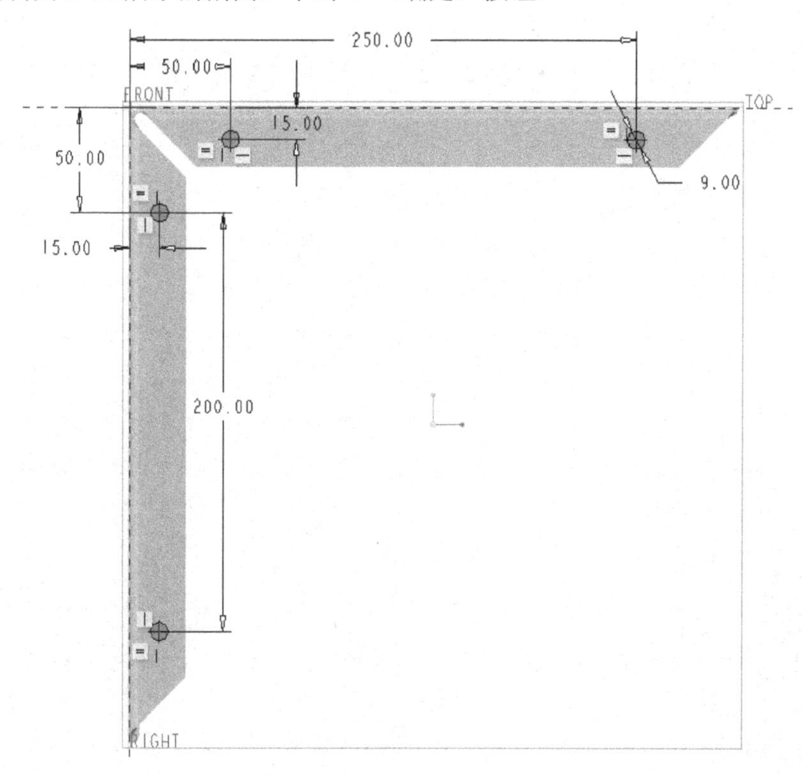

图 5-96　绘制剖面

（4）在“拉伸”选项卡中打开“选项”面板，从“侧 1”下拉列表框和“侧 2”下拉列表框中都选择（穿透）选项。

（5）在“拉伸”选项卡中单击✔（完成）按钮，此时得到的钣金件模型如图 5-97 所示。

步骤 11：创建平整壁。

（1）在功能区“模型”选项卡的“形状”组中单击（平整）按钮，打开“平整”选项卡。

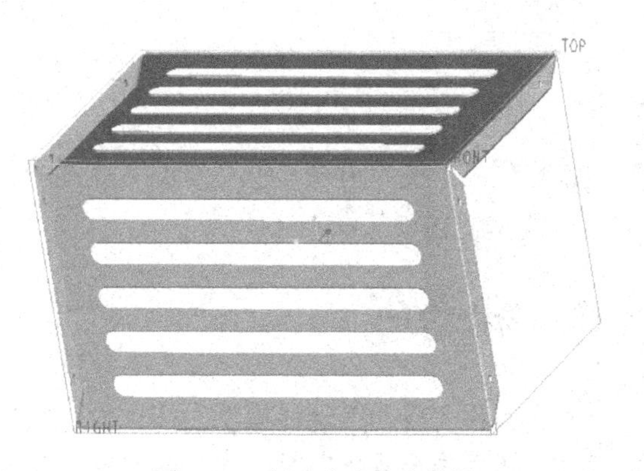

图 5-97　创建出定位安装孔

（2）在“平整”选项卡的“形状”下拉列表框中选择“矩形”选项，接着在（角度）下拉列表框中选择“平整”，如图 5-98 所示。

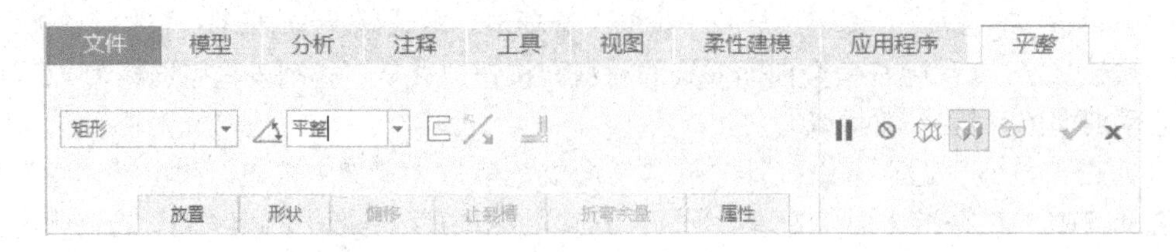

图 5-98 指定平整壁形状和角度选项

（3）选择图 5-99 所示的边作为连接边。

（4）在“平整”选项卡中打开“形状”面板，设置图 5-100 所示的矩形的形状尺寸。

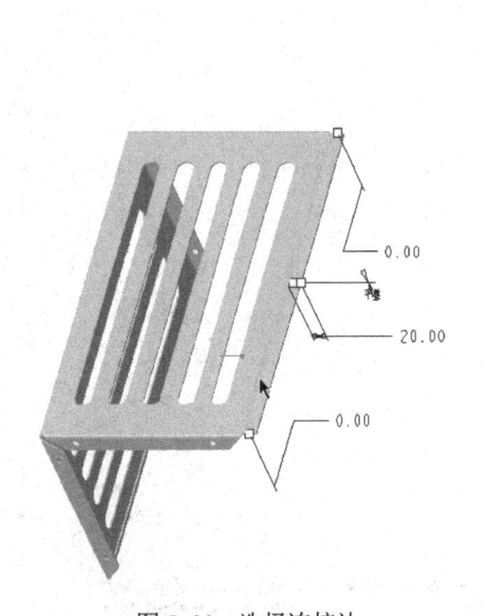

图 5-99 选择连接边

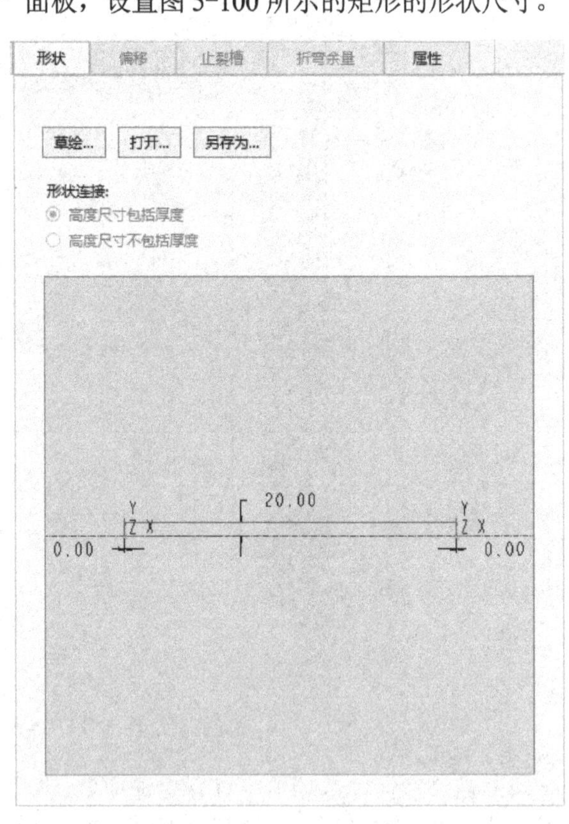

图 5-100 设置形状尺寸

（5）在“平整”选项卡中单击（完成）按钮。

步骤 12：保存文件。

5.6 梯台板

本实例要完成的钣金件模型为梯台板，其模型效果如图 5-101 所示。可以先建立一个实体模型，然后由该实体模型转化为梯台板的钣金壁，并在此基础上创建其他的一些细节钣金结构。

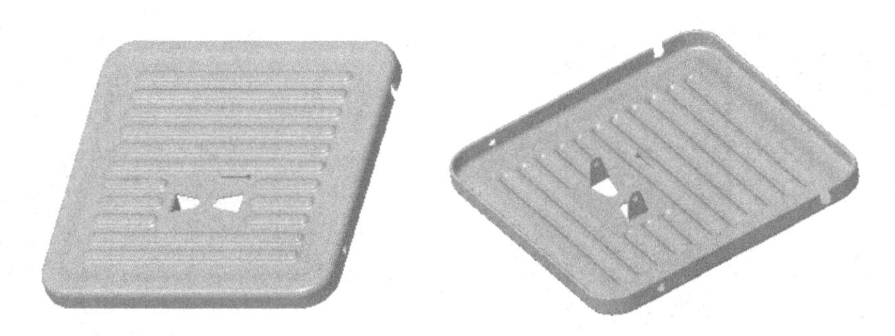

图 5-101 梯台板

本实例要复习的重点应用知识包括：由实体转换为钣金件、拉伸切除钣金材料、创建分割区域、创建边扯裂特征、创建折弯特征、创建镜像特征、创建法兰壁。

本范例详细的设计过程说明如下。

步骤 1：新建实体零件文件。

（1）在“快速访问”工具栏中单击 （新建）按钮，或者选择“文件”→“新建”命令，系统弹出“新建”对话框。

（2）从“类型”选项组中选择“零件”单选按钮，从“子类型”选项组中选择“实体”单选按钮，在“名称”文本框中输入文件名为“bc_s5_6”，取消勾选“使用默认模板”复选框。接着，单击“确定”按钮，系统弹出“新文件选项”对话框。

（3）在“模板”选项组的模板列表中选择 mmns_part_solid，单击“确定”按钮。

步骤 2：创建拉伸特征。

（1）在功能区“模型”选项卡的“形状”组中单击 （拉伸）按钮，打开图 5-102 所示的“拉伸”选项卡。

图 5-102 “拉伸”选项卡

（2）选择 TOP 基准平面定义草绘平面，快速、自动地进入草绘模式。

（3）绘制图 5-103 所示的剖面，单击 （确定）按钮。

（4）在“拉伸”选项卡中输入拉伸深度值为“16”。

（5）在“拉伸”选项卡中单击 （完成）按钮，创建图 5-104 所示的拉伸实体。

步骤 3：倒圆角。

（1）在功能区的“模型”选项卡中单击“工程”组中的 （倒圆角）按钮，打开“倒圆角”选项卡。

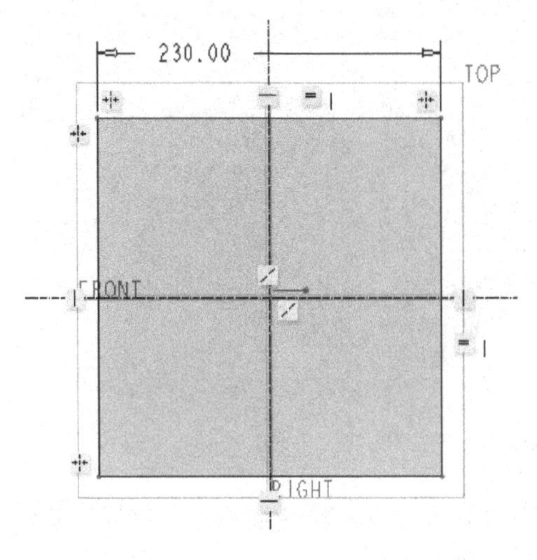

图 5-103 绘制拉伸剖面

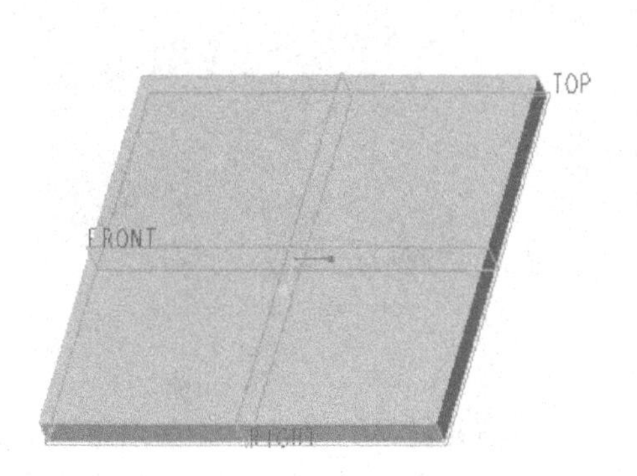

图 5-104 创建的拉伸实体

（2）输入圆角半径为“25”。

（3）结合〈Ctrl〉键分别选择图 5-105a 所示的边线。

（4）在“倒圆角”选项卡中单击✔（完成）按钮，完成圆角操作，此时模型如图 5-105b 所示。

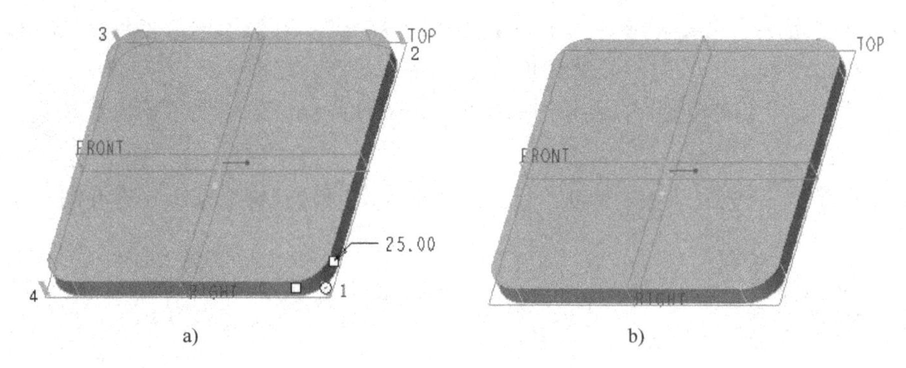

图 5-105 圆角操作

a) 选择要圆角的边参考 b) 完成此次圆角的效果

步骤 4：以混合的方式切除材料。

（1）在功能区的“模型”选项卡中单击“形状”→（混合）按钮，打开“混合”选项卡，默认时，“混合”选项卡中的（实体）按钮处于被选中的状态。

（2）在“混合”选项卡中单击（与草绘截面混合）按钮，以及单击（移除材料）按钮。

（3）在“混合”选项卡中打开“截面”面板，确保选中“草绘截面”单选按钮，接着单击“定义”按钮，弹出“草绘”对话框，选择图 5-106 所示的实体面作为草绘平面，单击“草绘”按钮，进入草绘模式中。

（4）绘制第一个混合剖面（截面 1），如图 5-107 所示，单击✔（确定）按钮。

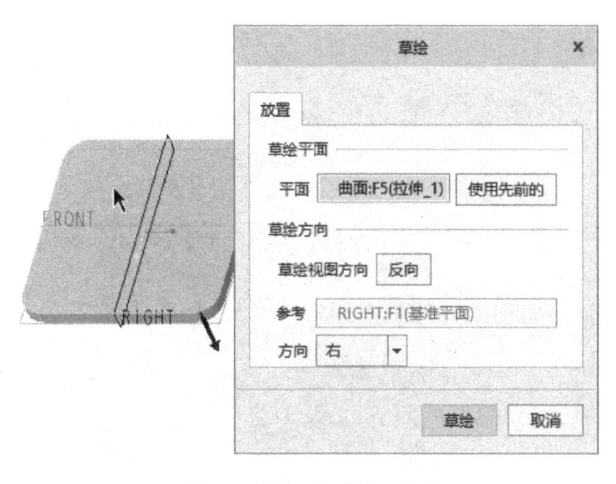

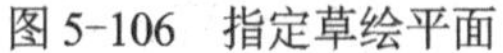
图 5-106　指定草绘平面

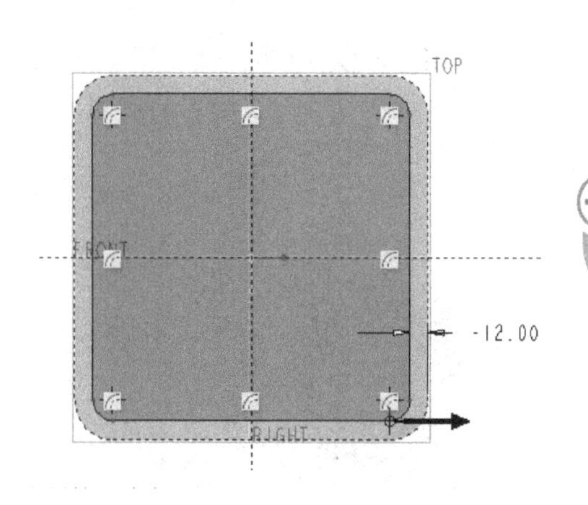

图 5-107　绘制第一个剖面

（5）在“混合”选项卡的“截面”面板中，设置截面 2 的草绘平面位置定义方式选项为“偏移尺寸”，将其偏移自截面 1 的距离为“-2”（即确保截面 2 位于当前实体内部，它与截面 1 的距离绝对值为 2），单击“草绘”按钮，进入内部草绘器。

（6）绘制第二个混合剖面（截面 2），如图 5-108 所示，单击✔（确定）按钮。

（7）在“混合”选项卡中打开“选项”面板，从“混合曲面”选项组中选择“直”单选按钮，如图 5-109 所示。

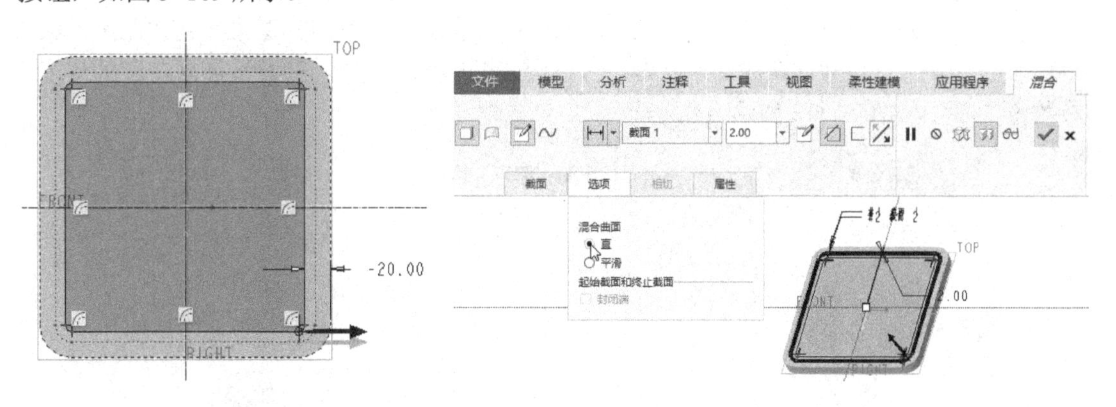

图 5-108　绘制截面 2

图 5-109　设置混合曲面的属性选项为“直”

（8）在“混合”选项卡中单击✔（完成）按钮，完成创建混合切口特征后的模型效果如图 5-110 所示。

步骤 5：创建拉伸特征。

（1）单击（拉伸）按钮，打开“拉伸”选项卡。

（2）在“拉伸”选项卡中打开“放置”滑出面板，单击“定义”按钮，弹出“草绘”对话框。

（3）选择图 5-111 所示的零件实体面定义草绘平面，默认以 RIGHT 基准平面作为“右”方向参

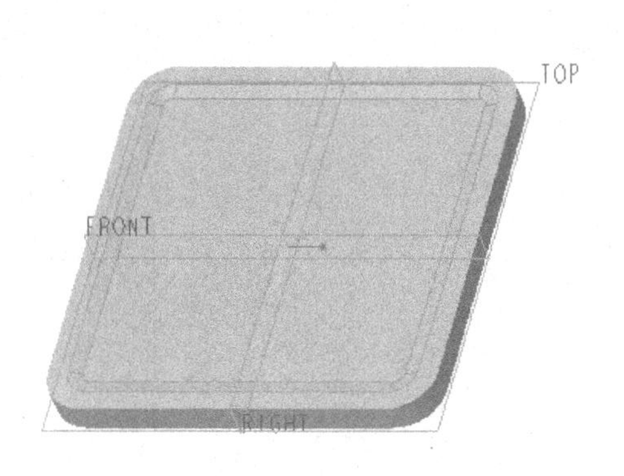

图 5-110　创建混合切口特征

考，单击“草绘”按钮，进入草绘模式。

（4）绘制图 5-112 所示的剖面，单击✔（确定）按钮。

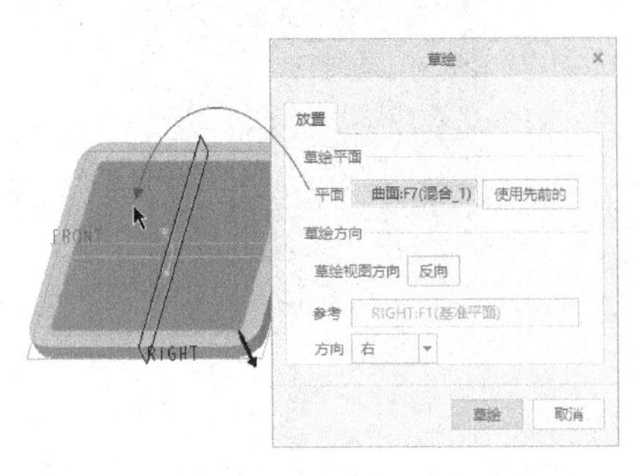

图 5-111 定义草绘平面与草绘方向

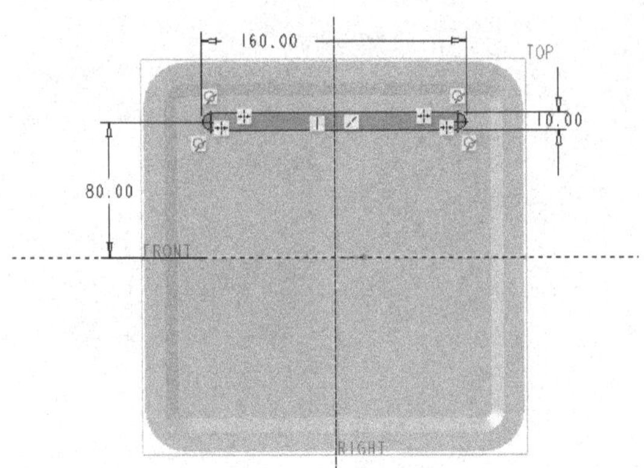

图 5-112 绘制剖面

（5）在“拉伸”选项卡中输入拉伸深度值为“2.5”。

（6）在“拉伸”选项卡中单击✔（完成）按钮。

步骤 6：创建阵列特征。

（1）选中刚创建的拉伸伸出项特征，单击⠿（阵列）按钮，打开“阵列”选项卡。

（2）阵列类型选项为“尺寸”，单击数值为 80（表示到 FRONT 基准平面的距离）的尺寸作为定义方向 1 尺寸增量的一个参考，并设置其增量为“-16”，接着设置方向 1 的阵列成员数为“11”，如图 5-113 所示。

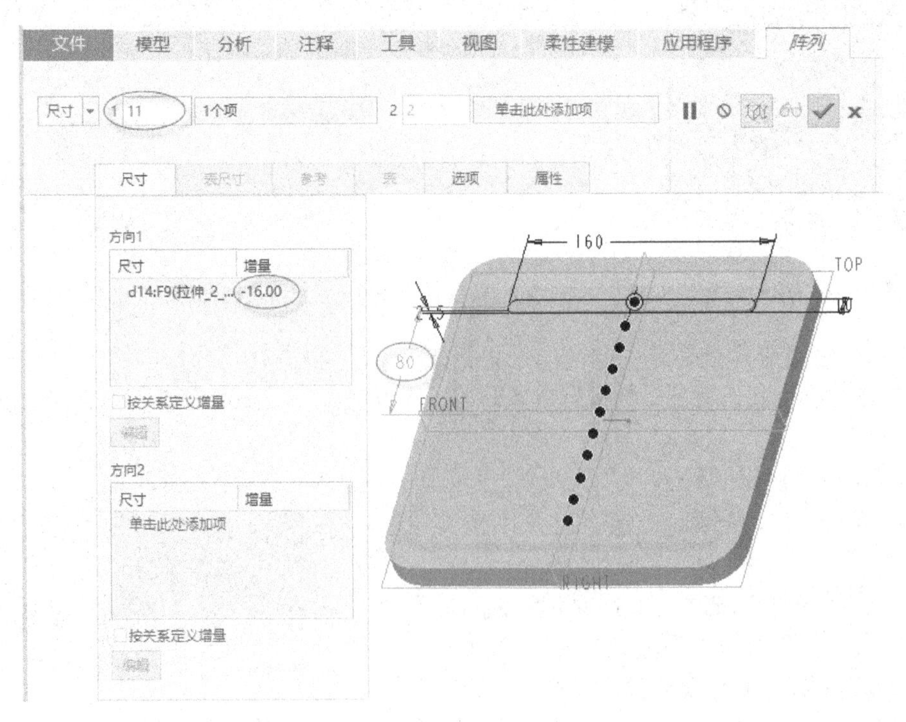

图 5-113 设置尺寸阵列的参数

（3）在“阵列”选项卡中单击✓（完成）按钮，得到的阵列结果如图 5-114 所示。

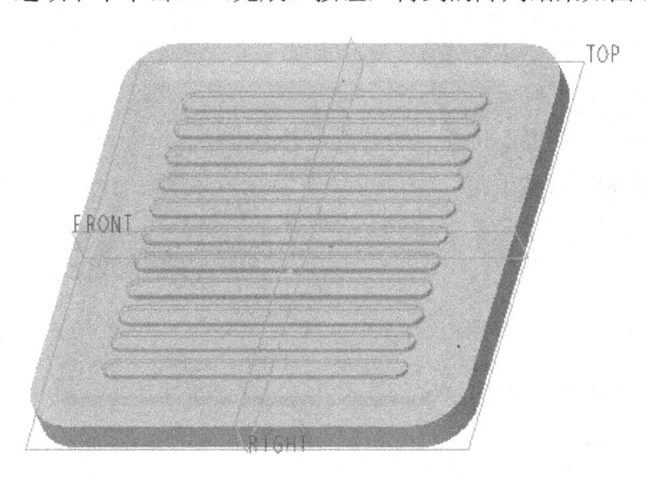

图 5-114 阵列结果

步骤 7：以拉伸的方式切除材料。

（1）单击（拉伸）按钮，接着在打开的“拉伸”选项卡中单击（移除材料）按钮。

（2）在“拉伸”选项卡中打开“放置”滑出面板，单击“定义”按钮，弹出“草绘”对话框。选择图 5-115 所示的零件实体面定义草绘平面，确保指定 RIGHT 基准平面作为“右”方向参考，单击“草绘”按钮，进入草绘模式。

（3）绘制图 5-116 所示的剖面，单击✓（确定）按钮。

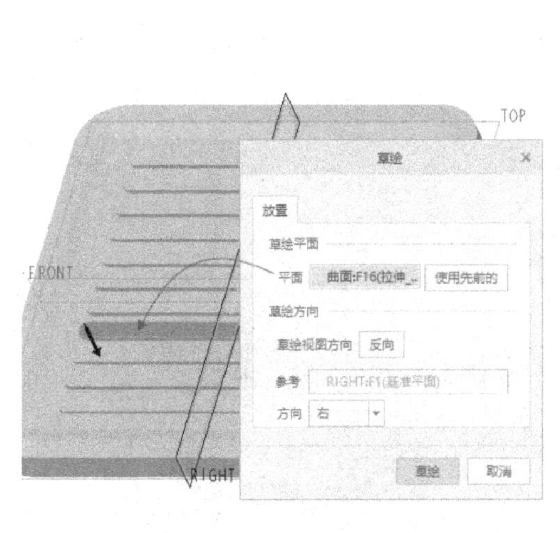

图 5-115 指定草绘平面

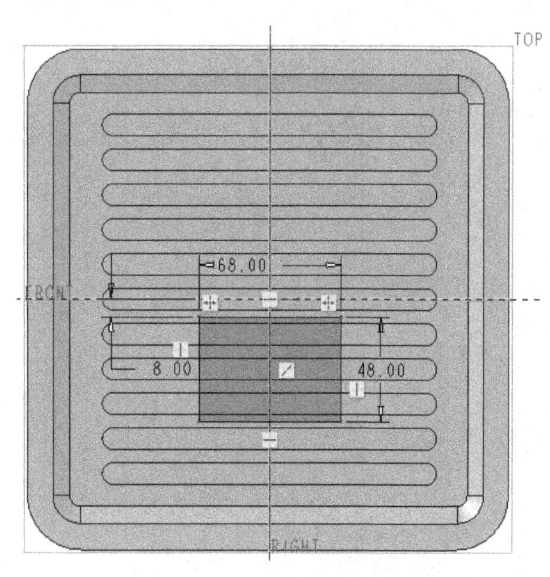

图 5-116 绘制剖面

（4）在“拉伸”选项卡的侧 1 深度选项下拉列表框中选择（到选定项），然后在模型中选择图 5-117 所示的实体面。

（5）在“拉伸”选项卡中单击✓（完成）按钮，切除效果如图 5-118 所示。

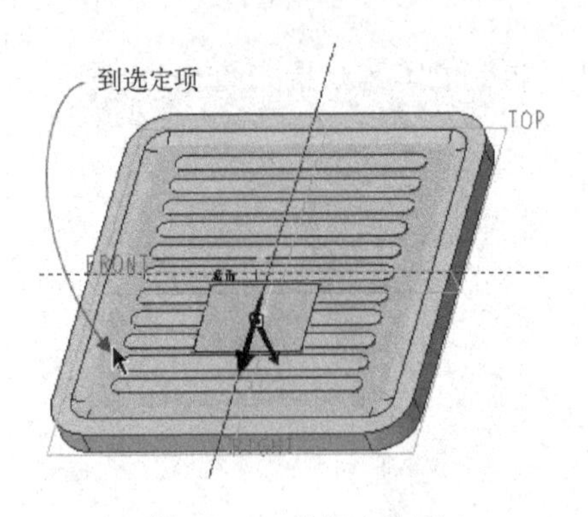

图 5-117 选择实体面

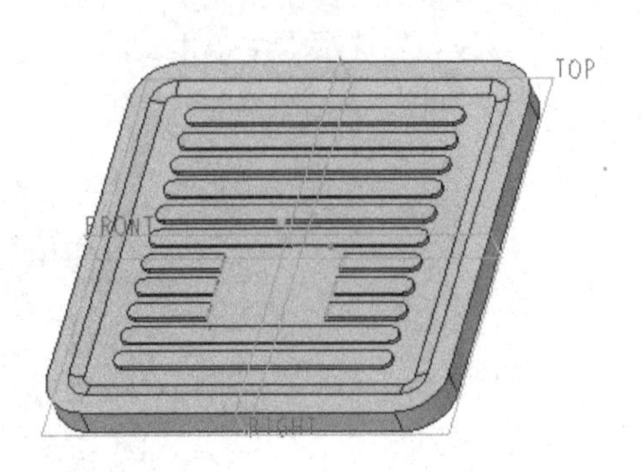

图 5-118 切除效果

步骤 8：创建完全圆角特征。

（1）在功能区“模型”选项卡的“工程”组中单击（倒圆角）按钮，打开“倒圆角”选项卡。

（2）按住〈Ctrl〉键并分别单击图 5-119 所示的两条边线。

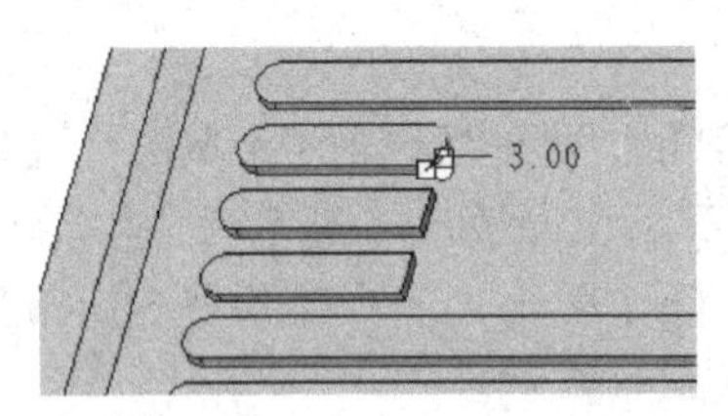

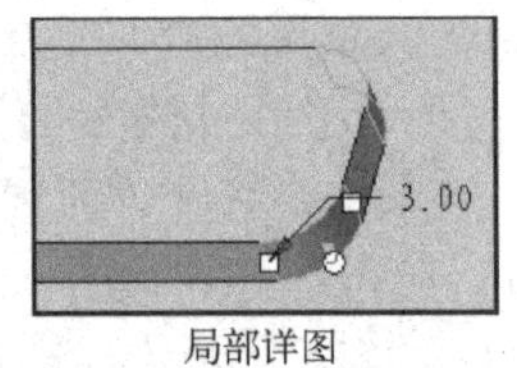

局部详图

图 5-119 结合〈Ctrl〉键选择要倒圆角的两条边线参考

（3）在“倒圆角”选项卡中打开“集”面板，单击“完全倒圆角”按钮，如图 5-120 所示。

（4）在“倒圆角”选项卡中单击（完成）按钮，创建的完全圆角特征如图 5-121 所示。

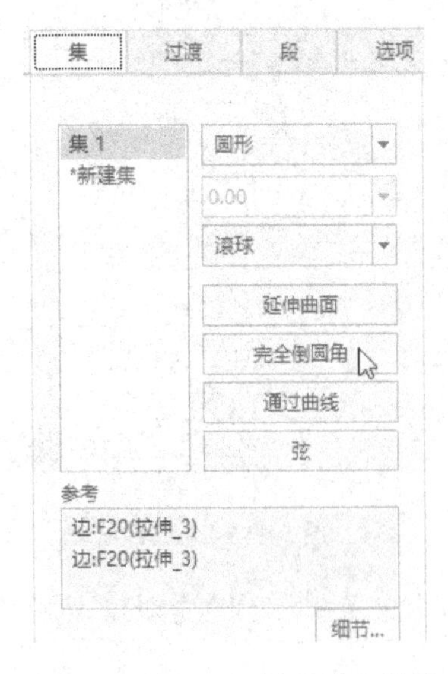

图 5-120 单击“完全倒圆角”按钮

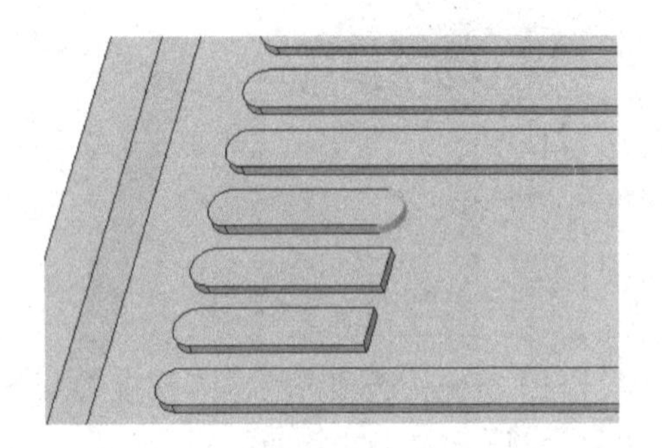
图 5-121 创建一处完全圆角特征

步骤 9：创建其他完全圆角特征。

使用（倒圆角）按钮，和上述步骤 8 的方法一样，分别创建其余 5 处完全圆角特征。创建好这些完全圆角特征的模型效果如图 5-122 所示。

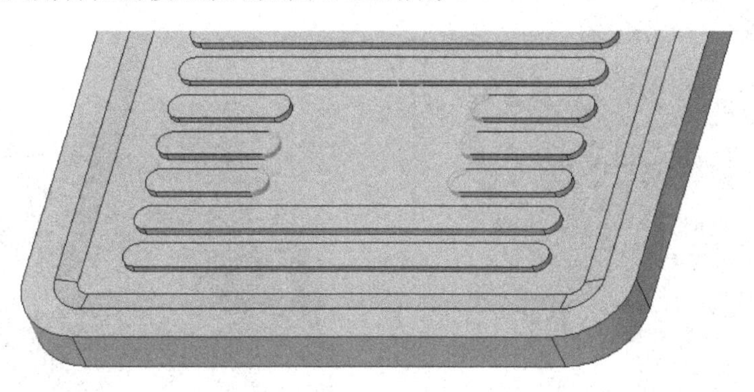

图 5-122 完成其他完全圆角特征

步骤 10：创建圆角特征。

（1）单击（倒圆角）按钮，打开“倒圆角”选项卡。

（2）设置圆角半径为“3.5”。

（3）结合〈Ctrl〉键选择图 5-123 所示的边线。

（4）单击（完成）按钮。

步骤 11：创建圆角特征。

（1）单击（倒圆角）按钮，打开“倒圆角”选项卡。

（2）设置圆角半径为“3.5”。

（3）结合〈Ctrl〉键选择图 5-124 所示的边线。

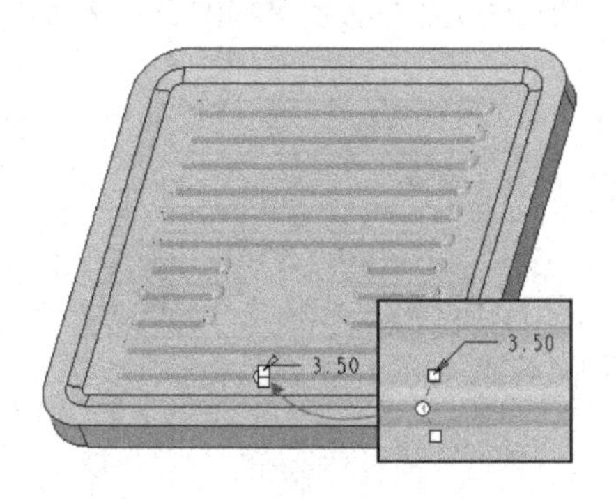

图 5-123 选择要圆角的边线 1

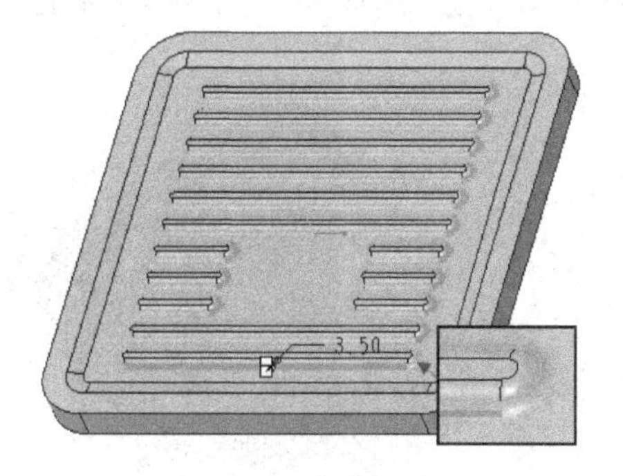

图 5-124 选择要圆角的边线 2

（4）在“倒圆角”选项卡中单击（完成）按钮。

步骤 12：创建圆角特征。

（1）单击（倒圆角）按钮，打开“倒圆角”选项卡。

（2）设置当前圆角集的圆角半径为“20”。

（3）结合〈Ctrl〉键选择图 5-125 所示的要圆角的两条边链。

（4）在“倒圆角”选项卡中单击（完成）按钮。

步骤 13：创建圆角特征。

（1）单击 （倒圆角）按钮，打开“倒圆角”选项卡。

（2）设置当前圆角集的圆角半径为“5”。

（3）选择图 5-126 所示的一条边链。

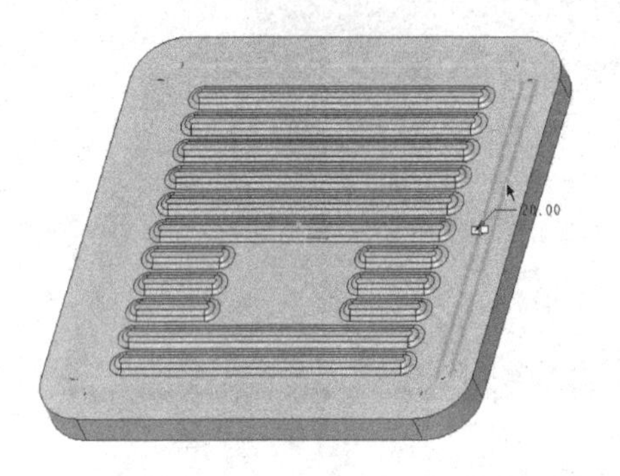

图 5-125 选择要圆角的边链 1

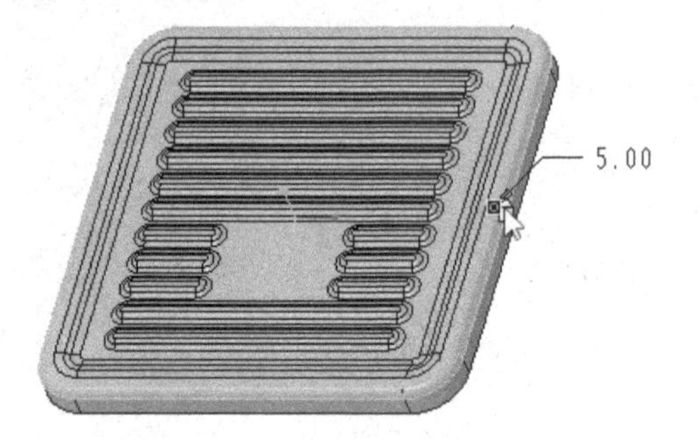

图 5-126 选择要圆角的边链 2

（4）在“倒圆角”选项卡中单击 （完成）按钮。

步骤 14：转换为钣金件。

（1）在功能区的“模型”选项卡中选择“操作”→“转换为钣金件”命令，则功能区出现“第一壁”选项卡。

（2）在“第一壁”选项卡中单击 （壳）按钮，打开“壳”选项卡。

（3）在“壳”选项卡中打开“参考”面板，可以看到“移除的曲面”收集器处于活动状态。在图形窗口中选择实体模型的平整底面。

（4）在“壳”选项卡的“厚度”框中设置板材厚度为“1.5”。

（5）在“壳”选项卡中单击 （完成）按钮，转换为钣金件的效果如图 5-127 所示。

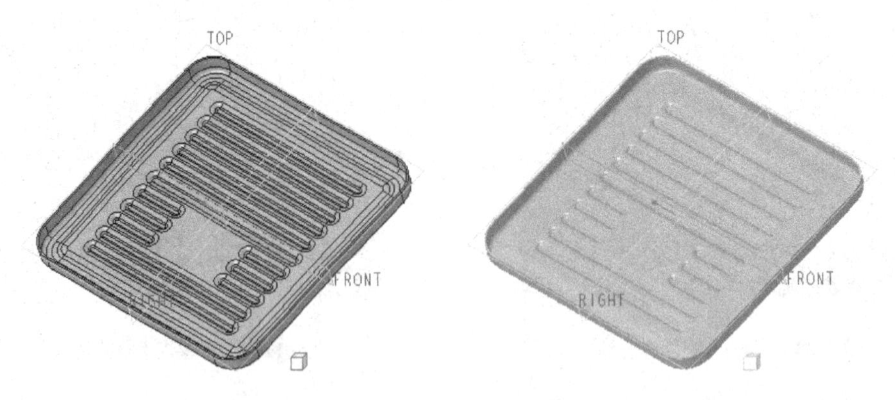

图 5-127 由实体转换为钣金件

步骤 15：以拉伸的方式切除出一个 U 形口。

（1）在功能区“模型”选项卡的“形状”组中单击 （拉伸）按钮，打开图 5-128 所示的“拉伸”选项卡。

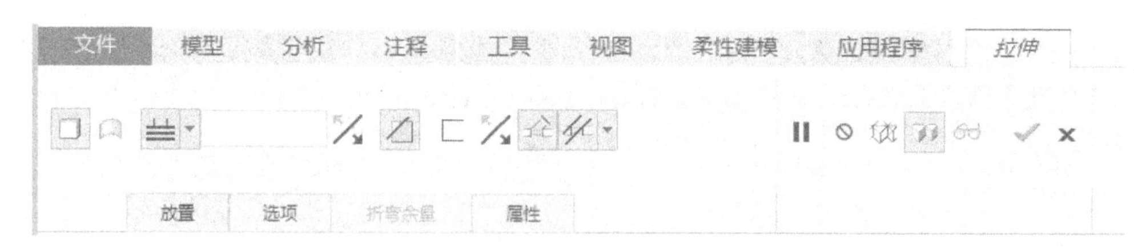

图 5-128 “拉伸”选项卡（钣金件设计模式下）

（2）在“拉伸”选项卡上打开“放置”滑出面板，单击“定义”按钮，弹出“草绘”对话框。选择 RIGHT 基准平面定义草绘平面，默认的草绘方向参考为 TOP 基准平面，接着从“方向”下拉列表框中选择“上（顶）”选项，如图 5-129 所示，然后单击“草绘”按钮，进入内部草绘器。

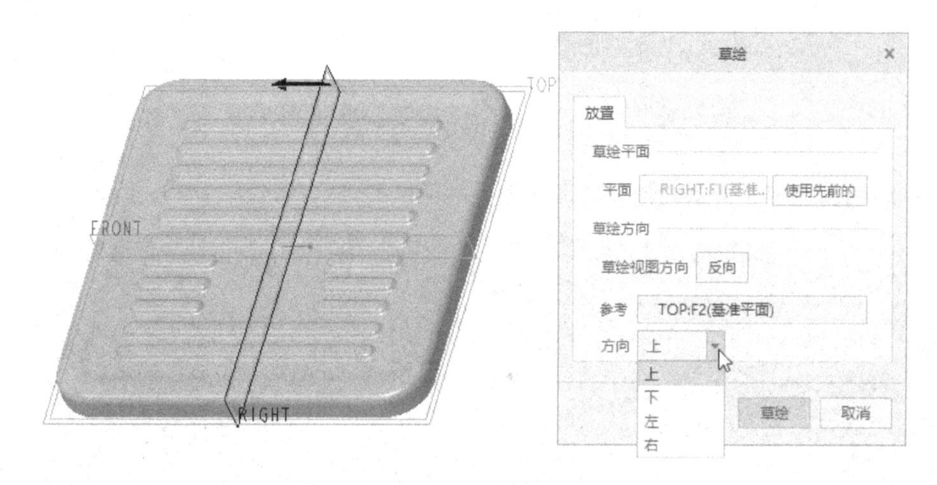

图 5-129 定义草绘平面和草绘方向

（3）绘制图 5-130 所示的剖面，单击✔（确定）按钮。

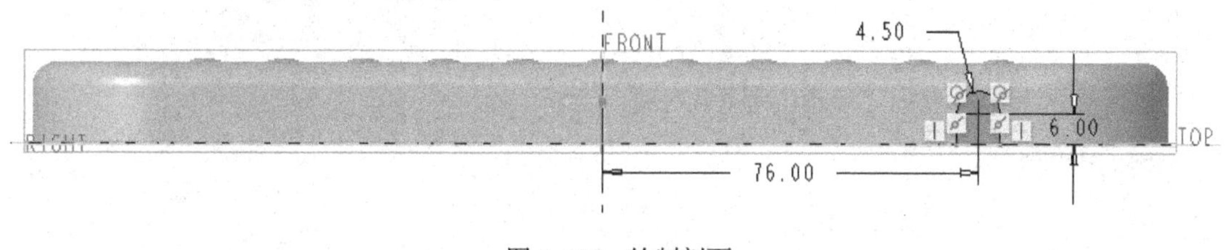

图 5-130 绘制剖面

（4）在“拉伸”选项卡中打开“选项”滑出面板，从“侧 1”和“侧 2”下拉列表框中选择⫼（穿透）选项。

（5）在“拉伸”选项卡中单击✔（完成）按钮。

步骤 16：创建分割区域。

（1）在功能区“模型”选项卡的“编辑”组中单击（分割区域）按钮，打开“分割区域”选项卡，默认时选中下拉列表框中的（垂直于驱动曲面的分割）图标选项。

（2）在“分割区域”选项卡中打开“放置”面板，单击“定义”按钮，弹出“草绘”对话框，在图形窗口中单击图 5-131 所示的平整实体面作为分割区域的草绘平面，默认以 RIGHT 基准平面作为“右”方向参考，单击“草绘”按钮。

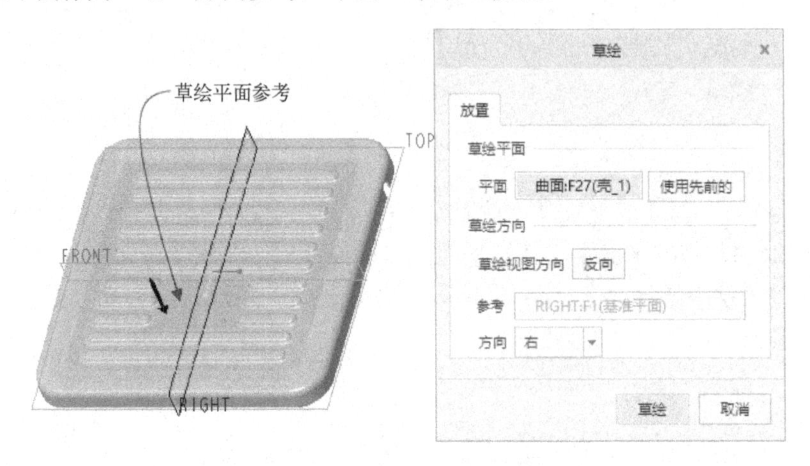

图 5-131 指定草绘平面

（3）绘制图 5-132 所示的封闭图形作为分割区域的外形线，单击✓（确定）按钮。

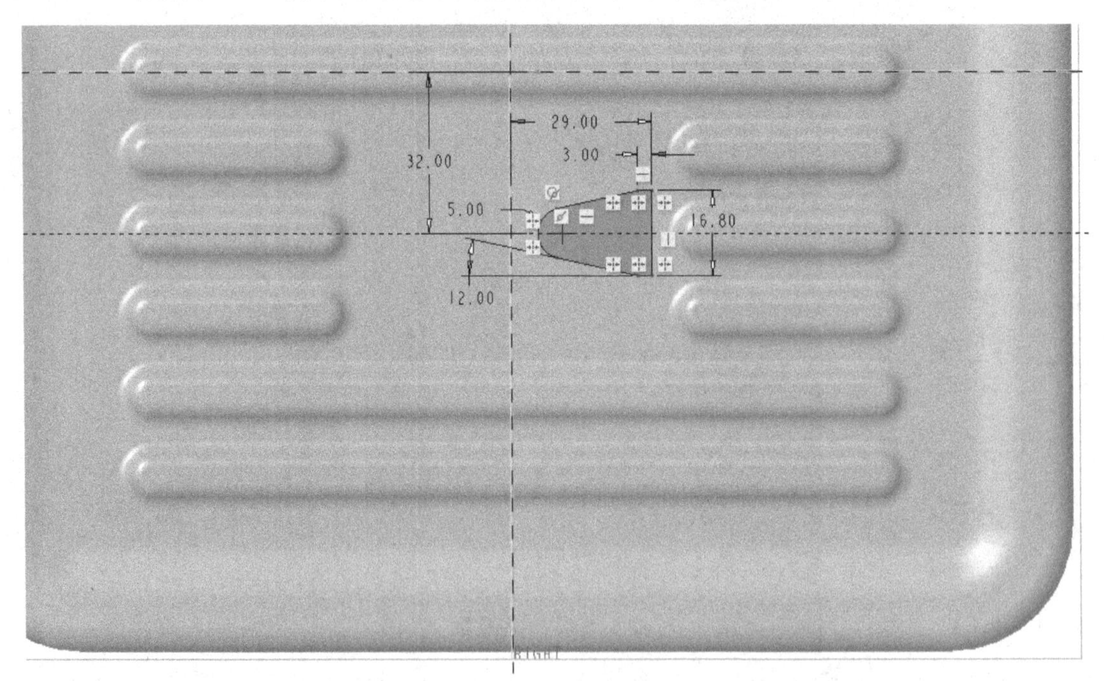

图 5-132 绘制封闭图形

（4）在“分割区域”选项卡中单击图标旁的（更改草绘的投影方向）按钮。

（5）在“分割区域”选项卡中单击✓（完成）按钮，从而完成分割区域的定义。按〈Ctrl+D〉快捷键，此时模型视图效果如图 5-133 所示（图中以“消隐”显示样式显示模型）。

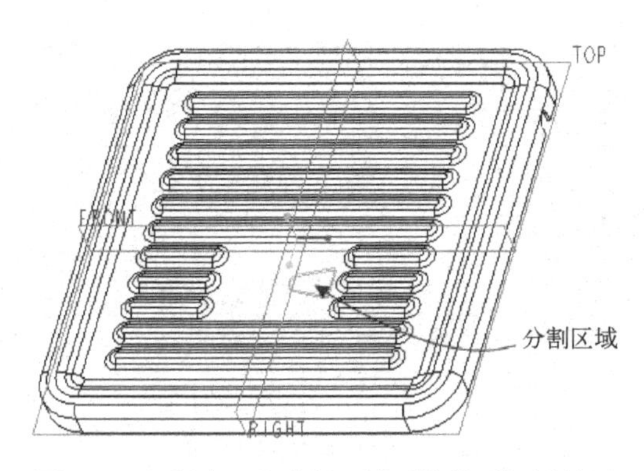

图 5-133 创建一处分割区域后的模型视图效果

步骤 17：创建边缝（边扯裂特征）。

（1）在功能区“模型”选项卡的“工程”组中单击“扯裂”→（边扯裂）按钮，打开“边扯裂”选项卡。

（2）在“边扯裂”选项卡中打开“放置”面板，接着为“边扯裂 1”集选择边参考，如图 5-134 所示，即从分割区域中选择边 1，按住〈Ctrl〉键的同时选择边 2、边 3、边 4 和边 5，默认的边处理选项为“[开放]”。

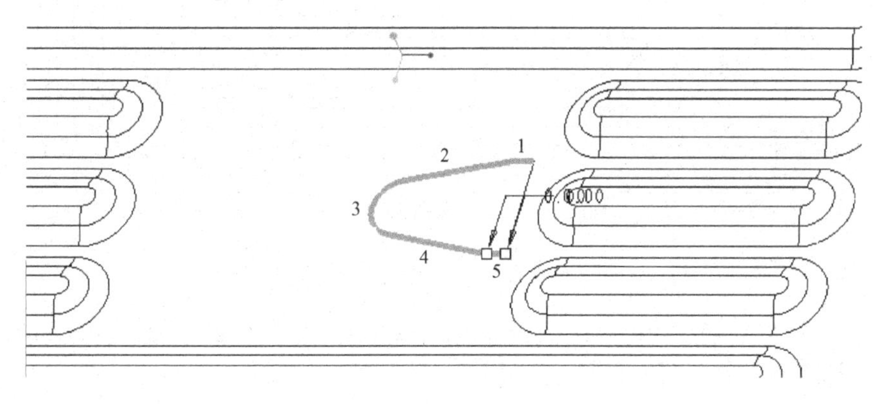

图 5-134 选择边参考

（3）在“边扯裂”选项卡中单击（完成）按钮，完成边缝的创建，即完成边扯裂特征的创建。

步骤 18：创建折弯特征。

（1）在功能区“模型”选项卡的“折弯”组中单击（折弯）按钮，打开“折弯”选项卡。

（2）在“折弯”选项卡中单击（折弯线另一侧的材料）按钮和（角度折弯）按钮，从（折弯角度）下拉列表框中选择“90”，默认选中（测量自直线开始的折弯角度偏转）图标选项，折弯半径值为“[厚度]”，半径所在的侧为内侧半径。

（3）在图 5-135 所示的分割区域曲面上单击。

（4）在“折弯”选项卡中打开“折弯线”面板，从中单击“草绘”按钮，接着利用“草绘”对话框指定所需的绘图参考或标注参考，关闭“参考”对话框。单击（投影）按钮，创建图 5-136 所示的折弯线，单击（确定）按钮。

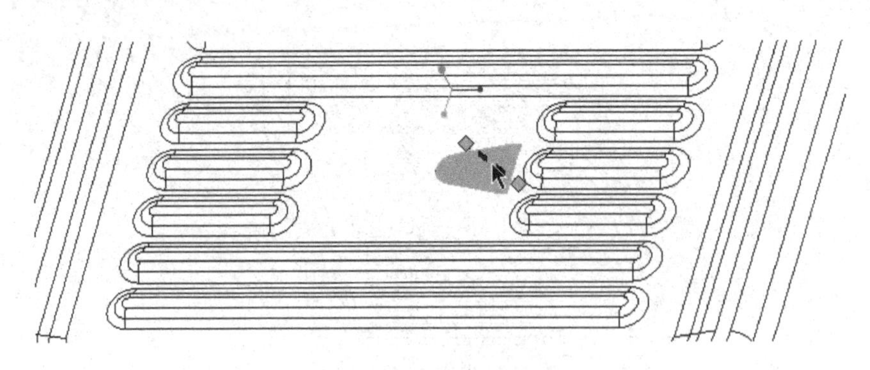

图 5-135 指定折弯曲面

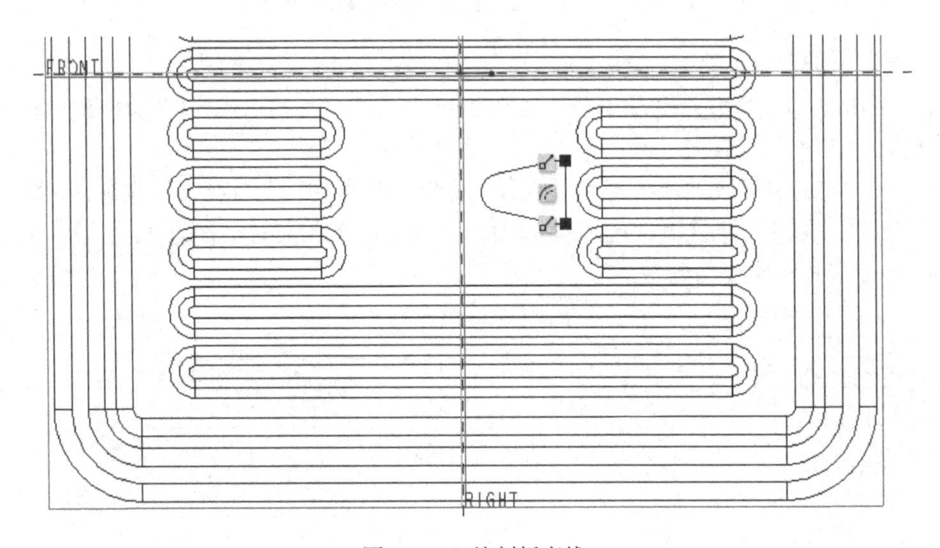

图 5-136 绘制折弯线

（5）在“折弯”选项卡中单击图标旁的（更改固定侧的位置）按钮，以获得所需的固定侧的位置，如图 5-137 所示。

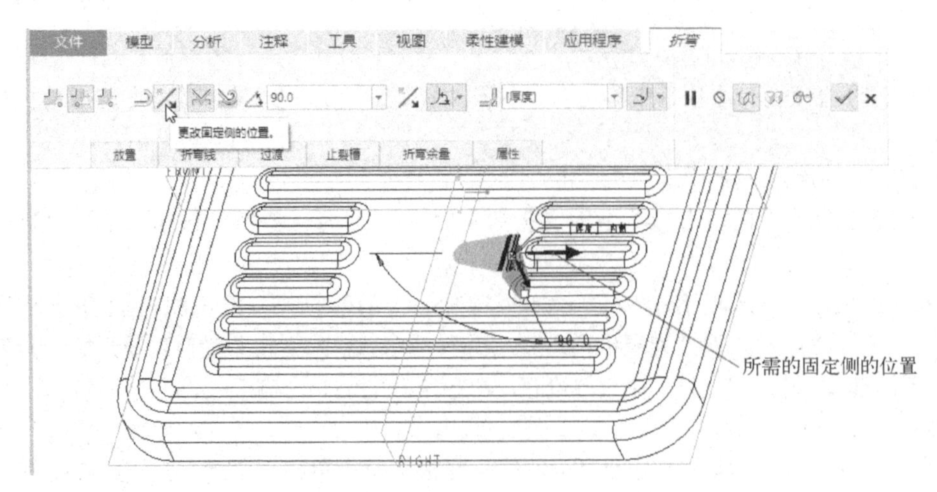

图 5-137 设置所需的固定侧的位置

(6) 在“折弯”选项卡中打开“止裂槽”面板，从“类型”下拉列表框中选择“无止裂槽”选项。

(7) 在“折弯”选项卡中单击 （完成）按钮，完成创建该折弯特征（“折弯 1”特征)，如图 5-138 所示。

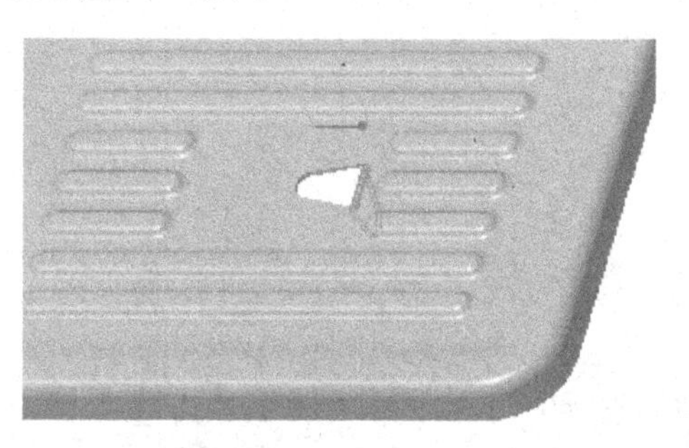

图 5-138 完成折弯特征

步骤 19：创建镜像特征。

(1) 在模型树上选择“分割区域 1”特征，接着按住〈Ctrl〉键的同时选择“边扯裂 1”特征和“折弯 1”特征，如图 5-139 所示。

(2) 在浮动工具栏中单击 （镜像）按钮，或者从功能区的“模型”选项卡中单击“编辑”→ （镜像）按钮，打开“镜像”选项卡。

(3) 选择 RIGHT 基准平面作为镜像平面参考。

(4) 在“镜像”选项卡中单击 （完成）按钮，镜像结果如图 5-140 所示。

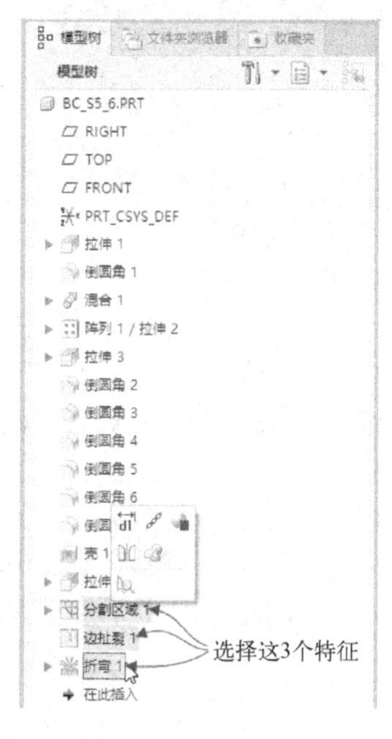

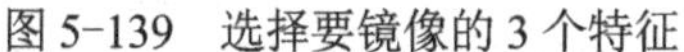

图 5-139 选择要镜像的 3 个特征

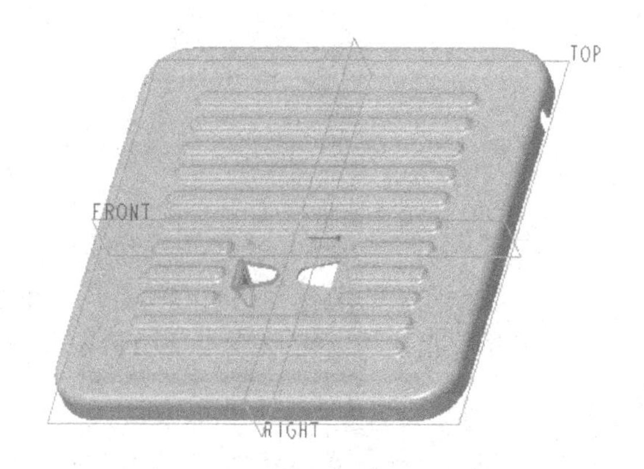

图 5-140 镜像结果

步骤 20：创建钣金件切口。

(1) 在功能区“模型”选项卡的“形状”面板中单击 （拉伸）按钮，打开“拉伸”选项卡。

（2）选择RIGHT基准平面定义草绘平面，快速进入草绘器。

（3）绘制图5-141所示的剖面，单击✔（确定）按钮。

（4）在“拉伸”选项卡的深度选项下拉列表框中选择⊟（对称），接着设置拉伸深度为“68”，如图5-142所示。

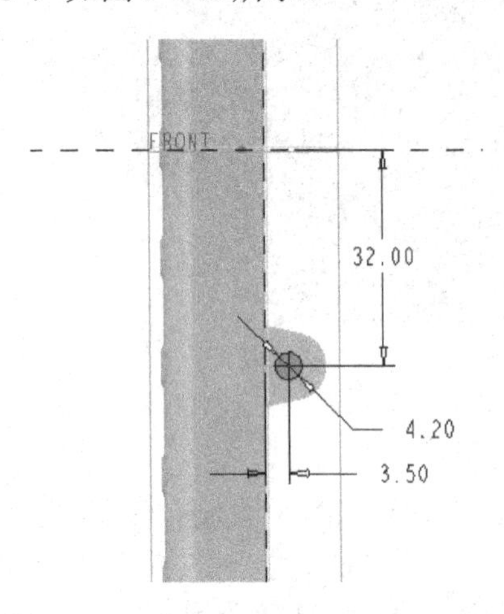

图5-141 绘制剖面

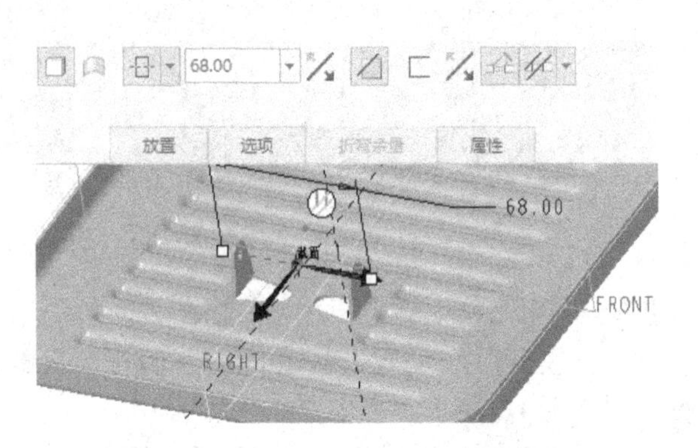

图5-142 设置拉伸深度选项及其参数

（5）在“拉伸”选项卡中单击✔（完成）按钮，切除出的孔结构如图5-143所示。

图5-143 切除出孔结构

步骤21：创建法兰壁1。

（1）在功能区“模型”选项卡的“形状”面板中单击（法兰）按钮，打开“凸缘”选项卡。

（2）在“凸缘”选项卡中指定法兰壁的轮廓形状选项为“平齐的”。

（3）在钣金件中先选择图5-144a所示的单独一条边（内侧边），接着按住〈Shift〉键并依次单击相邻相切边（可形成相切边链的各段），以最终选中图5-144b所示的整个连续边链。

技巧说明：也可以在选择图5-144a所示的一条边后，在“凸缘”选项卡中打开“放置”面板并单击该面板中的“细节”按钮，弹出“链”对话框，接着在“链”对话框的“参考”选项卡中单击“基于规则”单选按钮，并从“规则”选项组中选择“相切”单选按钮，以选中图5-144b所示的整个相切边链。

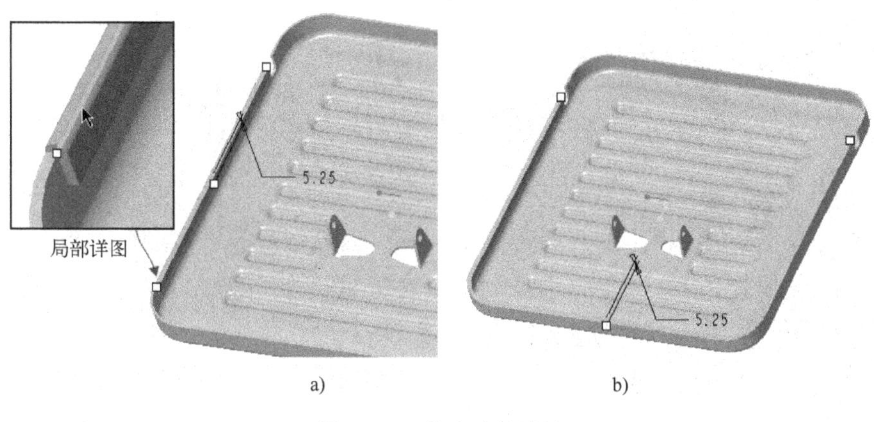

图 5-144 指定连接边链

a) 单击一条边 b) 选中连续边链

（4）在“凸缘”选项卡中打开“形状”面板，然后设置该法兰壁的相关形状尺寸，如图 5-145 所示。

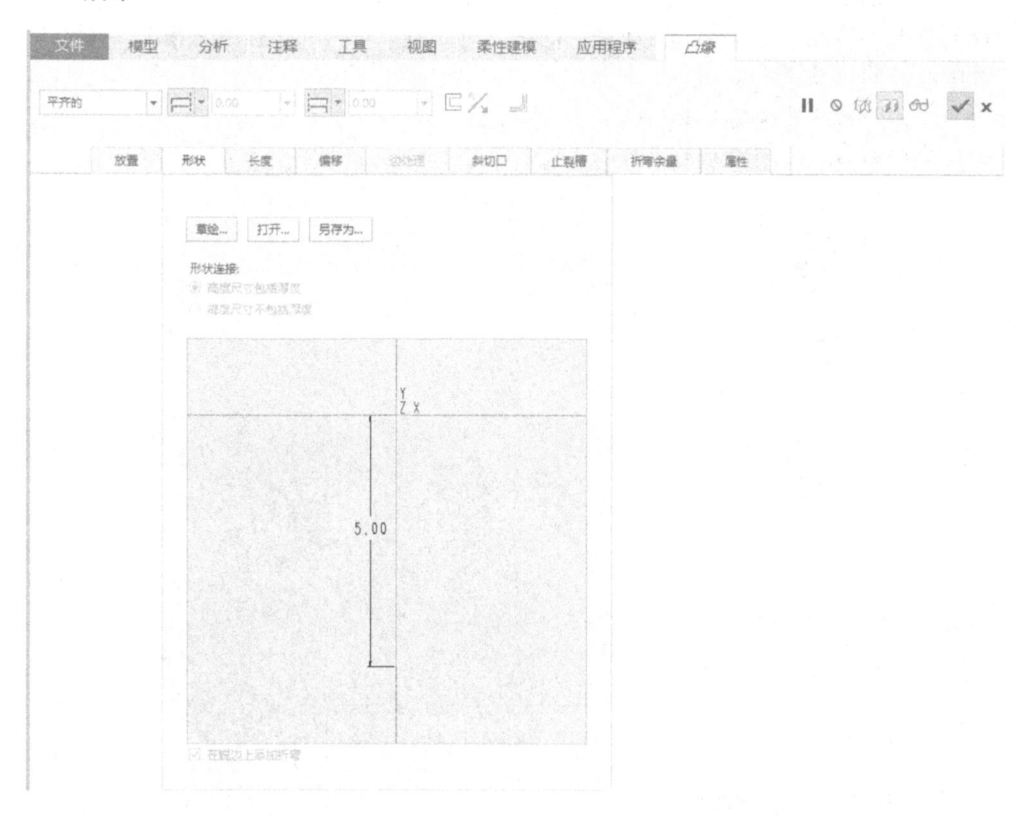

图 5-145 在“凸缘”选项卡的“形状”面板中设置形状尺寸

（5）在“凸缘”选项卡中单击✔（完成）按钮，完成该法兰壁 1 的创建。

步骤 22：创建法兰壁 2。

和上步骤所介绍的方法步骤一样，在图 5-146 所示的相切连接边处创建相同截面形状的法兰壁 2，该法兰壁也是折往内侧的。

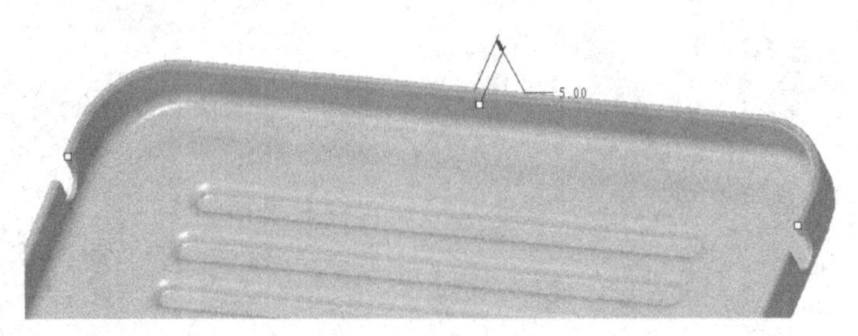

图 5-146 创建法兰壁 2

步骤 23：切除出孔（创建钣金件切口）。

（1）在功能区“模型”选项卡的“形状”面板中单击（拉伸）按钮，打开“拉伸”选项卡。

（2）在“拉伸”选项卡上打开“放置”面板，接着单击“定义”按钮，弹出“草绘”对话框。选择 RIGHT 基准平面定义草绘平面，默认以 TOP 基准平面为“左”方向参考，单击“草绘”按钮，进入内部草绘器。

（3）绘制图 5-147 所示的剖面，单击（确定）按钮。

（4）打开“拉伸”选项卡的“选项”面板，分别从“侧 1”下拉列表框和“侧 2”下拉列表框中选择（穿透）选项。

（5）单击“拉伸”选项卡中的（完成）按钮。

完成的梯台板零件如图 5-148 所示。

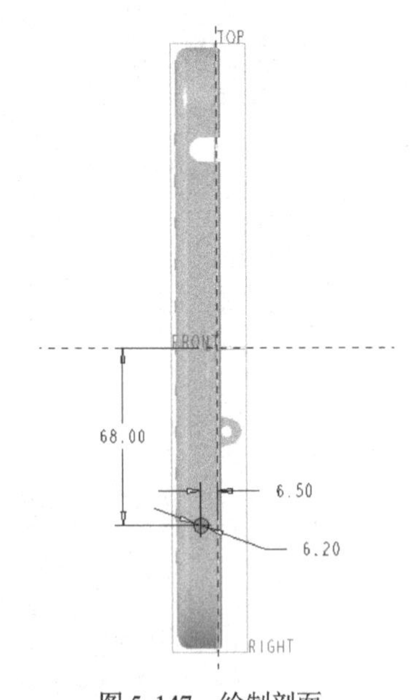

图 5-147 绘制剖面

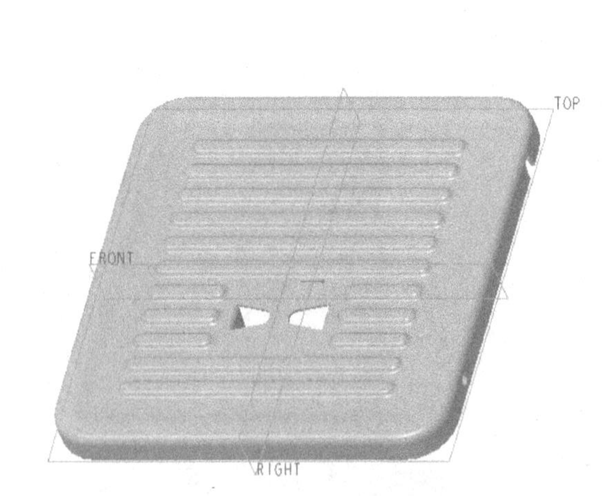

图 5-148 完成的梯台板零件

步骤 24：保存文件。

5.7 接线端子

本实例要完成的钣金件模型为一个接线端子，其模型效果如图 5-149 所示。在该实例中，首先创建一个平面壁，然后在平面壁的基础上创建带过渡区（转接区）的滚动折弯。

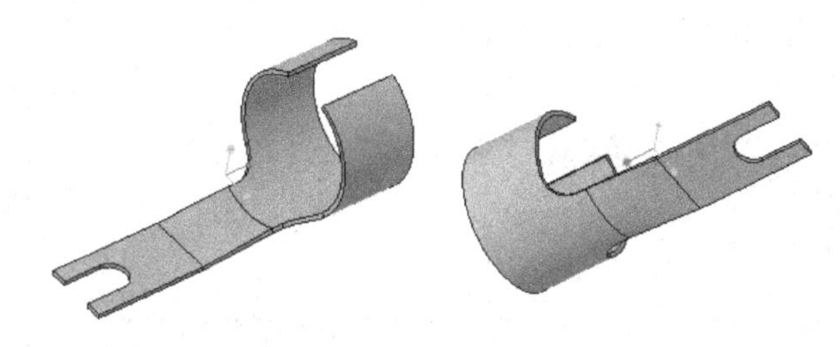

图 5-149 接线端子

本实例要复习的重点应用知识包括创建平面壁作为钣金第一壁、创建具有过渡区域（转接区）的滚动折弯特征。

本实例详细的设计过程说明如下。

步骤 1：新建钣金件文件。

（1）在“快速访问”工具栏中单击 （新建）按钮，或者选择“文件”→“新建”命令，系统弹出“新建”对话框。

（2）从“类型”选项组中选择“零件”单选按钮，从“子类型”选项组中选择“钣金件”单选按钮，在“名称”文本框中输入文件名为“bc_s5_7”，取消勾选“使用默认模板”复选框。接着，单击“确定”按钮，系统弹出“新文件选项”对话框。

（3）在“模板”选项组的模板列表中选择 mmns_part_sheetmetal，单击“确定”按钮。

步骤 2：创建平面壁作为第一壁。

（1）在功能区“模型”选项卡的“形状”组中单击 （平面）按钮，打开“平面”选项卡。

（2）选择 TOP 基准平面定义草绘平面，快速进入内部草绘器。

（3）绘制图 5-150 所示的剖面，单击 （确定）按钮。

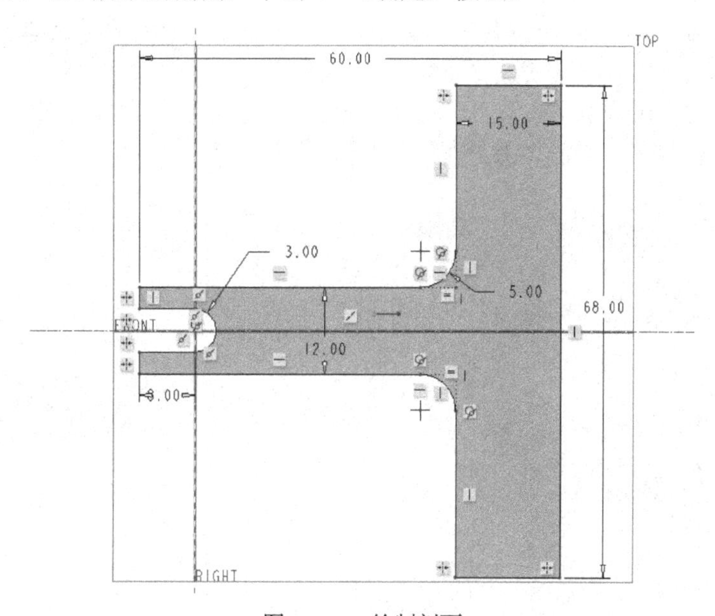

图 5-150 绘制剖面

（4）在“平面”选项卡的（壁厚度）值框中输入厚度值为“0.8”。

（5）在“平面”选项卡中单击（完成）按钮，创建平面壁作为钣金件的第一壁，如图5-151所示。

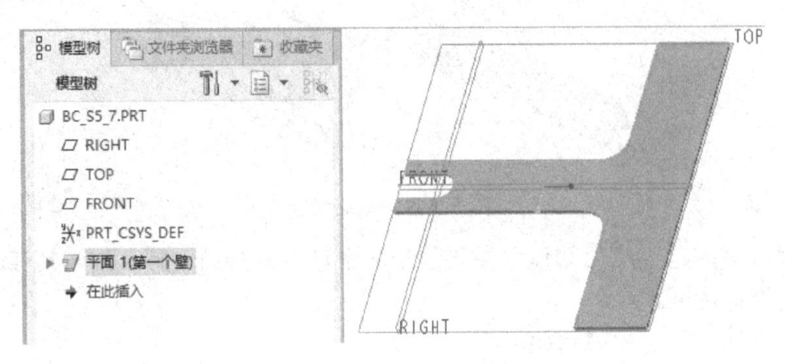

图5-151 创建平面壁

步骤3：创建滚动折弯特征。

（1）在功能区的“模型”选项卡中单击（折弯）按钮，打开“折弯”选项卡。

（2）在“折弯”选项卡中单击（折弯线两侧的材料）按钮，接着单击（滚动折弯）按钮，如图5-152所示。

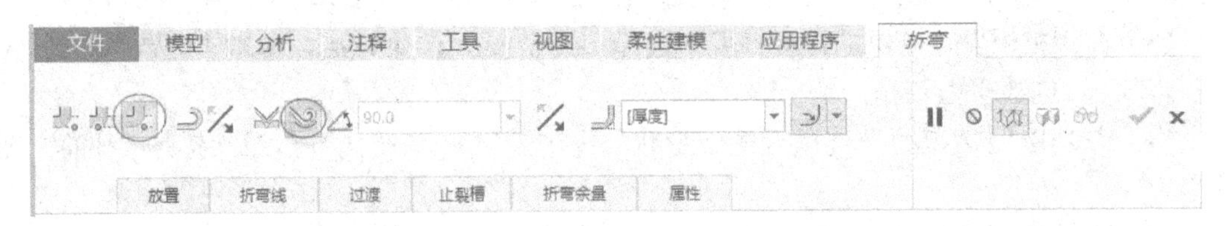

图5-152 在“折弯”选项卡中单击按钮

（3）在“折弯”选项卡中打开“放置”面板，指定折弯曲面或折弯线所在的曲面，如图5-153所示。

（4）在“折弯”选项卡中打开“折弯线”面板，从中单击“草绘”按钮。绘制图5-154所示的折弯线，单击（确定）按钮。

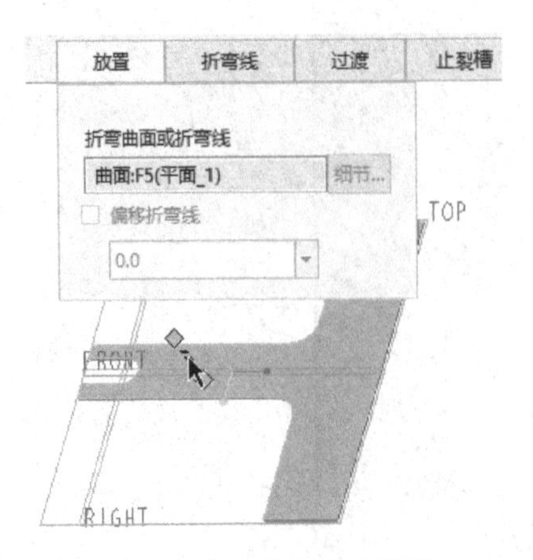

图5-153 指定折弯曲面

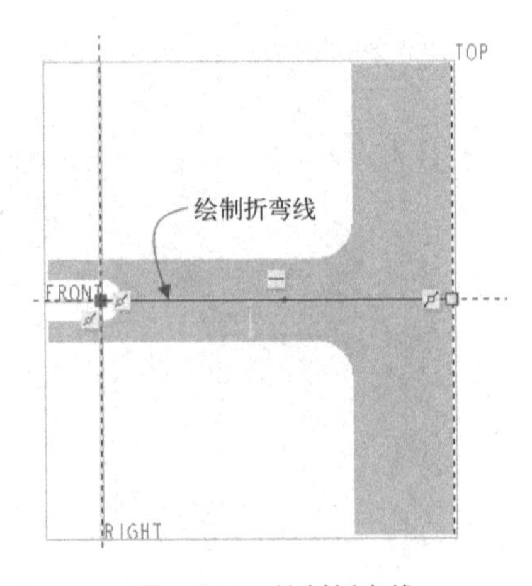

图5-154 绘制折弯线

（5）在“折弯”选项卡的（折弯半径）值框中输入折弯半径值为“12”，设置半径所在的侧为内侧半径（），注意此时预览的滚动折弯效果如图 5-155 所示。

（6）在“折弯”选项卡中打开“过渡”面板，从中单击“添加过渡”，接着单击激活的“草绘”按钮，如图 5-156 所示，从而进入草绘器。

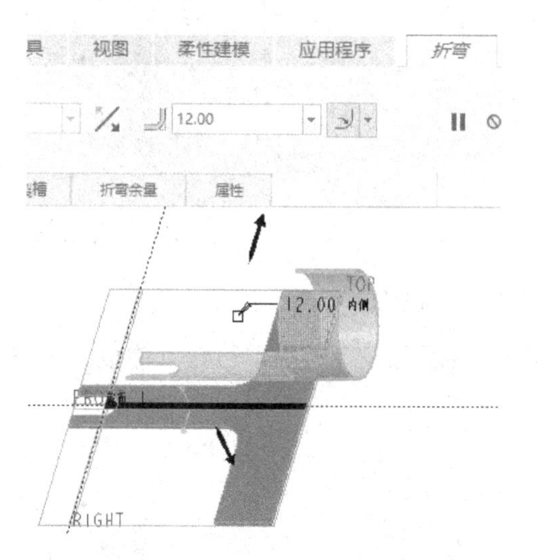

图 5-155　设置折弯半径和半径所在的侧

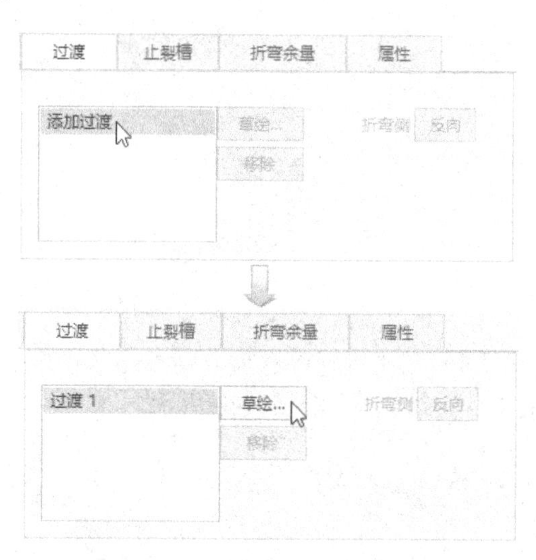

图 5-156　在“过渡”面板中操作

（7）绘制过渡边界线（两条直线），如图 5-157 所示，然后单击（确定）按钮。

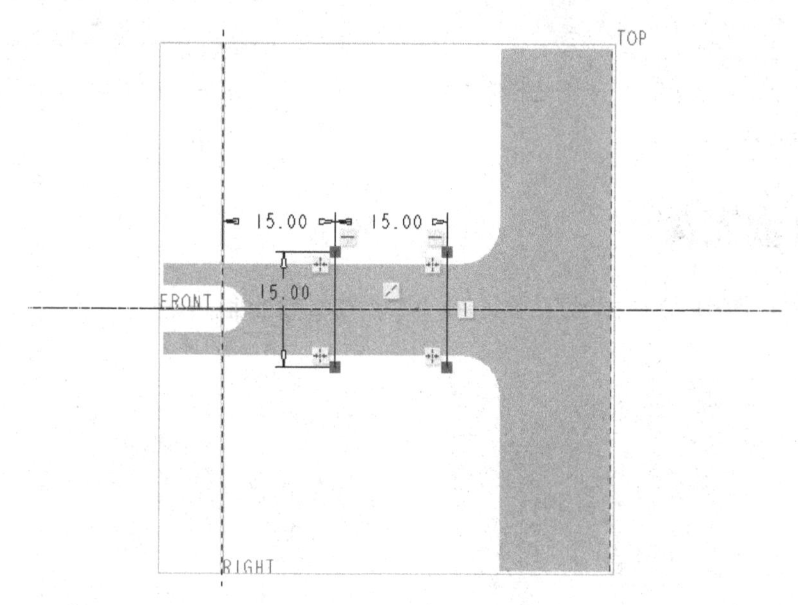

图 5-157　绘制过渡边界线

（8）定义好过渡边界线后，如果默认的效果如图 5-158 所示，则这并不是本例所需要的效果，还需要反向折弯侧。因此，在“折弯”选项卡的“过渡”面板中，在选择“过渡 1”时单击“折弯侧”旁的“反向”按钮，以更改过渡区域相对于折弯过渡线的位置，如图 5-159 所示。

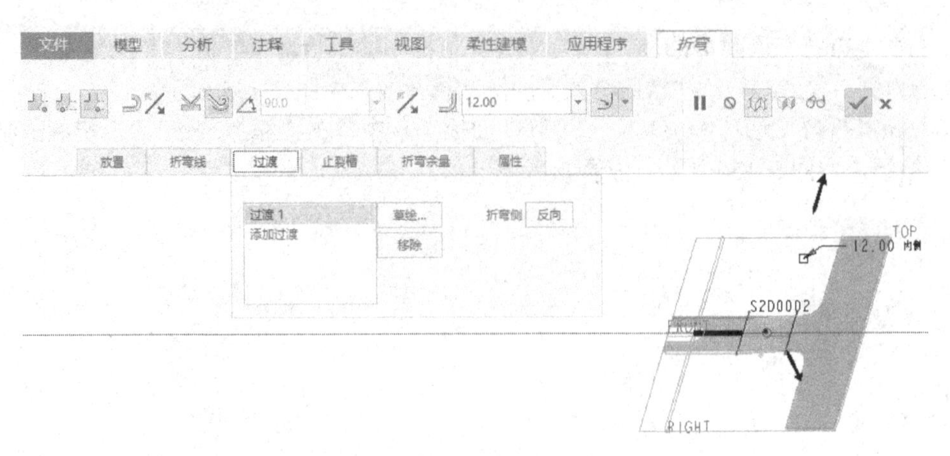

图 5-158 添加过渡 1 的默认效果

（9）在“折弯”选项卡中单击（更改折弯方向）按钮，然后单击（完成）按钮，完成的接线端子如图 5-160 所示。

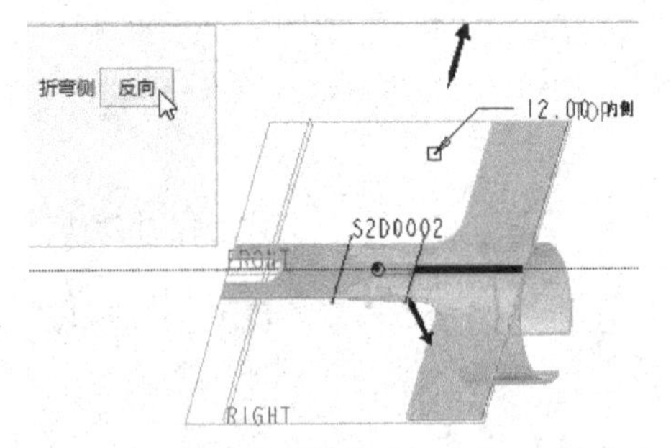

图 5-159 更改过渡区域相对于折弯过渡线的位置

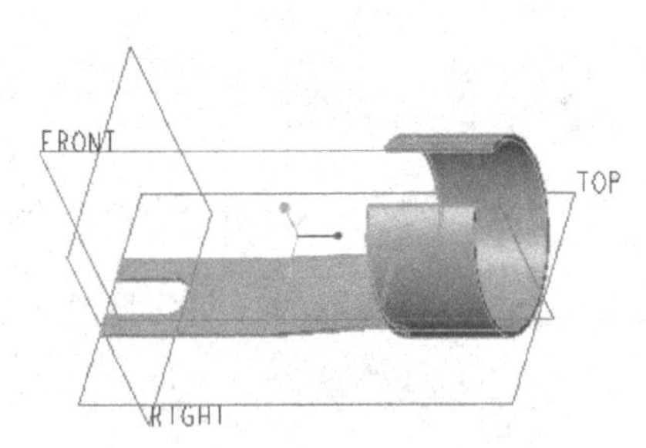

图 5-160 完成的接线端子

步骤 4：保存文件。

5.8 钣金支架

本实例要完成的钣金件模型为一个钣金支架，其模型效果如图 5-161 所示。

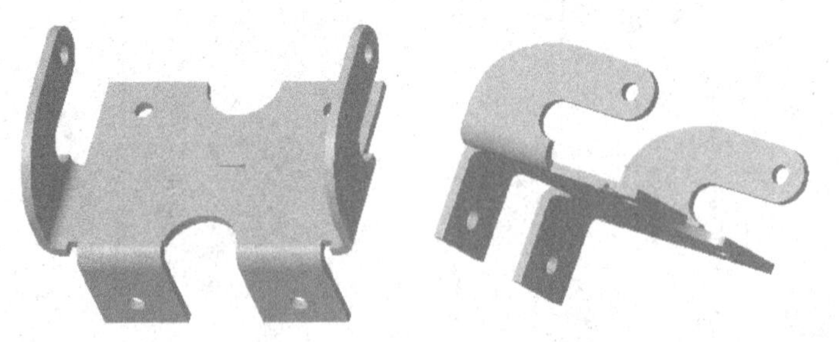

图 5-161 钣金支架

本实例要复习的重点应用知识包括创建拉伸壁作为钣金第一壁、切除钣金材料（创建钣金件切口）、镜像操作、创建具有止裂槽的平整壁，在钣金上创建圆角特征。

本实例详细的设计过程说明如下。

步骤 1：新建钣金件文件。

（1）在“快速访问”工具栏中单击（新建）按钮，或者选择“文件”→“新建”命令，系统弹出“新建”对话框。

（2）从“类型”选项组中选择“零件”单选按钮，从“子类型”选项组中选择“钣金件”单选按钮，在“名称”文本框中输入文件名为“bc_s5_8”，取消勾选“使用默认模板”复选框。接着，单击“确定”按钮，系统弹出“新文件选项”对话框。

（3）在“模板”选项组的模板列表中选择 mmns_part_sheetmetal，单击“确定”按钮。

步骤 2：创建拉伸壁作为钣金第一壁。

（1）单击（拉伸）按钮，打开“拉伸”选项卡。

（2）选择 FRONT 基准平面定义草绘平面，快速进入草绘器。

（3）绘制图 5-162 所示的剖面，单击（确定）按钮。

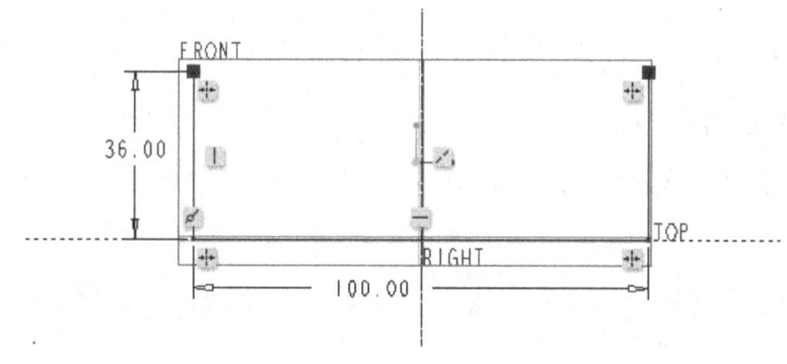

图 5-162　绘制图形

（4）在“拉伸”选项卡上，从深度选项列表框中选择（对称）选项，输入拉伸深度值为“60”，并输入拉伸壁的厚度值为“3”。

（5）在“拉伸”选项卡上打开“选项”滑出面板，从“钣金件选项”选项组中勾选“在锐边上添加折弯”复选框，并在“半径”框中选择“厚度”选项，设置标注折弯的方式选项为“内侧”，如图 5-163 所示。

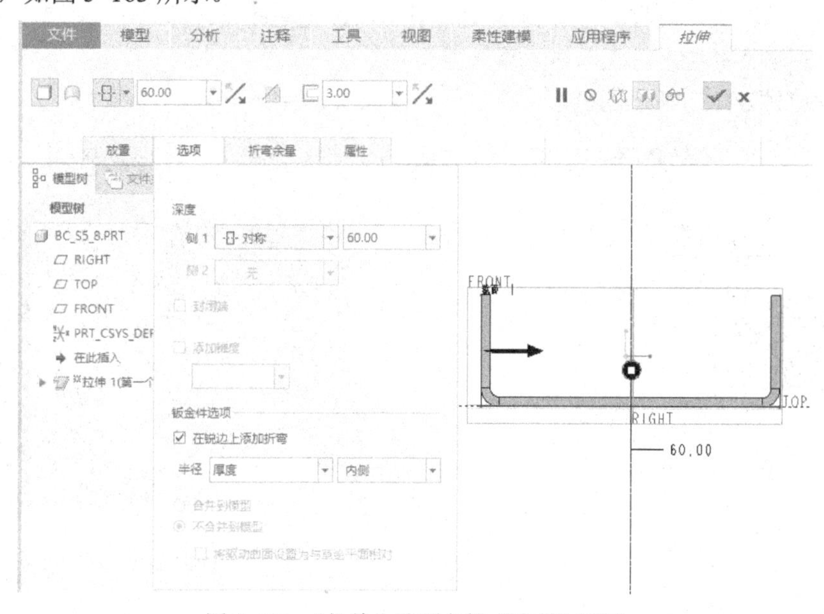

图 5-163　“拉伸”选项卡的“选项”面板

（6）单击“拉伸”选项卡上的✓（完成）按钮，完成的拉伸壁作为第一壁，如图5-164所示。

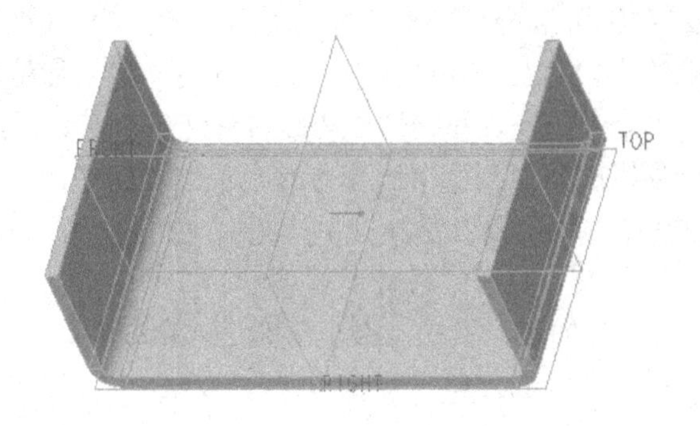

图5-164　完成的拉伸壁

步骤3：创建钣金件切口。

（1）单击（拉伸）按钮，打开“拉伸”选项卡，接受“拉伸”选项卡的默认按钮设置，如图5-165所示。

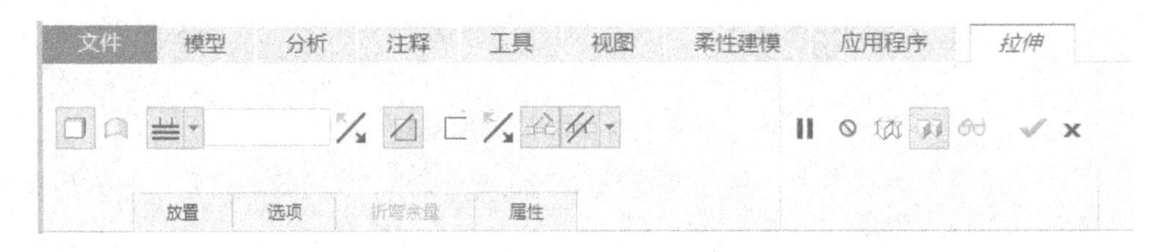

图5-165　“拉伸”选项卡

（2）在“拉伸”选项卡中打开“放置”滑出面板，接着单击“放置”面板上的“定义”按钮，弹出“草绘”对话框。选择图5-166所示的钣金曲面作为草绘平面参考，默认草绘方向参考等，单击“草绘”按钮，进入草绘器。

（3）绘制图5-167所示的剖面，单击✓（确定）按钮。

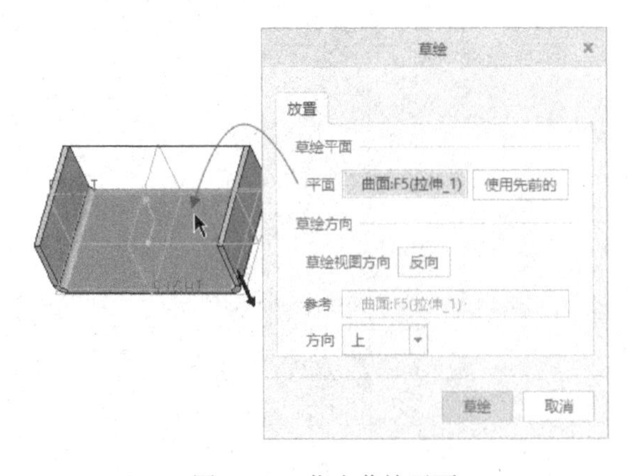

图5-166　指定草绘平面

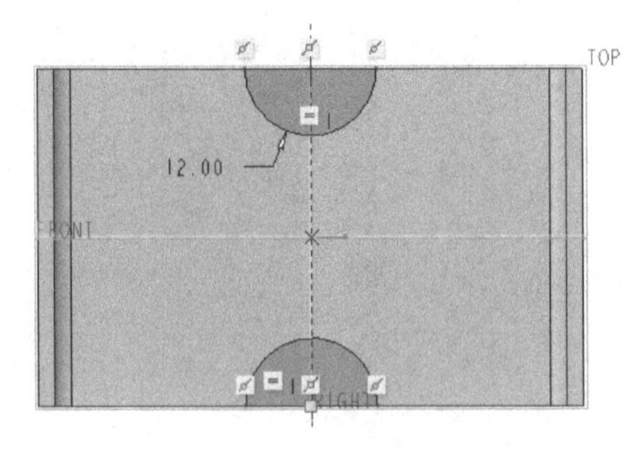

图5-167　绘制剖面

（4）“拉伸”选项卡的默认深度选项为（下一个）选项，单击✓（完成）按钮，完成该步骤的模型如图 5-168 所示。

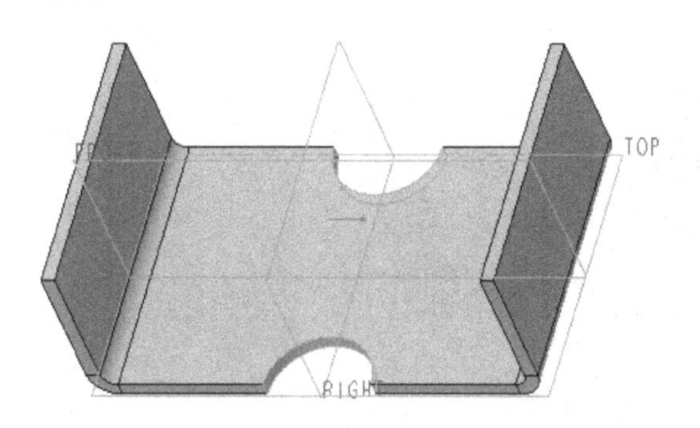

图 5-168 切割出两个定位半圆槽

步骤 4：切割出孔。

（1）单击（拉伸）按钮，打开“拉伸”选项卡，接受该选项卡上默认的按钮设置。

（2）在“拉伸”选项卡中打开“放置”滑出面板，接着从“放置”滑出面板中单击“定义”按钮，弹出“草绘”对话框。选择 RIGHT 基准平面作为草绘平面参考，默认以 TOP 基准平面为“左”方向参考，单击“草绘”按钮，进入草绘器。

（3）绘制图 5-169 所示的剖面，单击（确定）按钮。

（4）在“拉伸”选项卡中打开“选项”滑出面板，从“侧 1”下拉列表框和“侧 2”下拉列表框中均选择（到下一个）选项。

（5）单击（完成）按钮，完成该步骤的钣金模型如图 5-170 所示。

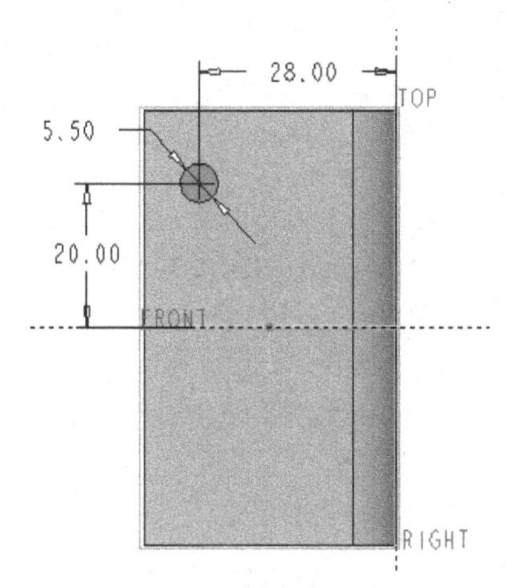

图 5-169 绘制剖面

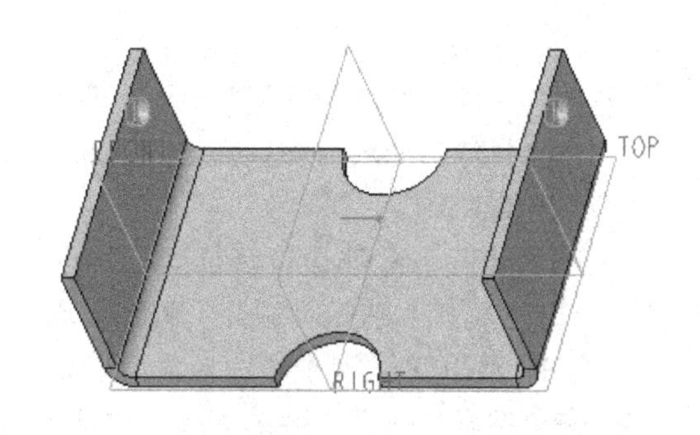

图 5-170 切除出穿轴孔

步骤 5：在一侧切割出所要求的侧面形状。

（1）单击（拉伸）按钮，打开“拉伸”选项卡，接受该选项卡上默认的按钮设置。

（2）在“拉伸”选项卡上单击“放置”以打开“放置”滑出面板，接着从“放置”滑出面板上单击“定义”按钮，弹出“草绘”对话框。指定草绘平面，如图 5-171 所示，然后单击“草绘”对话框中的“草绘”按钮，进入草绘器。

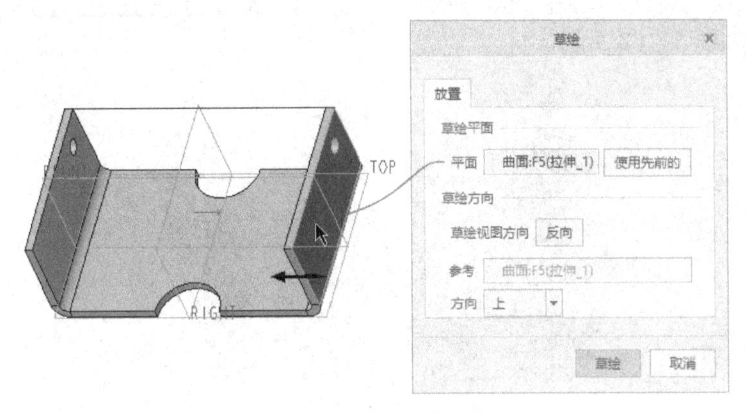

图 5-171 指定草绘平面

（3）绘制图 5-172 所示的剖面，单击✔（确定）按钮。

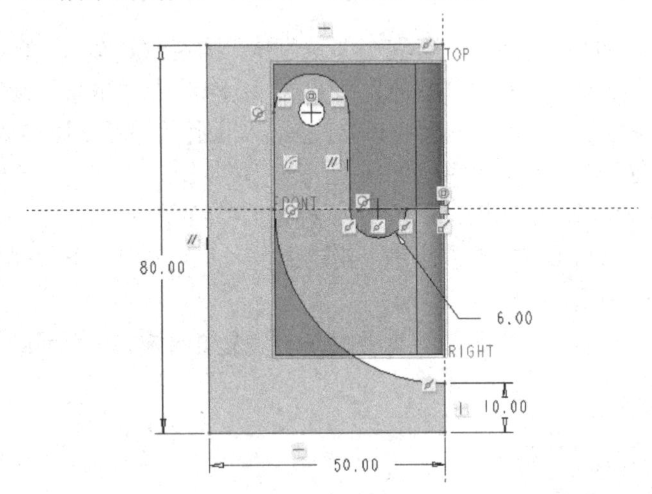

图 5-172 绘制图形

（4）在“拉伸”选项卡中选择（盲孔）深度选项，并输入拉伸的深度为“6”。

（5）在“拉伸”选项卡中单击✔（完成）按钮，切割结果如图 5-173 所示。

步骤 6：镜像操作。

（1）刚创建的钣金件切口特征处于被选中的状态，从功能区的“模型”选项卡中单击“编辑”→（镜像）按钮，打开“镜像”选项卡。

（2）选择 RIGHT 基准平面作为镜像平面。

（3）在“镜像”选项卡中单击✔（完成）按钮，镜像结果如图 5-174 所示。

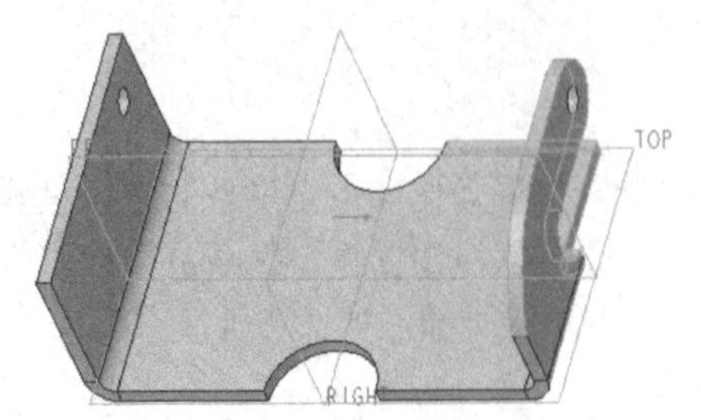

图 5-173 切割结果

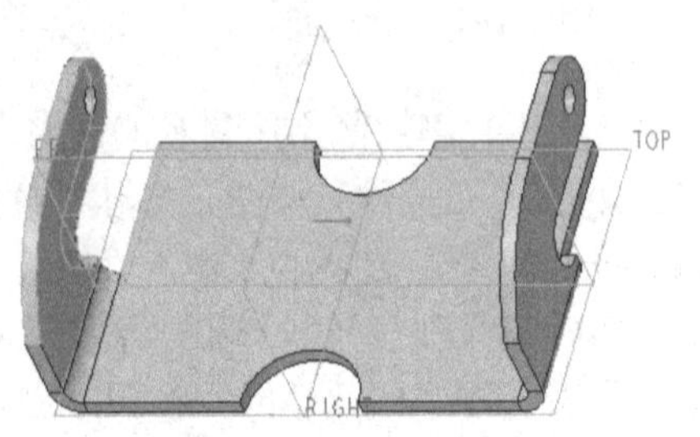

图 5-174 镜像结果

步骤 7：切出安装孔。

（1）单击 （拉伸）按钮，并暂时接受“拉伸”选项卡上默认的按钮设置。

（2）打开“放置”面板，单击“放置”面板上的“定义”按钮，弹出“草绘”对话框。指定草绘平面，如图 5-175 所示，然后在“草绘”对话框上单击“草绘”按钮，进入草绘器。

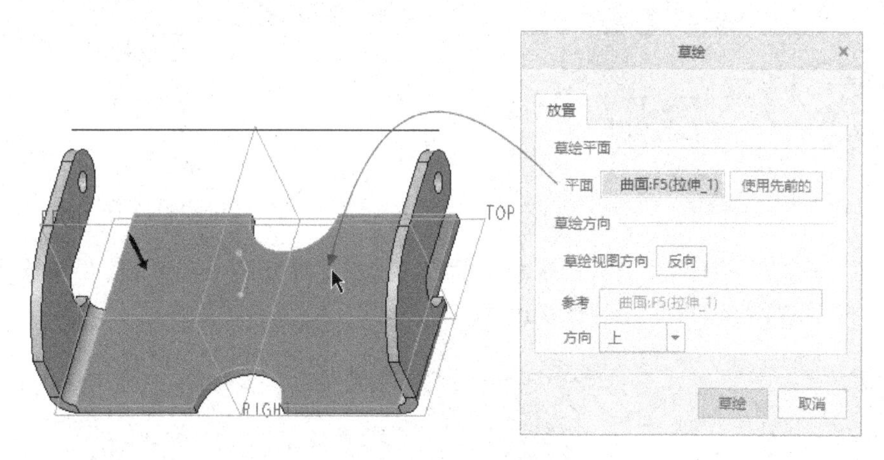

图 5-175 指定草绘平面

（3）绘制图 5-176 所示的剖面，单击 （确定）按钮。

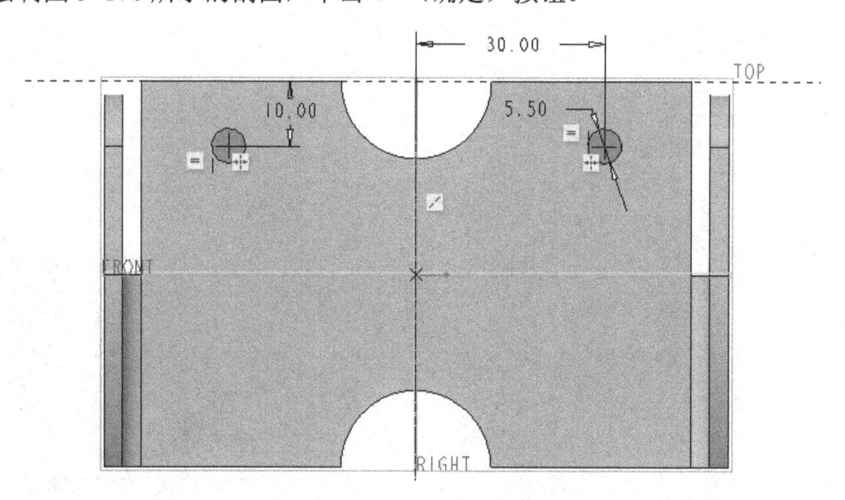

图 5-176 绘制图形

（4）“拉伸”选项卡的默认深度选项为 （下一个）选项，单击 （完成）按钮，切割结果如图 5-177 所示。

步骤 8：创建平整壁。

（1）在功能区“模型”选项卡的“形状”组中单击 （平整）按钮，打开“平整”选项卡。

（2）在“平整”选项卡上设置平整壁形状为“矩形”，折弯角度为“90°”，接着选择图 5-178 所示的边线作为连接边。

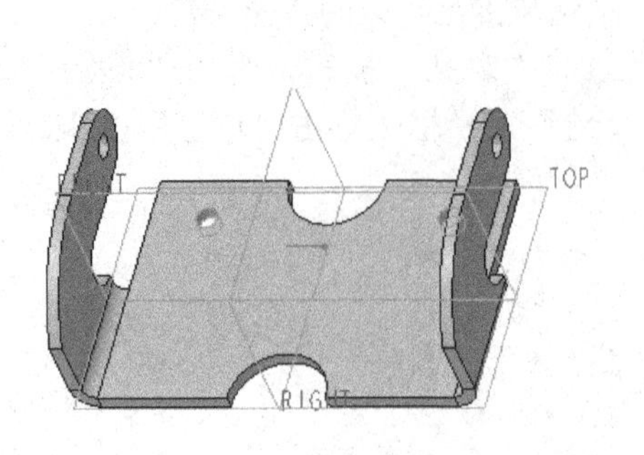

图 5-177　切除出两个小孔

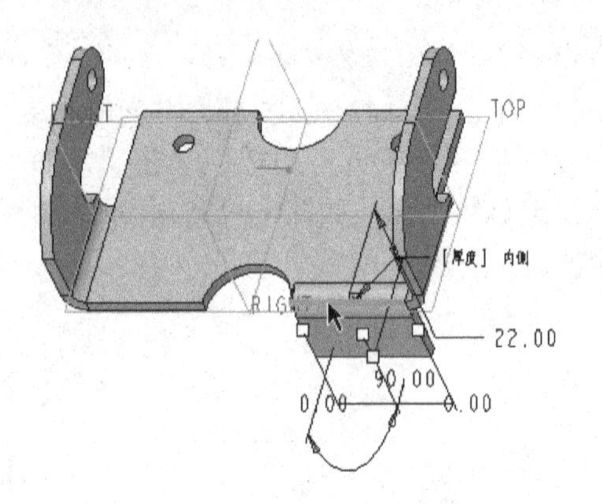

图 5-178　选择连接边

（3）在“平整”选项卡上打开“形状”面板，选中“高度尺寸包括厚度”单选按钮，并在草绘窗口中设置图 5-179 所示的形状尺寸。

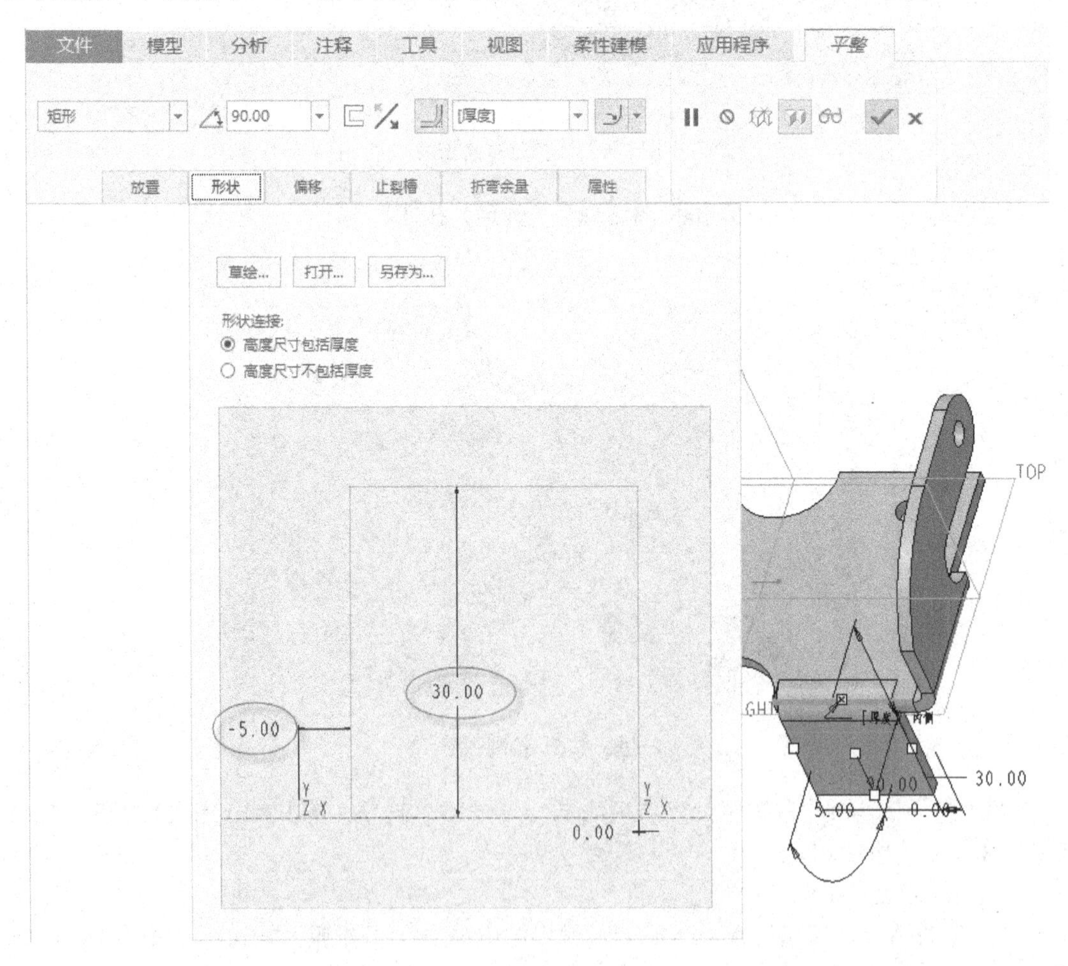

图 5-179　设置形状尺寸 1

（4）在“平整”选项卡中打开“止裂槽”面板，从“类型”下拉列表框中选择“矩形”

选项，并接受该止裂槽的默认尺寸参数设置，如图 5-180 所示。

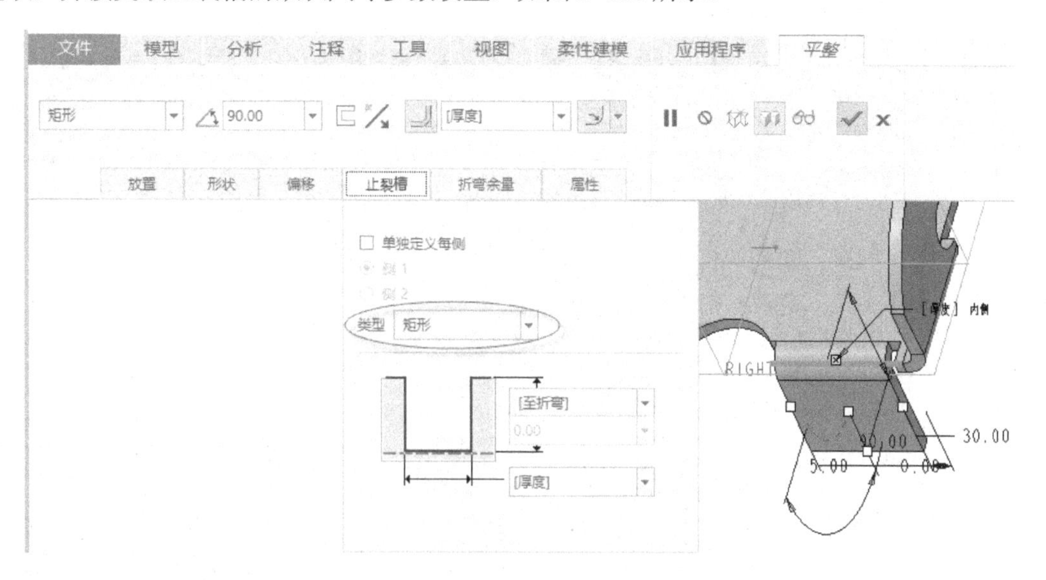

图 5-180　设置止列裂槽类型及其尺寸参数

（5）在“平整”选项卡中单击位于图标旁边的（相对草绘平面的另一侧更改厚度）按钮。

（6）在“平整”选项卡中单击（完成）按钮，创建的平整壁如图 5-181 所示。

步骤 9：继续创建平整壁。

（1）在功能区“模型”选项卡的“形状”组中单击（平整）按钮，打开“平整”选项卡。

（2）在“平整”选项卡上设置平整壁形状为“矩形”，其折弯角度默认为“90°”，接着选择图 5-182 所示的边线作为连接边。

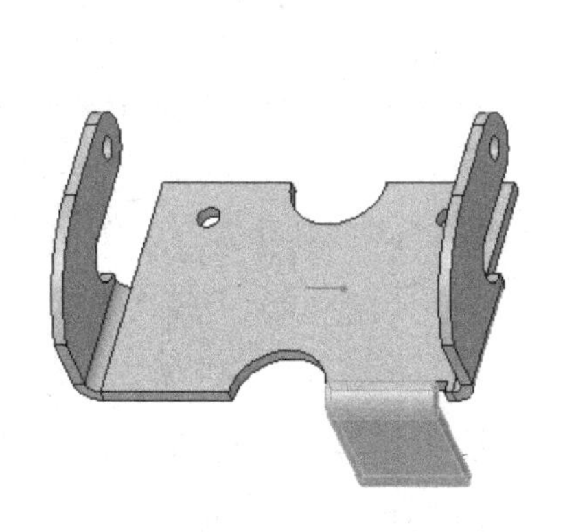

图 5-181　创建平整壁

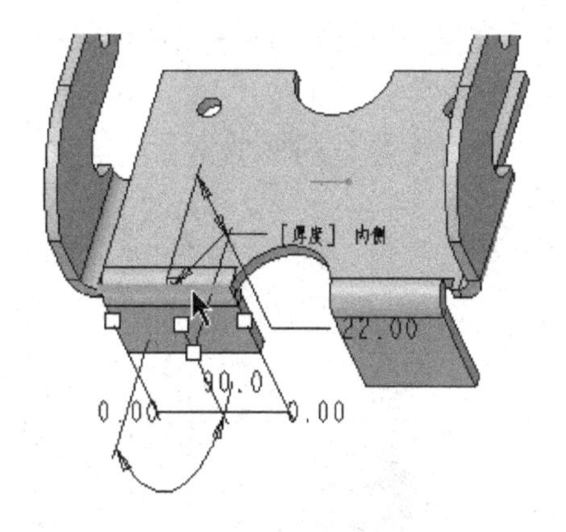

图 5-182　选择连接边

（3）在“平整”选项卡上打开“形状”面板，选中“高度尺寸包括厚度”单选按钮，并在草绘窗口中设置图 5-183 所示的形状尺寸。

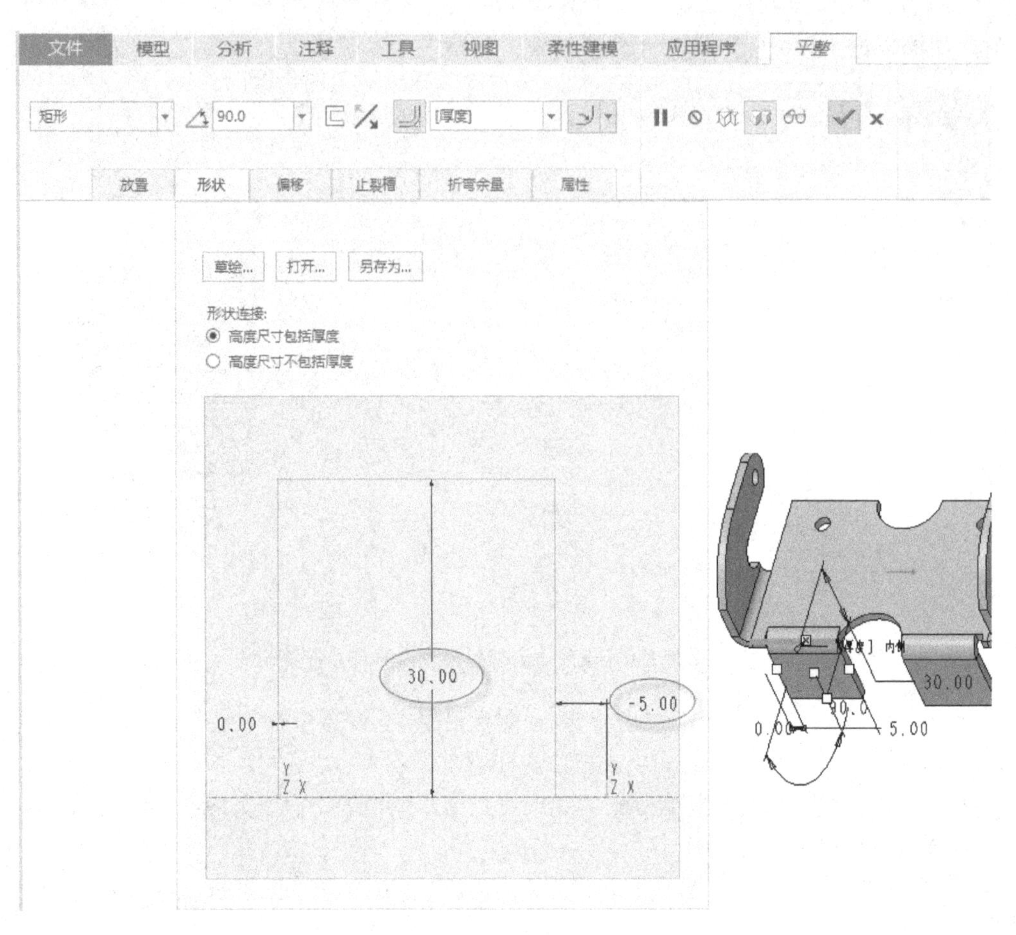

图 5-183 设置形状尺寸 2

（4）在“平整”选项卡中打开“止裂槽”面板，确保取消勾选“单独定义每侧”复选框，从“类型”下拉列表框中选择“矩形”选项，并接受默认的“矩形”止裂槽尺寸参数设置。

（5）在“平整”选项卡中单击位于图标旁边的（相对草绘平面的另一侧更改厚度）按钮。

（6）在“平整”选项卡中单击（完成）按钮，创建的平整壁如图 5-184 所示。

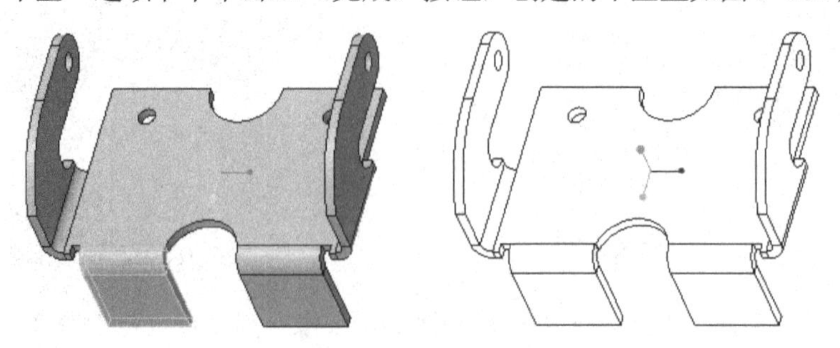

图 5-184 创建平整壁

步骤 10：切除出通孔。

（1）单击（拉伸）按钮，打开“拉伸”选项卡，接受“拉伸”选项卡上默认的按钮设置。

（2）在“拉伸”选项卡上单击“放置”面板，接着单击“放置”面板上的“定义”按钮，弹出“草绘”对话框。选择 FRONT 基准平面作为草绘平面参考，默认以 RIGHT 基准平面作为“右”方向参考，单击“草绘”按钮，进入内部草绘器。

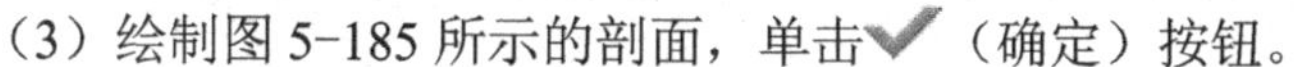

（3）绘制图 5-185 所示的剖面，单击（确定）按钮。

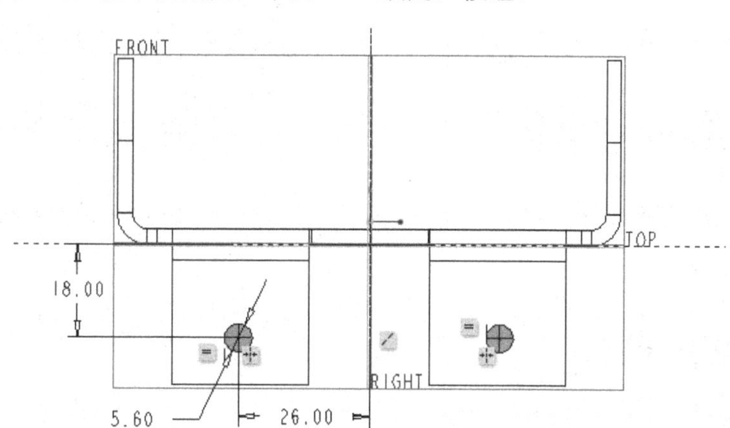

图 5-185　绘制剖面

（4）“拉伸”选项卡的默认深度选项为（下一个）选项，单击（将拉伸的深度方向更改为草绘的另一侧）按钮来获得所需的深度方向（即正确获得所需的钣金件切口）。

（5）单击“拉伸”选项卡的（完成）按钮，得到的钣金件切口效果如图 5-186 所示。

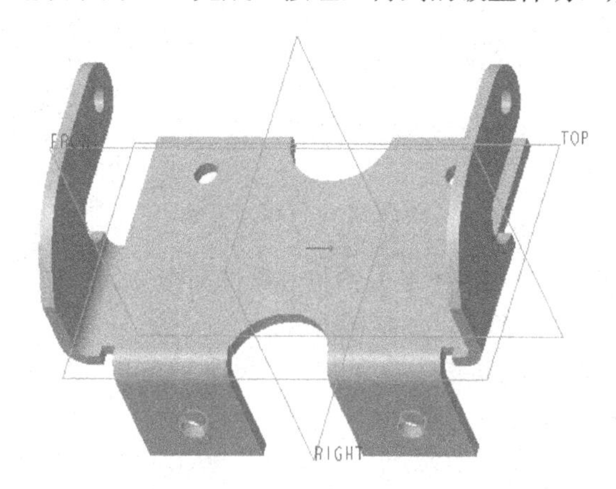

图 5-186　切割出两个小孔

步骤 11：创建圆角特征。

（1）从功能区的“模型”选项卡中单击“工程”→（倒圆角）按钮，打开“倒圆角”选项卡。

（2）输入圆角半径为“20”。

（3）结合〈Ctrl〉键分别选择图 5-187 所示的两处边线。

(4) 在“倒圆角”选项卡中单击✓(完成)按钮。

至此，完成了该钣金支架的创建，效果如图5-188所示。

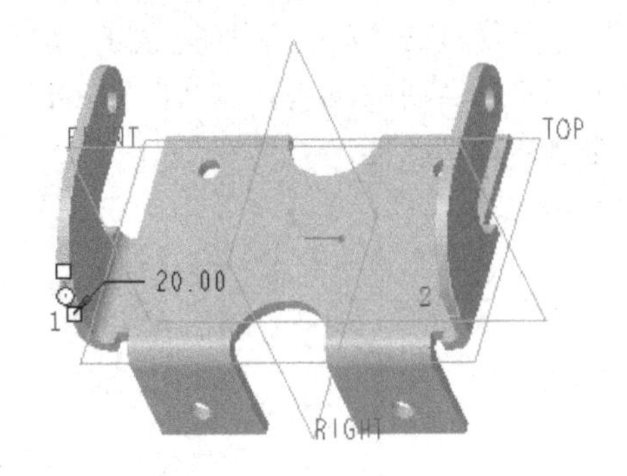

图5-187 选择边线

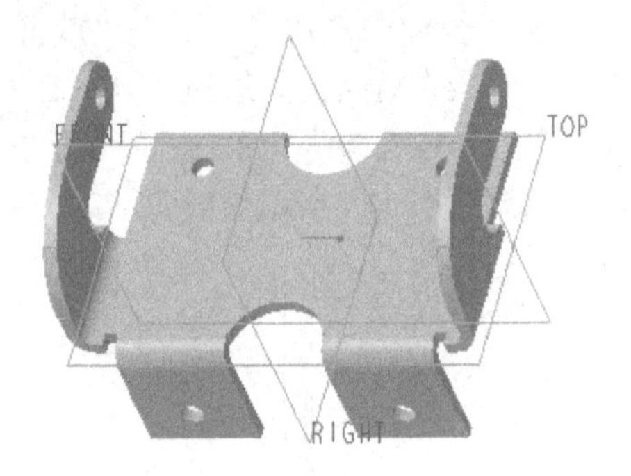

图5-188 钣金支架

步骤12：保存文件。

5.9 管道定位箍

本实例要完成的钣金件模型为某管道的定位箍，它是用来定位和固定两个管道的。该定位箍零件的三维模型效果如图5-189所示。

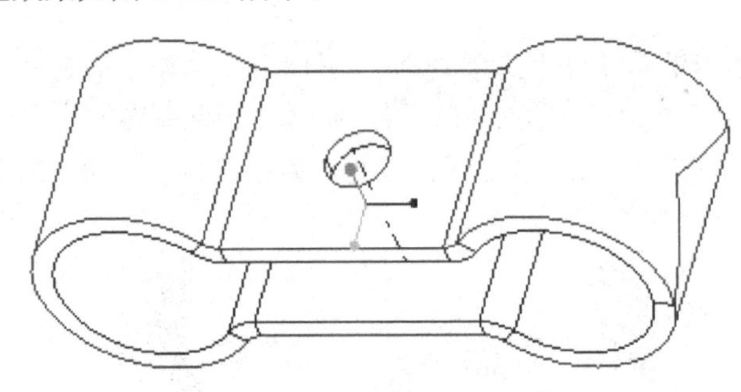

图5-189 管道定位箍

本实例要复习的重点应用知识包括创建拉伸壁作为钣金第一壁、创建钣金件切口、创建草绘缝、设置默认的固定几何参考、展平钣金件。

本实例详细的设计过程说明如下。

步骤1：新建钣金件文件。

(1) 在“快速访问”工具栏中单击(新建)按钮，或者选择“文件”→“新建”命令，系统弹出“新建”对话框。

(2) 从“类型”选项组中选择“零件”单选按钮，从“子类型”选项组中选择“钣金件”单选按钮，在“名称”文本框中输入文件名为“bc_s5_9”，取消勾选“使用默认模板”复选框。接着，单击“确定”按钮，系统弹出“新文件选项”对话框。

(3) 在“模板”选项组的模板列表中选择mmns_part_sheetmetal，单击“确定”按钮。

步骤2：创建拉伸壁作为钣金第一壁。

(1) 单击(拉伸)按钮，打开“拉伸”选项卡。

（2）选择 FRONT 基准平面定义草绘平面，快速进入内部草绘器。

（3）绘制图 5-190 所示的剖面，单击✔（确定）按钮。

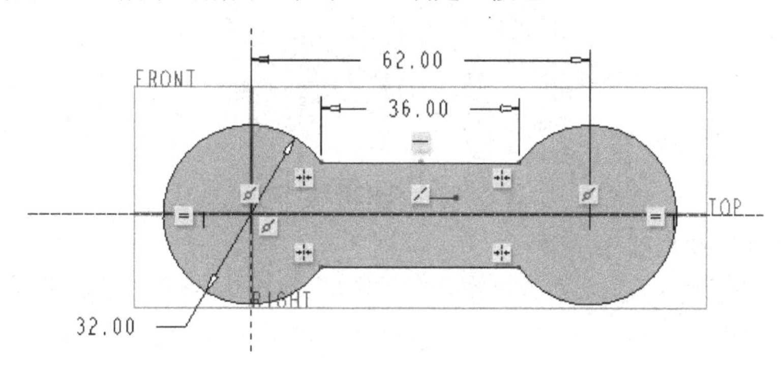

图 5-190　绘制图形

（4）在“拉伸”选项卡上，从深度选项列表框中选择“⊟（对称）”选项，接着拉伸深度值为“30”，并输入壁的厚度值为“3”。

（5）在“拉伸”选项卡中打开“选项”面板，接着从“钣金件选项”选项组中勾选“在锐边上添加折弯”复选框，并在“半径”下拉列表框中选择“厚度”选项，设置标注折弯的方式选项为“内侧”，如图 5-191 所示。

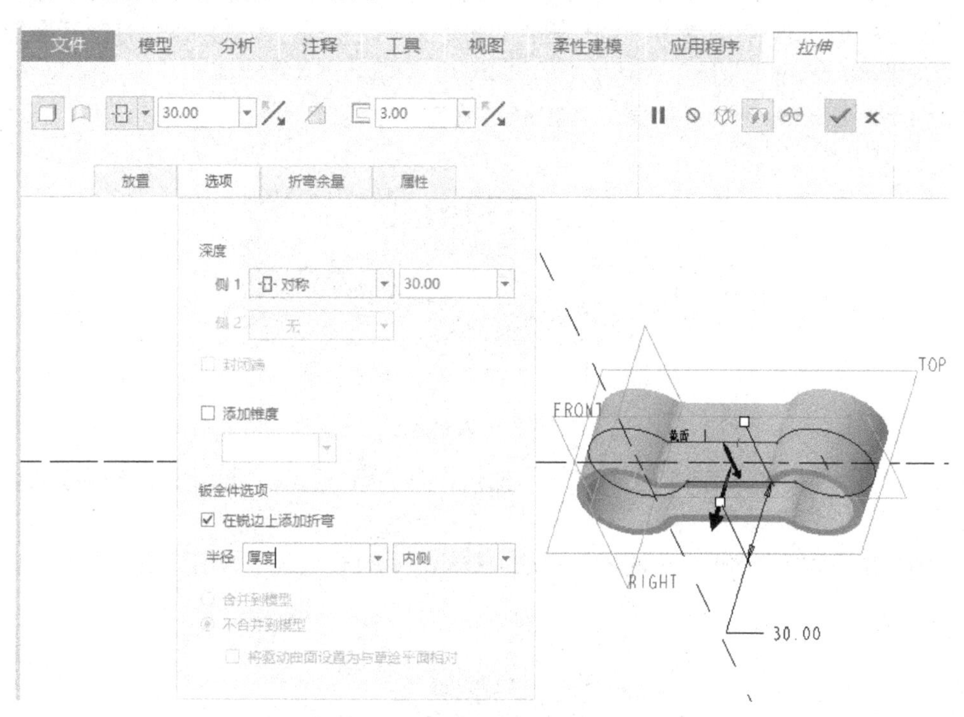

图 5-191　在“选项”面板中设置钣金件选项

（6）单击“拉伸”选项卡中的✔（完成）按钮，完成的拉伸壁作为第一壁，如图 5-192 所示。

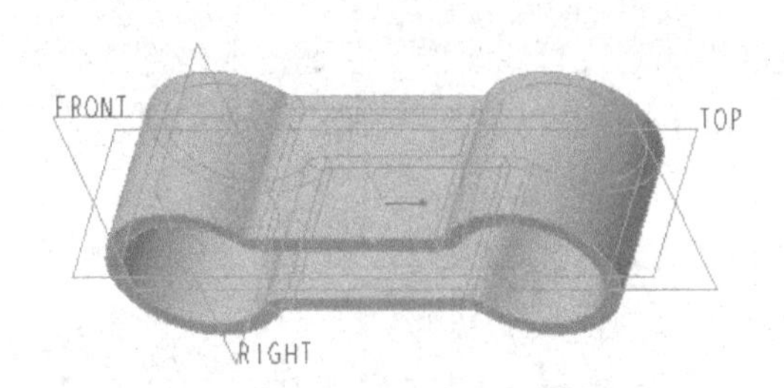

图 5-192 完成的拉伸壁

步骤 3：拉伸切除出圆孔。

（1）单击（拉伸）按钮，打开“拉伸”选项卡，接受系统默认的按钮设置，如图 5-193 所示。

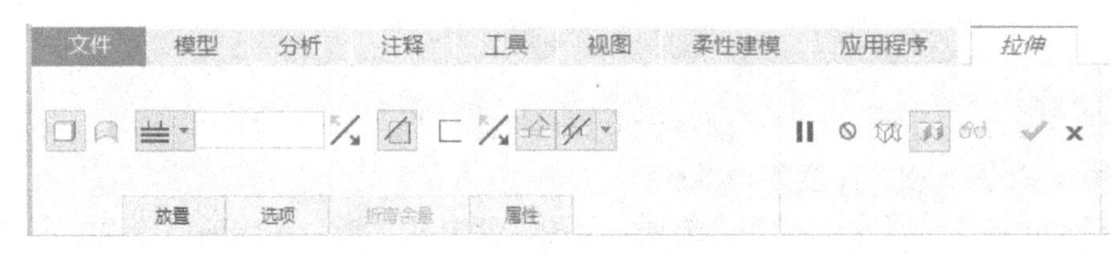

图 5-193 接受默认的按钮设置

（2）在“拉伸”选项卡中打开“放置”面板，接着单击“放置”面板上的“定义”按钮，弹出“草绘”对话框。选择 TOP 基准平面定义草绘平面，默认以 RIGHT 基准平面为“右”方向参考，单击“草绘”对话框中的“草绘”按钮，进入草绘模式。

（3）绘制图 5-194 所示的剖面，单击（确定）按钮。

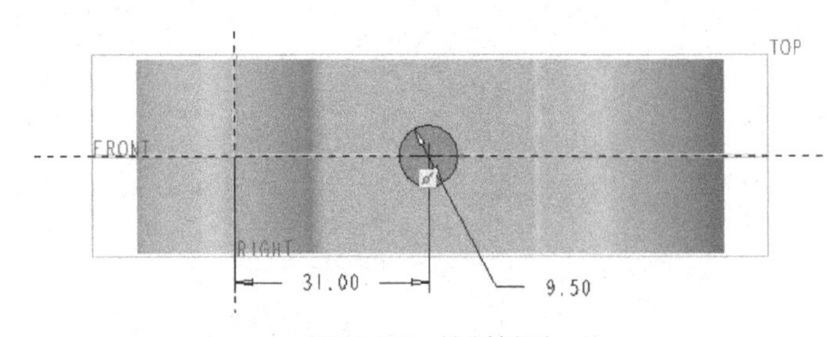

图 5-194 绘制剖面

（4）在“拉伸”选项卡中打开“选项”面板，将“侧 1”和“侧 2”的深度选项均设置为“（到下一个）”选项。

（5）单击“拉伸”选项卡中的（完成）按钮，此时模型效果如图 5-195 所示。

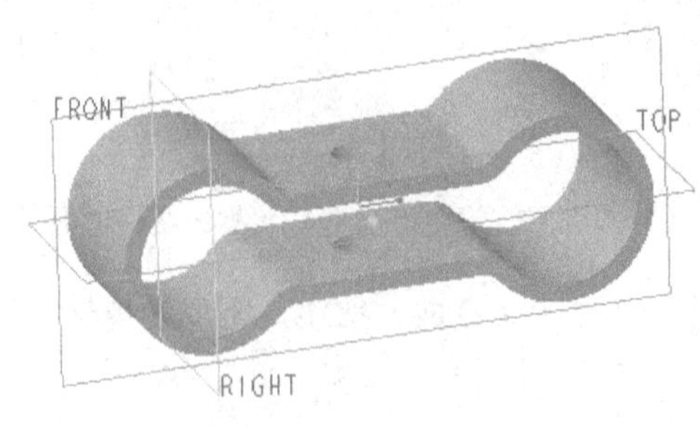

图 5-195 创建圆孔

步骤 4：创建“草绘扯裂（草绘缝）”特征。

（1）从功能区“模型”选项卡的“工程”组中单击“扯裂”→ （草绘扯裂）按钮，打开“草绘扯裂”选项卡。

（2）在“草绘扯裂”选项卡中打开“放置”面板，单击“定义”按钮，弹出“草绘”对话框，选择 RIGHT 基准平面作为草绘平面，草绘方向参考默认为 TOP 基准平面，方向选项为“左”，单击“草绘”按钮，进入内部草绘器。

（3）绘制图 5-196 所示的图形，单击 （确定）按钮。

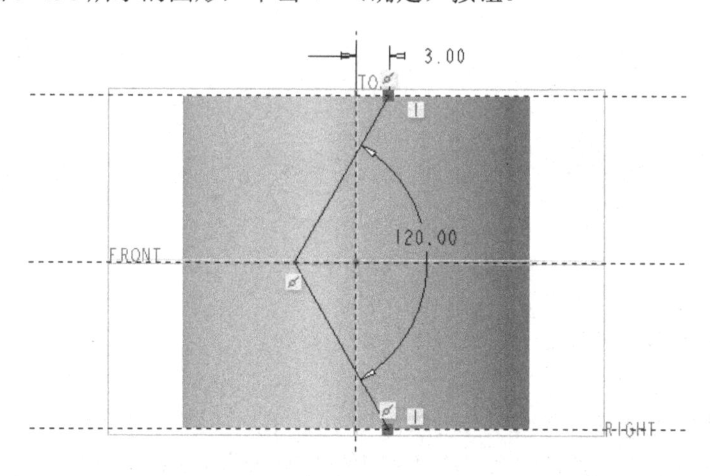

图 5-196　绘制图形

（4）默认的草绘投影方向如图 5-197 所示，在“草绘扯裂”选项卡中单击 旁的（更改草绘的投影方向）按钮 ，以获得图 5-198 所示的草绘投影方向。

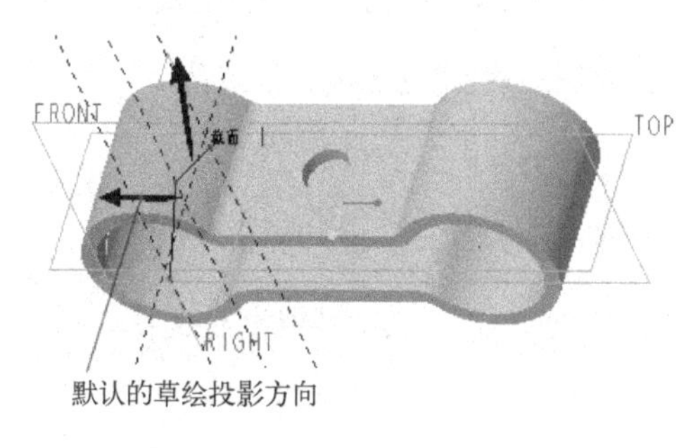

图 5-197　默认的草绘投影方向

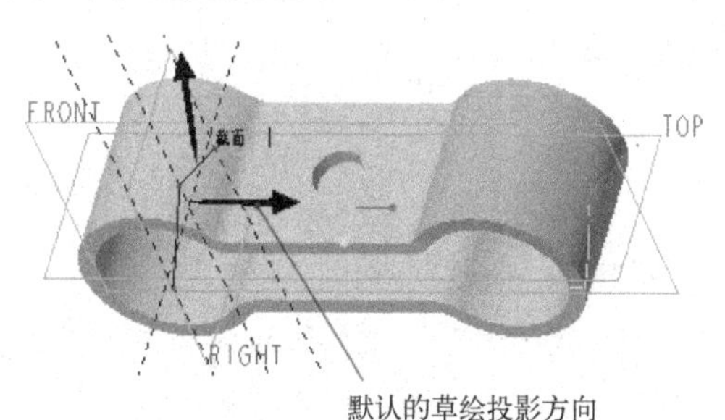

图 5-198　设置所需的草绘投影方向

（5）默认创建垂直于驱动曲面的扯裂，单击 （完成）按钮，完成草绘扯裂特征的创建，此时模型效果如图 5-199 所示。

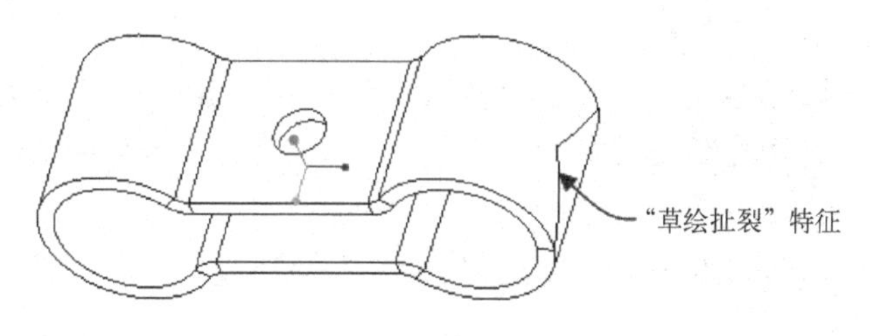

图 5-199　模型效果

步骤5：设置钣金件的固定几何参考。

（1）选择“文件”→“准备”→“模型属性”命令，弹出“模型属性”对话框。

（2）在“模型属性”对话框的“钣金件”选项组中单击“固定几何”行中的“更改”选项，系统弹出“固定几何”对话框。

（3）选择图5-200所示的平整的钣金曲面作为该钣金件默认的固定几何参考，然后在“固定几何”对话框中单击“确定”按钮。

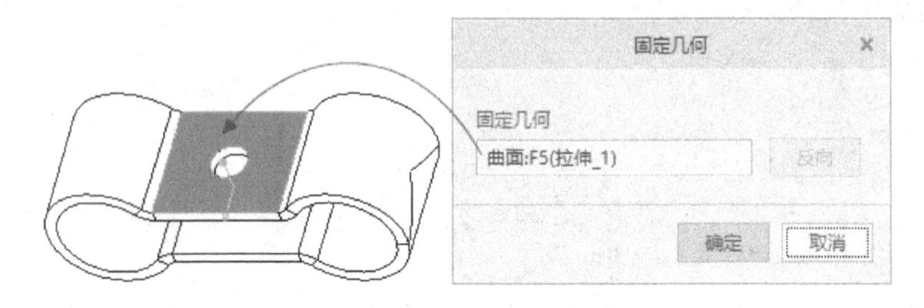

图5-200　指定固定几何参考

（4）在“模型属性”对话框中单击“关闭”按钮。

步骤6：展平钣金件。

（1）从功能区的“模型”选项卡中单击（展平）按钮，打开“展平”选项卡。

（2）接受默认的固定几何参考，在“展平”选项卡中单击（完成）按钮，展平效果如图5-201所示。

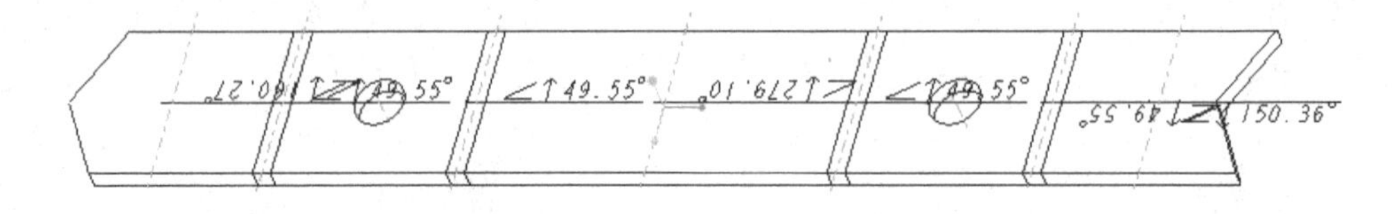

图5-201　展平效果

步骤7：保存文件。

在“快速访问”工具栏中单击（保存）按钮，系统弹出“保存对象”对话框，指定要保存到的文件夹目录，单击“确定”按钮。

5.10　思考练习

（1）看图建模：请绘制用于订书机产品中的一个钣金零件，如图5-202所示。具体的尺寸由读者确定，可以参考现有的一些订书机产品。

（2）请绘制一块厚度为1.5的平板模型（板面尺寸为200×100），在其中排布一定数量的穿孔，排布方式和具体的形状尺寸由读者确定，然后在该平板模型的四周创建“平齐的”法兰壁。

（3）看图建模：请绘制图5-203所示的钣金件，具体的尺寸由读者确定。

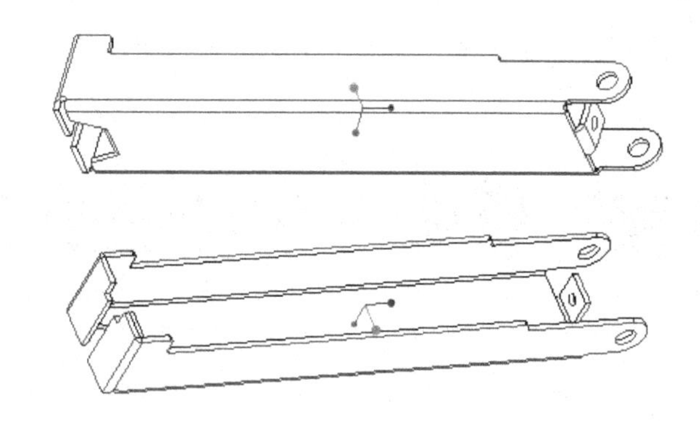

图 5-202　钣金零件

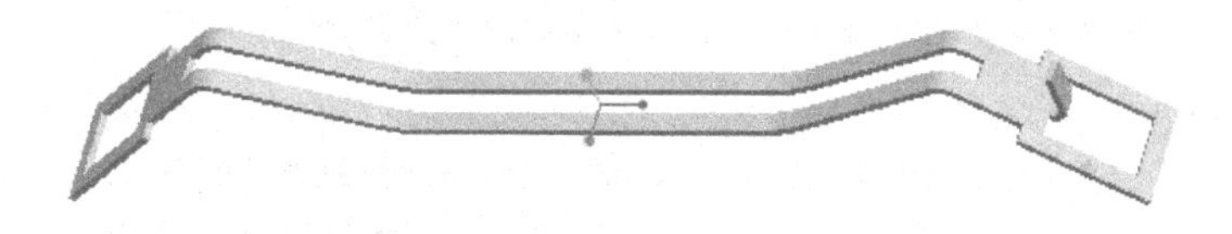

图 5-203　看图建模的钣金件 1

（4）看图建模：请根据图 5-204 所示的模型效果进行钣金件设计，具体的尺寸由读者参考图形效果来自行确定，最终展平该钣金件。

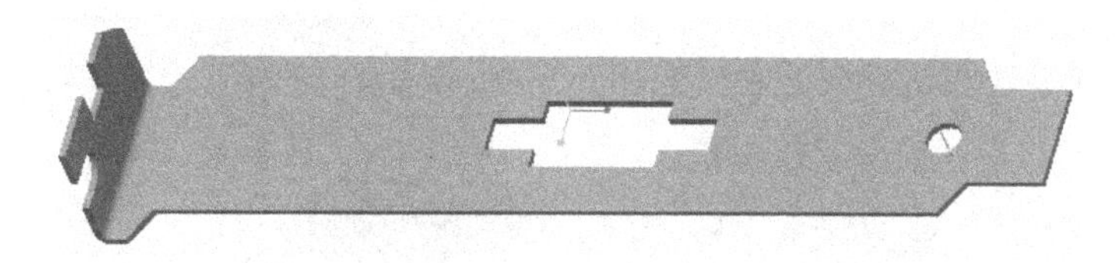

图 5-204　看图建模的钣金件 2

第6章 钣金件设计进阶实例

本章导读：

本章将继续介绍钣金件设计实例，以进一步在实战中提高钣金件设计能力。本章主要介绍的典型钣金件设计实例包括计算机侧板、电源盒盖板、箱体门板和定位卡片。

通过这些综合设计实例的深入学习，读者会更好地理解前面介绍的基础知识，并有效地掌握钣金件设计的工程应用知识，大大提高实际设计能力。

6.1 计算机侧板

本实例要完成的计算机侧板钣金件如图6-1所示。

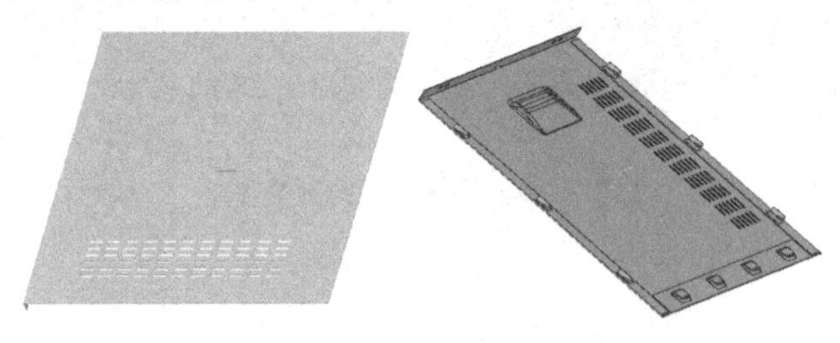

图6-1 计算机侧板

本实例的主要知识点如下。

- 在钣金件上创建凸模成型特征，以及创建具有排除面的凹模成型特征。
- 创建所需要的平面壁、法兰壁和平整壁。
- 展平与折弯回去的应用。
- 创建特征组和阵列特征组。

本实例详细的设计过程说明如下。

步骤1：新建钣金件文件。

（1）启动Creo Parametric 4.0软件后，在“快速访问”工具栏中单击 （新建）按钮，或者选择“文件”→“新建”命令，打开“新建”对话框。

（2）从“类型”选项组中选择“零件”单选按钮，从“子类型”选项组中选择“钣金件”单选按钮，在“名称”文本框中输入文件名为“tsm_s6_1”，取消勾选“使用默认模板”复选框。接着，单击“确定”按钮，弹出“新文件选项”对话框。

（3）从“模板”选项组中选择 mmns_part_sheetmetal，单击“确定”按钮。

步骤 2：创建平面壁作为钣金件第一壁。

（1）在功能区“模型”选项卡的“形状”组中单击（平面）按钮，打开“平面”选项卡。

（2）选择 TOP 基准平面定义草绘平面，快速进入草绘器。

（3）绘制图 6-2 所示的剖面，单击（确定）按钮。

（4）在“平面”选项卡的壁厚度框中输入厚度值为“0.8”。

（5）在“平面”选项卡中单击（完成）按钮，创建图 6-3 所示的平面壁。

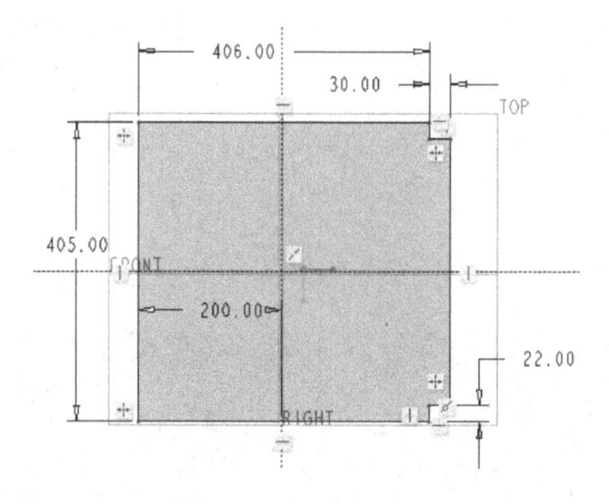

图 6-2　绘制剖面

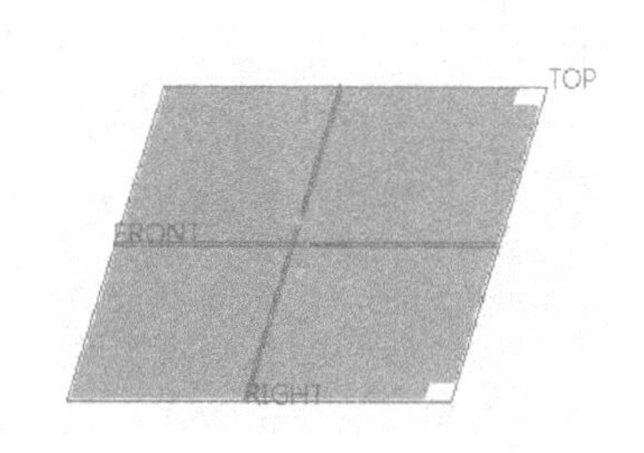

图 6-3　创建平面壁

步骤 3：拉伸切除。

（1）单击（拉伸）按钮，打开“拉伸”选项卡，暂时接受默认的按钮设置。

（2）在“拉伸”选项卡中打开“放置”面板，接着单击“放置”面板上的“定义”按钮，弹出“草绘”对话框，在“草绘”对话框中单击“使用先前的”按钮，进入草绘器。

（3）绘制图 6-4 所示的“跑道形”剖面，右图为局部详图。单击（确定）按钮。

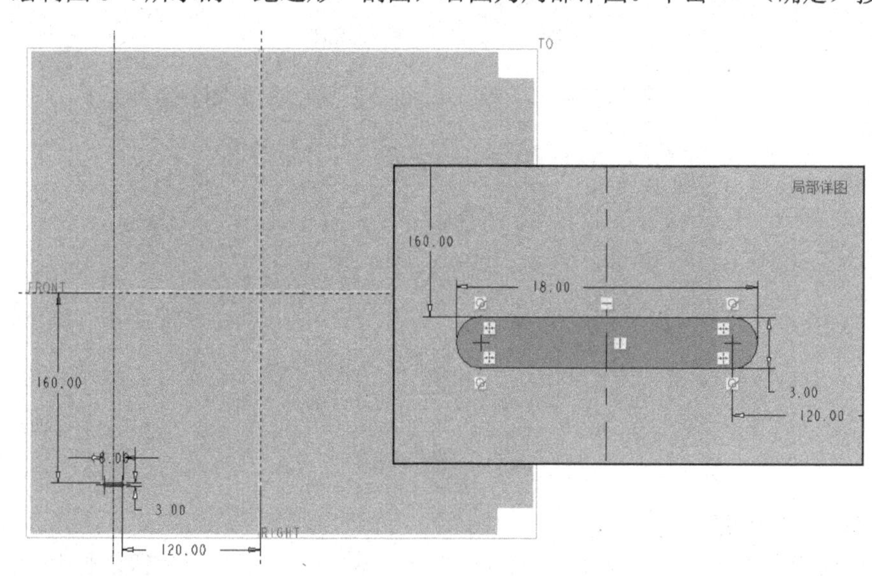

图 6-4　绘制剖面

（4）从“拉伸”选项卡的侧 1 深度选项下拉列表框中选择“（到下一个）”选项或“（穿透）”选项，单击（将拉伸的深度方向更改为草绘的另一侧）按钮以确保能形成钣金件切口。

（5）在“拉伸”选项卡中单击（完成）按钮。

步骤 4：创建阵列特征。

（1）确保刚创建的切口处于被选中的状态，从功能区的“模型”选项卡中单击“编辑”→（阵列）按钮，打开“阵列”选项卡。

（2）指定阵列类型为“尺寸”，在模型中单击数值为 120 的尺寸作为方向 1 的尺寸参考，设置其增量为“-25”；在“尺寸”面板上激活“方向 2”收集器，接着单击数值为 160 的尺寸，并设置其增量为“-10”；并在“阵列”选项卡上设置方向 1 的阵列成员数为“11”，方向 2 的阵列成员数为“6”，如图 6-5 所示。

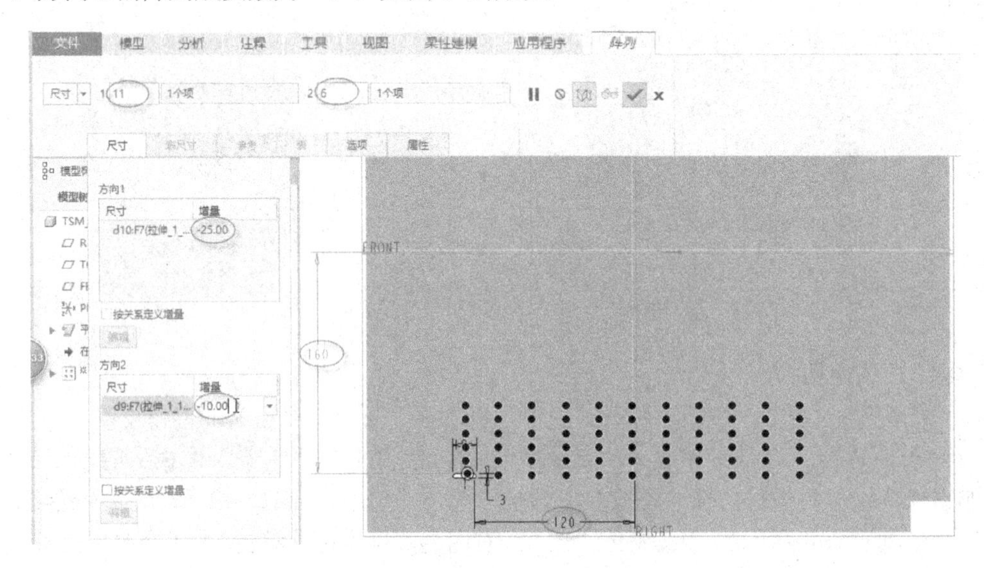

图 6-5　设置尺寸阵列参数

（3）在“阵列”选项卡中单击（完成）按钮，阵列结果如图 6-6 所示。

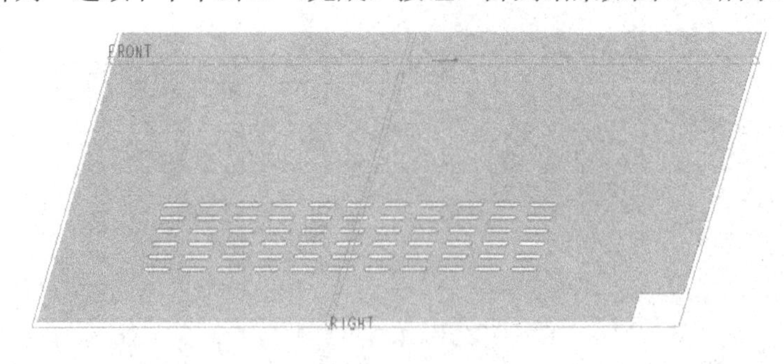

图 6-6　阵列结果

步骤 5：创建平齐的法兰壁 1。

（1）在功能区“模型”选项卡的“形状”组中单击（法兰）按钮，打开“凸缘”选项卡。

（2）指定法兰壁的轮廓形状选项为“平齐的”。

（3）选择连接边，如图 6-7 所示。

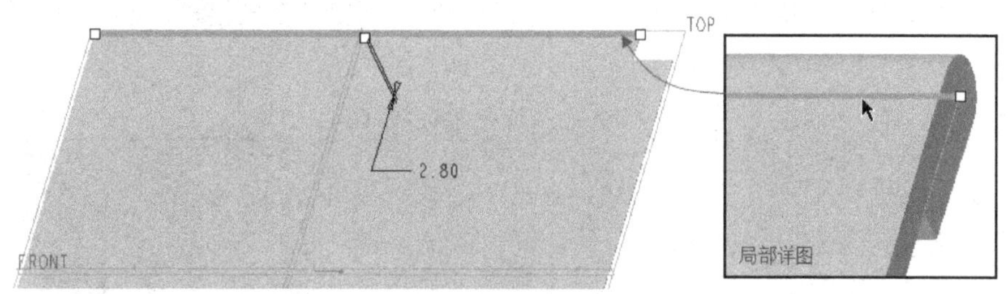

图 6-7 指定连接边

（4）在“凸缘”选项卡中单击“形状”按钮以打开“形状”面板，接着在“形状”面板上设置图 6-8 所示的形状尺寸。

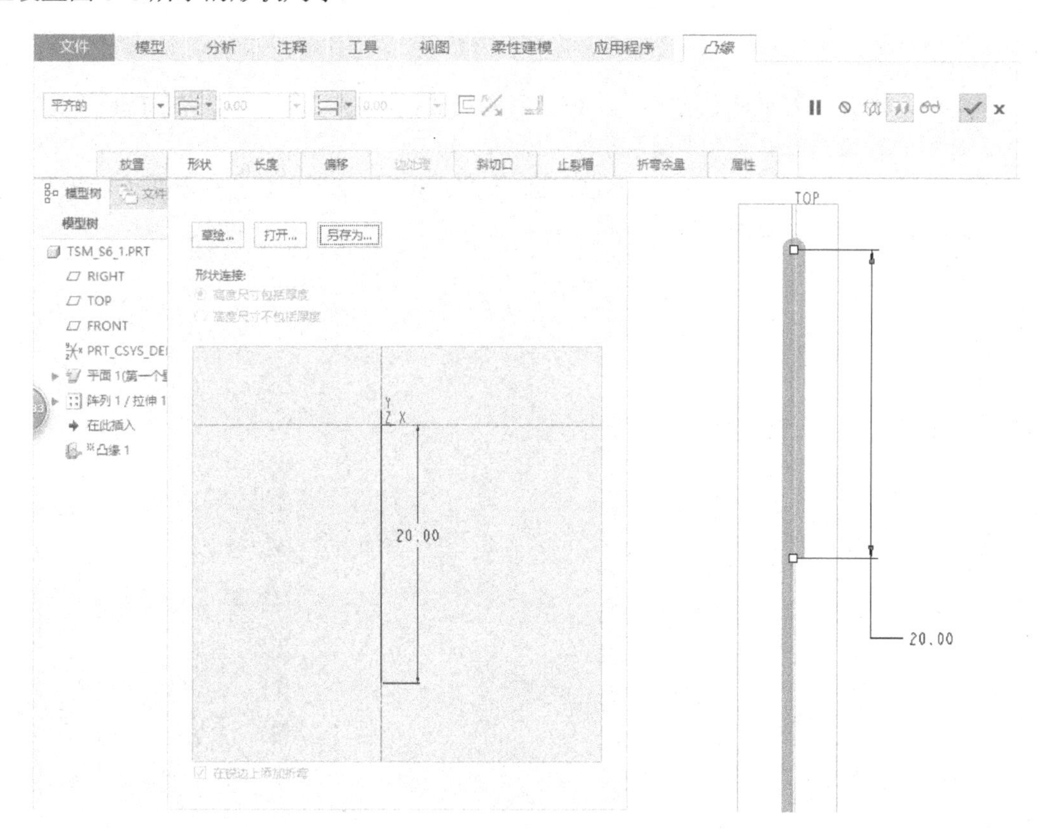

图 6-8 指定形状尺寸

（5）在“凸缘”选项卡上选择，在其后的尺寸框中输入“-5”并按〈Enter〉键；选择，在其后的尺寸框中输入“-5”并按〈Enter〉键。

（6）在“凸缘”选项卡上单击（完成）按钮。

步骤 6：创建平齐的法兰壁 2。

（1）在功能区“模型”选项卡的“形状”组中单击（法兰）按钮，打开“凸缘”选项卡。

（2）指定法兰壁的轮廓形状选项为“平齐的”。

（3）选择连接边，如图6-9所示，该连接边与上步骤所建法兰壁的连接边在同一个钣金曲面上。

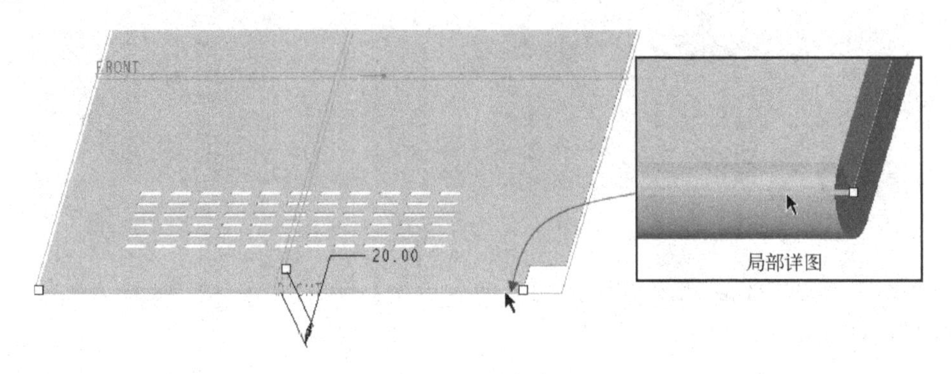

图6-9 指定连接边

（4）在“凸缘”选项卡上选择，在其后的尺寸框中输入“-5”并按〈Enter〉键；选择，在其后的尺寸框中输入“-5”并按〈Enter〉键。

（5）在“凸缘”选项卡中单击“形状”按钮，打开“形状”面板，接着在“形状”面板的草绘窗口中设置图6-10所示的形状尺寸。

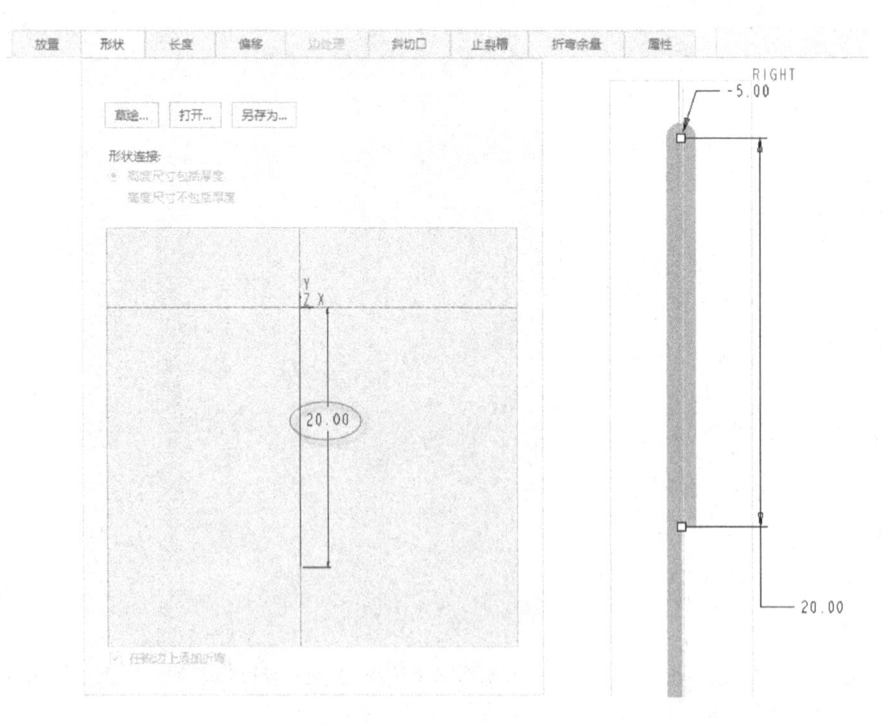

图6-10 指定形状尺寸

（6）在“凸缘”选项卡上单击（完成）按钮。

步骤7：创建平整壁。

（1）在功能区“模型”选项卡的“形状”组中单击（平整）按钮。

（2）默认的形状选项为“矩形”选项，折弯角度为“90°”。在模型中选择图 6-11 所示的一条边。此时可以单击（分离）按钮以便观察模型效果。

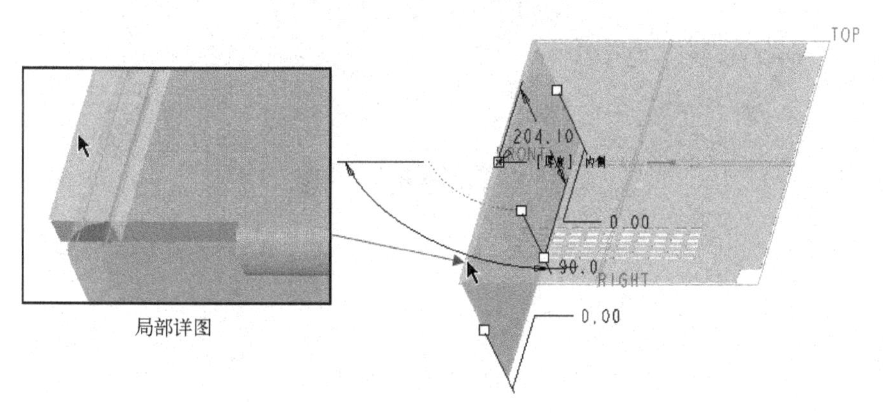

图 6-11　选择连接边

（3）在“平整”选项卡中打开“形状”面板，设置图 6-12 所示的形状尺寸。

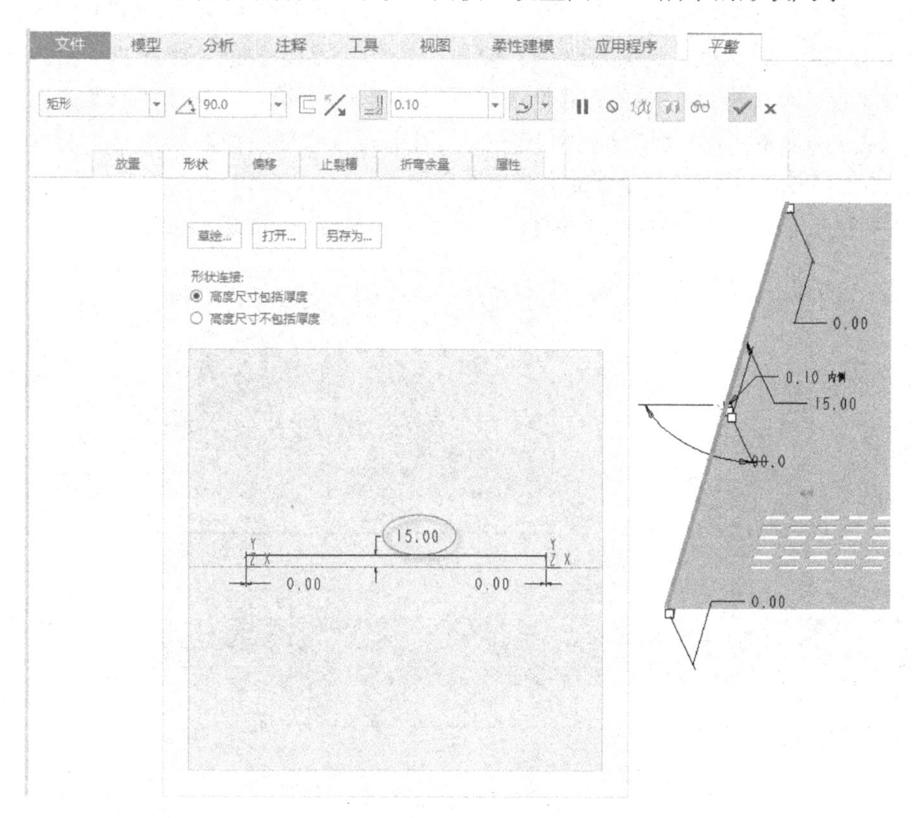

图 6-12　设置形状尺寸

（4）在旁的“折弯半径”值框中输入折弯的半径值为“0.1”，并从一个下拉列表框中选择“（标注折弯的内侧曲面）”图标选项。

（5）此时，预览的平整壁如图6-13所示。在“平整”选项卡中单击✓（完成）按钮。

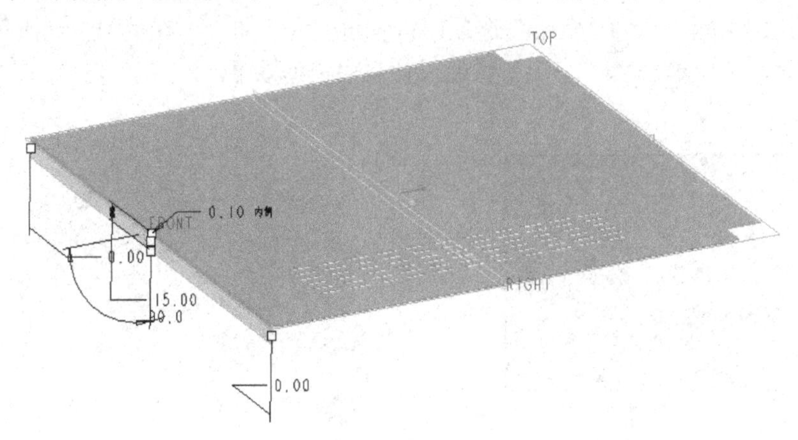

图6-13 预览的平整壁

步骤8：拉伸切除材料。

（1）单击 （拉伸）按钮，打开“拉伸”选项卡，暂时接受默认的按钮设置。

（2）单击“放置”按钮以打开“放置”面板，接着单击“放置”面板上的“定义”按钮，弹出“草绘”对话框。选择RIGHT基准平面作为草绘平面，默认的草绘方向参考为TOP基准平面，从“方向”下拉列表框中选择“上（顶）”选项，单击“草绘”按钮，进入草绘器。注意确保单击 （草绘视图）按钮，以定向草绘平面使其与屏幕平行（用户可以设置进入草绘器时自动定向草绘平面使其与屏幕平行）。

（3）绘制图6-14所示的两个“跑道形”图形，单击✓（确定）按钮。

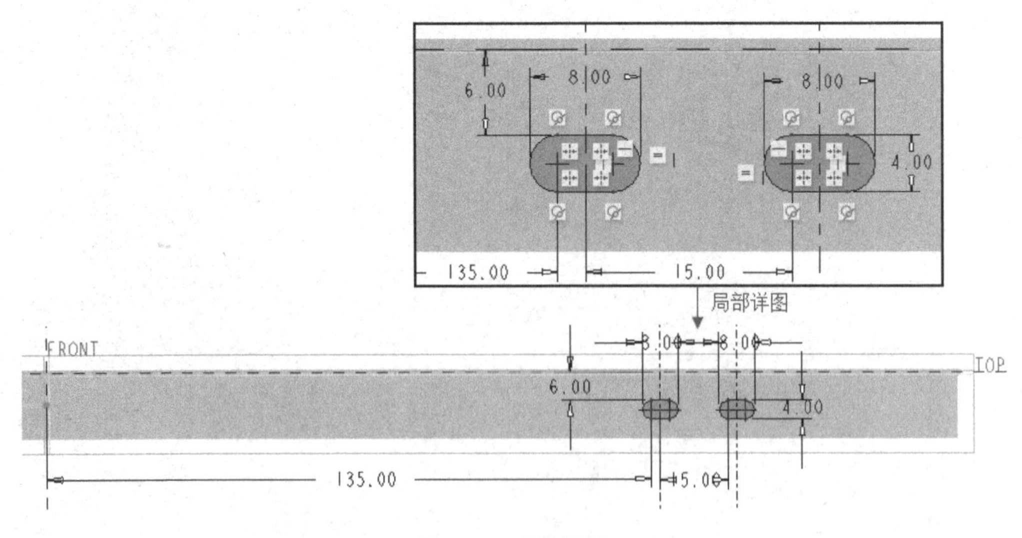

图6-14 草绘图形

（4）在“拉伸”选项卡的深度选项列表框中接受默认的“ （到下一个）”选项，注意确保能正确切除钣金件材料，即设置深度方向为所需。

（5）在“拉伸”选项卡中单击✓（完成）按钮，拉伸切割的结果如图6-15所示。

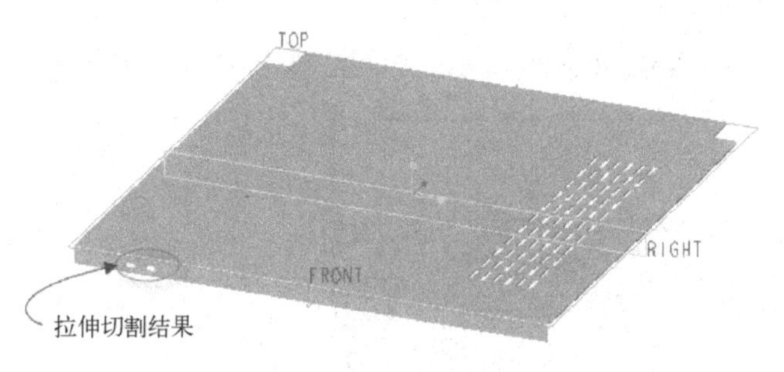

图 6-15 拉伸切割结果

步骤 9：镜像操作。

（1）选中刚创建的拉伸切割特征，并从功能区的“模型”选项卡中单击“编辑”→ （镜像）按钮，打开“镜像”选项卡。

（2）选择 FRONT 基准平面作为镜像平面参考。

（3）单击“镜像”选项卡中的 （完成）按钮，得到的镜像结果如图 6-16 所示。

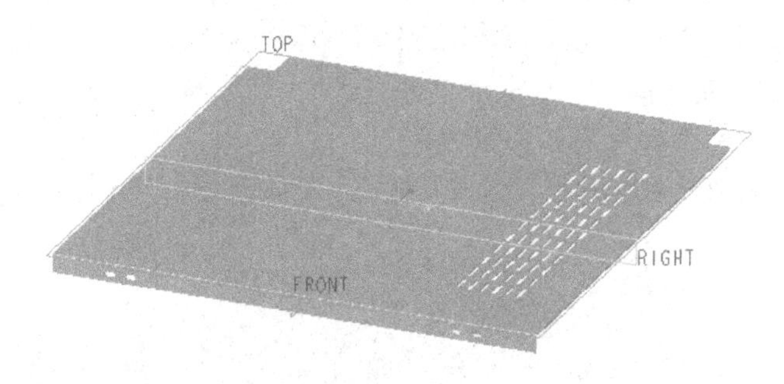

图 6-16 镜像结果

步骤 10：拉伸切割。

（1）单击 （拉伸）按钮，打开“拉伸”选项卡，接受默认的按钮设置。

（2）在“拉伸”选项卡中打开“放置”面板，接着单击“放置”面板上的“定义”按钮，弹出“草绘”对话框。选择图 6-17 所示的实体面定义草绘平面，以 TOP 基准平面为草绘方向参考，从“方向”下拉列表框中选择“上”，单击“草绘”按钮，进入草绘器。

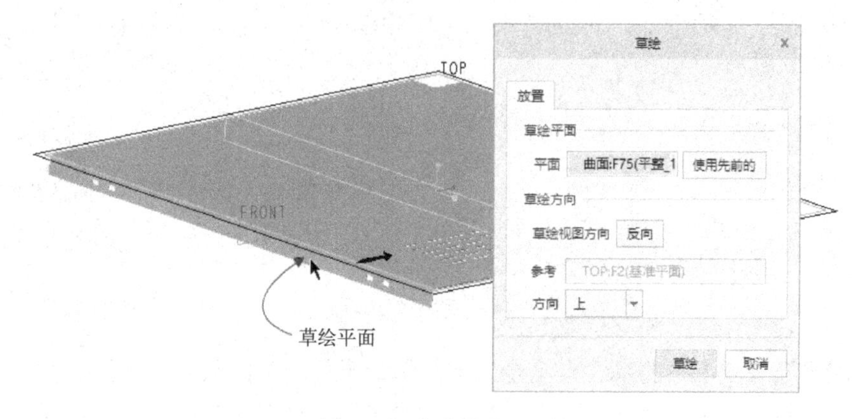

图 6-17 定义草绘平面

（3）指定绘图参考，绘制图6-18所示的剖面，单击✔（确定）按钮。

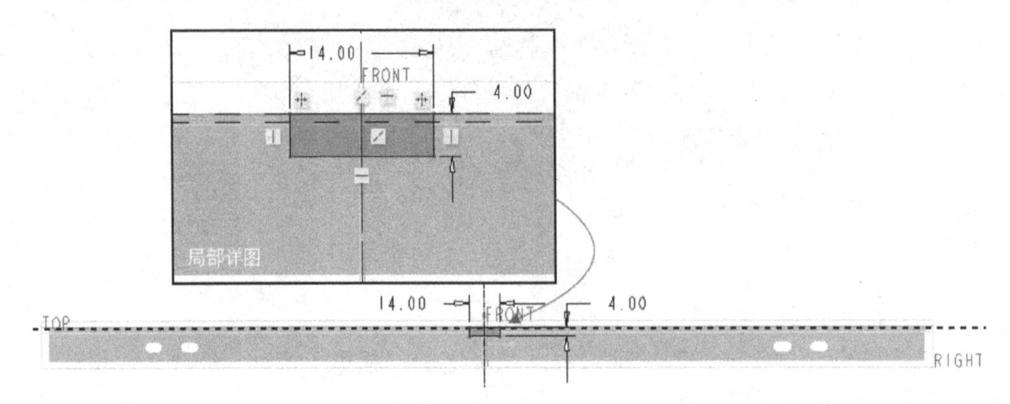

图6-18 绘制剖面

（4）在“拉伸”选项卡的侧1深度选项下拉列表框中选择“⊥⊥（盲孔）”选项，并在深度尺寸框中输入尺寸值为“1”，切除的深度方向指向钣金件实体。

说明：本例中可以在“拉伸”选项卡中单击（移除与曲面垂直的材料）按钮，以取消该按钮的选中状态，从而创建实体类的切口。

（5）在“拉伸”选项卡中单击✔（完成）按钮。切除出该小口的钣金件如图6-19所示。

图6-19 完成切长方形的小口

步骤11：展平钣金件。

（1）在功能区“模型”选项卡的“折弯”组中单击（展平）按钮，打开“展平”选项卡，如图6-20所示。

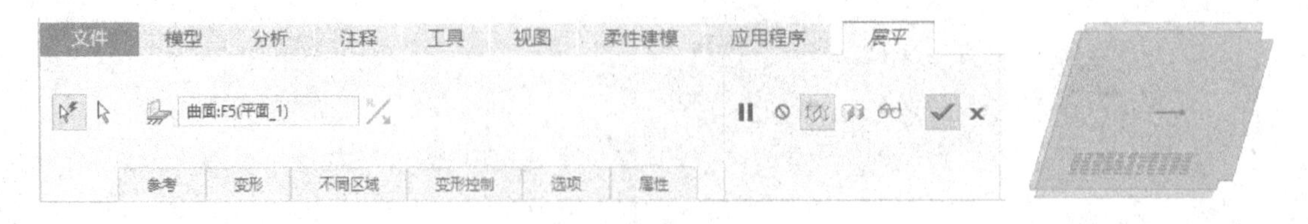

图6-20 “展平”选项卡

（2）“展平”选项卡中的（自动全选）按钮处于被选中的状态，并接受默认的固定几何参考（默认固定几何参考为作为第一壁的平面壁的一个钣金曲面），单击✔（完成）按钮，展平的钣金件效果如图6-21所示。

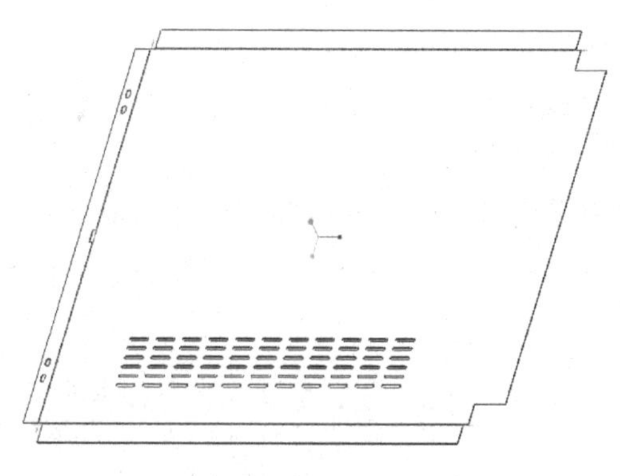

图 6-21　展平钣金件

步骤 12：切割出一个小方形口。

（1）单击（拉伸）按钮，打开“拉伸”选项卡，初步接受默认的按钮状态。

（2）在“拉伸”选项卡中打开“放置”面板，接着单击“放置”面板上的“定义”按钮，弹出“草绘”对话框。选择 TOP 定义草绘平面，默认的草绘方向参考为 RIGHT 基准平面，方向选项为“右”，单击“草绘”对话框中的“草绘”按钮，进入草绘模式。

（3）绘制图 6-22 所示的剖面，注意指定邻近水平的折弯轴线作为标注参考。单击（确定）按钮，完成剖面草绘并退出草绘器。

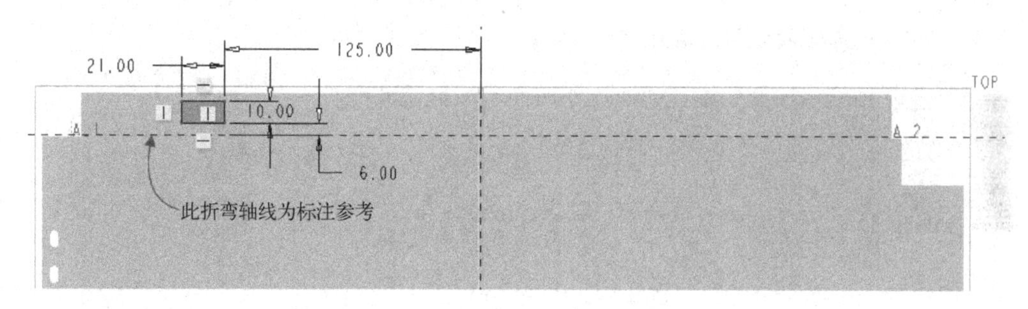

图 6-22　绘制剖面

（4）在“拉伸”选项卡的深度选项下拉列表框中默认选择“（到下一个）”选项，单击（将拉伸的深度方向更改为草绘的另一侧）按钮，以形成钣金件切口。

（5）单击（完成）按钮，拉伸切割的结果如图 6-23 所示。

图 6-23　拉伸切割效果

步骤 13：创建平整壁。

（1）在功能区“模型”选项卡的“形状”组中单击（平整）按钮，打开“平整”选项卡。

（2）选择形状选项为“梯形”，折弯角度为“90°”，折弯半径默认等于钣金件厚度，标注位置默认为内侧。

（3）在钣金件模型的方形切口处选择图6-24所示的一条边（图中底面的一条边）。

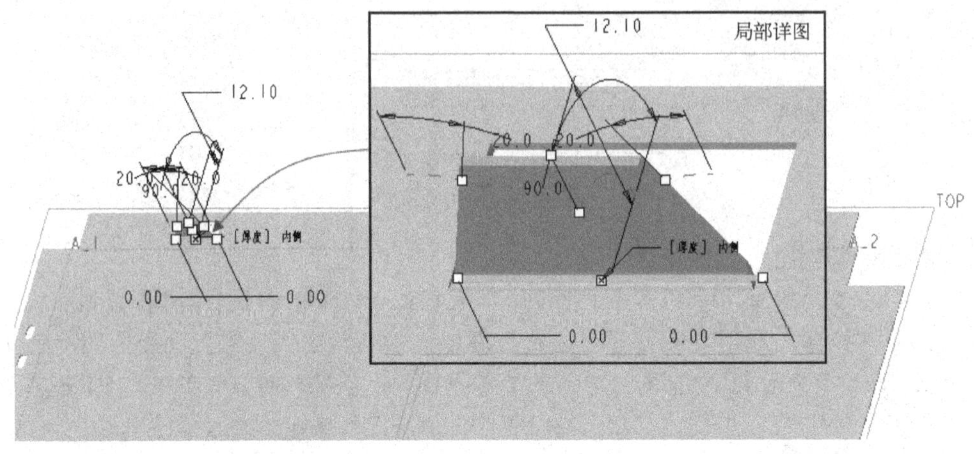

图6-24 指定平整壁的连接边

（4）在“平整”选项卡中打开“形状”面板，设置图6-25所示的形状尺寸。还可以单击“草绘”按钮进入草绘模式编辑形状尺寸。

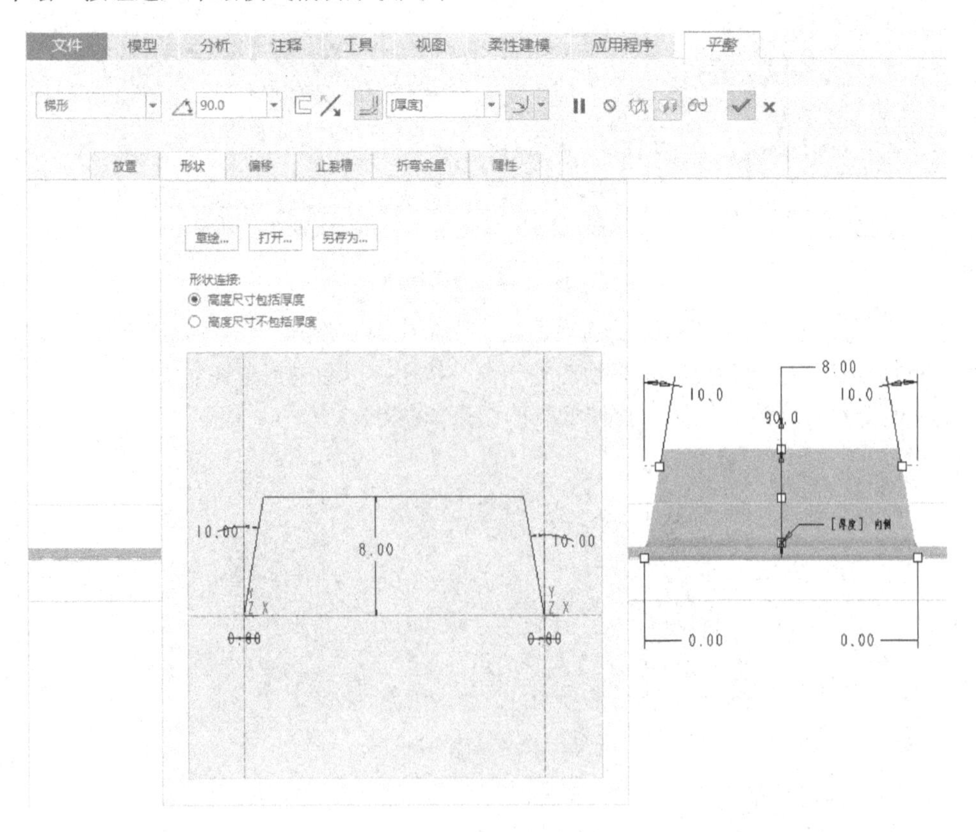

图6-25 设置形状尺寸

（5）单击✔（完成）按钮，完成该连接平整壁的创建。

步骤 14：拉伸切除。

（1）单击（拉伸）按钮，打开“拉伸”选项卡，从中暂时接受默认的按钮状态。

（2）在“拉伸”选项卡中打开“放置”面板，接着单击“放置”面板上的“定义”按钮，弹出“草绘”对话框。选择图 6-26 所示的壁表面定义草绘平面，选择 TOP 基准平面为草绘方向参考，从“方向”下拉列表框中选择“上”选项，然后单击“草绘”按钮，进入草绘器。

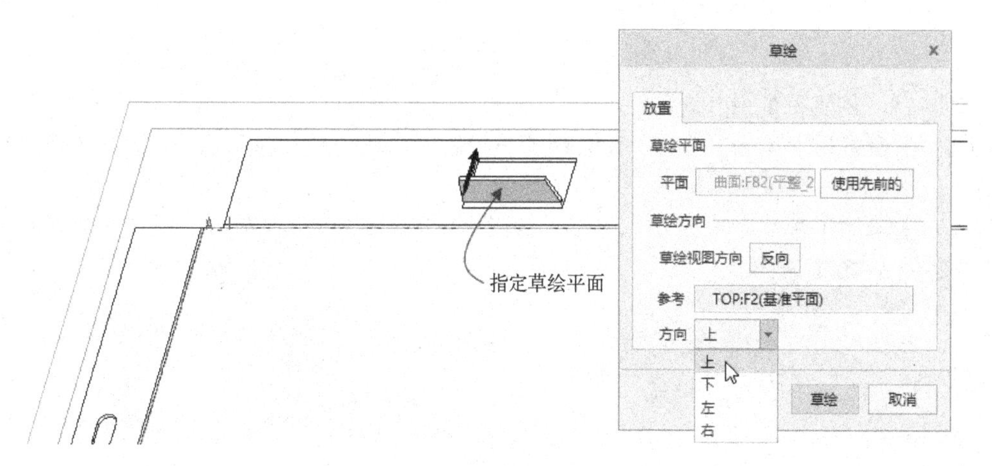

图 6-26 定义草绘平面及草绘方向

（3）通过（参考）按钮来指定绘图和标注参考，使用相关的草绘工具绘制图 6-27 所示的剖面，单击✔（确定）按钮。

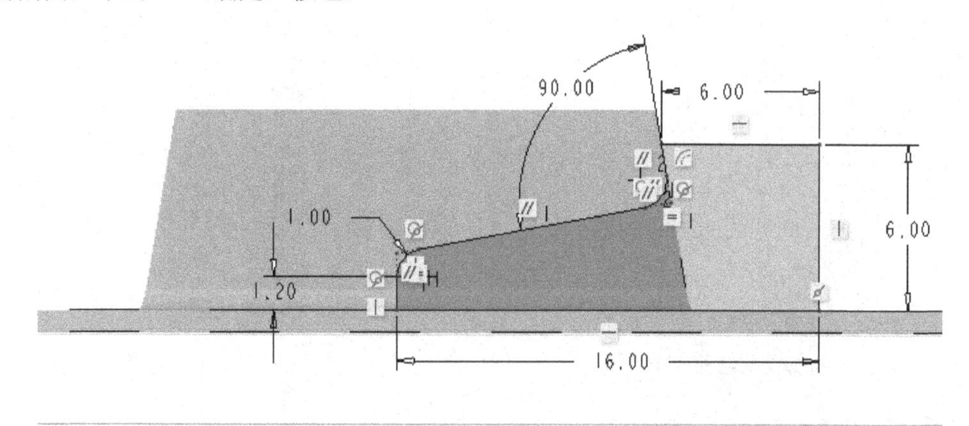

图 6-27 绘制图形

（4）在“拉伸”选项卡的深度选项列表框中选择“（对称）”选项，设置深度值为“20”，从钣金件切口类型下拉列表框中选择“（移除垂直于偏移曲面的材料）”图标选项。

（5）在“拉伸”选项卡中单击✔（完成）按钮，创建的结构如图 6-28 所示。

图 6-28　完成的结构

步骤 15：创建特征组（局部组）。

（1）在模型树上结合〈Ctrl〉键选择图 6-29 所示的 3 个特征，系统弹出一个浮动工具栏。

（2）在浮动工具栏中选择 （分组）命令按钮，创建一个特征组。该特征组在模型中的显示如图 6-30 所示。

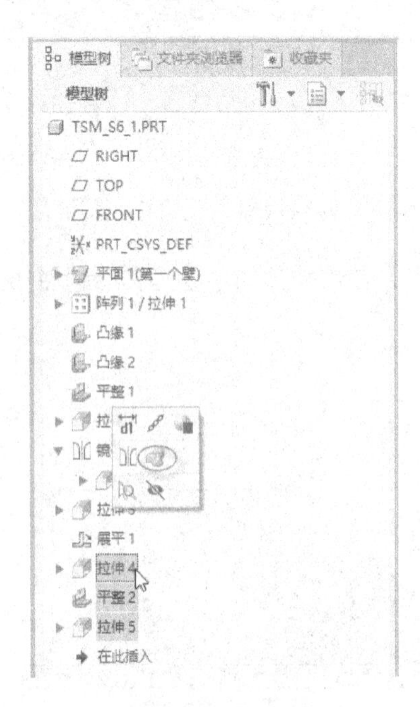

图 6-29　选择要成组的 3 个特征

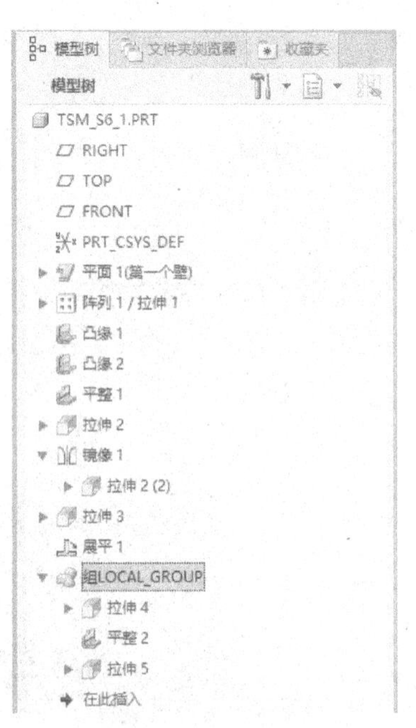

图 6-30　成组后

步骤 16：阵列特征组（局部组）。

（1）确保在模型树中选中刚创建的局部组，接着从功能区的“模型”选项卡中单击“编辑”→ （阵列）按钮，打开“阵列”选项卡。

（2）在“阵列”选项卡的阵列类型下拉列表框中选择“方向”选项，然后在模型中选择 RIGHT 基准平面作为第一方向参考。

（3）在“阵列”选项卡中输入第一方向阵列成员数为“3”，第一方向阵列成员之间的距离为“135”，如图 6-31 所示。

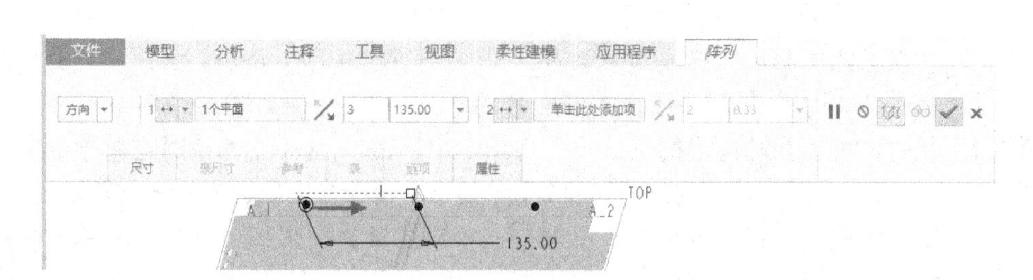

图 6-31　设置方向阵列参数

（4）在“阵列”选项卡中单击（完成）按钮，得到的阵列结果如图 6-32 所示。

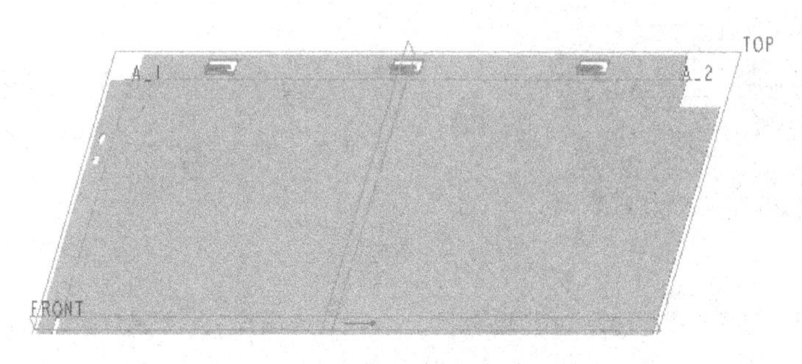

图 6-32　阵列结果

步骤 17：镜像操作。

（1）确保选中阵列特征，在功能区的“模型”选项卡中单击“编辑”→（镜像）按钮，打开“镜像”选项卡。

（2）选择 FRONT 基准平面作为镜像平面参考。

（3）在“镜像”选项卡中确保默认勾选“选项”面板中的“从属副本”复选框，单击（完成）按钮，镜像结果如图 6-33 所示。

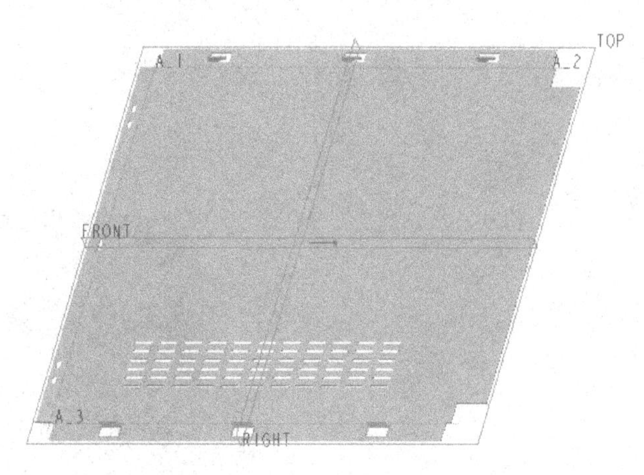

图 6-33　镜像结果

步骤 18：创建凸模成型特征。

（1）在功能区“模型”选项卡的“工程”组中单击“成型”→（凸模）按钮，则在功能区中打开“凸模”选项卡。

（2）在功能区的“凸模”选项卡中单击 （打开冲孔模型）按钮，弹出“打开”对话框，通过“打开”对话框浏览并选择本书配套的 tsm_s6_die1.prt，单击该对话框中的“打开”按钮。此时，可以在功能区的“凸模”选项卡中单击 （指定约束时在单独的窗口中显示元件）以增加选中它，系统弹出图 6-34 所示的一个单独窗口显示凸模参考模型。

（3）在功能区的“凸模”选项卡中单击 （手动放置）按钮和 （从属复制）按钮，如图 6-35 所示。

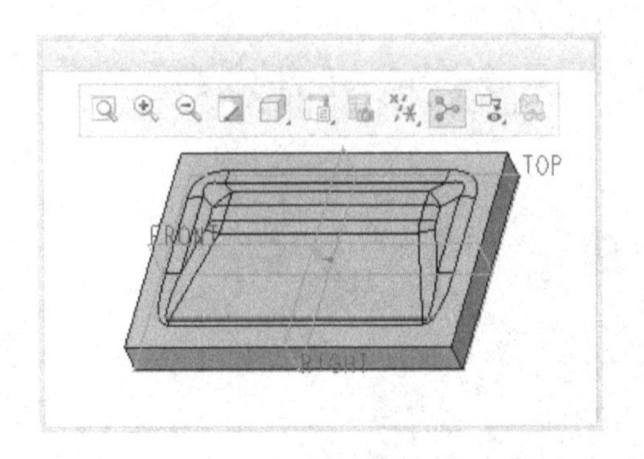

图 6-34 单独显示凸模参考零件的小图形窗口

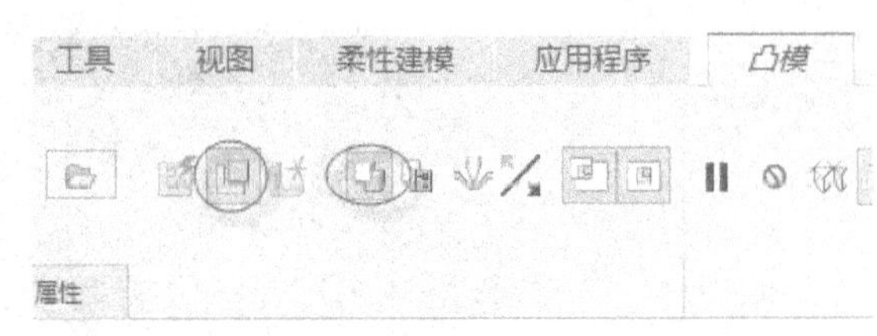

图 6-35 设置放置选项和复制选项

（4）在功能区的“凸模”选项卡中打开“放置”面板，从“约束类型”下拉列表框中选择“重合”选项，在凸模参考零件中选择 RIGHT 基准平面，在侧板钣金件中选择 FRONT 基准平面，单击“反向”按钮。

（5）在“放置”面板中单击“新建约束”，从“约束类型”下拉列表框中选择“距离”约束类型，在凸模参考零件中选择 FRONT 基准平面，在侧板钣金件中选择 RIGHT 基准平面，单击“反向”按钮，接着在“偏移”框中输入“-120”并按〈Enter〉键（输入负值表示往负方向偏移，按〈Enter〉键确认偏移值后在“偏移”框中显示的是偏移绝对值），此时预览效果如图 6-36 所示。

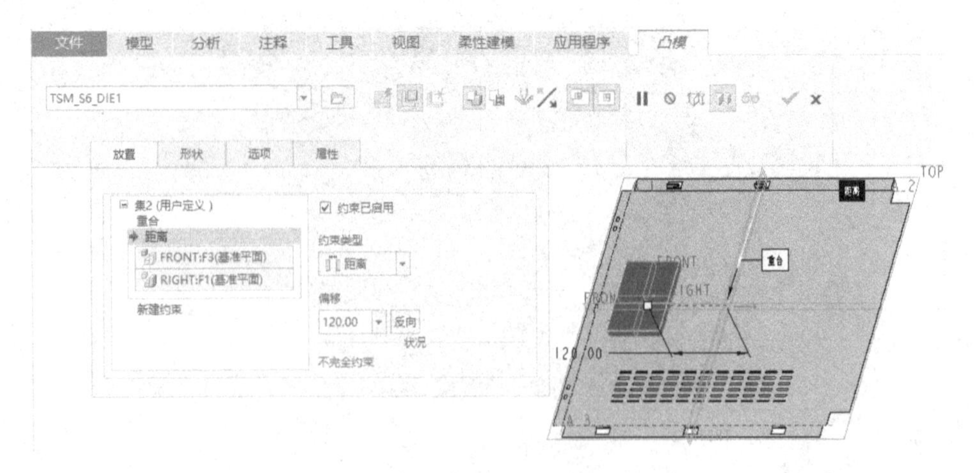

图 6-36 定义第二组约束（“距离”约束）

（6）在“放置”面板中单击“新建约束”，从“约束类型”下拉列表框中选择“重合”选项，选择要重合的一对参考面，如图 6-37 所示。

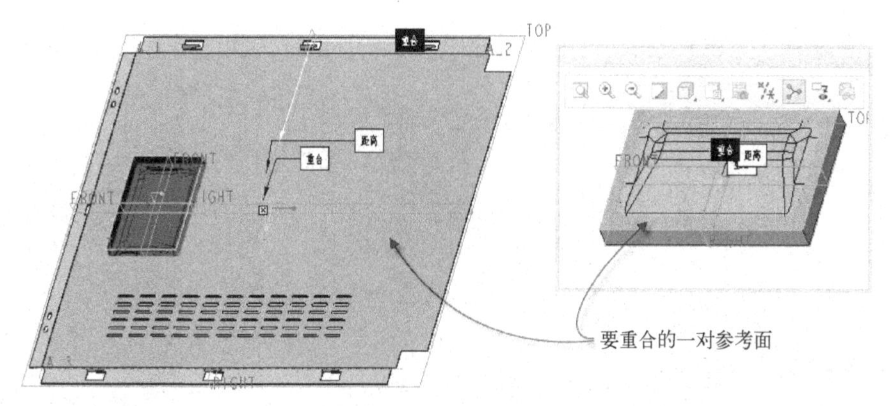

图 6-37 指定重合参考面

此时，在“状况”区域显示“约束无效”的提示信息，还需要单击“反向”按钮更改约束方向才能使状况为“完全约束”，如图 6-38 所示。

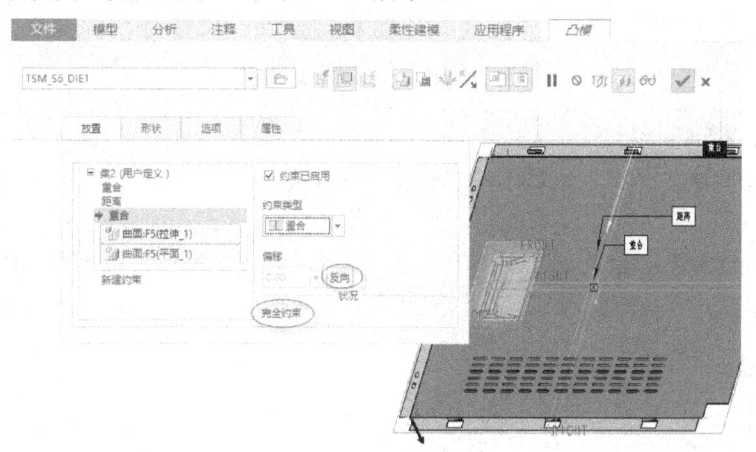

图 6-38 提示“完全约束”

（7）在“形状”面板中的默认设置如图 6-39 所示，在“选项”面板中进行图 6-40 所示的设置操作。

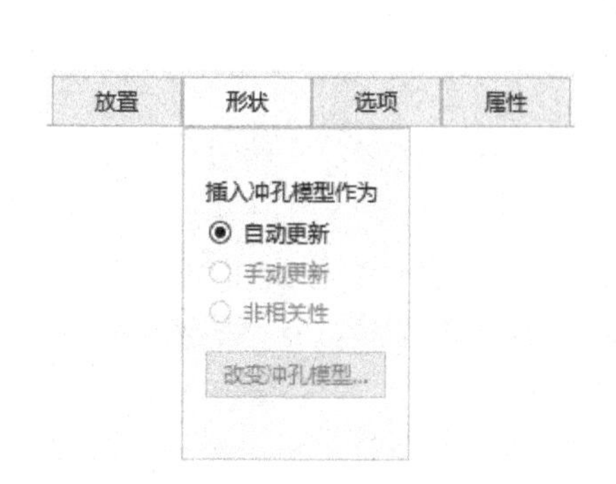

图 6-39 “形状”面板中的设置

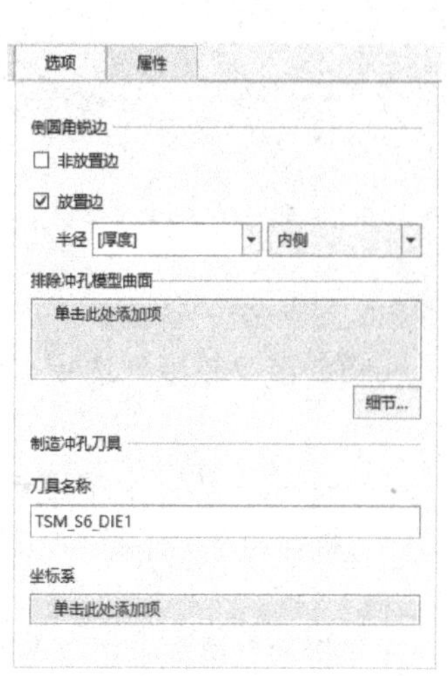

图 6-40 在“选项”面板中的设置内容

（8）单击 （完成）按钮，创建好该凸模成型特征的钣金件模型效果如图6-41所示。

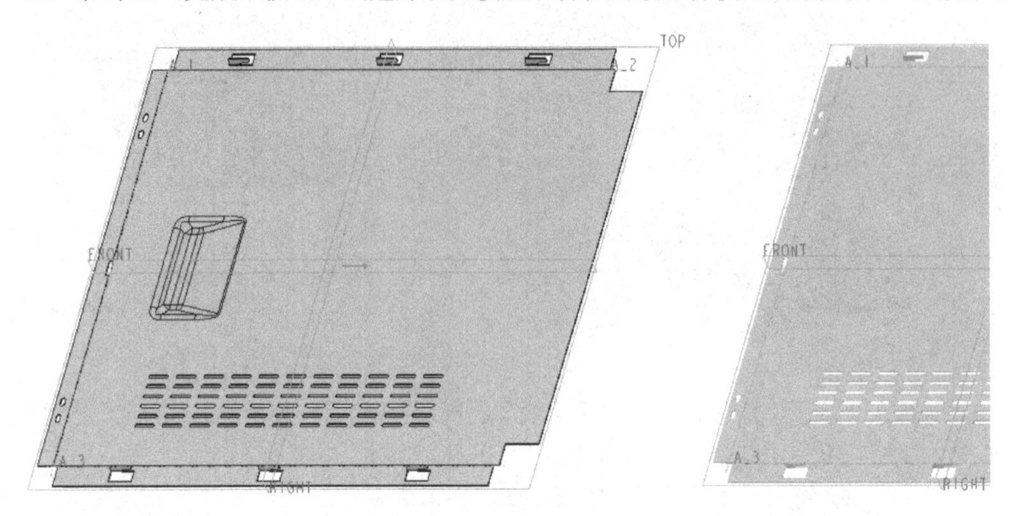

图6-41 完成凸模成型特征

步骤19：折弯回去。

（1）在功能区“模型”选项卡的“折弯”组中单击 （折回）按钮，打开“折回”选项卡。

（2）默认选中 （自动全选）按钮以自动选择所有展平几何进行折回，接受默认的固定几何参考，单击 （完成）按钮，得到的折弯回去效果如图6-42所示（正反两面）。

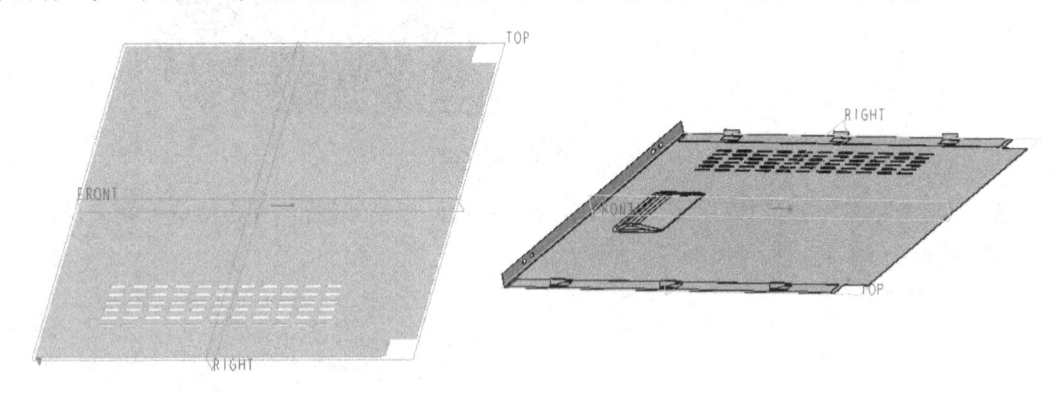

图6-42 折弯回去效果

步骤20：创建折弯特征。

（1）在功能区“模型”选项卡的“折弯”组中单击 （折弯）按钮，打开“折弯”选项卡。

（2）在“折弯”选项卡中单击 （折弯线另一侧的材料）按钮和 （角度折弯）按钮，在 （折弯角度）下拉列表框中输入“180”，确保选择 （标注折弯的内侧曲面）图标选项。

（3）在“折弯”选项卡中打开“放置”面板，在侧板钣金件中单击图6-43所示的钣金曲面。

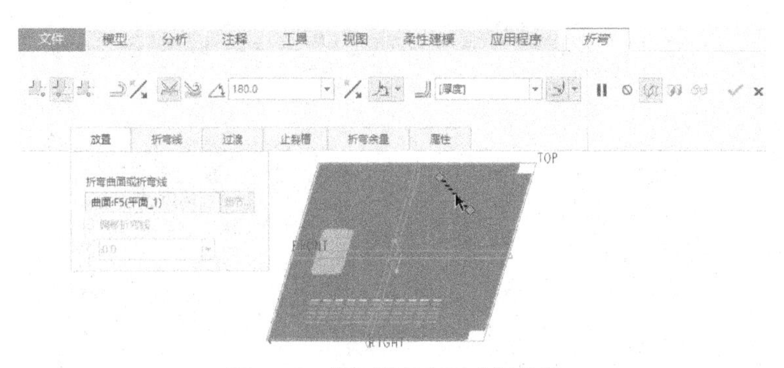

图 6-43　指定折弯曲面或折弯线

（4）在“折弯”选项卡中打开“折弯线”面板，单击“草绘”按钮，进入内部草绘器。

（5）绘制图 6-44 所示的折弯线，注意将折弯线的端点重合约束到相应的边上。单击（确定）按钮。

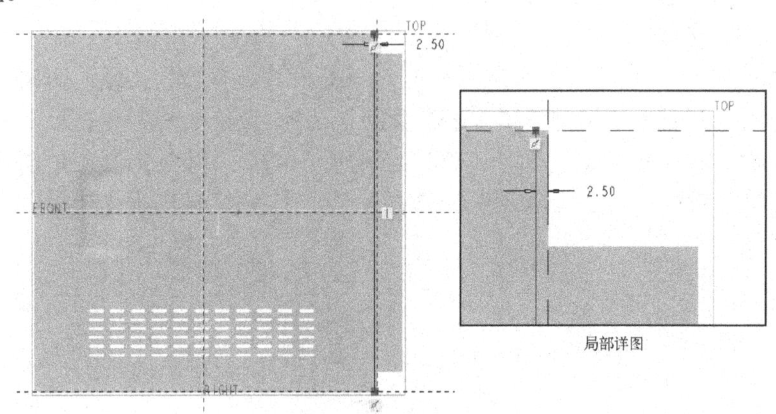

图 6-44　绘制折弯线

（6）在（折弯半径）值框中输入折弯半径值为“0”，接着在图标旁单击（更改固定侧的位置）按钮，以使此时折弯预览如图 6-45 所示。

（7）在“折弯”选项卡中打开“止裂槽”面板，从“类型”下拉列表框中选择“无止裂槽”选项，如图 6-46 所示。

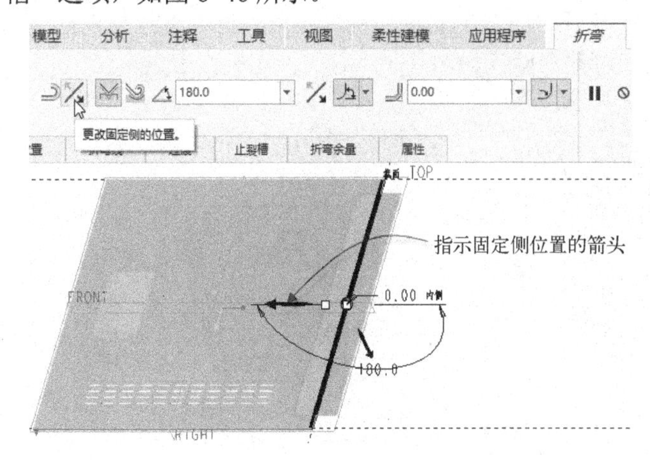

图 6-45　所需折弯侧的位置

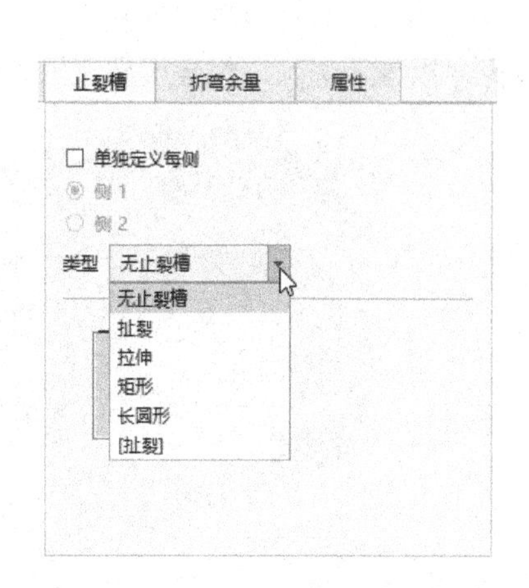

图 6-46　指定止裂槽类型

（8）在“折弯”选项卡中单击 （完成）按钮，完成此折弯特征创建，折弯效果如图 6-47 所示。

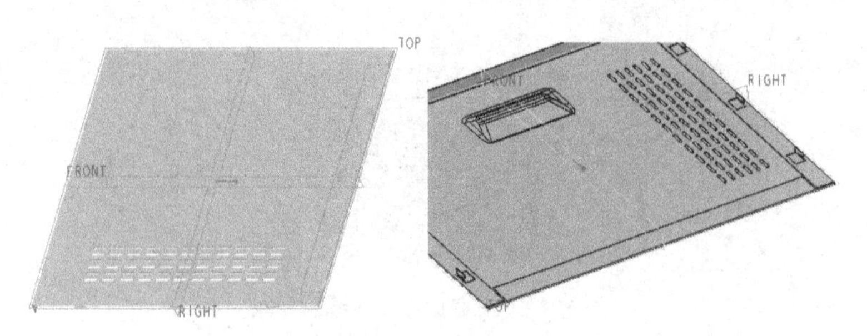

图 6-47 折弯效果

步骤 21：创建具有排除曲面的凹模成型特征。

（1）在功能区“模型”选项卡的“工程”组中单击“成型”→ （凹模）按钮，功能区出现“凹模”选项卡。

（2）在功能区的“凹模”选项卡中单击 （打开冲孔模型）按钮，弹出“打开”对话框，通过“打开”对话框浏览并选择本书配套的 tsm_s6_die2_x.prt，单击该对话框中的“打开”按钮。此时，可以在功能区的“凹模”选项卡中单击 （指定约束时在单独的窗口中显示元件）以增加选中它，系统弹出图 6-48 所示的一个单独窗口显示凹模参考模型。

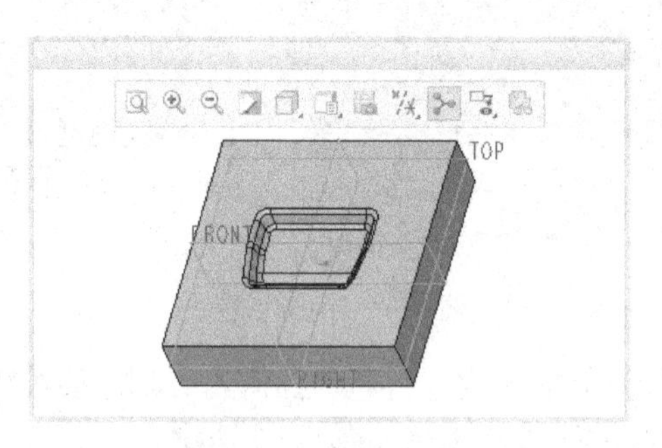

图 6-48 凹模参考模型

（3）在功能区的“凹模”选项卡中单击 （手动放置）按钮和 （从属复制）按钮。

（4）在功能区的“凹模”选项卡中打开“放置”面板，从“约束类型”下拉列表框中选择“重合”选项，指定要重合约束的一对参考面，如图 6-49 所示。

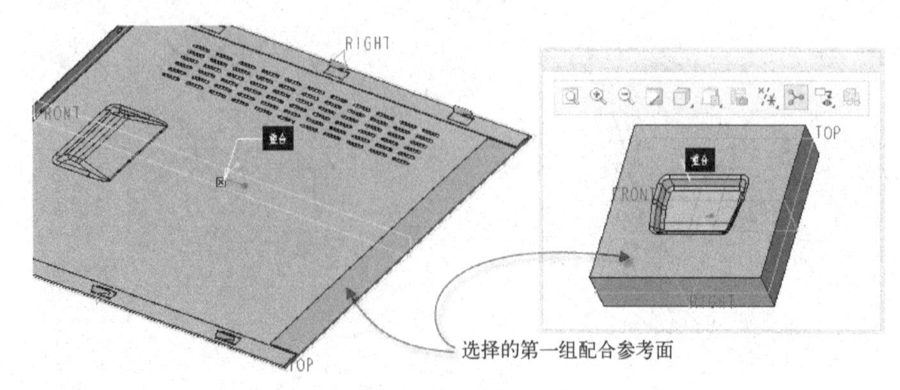

图 6-49 指定第 1 组要重合约束的参考面

（5）在“放置”面板中，单击“新建约束”，从“约束类型”下拉列表框中选择“距离”约束类型，在参考模型中选择 RIGHT 基准平面，在侧板中选择 FRONT 基准平面，在“偏移”框中输入“140”。如图 6-50 所示。

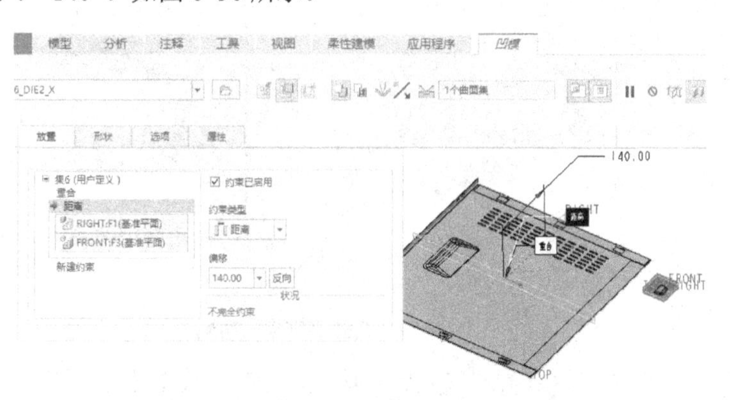

图 6-50 指定第二组约束及其参考、参数

（6）在“放置”面板中，单击“新建约束”，从“约束类型”下拉列表框中选择“距离”约束类型，在参考模型中选择 FRONT 基准平面，在侧板中选择 RIGHT 基准平面，接着单击“反向”按钮，并在“偏移”框中输入“186.8”，如图 6-51 所示。

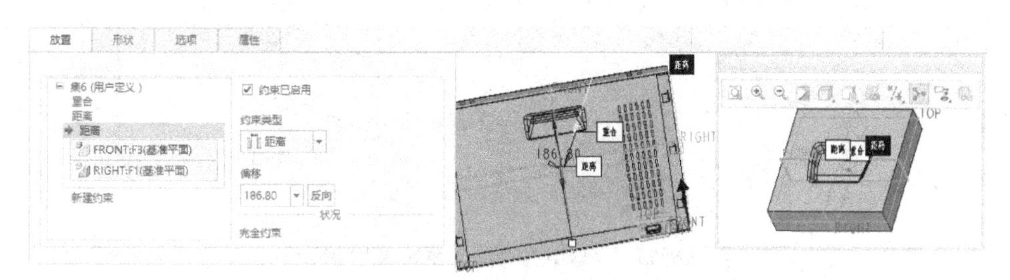

图 6-51 元件放置预览

（7）在“形状”面板中设置图 6-52 所示的形状选项，接着打开“选项”面板，在“排除压铸模模型”收集器的框内单击以激活此收集器，如图 6-53 所示。

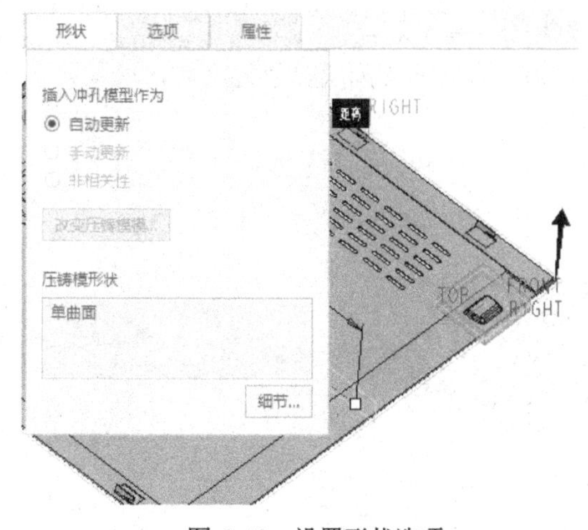

图 6-52 设置形状选项

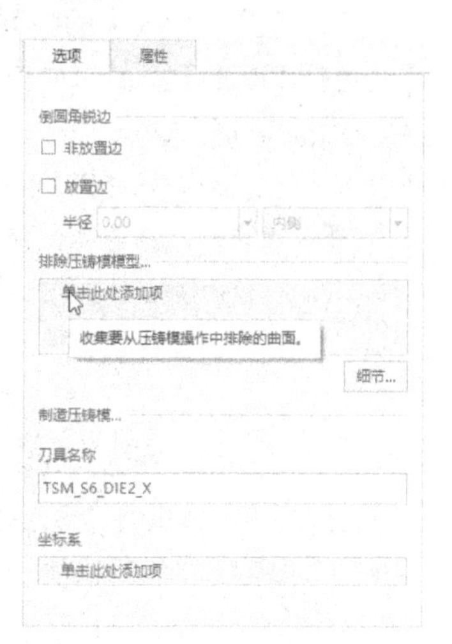

图 6-53 在“选项”面板中进行操作

（8）结合〈Ctrl〉键在凹模参考模型中选择要排除的曲面，如图 6-54 所示。

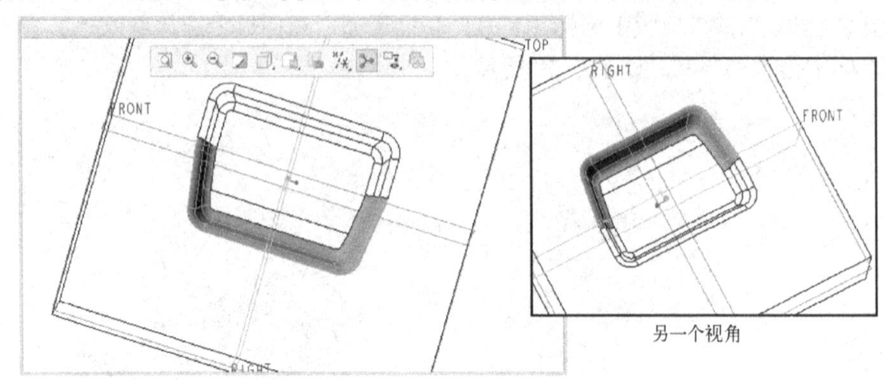

图 6-54 选择要排除的曲面

（9）在“凹模”选项卡中单击 （完成）按钮，创建的成型特征如图 6-55 所示。

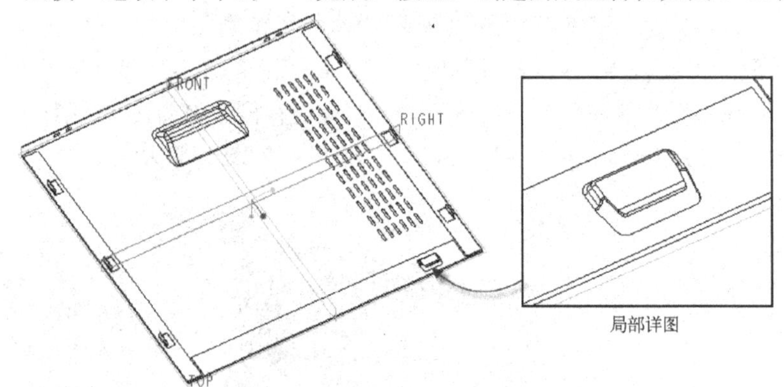

图 6-55 完成具有排除曲面的成型特征

步骤 22：创建阵列特征。

（1）确保刚创建的成型特征处于被选中的状态，从功能区的“模型”选项卡中单击“编辑”→ （阵列）按钮，打开“阵列”选项卡。

（2）在“阵列”选项卡的阵列类型下拉列表框中选择“方向”选项。

（3）选择 FRONT 基准平面作为第一方向参考。

（4）单击 （反向第一方向）按钮，输入第一方向的阵列成员数为“4”，输入第一方向的阵列成员之间的间距为“90”，如图 6-56 所示。

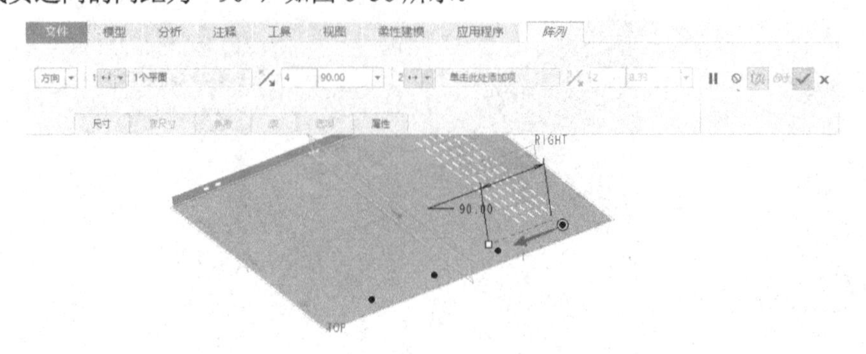

图 6-56 设置方向阵列参数

（5）在“阵列”选项卡中单击✓（完成）按钮，完成该阵列特征的侧板零件如图 6-57 所示。

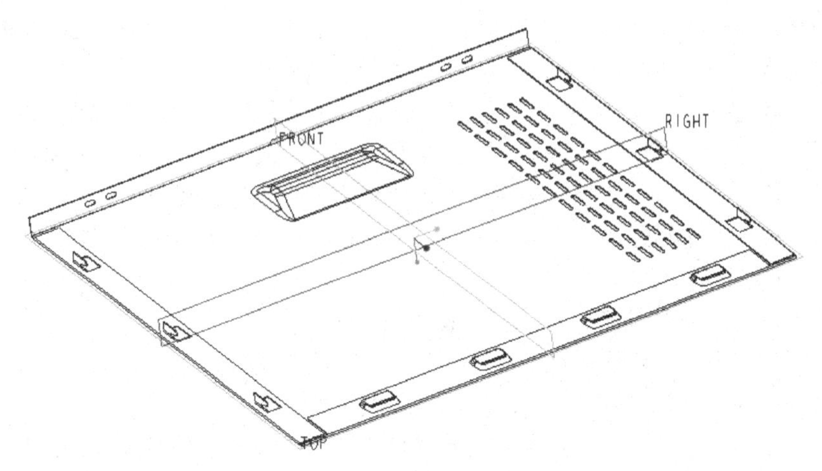

图 6-57　完成阵列特征

步骤 23：保存文件。

6.2　电源盒盖板

本实例要完成的电源盒盖板如图 6-58 所示。

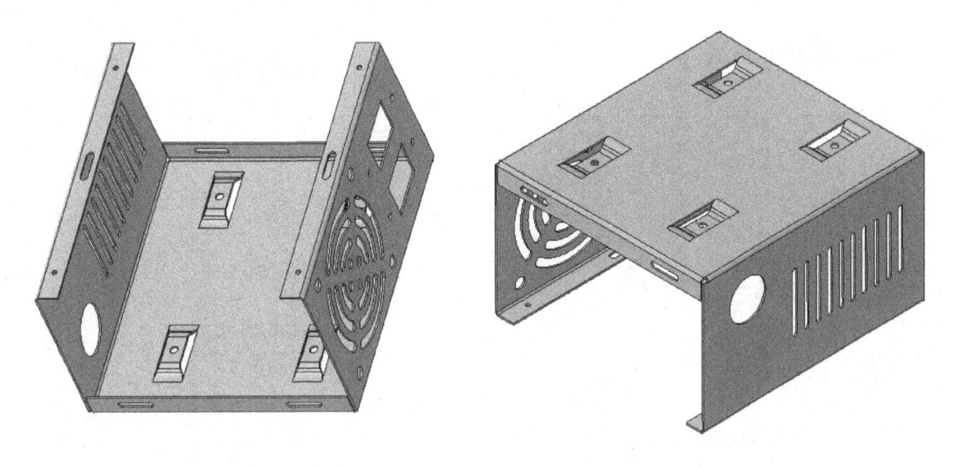

图 6-58　电源盒盖板

本实例的主要知识点如下。

- 在钣金件上创建具有排除面的凸模成型特征。
- 设计各种钣金件切口与创建孔特征。
- 展平与折弯回去的应用。
- 创建连接平整壁。
- 在钣金件中进行阵列复制和镜像复制。

本实例详细的设计过程说明如下。

步骤1：新建钣金件文件。

（1）启动 Creo Parametric 4.0 软件后，在“快速访问”工具栏中单击（新建）按钮，或者选择“文件”→“新建”命令，打开“新建”对话框。

（2）从“类型”选项组中选择“零件”单选按钮，从“子类型”选项组中选择“钣金件”单选按钮，在“名称”文本框中输入文件名为“tsm_s6_2”，取消勾选“使用默认模板”复选框。接着，单击“确定”按钮，弹出“新文件选项”对话框。

（3）从“模板”选项组中选择 mmns_part_sheetmetal，单击“确定”按钮。

步骤2：创建拉伸壁。

（1）单击（拉伸）按钮，打开“拉伸”选项卡。

（2）选择 FRONT 基准平面定义草绘平面，快速进入草绘器。

（3）绘制图6-59所示的图形，单击（确定）按钮。

（4）在“拉伸”选项卡上，输入壁的厚度值为“1”，输入拉伸深度值为“150”。

（5）打开“选项”面板，在“钣金件选项”选项组中勾选“在锐边上添加折弯”复选框，并在“半径”框中默认选择“[厚度]”选项，以及设置标注折弯的方式选项为“内侧”，如图6-60所示。

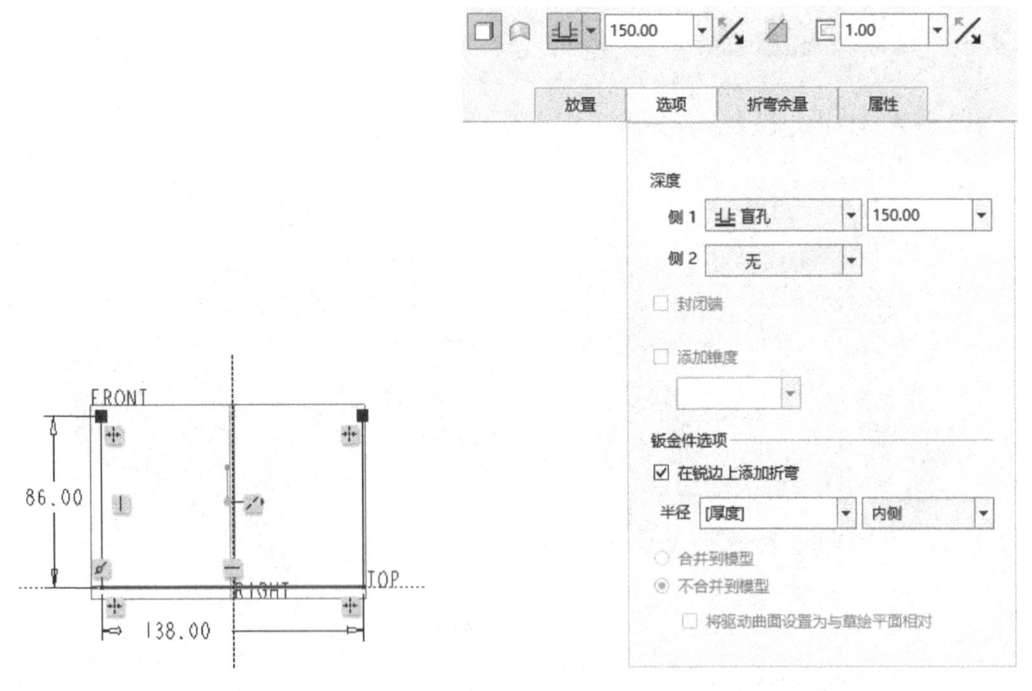

图6-59 绘制图形　　图6-60 设置钣金件选项

（6）单击（完成）按钮，完成的拉伸壁作为第一壁，如图6-61所示。

步骤3：创建基准轴。

（1）在功能区“模型”选项卡的“基准”组中单击（轴）按钮，系统弹出“基准轴”对话框。

（2）在图 6-62 所示的钣金面中单击，以指定主放置参考。

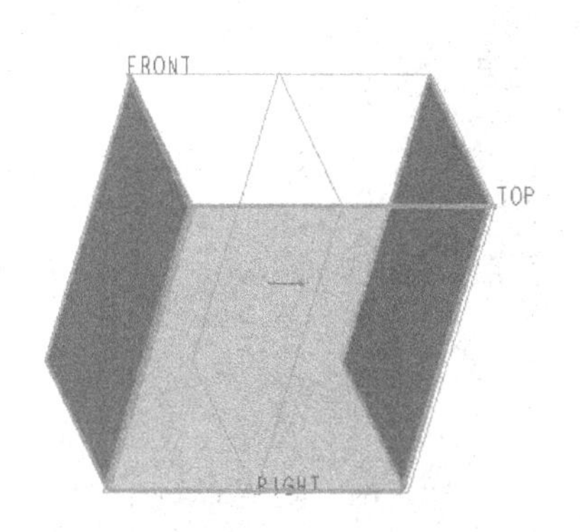

图 6-61 创建的拉伸壁

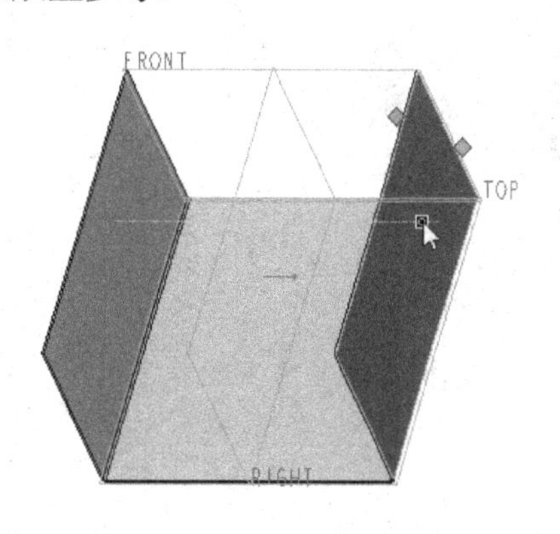

图 6-62 指定主放置参考

（3）在“基准轴”对话框的“偏移参考”收集器中单击，将其激活。选择 TOP 基准平面作为第一偏移参考，接着按住〈Ctrl〉键并选择 FRONT 基准平面作为第二偏移参考，然后在“偏移参考”收集器中修改相关的偏移距离，如图 6-63 所示。

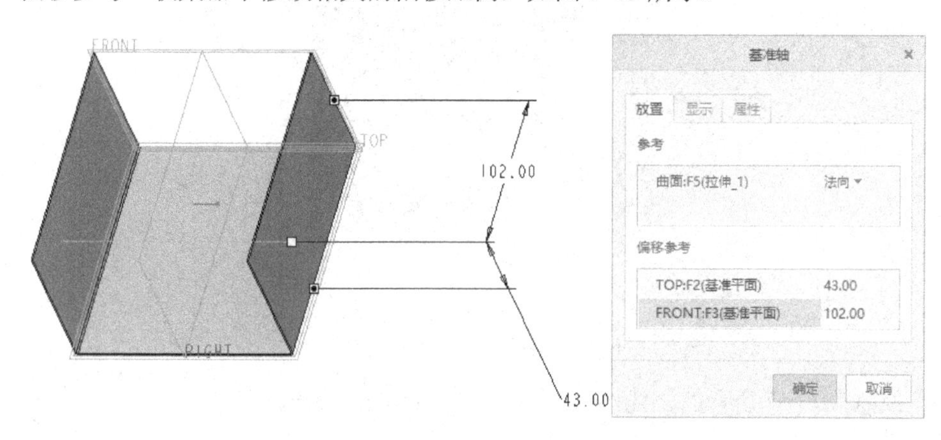

图 6-63 定义偏移参考

（4）单击“基准轴”对话框的“确定”按钮，创建了该基准轴 A_1。

步骤 4：设计 1/4 的风扇通风口。

（1）单击 （拉伸）按钮，打开“拉伸”选项卡，暂时接受默认的钣金件切口设置。

（2）在“拉伸”选项卡上打开“放置”面板，接着单击“放置”面板上的“定义”按钮，弹出“草绘”对话框。选择图 6-64 所示的钣金曲面作为草绘平面，接受默认的草绘方向参考，单击“草绘”按钮，进入草绘器。

（3）从“草绘”选项卡的“设置”组中单击 （参考）按钮，弹出“参考”对话框，增加选择 A_1 基准轴作为参考，如图 6-65 所示，单击“关闭”按钮。接着绘制图 6-66 所示的中心线和实线，然后选择所绘制的两段实线，选择“操作”→“切换构造”命令将它们转换为构造线。

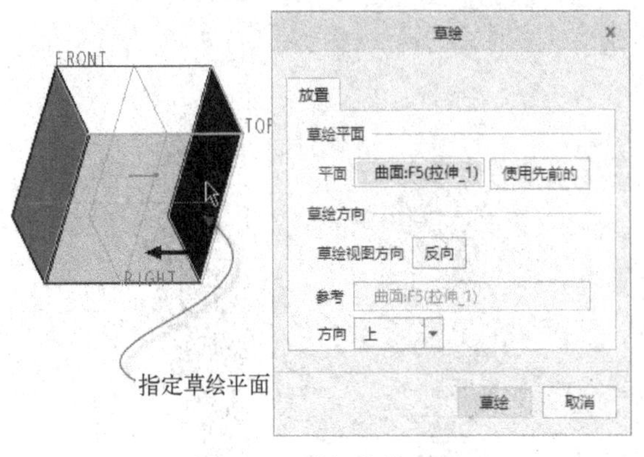

图 6-64　选择草绘平面

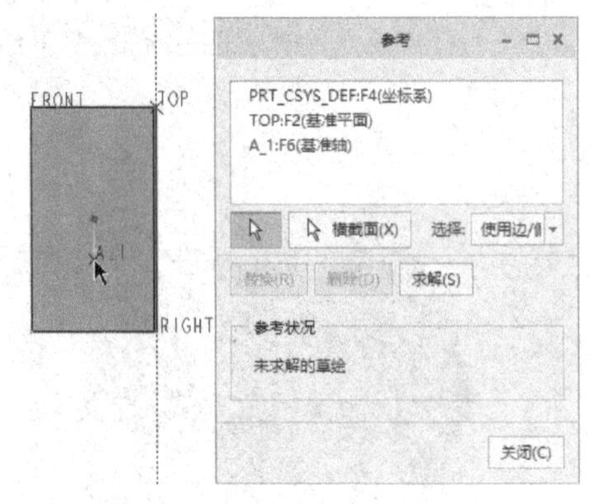

图 6-65　选择基准轴作为参考

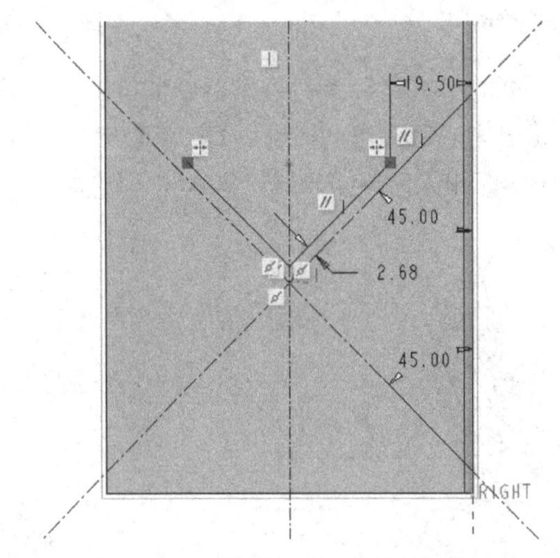

图 6-66　绘制中心线和辅助构造线

（4）绘制图 6-67 所示的实线图形，单击✔（确定）按钮。

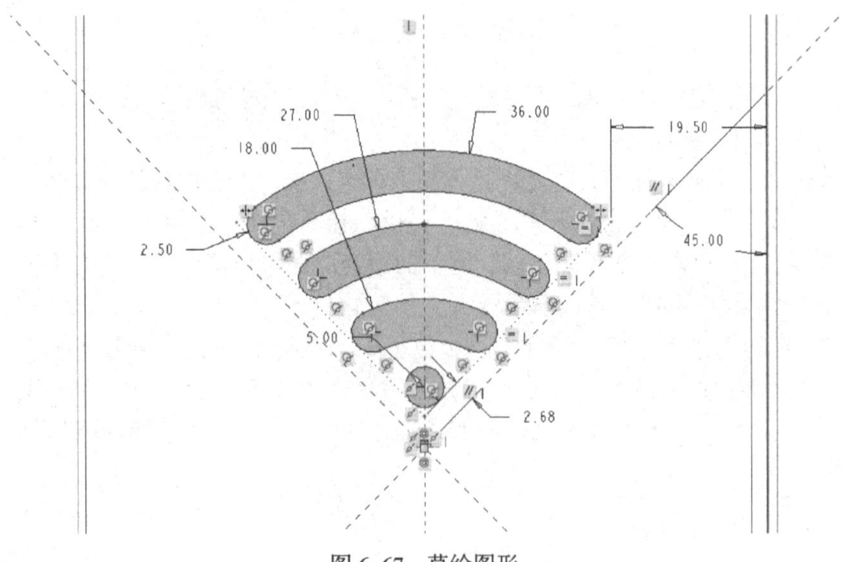

图 6-67　草绘图形

（5）接受默认的☰（到下一个）选项，单击✓（完成）按钮。

步骤 5：以阵列的方式完成整个风扇通风口。

（1）选中切除出 1/4 的风扇通风口（钣金件切口），从功能区的“模型”选项卡中单击“编辑”→⊞（阵列）按钮，打开“阵列”选项卡。

（2）从“阵列”选项卡的阵列类型选项下拉列表框中选择“轴”选项，接着在钣金件模型中选择基准轴 A_1（之前所创建的基准轴）。

（3）在“阵列”选项卡中输入第 1 方向的阵列成员数为“4”，输入阵列成员间的相互角度值为“90”，并在“选项”面板中确保勾选“跟随轴旋转”复选框，如图 6-68 所示。

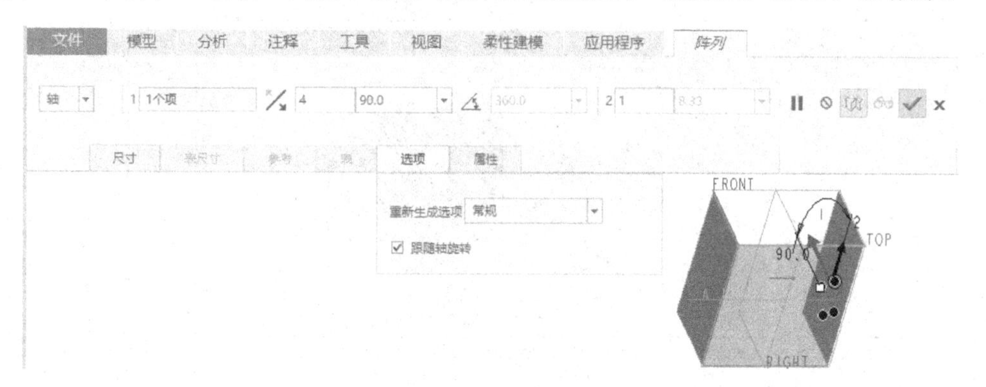

图 6-68　设置“轴”阵列参数

（4）在“阵列”选项卡中单击✓（完成）按钮，得到的阵列结果如图 6-69 所示。

步骤 6：设计电源座安装切口。

（1）单击拉伸（拉伸）按钮，打开“拉伸”选项卡，暂时接受默认的钣金件切口设置。

（2）在“拉伸”选项卡中打开“放置”面板。单击“放置”面板上的“定义”按钮，弹出“草绘”对话框。选择图 6-70 所示的钣金曲面定义草绘平面，并在“草绘”对话框的“方向”下拉列表框中选择“右”选项，单击“草绘”按钮，进入草绘器。

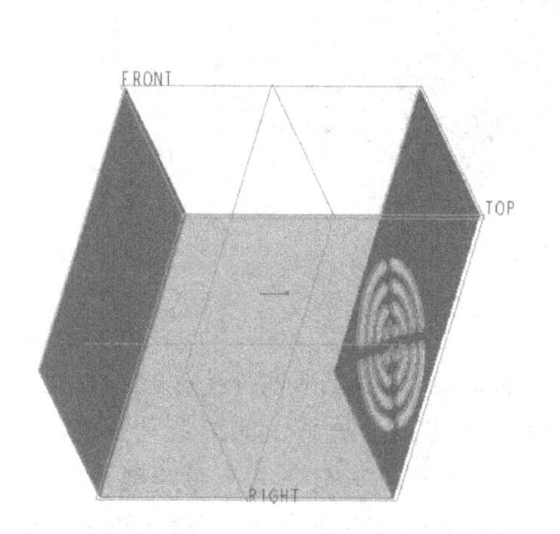

图 6-69　完成整个风扇通风口

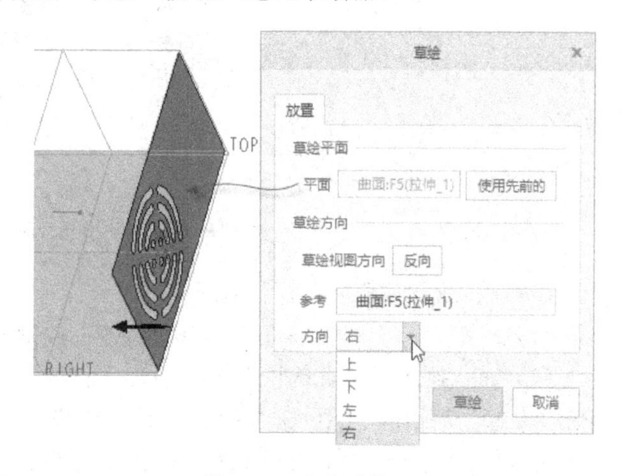

图 6-70　定义草绘平面

（3）绘制图 6-71 所示的剖面图形（包含两个矩形和 4 个等直径的小圆），单击✓（确定）按钮。

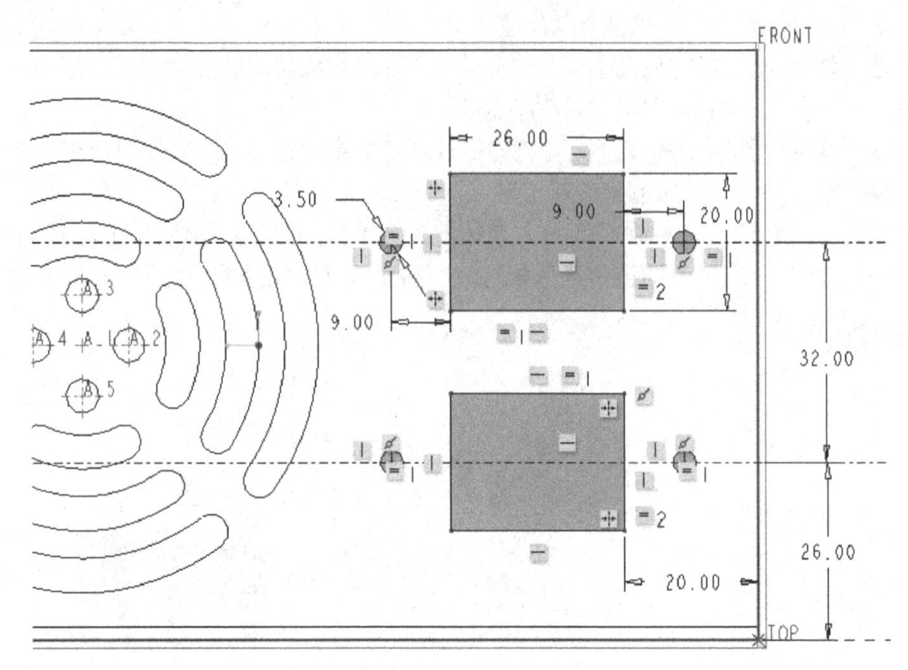

图 6-71 绘制剖面 1

（4）接受默认的深度选项为“（到下一个）”选项，单击（完成）按钮，拉伸切割的结果如图 6-72 所示。

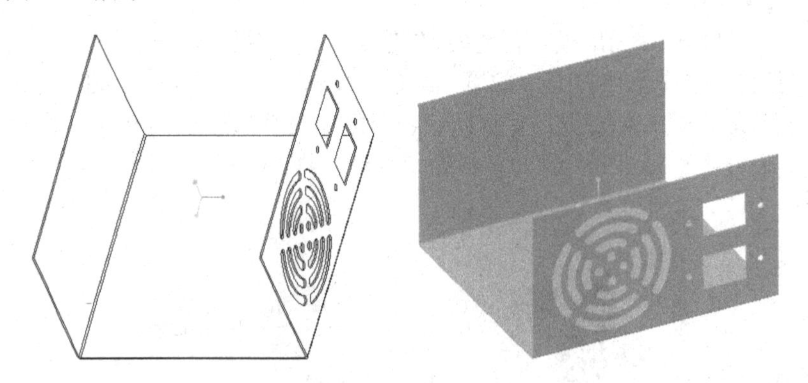

图 6-72 设计电源座安装切口

步骤 7：设计风扇安装定位孔。

（1）单击（拉伸）按钮，打开“拉伸”选项卡，暂时接受默认的按钮设置。

（2）在“拉伸”选项卡中打开“放置”面板，接着单击“放置”面板上的“定义”按钮，弹出“草绘”对话框，然后在“草绘”对话框中单击“使用先前的”按钮，进入草绘器。

（3）绘制图 6-73 所示的剖面，注意图中的辅助中心线经过由基准轴 A_1 建立的参考点位置。单击（确定）按钮，完成草绘并退出草绘器。

（4）接受默认的深度选项为“（到下一个）”选项，单击（完成）按钮，拉伸切割的结果如图 6-74 所示。

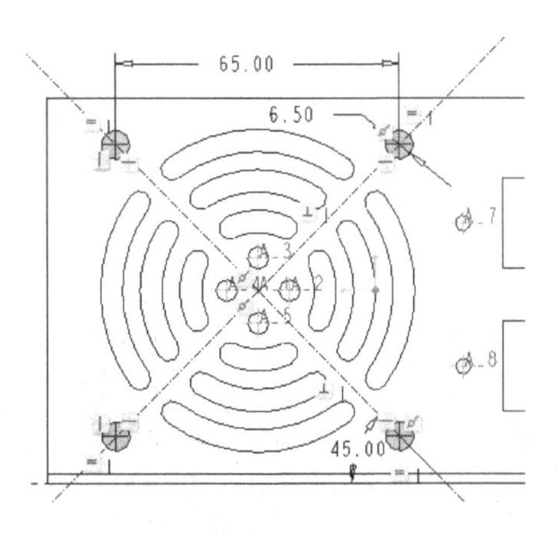

图 6-73 绘制剖面 2

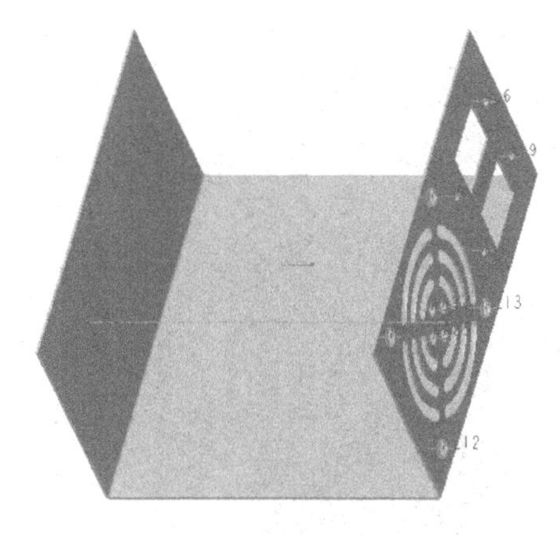

图 6-74 设计风扇安装定位孔

步骤 8：切割出电源输出孔。

（1）单击 （拉伸）按钮，打开“拉伸”选项卡，暂时接受默认的按钮设置。

（2）在钣金件中单击图 6-75 所示的钣金曲面定义草绘平面，快速进入草绘器。

（3）绘制图 6-76 所示的剖面，单击 （确定）按钮。

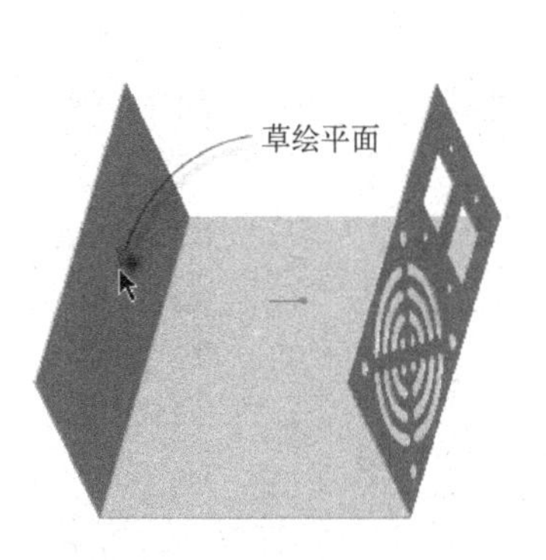

图 6-75 指定草绘平面

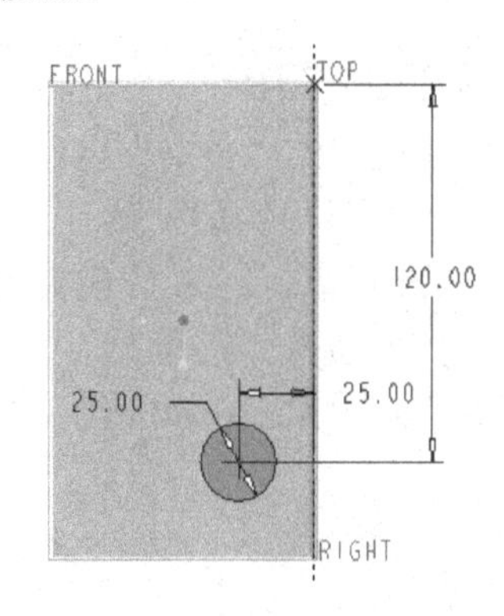

图 6-76 绘制切口剖面

（4）接受默认的深度选项为“ （到下一个）”选项，单击 （完成）按钮，得到的模型效果如图 6-77 所示。

步骤 9：切除出一个竖槽。

（1）单击 （拉伸）按钮，打开“拉伸”选项卡，暂时接受默认的按钮设置。

（2）在“拉伸”选项卡中打开“放置”面板，单击“定义”按钮，弹出“草绘”对话框，接着在“草绘”对话框中单击“使用先前的”按钮，进入草绘器并使用先前的草绘平面。

（3）绘制图 6-78 所示的剖面（图形为“跑道形”图形），单击 （确定）按钮。

（4）接受默认的深度选项为“ （到下一个）”选项，单击 （完成）按钮，得到的模型效果如图 6-79 所示。

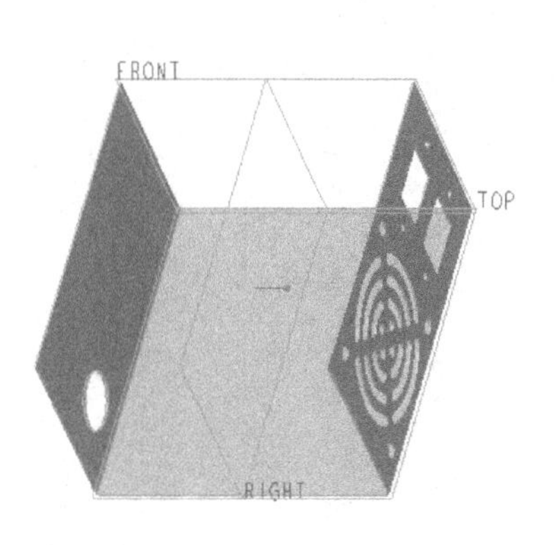

图 6-77 切割出电源输出孔

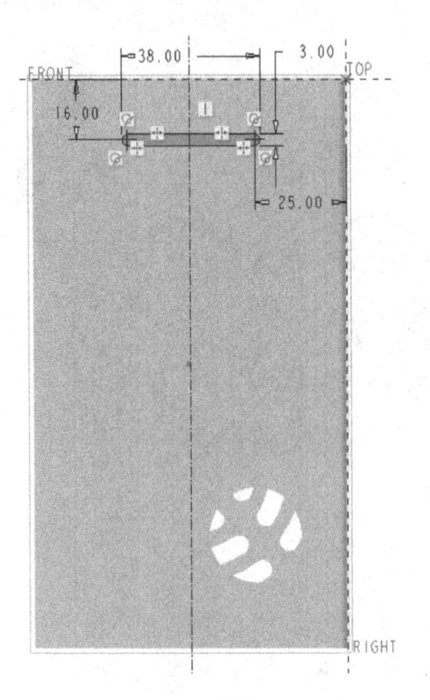

图 6-78 绘制剖面 3

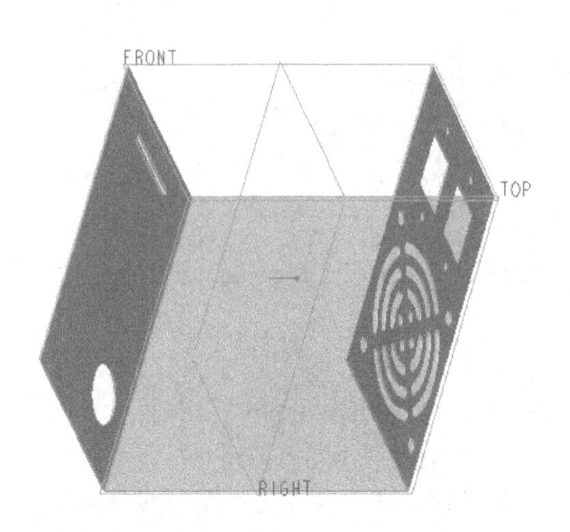

图 6-79 切除出一个竖槽

步骤 10：创建阵列特征。

（1）选中刚建立的“竖槽”切口，从功能区的“模型”选项卡中单击“编辑”→ （阵列）按钮，打开“阵列”选项卡。

（2）从“阵列”选项卡的阵列类型下拉列表框中选择“方向”选项，选择 FRONT 基准平面作为第一方向参考，接着输入第一方向的阵列成员数为“10”，输入第一方向的阵列成员间的间距为“8”，如图 6-80 所示。

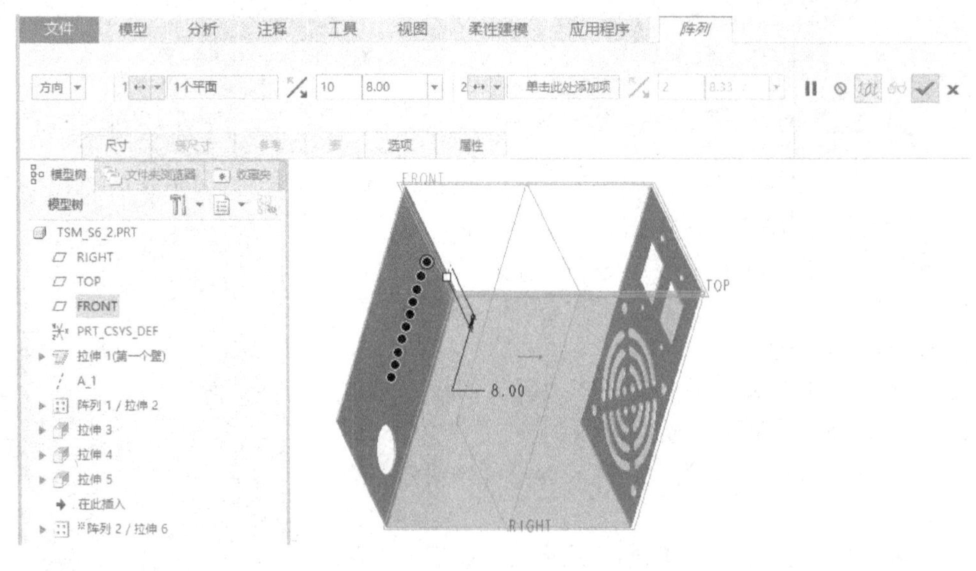

图 6-80 设置方向阵列参考及参数

（3）在“阵列”选项卡中单击 （完成）按钮，阵列结果如图 6-81 所示。

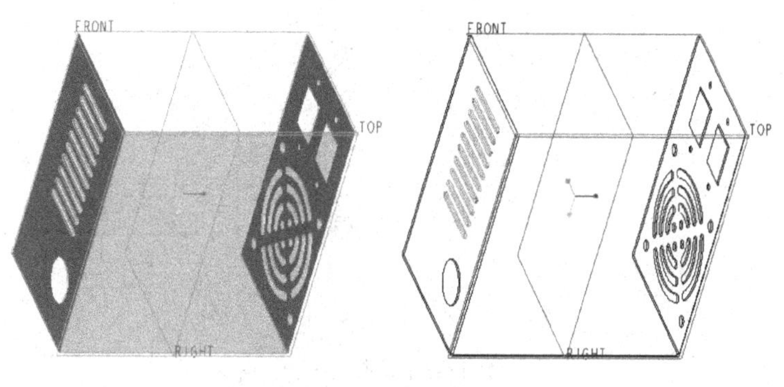

图 6-81 阵列结果

步骤 11：创建平整壁 1。

（1）在功能区“模型”选项卡的“形状”组中单击（平整）按钮，打开“平整”选项卡。

（2）默认的形状选项为“矩形”选项，从（折弯角度）下拉列表框中选择“90”，设置折弯的内侧半径值为“1”。接着进入“形状”面板，设置图 6-82 所示的形状尺寸。

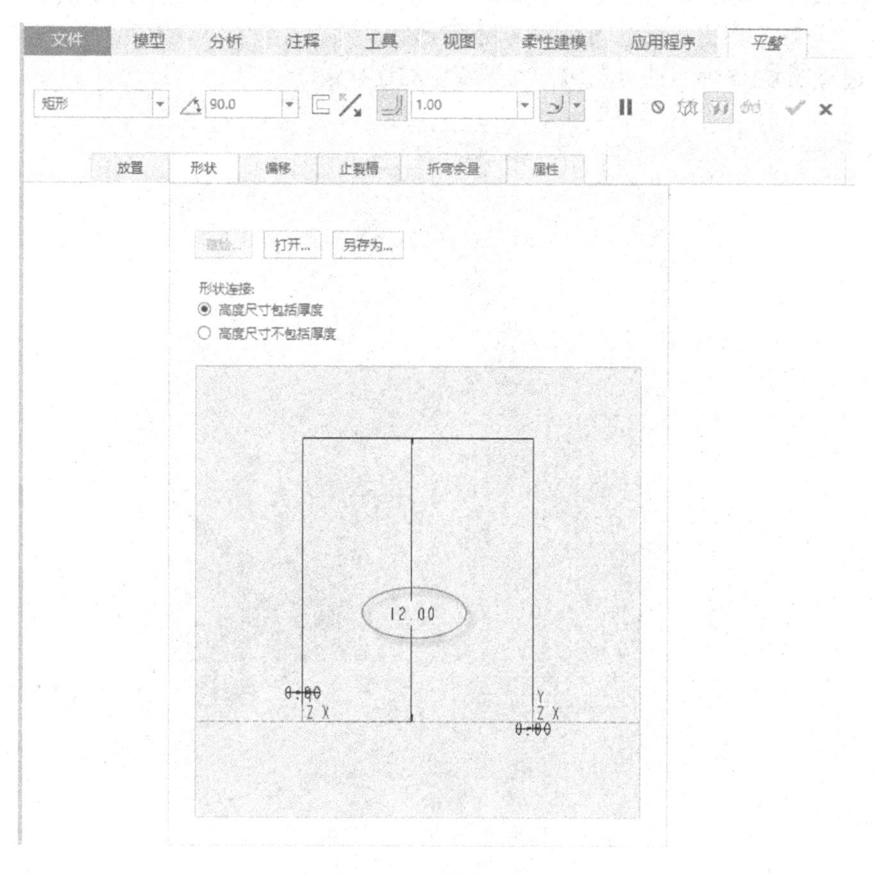

图 6-82 设置形状尺寸

（3）选择图 6-83 所示的一条边。

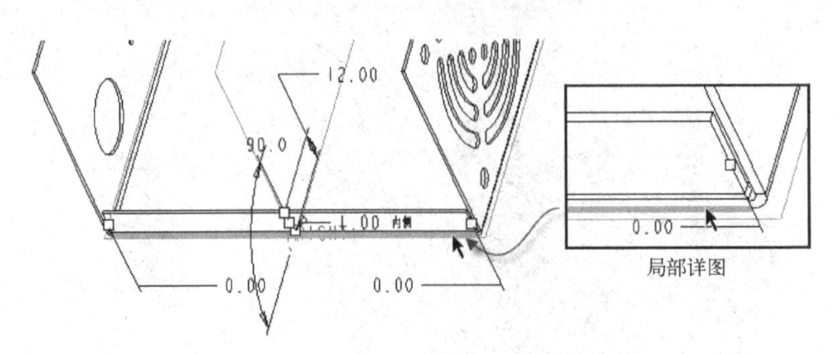

图 6-83 选择连接边

（4）默认的止裂槽类型为“扯裂”（在“止裂槽”选项卡中设置止裂槽类型），然后单击✔（完成）按钮。

步骤 12：创建平整壁 2。

（1）在功能区“模型”选项卡的“形状”组中单击（平整）按钮，打开“平整”选项卡。

（2）默认的形状选项为“矩形”选项，折弯角度为“90°”，将折弯的内侧半径值设置为“1”。进入“形状”面板，设置图 6-84 所示的形状尺寸。

（3）选择图 6-85 所示的一条边作为平整壁的连接边。

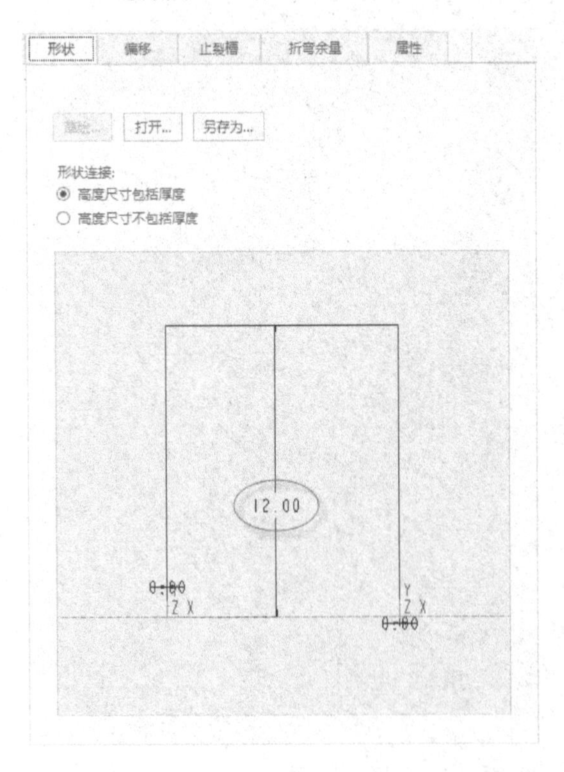

图 6-84 设置形状尺寸

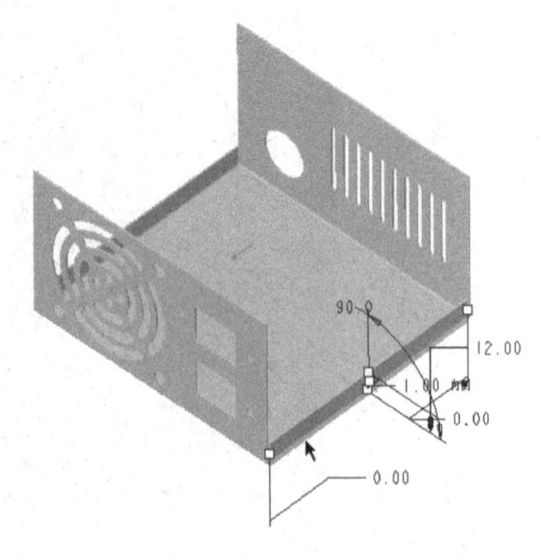

图 6-85 选择连接边

（4）注意默认的止裂槽类型为“扯裂”。单击✔（完成）按钮。

步骤 13：创建展平特征。

（1）在功能区“模型”选项卡的“折弯”组中单击（展平）按钮。

（2）自动全选折弯几何，并接受默认的固定几何参考，单击（完成）按钮，展平结果如图 6-86 所示。

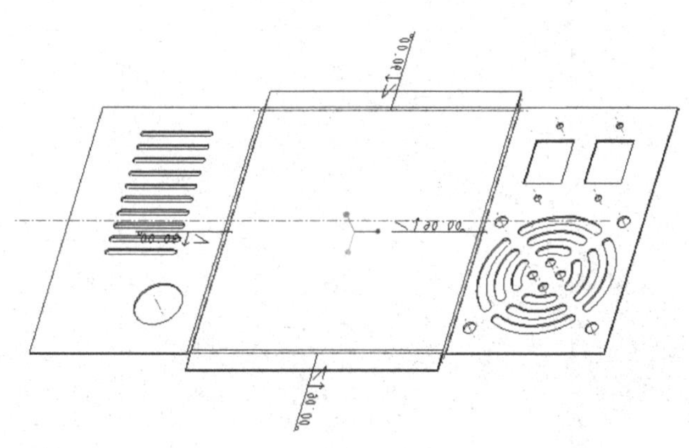

图 6-86 展平结果

步骤 14：创建切口。

（1）单击（拉伸）按钮，打开“拉伸”选项卡，暂时接受默认的按钮设置。

（2）指定图 6-87 所示的钣金曲面作为草绘平面，快速进入草绘器。

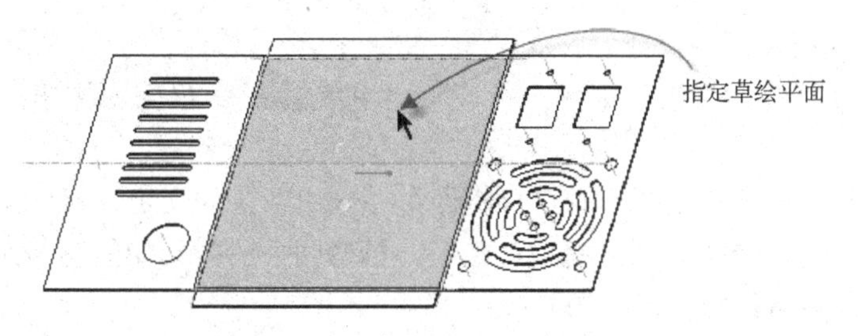

图 6-87 指定草绘平面

（3）绘制图 6-88 所示的剖面，单击（确定）按钮。

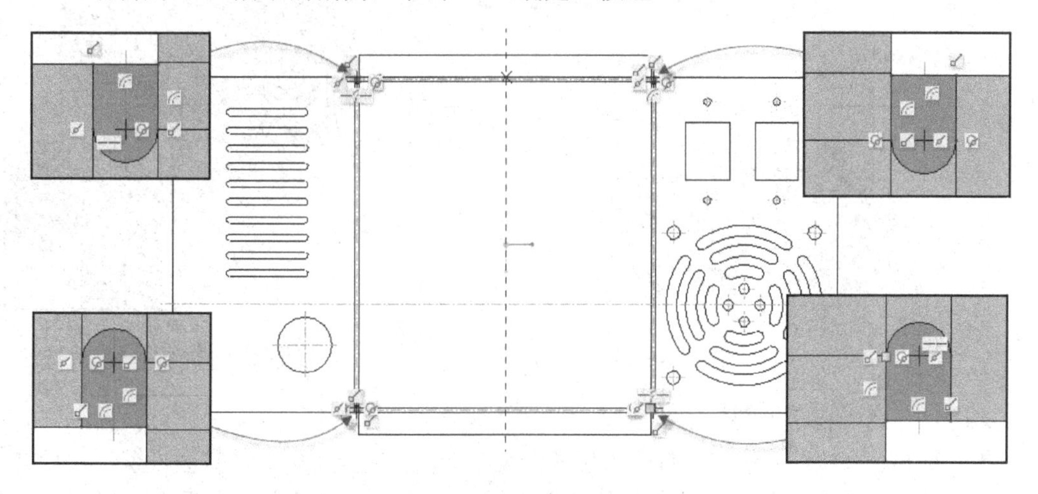

图 6-88 绘制剖面 4

（4）默认的深度选项为“ （下一个）”，单击 （完成）按钮，创建 4 个切口后的钣金件展平模型如图 6-89 所示。

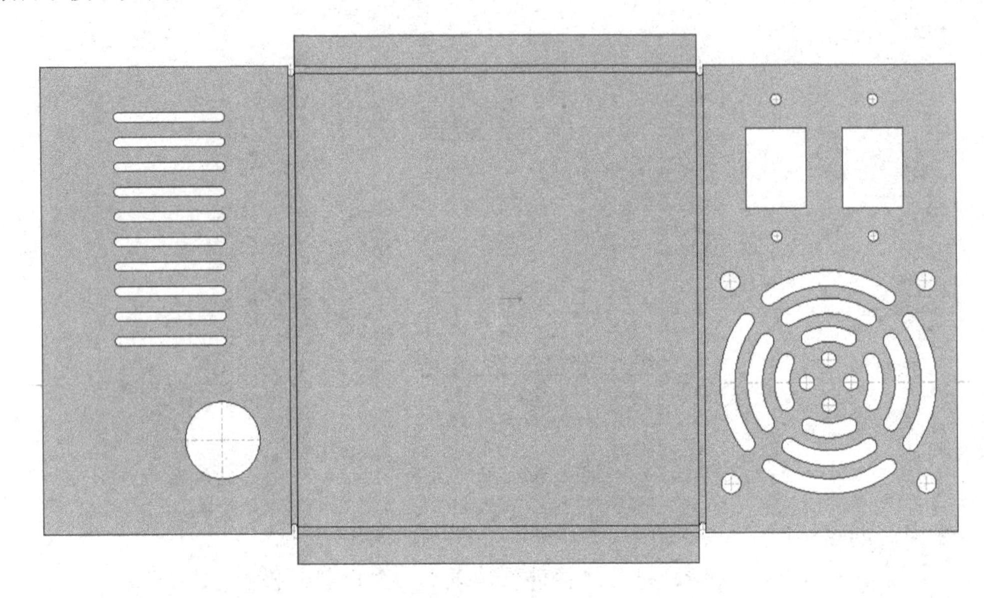

图 6-89 钣金模型

步骤 15：创建折弯回去特征。

（1）在功能区“模型”选项卡的“折弯”组中单击 （折回）按钮，打开“折回”选项卡。

（2）此时自动选择所有展平几何进行折回，并采用默认的固定几何参考，如图 6-90 所示，单击“折回”选项卡中的 （完成）按钮，折弯回去的效果如图 6-91 所示（图中调整了视角以便于观察折弯拐角处的结构）。

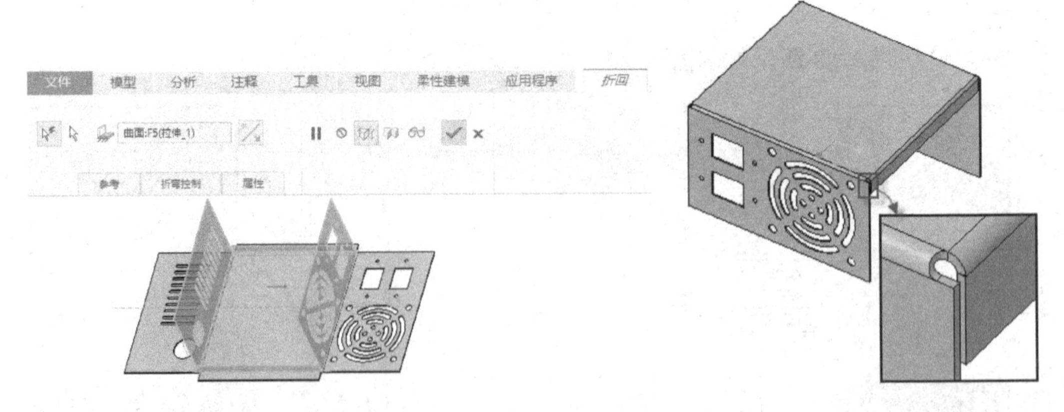

图 6-90 “折回”选项卡

图 6-91 折弯回去的效果

步骤 16：在平整壁上创建定位切口。

（1）单击 （拉伸）按钮，打开“拉伸”选项卡，暂时接受默认的按钮设置。

（2）在“拉伸”选项卡中打开“放置”面板，接着单击“放置”面板上的“定义”按钮，弹出“草绘”对话框。选择 FRONT 基准平面作为草绘平面，以 RIGHT 基准平面为草绘方向参考，方向选项为“右”，单击“草绘”对话框的“草绘”按钮，进入草绘器。

（3）绘制图 6-92 所示的剖面，单击✔（确定）按钮。

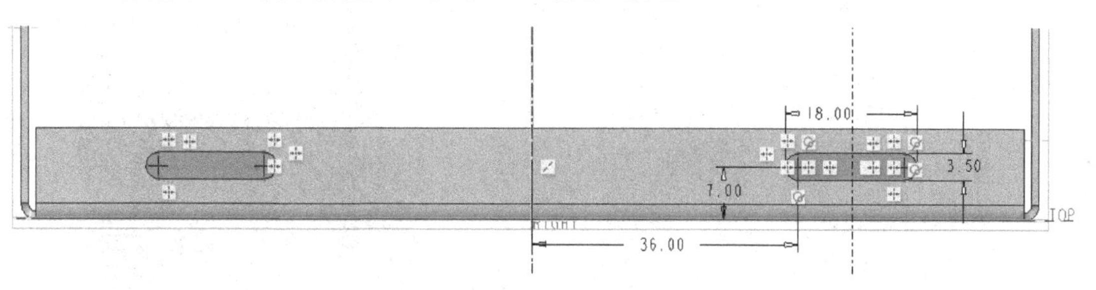

图 6-92　绘制剖面

（4）在“拉伸”选项卡中打开“选项”面板，从“侧 1”下拉列表框和“侧 2”下拉列表框中均选择“穿透”选项。

（5）单击“拉伸”选项卡中的（完成）按钮，在平整壁上创建的定位切口，如图 6-93 所示。

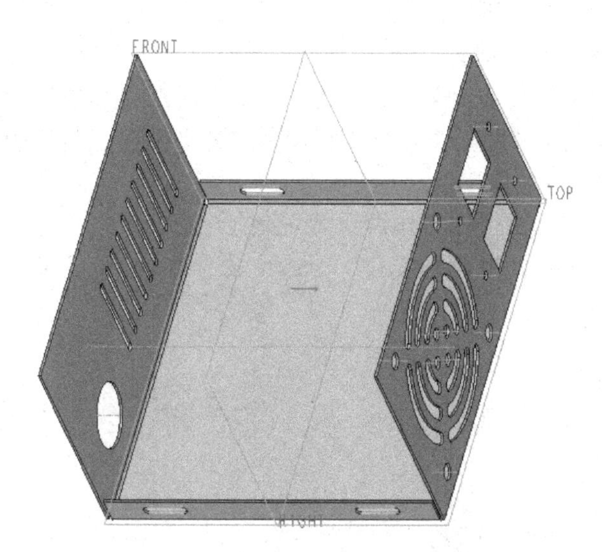

图 6-93　在平整壁上创建定位切口

步骤 17：创建平整壁 3。

（1）在功能区“模型”选项卡的“形状”组中单击（平整）按钮，打开“平整”选项卡。

（2）默认的形状选项为“矩形”选项，折弯角度为“90°”，折弯的内侧半径值等于“厚度”。打开“形状”面板，设置图 6-94 所示的形状尺寸。

（3）选择图 6-95 所示的一条边。

（4）在“平整”选项卡中单击（完成）按钮。

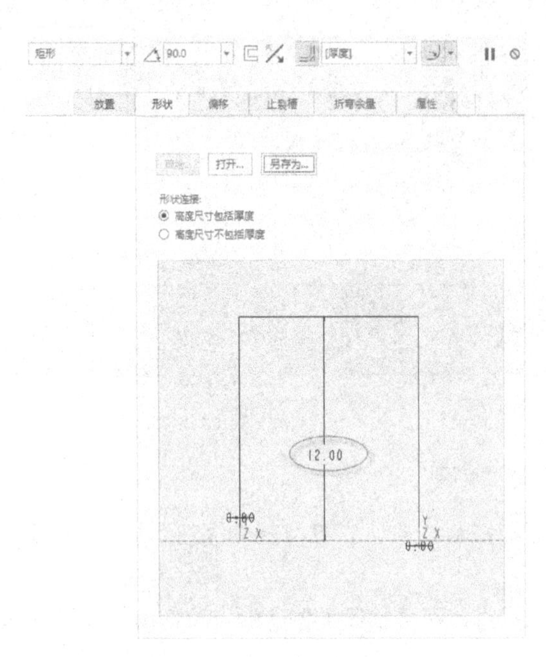

图 6-94 设置形状尺寸

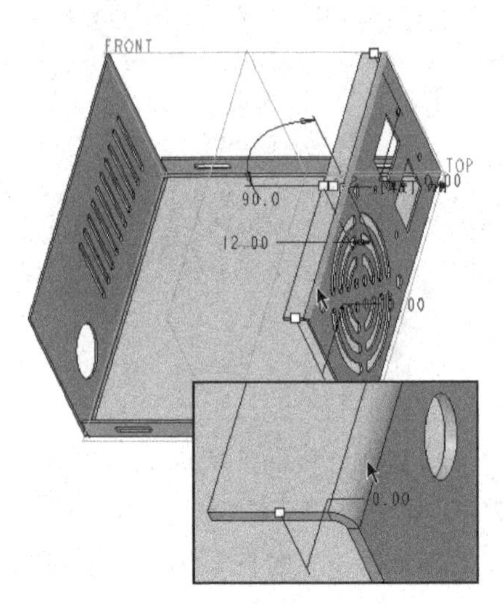

图 6-95 选择连接边

步骤 18：创建连接平整壁 4。

（1）在功能区“模型”选项卡的“形状”组中单击（平整）按钮，打开“平整”选项卡。默认的形状选项为“矩形”选项，折弯角度为“90°”，折弯的内侧半径值默认等于“厚度”。

（2）选择图 6-96 所示的一条边作为新平整壁的连接边。

（3）在“平整”选项卡中打开“形状”面板，在其中的草绘窗口中设置图 6-97 所示的形状尺寸。

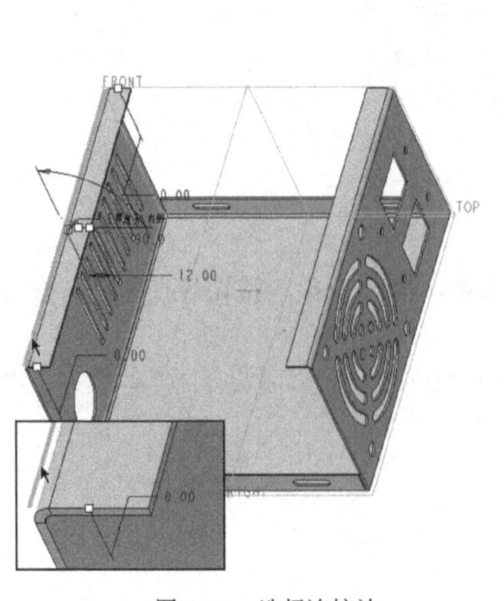

图 6-96 选择连接边

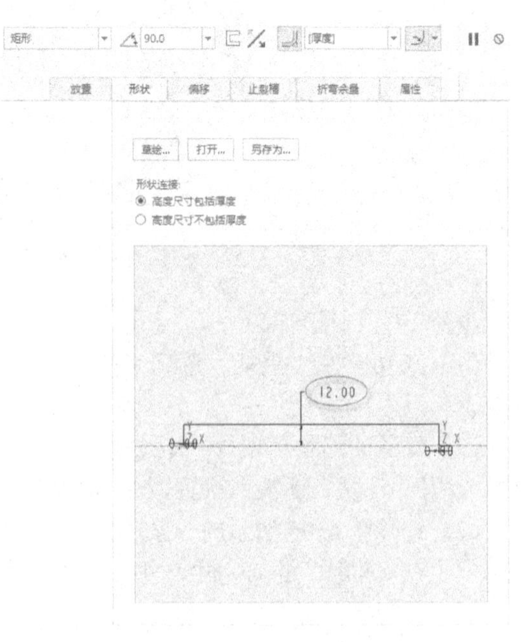

图 6-97 设置形状尺寸

（4）在“平整”选项卡中单击✓（完成）按钮。

步骤 19：创建成型特征。

（1）在功能区“模型”选项卡的“工程”组中单击“成型”→（凸模）按钮，则功能区出现“凸模”选项卡。

（2）在功能区“凸模”选项卡中单击（打开冲孔模型）按钮，弹出“打开”对话框，通过“打开”对话框浏览并选择本书配套的 tsm_s6_die3.prt，单击该对话框中的“打开”按钮。此时，可以在功能区的“凸模”选项卡中单击（指定约束时在单独的窗口中显示元件）按钮以增加选中它，系统弹出图 6-98 所示的一个单独窗口显示凸模参考模型。

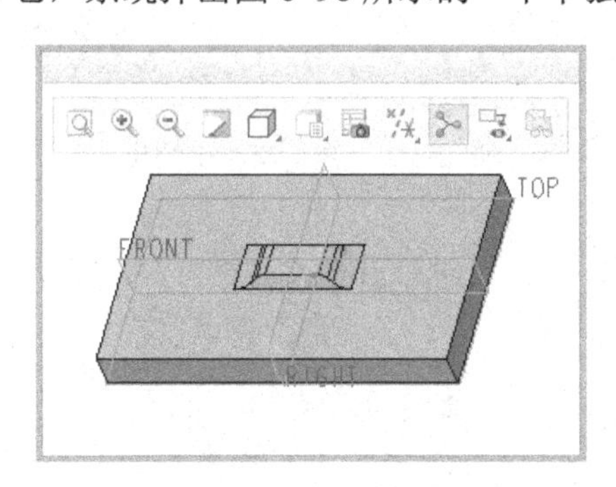

图 6-98　在单独窗口中显示凸模参考模型

（3）在功能区的“凸模”选项卡中单击（手动放置）按钮和（从属复制）按钮。

（4）打开“放置”面板，从“约束类型”下拉列表框中选择“重合”选项，分别选择元件参考和装配参考，如图 6-99 所示。

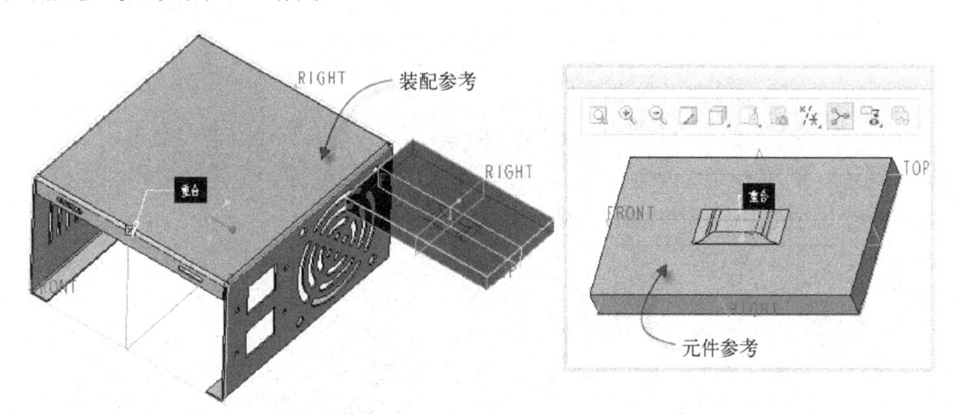

图 6-99　为“重合”约束选择元件参考和装配参考

（5）在“放置”面板中单击“新建约束”新建一个约束，从“约束类型”下拉列表框中选择“距离”，在参考零件中选择 FRONT 基准平面，在盖板钣金件中选择 RIGHT 基准平面，在“偏移”框中输入“38”，如图 6-100 所示。

（6）单击“新建约束”新建一个约束，从“约束类型”下拉列表框中选择“距离”，在参考零件中选择 RIGHT 基准平面，在盖板钣金件中选择 FRONT 基准平面，单击“反向”按钮，在“偏移”框中输入“25”，此时状况提示为“完全约束”，如图 6-101 所示。

图 6-100 定义第 2 个约束

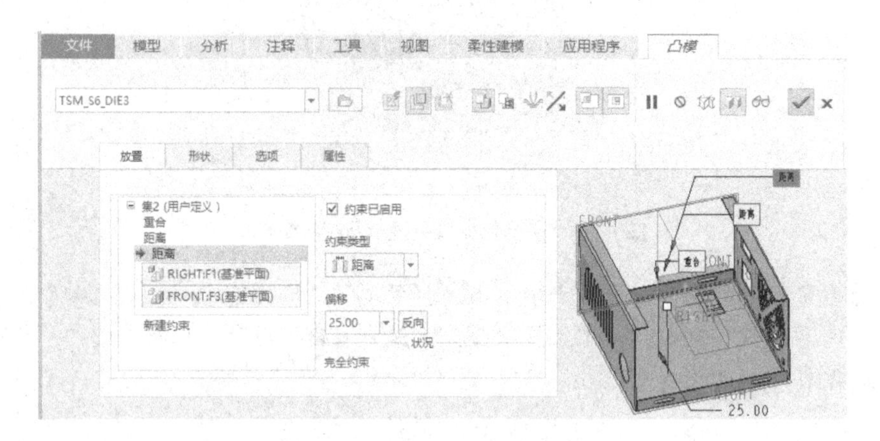

图 6-101 定义第 3 个约束

（7）在“凸模”选项卡中打开“选项”面板，在“排除冲孔模型曲面”收集器框内单击以激活此收集器，如图 6-102 所示。接着在单独窗口中使用鼠标翻转模型视角，选择图 6-103 所示的其中一个曲面，再按住〈Ctrl〉键选择另一个曲面。

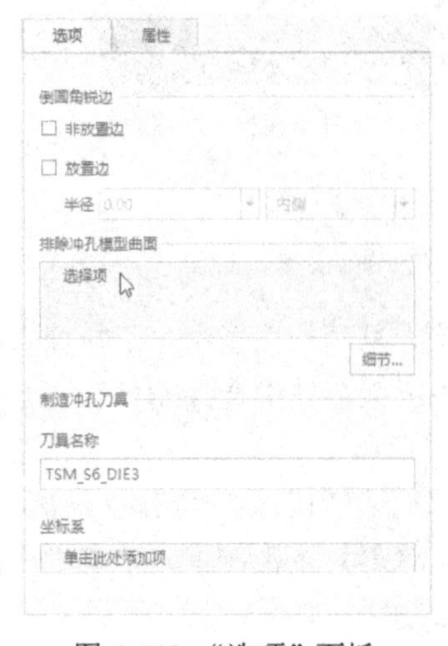

图 6-102 “选项”面板

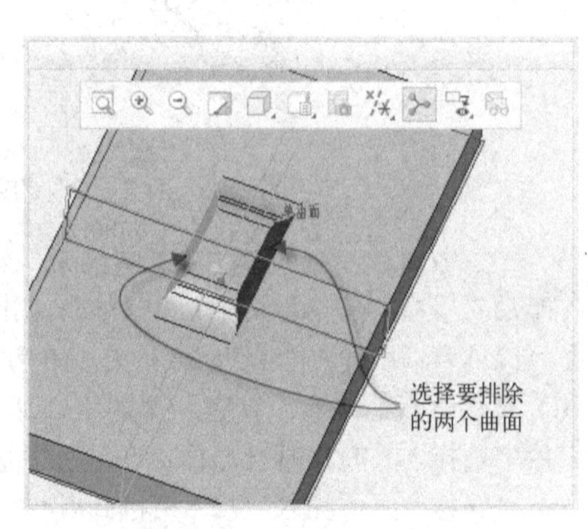

图 6-103 选择要排除的曲面

（8）在“凸模”选项卡中单击✓（完成）按钮，创建的成型特征如图6-104所示。

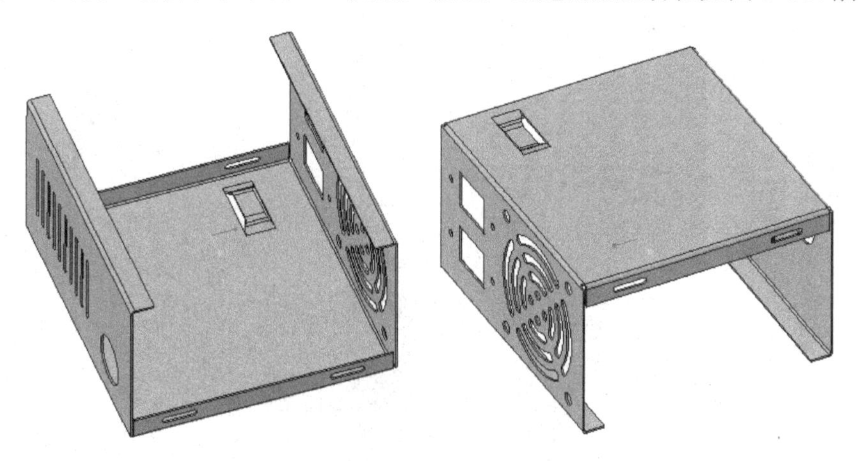

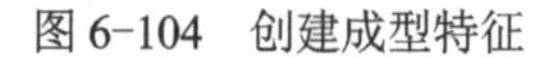

图6-104　创建成型特征

步骤20：阵列。

（1）选中刚创建的成型特征，从功能区的“模型”选项卡中单击“编辑”→⁝⁝（阵列）按钮，打开“阵列”选项卡。

（2）从“阵列”选项卡的阵列类型下拉列表框中选择“尺寸”选项，在图形窗口的模型中选择数值为25的尺寸作为方向1的尺寸，设置其增量为“90”；在“尺寸”面板上单击（激活）“方向2”收集器，接着在图形窗口的模型中选择数值为38的尺寸作为方向2的尺寸，并设置其增量为“-72”，如图6-105所示，方向1和方向2的阵列成员数均为“2”。

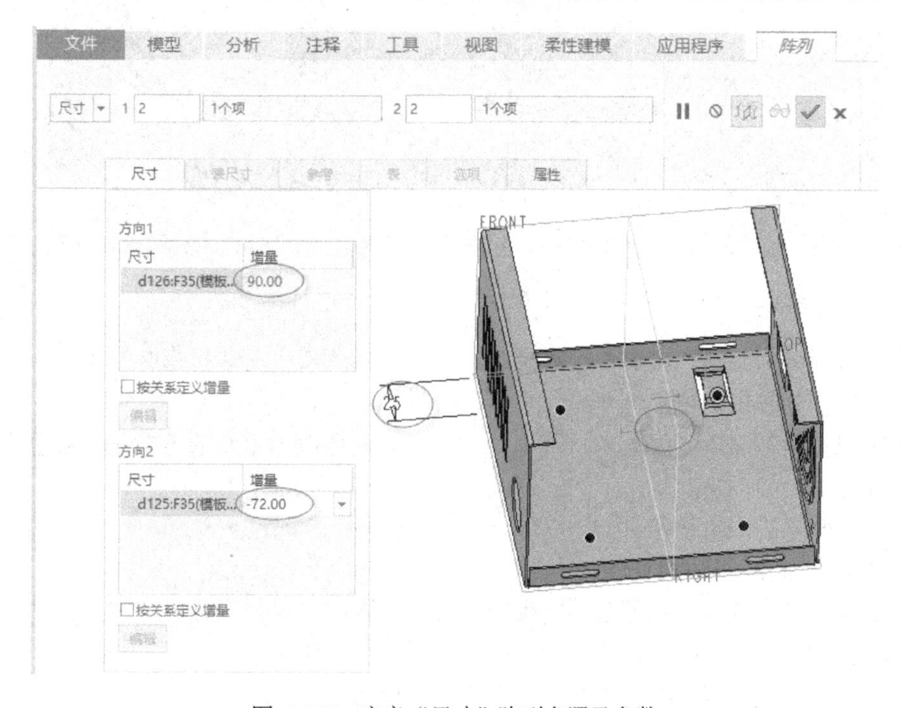

图6-105　定义“尺寸”阵列参照及参数

（3）在“阵列”选项卡中单击✓（完成）按钮，得到的阵列结果如图6-106所示。

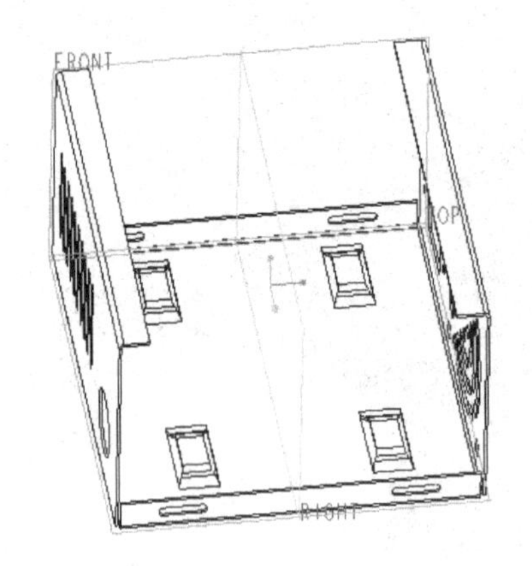

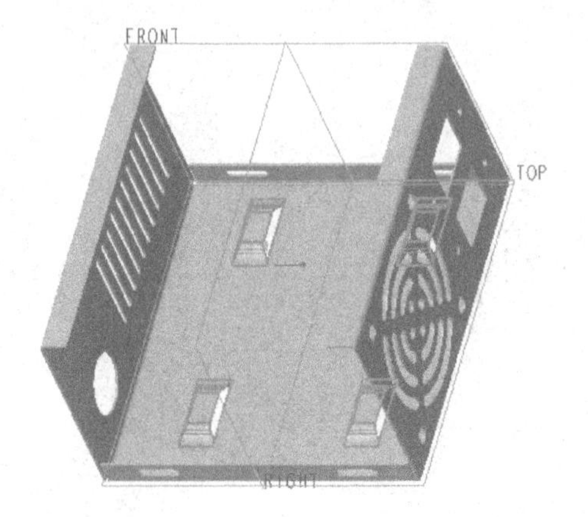

图6-106 阵列结果

步骤21：参考成型特征几何创建一个通孔。

（1）单击（拉伸）按钮，打开“拉伸”选项卡，暂时接受默认的按钮设置。

（2）选择TOP基准平面作为草绘平面，快速进入草绘器。

（3）绘制图6-107所示的剖面，单击✓（确定）按钮。

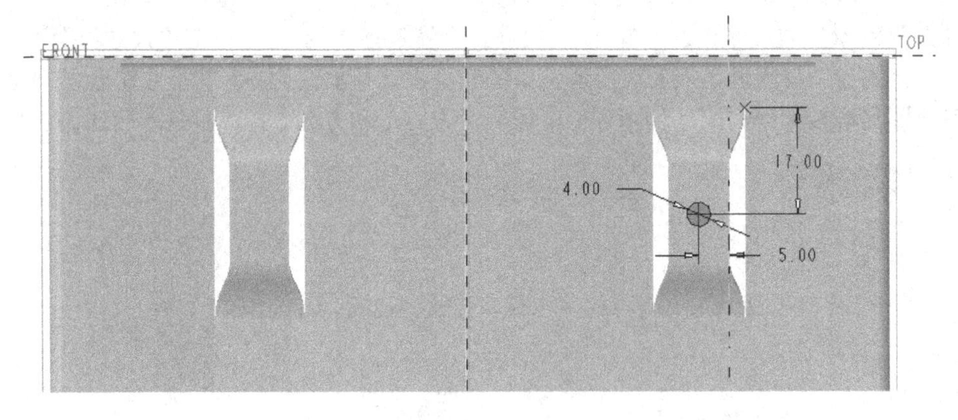

图6-107 绘制剖面

说明：绘制该剖面时，需要参考成型特征几何来标注尺寸，这样可以为后面的阵列操作带来方便，即可以创建参考阵列特征。

（4）在“拉伸”选项卡单击（将拉伸的深度方向更改为草绘的另一侧）按钮，以有效形成钣金件切口。

（5）单击✓（完成）按钮。

步骤22：创建参考阵列特征。

（1）确保选中上步骤创建的拉伸特征，并从功能区的“模型”选项卡中单击“编辑”→（阵列）按钮，打开“阵列”选项卡。

（2）默认的阵列类型选项为“参考”，如图6-108所示。

图 6-108　接受默认的“参考”阵列类型选项

（3）在“阵列”选项卡中单击✓（完成）按钮，得到的钣金件模型如图 6-109 所示。

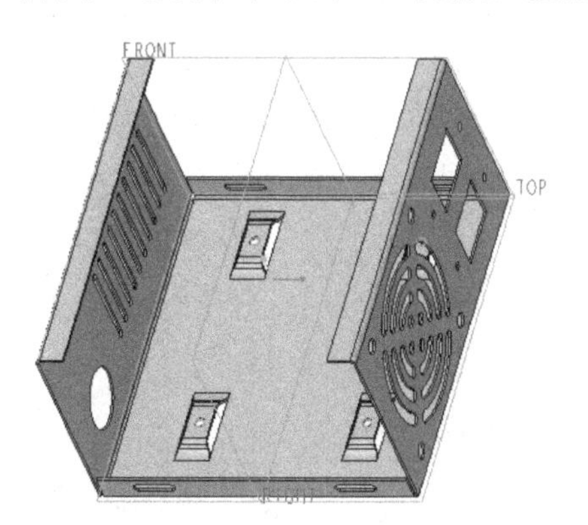

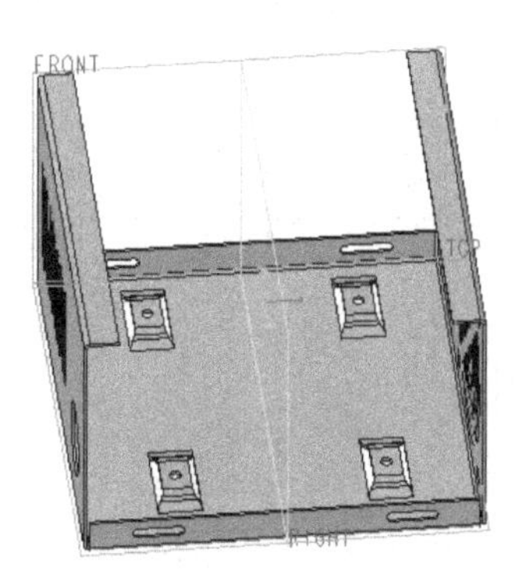

图 6-109　创建参考阵列特征后的模型

步骤 23：创建定位切口。

（1）单击（拉伸）按钮，打开“拉伸”选项卡，暂时接受默认的按钮设置。

（2）在“拉伸”选项卡中打开“放置”面板，单击该面板上的“定义”按钮，弹出“草绘”对话框，接着选择图 6-110 所示的壁面作为草绘平面，选择 RIGHT 基准平面作为草绘方向参考，并从“方向”下拉列表框中选择“右”选项，然后单击“草绘”对话框中的“草绘”按钮，进入内部草绘器。

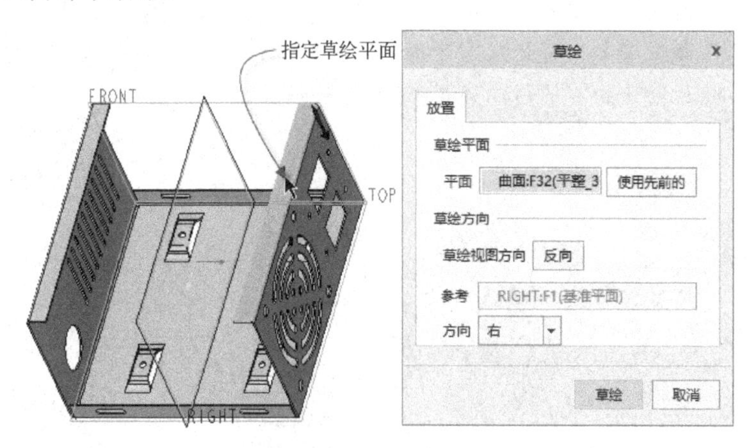

图 6-110　选择草绘平面

（3）指定绘图参考，绘制图 6-111 所示的剖面，单击✓（确定）按钮。

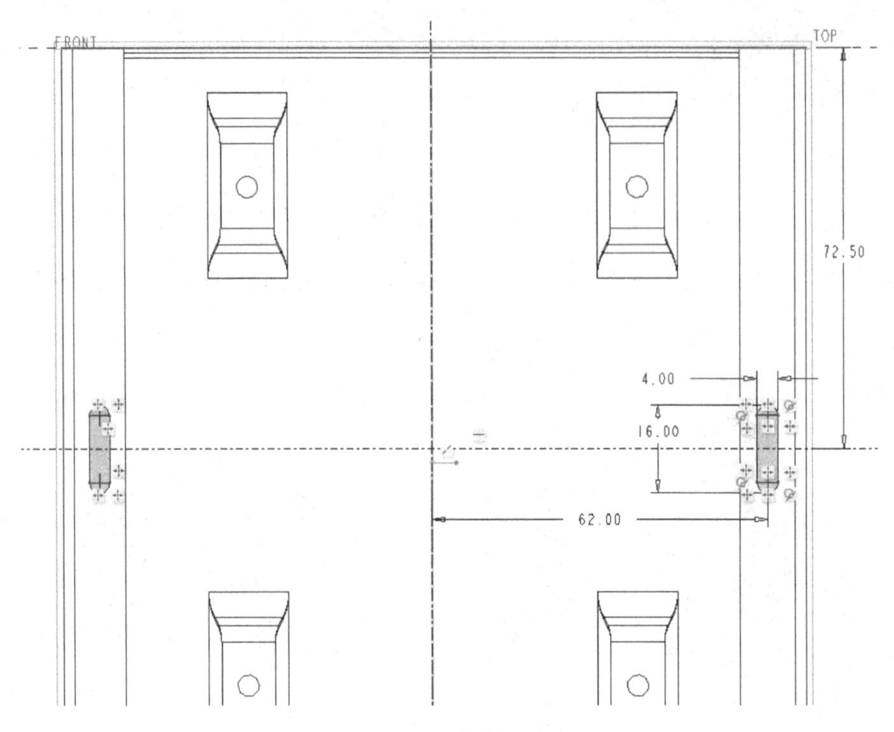

图 6-111 绘制剖面 5

（4）默认的深度选项为“（到下一个）”，单击（完成）按钮，完成切除出两处定位槽孔。

步骤 24：创建孔特征 1。

（1）在功能区的“模型”选项卡中单击“工程”→（孔）按钮，打开“孔”选项卡。

（2）在“孔”选项卡中单击（创建标准孔）按钮，并确保（添加攻丝）按钮处于被选中的状态，接着从（螺钉尺寸）下拉列表框中选择“M3x.5”，而不选中和。

（3）在“孔”选项卡中打开“放置”面板，在图形窗口中单击图 6-112 所示的壁曲面作为主放置参考，此时默认的主放置约束类型为“线性”。

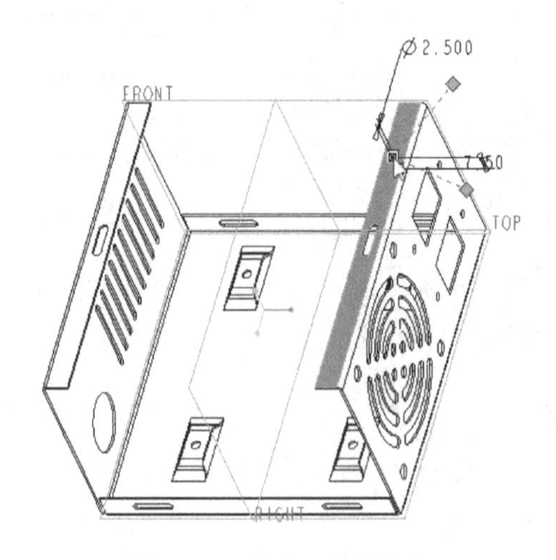

图 6-112 指定主放置参考

（4）在“放置”面板上的“偏移参考”收集器的框内单击，将其激活。选择 FRONT 基准平面，按住〈Ctrl〉键并选择所需的边作为偏移参考，接着在“偏移参考”收集器中设置相应的偏移距离，如图 6-113 所示。

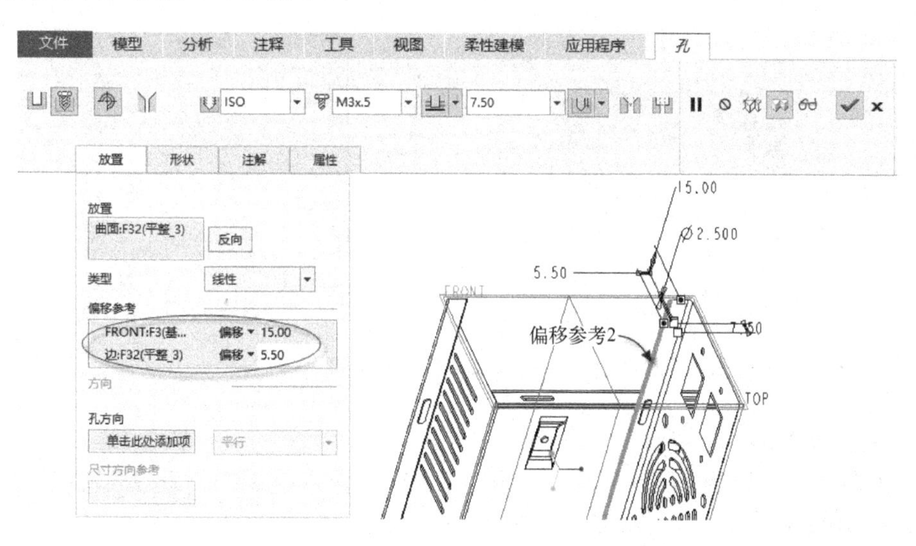

图 6-113　定义偏移参考

（5）打开“形状”面板，设置孔的形状尺寸如图 6-114 所示（本例可接受默认的形状尺寸）。

（6）打开“注解”面板，取消勾选“添加注解”复选框。

（7）在“孔”选项卡中单击✔（完成）按钮，完成创建的一个标准螺纹孔（“孔 1”特征）如图 6-115 所示。

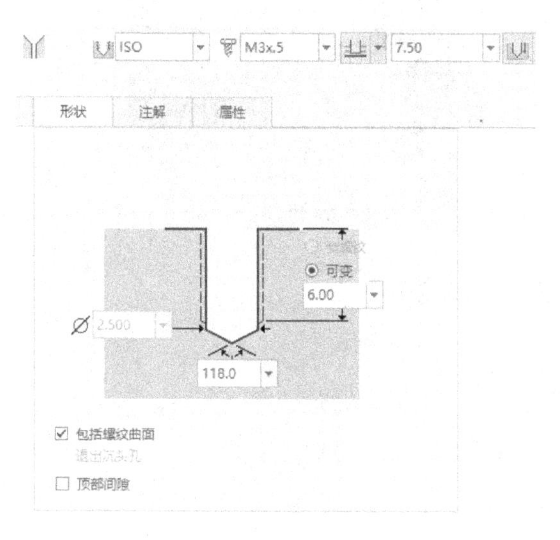

图 6-114　设置孔的形状尺寸

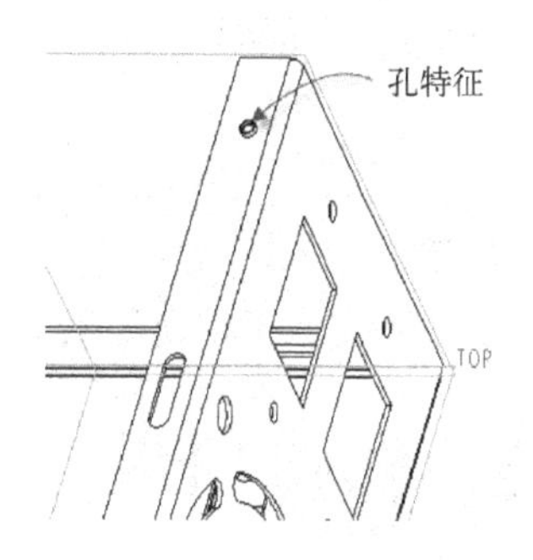

图 6-115　创建的一个孔特征

步骤 25：创建孔特征 2。

使用和上步骤一样的方法创建第 2 个标准孔特征（“孔 2”特征），该标准孔特征的螺钉尺寸为 M3x.5，形状尺寸也和“孔 1”特征相同。“孔 2”特征及其放置位置如图 6-116 所示。

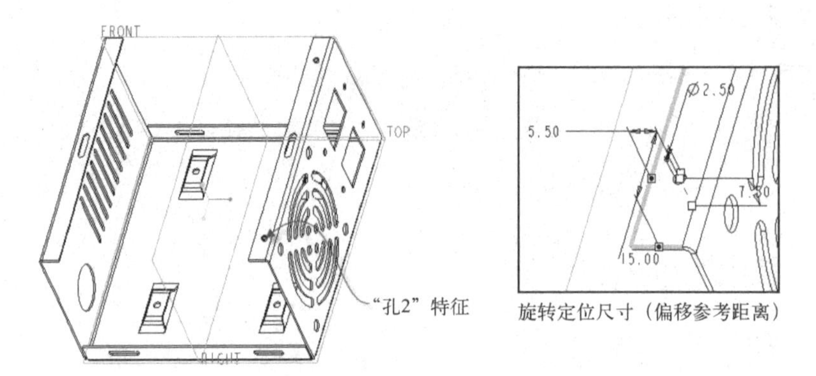

图 6-116 创建第 2 个标准孔特征

步骤 26：镜像操作。

（1）在模型树中选择“孔 1”特征，按住〈Ctrl〉键的同时选择“孔 2”特征，从出现的浮动工具栏中单击（镜像）按钮，打开“镜像”选项卡。

（2）选择 RIGHT 基准平面定义镜像平面。

（3）单击“镜像”选项卡中的（完成）按钮。镜像结果如图 6-117 所示。

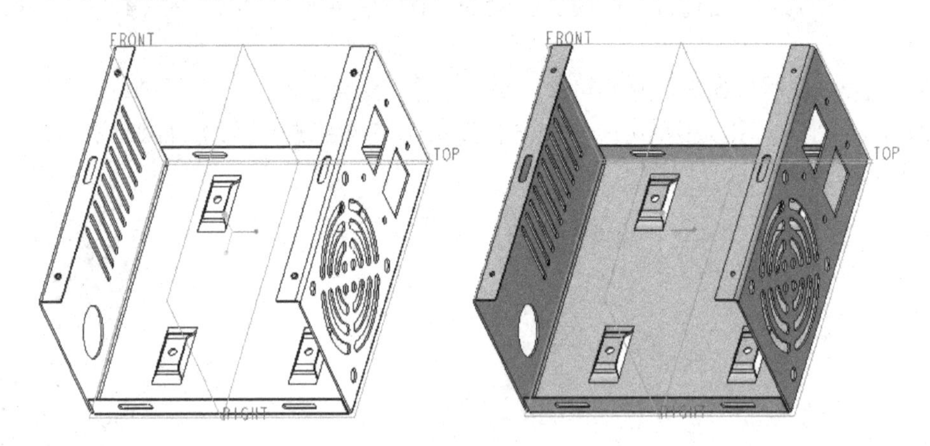

图 6-117 镜像结果

步骤 27：保存文件。

至此，完成了该电源盒盖板零件的创建。

6.3 箱体门板

要完成的箱体门板如图 6-118 所示。

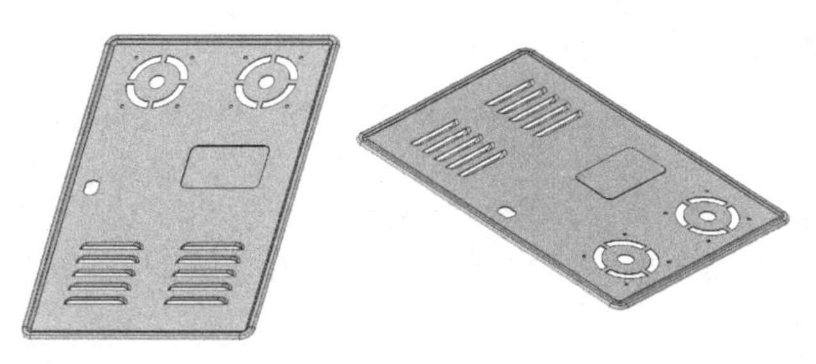

图 6-118　箱体门板

本实例的主要知识点如下。

- 创建平面壁作为钣金第一壁。
- 在钣金件中创建圆角特征。
- 创建法兰壁。
- 凸模成型和草绘成型。
- 阵列与镜像操作。

详细的设计过程说明如下。

步骤 1：新建钣金件文件。

（1）启动 Creo Parametric 4.0 软件后，在“快速访问”工具栏中单击（新建）按钮，或者选择“文件”→“新建”命令，打开“新建”对话框。

（2）从“类型”选项组中选择“零件”单选按钮，从“子类型”选项组中选择“钣金件”单选按钮，在“名称”文本框中输入文件名为“tsm_s6_3”，取消勾选“使用默认模板”复选框。接着，单击“确定”按钮，弹出“新文件选项”对话框。

（3）从“模板”选项组中选择 mmns_part_sheetmetal，单击“确定”按钮。

步骤 2：创建平面壁作为钣金第一壁。

（1）在功能区“模型”选项卡的“形状”组中单击（平面）按钮，打开“平面”选项卡。

（2）选择 TOP 基准平面定义草绘平面，快速进入草绘器。

（3）绘制图 6-119 所示的剖面，单击（确定）按钮。

（4）在“平面”选项卡的（壁厚度）文本框中输入厚度值为“1.2”。

（5）在“平面”选项卡中单击（完成）按钮，创建图 6-120 所示的平面壁。

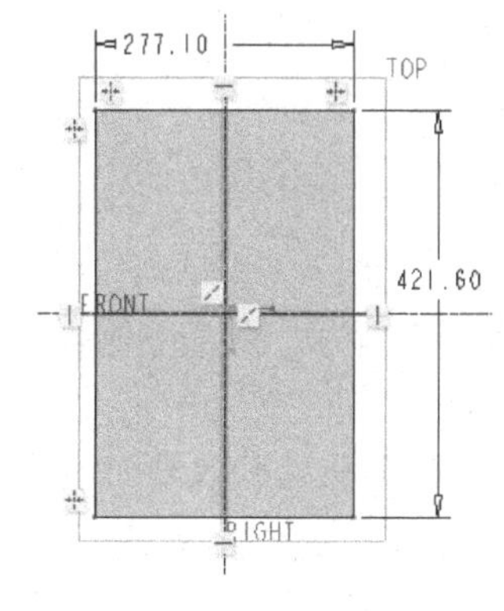

图 6-119　绘制剖面

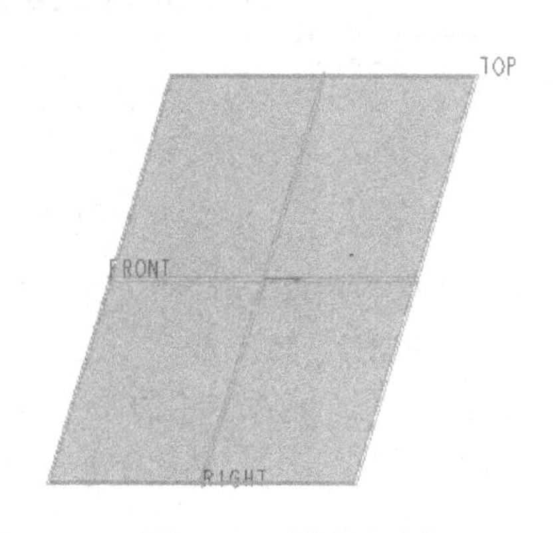

图 6-120　创建平面壁

步骤3：在钣金件中创建圆角特征。

（1）从功能区的“模型”选项卡中单击“工程”→（倒圆角）按钮，打开“倒圆角”选项卡。

（2）在“倒圆角”选项卡中输入当前圆角集的半径为“3”。

（3）选择图6-121所示的边线1，接着按住〈Ctrl〉键并分别单击其他3处的类似边线。要圆角的边参考共4处。

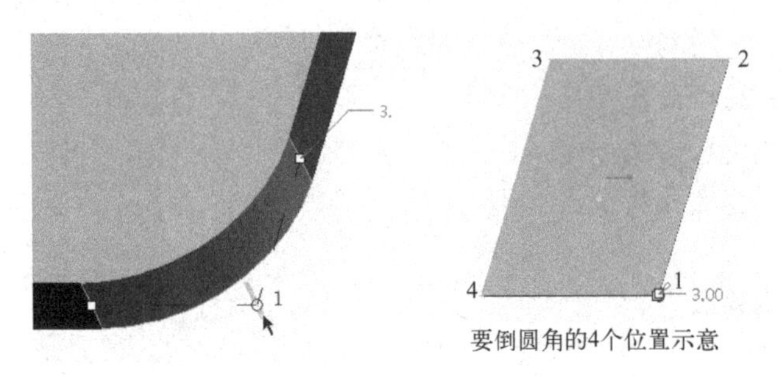

图6-121 选择边线

（4）单击“倒圆角”选项卡中的（完成）按钮。

步骤4：创建“鸭形”的法兰壁。

（1）在功能区“模型”选项卡的“形状”组中单击（法兰）按钮，打开“凸缘”选项卡。

（2）指定法兰壁的形状选项为“鸭形”。

（3）在钣金件的正面上单击其中的一条边线，接着按住〈Shift〉键并单击该正面，以选中该边线所在的一条封闭连续边链，如图6-122所示。

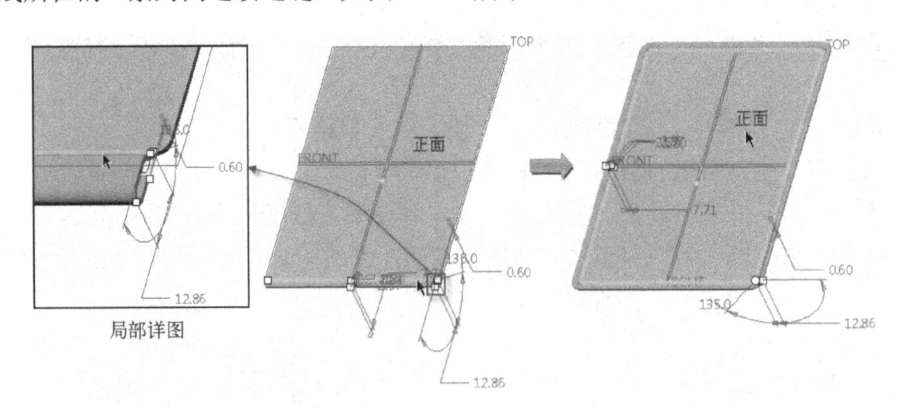

图6-122 指定连接边

（4）在“凸缘”选项卡中单击“形状”按钮以打开“形状”面板，接着设置图6-123所示的形状尺寸（轮廓尺寸）。

（5）单击“凸缘”选项卡中的（完成）按钮，创建的鸭形法兰壁效果如图6-124所示。按〈Ctrl+D〉快捷键以默认的标准方向视角显示模型。

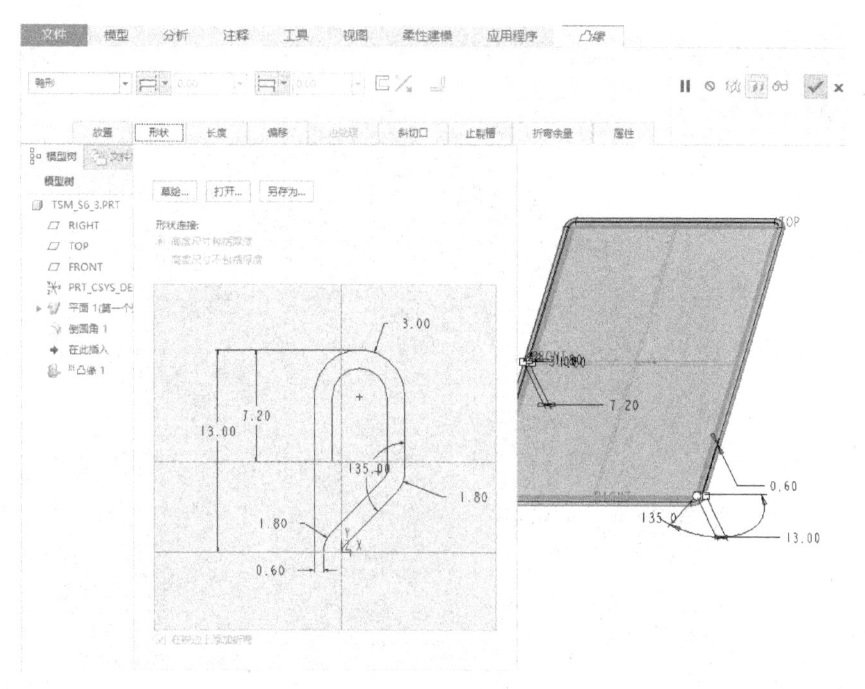

图 6-123　设置形状尺寸

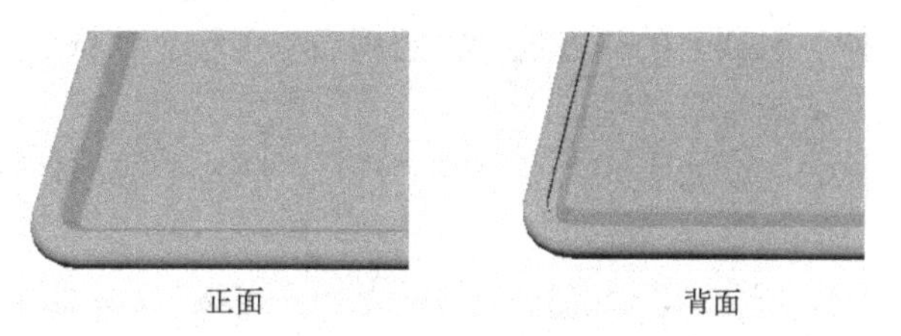

图 6-124　鸭形法兰壁

步骤 5：创建切口 1。

（1）单击 （拉伸）按钮，打开“拉伸”选项卡，暂时接受该选项卡默认的按钮设置。

（2）在“拉伸”选项卡中打开“放置”面板，单击该面板上的“定义”按钮，弹出“草绘”对话框。在钣金件中单击图 6-125 所示的正面作为草绘平面，以 RIGHT 基准平面为草绘方向参考，方向选项为“右”，单击“草绘”对话框中的“草绘”按钮，进入草绘器。

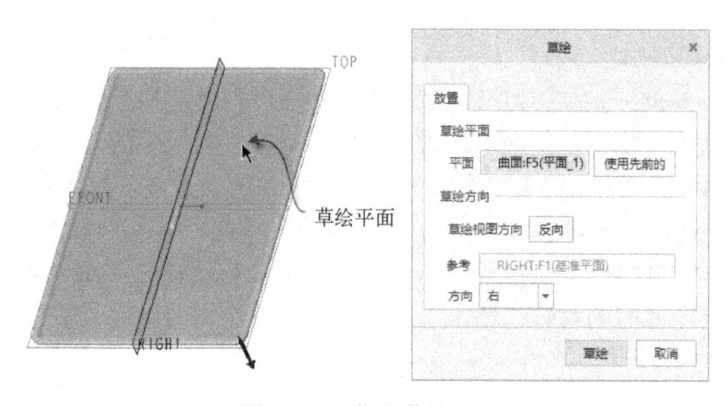

图 6-125　指定草绘平面

（3）绘制图6-126所示的剖面，单击✔（确定）按钮。

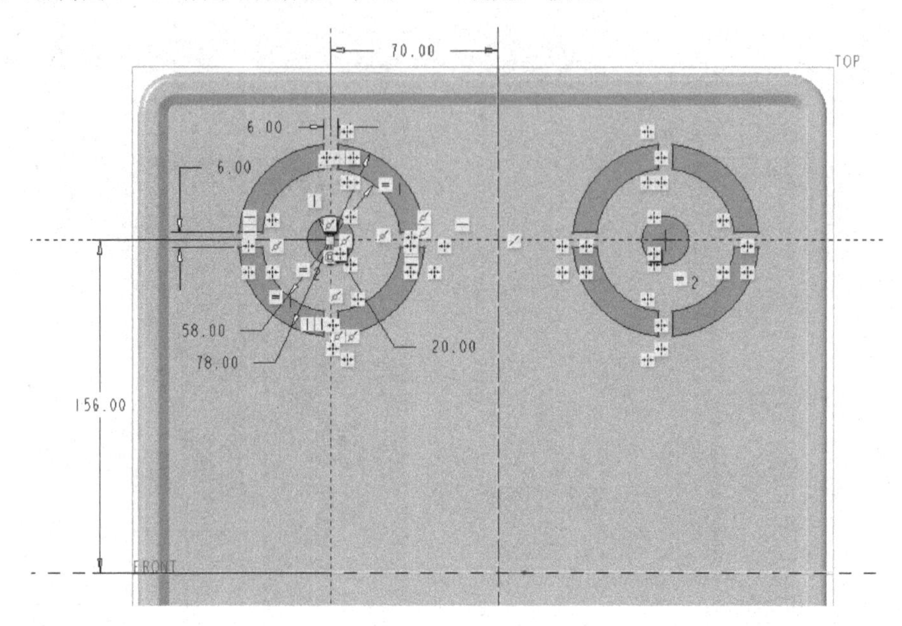

图6-126 绘制剖面

（4）在“拉伸”选项卡的深度选项下拉列表框中接受默认的“（到下一个）”选项，默认移除垂直于驱动曲面的材料。

（5）单击“拉伸”选项卡的✔（完成）按钮，完成切除的效果如图6-127所示。

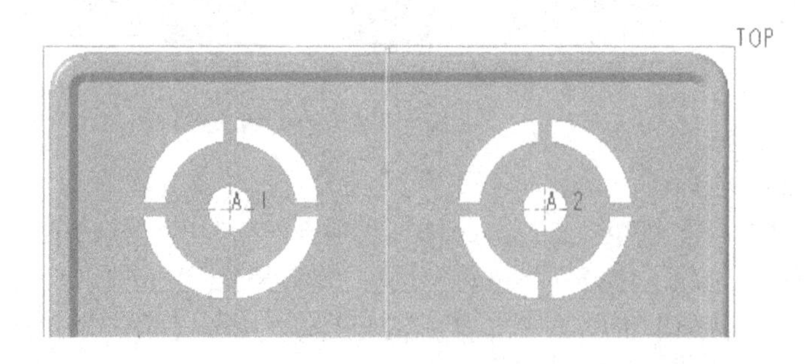

图6-127 切除结果

步骤6：创建切口2。

（1）单击（拉伸）按钮，打开“拉伸”选项卡并暂时接受默认的按钮设置。

（2）单击“放置”按钮以打开“放置”面板，单击该面板上的“定义”按钮，弹出“草绘”对话框，接着单击“草绘”对话框中的“使用先前的”按钮，进入草绘器。

（3）绘制图6-128所示的剖面，单击✔（确定）按钮。

（4）在“拉伸”选项卡的深度选项下拉列表框中接受默认的“（到下一个）”选项，默认移除垂直于驱动曲面的材料。单击“拉伸”选项卡的✔（完成）按钮，完成切除的效果如图6-129所示。

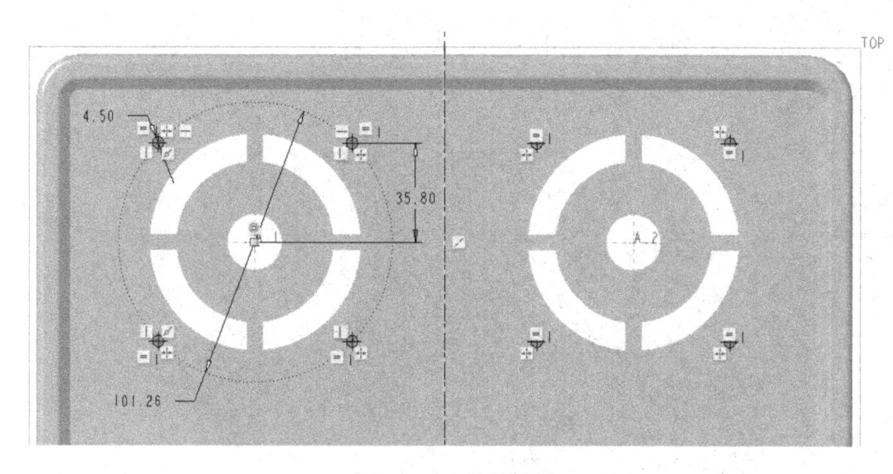

图 6-128 绘制剖面

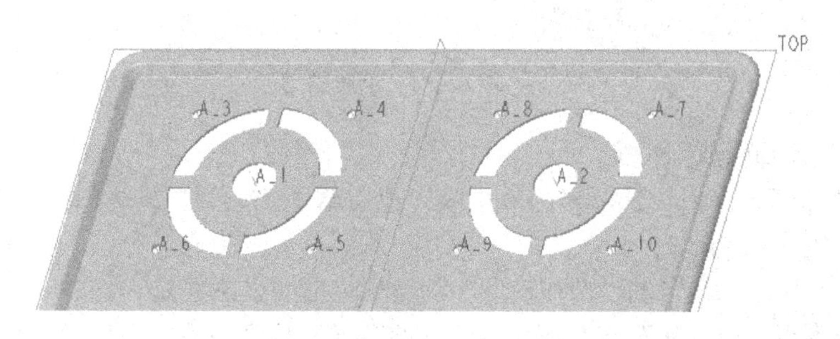

图 6-129 切除结果

步骤 7：创建切口 3。

（1）单击 （拉伸）按钮，打开“拉伸”选项卡并暂时接受默认的按钮设置。

（2）单击“放置”按钮以打开“放置”面板，单击“放置”面板上的“定义”按钮，弹出“草绘”对话框，接着单击“草绘”对话框中的“使用先前的”按钮，进入草绘器。

（3）绘制图 6-130 所示的剖面，单击 （确定）按钮。

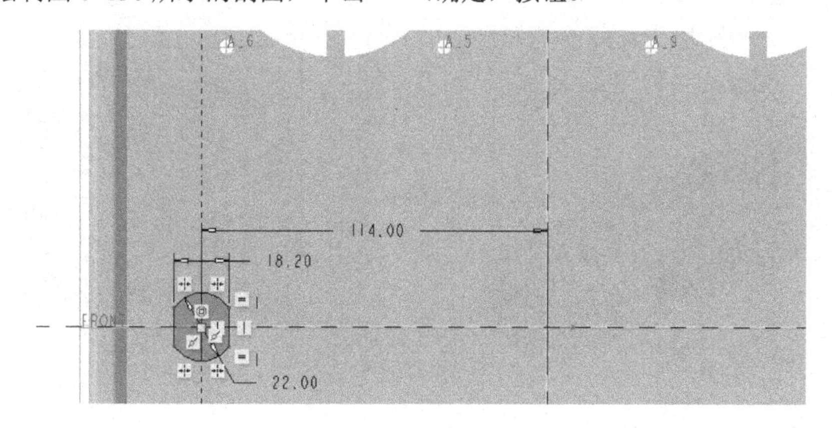

图 6-130 绘制剖面

（4）在“拉伸”选项卡的深度选项下拉列表框中接受默认的“ （到下一个）”选项，

默认移除垂直于驱动曲面的材料。单击“拉伸”选项卡的✓（完成）按钮，完成切除的效果如图6-131所示。

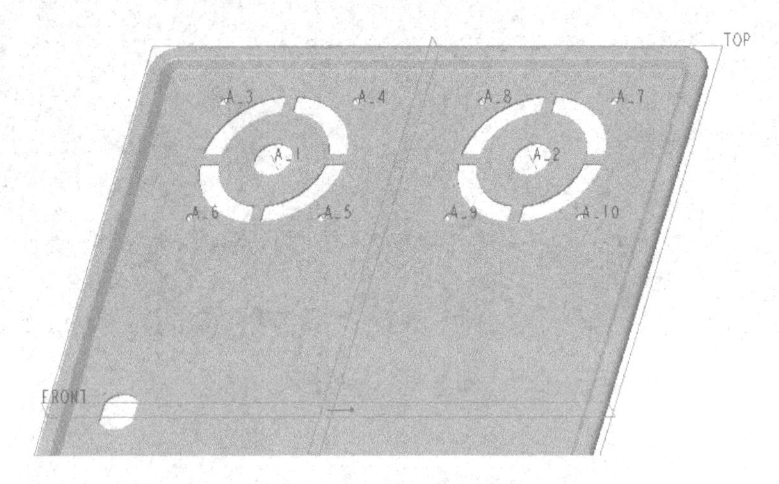

图6-131 切除结果

步骤8：创建凸模成型特征。

（1）在功能区“模型”选项卡的“工程”组中单击“成型”→（凸模）按钮，打开“凸模”选项卡。

（2）在“凸模”选项卡的“凸模模型”下拉列表框列出在当前Creo Parametric会话中使用的所有凸模模型，以及保存在凸模库中的标准凸模。从“凸模模型”下拉列表框中选择预定义的凸模模型CLOSE_ROUND_LOUVER_FORM_MM。此时，若在“凸模”选项卡中单击（指定约束时在单独的窗口中显示元件）按钮以在单独的窗口中查看该凸模模型效果，如图6-132所示。

（3）在“凸模”选项卡单击（使用坐标系放置）按钮，以及单击（继承副本）按钮。

（4）在“凸模”选项卡中打开“放置”面板，在箱体门板（钣金件）背面指定放置参考以放置凸模，如图6-133所示。选择放置参考时可翻转模型视角以显示钣金件背面。

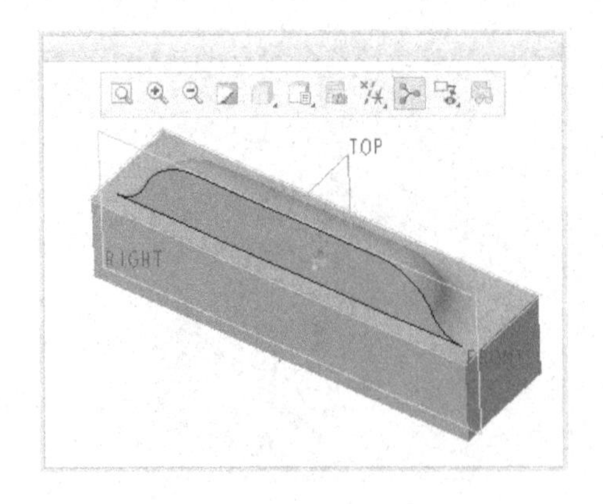

图6-132 所选凸模模型

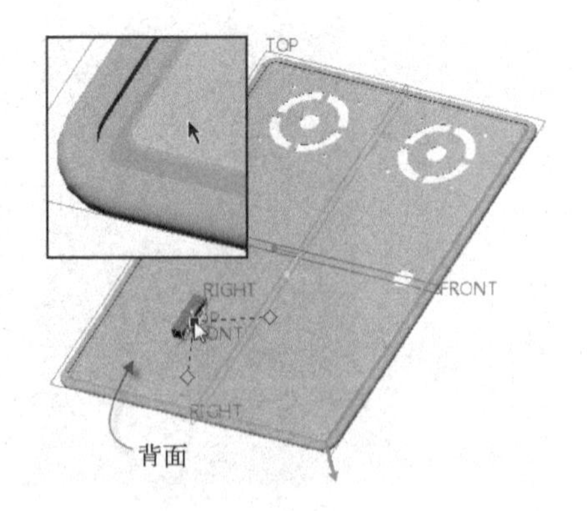

图6-133 指定凸模放置参考

（5）放置类型设为“线性”，接着单击激活“偏移参考”收集器，选择FRONT基准平面，按住〈Ctrl〉键并选择RIGHT基准平面，所选这两个参考作为偏移参考。也可以在图形窗口中拖动控制滑块去选择偏移参考。选定偏移参考后，在“放置”面板的“偏移参考”收集器中修改它们相应的偏移距离值，如图 6-134 所示。当然也可以在图形窗口中修改相应偏移距离值。

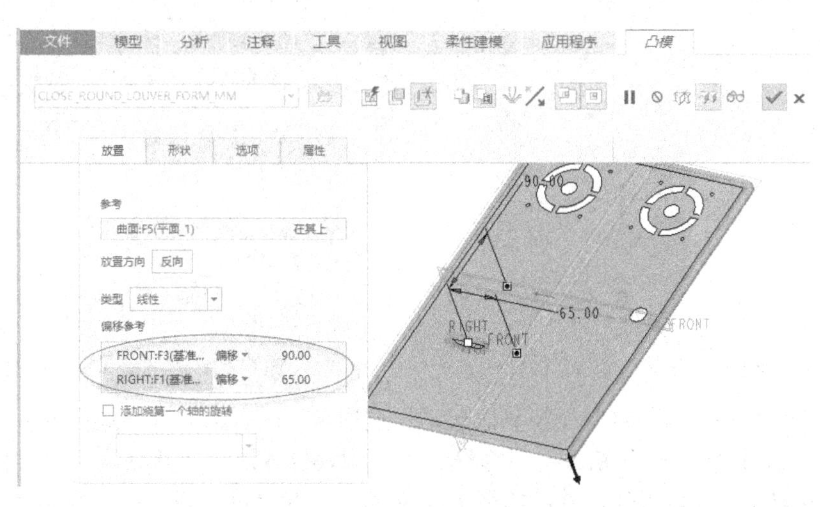

图 6-134　选定偏移参考并设置它们

（6）按〈Ctrl+D〉快捷键以默认的标准方向视角显示模型，以显示到钣金件的正面效果，如图 6-135 所示，显然需要绕轴旋转凸模模型。在“放置”面板中勾选“添加绕第一个轴的旋转”复选框，接着在相应的框中输入旋转角度值为“180”并按〈Enter〉键确认，如图 6-136 所示。

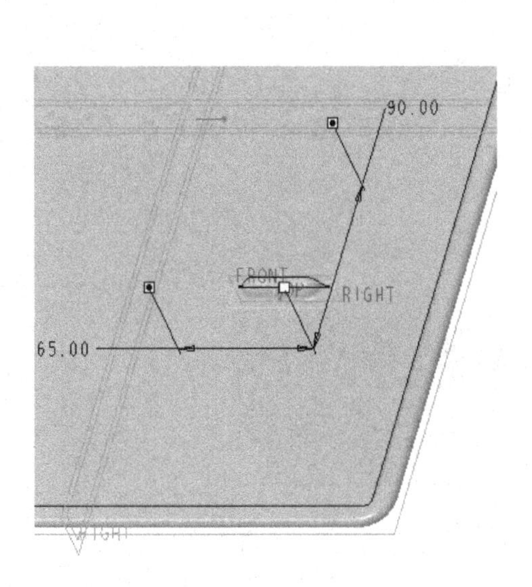

图 6-135　正面预览

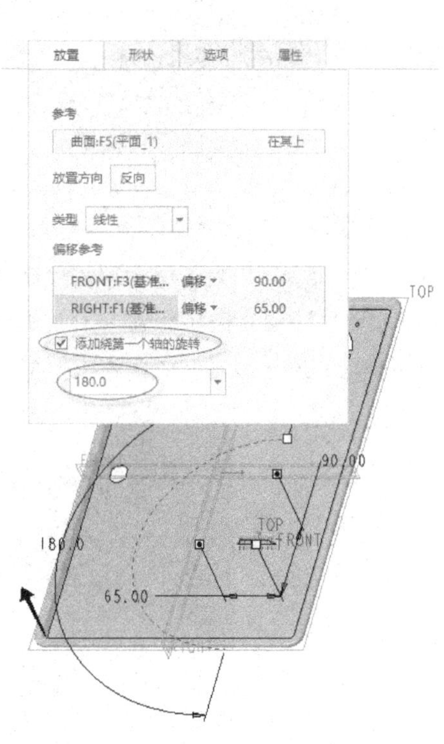

图 6-136　指定绕设置轴旋转凸模

（7）在“凸模”选项卡中单击“形状”标签以打开“形状”面板，如图 6-137 所示，默认选择“手动更新”单选按钮，接着单击“改变冲孔模型”按钮，系统弹出图 6-138 所示的“可变项”对话框。

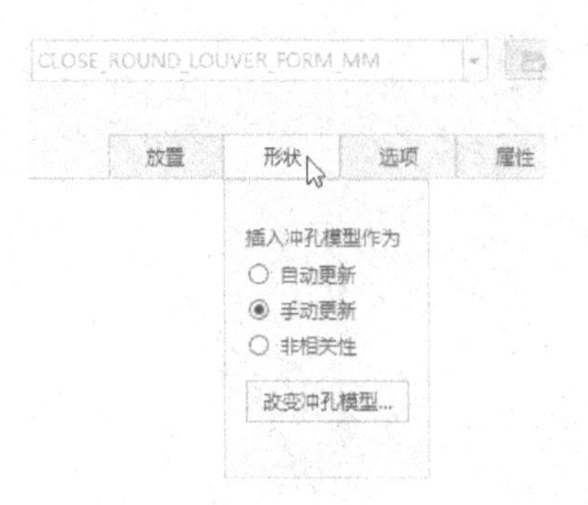

图 6-137 打开“形状”面板

图 6-138 “可变项”对话框

（8）在“可变项”对话框中切换到“尺寸”选项卡，确保选中 +（选择并将尺寸添加到“可变尺寸”表）按钮，在单独窗口中选择尺寸所有者特征以显示其相关尺寸，接着单击所需的一个尺寸以将其作为可变尺寸，如图 6-139 所示。在“可变项”对话框的“尺寸”选项卡中，将该可变尺寸的新值设置为“75”，如图 6-140 所示。

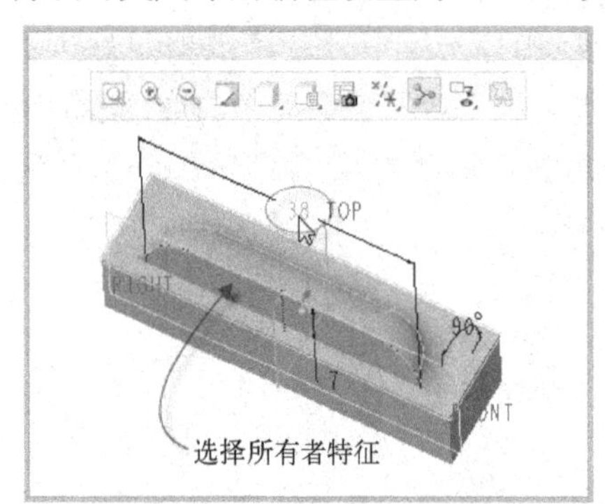

图 6-139 选择尺寸所有者特征

图 6-140 设置可变尺寸的新值

（9）在“可变项”对话框中单击“确定”按钮。

（10）确保冲模方向由钣金件背面指向正面，在“凸模”选项卡中单击 ✓（完成）按钮，完成的凸模成型效果如图 6-141 所示。

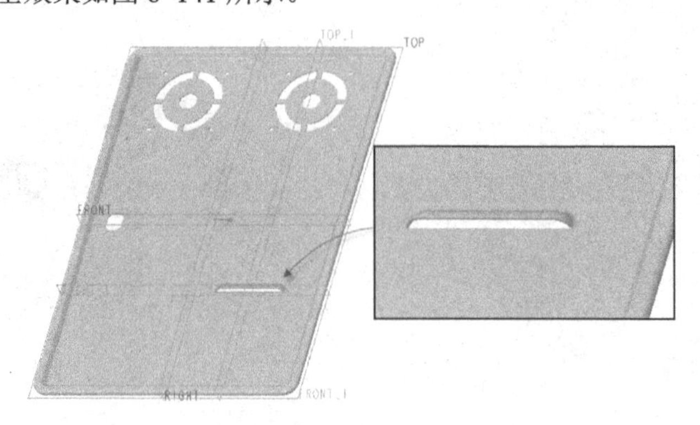

图 6-141 创建一个凸模成型特征

步骤 9：阵列操作。

（1）确保选中刚创建的凸模成型特征，从功能区的“模型”选项卡中单击“编辑”→ （阵列）按钮，打开“阵列”选项卡。

（2）默认的阵列类型选项为“尺寸”。在钣金模型中单击数值为 90 的尺寸，将其选定为方向 1 的尺寸参考，并设置该尺寸参考对应的尺寸增量为“20”，如图 6-142 所示。

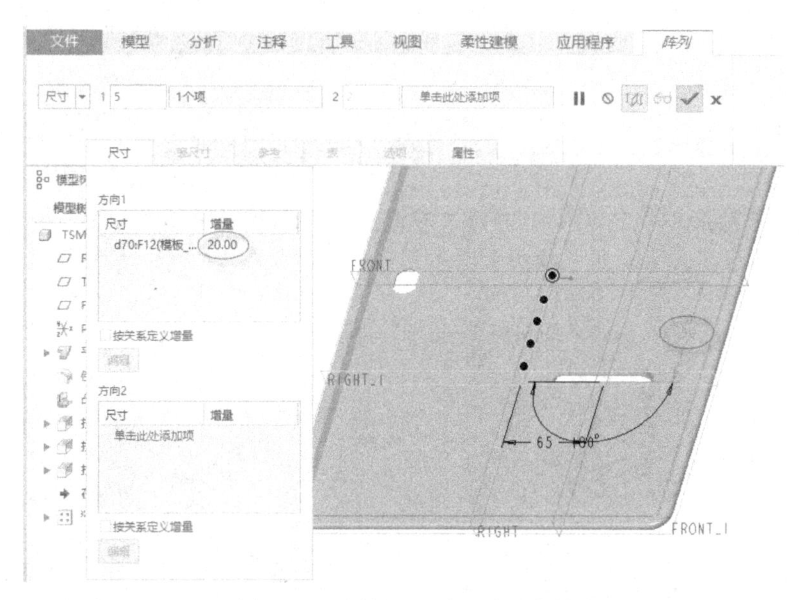

图 6-142 设置“尺寸”阵列参数

（3）输入第一方向的阵列成员数为“5”。

（4）在“阵列”选项卡中单击 （完成）按钮，阵列结果如图 6-143 所示。

步骤 10：镜像操作。

（1）确保刚创建的阵列特征处于被选中的状态，从功能区的“模型”选项卡中单击“编辑”→ （镜像）按钮，打开“镜像”选项卡。

（2）选择 RIGHT 基准平面定义镜像平面。

（3）单击“镜像”选项卡中的 （完成）按钮，镜像结果如图 6-144 所示。

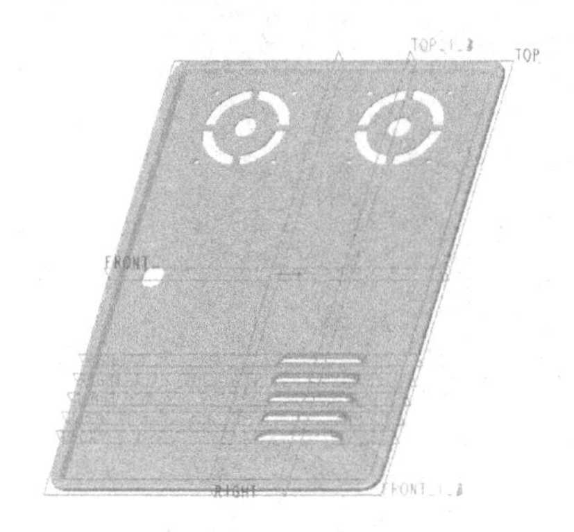

图 6-143 阵列结果

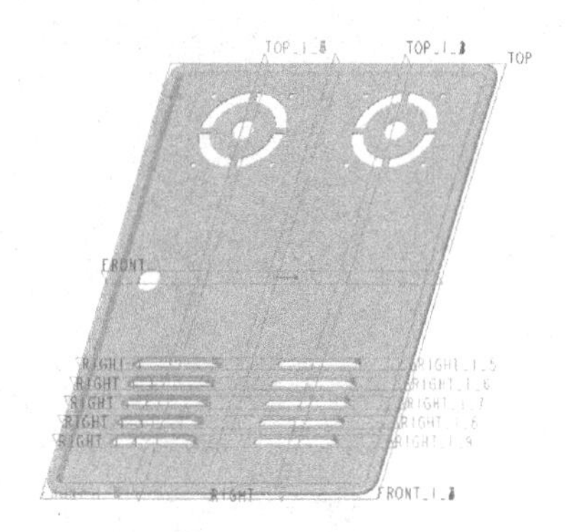

图 6-144 镜像结果

步骤 11：创建草绘成型特征。

（1）在功能区“模型”选项卡的“工程”组中单击“成型”→（草绘成型）按钮，打开“草绘成型”选项卡。

（2）在“草绘成型”选项卡中单击（创建穿孔）按钮，从（穿孔深度）下拉列表框中选择“0.5 * 厚度”，如图6-145所示。

图6-145 “草绘成型”选项卡

（3）在“草绘成型”选项卡中打开“放置”面板，接着单击“定义”按钮，弹出“草绘”对话框，选择图6-146所示的钣金曲面（正面）定义草绘平面，单击“草绘”按钮。

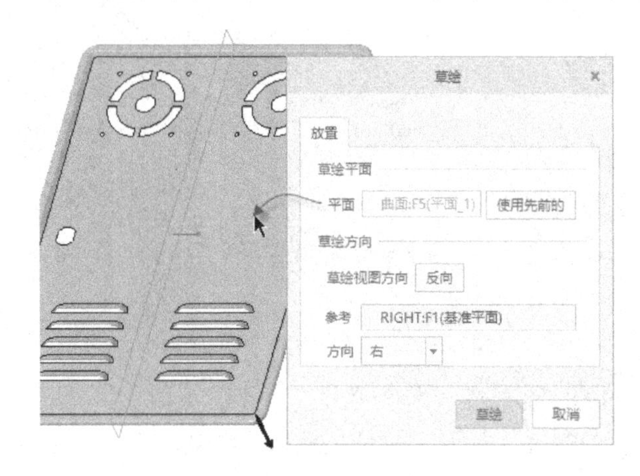

图6-146 指定草绘平面

（4）绘制图6-147所示的图形，单击（确定）按钮。

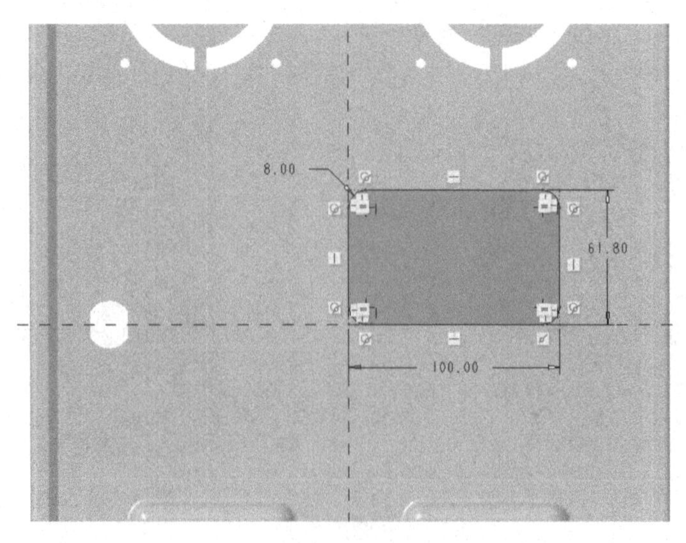

图6-147 创建草绘

（5）单击旁的（更改成型方向）按钮，以反向穿孔方向，即设置穿孔方向如图 6-148 所示。

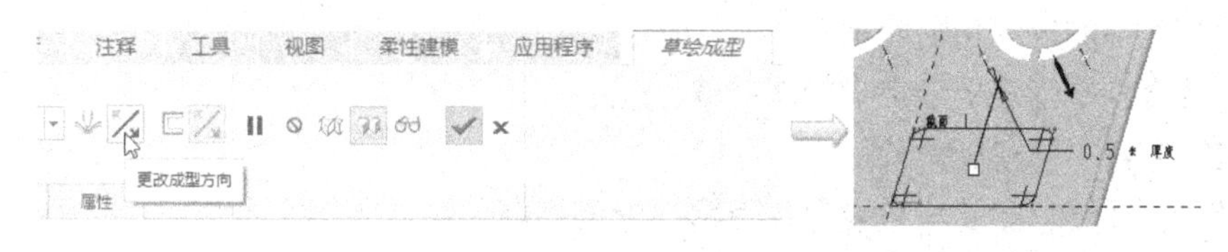

图 6-148　设置穿孔方向

（6）在“草绘成型”选项卡中打开“选项”面板，从中勾选“非放置边”复选框，设置非放置边的圆角半径为“0.3”，勾选“放置边”复选框，并设置放置边的圆角半径为“0.3”，如图 6-149 所示。

（7）在“草绘成型”选项卡中单击（完成）按钮，完成效果如图 6-150 所示。

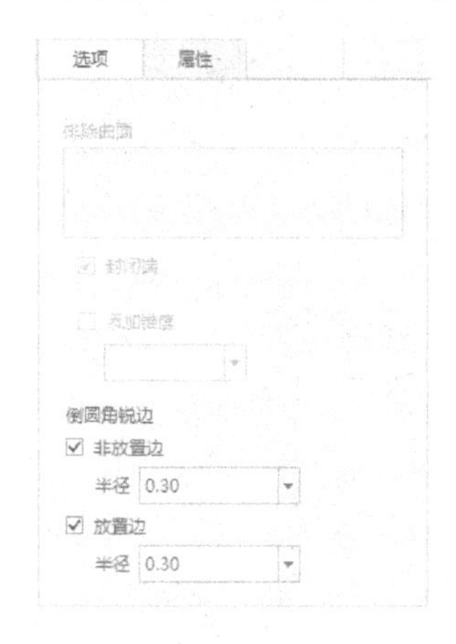

图 6-149　定义要倒圆角的穿孔的边

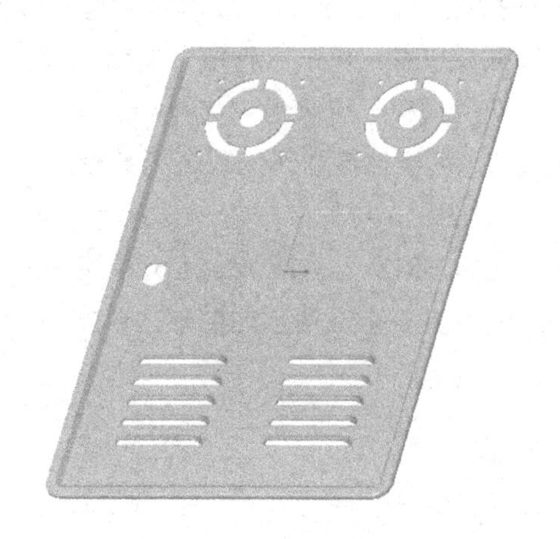

图 6-150　完成草绘成型的效果

步骤 12：保存文件。

至此，完成了本箱体门板的设计工作。

6.4　定位卡片

本例要完成的定位卡片零件如图 6-151 所示。

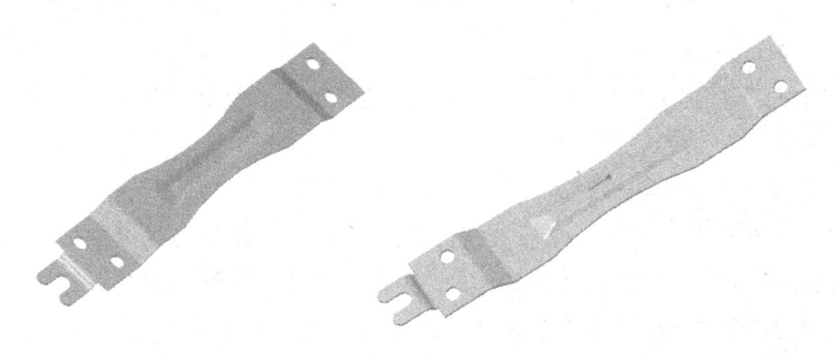

图 6-151　定位卡片

本实例的主要知识点如下。

- 创建拉伸壁作为钣金第一壁。
- 钣金件中的拉伸切除应用。
- 在钣金件中创建用户定义的法兰壁。
- 在钣金件中创建倒角特征。
- 根据设计要求建立参考模型并使用参考模型创建成型特征。

本实例详细的设计过程说明如下。

步骤1：新建钣金件文件。

（1）在 Creo Parametric 4.0 软件用户界面的“快速访问”工具栏中单击（新建）按钮，或者选择“文件”→“新建”命令，打开“新建”对话框。

（2）从“类型”选项组中选择“零件”单选按钮，从“子类型”选项组中选择“钣金件”单选按钮，在“名称”文本框中输入文件名为“tsm_s6_4”，取消勾选“使用默认模板”复选框。接着，单击“确定”按钮，弹出“新文件选项”对话框。

（3）从“模板”选项组中选择 mmns_part_sheetmetal，单击“确定”按钮。

步骤2：创建拉伸壁作为钣金第一壁。

（1）单击（拉伸）按钮，打开“拉伸”选项卡。

（2）选择 FRONT 基准平面定义草绘平面，快速进入草绘器。

（3）绘制图6-152所示的图形，单击（确定）按钮。

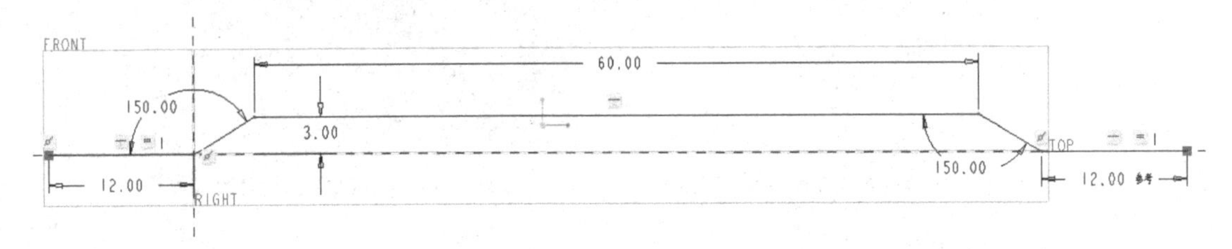

图6-152 绘制图形

（4）在“拉伸”选项卡上，输入壁的厚度值为“0.6”，输入拉伸深度值为“16”，从深度选项列表框中选择“（对称）”选项。

（5）从“拉伸”选项卡中打开“选项”面板，在“钣金件选项”选项组中勾选“在锐边上添加折弯”复选框，并在“半径”框中选择“2.0 * 厚度”选项，设置标注折弯的方式选项为“内侧”，如图6-153所示。

（6）在“拉伸”选项卡中单击（完成）按钮，完成的拉伸壁作为第一壁，如图6-154所示。

步骤3：在钣金件中切除材料。

（1）单击（拉伸）按钮，打开“拉伸”选项卡，并暂时接受“拉伸”选项卡中默认的按钮设置，如（移除材料）按钮和（移除与曲面垂直的材料）按钮处于被选中的状态，并且默认选中（移除垂直于驱动曲面的材料）图标选项。

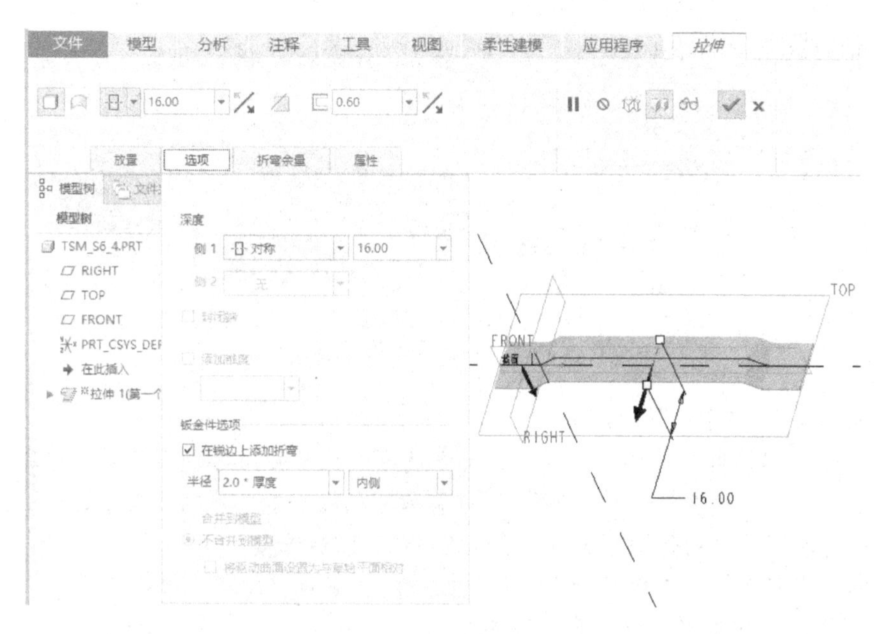

图 6-153 设置钣金件选项

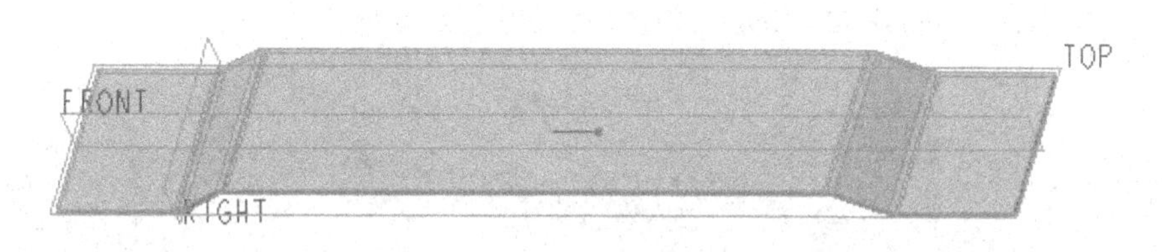

图 6-154 创建拉伸壁

（2）在“拉伸”选项卡中打开“放置”面板，单击“定义”按钮，弹出“草绘”对话框，选择 TOP 基准平面作为草绘平面，以 RIGHT 基准平面为草绘方向参考，其方向选项为“右”，单击“草绘”按钮，进入草绘器。

（3）绘制图 6-155 所示的剖面，单击✔（确定）按钮。

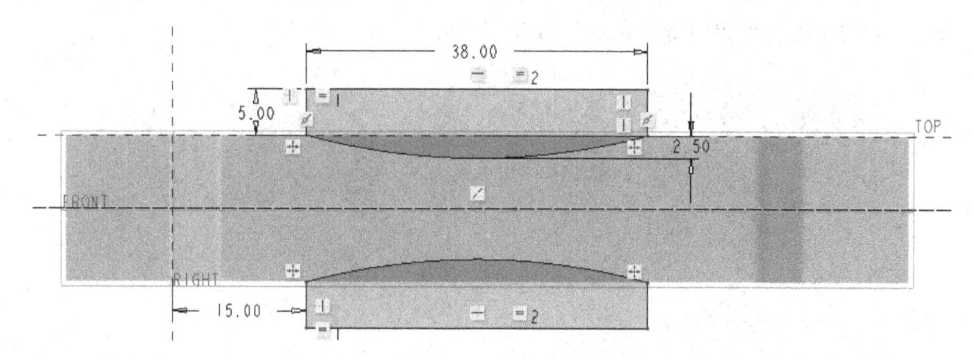

图 6-155 绘制剖面

（4）默认的侧 1 深度选项为“（到下一个）”，单击（将拉伸的深度方向更改为草绘的另一侧）按钮来获得所需的深度方向。

（5）在“拉伸”选项卡中单击（完成）按钮，完成该切除操作的钣金件模型如图 6-156 所示。

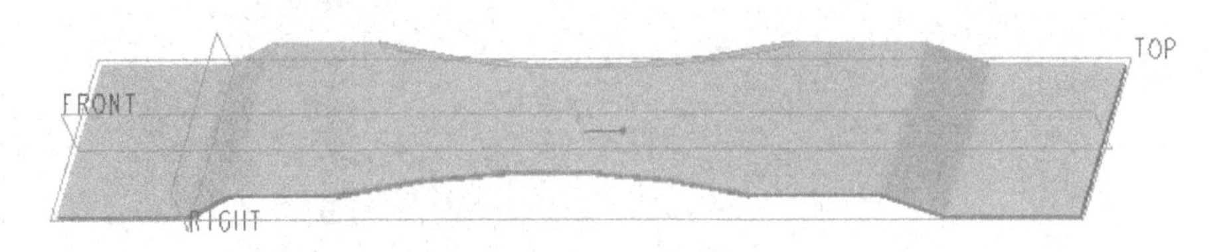

图 6-156 切除材料（创建钣金件切口）

步骤 4：在钣金件中切除出定位孔。

（1）单击（拉伸）按钮，打开“拉伸”选项卡，并暂时接受“拉伸”选项卡中默认的按钮设置，如（移除材料）按钮和（移除与曲面垂直的材料）按钮处于被选中的状态，并且默认选中（移除垂直于驱动曲面的材料）图标选项。

（2）单击“放置”标签以打开“放置”面板，接着在“放置”面板中单击“定义”按钮，弹出“草绘”对话框，然后在“草绘”对话框中单击“使用先前的”按钮，进入草绘器。

（3）绘制剖面，如图 6-157 所示，单击（确定）按钮。

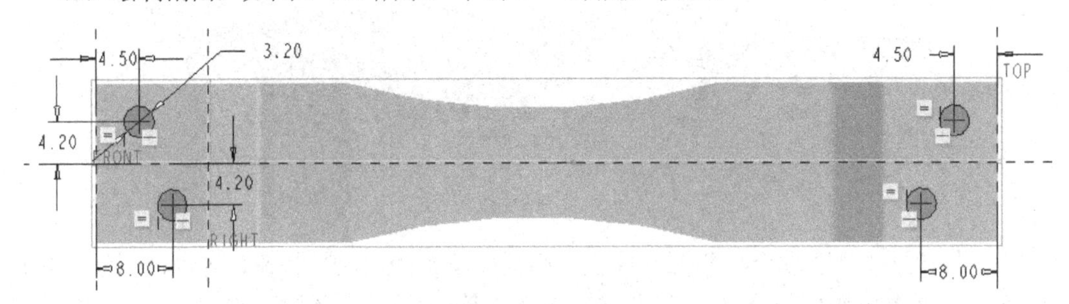

图 6-157 绘制剖面

（4）默认的侧 1 深度选项为“（到下一个）”，确保深度方向为所需，单击（完成）按钮，得到的钣金件切口效果如图 6-158 所示。

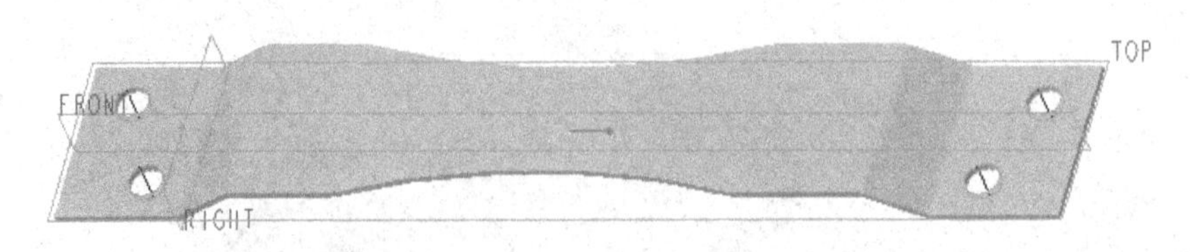

图 6-158 切除出定位孔

步骤 5：创建用户定义的法兰壁。

（1）从功能区“模型”选项卡的“形状”组中单击（法兰）按钮，打开“凸缘”选项卡。

（2）指定法兰壁的形状选项为“用户定义”。

（3）在图形窗口中选择图 6-159 所示的边作为连接边。

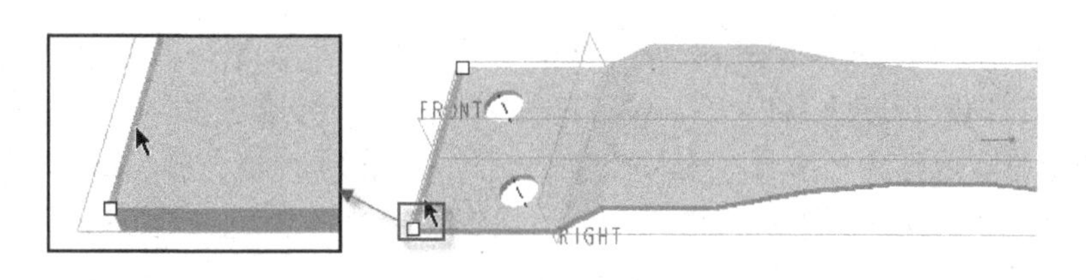

图 6-159 指定连接边

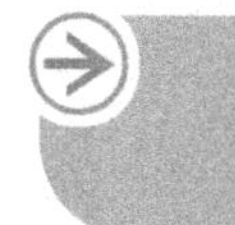

（4）在“凸缘”选项卡中打开“形状”面板，接着在“形状”面板中单击“草绘”按钮，激活草绘器以创建轮廓形状。此时，系统弹出“草绘”对话框，如图 6-160 所示。在“草绘”对话框中单击“草绘”按钮，进入草绘模式。

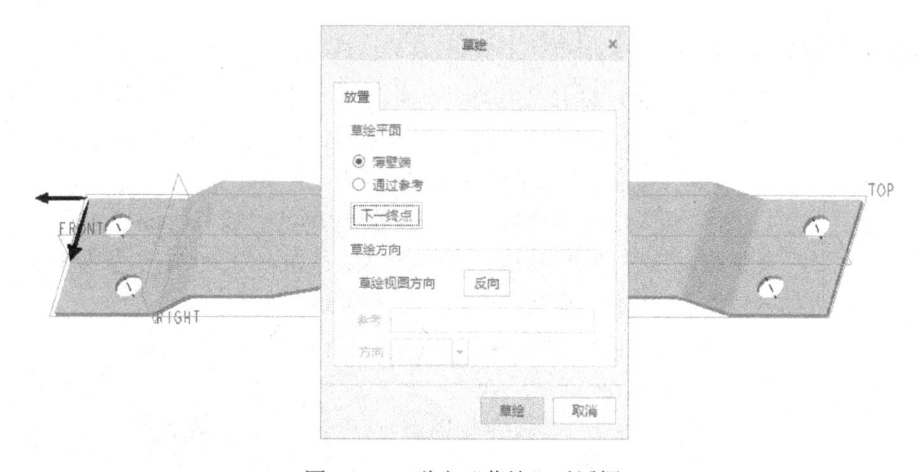

图 6-160 弹出“草绘”对话框

（5）绘制图 6-161 所示的轮廓形状线，单击✔（确定）按钮。

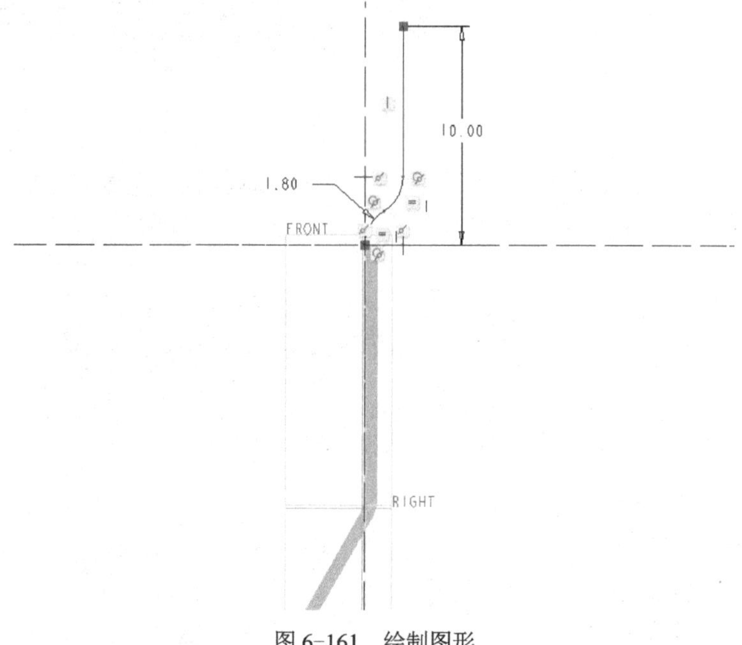

图 6-161 绘制图形

（6）在“凸缘”选项卡中选择（从链端点以指定值在第一方向上修剪或延伸）选项，输入第一方向的长度值为“-3”，按〈Enter〉键确认；接着选择（从链端点以指定值在第二方向上修剪或延伸）选项，输入第二方向的长度值为“-3”，按〈Enter〉键确认。

（7）在“凸缘”选项卡中单击（完成）按钮，创建的该法兰壁如图6-162所示。

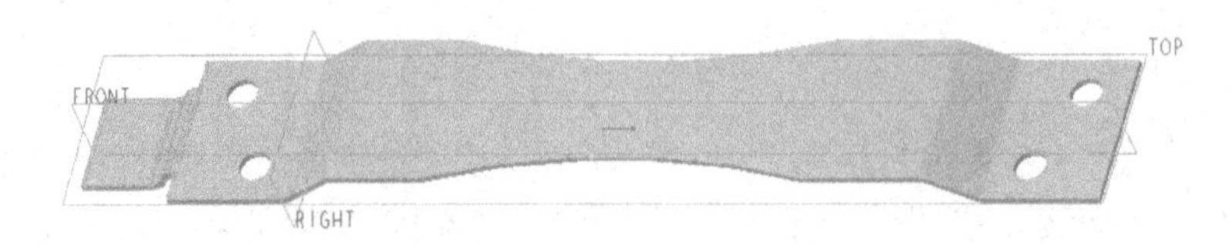

图6-162 创建用户定义的法兰壁

步骤6：拉伸切除钣金件材料。

（1）单击（拉伸）按钮，打开“拉伸”选项卡，并暂时接受“拉伸”选项卡中默认的按钮设置，如（移除材料）按钮和（移除与曲面垂直的材料）按钮处于被选中的状态，并且默认选中（移除垂直于驱动曲面的材料）图标选项。

（2）在“拉伸”选项卡中打开“放置”面板，接着单击“放置”面板上的“定义”按钮，弹出“草绘”对话框，选择TOP基准平面作为草绘平面，以RIGHT基准平面为草绘方向参考，方向选项为“右”，单击“草绘”按钮，进入草绘器。

（3）绘制图6-163所示的图形，单击（确定）按钮。

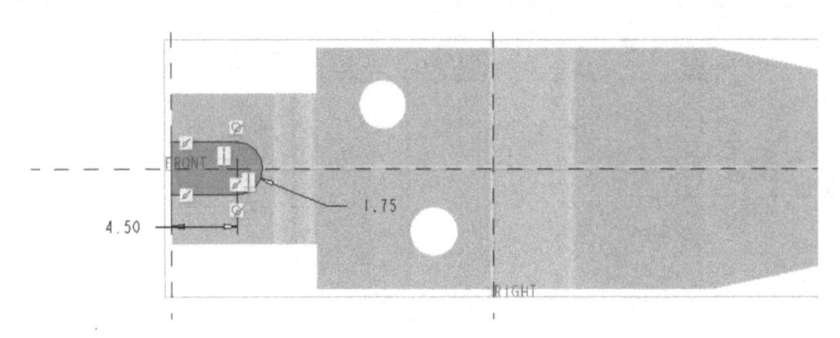

图6-163 绘制图形

（4）默认的侧1深度选项为“（到下一个）”，单击（完成）按钮，完成该切除操作而得到的钣金件效果如6-164所示。

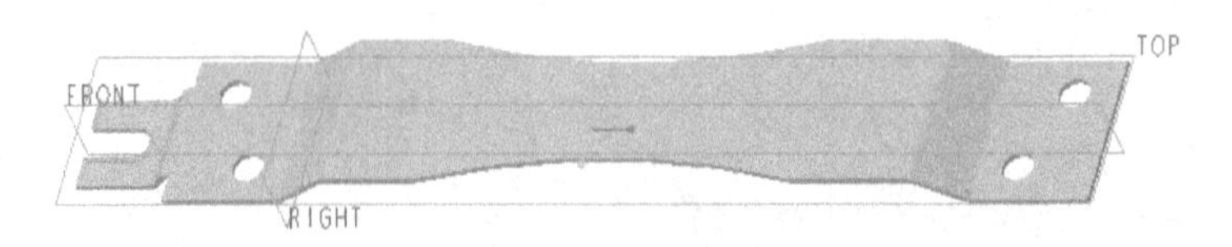

图6-164 拉伸切除后的效果

步骤7：在钣金件中创建倒角特征。

（1）在功能区的“模型”选项卡中单击“工程”→“倒角”旁的（三角箭头）按钮→（边倒角）按钮，打开“边倒角”选项卡。

（2）设置边倒角的标注形式选项为“D×D”，并设置D值为“1”。

（3）结合〈Ctrl〉键选择图 6-165 所示的 4 个边参考对象。

（4）单击“边倒角”选项卡中的 （完成）按钮，创建的倒角特征如图 6-166 所示。

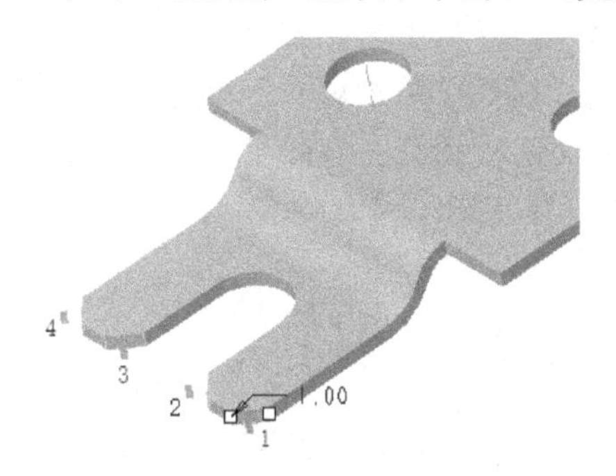

图 6-165　选择要倒角的边参考

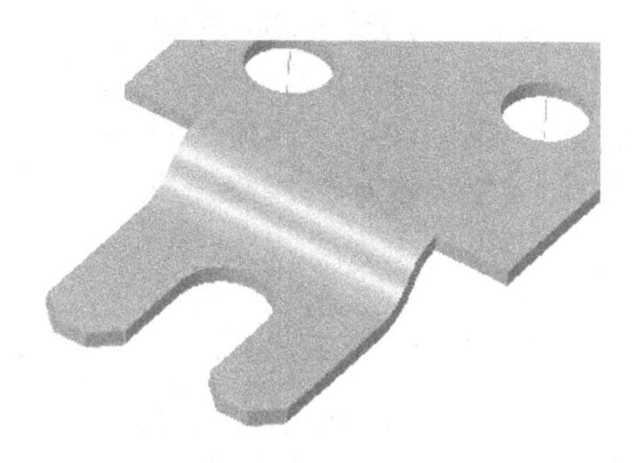

图 6-166　完成创建边倒角特征

步骤 8：新建一个零件文件。

（1）在“快速访问”工具栏中单击 （新建）按钮，打开“新建”对话框。

（2）从“类型”选项组中选择“零件”单选按钮，从“子类型”选项组中选择“实体”单选按钮，在“名称”文本框中输入文件名为“tsm_s6_5_die5x”，取消勾选“使用默认模板”复选框。接着，单击“确定”按钮，弹出“新文件选项”对话框。

（3）在“模板”选项组中选择公制模板 mmns_part_solid，单击“确定”按钮。

步骤 9：创建拉伸实体作为基座。

（1）在功能区“模型”选项卡的“形状”组中单击 （拉伸）按钮，打开“拉伸”选项卡。

（2）选择 TOP 基准平面作为草绘平面，快速进入草绘器。

（3）绘制图 6-167 所示的拉伸剖面，单击 （确定）按钮。

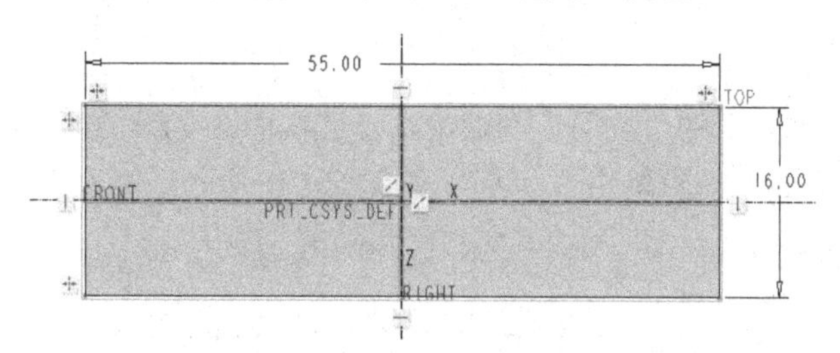

图 6-167　绘制剖面

（4）输入默认深度方向上的深度值为“5”。

（5）单击“拉伸”选项卡中的 （完成）按钮，创建的拉伸实体如图 6-168 所示。

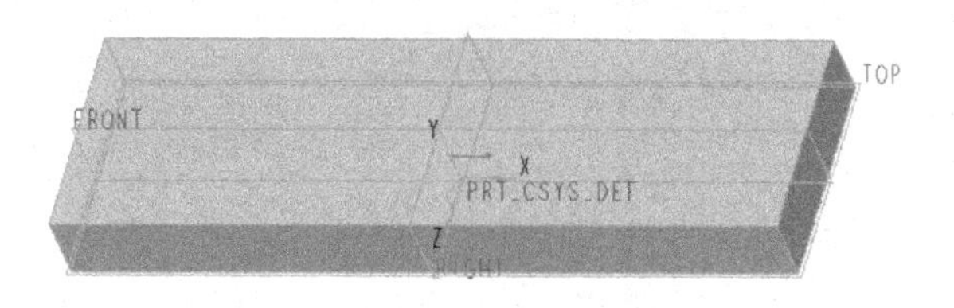

图 6-168　创建拉伸实体作为基座

步骤 10：在基座上创建混合切除特征。

（1）在功能区的“模型”选项卡中单击“形状”→（混合）按钮，打开“混合”选项卡，接着在“混合”选项卡中单击（去除材料）按钮。

（2）在“混合”选项卡中打开“截面”面板，选择“草绘截面”单选按钮，接着单击“定义”按钮，弹出“草绘”对话框，选择图 6-169 所示的实体面定义草绘平面，默认以 RIGHT 基准平面为草绘方向参考，方向选项为“右”，单击“草绘”按钮，进入草绘器。

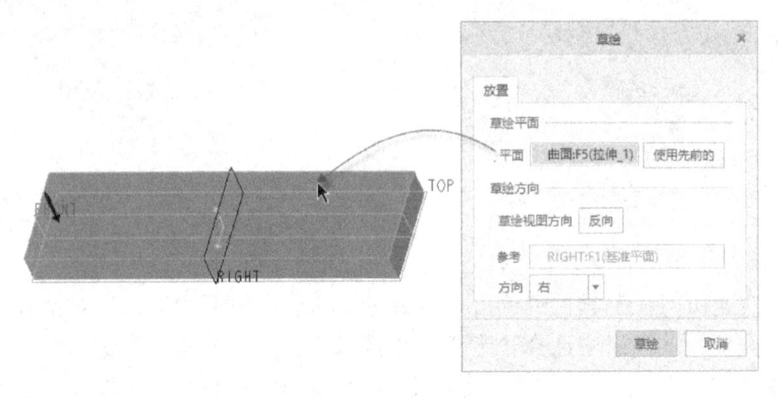

图 6-169　指定草绘平面

（3）绘制第一个截面（剖面 1），如图 6-170 所示，单击（确定）按钮。

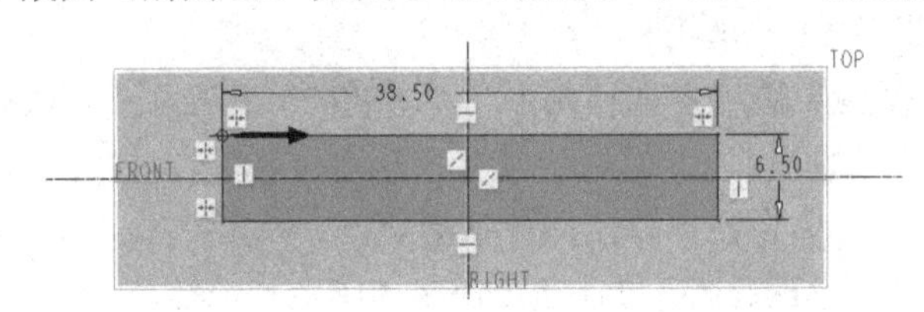

图 6-170　绘制剖面 1

（4）在“混合”选项卡的“截面”面板中，设置截面 2 的草绘平面位置定义方式为“偏移尺寸”，其偏移自截面 1 的距离为“-0.8”，如图 6-171 所示，然后单击“草绘”按钮。

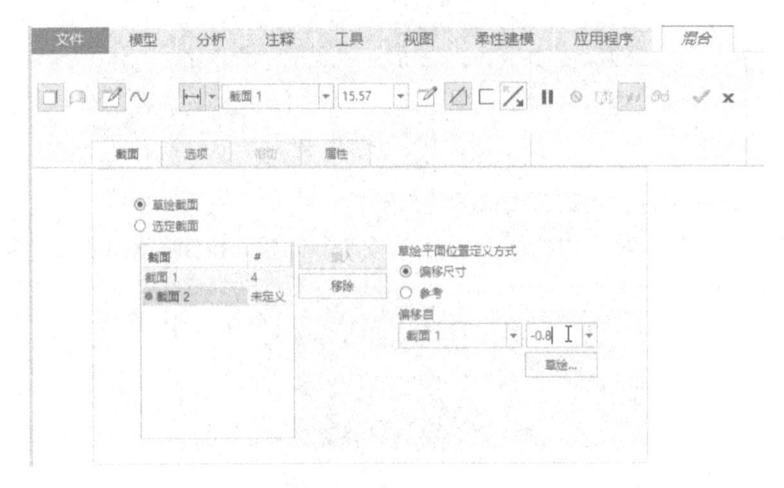

图 6-171　设置截面 2 的草绘平面位置定义方式和偏移距离等

（5）绘制第二个截面（剖面 2），如图 6-172 所示，单击✔（确定）按钮。

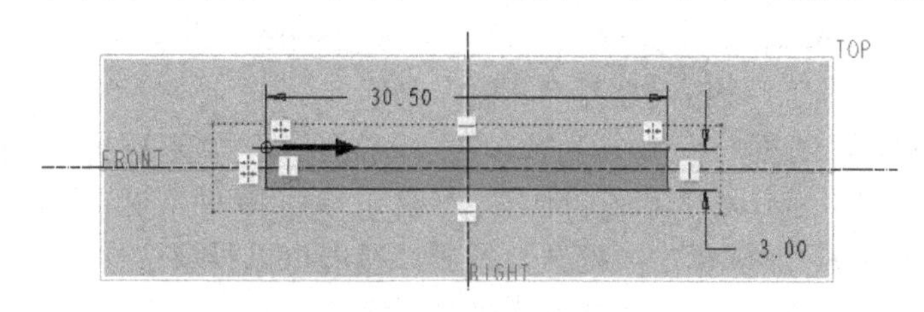

图 6-172　绘制剖面 2

（6）在“混合”选项卡中打开“选项”面板，从“混合曲面”选项组中选择“直”单选按钮，如图 6-173 所示。

（7）在“混合”选项卡中单击✔（完成）按钮，完成图 6-174 所示的混合切除特征。

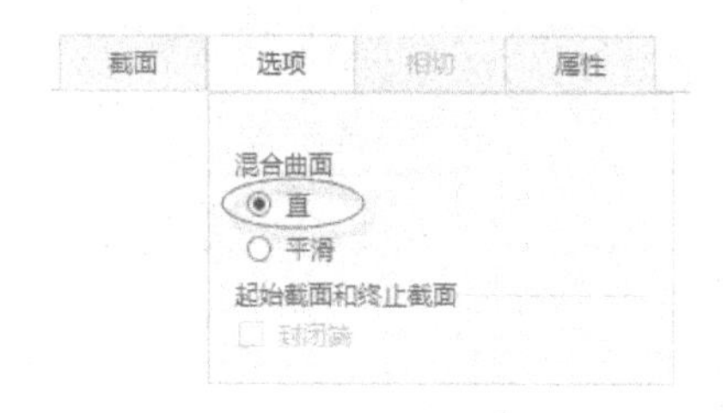

图 6-173　选择“直”单选按钮

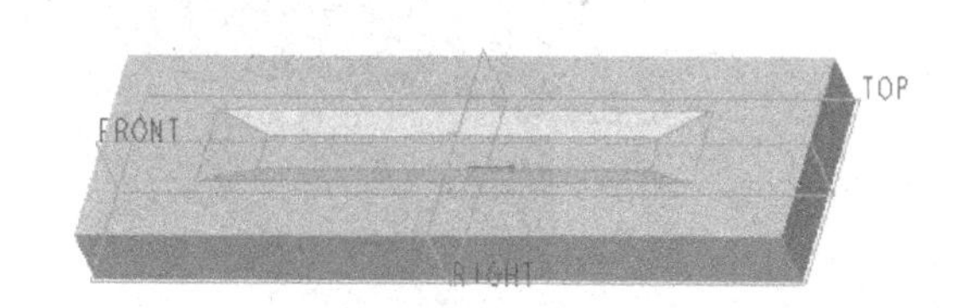

图 6-174　创建混合切除特征

步骤 11：圆角 1。

（1）从功能区“模型”选项卡的“工程”组中单击（倒圆角）按钮，打开“倒圆角”选项卡。

（2）设置当前圆角集的半径为“2”。

（3）结合〈Ctrl〉键选择图 6-175 所示的边线。

（4）单击“倒圆角”选项卡中的✔（完成）按钮。

步骤 12：圆角 2。

（1）单击（倒圆角）按钮，打开“倒圆角”选项卡。

（2）设置当前圆角集的半径为“2”。

（3）结合〈Ctrl〉键选择图 6-176 所示的边线。

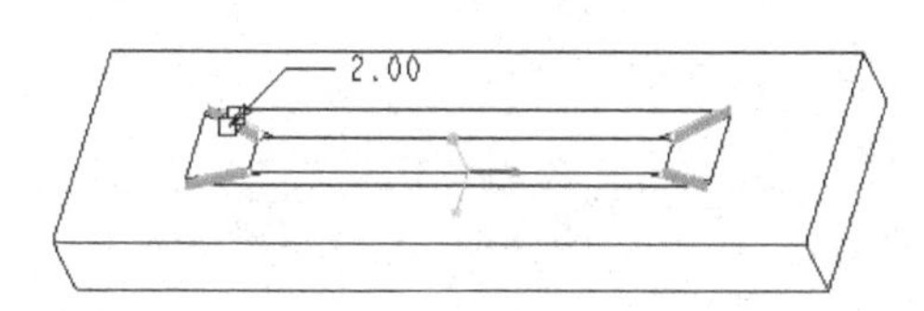

图 6-175　圆角 1

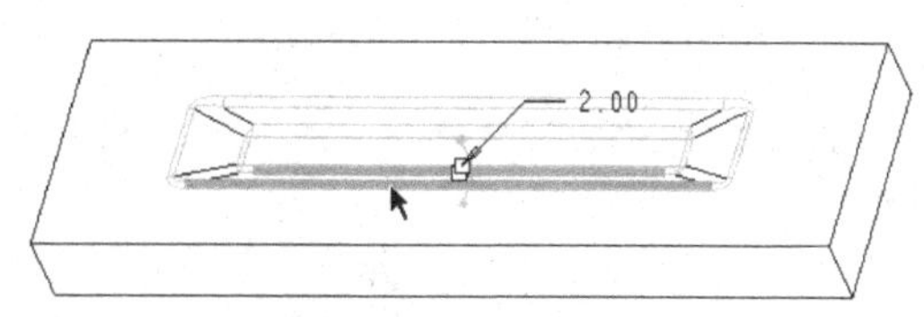

图 6-176　圆角 2

（4）单击“倒圆角”选项卡中的✔（完成）按钮。

步骤 13：保存实体零件作为凹模参考模型，并关闭该文件。

（1）在“快速访问”工具栏中单击（保存）按钮，在指定的目录下保存该实体零件。

（2）在“快速访问”工具栏中单击（关闭）按钮。

步骤 14：在钣金件中创建成型特征。

（1）返回到之前的钣金件（tsm_s6_4.prt）中，从功能区“模型”选项卡的“工程”组中单击“成型”→ （凹模）按钮，打开“凹模”选项卡。

（2）在功能区的“凹模”选项卡中单击 （打开冲孔模型）按钮，弹出“打开”按钮，选择之前创建的 tsm_s6_5_die5x.prt 作为成型参考零件，也可以选择随书配套的 tsm_s6_5_die5_finish.prt，然后单击“打开”按钮。接着可以设置选中 （指定约束时在单独的窗口中显示元件）按钮和 （指定约束时在装配窗口中显示元件）按钮。

（3）在“凹模”选项卡中单击选中 （手动放置）和 （从属复制）按钮。

（4）在“凹模”选项卡中打开“放置”面板，从“约束类型”列表框中选择“重合”选项，在参考模型和卡片钣金件中选择的重合参考面如图 6-177 所示。

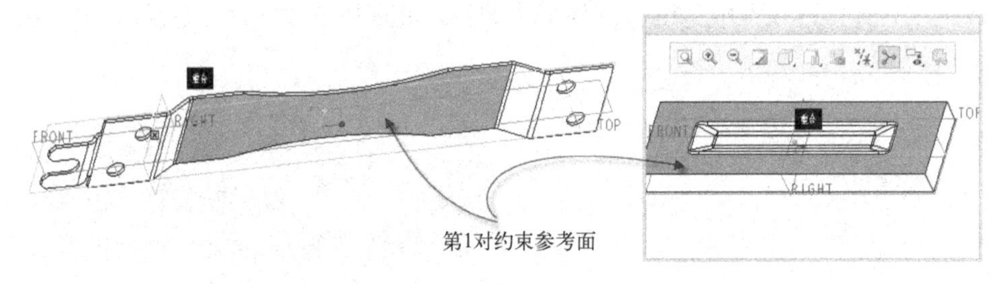

图 6-177 选择第一对约束参考面（重合约束）

（5）在“放置”面板中单击“新建约束”以新建一个约束，从“约束类型”下拉列表框中选择“重合”选项，在参考模型中选择 FRONT 基准平面，在卡片钣金件中选择 FRONT 基准平面。

（6）在“放置”面板中再次单击“新建约束”以新建一个约束，从“约束类型”下拉列表框中选择“距离”选项，在参考模型中选择 RIGHT 基准平面，在卡片钣金件中选择 RIGHT 基准平面，在“偏移”框中输入指定方向的偏移距离值为“35”，如图 6-178 所示。

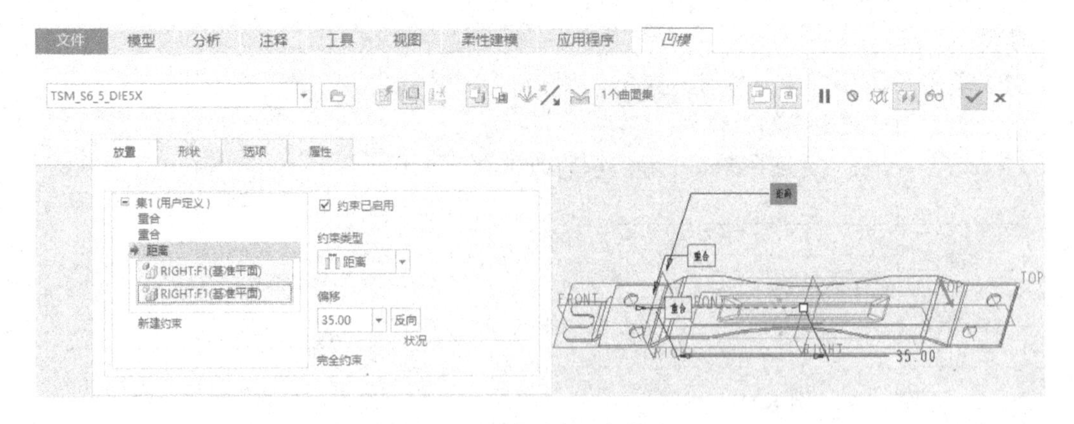

图 6-178 指定第 3 组约束

（7）单击“凹模”选项卡中的 （完成）按钮，在定位卡片钣金件中创建好该成型特征的效果如图 6-179 所示。

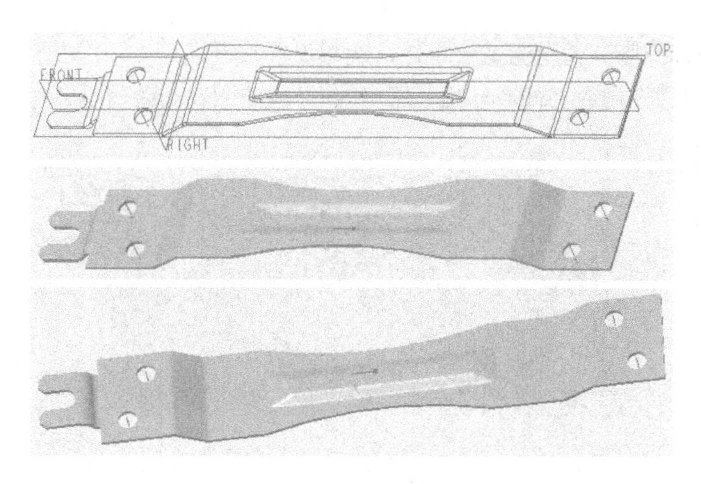

图 6-179　完成创建成型特征

步骤 15：保存文件。

6.5 思考练习

（1）回顾一下，如何创建凹模成型特征？如何给凹模成型特征设置开口面（排除面）？

（2）有哪些常用工具可以切除钣金件材料？在切除钣金件材料时应该要注意哪些方面？

（3）看图建模：使用 Creo Parametric 4.0 建立图 6-180 所示的钣金件模型，具体的尺寸由读者确定，只要求形状结构相似即可。

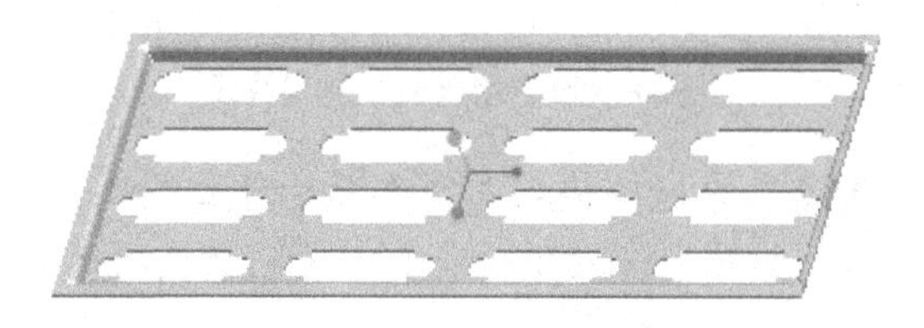

图 6-180　要练习的模型

（4）上机操作：完成图 6-181 所示的钣金件，具体细节和尺寸自行设置，只要求完成效果相仿。

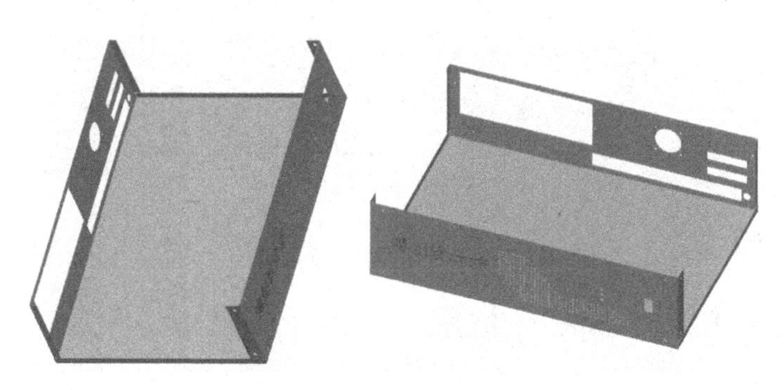

图 6-181　钣金件建模练习

（5）要求设计一个开关电源盖板零件，参考步骤如下。

① 创建平面壁作为钣金件第一壁，壁厚为0.8，如图6-182所示。

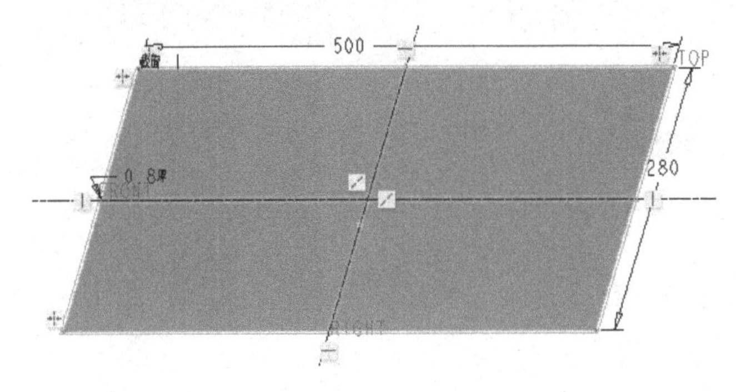

图6-182　平面壁

② 在平面壁上冲压出一个直径为 2 的小圆孔，接着在钣金件中创建填充阵列特征，效果如图6-183所示。

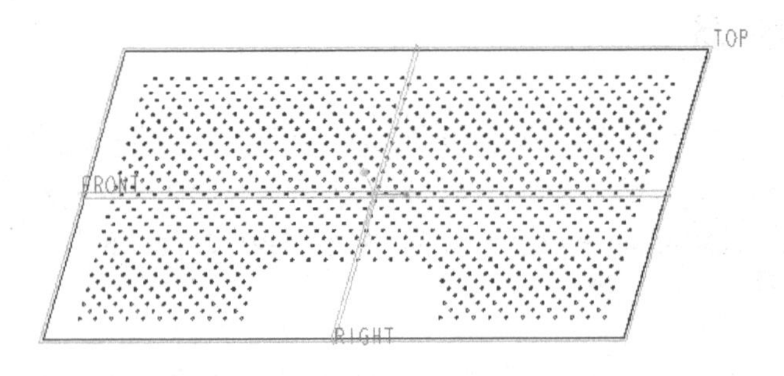

图6-183　创建填充阵列特征

提示：在“阵列”选项卡中选择阵列类型选项为“填充”，打开“参考”面板，定义图6-184所示的填充区域；并在“阵列”选项卡中设置相关的填充阵列参数。

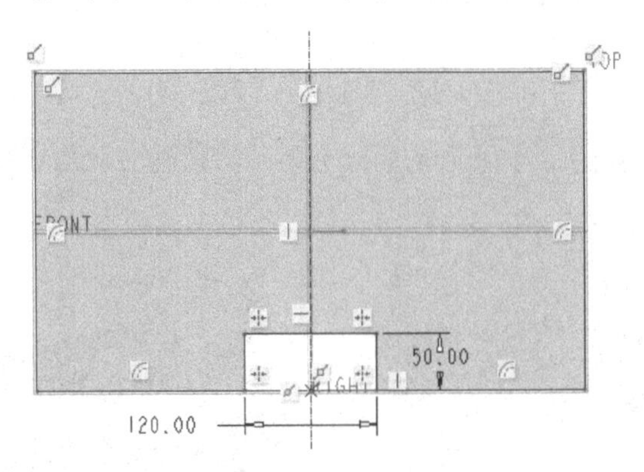

图6-184　绘制填充区域

③ 创建两个折弯特征，如图6-185所示。

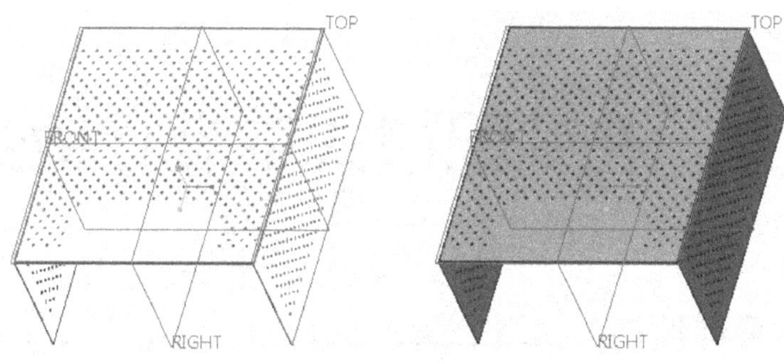

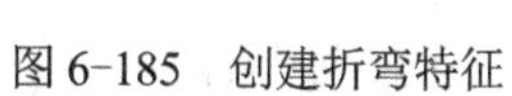
图 6-185 创建折弯特征

④ 创建连接平整壁或法兰壁，并设计安装孔等结构。由读者自由设计。

第7章 在装配模式下设计钣金件

本章导读：

本章通过实例的方式介绍如何在装配模式下设计钣金件，以拓宽读者关于钣金件产品设计的实战思路。本章知识是钣金件设计知识的拓展补充。

7.1 主要知识点概述

在装配模式中也可以创建钣金件。这在产品设计中，是一种较为常用的钣金件设计方式。在装配模式中创建钣金件，其最重要的优点就是在设计过程中可以参考产品中的其他零部件，便于检查各零件之间的干涉情况，更有利于对整体设计意图的把握。

启动 Creo Parametric 4.0 软件后，在“快速访问”工具栏中单击 （新建）按钮，或者选择“文件”→“新建”命令，系统弹出“新建”对话框。

在“新建”对话框中，从“类型”选项组中选择“装配”单选按钮，从“子类型”选项组中选择“设计”单选按钮，在“名称”文本框中输入装配名称或接受默认的装配名称，取消勾选“使用默认模板”复选框，如图 7-1 所示。单击“确定”按钮，系统弹出“新文件选项”对话框。

在“新文件选项”对话框中选择 mmns_asm_design，如图 7-2 所示，单击“确定”按钮，进入装配设计模式。

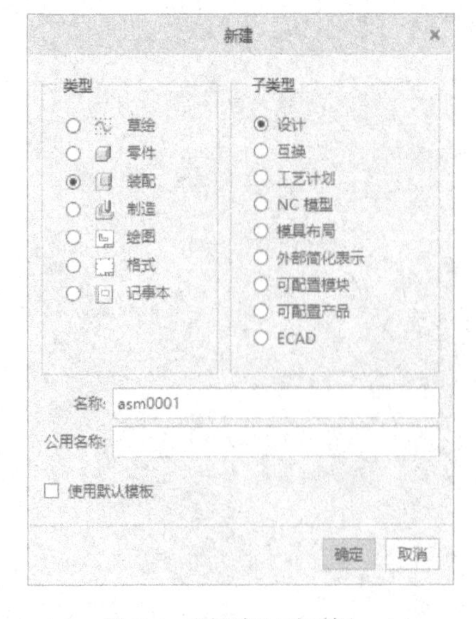

图 7-1 “新建”对话框

图 7-2 “新文件选项”对话框

下面介绍如何在装配模式中设计钣金件的典型方法。

（1）在功能区“模型”选项卡的“元件”组中单击（创建）按钮，打开“创建元件”对话框。

（2）在“创建元件”对话框中，从“类型”选项组中选择“零件”单选按钮，从“子类型”选项组中选择“钣金件”单选按钮，在“名称”文本框中输入元件名称，如图 7-3 所示，单击“确定”按钮。

（3）系统弹出图 7-4 所示的“创建选项”对话框，指定创建方法及其相关设置后，便可以进入装配模式中开始设计钣金件了。此时的设计环境其实和在钣金件设计模块中是一样的。

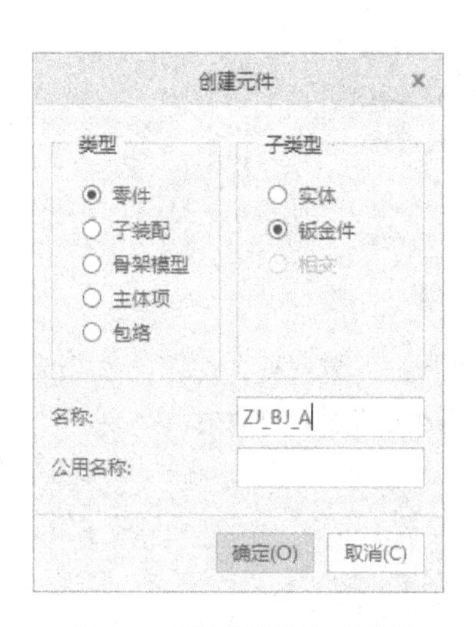

图 7-3 “创建元件”对话框

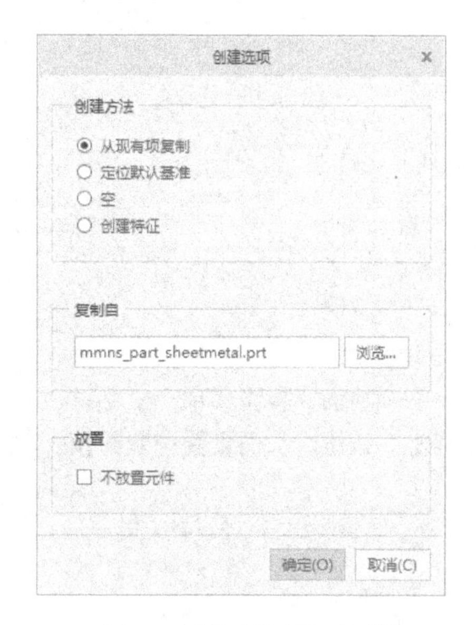

图 7-4 “创建选项”对话框

下面通过一个具体的产品范例来进行介绍，以加深读者对这方面知识的认识和掌握。在下面的实例中，涉及的重点知识包括如下几个方面。

- 创建装配文件。
- 设计实体零件并将其转换为钣金件。
- 在装配模式下设计钣金件。

7.2 创建装配文件

步骤 1：新建一个装配文件。

（1）启动 Creo Parametric 4.0 软件后，在“快速访问”工具栏中单击（新建）按钮，或者选择“文件”→“新建”命令，系统弹出“新建”对话框。

（2）在“新建”对话框中，从“类型”选项组中选择“装配”单选按钮，从“子类型”选项组中选择“设计”单选按钮，在“名称”文本框中输入装配名称为“ZJBJ_S7_1”，取消勾选“使用默认模板”复选框，单击“确定”按钮。

（3）系统弹出“新文件选项”对话框。在“新文件选项”对话框的模板列表中选择 mmns_asm_design，单击“确定”按钮，进入装配设计模式。

步骤 2：设置树过滤器。

（1）在导航区的（模型树）选项卡中单击（设置）按钮，打开图 7-5 所示的下拉菜单，从中选择“树过滤器”命令。

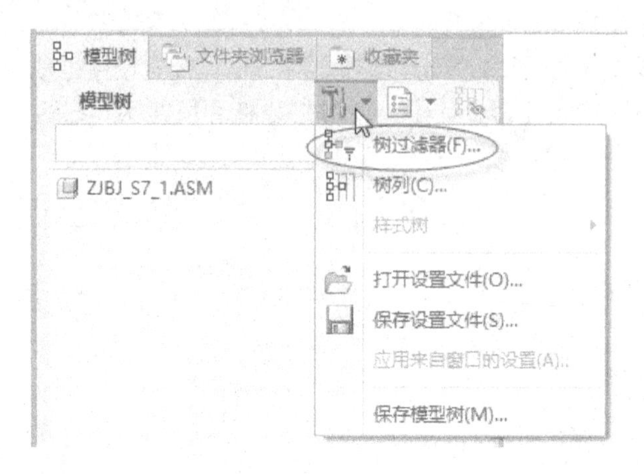

图 7-5 “设置”下拉菜单

（2）在弹出的“模型树项”对话框中，增加勾选“特征”复选框，如图 7-6 所示，然后单击“确定”按钮，从而设置在装配模型树中显示特征级树节点（对象）。

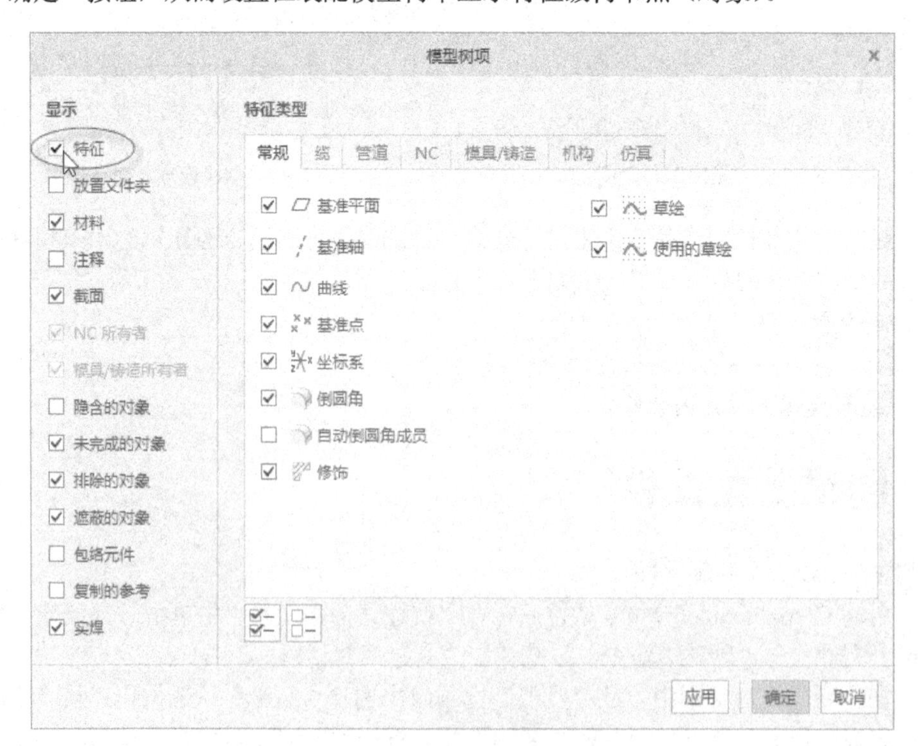

图 7-6 “模型树项”对话框

7.3 设计实体零件并将其转换为钣金件

步骤 1：在装配模式下创建实体零件文件。

（1）在功能区“模型”选项卡的“元件”组中单击 （创建）按钮，打开“创建元件”对话框。

（2）在“创建元件”对话框中，从“类型”选项组中选择“零件”单选按钮，从“子类型”选项组中选择“实体”单选按钮，在“名称”文本框中输入元件名称为“bc_s7_1”，如图 7-7 所示，单击“确定”按钮。

（3）系统弹出“创建选项”对话框，在“创建方法”选项组中选择“定位默认基准”单选按钮，在“定位基准的方法”选项组中选择“对齐坐标系与坐标系”单选按钮，如图 7-8 所示，单击“确定”按钮。

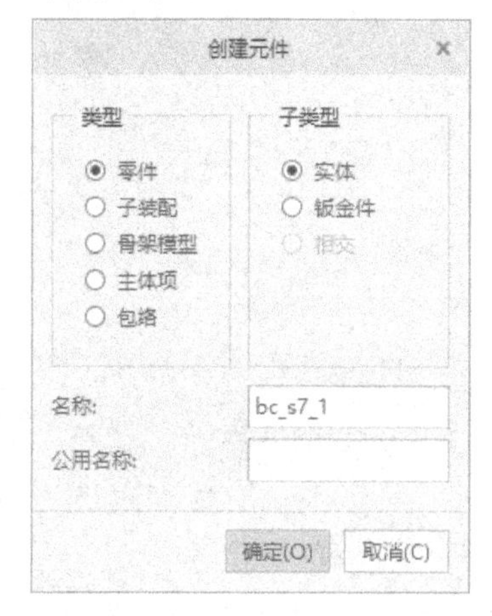

图 7-7 “创建元件”对话框

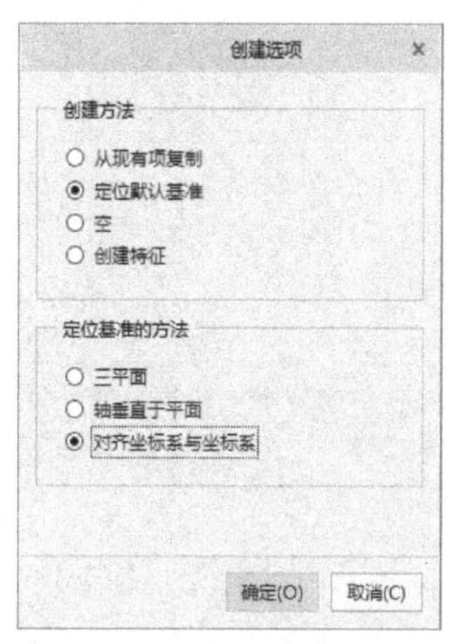

图 7-8 “创建选项”对话框

（4）系统提示选择坐标系。选择装配坐标系 ASM_DEF_CSYS。

此时，在装配中建立了一个实体零件，该实体零件自动被激活，并且在该零件中提供预定义好的 3 个基准平面和一个 CS0 坐标系，如图 7-9 所示。

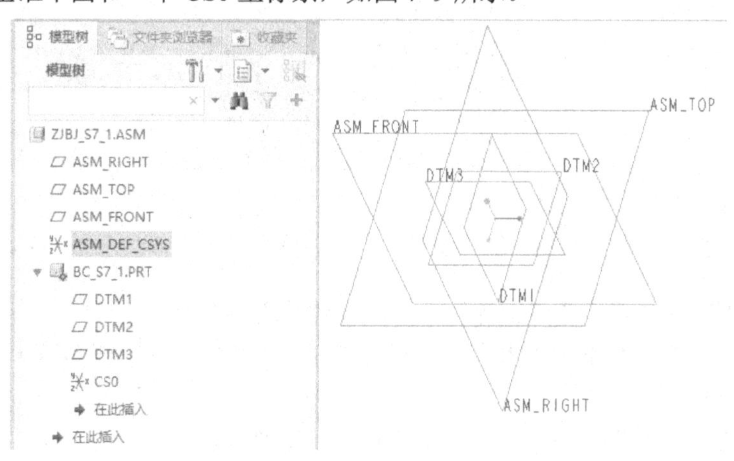

图 7-9 创建了一个实体零件文件

可以隐藏装配的基准平面 ASM_RIGHT、ASM_TOP、ASM_FRONT，其方法是在模型树中结合〈Ctrl〉键选择这 3 个基准平面，接着从出现的浮动工具栏中单击（隐藏）按钮。

步骤 2：创建拉伸实体。

（1）在功能区的“模型”选项卡中单击“形状”组中的（拉伸）按钮，打开“拉伸”选项卡。

（2）在“拉伸”选项卡中打开“放置”面板，接着从该面板中单击“定义”按钮，弹出“草绘”对话框。选择 DTM2 基准平面作为草绘平面，默认的草绘方向参考为 DTM1 基准平面，方向选项为“右”，如图 7-10 所示，然后单击“草绘”对话框中的“草绘”按钮，进入草绘器。

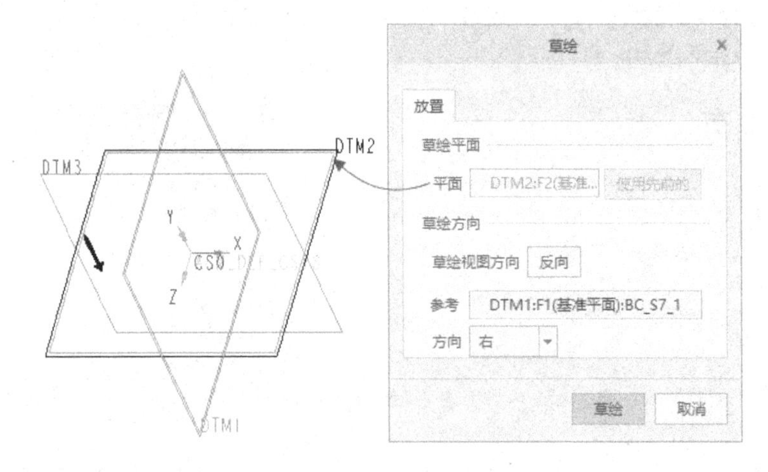

图 7-10　定义草绘平面及草绘方向

（3）绘制图 7-11 所示的图形，单击（确定）按钮。

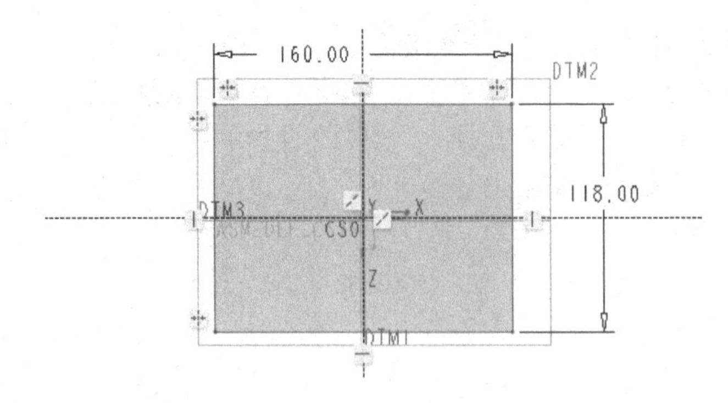

图 7-11　绘制图形

（4）在“拉伸”选项卡中设置深度（拉伸厚度）值为“40”。

（5）在“拉伸”选项卡中单击（完成）按钮，创建的拉伸实体如图 7-12 所示。

步骤 3：打开 bc_s7_1.prt 零件。

（1）在模型树中单击 bc_s7_1.prt 节点以选中该零件节点。

（2）从弹出的浮动工具栏中单击（打开）按钮，如图 7-13 所示。

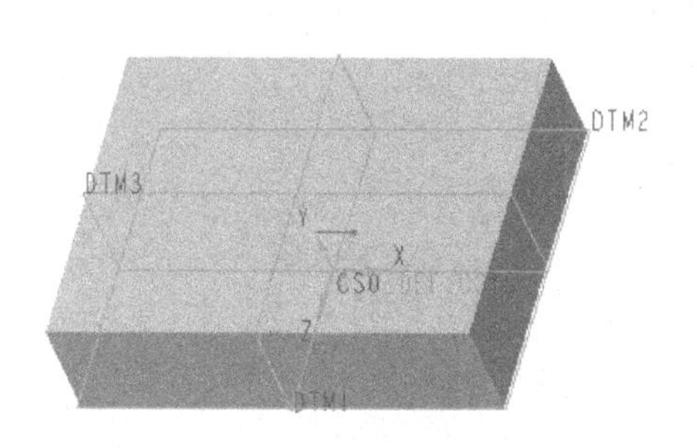

图 7-12 创建的拉伸实体

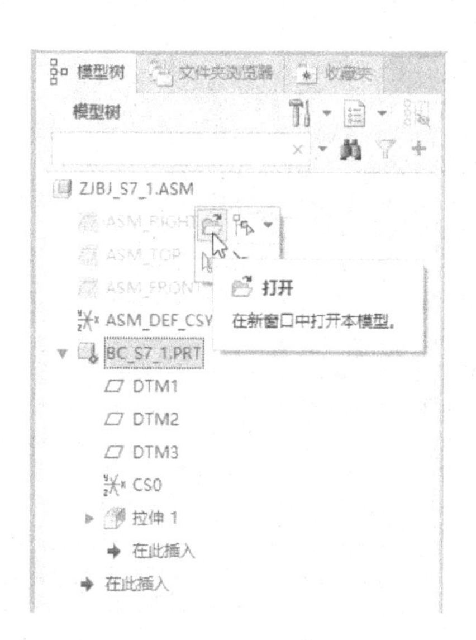

图 7-13 单击“打开”按钮

在单独窗口中打开 bc_s7_1.prt，如图 7-14 所示。

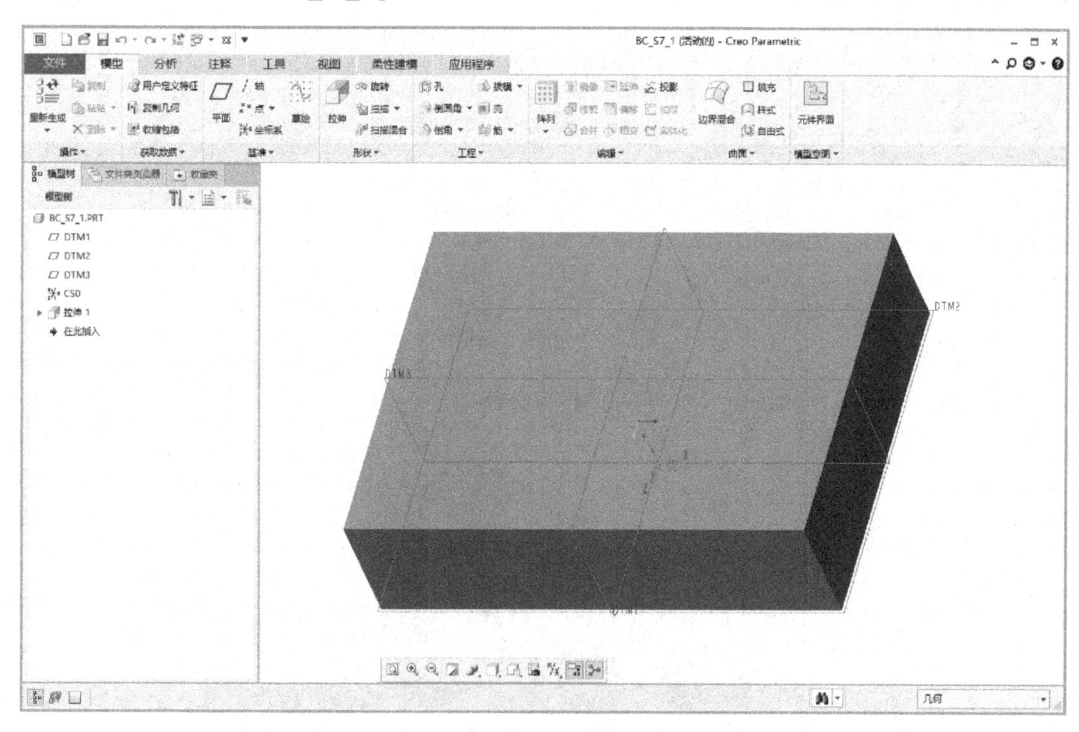

图 7-14 打开零件

步骤 4：转换为钣金件。

（1）在零件设计窗口中，从功能区的“模型”选项卡中单击“操作”组溢出按钮，如图 7-15 所示，接着从弹出的“组”溢出列表中选择“转换为钣金件”命令，打开图 7-16 所示的“第一壁”选项卡。

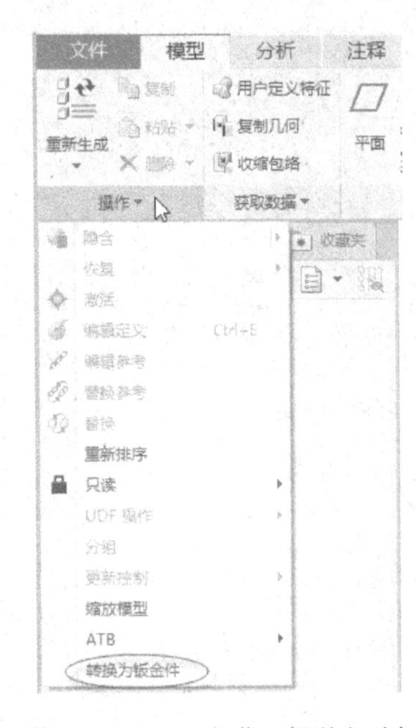

图 7-15 打开“操作”组溢出列表

图 7-16 “第一壁”选项卡

（2）在“第一壁”选项卡中单击 （壳）按钮，打开图 7-17 所示的“壳”选项卡。

图 7-17 “壳”选项卡

（3）选择图 7-18 所示的实体面作为要移除的曲面。

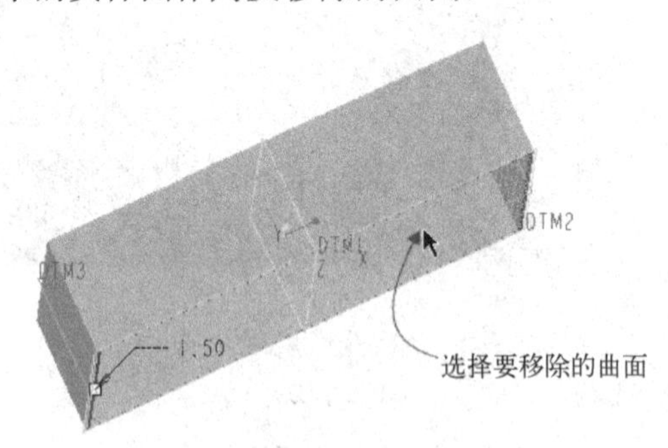

图 7-18 选择要移除的实体面

（4）在“壳”选项卡中设置壁厚度值为“1.5”。

（5）在“壳”选项卡中单击 （完成）按钮，原始实体模型转换为钣金件的第一壁，转换后的模型效果如图 7-19 所示。

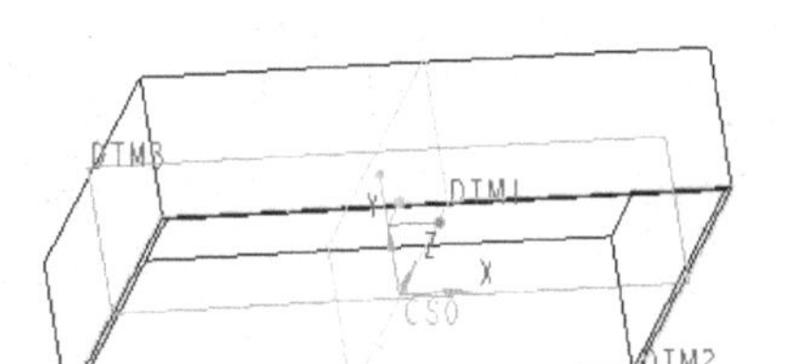

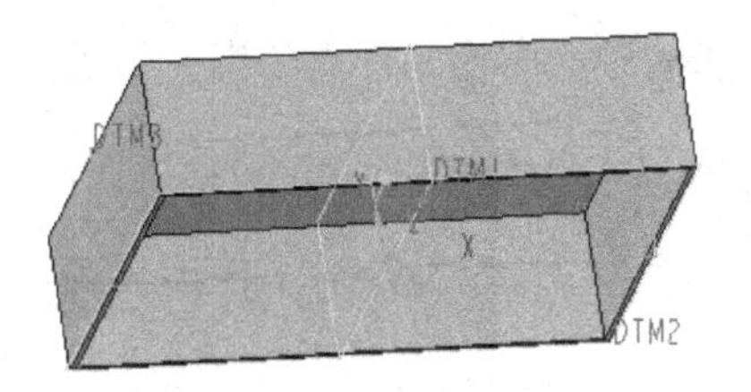

图 7-19　转换为钣金件第一壁

步骤 5：创建钣金件转换特征。

（1）在功能区“模型”选项卡的“工程”组中的单击（转换）按钮，打开“转换”选项卡。

（2）在“转换”选项卡中单击（边扯裂）按钮（见图 7-20），打开“边扯裂”选项卡。

图 7-20　在“转换”选项卡中单击“边扯裂”按钮

（3）在图形窗口中，选择图 7-21 所示的边 1，接着按住〈Ctrl〉键的同时单击图 7-21 所示的边 2、边 3 和边 4。所选的 4 条边将成为“边扯裂 1”集的组成参考。

（4）在“边扯裂”选项卡中打开“放置”面板，从“类型”下拉列表框中默认选择“[开放]”选项，取消勾选“封闭拐角”复选框。

（5）在“边扯裂”选项卡中单击（完成）按钮，返回到“转换”选项卡。

（6）在“转换”选项卡中单击（拐角止裂槽）按钮，打开“拐角止裂槽”选项卡。此时，“拐角止裂槽”选项卡中的（自动全选）按钮默认处于被选中的状态以自动选择止裂槽的所有拐角，如图 7-22 所示。

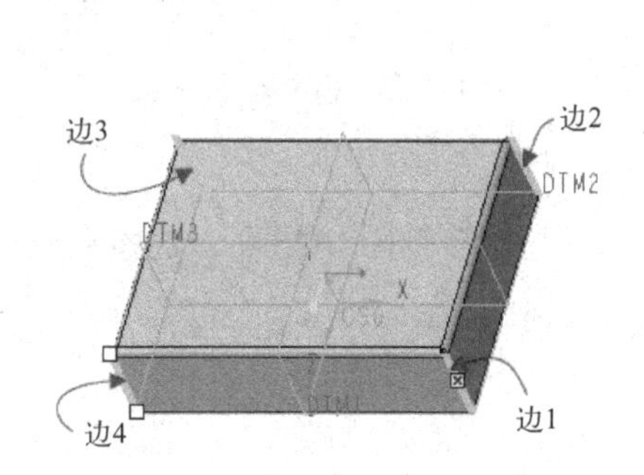

图 7-21　指定边扯裂参考

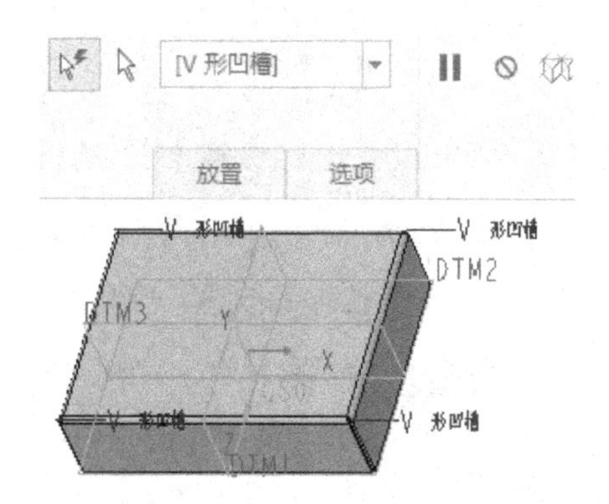

图 7-22　自动选择止裂槽的所有拐角

（7）从“类型”下拉列表框中选择“圆形”选项，接着在“拐角止裂槽”选项卡的“放置”面板中设置该止裂槽的锚点和相关的形状尺寸等，如图 7-23 所示。

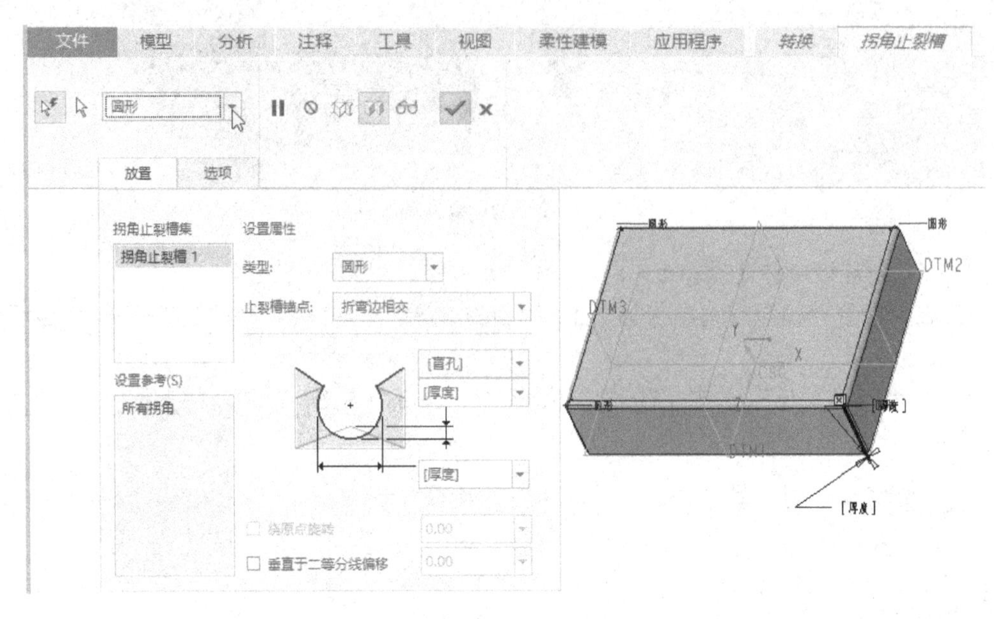

图 7-23 设置止裂槽类型及相关参数、选项

（8）在“拐角止裂槽”选项卡中单击“选项”标签以打开“选项”面板，如图 7-24 所示，确保勾选“创建止裂槽几何”复选框。

（9）在“拐角止裂槽”选项卡中单击（完成）按钮，返回到“转换”选项卡。

（10）在“转换”选项卡中单击（完成）按钮，此时完成转换特征的钣金件模型显示如图 7-25 所示。

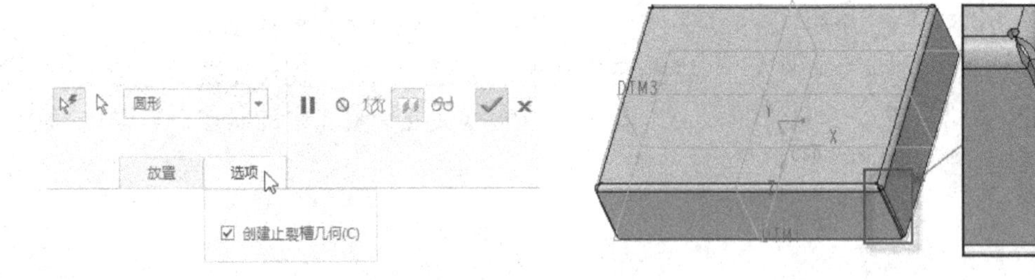

图 7-24 确保选中“创建止裂槽几何”复选框

图 7-25 模型效果

步骤 6：拉伸切除 1。

（1）单击（拉伸）按钮，打开“拉伸”选项卡，暂时接受图 7-26 所示的按钮设置。

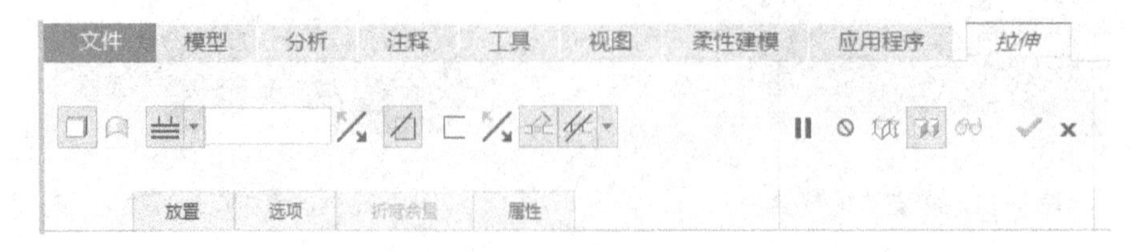

图 7-26 “拉伸”选项卡

（2）在“拉伸”选项卡中打开“放置”面板，从中单击“定义”按钮，弹出“草绘”对话框。选择 DTM2 基准平面作为草绘平面，默认的草绘方向参考为 DTM1 基准平面，方向选项为“右”，接着从“草绘”对话框中单击“草绘”按钮，进入草绘器。

（3）绘制图 7-27 所示的剖面，单击✔（确定）按钮。

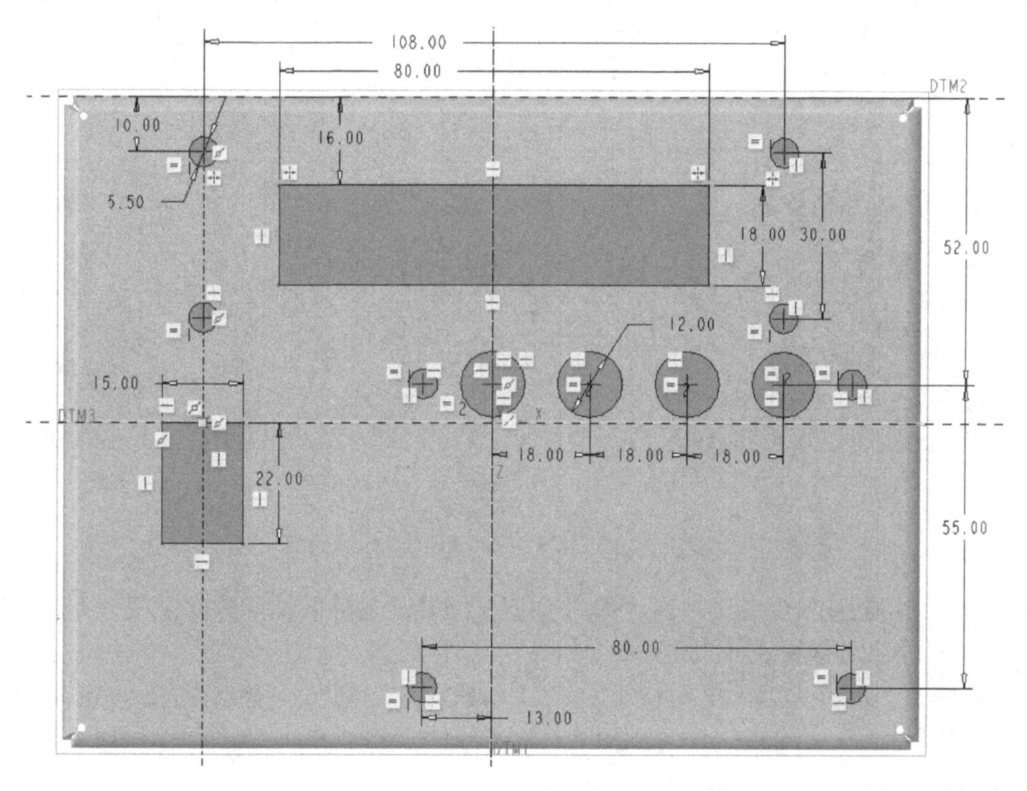

图 7-27　绘制剖面 1

（4）“拉伸”选项卡的深度选项默认为“ （到下一个）”，单击 （将拉伸的深度方向更改为草绘的另一侧）按钮来获得所需的深度方向。

（5）在“拉伸”选项卡中单击✔（完成）按钮，完成该拉伸切除操作得到的钣金效果如图 7-28 所示。

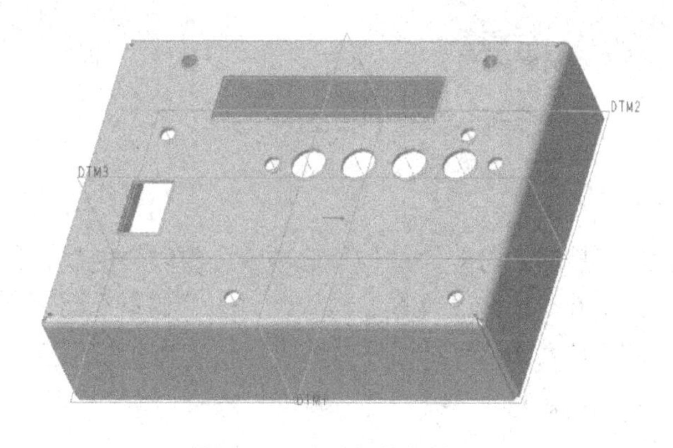

图 7-28　完成拉伸切除 1

步骤7：拉伸切除2。

（1）单击 （拉伸）按钮，打开“拉伸”选项卡，暂时接受默认的按钮设置。

（2）在“拉伸”选项卡中打开“放置”面板，接着单击“定义”按钮，弹出“草绘”对话框。选择DTM3基准平面作为草绘平面，默认的草绘方向参考为DTM1基准平面，方向选项为“右”，单击“草绘”对话框中的“草绘”按钮，进入草绘器。

（3）绘制图7-29所示的剖面，单击 （确定）按钮。

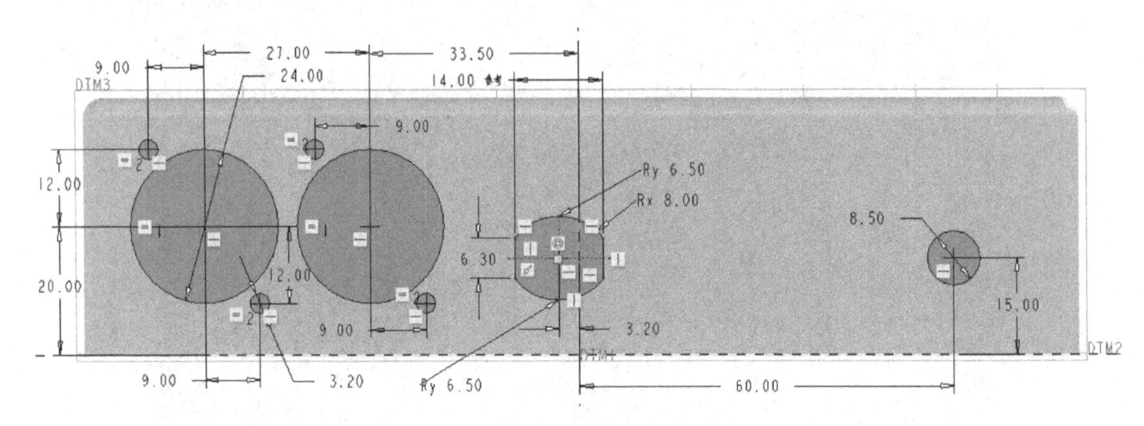

图7-29 绘制剖面2

（4）采用默认的深度选项为“ （到下一个）”。也可以设置深度选项为“ （盲孔）”，并设置拉伸深度值为“80”。

（5）在“拉伸”选项卡中单击 （完成）按钮，完成该拉伸切除操作得到的钣金件效果如图7-30所示。

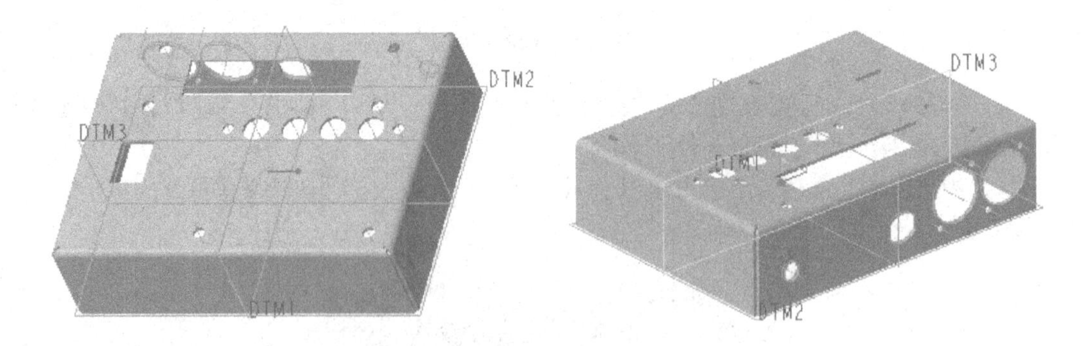

图7-30 完成拉伸切除2

步骤8：拉伸切除3。

（1）单击 （拉伸）按钮，打开“拉伸”选项卡，暂时接受默认的按钮设置。

（2）在“拉伸”选项卡中打开“放置”面板，单击“放置”面板上的“定义”按钮，弹出“草绘”对话框，接着在“草绘”对话框中单击“使用先前的”按钮。

（3）绘制图7-31所示的剖面，单击 （确定）按钮。

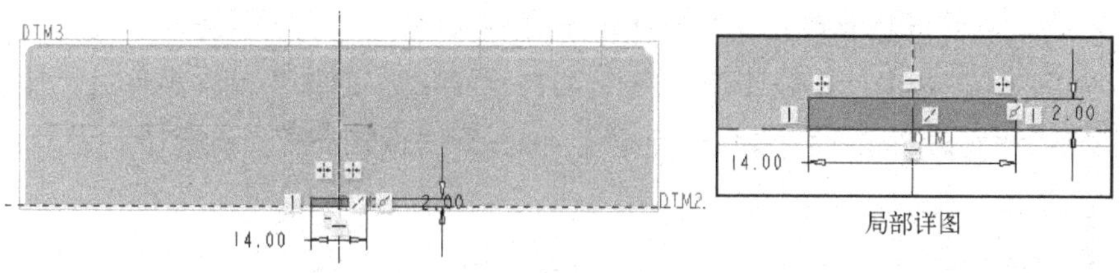

图 7-31 绘制剖面 3

（4）在“拉伸”选项卡上打开“选项”滑出面板，分别将“侧 1”和“侧 2”的深度选项均设置为“≡（到下一个）”选项。

（5）单击✓（完成）按钮。此时，模型效果如图 7-32 所示。

图 7-32 模型效果

步骤 9：创建草绘孔特征。

（1）在功能区的“模型”选项卡中单击“工程”→（孔）按钮，打开“孔”选项卡。

（2）在“孔”选项卡中单击（使用草绘定义钻孔轮廓）按钮，此时“孔”选项卡提供的按钮选项如图 7-33 所示。

图 7-33 使用草绘定义钻孔轮廓的“孔”选项卡

（3）在“孔”选项卡中单击（激活草绘器以创建剖面）按钮，进入草绘器。

（4）绘制图 7-34 所示的剖面（包含一条竖直的几何中心线），单击✓（确定）按钮。

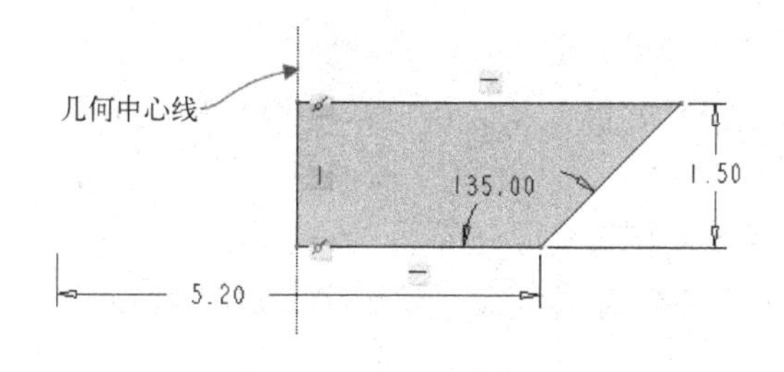

图 7-34 绘制剖面 4

（5）在模型中选定放置参考（主放置参考），约束类型默认为“线性”，接着在“放置”面板中单击激活“偏移参考”收集器，选择 DTM2 基准平面作为偏移参考 1，按住〈Ctrl〉键选择图 7-35 所示的钣金面作为偏移参考 2，然后在“偏移参考”收集器设置它们相应的偏移距离。

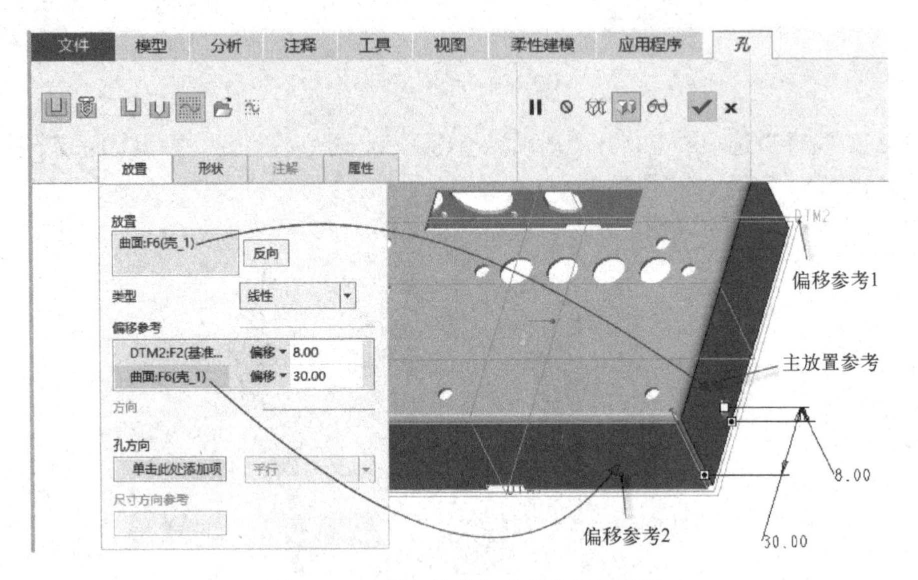

图 7-35　定义主放置参考和偏移参考等

（6）在“孔”选项卡中单击✓（完成）按钮，创建的一个草绘孔特征如图 7-36 所示。

图 7-36　创建的草绘孔

步骤 10：镜像操作。

（1）选中刚创建的草绘孔特征，从功能区的“模型”选项卡中单击“编辑”→ （镜像）按钮，打开“镜像”选项卡。

（2）选择 DTM3 基准平面作为镜像平面。

（3）在“镜像”选项卡中单击✓（完成）按钮，镜像结果如图 7-37 所示。

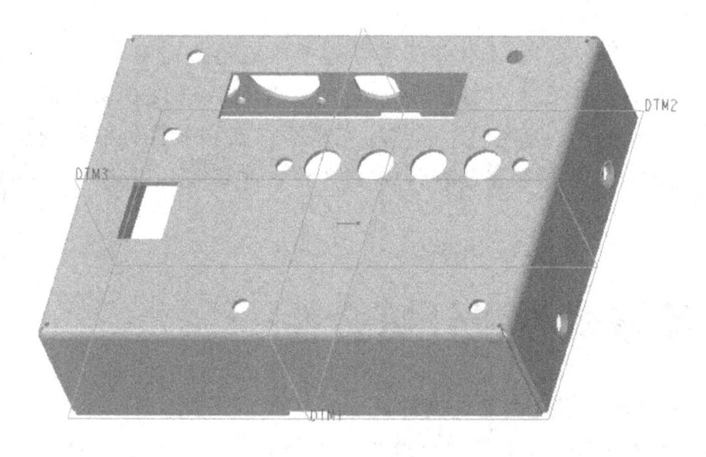

图 7-37　镜像结果

步骤 11：继续镜像操作。

（1）在模型树中选择第 1 个草绘孔特征，按住〈Ctrl〉键并单击经镜像得到的第 2 个草绘孔特征，从浮动工具栏中单击镜像（镜像）按钮，打开“镜像”选项卡。

（2）选择 DTM1 基准平面作为镜像平面。

（3）在“镜像”选项卡中单击✔（完成）按钮。

步骤 12：保存文件并关闭该零件文件。

（1）在“快速访问”工具栏中单击保存（保存）按钮，系统弹出“保存对象”对话框。

（2）指定要保存的路径（建议建立一个专门的工作目录，指定将文件保存在该工作目录下），单击“确定”按钮。

（3）在“快速访问”工具栏中单击关闭（关闭）按钮，关闭该零件文件窗口并将对象仍然留在会话中，返回到装配窗口中，如图 7-38 所示，此时装配处于活动状态。

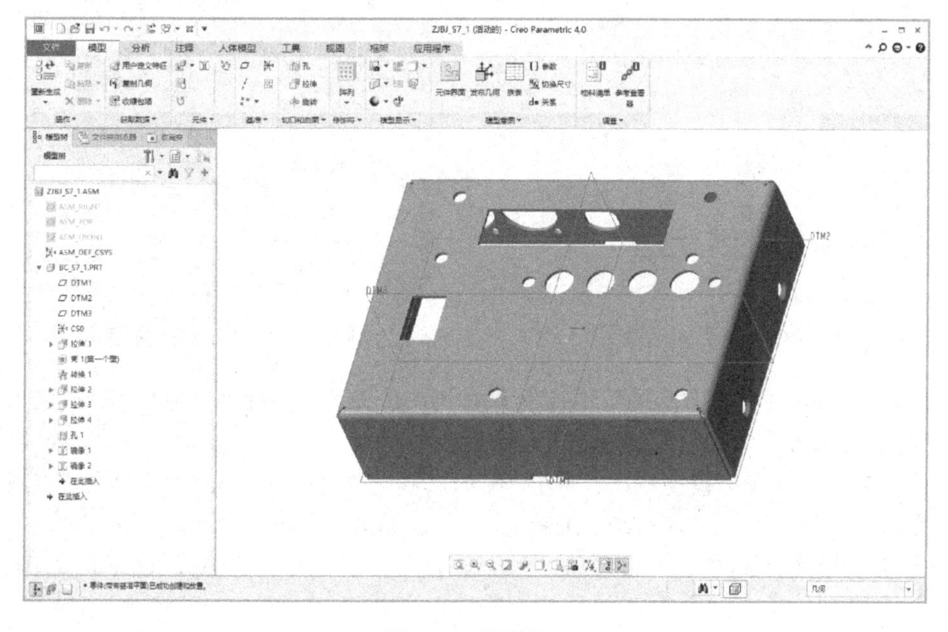

图 7-38　装配窗口

知识点拨：在本例中，也可以不用在模型树中通过单击对象并利用浮动工具栏中的（打开）按钮来在单独的零件窗口中打开 bc_s7_1.prt 零件，而是在装配中一直使 bc_s7_1.prt 元件处于激活状态，并为该元件建模。而建模完成后，在导航区的装配模型树中选择顶级装配名称 ZJBJ_S7_1.ASM，然后从出现的浮动工具栏中选择（激活）命令按钮，以激活顶级装配。

7.4 在装配模式下设计钣金件

步骤 1：在装配模式下创建钣金件文件。

（1）在功能区“模型”选项卡的“元件”组中单击（创建）按钮，打开“创建元件”对话框。

（2）在“创建元件”对话框中，从“类型”选项组中选择“零件”单选按钮，从“子类型”选项组中选择“钣金件”单选按钮，在“名称”文本框中输入元件名称为“bc_s7_2”，如图 7-39 所示，单击“确定”按钮。

（3）系统弹出“创建选项”对话框，在“创建方法”选项组中选择“定位默认基准”单选按钮，在“定位基准的方法”选项组中选择“对齐坐标系与坐标系”单选按钮，如图 7-40 所示，然后单击“确定”按钮。

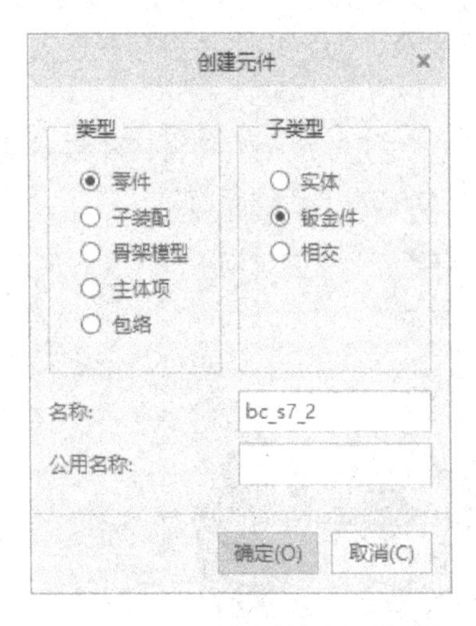

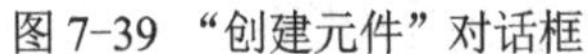
图 7-39 “创建元件”对话框

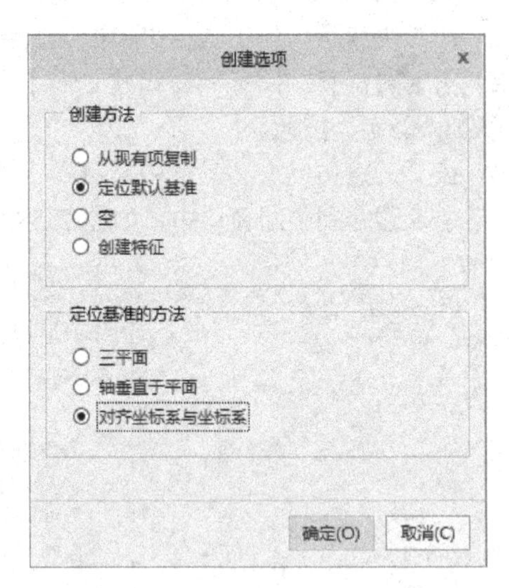

图 7-40 “创建选项”对话框

（4）系统提示：“选择坐标系”。在装配模型树中选择装配坐标系 ASM_DEF_CSYS。

步骤 2：隐藏 bc_s7_1.prt 中的基准平面。

（1）在导航区的装配模型树中，结合〈Ctrl〉键选择 bc_s7_1.prt 节点下的基准坐标系 CS0 以及基准平面 DTM1、DTM2 和 DTM3，右击，弹出一个快捷菜单。

（2）从出现的浮动工具栏中选择（隐藏）命令按钮。此时，模型树如图 7-41 所示。

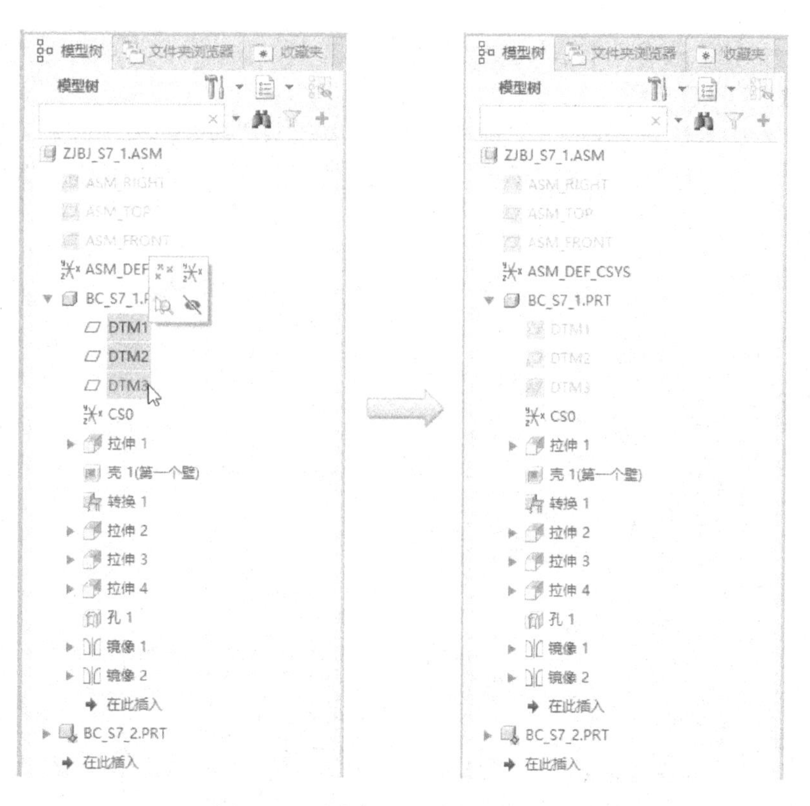

图 7-41　隐藏指定零件中的基准平面

步骤 3：创建拉伸壁作为钣金第一壁。

（1）单击 （拉伸）按钮，打开“拉伸”选项卡。

（2）在“拉伸”选项卡中打开“放置”面板，接着单击该面板中的“定义”按钮，弹出“草绘”对话框。在模型树中选择该钣金件的 DTM3 基准平面定义草绘平面，默认以 DTM1 基准平面为“右”方向参考，单击“草绘”对话框的“草绘”按钮，进入草绘器。

（3）在“图形”工具栏中单击“显示样式”图标并从打开的“显示样式”列表中单击 （隐藏线）按钮，以临时启用“隐藏线”显示样式，使在绘制过程中可以清楚地看到另一零件的轮廓线和隐藏线。绘制图 7-42 所示的图形，单击 （确定）按钮。

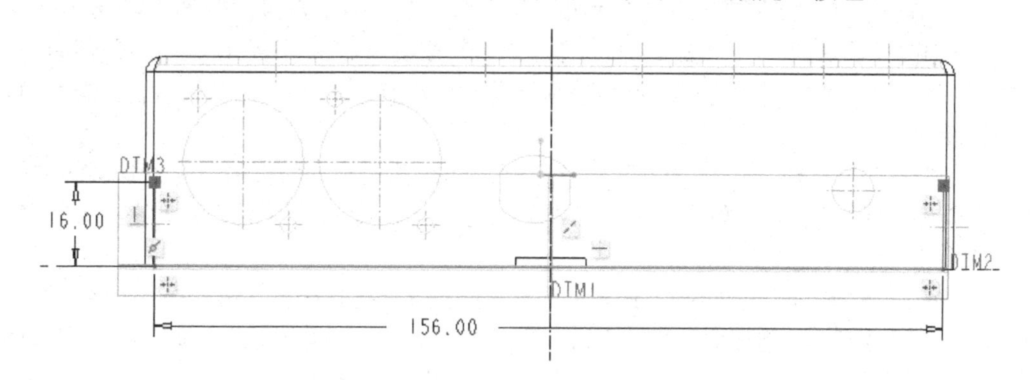

图 7-42　绘制图形

（4）在“拉伸”选项卡中输入壁的厚度值为“1.5”，输入拉伸深度值为“114.2”，并选择“⊟（对称）”深度选项。

（5）在“拉伸”选项卡上打开“选项”面板，接着从“钣金件选项”选项组中勾选“在锐边上添加折弯”复选框，并在“半径”下拉列表框中选择“厚度”选项，设置标注折弯的方式选项为“内侧”，如图7-43所示。

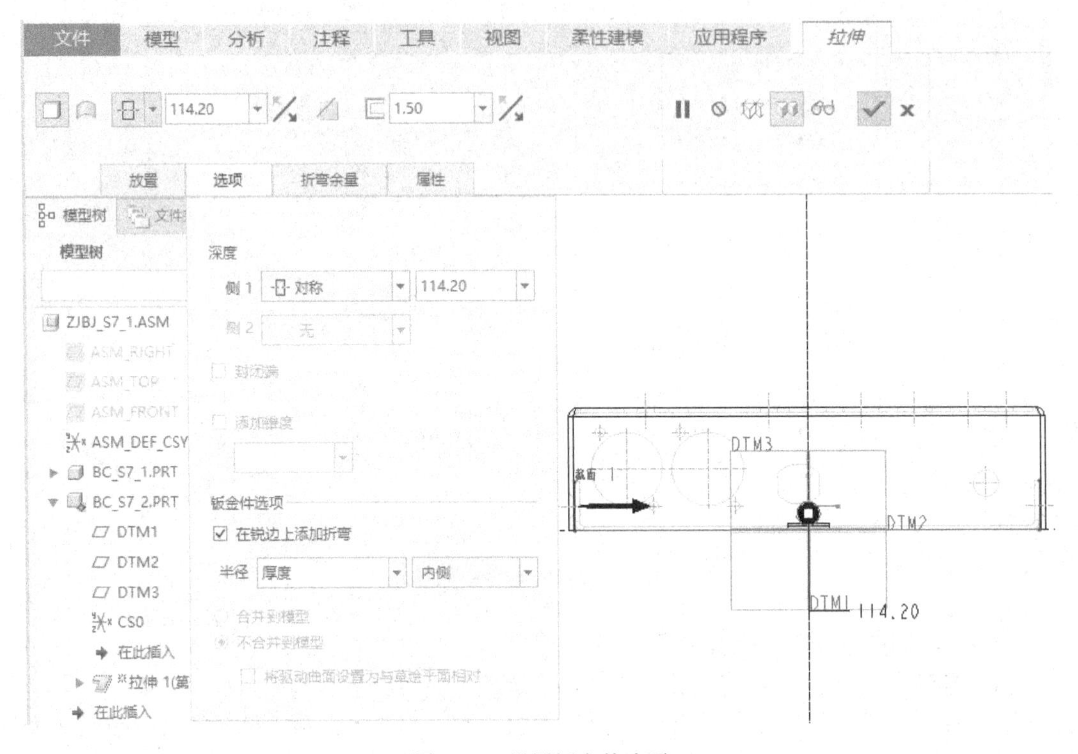

图7-43 设置钣金件选项

（6）单击“拉伸”选项卡上的✓（完成）按钮，完成的拉伸壁作为该钣金件的第一壁。此时，可以在“图形”工具栏中将模型显示样式设置为“着色”。

步骤4：创建孔特征。

（1）从功能区的“模型”选项卡中单击“工程”→（孔）按钮，打开“孔”选项卡。

（2）在“孔”选项卡中单击（创建标准孔）按钮，从（螺钉尺寸）下拉列表框中选择“M3x.5”，暂时接受默认的钻孔深度值，并确保没有选中（添加埋头孔）按钮和（添加沉孔）。

（3）在bc_s7_1.prt零件中选择其中一个草绘孔的轴线作为放置主参考，默认的主放置约束类型为“同轴”（“类型”下拉列表框为灰色显示，表示此时不可更改此约束类型），如图7-44所示。

（4）按住〈Ctrl〉键选择图7-45所示的bc_s7_2.prt零件钣金面（鼠标光标所指，注意在单击选择此钣金面之前需要单击鼠标右键在当前鼠标光标下的各面对象之间切换，直到遍历切换至所需的钣金面时再单击以选中它）作为另一个放置参考。

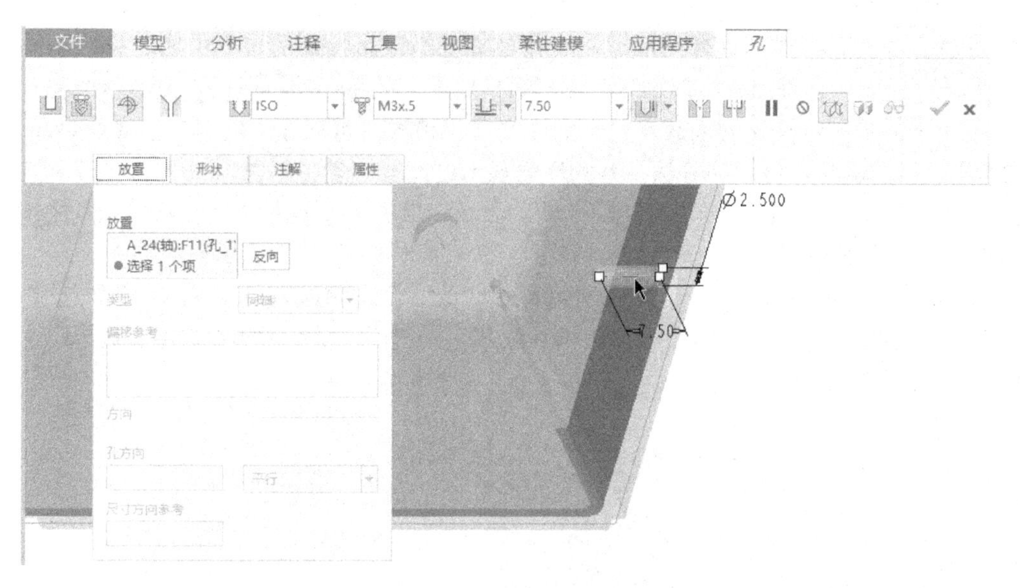

图 7-44　指定主放置参考

图 7-45　指定另一个放置参考

（5）在“孔”选项卡的“注解”面板中，默认勾选“添加注解”复选框。最后在“孔”选项卡中单击✔（完成）按钮。此时，产品模型效果如图 7-46 所示，图中显示了孔注解。

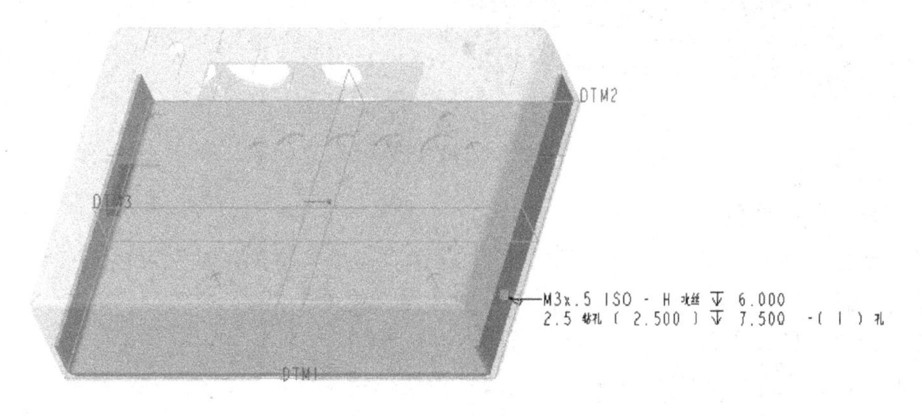

图 7-46　产品模型效果

可能有的读者会遇到这样的问题：在创建标准螺纹孔特征的过程中明明设置了添加注解，但是在完成该孔特征后，却没有在图形窗口中看到孔特征的注解，这是为什么呢？这是因为关闭了注释显示模式的缘故。要开启注释显示模式，可以在“图形”工具栏中单击（注释显示过滤器）按钮，接着从打开的注释显示过滤器列表中单击（注释显示）按钮以选中它。亦可以在功能区“视图”选项卡的“显示”组中通过单击（注释显示）按钮来打开或关闭注释显示模式。

此时，通过在模型树中设置，将 bc_s7_1.prt 零件隐藏起来，即在模型树中选择 bc_s7_1.prt 零件，在浮动工具栏中单击（隐藏）按钮。可以在图形窗口中看到 bc_s7_2.prt 钣金件，如图 7-47 所示。

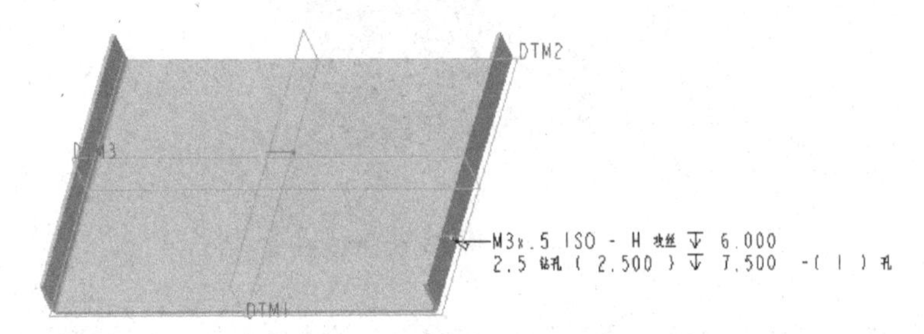

图 7-47　第 2 个钣金件效果

步骤 5：镜像操作。

（1）选中刚创建的标准孔特征（即“孔 1”特征），从功能区的“模型”选项卡中单击“编辑”→（镜像）按钮，或者在浮动工具栏中单击（镜像）按钮，打开“镜像”选项卡。

（2）选择 DTM3 基准平面作为镜像平面。

（3）单击“镜像”选项卡中的（完成）按钮，镜像结果如图 7-48 所示。

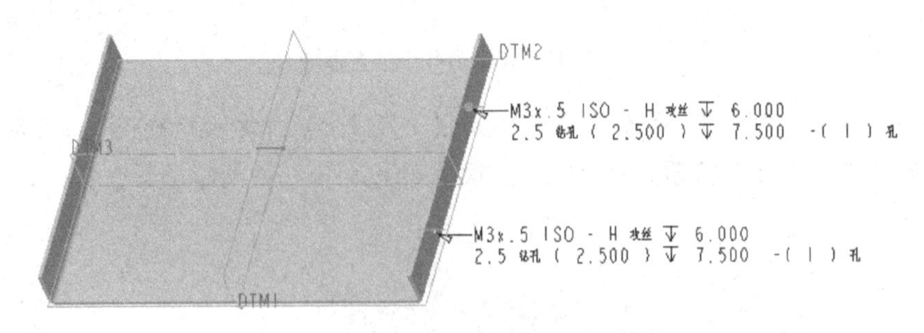

图 7-48　镜像结果 1

步骤 6：继续镜像操作。

（1）按住〈Ctrl〉键的同时并在模型树上选择“孔 1”特征，从功能区的“模型”选项卡中单击“编辑”→（镜像）按钮，打开“镜像”选项卡。

（2）选择 DTM1 基准平面作为镜像平面。

（3）单击“镜像”选项卡中的（完成）按钮，镜像结果 2 如图 7-49 所示。

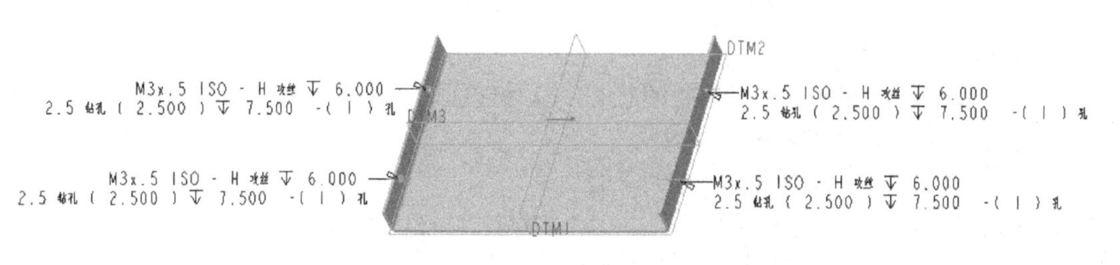

图 7-49 镜像结果 2

步骤 7：关闭注释显示。

（1）在功能区中切换至“视图”选项卡，从“显示”组中单击（注释显示）按钮以取消选中它，即取消（注释显示）按钮的选中状态。

（2）在功能区中单击“模型”标签以切换回“模型”选项卡。

步骤 8：创建连接平整壁。

（1）从“形状”组中单击（平整）按钮，打开“平整”选项卡。

（2）默认的形状选项为“矩形”选项，从（折弯角度）下拉列表框中选择“平整”选项。

（3）选择图 7-50 所示的一条边作为连接边。

（4）在“平整”选项卡中打开“形状”面板，从中设置图 7-51 所示的形状尺寸。

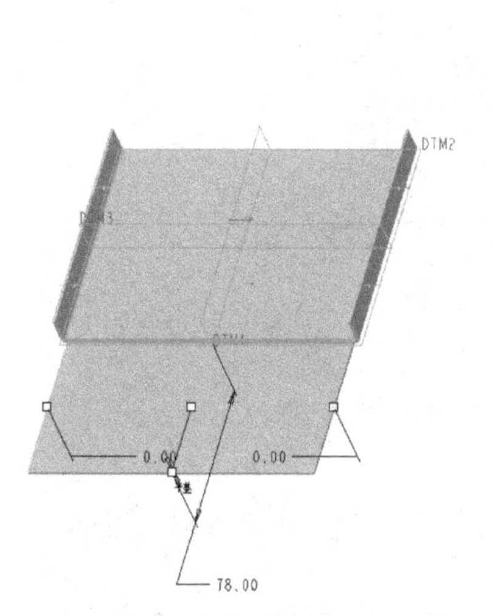

图 7-50 指定连接边

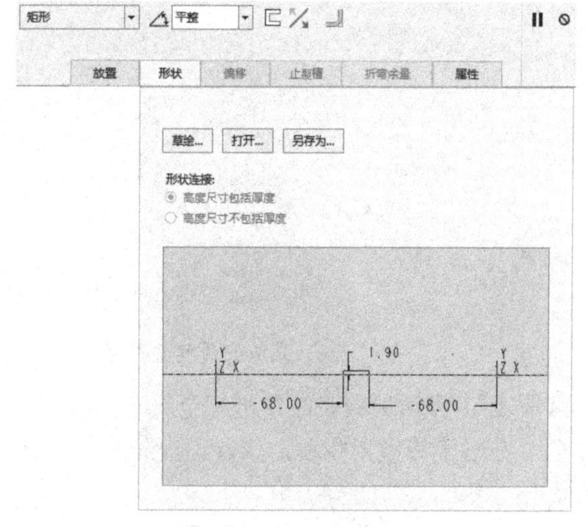

图 7-51 设置形状尺寸

（5）在“平整”选项卡中单击（完成）按钮，完成创建的一个平整壁如图 7-52 所示。

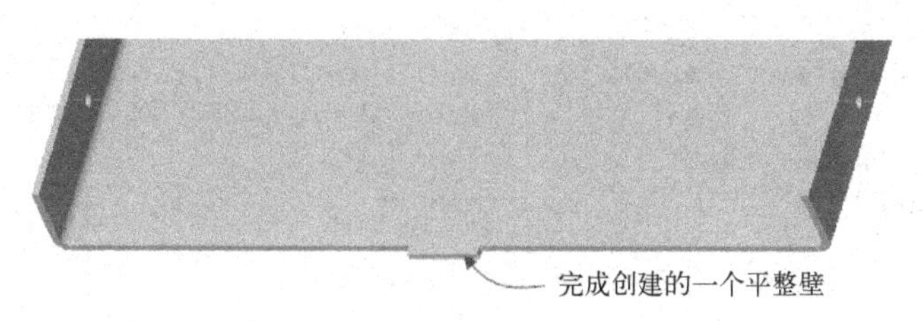

图 7-52 完成创建的一个平整壁

步骤 9：镜像操作。

（1）刚创建的平整壁处于被选中的状态，从功能区的“模型”选项卡中单击“编辑”→（镜像）按钮，打开“镜像”选项卡。

（2）选择 DTM3 基准平面作为镜像平面。

（3）单击“镜像”选项卡中的（完成）按钮，镜像结果如图 7-53 所示。

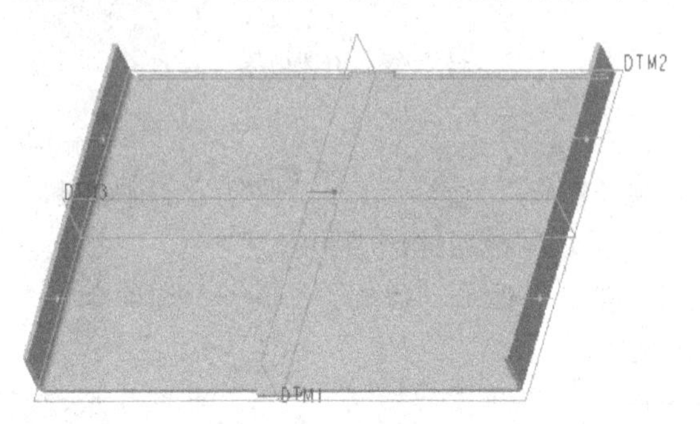

图 7-53　镜像结果 3

此时，可以取消隐藏 bc_s7_1.prt 零件了，即在模型树中选择 bc_s7_1.prt 零件名称，接着从浮动工具栏中单击（显示）按钮。此时，可以看到钣金盒如图 7-54 所示。

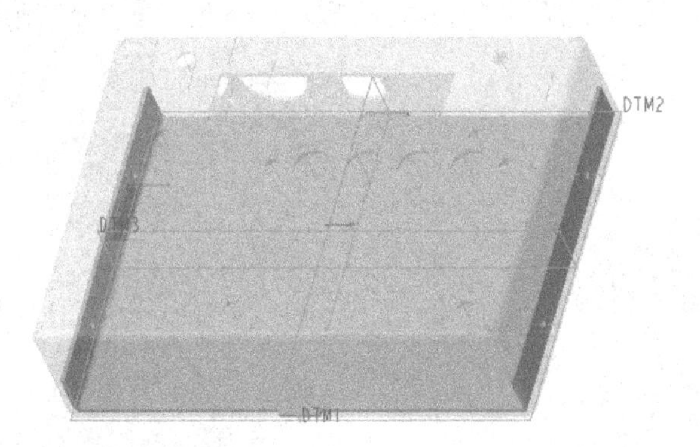

图 7-54　完成的钣金盒模型（第二个零件处于被激活状态时）

步骤 10：激活顶级装配并进行全局干涉检查。

（1）在装配模型树中单击选择顶级装配名，从弹出的浮动工具栏中单击（激活）命令按钮。

（2）在功能区中单击“分析”标签以切换到“分析”选项卡，如图 7-55 所示，单击（全局干涉）按钮，打开“全部干涉”对话框。

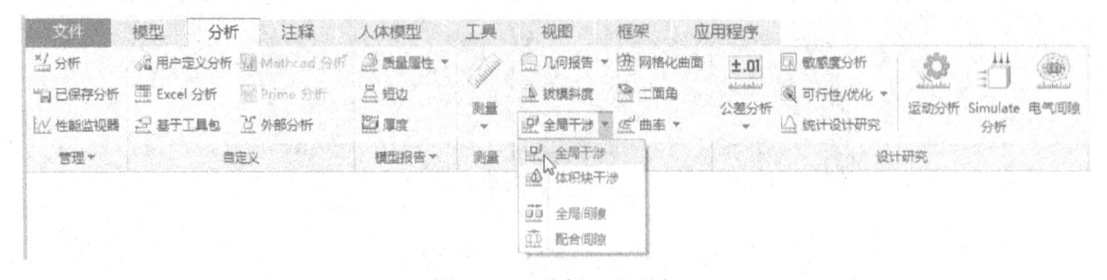

图 7-55　“分析”选项卡

（3）在“全局干涉”对话框的“分析”选项卡中，从“设置”选项组中选择“仅零件”单选按钮，从“计算”选项组中选择“精确”单选按钮，然后单击“预览”按钮，计算结果显示没有干涉零件，如图7-56所示。

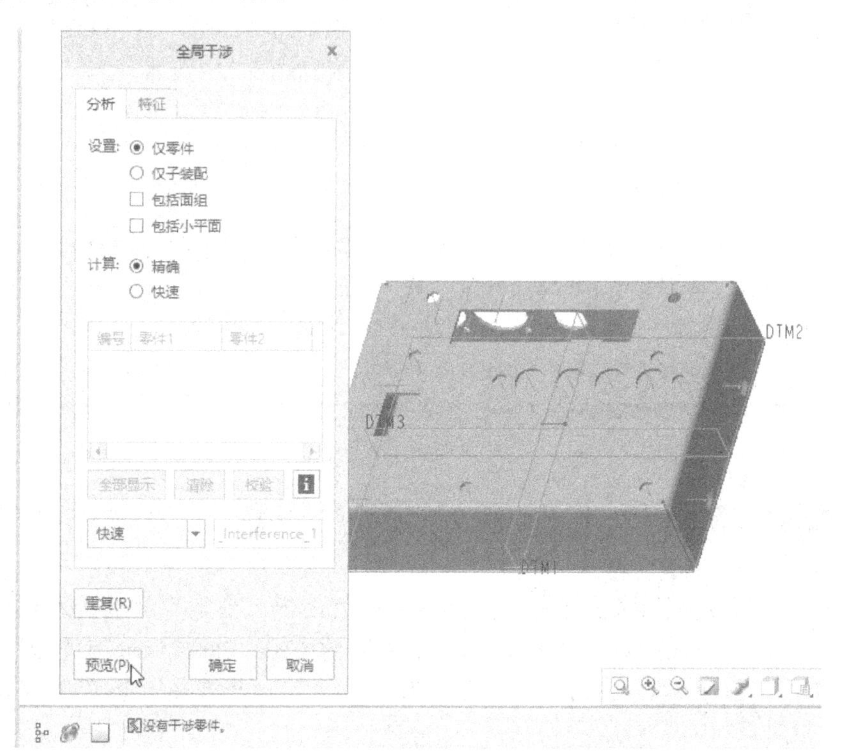

图7-56　利用“全局干涉”对话框进行产品全局干涉检查

（4）在“全局干涉”对话框中单击“确定”按钮。

步骤11：保存文件。

（1）在“快速访问”工具栏中单击（保存）按钮，系统弹出“保存对象”对话框。

（2）设置将文件保存在所需的工作目录下，然后从“保存对象”对话框中单击“确定”按钮。

7.5　思考练习

（1）在装配模式下创建钣金件有哪些优点？在什么场合中可以采用在装配模式下设计钣金件？

（2）简述在装配模式下设计钣金件的典型方法。

（3）参考本书介绍的实例，自行设计一个某产品的控制盒的钣金外壳，要求在装配模式下进行设计。

第8章　制作钣金件工程图

本章导读：

当完成钣金件的三维模型设计之后，可以制作（创建）它的工程图。所述的工程图制作是产品设计过程中的一个重要环节。

在本章中，先简单地介绍制作钣金件工程图的典型方法，然后通过相关实例来详细讲解钣金件工程图的制作过程及其典型方法。

8.1　制作钣金件工程图的典型方法

钣金件工程图是钣金件设计的蓝图，它可以使用户有效地表达制造所需要的布局和细节。对钣金件工程图的细节处理方式与任何其他 Creo Parametric 工程图的细节处理方式基本相同，只是钣金件工程图通常还需要显示其展开视图、折弯顺序表和折弯注解等。

在 Creo Parametric 4.0 软件系统中，提供了一个专门的工程图（绘图）模式。使用该工程图（绘图）模式，可以建立零件（包括钣金件）或装配的工程视图，并可以在工程视图中显示或标注尺寸、添加注释、设置公差、使用层来管理不同类型项目的显示等。

在介绍制作钣金工程图的典型方法之前，先简单地介绍如何创建一个工程图文件。建立一个工程图文件的方法如下。

（1）启动 Creo Parametric 4.0 软件后，从“快速访问”工具栏中单击 （新建）按钮，或者选择“文件”→“新建”命令，系统弹出“新建”对话框。

（2）在“新建”对话框的“类型”选项组中选择“绘图”单选按钮，在“名称”文本框中接受默认名称或者输入所需的文件名，接着取消勾选“使用默认模板”复选框，此时，如图 8-1 所示。单击“新建”对话框的“确定”按钮，系统弹出“新建绘图”对话框。

（3）在图 8-2 所示的“新建绘图”对话框中，指定好默认模型和模板选项等，单击“确定”按钮，即可创建一个工程图文件。

在建立的工程图文件中，可以添加钣金件视图、显示尺寸、折弯线注释、折弯顺序表及其他详细信息。注意为钣金件绘图加注折弯线注释，其中包含有关折弯类型、折弯方向和折弯角度的信息；通常只在模型的展开视图（平整视图）中加注折弯线注释。

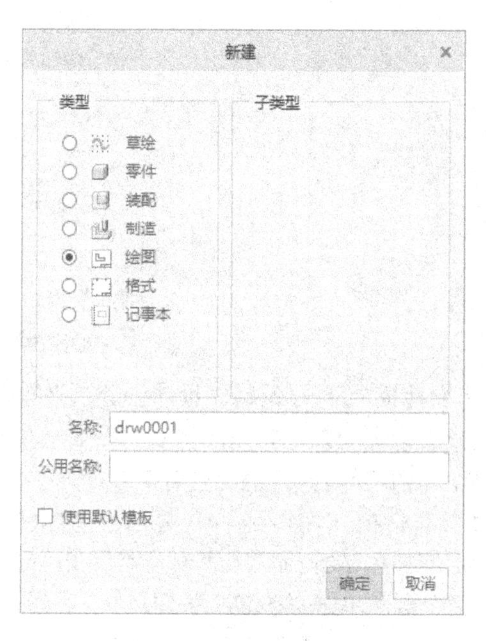

图 8-1 “新建”对话框

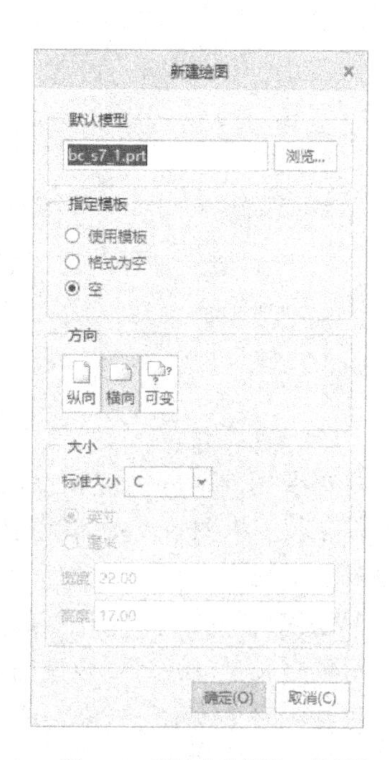

图 8-2 “新建绘图”对话框

至于有关工程图模式的各种工具命令，本书不作深入介绍。这里主要针对钣金件的特点，介绍制作钣金件工程图的典型方法。与一般实体零件工程图不同的是：钣金件工程图通常需要建立展开视图（展平视图），也就是说钣金件工程图通常是多模型绘图，例如其中一个模型为未展开时的钣金件模型，一个为展开时的钣金件模型。

下面介绍制作钣金件工程图的一种典型方法。

（1）打开未展开的钣金件三维模型。

（2）创建展平特征。

（3）使用功能区“工具”选项卡中的 （族表）按钮，将展平特征指定为族表的项目，在族表中创建一个不含展平特征的模型实例。注意在功能区“模型”选项卡的“模型意图”组中也可以单击 （族表）按钮。

（4）新建钣金件工程图，插入展平模型的展平视图。

（5）在工程图中添加新模型，该新模型为不含展平特征的模型实例，插入该模型实例所需的各种视图以表达钣金件信息。

（6）进行显示及标注视图尺寸、注写技术要求、填写标题栏等完善工程图的细节工作。

还有一种制作钣金件工程图的典型方法，就是在钣金件三维模型中，使用“平整状态”命令设置其平整状态，使系统自动在族表中创建一个包含有展平特征的钣金件实例，而在新工程图插入展平模型和未展平模型的方法和上述第一种典型方法中介绍的一样。

那么如何在一个工程图文件中添加多个模型视图呢？

假设已经在工程图文件中创建了一个基础模型的若干视图，此时，要添加另一个绘图模型，则在功能区“布局”选项卡的“模型视图”组中单击 （绘图模型）按钮，如图 8-3 所示，系统弹出一个菜单管理器，该菜单管理器提供了“绘图模型”菜单，如图 8-4 所示，从中选择“添加模型”命令，系统弹出“打开”对话框，浏览并选择到所需的模型来打开即可。

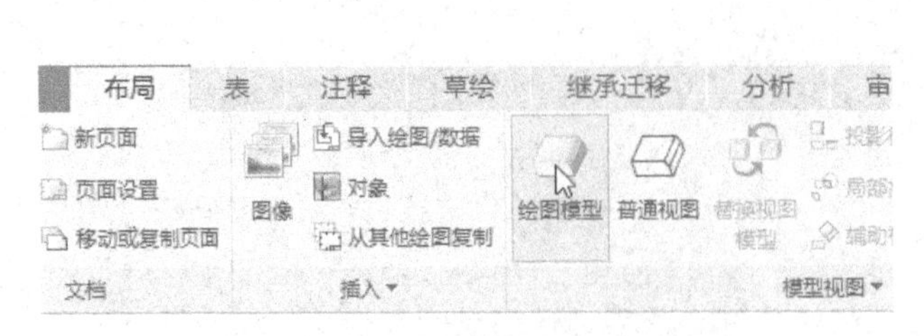

图 8-3　单击“绘图模型”工具按钮

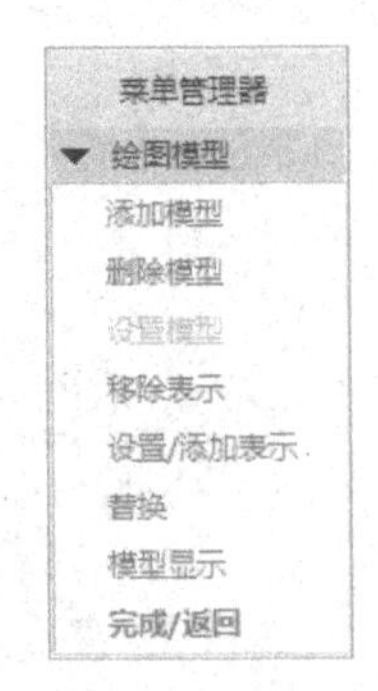

图 8-4　“绘图模型”菜单

另外需要用户掌握的知识点是：在钣金件设计模式下为钣金件设计创建折弯顺序表之后，可以在其工程图中显示该折弯顺序表。要在工程图中显示折弯顺序表，则在模型树中选择钣金件，或者在绘图树中选择一个模型视图，切换到功能区的“注释”选项卡，单击（显示模型注释）按钮，打开“显示模型注释”对话框，切换到（显示模型注释）选项卡，折弯顺序表会以特定颜色突出显示，在图形窗口中选择折弯顺序表，或者在“显示模型注释”对话框的“显示”列中勾选相应注解的复选框，单击“确定”按钮。

8.2　钣金件工程图实例 1

本实例要完成的钣金件工程图如图 8-5 所示。在本实例中，重点学习制作钣金件工程图的其中一种典型方法，学习如何给钣金件建立合适的族表，掌握如何在工程图中添加绘图模型等相关操作知识及技巧等。

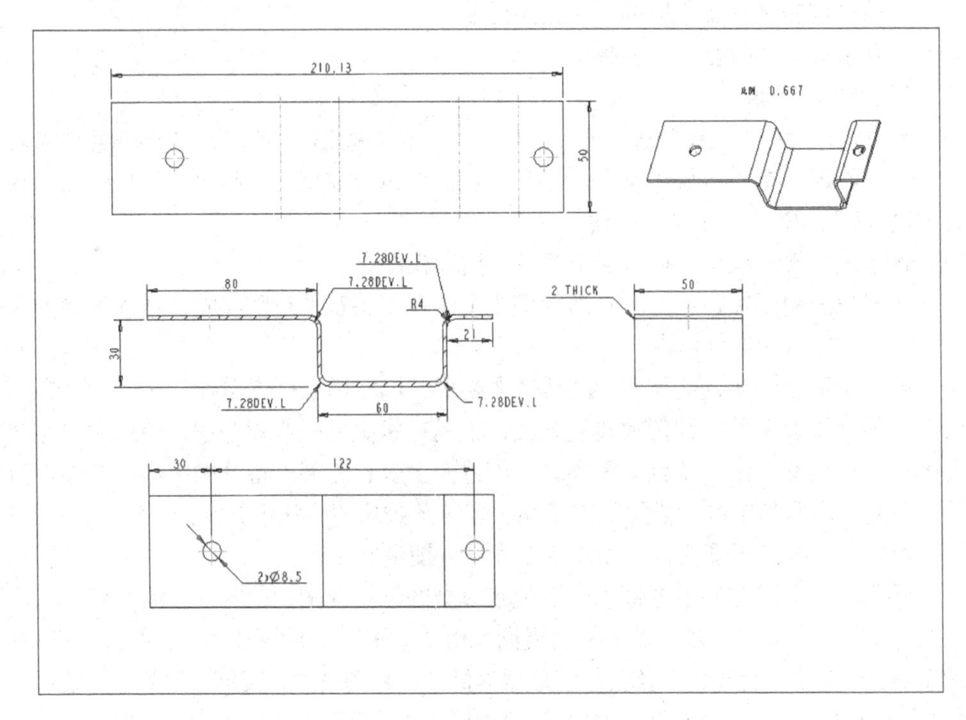

图 8-5　钣金件工程图 1

下面是该实例具体的操作步骤。

步骤 1：设置工作目录。

（1）在指定的磁盘根目录下新建一个文件夹，将附赠网盘资料 CH8 中的文件复制粘贴到该文件夹中。

（2）在 Creo Parametric 4.0 软件的用户界面中，单击“文件”按钮并选择“管理会话”→“选择工作目录”命令，打开“选择工作目录”对话框。

（3）在“选择工作目录”对话框中选择刚建立的文件夹，如图 8-6 所示，然后单击“确定”按钮，完成设置工作目录。

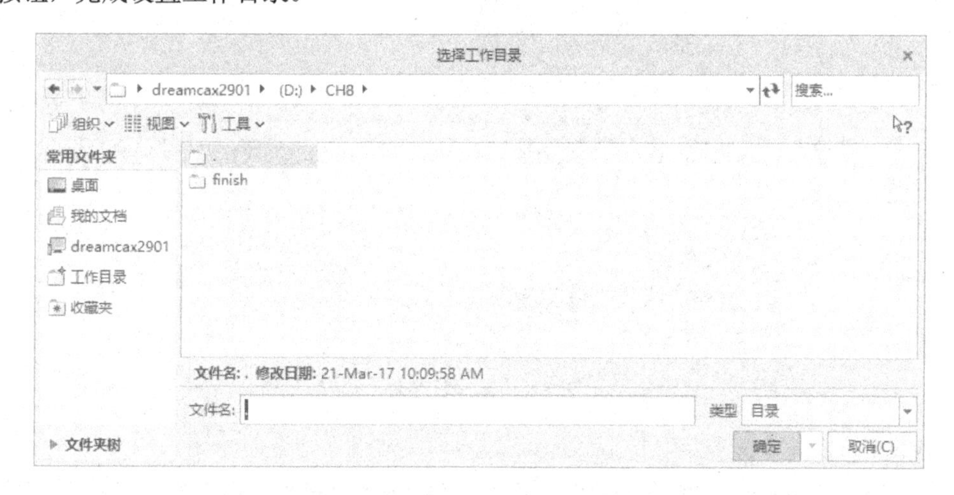

图 8-6 “选择工作目录”对话框

步骤 2：打开钣金件文件。

（1）在“快速访问”工具栏中单击（打开）按钮，系统弹出“文件打开”对话框。

（2）通过“文件打开”对话框在当前工作目录下选择 bc_s8_1.prt。

（3）在“文件打开”对话框中单击“打开”按钮。文件中已经存在的钣金件模型如图 8-7 所示。

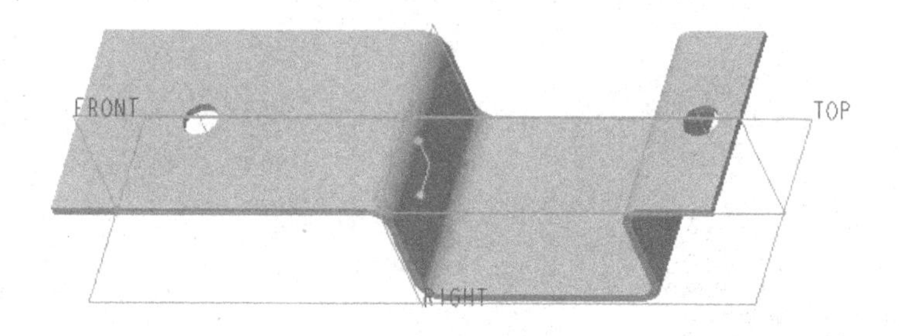

图 8-7 钣金件模型

步骤 3：设定展平钣金件。

（1）在功能区“模型”选项卡的“折弯”组中单击（展平）按钮，打开“展平”选项卡。接受默认的固定几何参考，如图 8-8 所示。

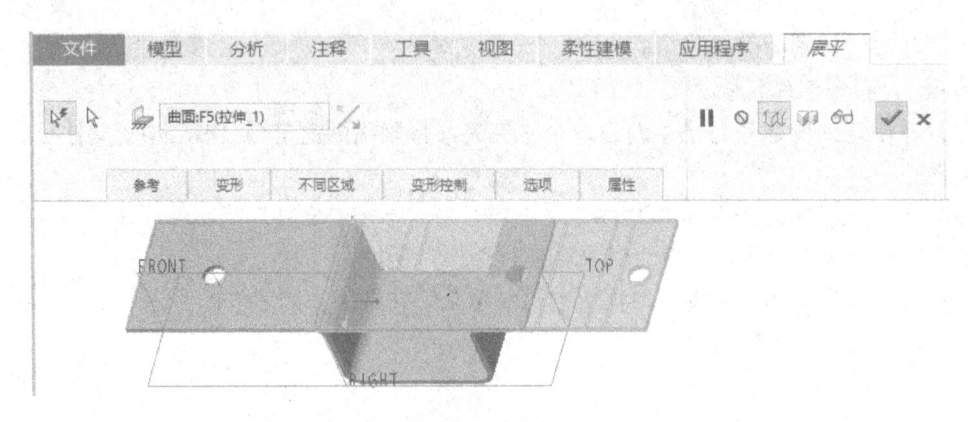

图 8-8 接受默认的固定几何参考

（2）在“展平”选项卡中单击✓（完成）按钮，得到的展平效果如图 8-9 所示。

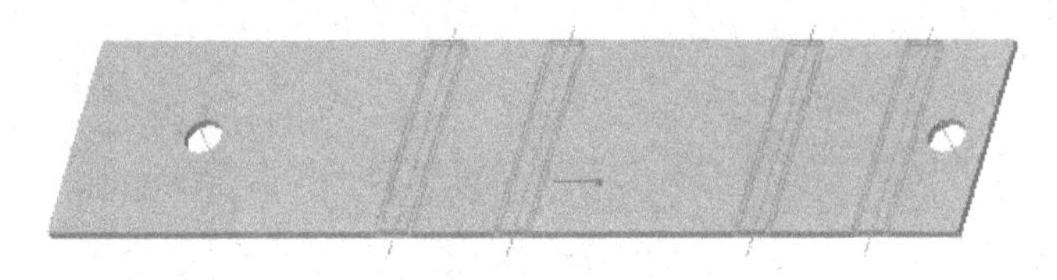

图 8-9 展平钣金件

步骤 4：创建族表。

（1）如图 8-10 所示，在功能区的“模型”选项卡的“模型意图”组中单击▦（族表）按钮，系统弹出图 8-11 所示的“族表：BC_S8_1”对话框。

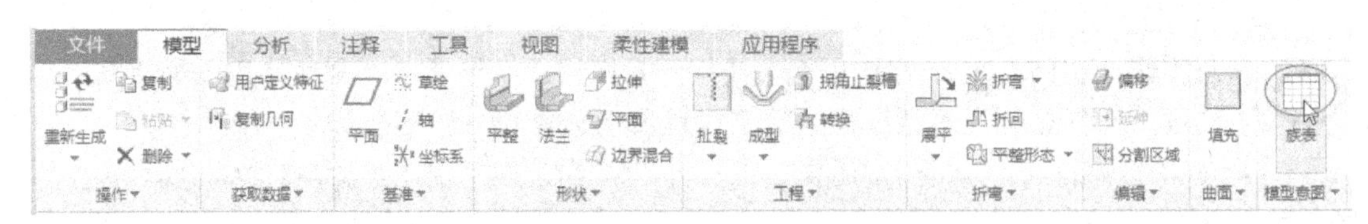

图 8-10 单击“族表”按钮

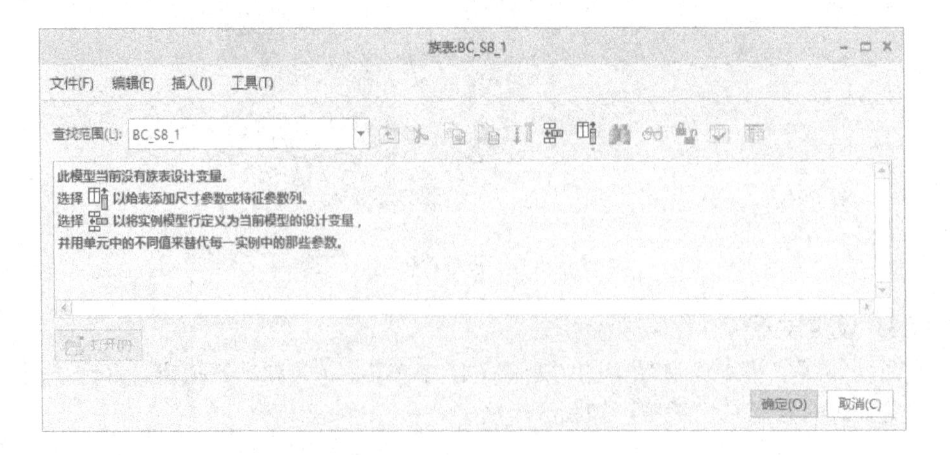

图 8-11 “族表：BC_S8_1”对话框

（2）在“族表：BC_S8_1”对话框中单击（添加/删除表列）按钮，系统弹出“族项，类属模型：BC_S8_1”对话框。

（3）在“族项，类属模型：BC_S8_1”对话框的“添加项”选项组中，选择“特征”单选按钮，如图 8-12 所示。这时，菜单管理器提供的菜单为“选择特征”菜单，默认的选项为“选择”，如图 8-13 所示。

图 8-12 “族项，类属模型：BC_S8_1”对话框

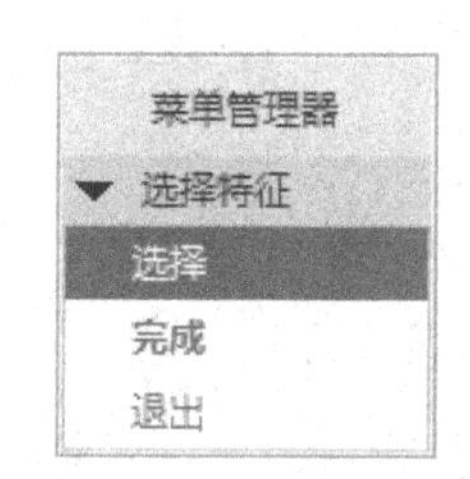

图 8-13 “选择特征”菜单

（4）在模型树中单击“展平 1”特征，然后在菜单管理器的“选择特征”菜单中选择“完成”命令。

（5）单击“族项，类属模型：BC_S8_1”对话框中的“确定”按钮，返回到“族表：BC_S8_1”对话框，此时系统便自动添加一个普通模型实例，并多了一个“展平”列，如图 8-14 所示。

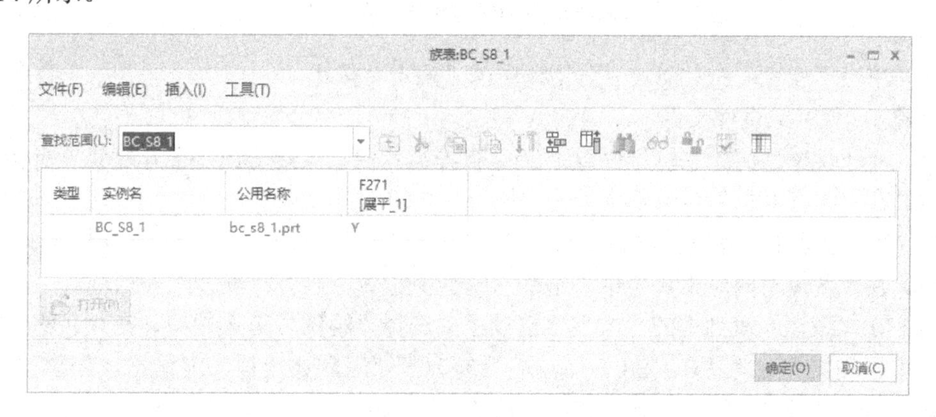

图 8-14 “族表：BC_S8_1”对话框

（6）在“族表：BC_S8_1”对话框中单击（在所选行处插入新的实例）按钮，此时便添加新的实例行，如图 8-15 所示。

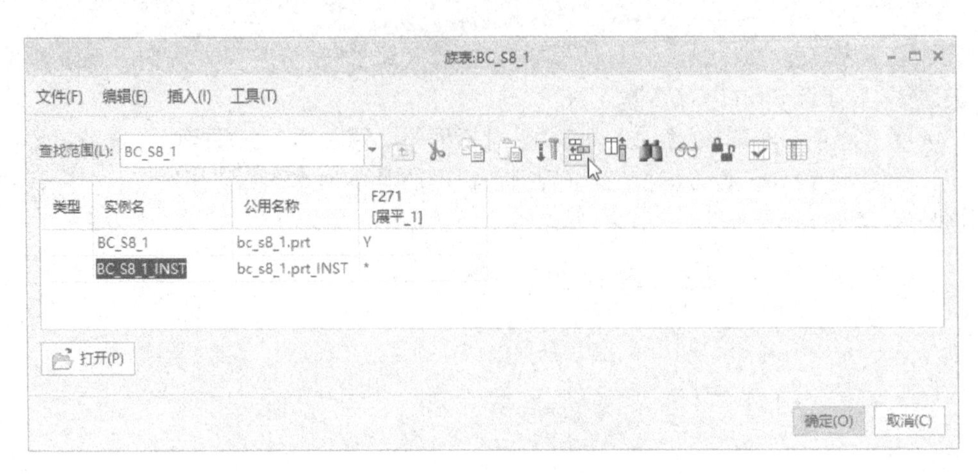

图 8-15 添加新的实例行

（7）将新实例行的名称修改为 BC_S8_1_BEND，并将其“展平”单元格中的“*”更改为“N”，如图 8-16 所示。

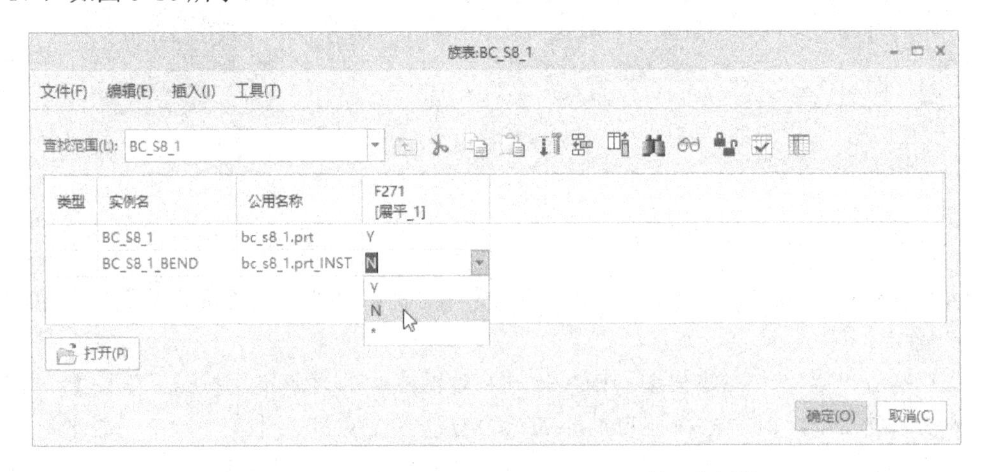

图 8-16 修改新实例行的名称和“展平”单元格属性

（8）单击“族表：BC_S8_1”对话框中的“确定”按钮。

步骤 5：保存钣金件文件。

（1）在“快速访问”工具栏中单击（保存）按钮，系统弹出“保存对象”对话框。

（2）在“保存对象”对话框中单击“确定”按钮。

步骤 6：创建工程图文件并设置绘图选项。

（1）在“快速访问”工具栏中单击（新建）按钮，打开“新建”对话框。

（2）在“新建”对话框的“类型”选项组中选择“绘图”单选按钮，在“名称”文本框中输入工程图文件名为“BC_S8_D1”，取消勾选“使用默认模板”复选框，如图 8-17a 所示。然后单击“确定”按钮，系统弹出“新建绘图”对话框。

（3）在“新建绘图”对话框中，默认模型为 bc_s8_1.prt，在“指定模板”选项组中选择“空”单选按钮，在“方向”选项组中单击“横向”按钮，从“大小”选项组的“标准大小”下拉列表框中选择“A3”，如图 8-17b 所示。

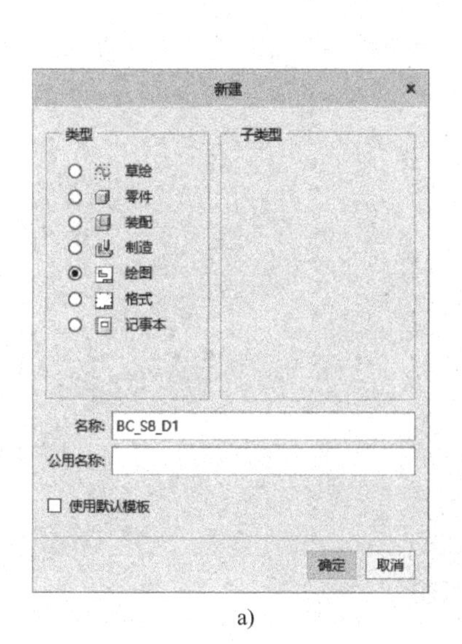

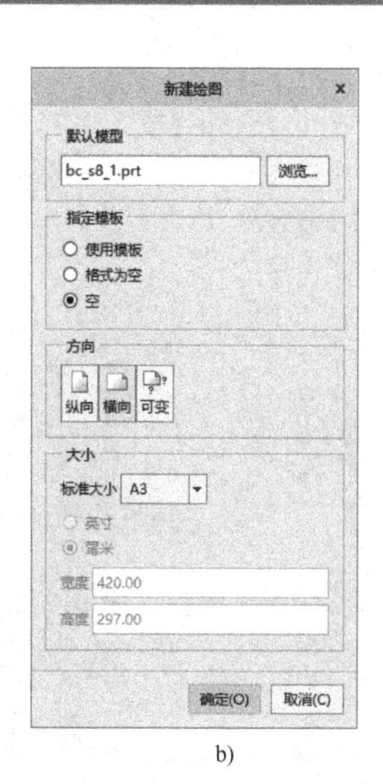

a)　　　b)

图 8-17　创建工程图文件

a)“新建”对话框　b)“新建绘图”对话框

（4）在“新建绘图”对话框中单击“确定”按钮。

（5）在弹出的“选择实例”对话框中，从“按名称”选项卡中选择“类属模型”（普通模型），如图 8-18 所示，然后单击“打开”按钮。

图 8-18　“选择实例”对话框

（6）选择“文件”→“准备”→“绘图属性”命令，弹出“绘图属性”对话框，

（7）在“绘图属性”对话框中单击“详细信息选项”行中的“更改”，系统弹出“选项”对话框。

（8）在“选项”对话框的选项列表中选择 projection_type，或者在“选项”文本框中输入“projection_type”，接着从“值”下拉列表框中选择“first_angle”，如图 8-19 所示，然后单击“添加/更改”按钮。

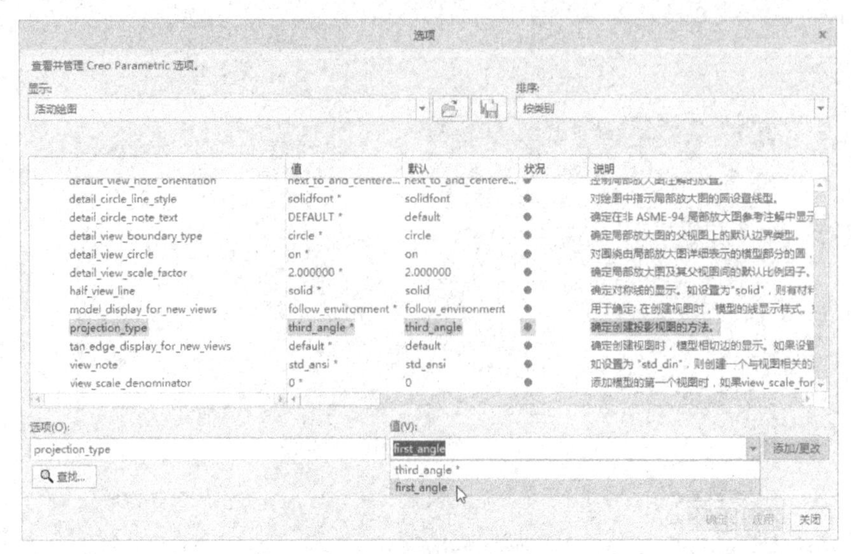

图 8-19 “选项”对话框

说明：绘图选项 projection_type 用于确定创建投影视图的方法，其默认值为“third_angle *”以表示采用第 3 视角投影法，而本例将该绘图选项的值设置为“first_angle”以表示采用第 1 视角投影法。我国制图标准推荐采用第 1 视角投影法。

（9）在“选项”对话框中单击“确定”按钮，接着在“绘图属性”对话框中单击“关闭”按钮。

步骤 7：插入类属模型的一般视图。

（1）从功能区“布局”选项卡的“模型视图”组中单击（普通视图）按钮。系统可能会弹出“选择组合状态”对话框，从中选择“无组合状态”，并勾选“不要提示组合状态的显示”复选框，单击“确定”按钮。

（2）系统提示“选择绘图视图的中心点。”，在图框内的合适位置处单击，以指定放置一般视图的中心点，此时系统弹出“绘图视图”对话框，如图 8-20 所示。

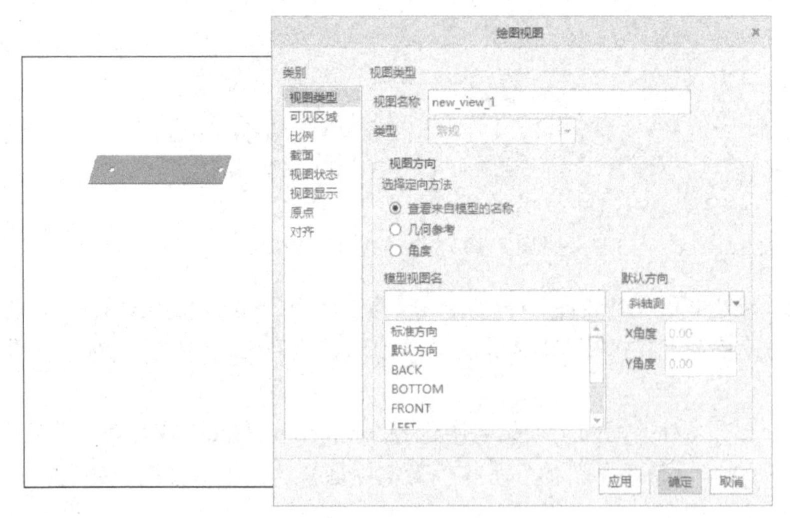

图 8-20 选择绘图视图的中心点

（3）在“绘图视图”对话框的“视图类型”类别选项卡中，从“模型视图名”列表中选择来自模型的名称为TOP，单击“应用”按钮。

（4）在“类别”列表框中选择“视图显示”以切换到“视图显示”类别选项卡。从“显示样式”下拉列表框中选择“消隐”选项，从“相切边显示样式”下拉列表框中选择“默认”选项，如图8-21所示，单击“应用”按钮。

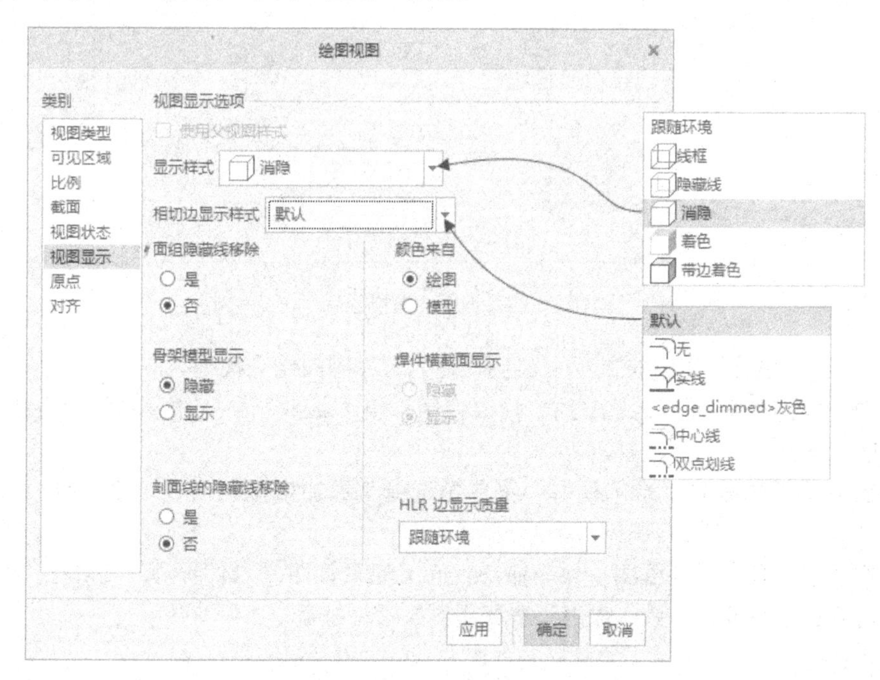

图8-21　设置视图显示选项

说明：在有些企业要求相切边显示样式设置为“无”选项。注意在不同的设计部门或者设计环境中，应该根据具体的绘图标准设置相应的显示样式和相切边显示样式等。

（5）在“绘图视图”对话框中单击“确定”按钮。

（6）在图形窗口左下角区域双击比例标识处，并在出现的一个文本框中输入新的比例值为“1/1”或“1”，如图8-22所示，单击 （接受）按钮，或者按〈Enter〉键。

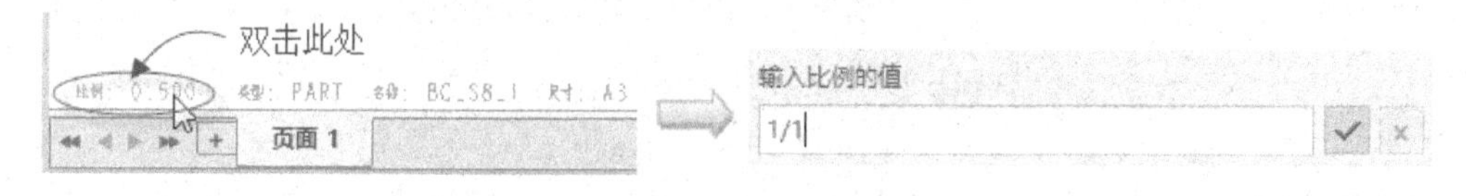

图8-22　修改绘图比例

（7）此时如果觉得插入的一般视图的放置位置不满意，可以在不选中 （锁定视图移动）按钮的情况下，使用鼠标来对一般视图进行移动，直到获得满意的放置位置为止，效果如图8-23所示。调整一般视图的放置位置后，可以再次单击 （锁定视图移动）按钮，以锁定视图移动。

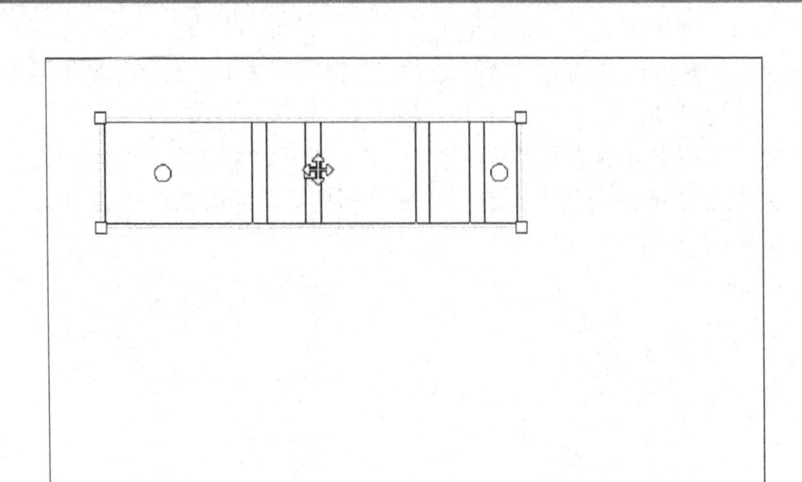

图 8-23 调整一般视图后

步骤 8：将不包含展平特征的模型实例设置为工程图的绘图模型。

（1）在功能区“布局”选项卡的“模型视图”组中单击 （绘图模型）按钮，系统弹出一个菜单管理器。

（2）在菜单管理器的“绘图模型”菜单中选择“添加模型”命令，系统弹出“打开”对话框。

（3）通过“打开”对话框浏览并选择 bc_s8_1.prt，如图 8-24 所示，接着在“打开”对话框中单击“打开”按钮，系统弹出“选择实例”对话框。

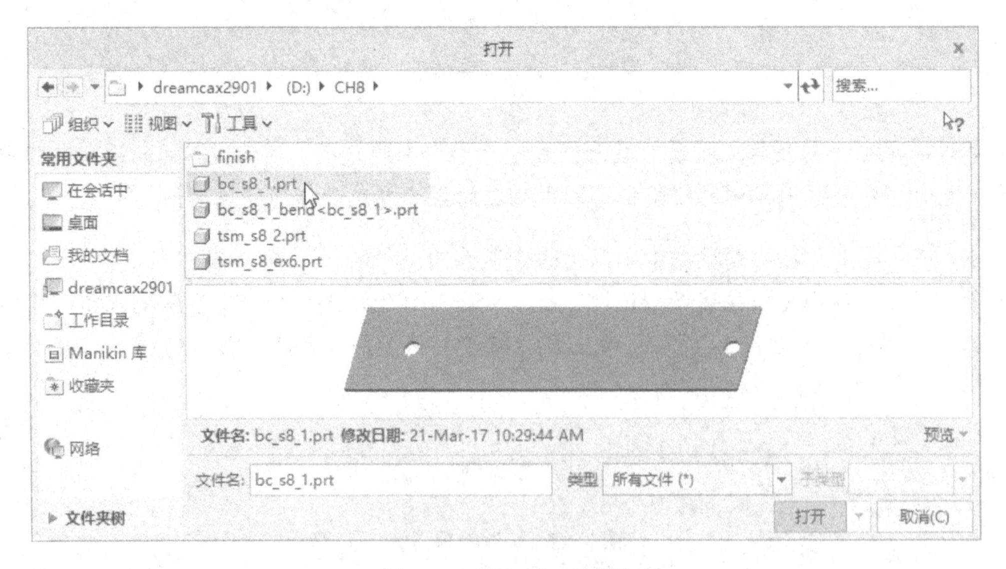

图 8-24 “打开”对话框

（4）从“选择实例”对话框中选择 BC_S8_1_BEND 实例，单击“打开”按钮，如图 8-25 所示。

（5）在菜单管理器的“绘图模型”菜单中选择“完成/返回”命令。

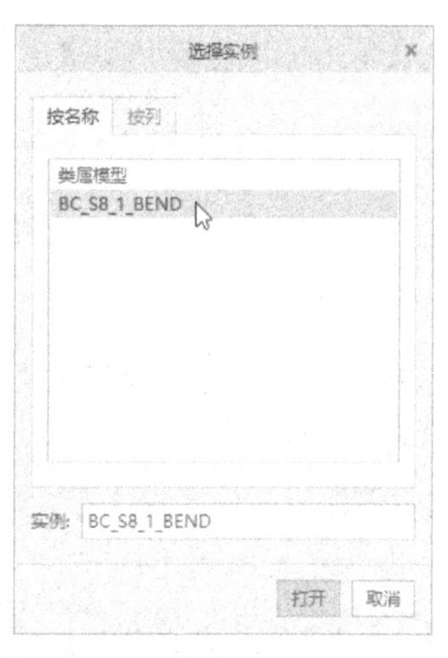

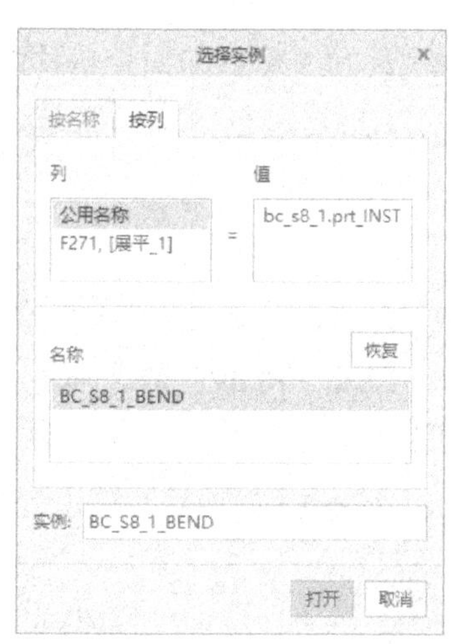

图 8-25 “选择实例”对话框

步骤 9：插入一般视图作为主视图。

（1）从功能区“布局”选项卡的“模型视图”组中单击（普通视图）按钮。

（2）系统提示“选取绘图视图的中心点。”，在图框内的合适位置处单击，以指定放置该一般视图的中心点，此时系统弹出“绘图视图”对话框。

（3）在“绘图视图”对话框的“视图类型”类别选项卡中，从“模型视图名”列表中选择来自模型的名称为 FRONT，单击“应用”按钮。

（4）在“类别”列表框中选择“视图显示”类别以切换到“视图显示”类别选项卡。从“显示样式”下拉列表框中选择“消隐”选项，从“相切边显示样式”下拉列表框中选择“默认”选项，单击“应用”按钮。

（5）在“类别”列表框中选择“截面”类别以切换到“截面”类别选项卡。选择“2D 横截面”单选按钮，如图 8-26 所示。单击（将横截面添加到视图）按钮，系统弹出图 8-27 所示的“横截面创建”菜单。

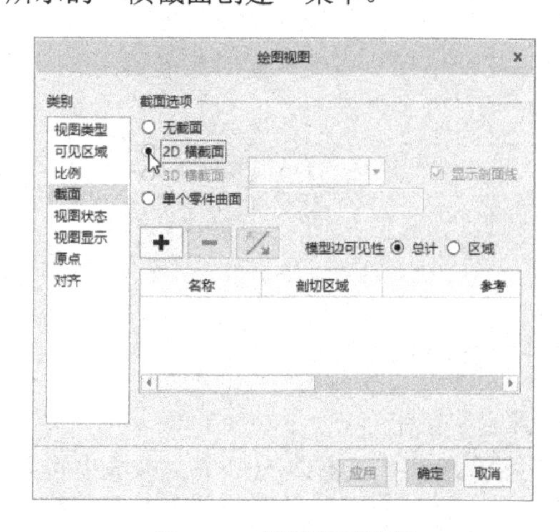

图 8-26 设置截面选项

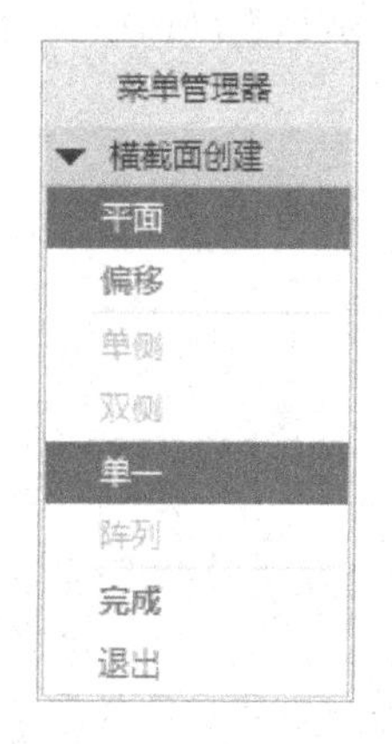

图 8-27 “横截面创建”菜单

（6）在“横截面创建”菜单中选择“平面”→“单一”→“完成”命令。

（7）输入截面名称为“A”，如图 8-28 所示，单击 ✓（接受）按钮。

图 8-28 输入截面名称

（8）在模型树中选择 FRONT 基准平面，如图 8-29 所示，此时在“绘图视图”对话框中会在截面 A 名称前面标上符号“✓”，表示该截面当前有效。

图 8-29 选择基准平面

（9）默认的剖切区域选项为“完整”，单击“应用”按钮，此时效果如图 8-30 所示。

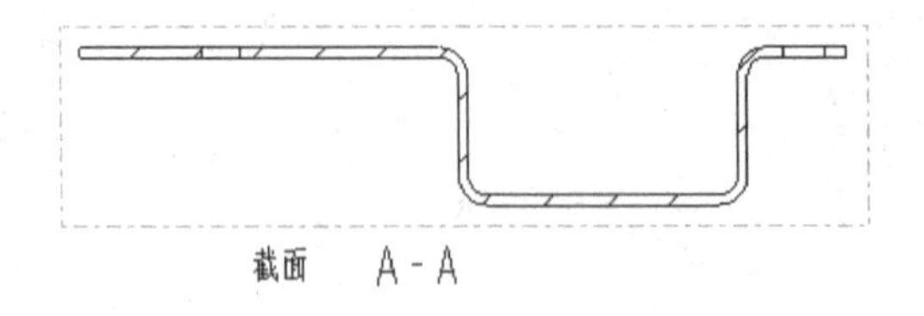

图 8-30 设置全剖视图

（10）在“绘图视图”对话框中单击“确定”按钮。

（11）在图形窗口左下角区域双击比例标识处，并在出现的一个文本框中输入新的比例值为“1/1”，单击 ✓（接受）按钮，或者按〈Enter〉键。

步骤 10：创建投影视图。

（1）选中全剖视图作为父项视图，从功能区“布局”选项卡的“模型视图”组中单击

（投影）按钮。

（2）在父项视图下方“投影通道”的适当位置处单击，插入该投影视图，如图 8-31 所示。

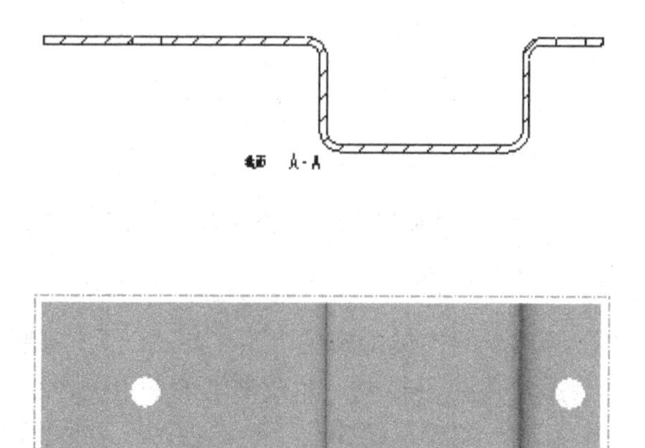

图 8-31　插入投影视图

（3）双击该投影视图，系统弹出“绘图视图”对话框。

（4）在“类别”列表框中选择“视图显示”类别，切换到“视图显示”类别选项卡。从“显示样式”下拉列表框中选择“消隐”选项，从“相切边显示样式”下拉列表框中选择“默认”选项，单击“应用”按钮。

（5）单击“绘图视图”对话框的“确定”按钮，完成的该投影视图如图 8-32 所示。

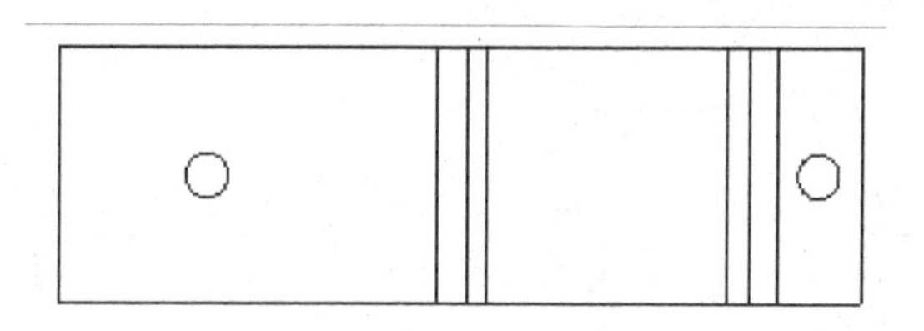

图 8-32　投影视图

步骤 11：创建另一个投影视图。

（1）选择全剖视图作为父项视图，从功能区“布局”选项卡的“模型视图”组中单击（投影）按钮。

（2）在父项视图右方的“投影通道”的适当位置处单击，插入该投影视图。

（3）双击该投影视图，系统弹出“绘图视图”对话框。

（4）在“类别”列表框中选择“视图显示”类别，切换到“视图显示”类别选项卡。从“显示样式”下拉列表框中选择“消隐”选项，从“相切边显示样式”下拉列表框中选择“默认”选项，单击“应用”按钮。

（5）单击“绘图视图”对话框中的（关闭）按钮，完成的该投影视图如图 8-33 所示。

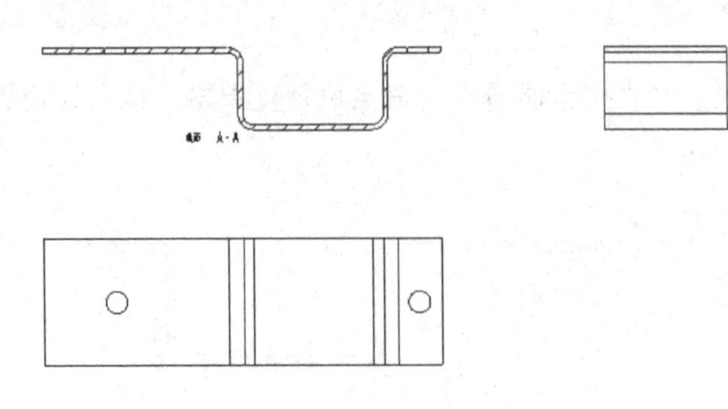

图 8-33 插入投影视图

步骤 12：插入立体图。

（1）从功能区“布局”选项卡的“模型视图”组中单击（普通视图）按钮。

（2）系统提示“选取绘图视图的中心点。”，在图框内展平视图右侧的合适位置处单击，以指定放置该一般视图的中心点，此时系统弹出“绘图视图”对话框。

（3）在“绘图视图”对话框的“视图类型”类别选项卡中，从“模型视图名”列表中选择来自模型的名称为“标准方向”，单击“应用”按钮。

（4）在“类别”列表框中选择“视图显示”类别，切换到“视图显示”类别选项卡。从“显示样式”下拉列表框中选择“消隐”选项，从“相切边显示样式”下拉列表框中选择“默认”选项，单击“应用”按钮。

（5）在“类别”列表框中选择“比例”类别，以切换到“比例”类别选项卡，选择“自定义比例”单选按钮，并在比例值框中输入“2/3”，单击“应用”按钮，此时比例值框中显示舍入到允许的小数，如图 8-34 所示。

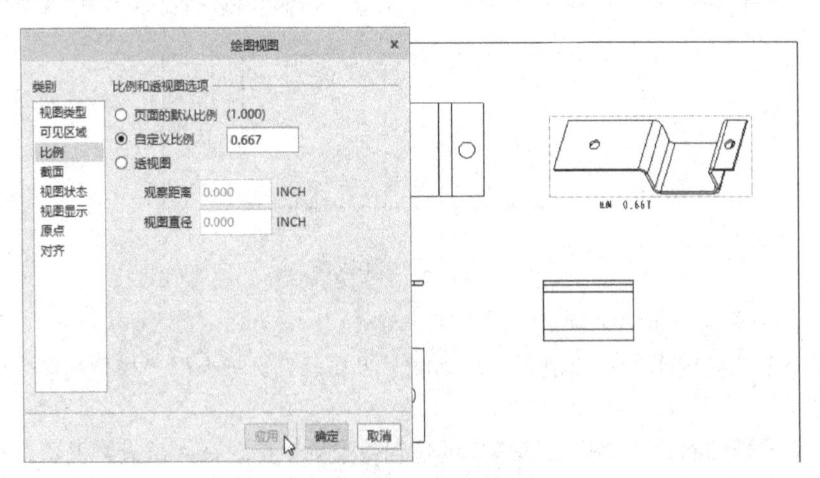

图 8-34 为立体图设置自定义比例

（6）在“绘图视图”对话框中单击（关闭）按钮。

此时，工程图如图 8-35 所示。注意在显示尺寸和标注相关注释之前，可以选择“文件”→“准备”→“绘图属性”命令，弹出“绘图属性”对话框，单击“详细信息选项”行中的“更改”，系统弹出“选项”对话框，利用“选项”对话框定制一些关于尺寸和注释的绘图选项。初学者可以采用默认的绘图选项设置。

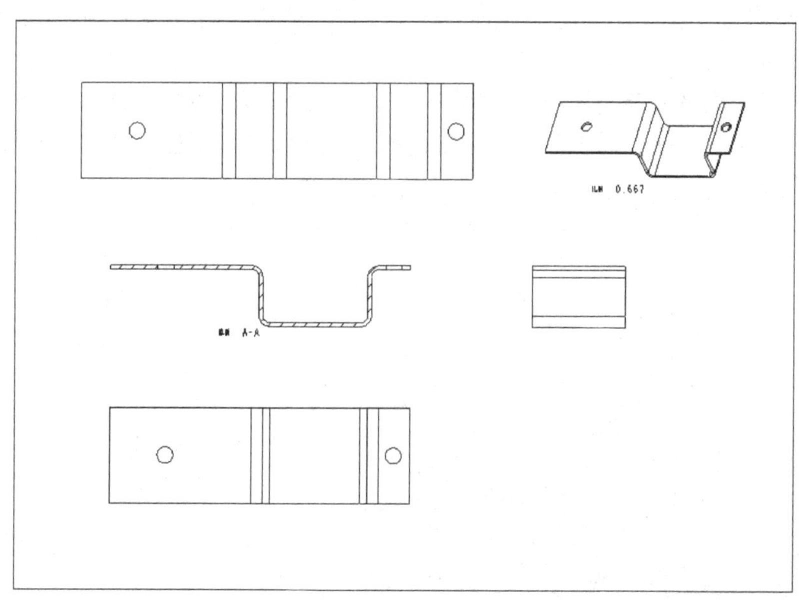

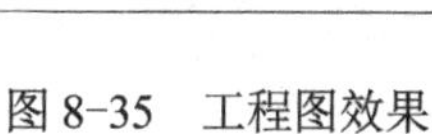
图 8-35 工程图效果

步骤 13：显示零件尺寸及轴线等。

（1）在功能区中单击“注释”标签以切换到“注释”选项卡，在“注释”选项卡的“注释”组中单击（显示模型注释）按钮，打开图 8-36 所示的“显示模型注释”对话框，接着在（显示模型尺寸）选项卡中，从“类型”下拉列表框中选择“全部”选项。

（2）在模型树中单击当前活动的绘图模型“BC_S8_1_BEND<BC_S8_1>.PRT”顶级节点，在“显示模型注释”选项卡的（显示模型尺寸）选项卡中单击（全部选择）按钮，单击“应用”按钮，如图 8-37 所示。

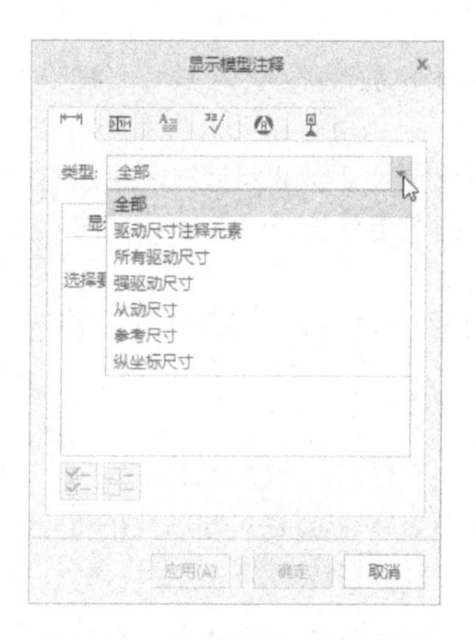

图 8-36 “显示模型注释”对话框

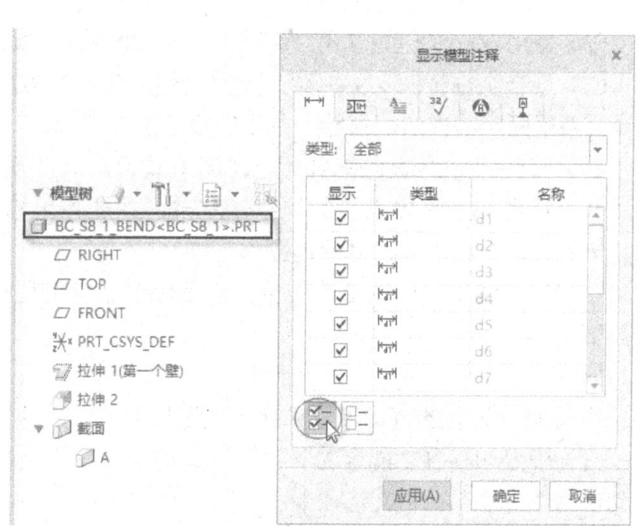

图 8-37 设置显示绘图模型的全部尺寸

（3）从“显示模型注释”选项卡切换至（显示模型基准）选项卡，在“类型”下拉列表框中选择“轴”选项，单击（全部选择）按钮以选择模型中的所有轴线作为要显示的项目，单击“应用”按钮。

（4）在“显示模型注释”选项卡中单击（关闭）按钮。此时，显示来自模型的尺寸和轴线如图 8-38 所示。很显然，需要调整相关尺寸的默认放置位置，以使工程图图幅页面整洁有序，便于读图。

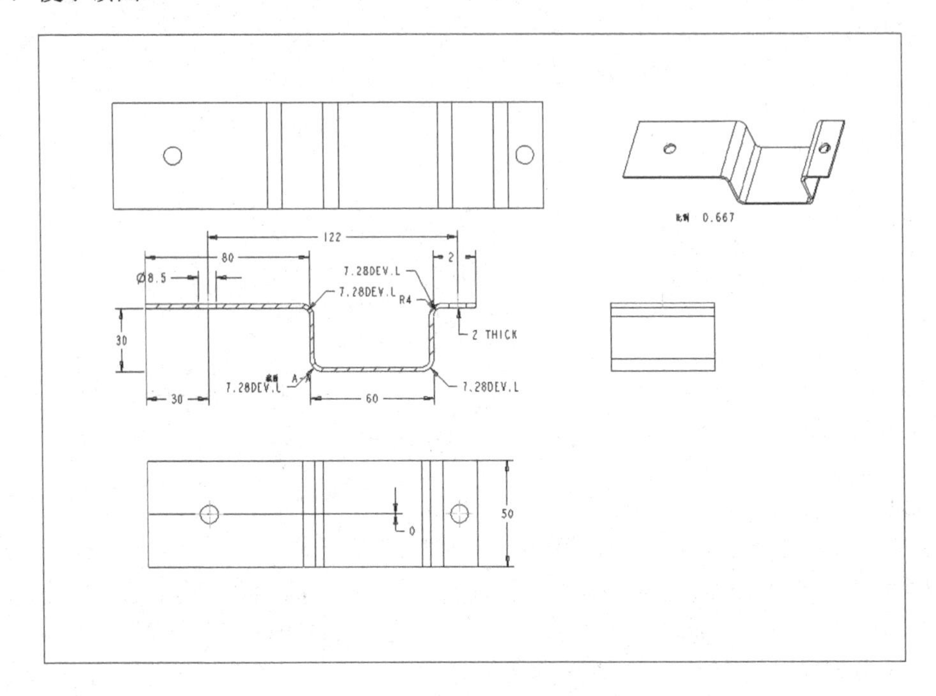

图 8-38 显示来自模型的尺寸和轴线

步骤 14：调整相关项目的放置位置及拭除项目等。

（1）使用鼠标拖动的方式，调整相关尺寸的放置位置。

（2）选择全剖视图（主视图）下的比例注释，右击，从弹出的快捷菜单中选择“拭除”命令。使用同样的方法，拭除一些不需要显示的尺寸。

（3）有些尺寸更适合在另一个视图中显示，这涉及将选定尺寸移动到另一个视图的操作，其方法是先选择要操作的尺寸，右击，并从弹出的快捷菜单中选择“移动到视图”命令，然后选择要移动到的目标视图即可。

（4）适当调整视图的放置位置（需要临时在功能区中切换到“布局”选项卡），使页面显得整洁。

此时，工程图如图 8-39 所示。

步骤 15：为孔的直径尺寸添加表述数目的前缀“2x”。

（1）确保切换到功能区的“注释”选项卡，在绘图页面上选择该直径尺寸，则在功能区即刻显示“尺寸”上下文选项卡。

（2）在功能区“尺寸”上下文选项卡的“尺寸文本”组中单击 Ø10.0 （尺寸文本）按钮，接着在文本框中的现有文本之前添加“2x”，如图 8-40 所示。

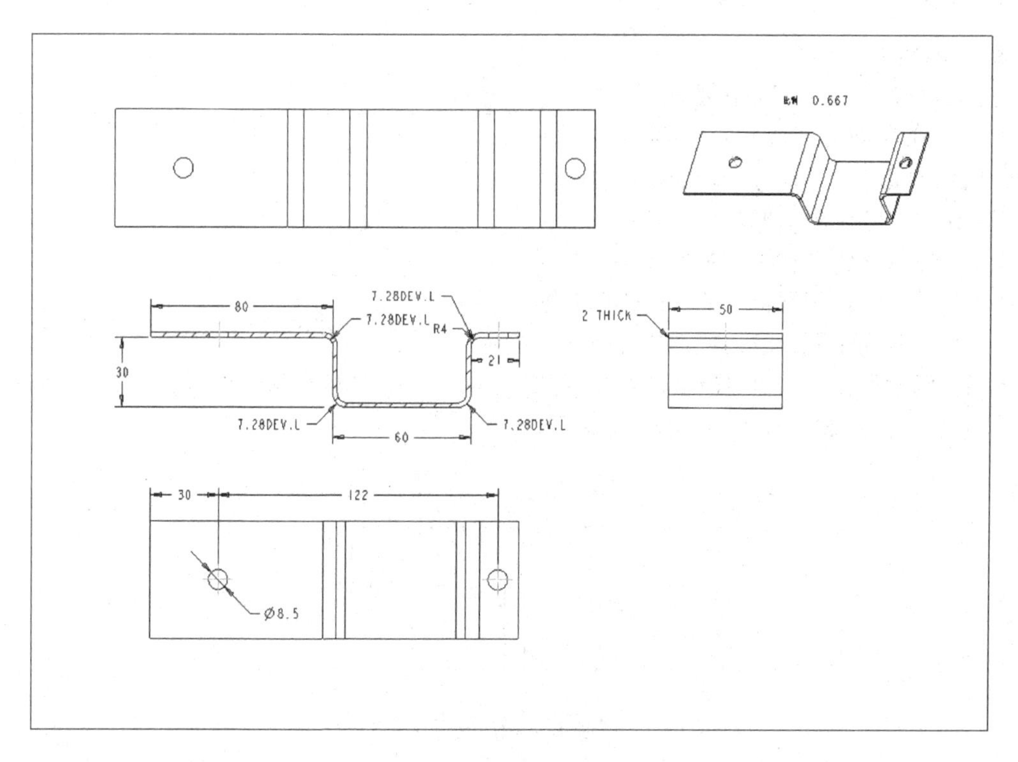

图 8-39 工程图

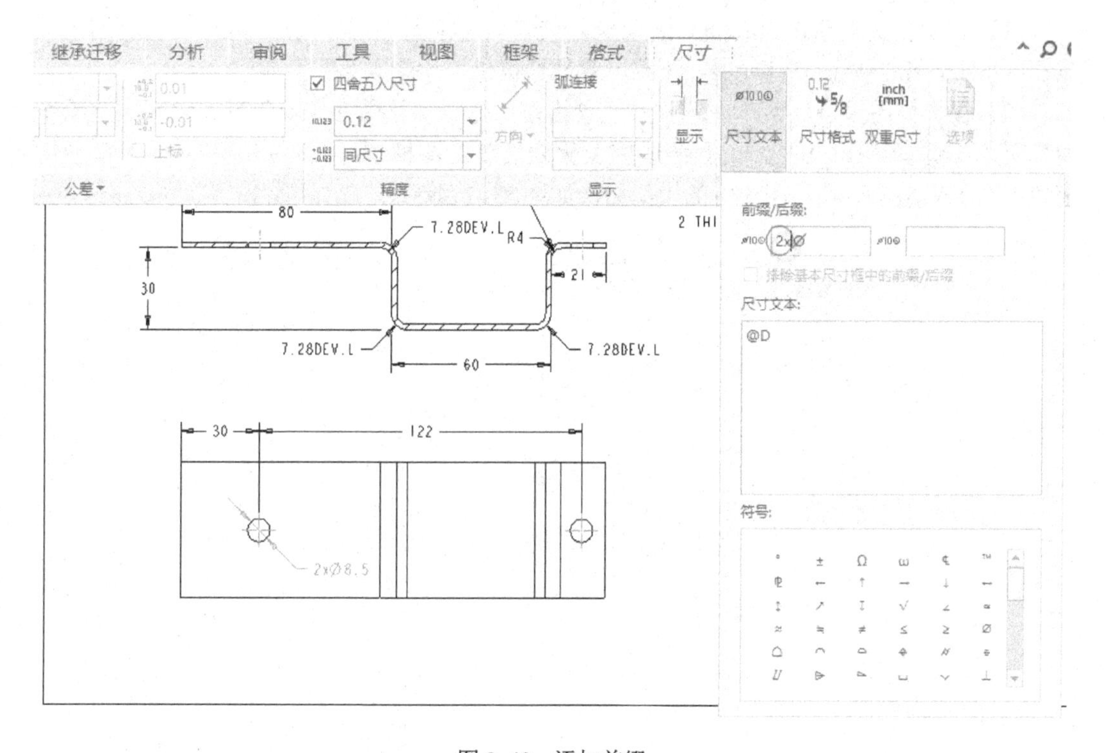

图 8-40 添加前缀

（3）在图形窗口的其他位置处单击“确定”按钮，退出所选尺寸编辑状态，效果如

图 8-41 所示。

步骤 16：使用新参考标注从动尺寸。

（1）在功能区“注释”选项卡的“注释”组中单击（尺寸-新参考）按钮，弹出“选择参考”对话框。

（2）在展平钣金件视图中选择图元来标注外形尺寸，即选择要标注的一个或两个图元（需要选择两个图元时，在选择好第一个图元后，需要按住〈Ctrl〉键的同时去选择第二个图元），然后单击鼠标中键放置尺寸即可。

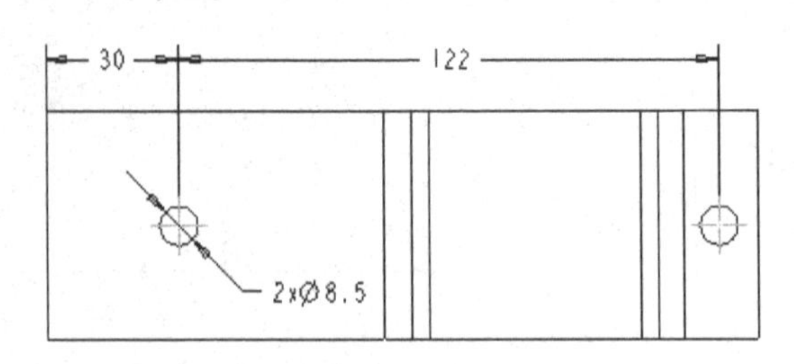

图 8-41 为指定尺寸添加表示数目的前缀

手动标注好的两个尺寸如图 8-42 所示。

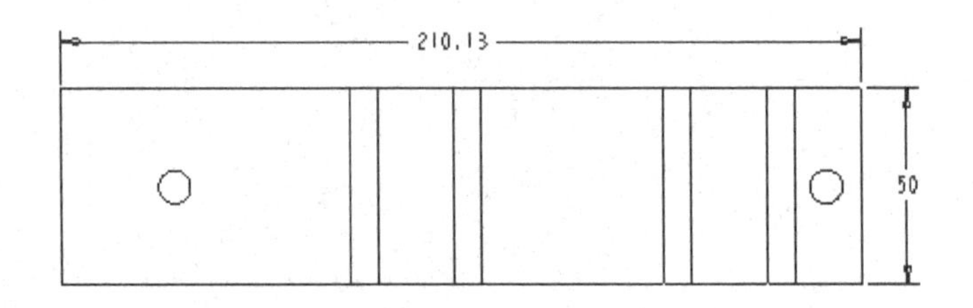

图 8-42 标注外形尺寸

步骤 17：为展平钣金件的视图标注折弯轴线和孔的中心轴线。

（1）在功能区中单击“布局”选项卡，接着从“模型视图”组中单击（绘图模型）按钮，系统弹出一个菜单管理器，该菜单管理器提供“绘图模型”菜单。

（2）在“绘图模型”菜单中选择“设置模型”命令，接着在菜单管理器出现的“绘制模型”菜单中选择“BC_S8_1”，则所选模型称为活动绘图模型，此时在导航区的“模型树”窗口中显示的是该活动绘图模型的模型树，如图 8-43 所示。

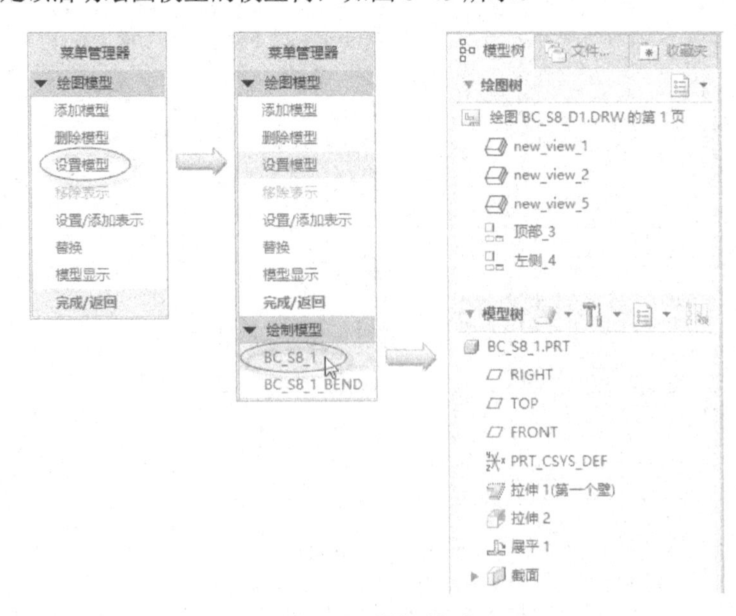

图 8-43 设置模型

（3）在菜单管理器的“绘图模型”菜单中选择“完成/返回”命令。

（4）在功能区中单击“注释”选项卡，接着在“注释”组中单击（显示模型注释）按钮，打开“显示模型注释”对话框。

（5）在“显示模型注释”对话框中打开（显示模型基准）选项卡，从“类型”下拉列表框中选择“轴”选项，接着在导航区的模型树窗口中单击选择 BC_S8_1 模型树的“拉伸 2”特征，按住〈Ctrl〉键并单击选择“展平 1”特征。

（6）在“显示模型注释”对话框的（显示模型基准）选项卡中，单击（全部选择）按钮，然后单击“确定”按钮，从而在该视图中显示折弯轴线和孔的中心线，效果如图 8-44 所示。

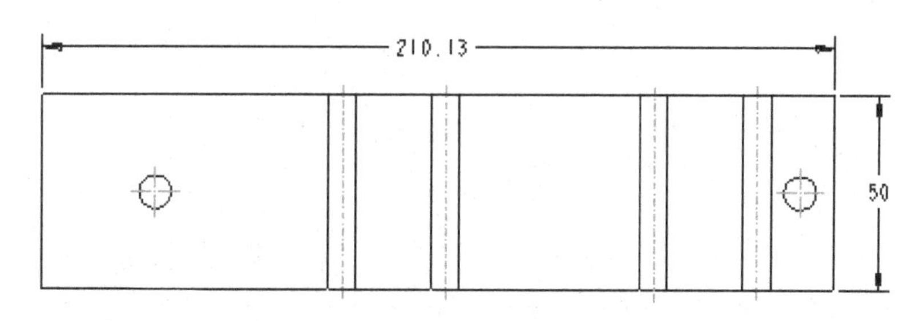

图 8-44　显示折弯轴线和孔的中心线

至此，完成的工程图效果如图 8-45 所示。

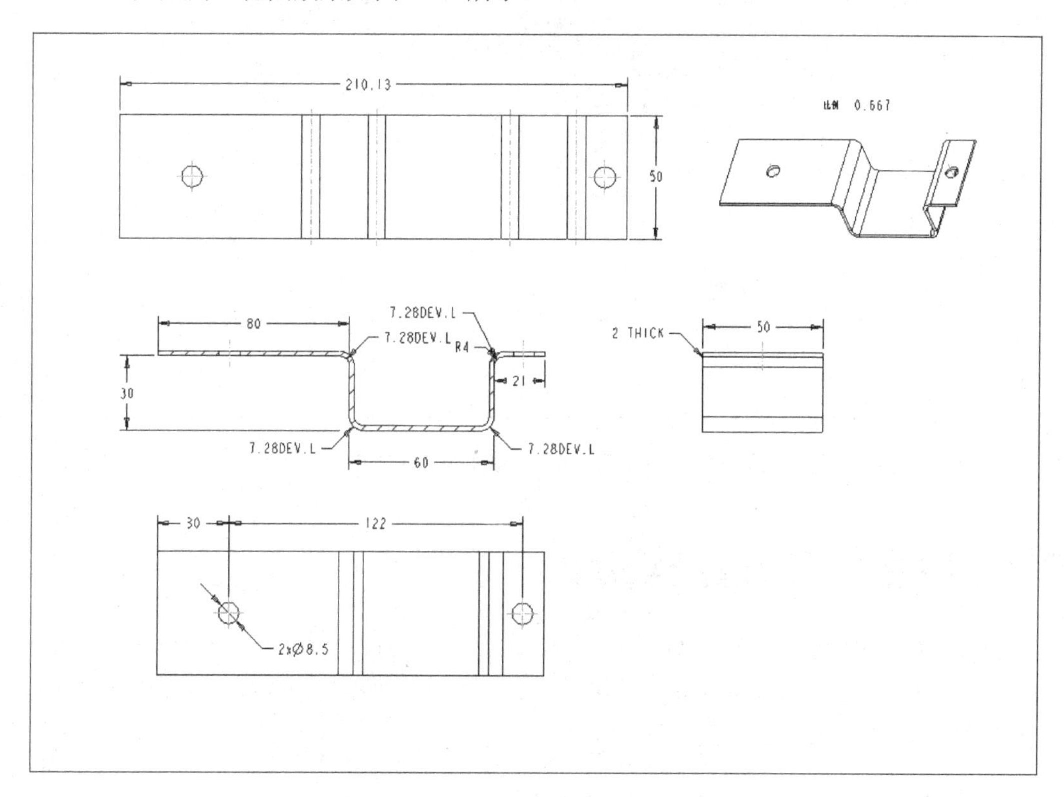

图 8-45　完成的钣金件工程图

步骤18：保存钣金件工程图。

（1）在“快速访问”工具栏中单击（保存）按钮，系统弹出“保存对象”对话框。

（2）接受将文件保存在默认的工作目录下，单击“确定”按钮。

说明： 有兴趣的读者可以重新编辑相关视图的显示样式，即通过在打开的“绘图视图”对话框中，从“类别”列表框中选择“视图显示”以切换到“视图显示”类别选项卡。从“显示样式”下拉列表框中选择“消隐”选项，从“相切边显示样式”下拉列表框中选择“无”选项。通过这样的显示设置，可以得到图8-46所示的钣金件工程图。还可以通过绘图详细信息选项 default_lindim_text_orientation 设置线性尺寸（中心引线配置除外）的默认文本方向，可以设置线性尺寸文本与尺寸线平行来显示。

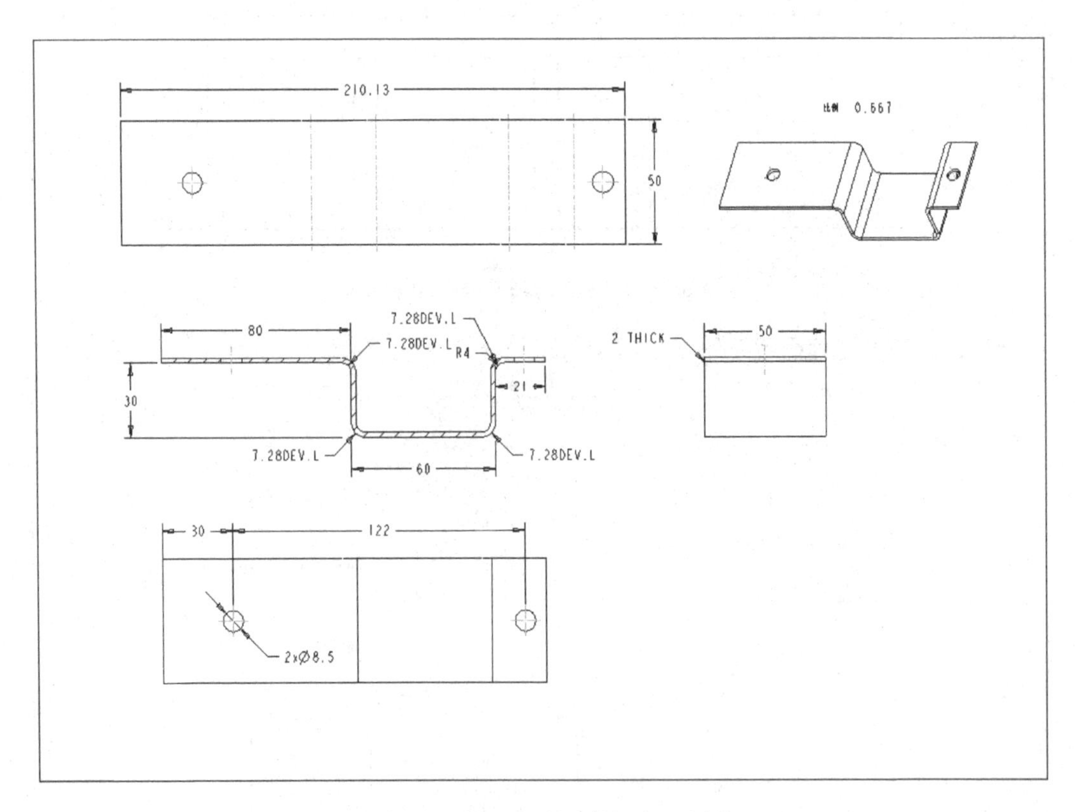

图8-46 重设显示样式的钣金工程图

8.3 钣金件工程图实例2

本实例要完成的钣金件工程图如图8-47所示。在本实例中，重点学习制作钣金件工程图的另一种典型方法，复习平整状态和钣金折弯顺序表的实用知识，学习如何在工程图中为钣金件绘图加注折弯线注释、显示折弯顺序表等内容。

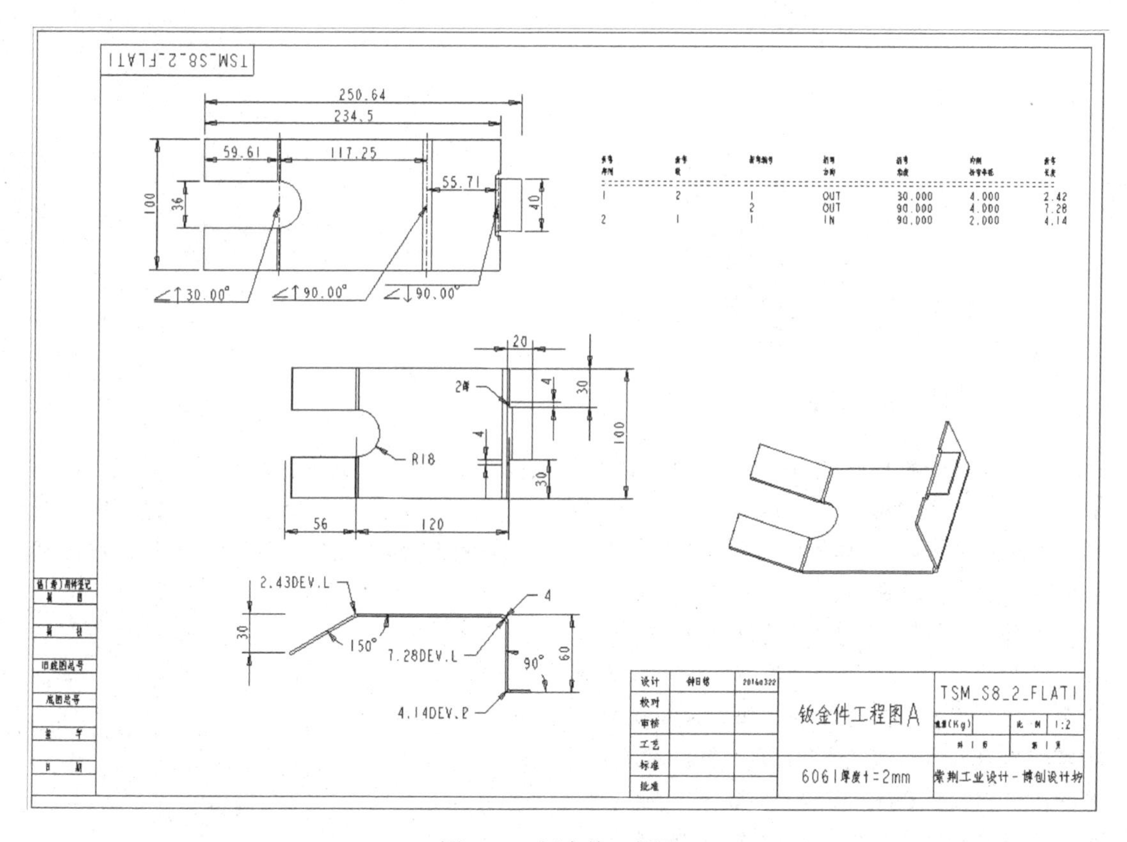

图 8-47　钣金件工程图 2

下面是该实例具体的操作步骤。

步骤 1：设置工作目录。

（1）在指定的磁盘根目录下新建一个文件夹，将附赠网盘资料 CH8 中的 tsm_s8_2.prt 和 tsm_a3.frm 文件复制粘贴到该文件夹中。

（2）在 Creo Parametric 4.0 用户界面中选择“文件”→“管理会话”→“选择工作目录”命令，系统弹出“选择工作目录”对话框。

（3）在“选择工作目录”对话框中选择刚建立的文件夹，单击“确定”按钮，完成设置工作目录。

步骤 2：打开钣金件文件。

（1）在“快速访问”工具栏中单击（打开）按钮，弹出“文件打开”对话框。

（2）通过“文件打开”对话框在工作目录下选择 tsm_s8_2.prt。

（3）单击“文件打开”对话框的“打开”按钮。该文件中的钣金件模型如图 8-48 所示。

步骤 3：创建平整形态实例并通过“族表”对其进行管理。

（1）在“图形”工具栏中单击（平整形态预览）按钮，或者在功能区的“视图”选项卡中单击位于“显示”组中的（平整形态预览）按钮，则打开一个单独的窗口预览显示钣金件的平整形态，如图 8-49 所示。

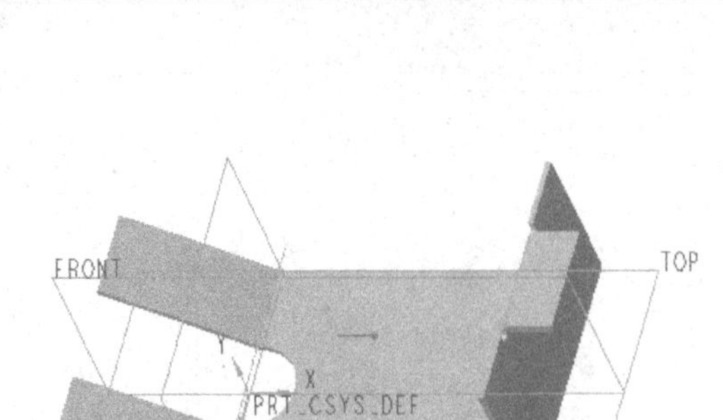

图 8-48 钣金件模型

图 8-49 “平整形态预览”窗口

（2）在“平整形态预览”窗口中单击（创建实例）按钮，或者在功能区“模型”选项卡的“折弯”组中单击“平整形态”命令旁的（三角箭头）按钮并单击（创建实例）按钮，系统弹出图 8-50 所示的“新建实例”对话框，从中指定实例名为 TSM_S8_2_FLAT1，然后单击“创建”命令。

此时，“平整形态预览”窗口自动被关闭。

（3）选择“文件”→“准备”→“模型属性”命令，打开“模型属性”对话框，从“关系、参数和实例”选项组中单击“实例”行的“更改”，系统弹出“族表：TSM_S8_2”对话框，如图 8-51 所示，可以看到类属零件 TSM_S8_2 的平整形态状态为 N，而平整形态实例 TSM_S8_2_FLAT 的平整形态状态为 Y。

图 8-50 “新建实例”对话框

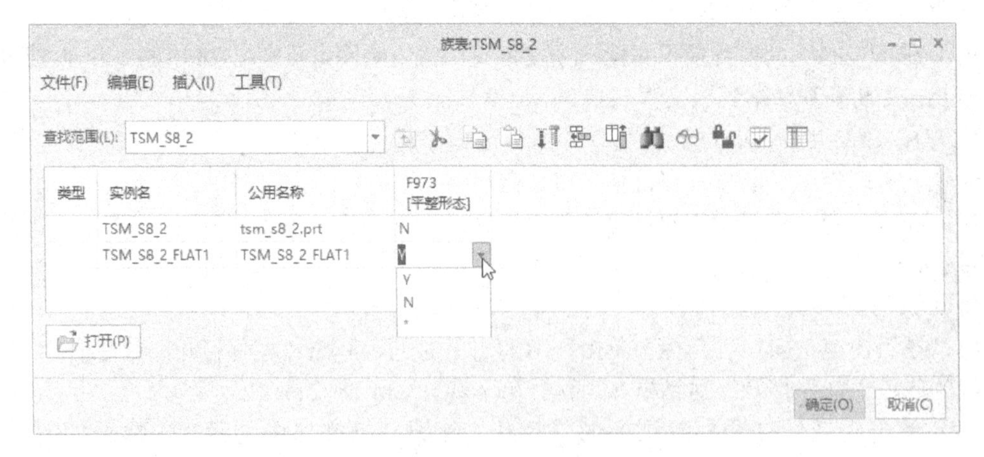

图 8-51 “族表：TSM_S8_2”对话框

（4）在“族表：TSM_S8_2”对话框中单击“确定”按钮，接着在“模型属性”对话框中单击“关闭”按钮。

说明： 平整状态是完全展开的零件副本，它是用族表来管理的。

步骤 4：设置折弯顺序。

（1）在功能区的“模型”选项卡中单击“折弯”溢出按钮，如图 8-52 所示，接着选择“折弯顺序”命令，系统弹出“折弯顺序”对话框，注意钣金件中默认的固定几何参考如图 8-53 所示。

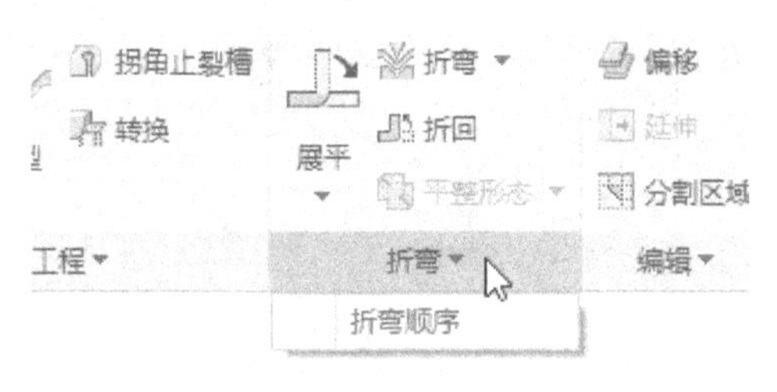

图 8-52　单击“折弯”溢出按钮

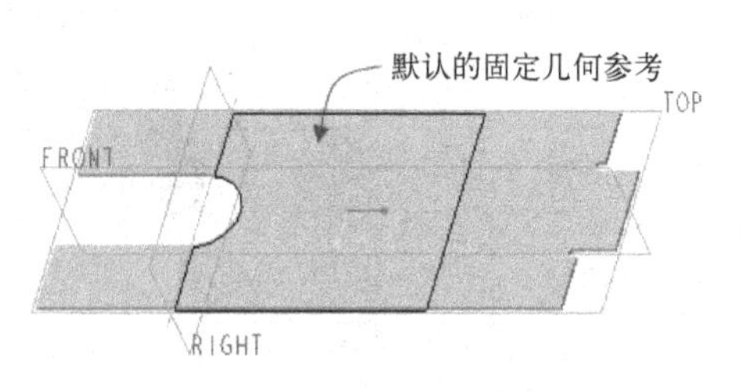

图 8-53　默认的固定几何参考

（2）单击“添加折弯”选项为序列 1（Sequence 1）选择要折弯的曲面或边。本例中选择图 8-54 所示的折弯作为序列 1 的折弯#1，接着选择图 8-55 所示的折弯作为序列 1 的折弯#2。

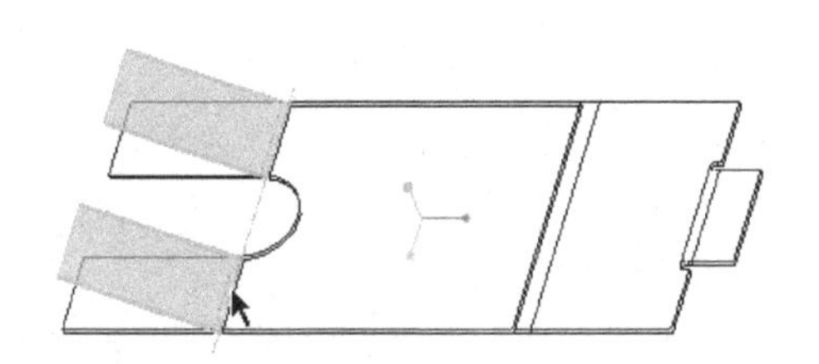

图 8-54　指定折弯#1

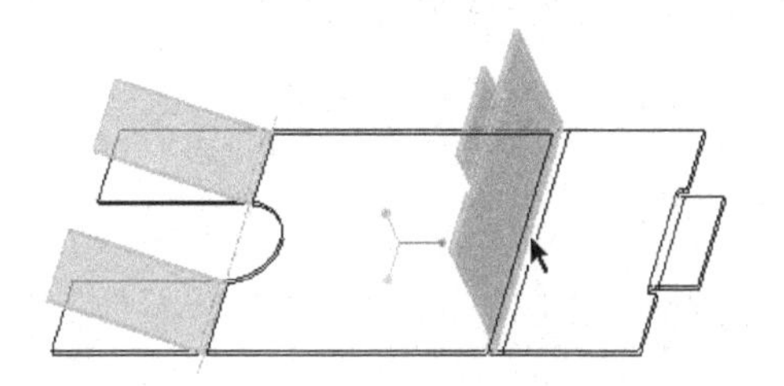

图 8-55　指定折弯#2

（3）在“折弯顺序”对话框的序列列表框中单击“添加序列”，如图 8-56 所示，从而添加一个新序列，即添加序列 2（Sequence 2）。

图 8-56　单击“添加序列”

（4）在“折弯顺序”对话框中单击激活“序列固定几何”收集器，接着在钣金件中指定该序列固定几何参考，如图8-57所示。

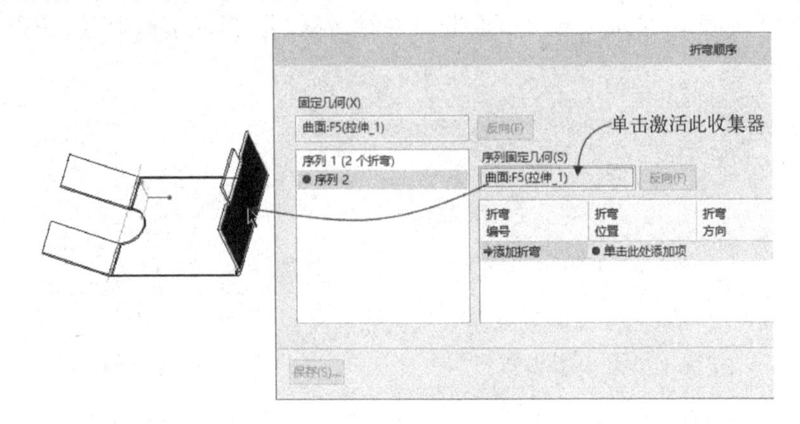

图8-57 指定序列固定几何

（5）在“折弯顺序”对话框中单击“添加折弯”，如图8-58所示，接着在图形窗口中单击钣金件中的一处折弯作为序列2的折弯#1，如图5-59所示。

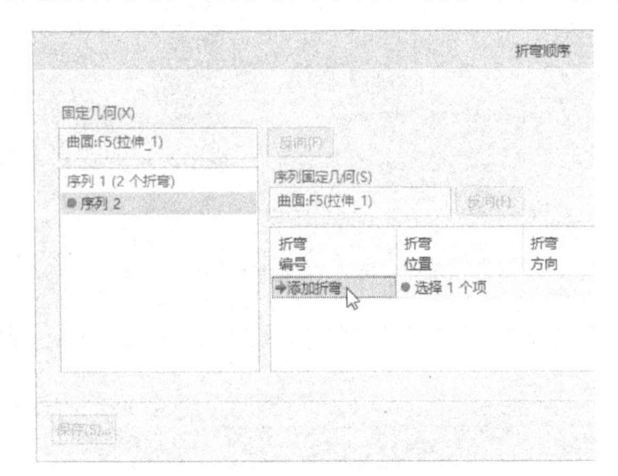

图8-58 单击“添加折弯”

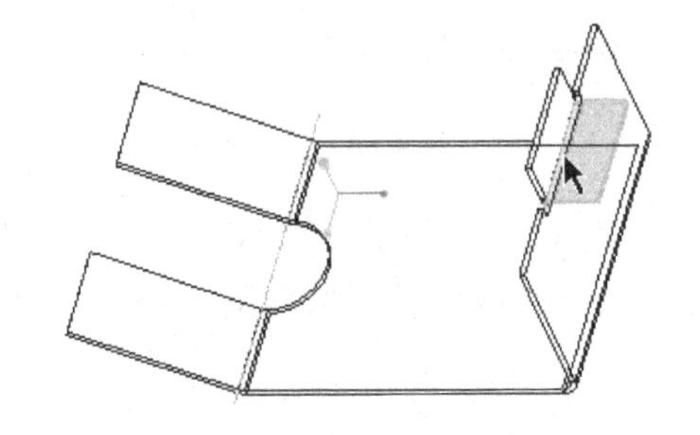

图8-59 指定序列2的折弯#1

（6）在“折弯顺序”对话框中单击“确定”按钮。

此时，如果要查看折弯顺序表的信息，那么可以选择“文件”→“准备”→“模型属性”命令，打开“模型属性”对话框，如图8-60所示，接着在“钣金件”选项组中单击“折弯顺序”行中的（信息）按钮，系统弹出图8-61所示的“折弯顺序”对话框来显示折弯顺序表信息，用户从中可对折弯顺序表进行“保存”“打印”“更改”操作。单击该“折弯顺序”对话框中的（关闭）按钮，然后在“模型属性”对话框中单击“关闭”按钮。

步骤5：保存文件。

（1）单击“快速访问”工具栏中的（保存）按钮，系统弹出“保存对象”对话框。

（2）接受将文件保存在默认的工作目录下，单击“确定”按钮。

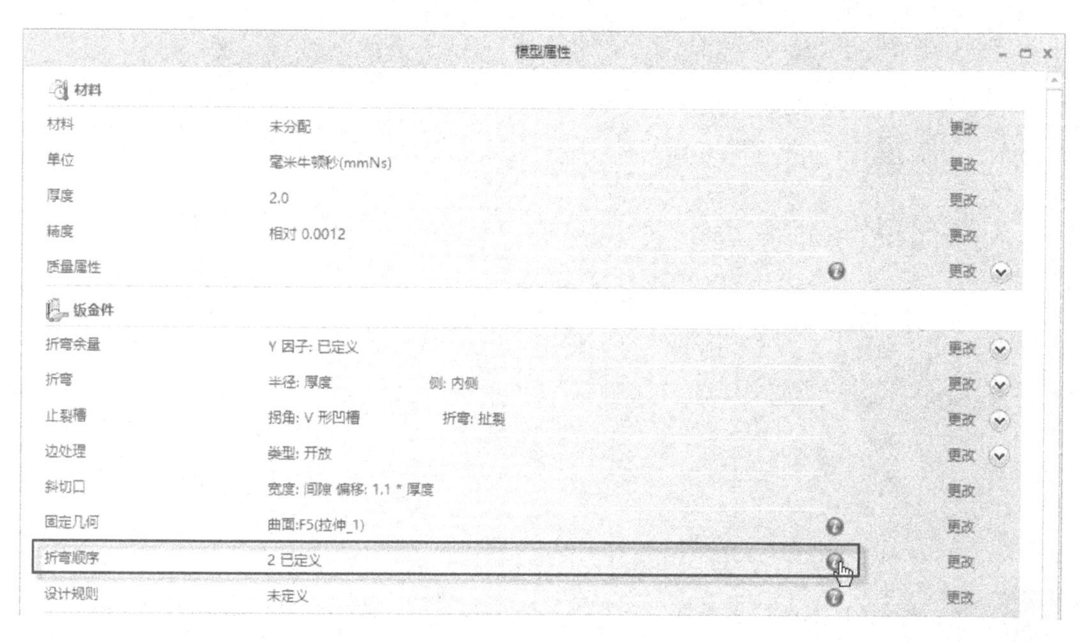

图 8-60 “模型属性”对话框

折弯顺序

折弯序列	折弯数	折弯编号	折弯方向	折弯角度	内侧折弯半径	折弯长度
1	2	1	OUT	30.000	4.000	2.42
		2	OUT	90.000	4.000	7.28
2	1	1	IN	90.000	2.000	4.14

保存(S)... 打印(P)... 更改...

图 8-61 显示折弯顺序表

步骤 6：新建一个工程图文件。

（1）在“快速访问”工具栏中单击 （新建）按钮，打开“新建”对话框。

（2）在“新建”对话框的“类型”选项组中选择“绘图”单选按钮，在“名称”文本框中输入文件名为“tsm_s8_d2”，取消勾选“使用默认模板”复选框，如图 8-62 所示。然后单击“新建”对话框的“确定”按钮，弹出“新建绘图”对话框。

（3）在“新建绘图”对话框中，默认模型为 tsm_s8_2.prt，在“指定模板”选项组中选择“格式为空”单选按钮，在“格式”选项组中单击“浏览”按钮，浏览并选择位于工作目录下的 tsm_a3.frm 格式文件（附赠网盘资料的 CH8 中提供有该格式文件），如图 8-63 所示。

（4）单击“新建绘图”对话框中的“确定”按钮，系统弹出“选择实例”对话框。

（5）在“选择实例”对话框中，从“按名称”选项卡上选择 TSM_S8_2_FLAT，如图 8-64 所示，然后单击“打开”按钮。

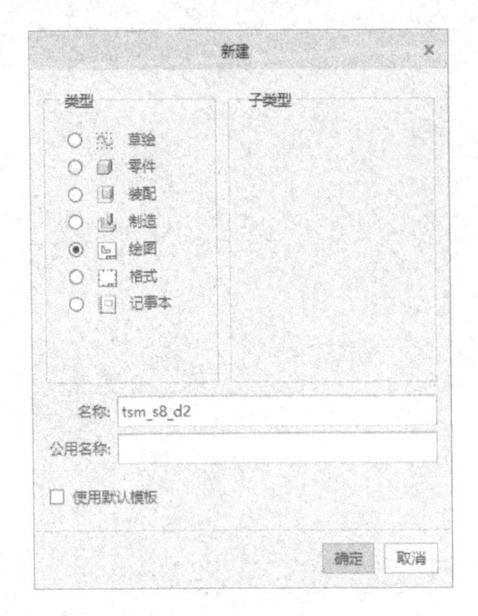

图 8-62 “新建”对话框

图 8-63 “新建绘图”对话框

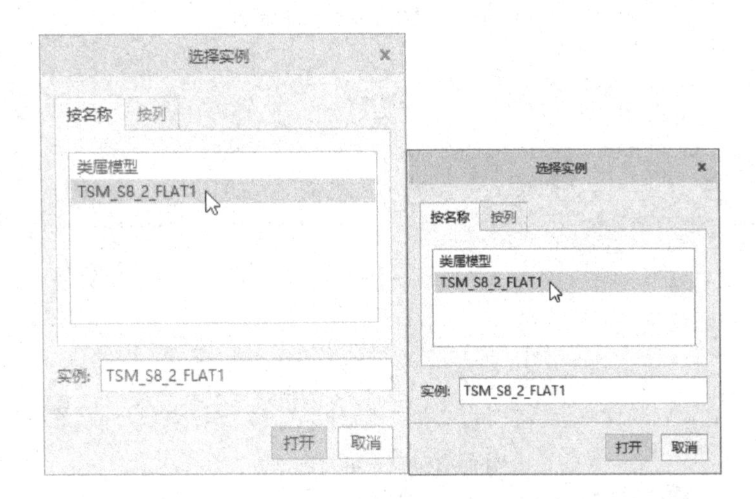

图 8-64 “选择实例”对话框

步骤 7：设置绘图选项（绘图详细信息选项）。

（1）选择“文件”→“准备”→“绘图属性”命令，弹出“绘图属性”对话框，

（2）在“绘图属性”对话框中选择“详细信息选项”行中的“更改”选项，系统弹出“选项”对话框。

（3）在“选项”对话框的选项列表中选择 projection_type，或者在“选项”文本框中输入“projection_type”，接着从“值”下拉列表框中选择“first_angle”，然后单击“添加/更改”按钮。

（4）使用同样的方法，将绘图选项 view_scale_format 的值设置为 ratio_colon_normalized。绘图选项 view_scale_format 用于确定比例以小数、分数或比例（如 1:2）显示，其选项值可以为 ratio_colon（以比率显示比例值，例如会将比例值显示为 1∶2，而非 0.5）、decimal *（以小数显示比例值，此为默认设置）、fractional（以分数表示比例值）、ratio_colon_normalized

（以比例显示比例值，该比例已正常化，即针对小于 1∶1 的比例，以 1 为分子，针对大于 1∶1 的比例，以 1 为分母）。通常该绘图选项与绘图选项 View_scale_denominator 一起配合使用。绘图选项 View_scale_denominator 用于增加模型的第一个视图时，如果 view_scale_format 是小数，则选定的视图比例将采用给定的分母四舍五入为一个值，如果这样做会使比例为 0.0，则 View_scale_denominator 将会乘以 10 的幂数。

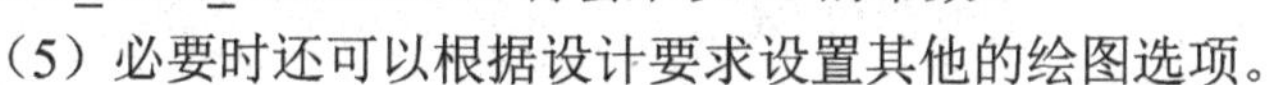

（5）必要时还可以根据设计要求设置其他的绘图选项。

（6）在“选项”对话框中单击“确定”按钮，接着在“绘图属性”对话框中单击“关闭”按钮。

步骤 8：插入平整形态的钣金件模型的一般视图。

（1）在功能区“布局”选项卡的“模型视图”组中单击 （普通视图）按钮。

（2）系统在状态栏中提示“选择绘图视图的中心点。”，在图框内的合适位置处单击，以指定放置一般视图的中心点，此时系统弹出“绘图视图”对话框，如图 8-65 所示。

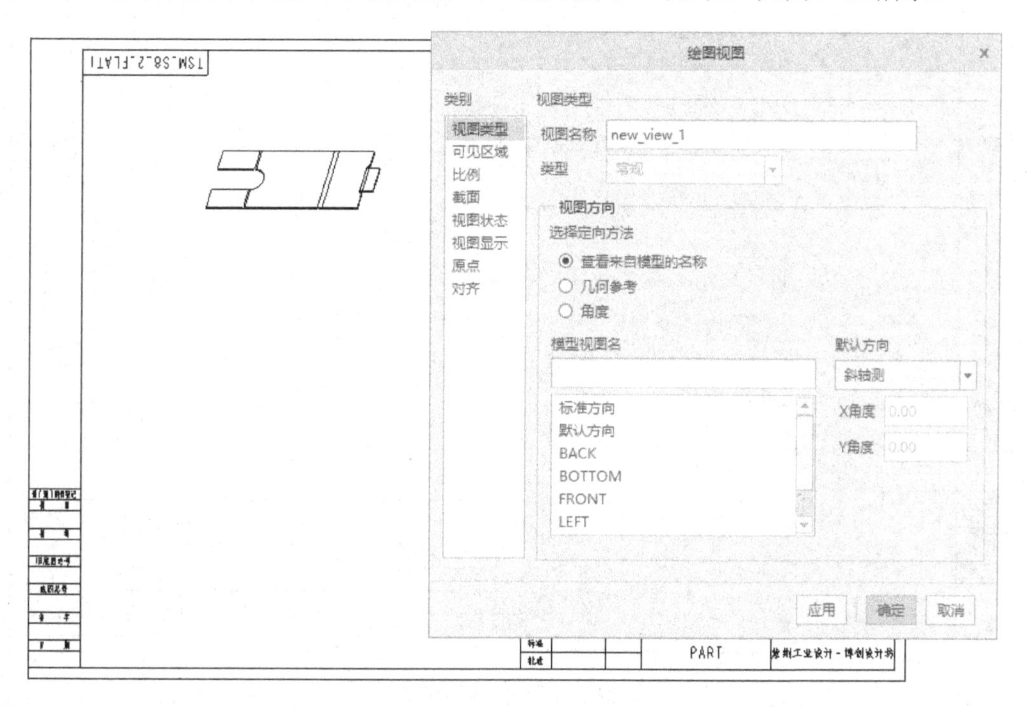

图 8-65　选择绘图视图的中心点

（3）在“绘图视图”对话框的“视图类型”类别选项卡中，从“模型视图名”列表框中选择来自模型的名称为 TOP，单击“应用”按钮。

（4）在“类别”列表框中选择“视图显示”类别，以切换到“视图显示”类别选项卡。从“显示样式”下拉列表框中选择“消隐”选项，从“相切边显示样式”下拉列表框中选择“默认”选项，单击“应用”按钮。

（5）关闭“绘图视图”对话框。

步骤 9：更改整体绘图比例，并调整第一个一般视图的放置位置。

（1）在图形窗口左下角处双击绘图刻度标识（即绘图比例标识），接着输入比例的值为

“1/2”，如图 8-66 所示，单击 （接受）按钮，或者按〈Enter〉键。

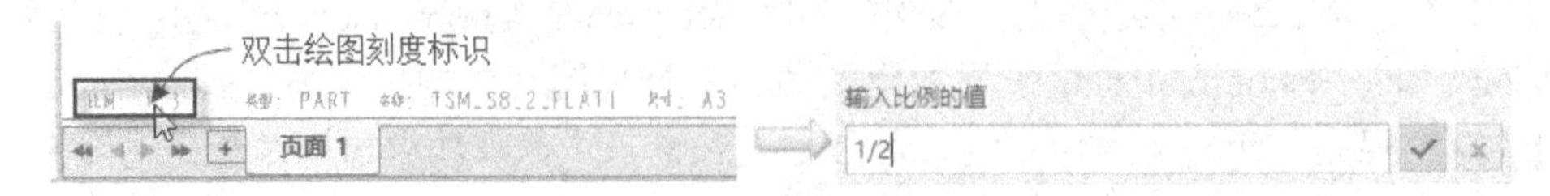

图 8-66 更改绘图比例

（2）此时，如果对插入的一般视图的放置位置不满意，那么可以在功能区的“布局”选项卡中单击 （锁定视图移动）按钮以取消选中该按钮，接着可使用鼠标拖拽的方式对一般视图进行移动调整，直到获得满意的放置位置为止，效果如图 8-67 所示。调整放置位置后，可以再次单击 （锁定视图移动）按钮以选中它，从而锁定视图位置。

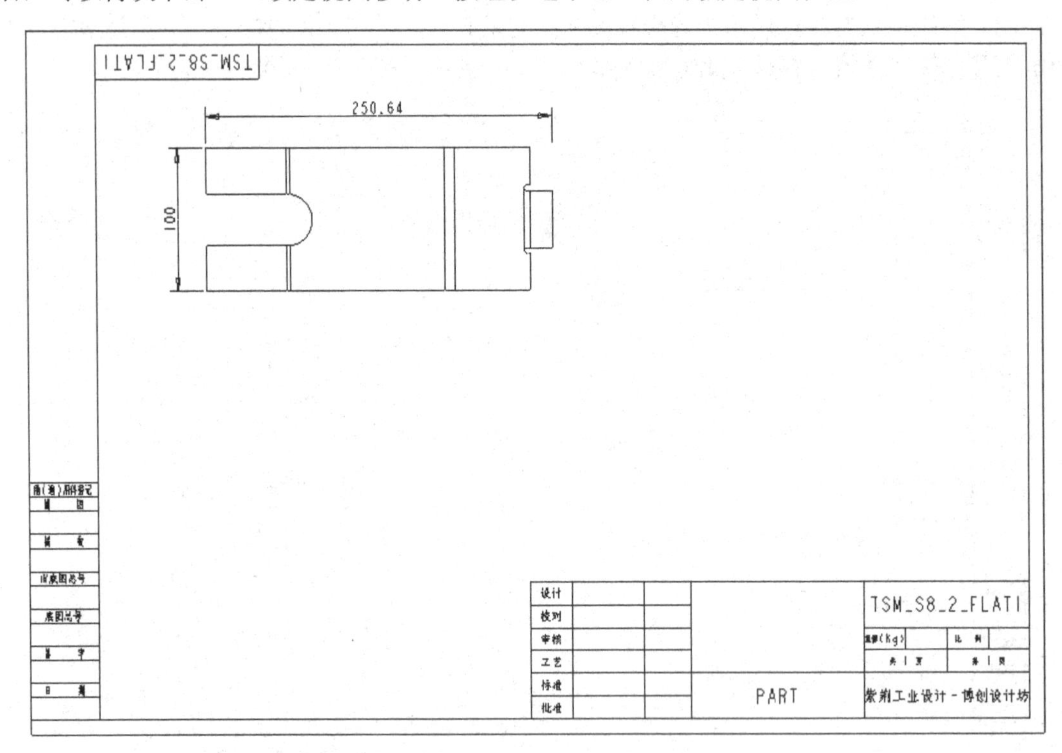

图 8-67 调整一般视图后

步骤 10：将不含展平状态的普通模型实例设置为当前绘图模型。

（1）在功能区“布局”选项卡的“模型视图”组中单击 （绘图模型）按钮，系统弹出一个菜单管理器。

（2）在菜单管理器的“绘图模型”菜单中选择“添加模型”命令，如图 8-68 所示，系统弹出“打开”对话框。

（3）通过“打开”对话框浏览并选择 tsm_s8_2.prt，接着在“打开”对话框中单击“打开”按钮。

（4）系统弹出“选择实例”对话框，在“按名称”选项卡中选择“类属模型”实例，如图 8-69 所示，然后单击“打开”按钮。

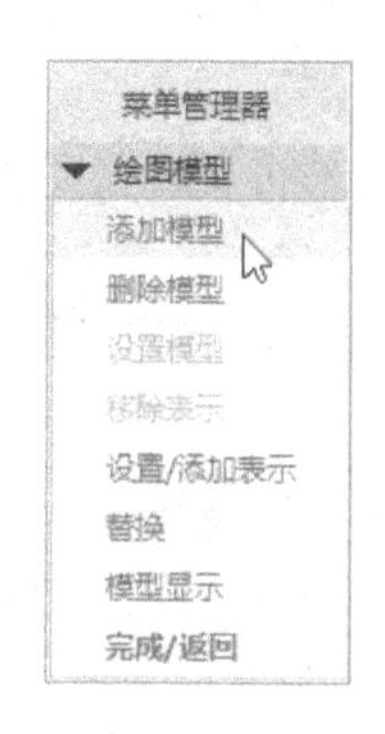

图 8-68 选择“添加模型”命令

图 8-69 “选择实例”对话框

（5）在菜单管理器的“绘图模型”菜单中选择“完成/返回”命令。

步骤 11：创建钣金三维模型的一般视图。

（1）在功能区“布局”选项卡的“模型视图”组中单击（普通视图）按钮。

（2）系统在状态栏中提示“选择绘图视图的中心点。”，在图框内的合适位置处单击，以指定放置一般视图的中心点，此时系统弹出“绘图视图”对话框。

（3）在“绘图视图”对话框的“视图类型”类别选项卡中，从“模型视图名”列表中选择来自模型的名称为 TOP，单击“应用”按钮。

（4）在“类别”列表框中选择“视图显示”类别，切换到“视图显示”类别选项卡。从“显示样式”下拉列表框中选择“消隐”选项，从“相切边显示样式”下拉列表框中选择“默认”选项，单击“应用”按钮。

（5）关闭“绘图视图”对话框。确保此绘图比例仍然为 1∶2，得到的工程视图效果如图 8-70 所示。

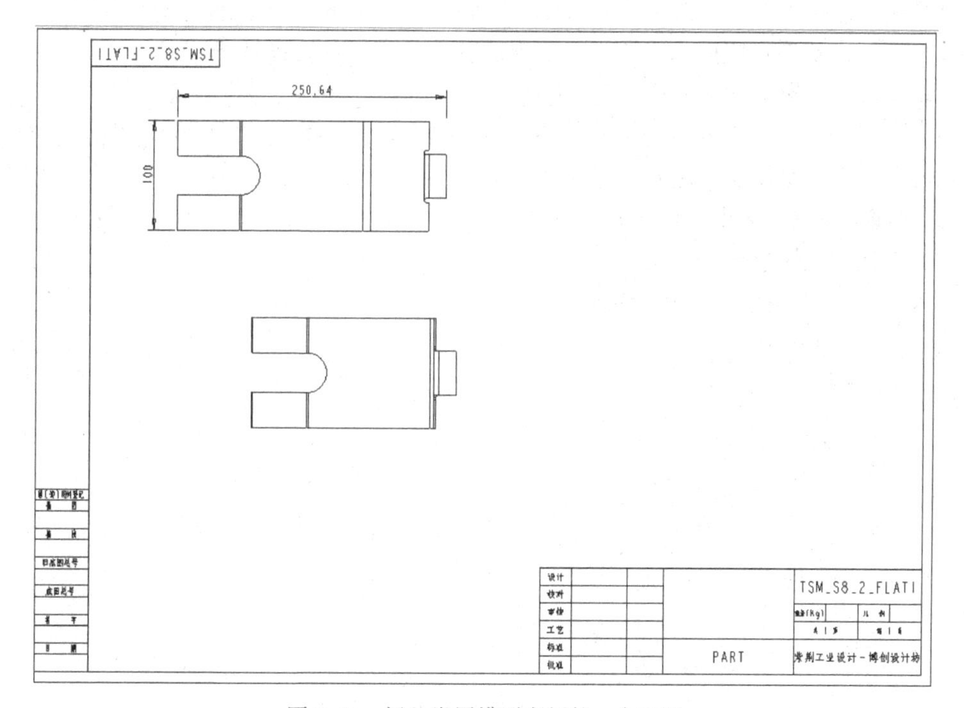

图 8-70 插入类属模型实例的一个视图

步骤12：创建投影视图。

（1）选中步骤 11 刚创建的一般视图，从功能区“布局”选项卡的“模型视图”组中单击（投影）按钮。

（2）在父项视图下方“投影通道”的适当位置处单击，插入该投影视图。

（3）双击该投影视图，系统弹出“绘图视图”对话框。

（4）在“类别”列表框中选择“视图显示”类别，切换到“视图显示”类别选项卡。从“显示样式”下拉列表框中选择“消隐”选项，从“相切边显示样式”下拉列表框中选择“默认”选项，单击“应用”按钮。

（5）单击“绘图视图”对话框中的（关闭）按钮，完成的该投影视图如图 8-71 所示。

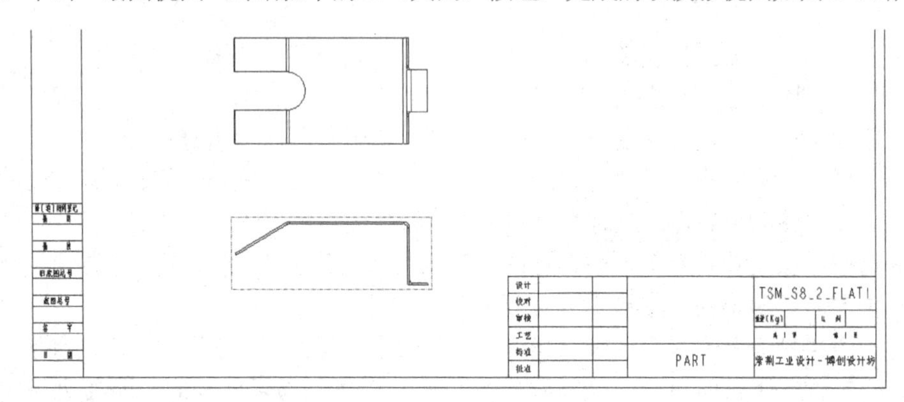

图 8-71 插入投影视图

步骤13：插入钣金三维模型的立体视图。

（1）在功能区“布局”选项卡的“模型视图”组中单击（普通视图）按钮。

（2）系统在状态栏中提示“选择绘图视图的中心点。”，在图框内的合适位置处（如标题栏上方）单击，以指定放置一般视图的中心点，此时系统弹出“绘图视图”对话框。

（3）在“类别”列表框中选择“视图显示”类别，切换到“视图显示”类别选项卡。从“显示样式”下拉列表框中选择“消隐”选项，从“相切边显示样式”下拉列表框中选择“默认”选项，单击“应用”按钮。

（4）关闭“绘图视图”对话框。

插入的立体视图如图 8-72 所示。

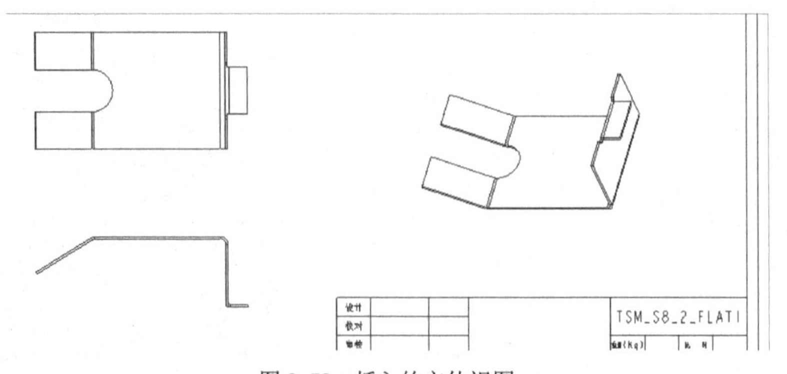

图 8-72 插入的立体视图

步骤 14：显示折弯顺序表。

（1）在功能区中切换到“注释”选项卡，从“注释”组中单击（显示模型注释）按钮，打开“显示模型注释”对话框。

（2）在“显示模型注释”对话框中单击（显示模型注解）选项卡，接着在模型树中单击绘图模型名称，并在（显示模型注解）选项卡中单击折弯顺序表注释对应的复选框，如图 8-73 所示，然后单击“确定”按钮。

（3）将折弯顺序表调整到图框中的合适位置，得到的效果如图 8-74 所示。

图 8-73　设置显示折弯顺序表

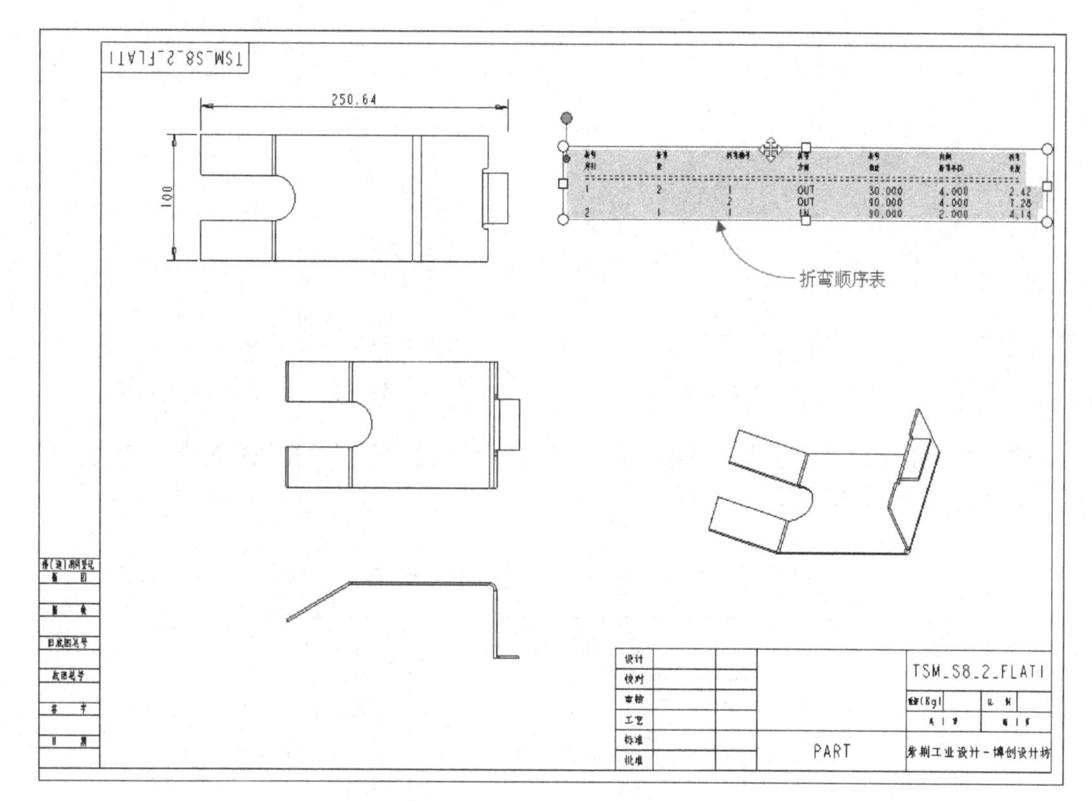

图 8-74　在工程图中显示折弯顺序表

步骤 15：在展平视图中加注折弯线注释和显示折弯线。

（1）在功能区中切换到“注释”选项卡，从“注释”组中单击（显示模型注释）按钮，打开“显示模型注释”对话框。

（2）在“显示模型注释”对话框中单击（显示模型注解）选项卡，接着在平整形态视图（展平视图）中单击任意一个折弯部位，此时在该视图中预览折弯线注释，如图 8-75 所示。

（3）在（显示模型注解）选项卡中单击（全选）按钮，接着单击“应用”按钮。

（4）在“显示模型注释”对话框中单击 （显示模型基准）选项卡，从该选项卡的“类型”下拉列表框中选择“轴”选项，单击 （全选）按钮，如图 8-76 所示，然后单击“应用”按钮。

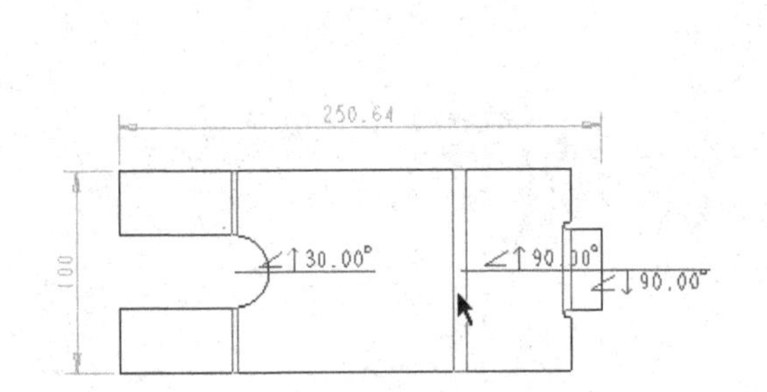

图 8-75　单击平整形态的折弯部位

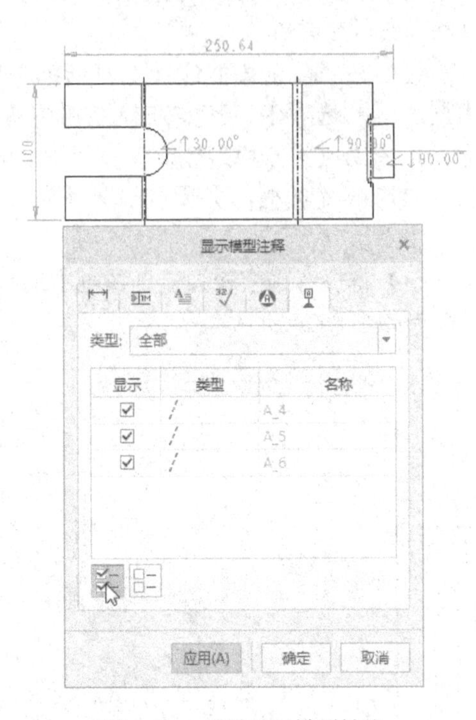

图 8-76　设置显示模型轴线

（5）在“显示模型注释”对话框中单击“取消”按钮。在展平视图中加注折弯线注释和显示折弯线的最后效果如图 8-77 所示。

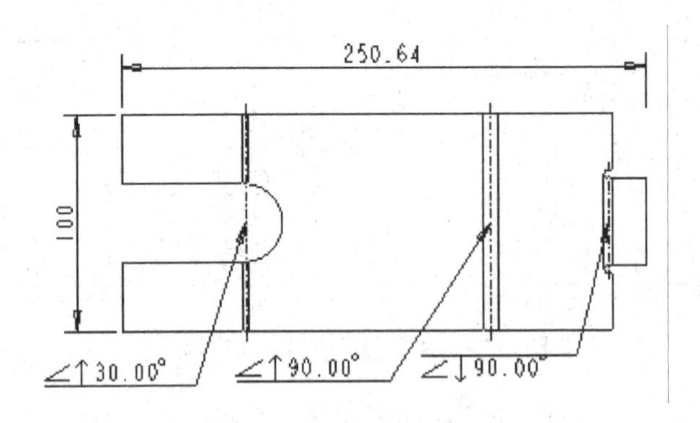

图 8-77　显示折弯注释和显示折弯线

步骤 16：显示和标注尺寸。

执行 （显示模型注释）按钮功能来显示零件特征尺寸，并将不需要的尺寸拭除。可以执行 （尺寸-新参照）按钮手动标注所需要的从动尺寸。

显示和标注尺寸后的工程图如图 8-78 所示。

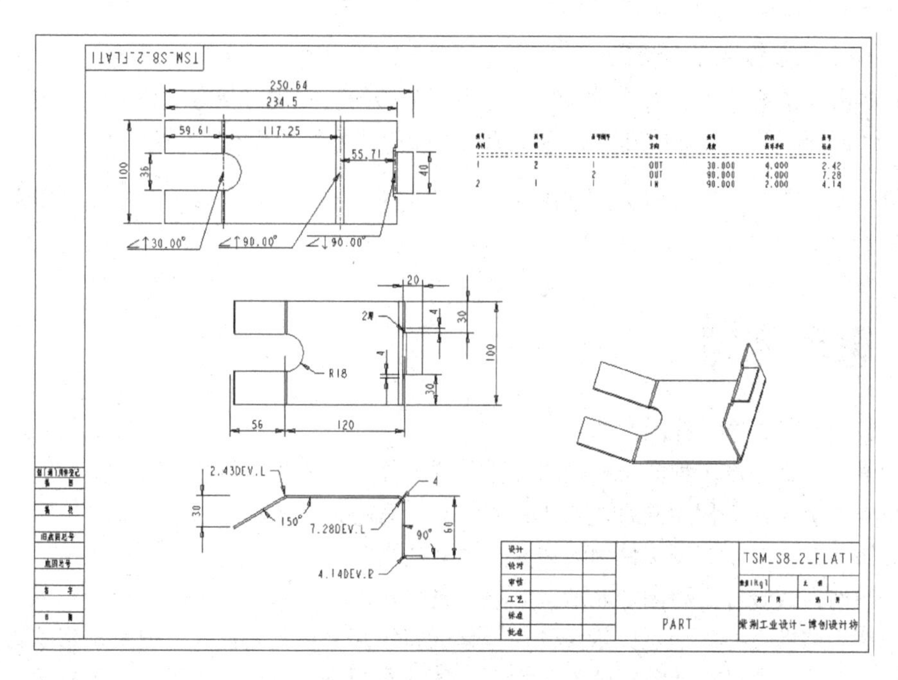

图 8-78 显示和标注尺寸的效果

步骤 17：编辑标题栏内容等。

可以将自动生成的图号重新编辑，填写比例，填写工程图图名等，需要时，注写技术要求等（省略）。

最后得到的工程图如图 8-79 所示。

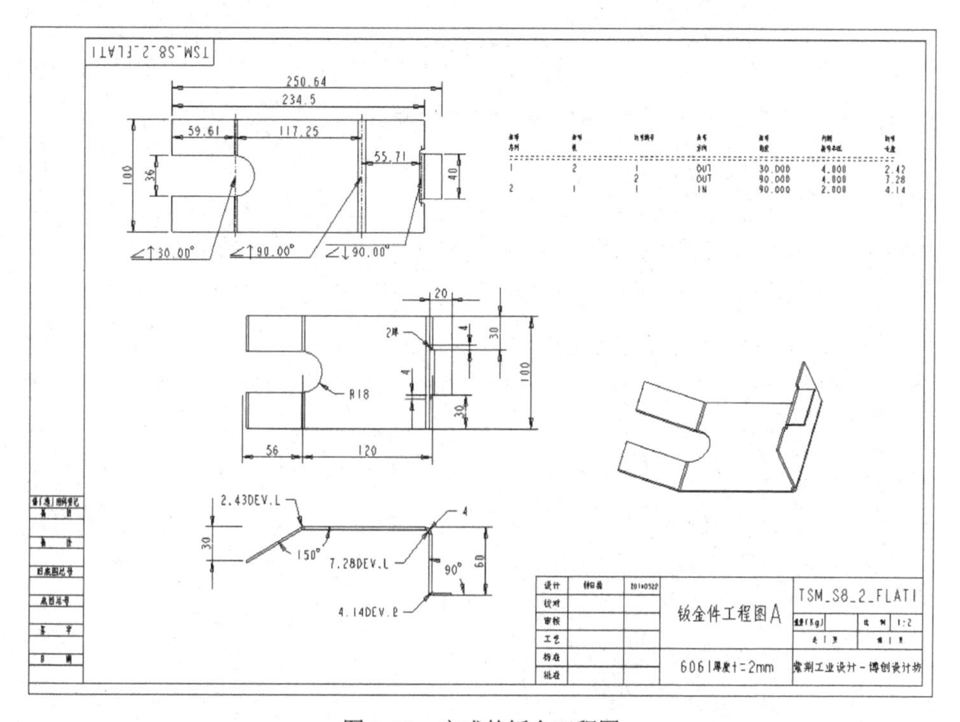

图 8-79 完成的钣金工程图

步骤 18：保存钣金工程图文件。

（1）单击“快速访问”工具栏中的（保存）按钮，弹出“保存对象”对话框。

（2）接受将文件保存在默认的工作目录下，单击“确定”按钮。

说明：*在附赠网盘资料的 CH8\FINISH 文件夹中提供了已经完成的两个工程图文件，可供读者参考。*

8.4 思考练习

（1）如何新建一个工程图文件？

（2）思考：钣金件工程图与一般的实体零件工程图有什么异同之处？

（3）制作钣金件工程图的典型方法有哪些？请简述其步骤。

（4）如何在一个工程图文件中添加多个模型视图？

（5）如何在钣金件工程图中显示折弯顺序表内容？

（6）请创建图 8-80 所示的钣金件，具体的特征尺寸由读者确定，只要求形状大致相同即可。然后为该钣金件设计其钣金件工程图，要求在钣金件工程图中显示有折弯顺序表和关键的折弯线注释。

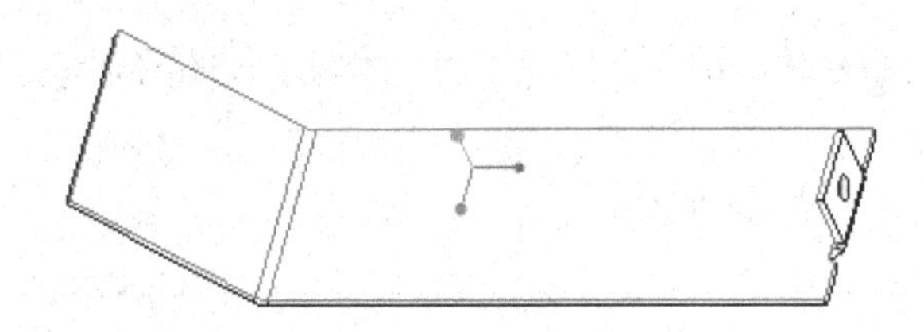

图 8-80 练习实例模型